图解 Cinema 4D R23

黄俞钧
编著

人民邮电出版社
北京

图书在版编目（CIP）数据

图解Cinema 4D R23 / 黄俞钧编著. -- 北京 : 人民邮电出版社, 2023.7
ISBN 978-7-115-59954-4

Ⅰ. ①图… Ⅱ. ①黄… Ⅲ. ①三维动画软件 Ⅳ. ①TP391.414

中国版本图书馆CIP数据核字(2022)第175138号

内 容 提 要

本书区别于传统计算机图书的写法，使用图解、不同参数的应用效果图对比的形式详细讲解 Cinema 4D R23 的界面、工具和操作方法，内容一目了然，使读者易上手。

本书共 21 章，主要讲解了 Cinema 4D 的基础知识、Cinema 4D 的基本操作、基础几何体、样条曲线、NURBS 建模、生成器和变形器、对象和样条的编辑操作、材质、灯光与场景、物理天空、关键帧动画与摄像机、渲染输出、体积、运动图形与效果器、域系统、动力学与粒子、摄像机反求与实景合成、Octane 渲染器等内容。

随书附赠学习资源，包含实例文件、在线教学视频，以及贴图、灯光和预设库文件等。

本书适合电商设计师、平面设计师和网页设计师参考学习，同时也可作为相关培训机构的参考用书。

◆ 编　　著　黄俞钧
责任编辑　张　璐
责任印制　马振武

◆ 人民邮电出版社出版发行　　北京市丰台区成寿寺路 11 号
邮编　100164　　电子邮件　315@ptpress.com.cn
网址　http://www.ptpress.com.cn
北京盛通印刷股份有限公司印刷

◆ 开本：787×1092　1/16
印张：19.25　　2023 年 7 月第 1 版
字数：604 千字　　2023 年 7 月北京第 1 次印刷

定价：129.80 元

读者服务热线：(010)81055410　印装质量热线：(010)81055316
反盗版热线：(010)81055315
广告经营许可证：京东市监广登字 20170147 号

随着计算机图形学的发展，三维技术在各行各业中的应用越来越广泛。近几年兴起的三维辅助二维、“三渲二”动画已经表现出未来行业二维、三维融合的趋势。随着近年来专业软件的上手难度逐渐降低，有许多零三维基础的读者为了多掌握一门技术或者纯粹出于兴趣而选择学习三维技术。

大学中通常只有与影视、动画、游戏相关的专业才会开设三维基础课程，而在实际行业中三维技术的应用范围已经远超大学专业课程中设置的学习范围。为了帮助零三维基础甚至是零美术基础的新人入门三维制作，笔者选择了上手相对简单、功能全面的 Cinema 4D，结合实际案例介绍其主要功能，使读者快速上手，熟悉三维制作中的常见概念与思路，并能将新学习的技能应用于工作与生活中。

希望本书生动有趣、深入浅出的文字叙述及详细、贴心的视频讲解，能让读者感受到 Cinema 4D 的魅力，早日让 Cinema 4D 成为读者真正的朋友。

编者

2023 年 2 月

本书由“数艺设”出品，“数艺设”社区平台（www.shuyishe.com）为您提供后续服务。

配套资源

实例文件：实例的工程文件和素材。

视频教程：实例的操作讲解视频。

赠送文件：包含贴图、灯光和预设库等。

资源获取请扫码

（提示：微信扫描二维码，点击页面下方的“兑”→“在线视频 + 资源下载”，输入 51 页左下角的 5 位数字，即可观看全部视频。）

“数艺设”社区平台，为艺术设计从业者提供专业的教育产品。

与我们联系

我们的联系邮箱是szys@ptpress.com.cn。如果您对本书有任何疑问或建议，请您发邮件给我们，并请在邮件标题中注明本书书名及ISBN，以便我们更高效地做出反馈。

如果您有兴趣出版图书、录制教学课程，或者参与技术审校等工作，可以发邮件给我们。如果学校、培训机构或企业想批量购买本书或“数艺设”出版的其他图书，也可以发邮件联系我们。

关于“数艺设”

人民邮电出版社有限公司旗下品牌“数艺设”，专注于专业艺术设计类图书出版，为艺术设计从业者提供专业的图书、视频电子书、课程等教育产品。出版领域涉及平面、三维、影视、摄影与后期等数字艺术门类，字体设计、品牌设计、色彩设计等设计理论与应用门类，UI设计、电商设计、新媒体设计、游戏设计、交互设计、原型设计等互联网设计门类，环艺设计手绘、插画设计手绘、工业设计手绘等设计手绘门类。更多服务请访问“数艺设”社区平台www.shuyishe.com。我们将提供及时、准确、专业的学习服务。

目录

第10章

物理天空

第11章

实战：Low Poly 场景

第12章

关键帧动画与摄像机

第13章

渲染输出

第14章

体积

第15章

运动图形与效果器

第20章

Octane 渲染器

第21章

Octane 渲染器实战

第 1 章 进入 Cinema 4D 的世界

本章学习要点

Cinema 4D 的界面　　Cinema 4D 预设库的安装与使用

1.1 Cinema 4D 概述

Cinema 4D 是德国 MAXON Computer 公司开发的综合型三维绘图软件，其前身为该公司于 1989 年推出的软件 FastRay。

经过多年的版本迭代，当前的 Cinema 4D 已具备三维软件应有的大部分功能，可应用于多个领域。在游戏开发、电影拍摄、建筑设计、视频设计、动画制作、药理演示、广告包装设计、工业设计、平面设计等领域，均可使用 Cinema 4D 进行操作。Cinema 4D 在使用性上一直以简单易上手和高效著称，即使用户没有其他三维软件（如 Maya、3ds Max、Houdini 等）的使用经验，也可以轻松适应 Cinema 4D 的操作，用它进行各类设计。

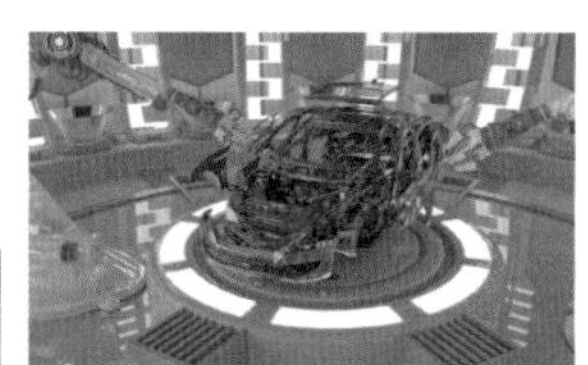

1.2 初识 Cinema 4D 界面

Cinema 4D 安装完成后，启动 Cinema 4D 可以看到启动界面。启动界面中会显示软件的版本信息和启动进度。本书基于 R23 版本讲解所有案例的制作过程。

Cinema 4D 启动完成后，会弹出“快速启动对话框”，在此可以快速打开近期使用过的工程文件，或浏览软件近期的新闻动态。

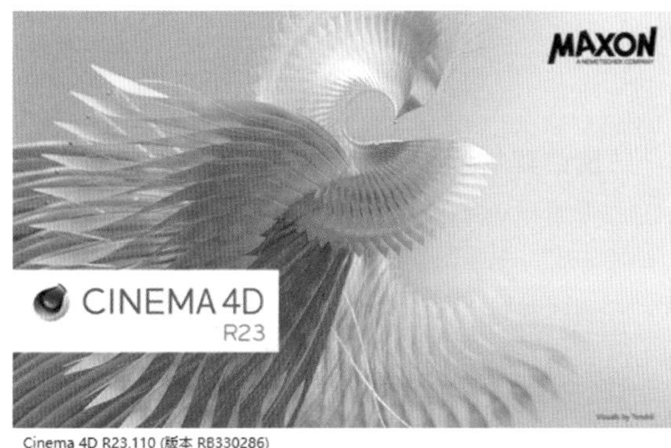

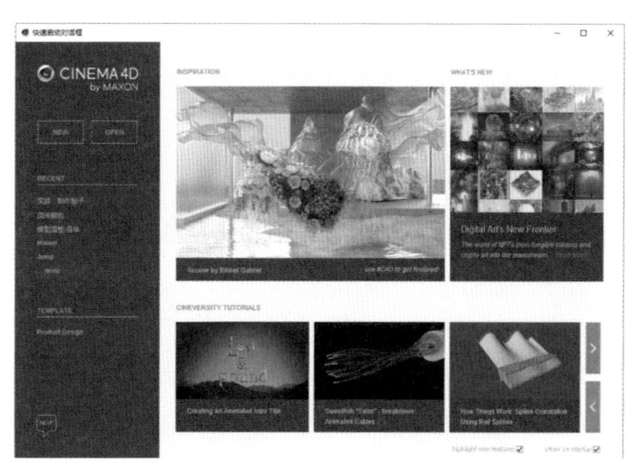

新建或打开工程文件后，就会进入Cinema 4D的初始界面。Cinema 4D的初始界面由菜单栏、工具栏、“对象”/“内容浏览器”/“场次”窗口、编辑模式工具栏、视图窗口、动画编辑窗口、“材质”窗口、坐标窗口、“属性”/“层”/“构造”窗口、提示栏组成。其中，黄色高亮显示的部分表示该功能较上一个版本有更新。

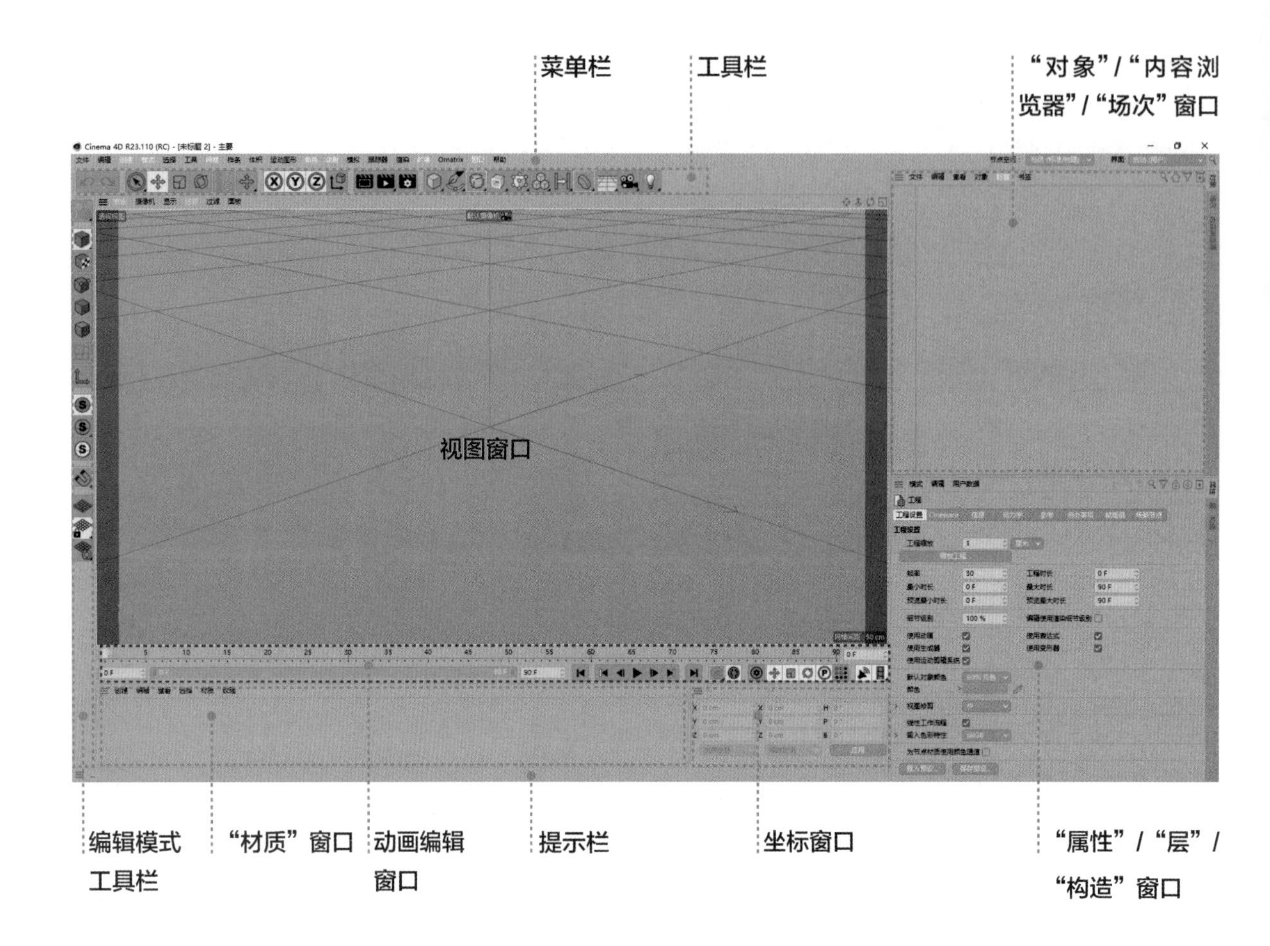

菜单栏

Cinema 4D包含菜单栏和窗口菜单。

菜单栏：在菜单栏中可以找到Cinema 4D的大部分功能。

窗口菜单：“材质”窗口、“对象”窗口等窗口的左上角也有其各自的菜单，统称为窗口菜单。

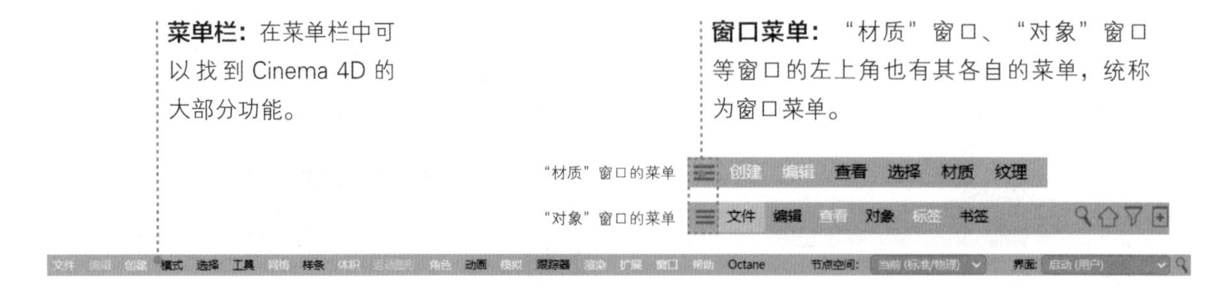

1. 子菜单

如果命令名称的右侧带有▶图标，则表示该命令有子菜单。

将鼠标指针悬停于该命令上，其右侧会显示出子菜单。

2. 快速切换界面布局

单击菜单栏右侧的 界面: 启动（用户），展开界面预设下拉菜单。

选择其中的命令即可快速切换预设的界面布局，如选择“Animate”命令，将切换到适合制作动画的预设界面。

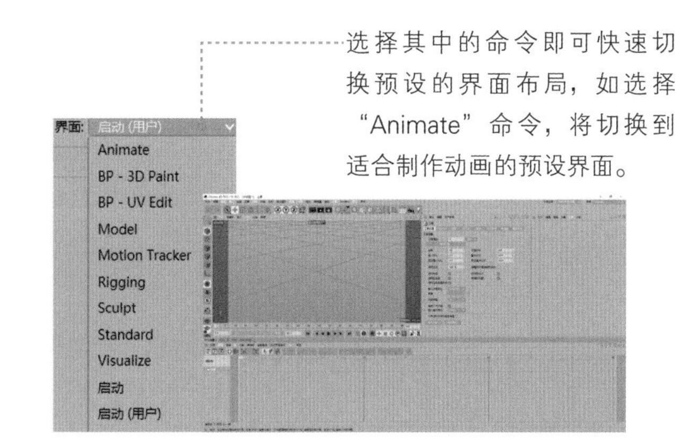

工具栏

工具栏位于菜单栏下方，其中包含 Cinema 4D 的大部分常用工具，方便用户调用相关工具对工程文件进行编辑。

工具栏中的工具分为独立工具和工具组，工具按钮右下角带有◢图标的是工具组，其余为独立工具。工具组将相同类型的工具整合在一起以便调用。在工具组上按住鼠标左键即可显示下拉菜单，再将鼠标指针移动到对应的工具上，松开鼠标即可选中该工具或在场景中创建对应的对象。

例如，按住参数化对象工具组按钮，展开工具列表，将鼠标指针移动到“圆环面”工具 圆环面 上，松开鼠标，即可在场景中创建一个圆环对象。

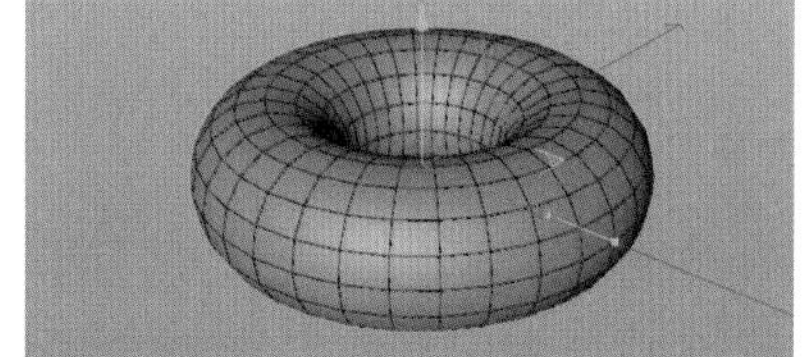

编辑模式工具栏

Cinema 4D 初始界面最左侧的竖排工具栏就是编辑模式工具栏，在其中单击不同的工具可以快速切换到不同的编辑模式。

视图窗口

视图窗口用于观察场景中的对象，是进行三维制作时最重要的窗口之一。

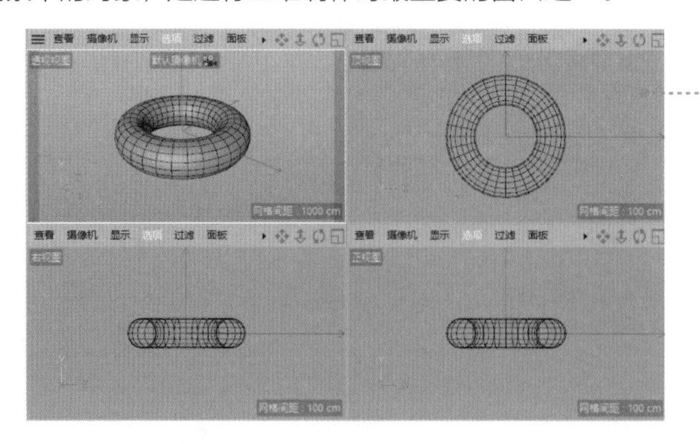

可以通过单击鼠标中键在单视图窗口和四视图窗口之间切换。

动画编辑窗口

视图窗口下方为动画编辑窗口，其中包含时间轴和动画编辑工具组。

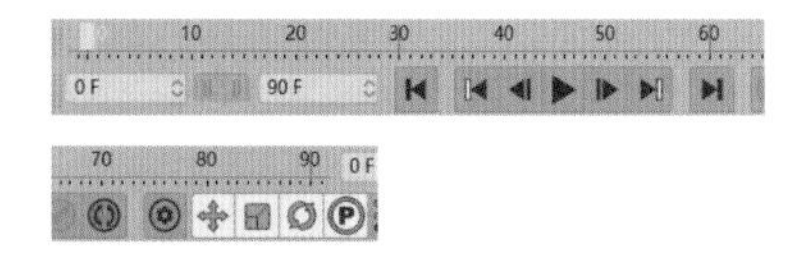

“材质”窗口

动画编辑窗口下方为“材质”窗口，用户创建的材质球都会在这里显示。

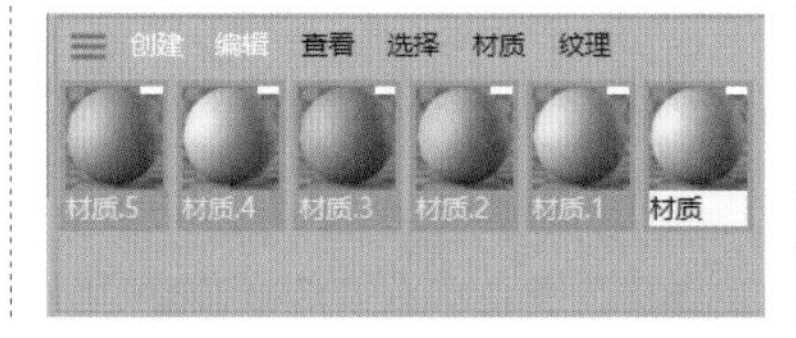

坐标窗口

“材质”窗口右侧为坐标窗口，其中显示对象的坐标值。在坐标窗口中可以对对象进行快捷变换操作。

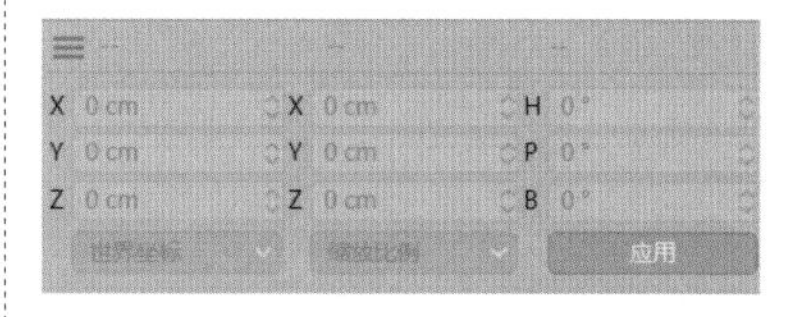

“对象”/“内容浏览器”/“场次”窗口

视图窗口的右上方为“对象”/“内容浏览器”/“场次”窗口。

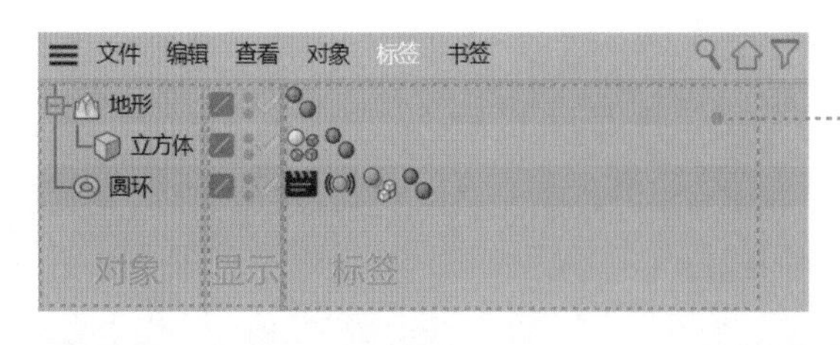

“对象”窗口：用于显示和管理场景中的对象及它们的层级关系。

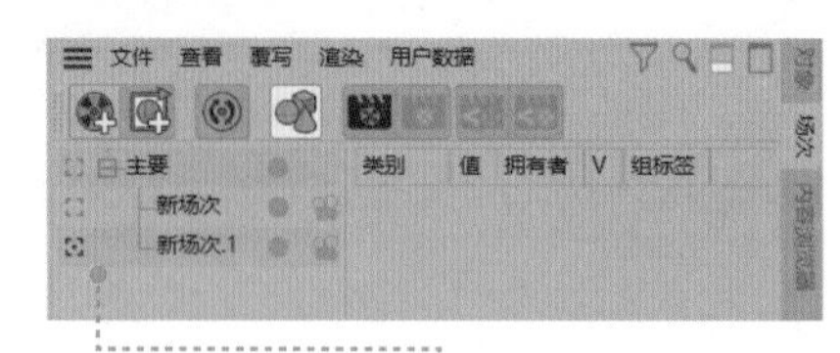

“内容浏览器”窗口：用于浏览和管理计算机中的各类文件。

“场次”窗口：可以在一个工程文件中为同一对象保存多个场次参数，以提高工作效率。

“属性”/“层”/“构造”窗口

视图窗口的右下方为“属性”/“层”/“构造”窗口。

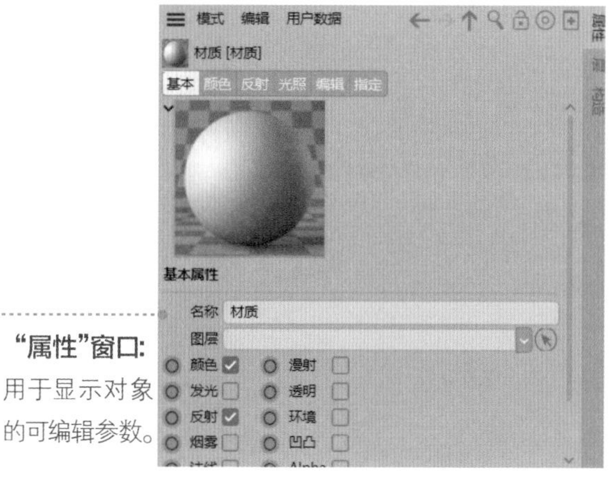

“属性”窗口：用于显示对象的可编辑参数。

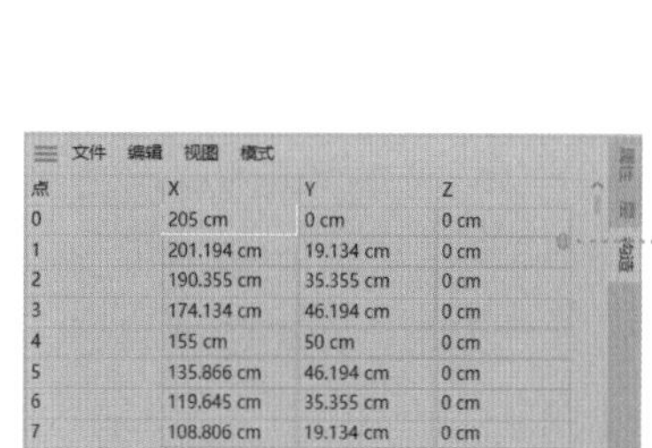

“层”窗口：在 Cinema 4D 中可以为每个对象设置不同的层，在“层”窗口中可以为不同的层单独设置各类参数。

“构造”窗口：用于显示和编辑构成对象的每个点的参数。

提示栏

Cinema 4D 初始界面的底部为提示栏，其中显示了工具提示、渲染进度、错误信息等内容。

实时选择：点击并拖动鼠标选择元素。按住 SHIFT 键增加选择对象；按住 CTRL 键减少选择对象。

自定义布局

Cinema 4D 为用户提供了自由度极高的自定义布局功能。单击任意下拉菜单上方的按钮，可以调整布局。在各个窗口的菜单栏上单击鼠标右键，可在弹出的菜单中执行“新建面板”命令。按快捷键 Shift+F12，打开“自定义命令”窗口，将需要的命令拖曳至新建的面板中并固定。例如，在“对象”窗口中增加一个面板，并放入多个命令。

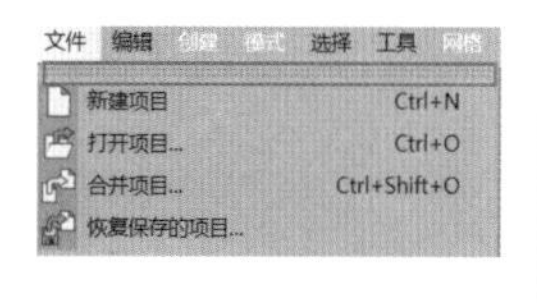

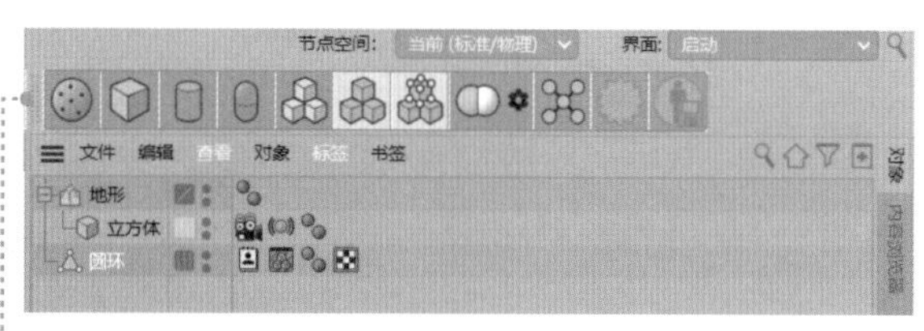

既可以以独立窗口的形式显示，也可以将各个窗口拖曳至任意位置，以调整布局。

技巧与提示

通常，在使用一个软件一段时间后，用户总能发现一些自己常用的工具，将这些工具放到方便选择的位置，可以大大提高工作效率。

可以将自定义的布局保存为启动布局，此后每次启动 Cinema 4D，软件的初始界面都将使用这个布局。

1.3 安装与使用 Cinema 4D 预设库

在使用某个软件时，常常不可避免地需要使用软件的预设库，Cinema 4D 也不例外。

执行“帮助 > 检查更新”命令，在弹出的“Maxon在线更新”对话框中，可以选择并下载由 MAXON Computer 公司提供的 Cinema 4D 官方预设库。

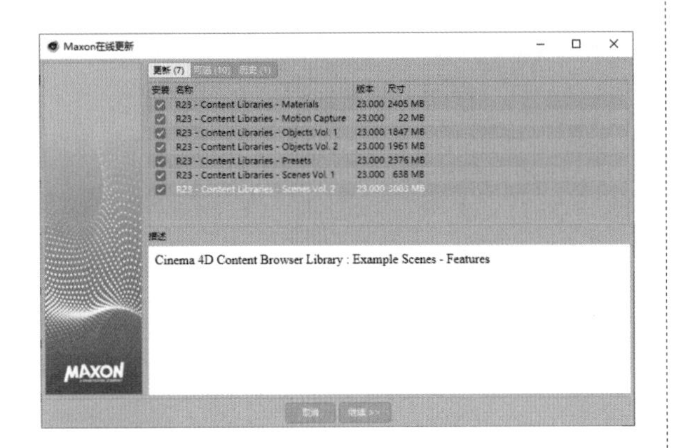

由于 MAXON Computer 公司的服务器在国外，下载预设库的速度较慢，因此可以直接安装本书提供的离线预设库，该安装方法也适用于在网络上下载的第三方预设库。打开“赠送文件 > 官方预设库”文件夹，该文件夹中包含多个扩展名为“.lib4d”的文件。将所有文件复制至 Cinema 4D R23 安装目录下的“library\browser”文件夹内，如“D:\Maxon Cinema 4D R23\library\browser”。

D:\Maxon Cinema 4D R23\library\browser

名称	修改日期	类型	大小
3d objects vol1.lib4d	2020/8/24 16:09	LIB4D 文件	1,789,059...
3d objects vol2.lib4d	2020/7/21 10:10	LIB4D 文件	1,954,102...
default presets.lib4d	2020/8/26 2:30	LIB4D 文件	10,017 KB
example scenes - disciplines.lib4d	2020/8/11 10:17	LIB4D 文件	611,389 KB
example scenes - features.lib4d	2020/8/24 16:10	LIB4D 文件	2,968,029...
materials.lib4d	2020/7/21 10:17	LIB4D 文件	2,283,075...
motion capture.lib4d	2020/8/24 16:08	LIB4D 文件	22,335 KB
presets.lib4d	2021/6/16 16:42	LIB4D 文件	2,259,849...

文件复制完毕后，重新启动 Cinema 4D，执行“窗口 > 内容浏览器”命令，或按快捷键 Shift+F8，打开“内容浏览器”窗口，“预置”列表中会显示已安装的预设库。

官方预设库中提供了丰富的预设。单击窗口右上方的搜索图标，在弹出的搜索栏中输入“car”，并按 Enter 键进行搜索。此时，窗口中会显示预设库中包含关键词“car”的所有文件。

在预设库中找到自己需要的文件，双击即可将其打开。若要将对象添加到当前工程中，则可以直接按住鼠标左键，将对象拖曳到 Cinema 4D 中。

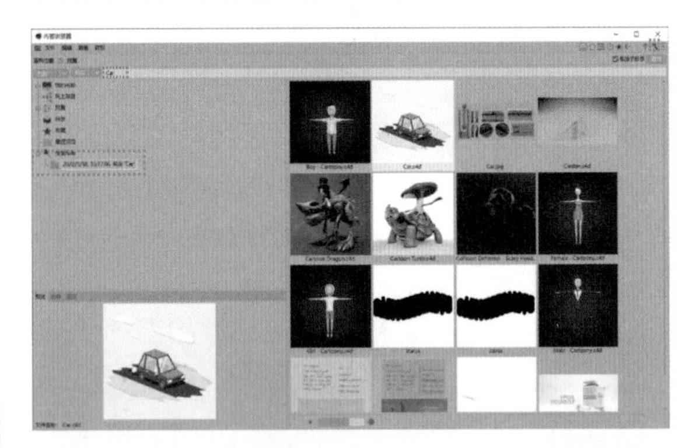

技巧与提示

预设库中不只包含官方资源文件，通常还会提供官方制作的用于演示软件新功能的案例。在软件版本更新后，通过官方案例了解新功能是上手新版本软件的好方法。

1.4 快捷命令

Cinema 4D 中命令众多，初学者难免会遇到明明知道要使用什么命令，却一时忘记命令位置的情况，此时就需要使用快捷命令功能进行搜索。

在 Cinema 4D 初始界面的任意位置按快捷键 Shift+C，即可调出快捷命令面板。

在输入栏中输入需要查找的命令的关键字，即可搜索出所有带有该关键字的命令。例如，输入“圆”，下方列表中会显示所有带有关键字“圆”的命令。

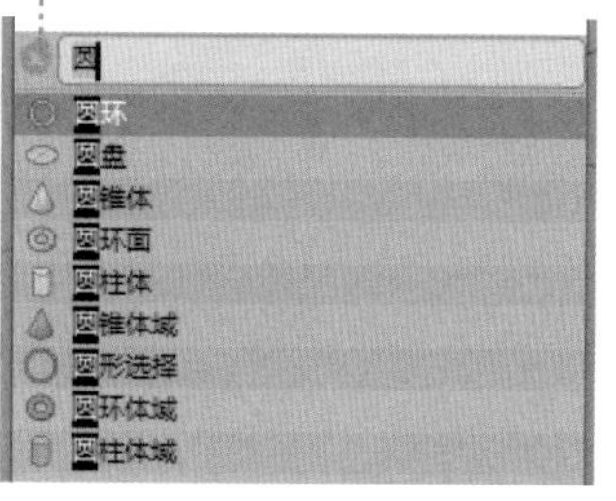

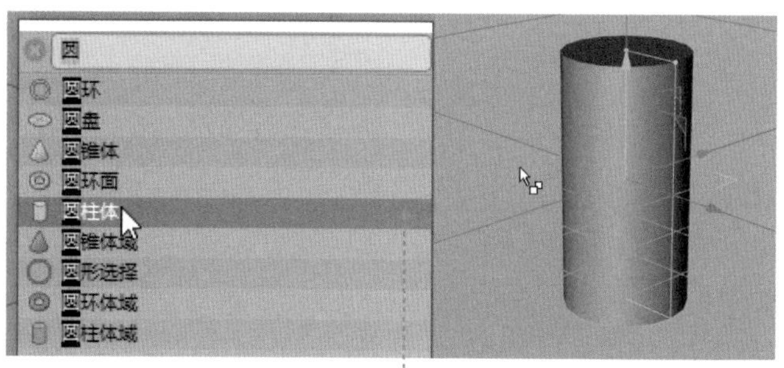

双击需要的命令或选中需要的命令之后按 Enter 键即可执行该命令。例如，双击“圆柱体”命令，即可执行“圆柱体”命令，在场景中创建一个圆柱体对象。

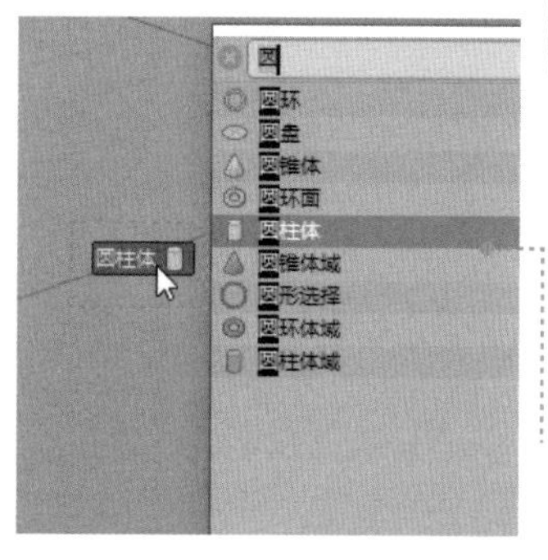

也可以将命令拖曳到视图窗口中，使该命令在当前工程中常驻。此后，只需要单击该常驻命令即可执行它。

对于放置在视图窗口中的命令，同时按住 Ctrl 键和鼠标左键可以对其进行拖曳；在命令上单击鼠标右键，在弹出的菜单中执行“删除”命令，可以将其删除。

第 2 章
Cinema 4D 的基本操作

本章学习要点

工具栏、菜单栏、视图的基本操作　　Cinema 4D 工程文件管理

2.1 编辑模式工具栏

初始界面左侧为编辑模式工具栏，其中的常用工具有 7 个。

转为可编辑对象： 快捷键为 C，单击该按钮可将参数化对象转为可编辑对象，转换后的对象不能继续使用参数进行修改，只能进行点、线、面层级的修改。

对象模式： 以特定类型的对象为目标进行选择，系统默认为“模型”模式，在该工具上按住鼠标左键可切换为“对象”模式、“动画”模式。

“点”模式： 选择模型的点层级。

“线”模式： 选择模型的线层级。

“面”模式： 选择模型的面层级。

启用轴心修改： 单击该按钮，按钮处于选中状态后可以对对象的轴心进行修改。

启用捕捉： 单击该按钮，按钮处于选中状态后可移动对象，对象会吸附在鼠标指针附近的点上；在该工具上按住鼠标左键可修改捕捉模式。

Cinema 4D 中的参数化对象不能进行点、线、面层级的修改。因此，当需要进行点、线、面层级的修改时，需单击按钮，将参数化对象转为可编辑对象。

当需要对对象的点、线、面层级进行单独修改时，分别单击“点”模式按钮、“线”模式按钮、“面”模式按钮即可。如果需要将对象快速地对齐到其他对象上，则可以开启捕捉模式，对象将自动吸附到鼠标指针附近的点上。

2.2 工具栏

“撤销”和“重做”按钮：快捷键 Ctrl+Z 具有“撤销”功能，可以撤销上一步操作；“重做”的快捷键为 Ctrl+Y，可以重做被撤销的操作。在 Cinema 4D 中，默认可以连续撤销 30 步操作，可撤销操作的步数可通过执行“编辑 > 设置 > 内存 > 撤销深度”命令进行修改。

复位 PSR 工具：单击该按钮即可让选中对象的 P（位置）、S（缩放）、R（旋转）复位至初始状态。

历史工具工具组：在该工具组上按住鼠标左键可显示最近使用过的工具。

全局 / 对象坐标系统工具：单击该按钮，可切换对象坐标系统和全局坐标系统。

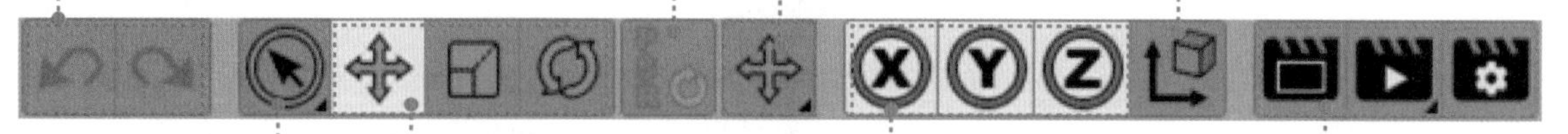

选择模式工具组：包含“实时选择”“框选”“套索选择”“多边形选择”4 个选择模式工具。

变换工具：分别为“移动”“缩放”“旋转”工具，快捷键分别为 E、T、R，用于切换对象的操作模式。

锁定 / 解锁 XYZ 坐标轴工具：默认激活，当只想在视图中操控对象的某个轴时，可单击以关闭对象的其他轴。例如，只想沿 x 轴移动对象，则关闭 y、z 轴，保留 x 轴。

渲染类工具：分别为“渲染当前视图”工具、渲染工具组、“编辑渲染设置”工具。

选择模式工具组

实时选择

在“对象”模式或任意层级模式中，启用“实时选择”工具，鼠标指针在视图中将显示为圆形范围框，单击即可选择范围框内的对象。

同时按住 Shift 键 + 鼠标中键，上下拖曳鼠标即可调节范围框的大小；也可以在“属性”窗口的“半径”选项中调节；如果使用数位板进行操作，则选中“压感半径”复选框即可实时使用压感进行调节。

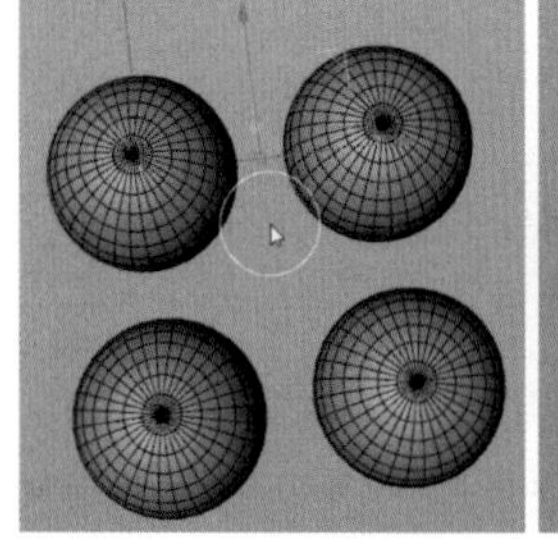

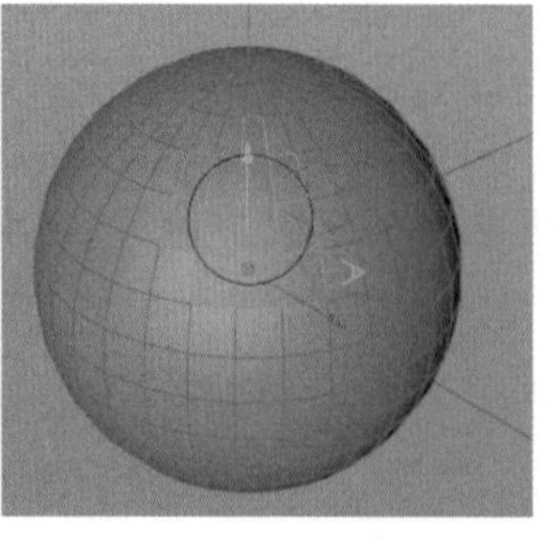

框选

启用“框选”工具后，在视图中拖曳鼠标，生成一个方形的范围框，范围框中的对象被选中。

“框选”功能默认可以同时选中在视图中看不见的对象，如模型的背面，如果只想选中当前视图中的面，在“属性”窗口中选中“仅选择可见元素”复选框即可。

默认状态下，只有被完全框选的对象才会被选中。当选中“容差选择”复选框后，对象只要被范围框框中一部分就会被选中。

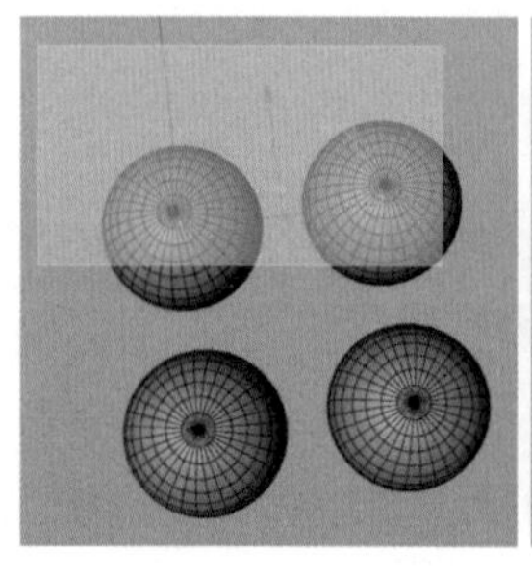

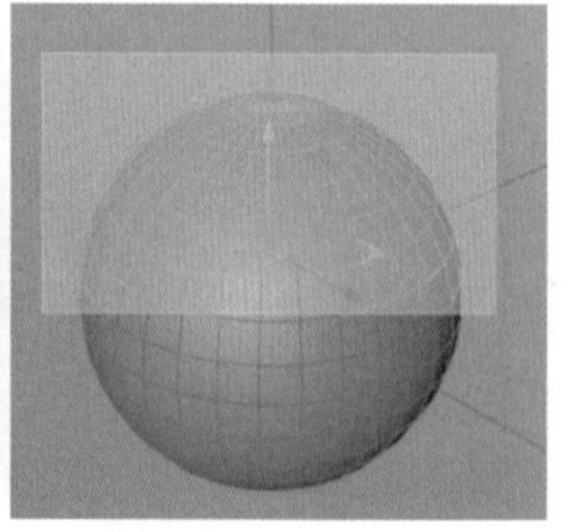

套索选择

启用“套索选择”工具后，在视图中拖曳鼠标，形成一个不规则的范围框，范围框中的对象被选中。

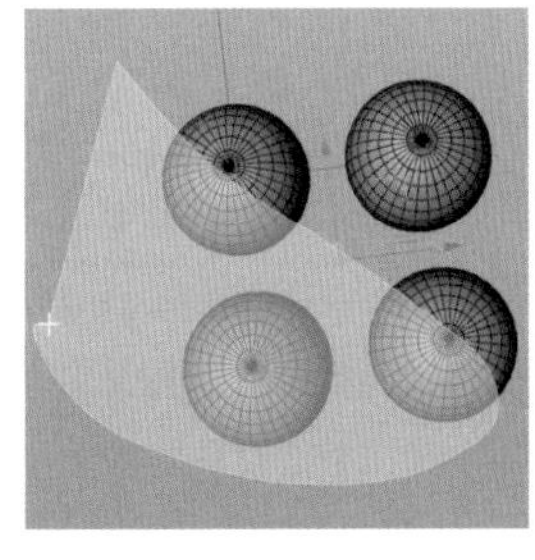
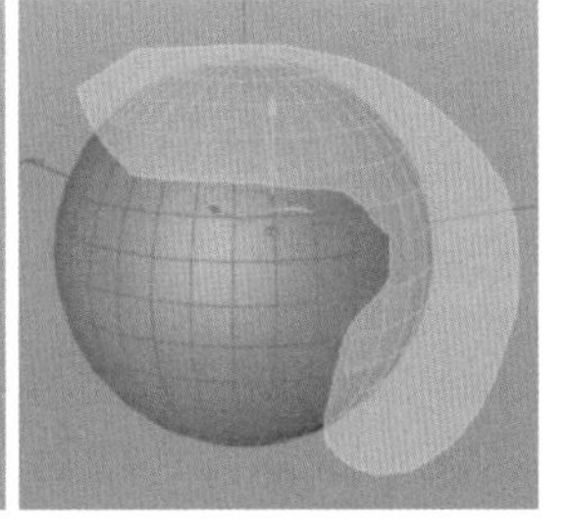

多边形选择

启用“多边形选择”工具后，单击生成点，多次单击将点连成线，形成的不规则范围框内的对象将被选中。单击鼠标右键可取消当前形成的范围框。

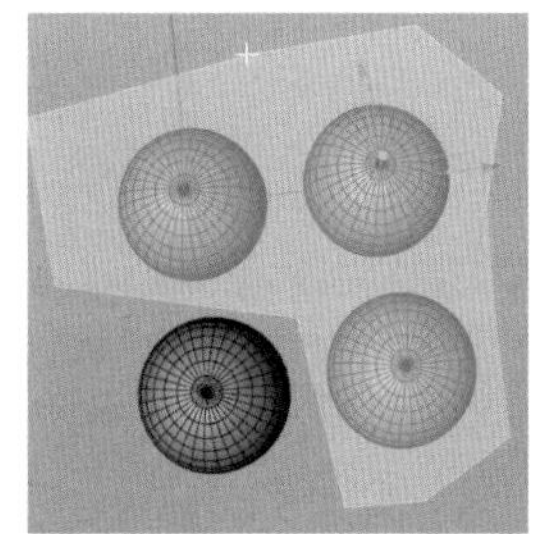

柔和选择

在“框选”工具、“套索选择”工具、“多边形选择”工具的“属性”窗口中，均有“柔和选择”面板。启动该面板后，被选中的范围会根据相关参数向外过渡，权重也会向外过渡。橙黄色的点即被选中的点，黄色所覆盖的范围为柔和选择的范围。黄色越浅，表示权重越低，对其进行变换操作的效果也越弱。

完成以上操作后，按T键向外拖动，黄色越浅的地方缩放效果越弱，完全没有黄色的地方则完全不受缩放的影响。

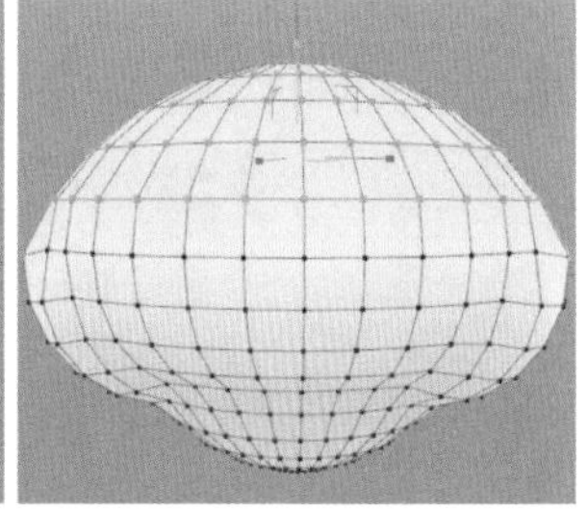

变换工具

按E键启用“移动”工具，拖曳鼠标进行操作。长箭头可以用来单独操控x、y、z坐标轴中的一个轴，小三角形可以用来同时操控x、y、z坐标轴中的两个轴。如果未选中任何轴，在视图中的任意位置拖曳鼠标，则可以同时操控x、y、z这3个轴。

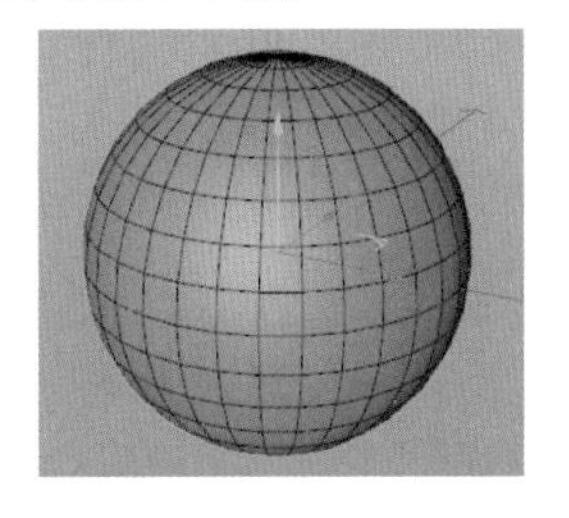

按T键启用“缩放”工具。红色、绿色、蓝色3种颜色的操控手柄分别以x、y、z轴为轴进行旋转，外圈的白线以视图视角为轴进行旋转。

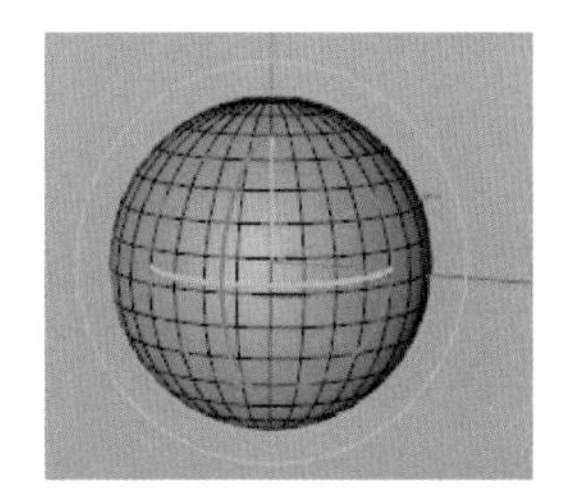

按R键启用“旋转”工具，其操作方式和“移动”工具的操作方式相同。

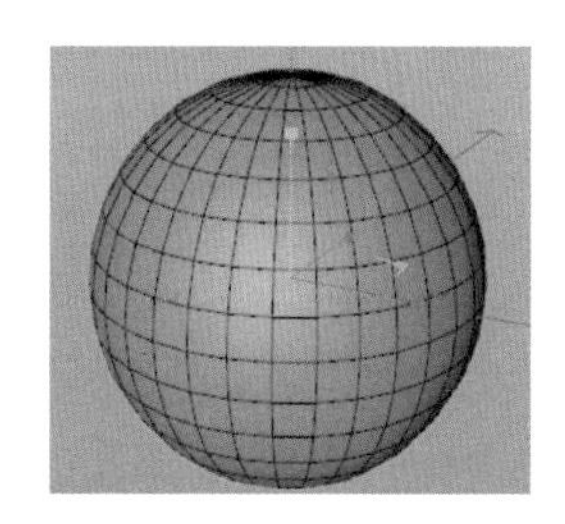

全局 / 对象坐标系统工具

Cinema 4D中的对象默认以自身坐标系为参考，坐标轴随着对象的变化而变化。单击按钮切换到全局坐标系，则对象的坐标轴永远对齐标准的世界坐标轴。当需要对修改过的对象进行世界坐标轴的变换时，切换到全局坐标系更方便。

2.3 “选择”菜单

单击菜单栏中的“选择”菜单，打开该菜单，Cinema 4D 中的常用选择工具均在其中。

“选择过滤”命令的子菜单中包含 Cinema 4D 中所有可以在视图中被选择的对象类型。对象类型被选中代表当前可以直接在视图中选择该类型的对象，未被选中则代表不可以直接在视图中选择该类型的对象。

技巧与提示

对应快捷键标在命令名称的右侧

快捷菜单

Cinema 4D 中的快捷键 U~L表示：先在窗口的任意位置按 U 键，弹出快捷菜单后，再按 L 键即可快速启用相应的命令。快捷菜单的最上方为启动该快捷菜单的快捷键，下方的每一行则为命令名称及其对应的快捷键。

选择器

启用此工具后，会弹出“选择器”窗口。其中，深色的复选框对应的是当前场景中已存在的对象类型，选中某个复选框即可快速选择场景中对应类型的所有对象。

创建选集对象

选中需要创建选集的对象后，启用该工具，可以在“对象”窗口中创建一个“选集”对象。选择“选集”选项，即可在“属性”窗口中看到被加入选集的对象。

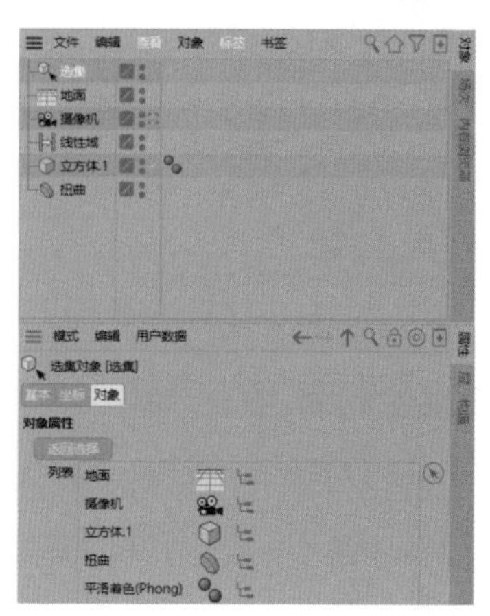

多边形 / 全部 / 无

当场景中有可编辑的多边形对象时，可以在“面”模式下直接单击多边形对象的面，以选择对应的对象。而取消选择“多边形”命令后，在视图中无法通过直接单击面来选择对应的对象，但仍然可以在对象编辑器中选择对应的对象，然后通过视图选择需要的面。

选择“全部”命令或“无”命令，可以快速控制全部类型的对象在视图中是否可选。

循环选择(快捷键为 U~L)

在“点”“边”“面”模式下，将鼠标指针放置在需要选择的元素的边缘，即可以循环的方式选择相应方向上的所有元素。

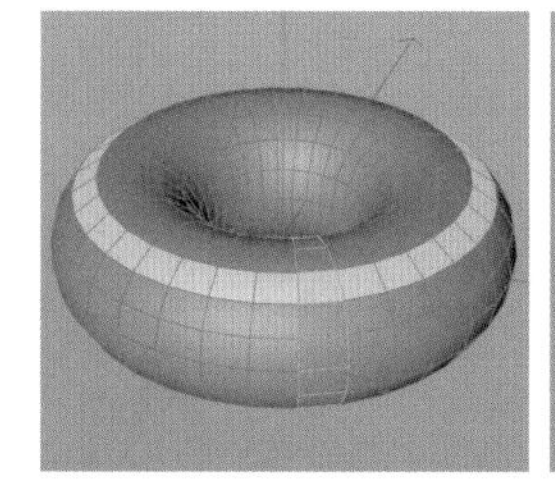
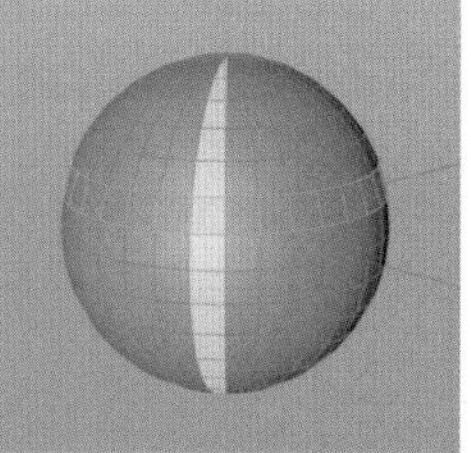
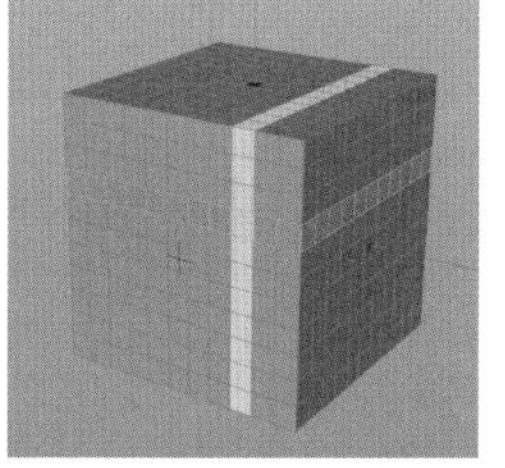

环状选择(快捷键为 U~B)

在“点”“边”“面”模式下，将鼠标指针放置在需要选择的面的边缘，则会自动以环形的方式选择元素。

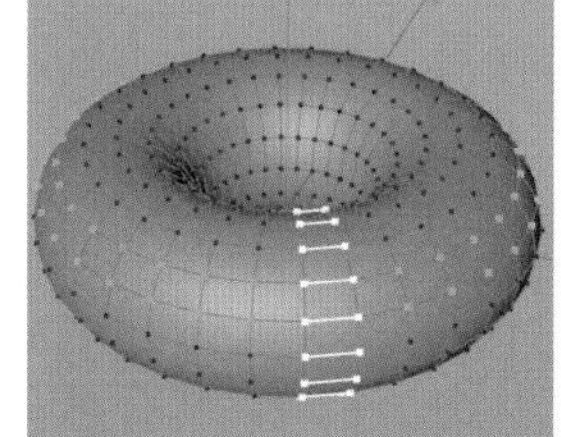
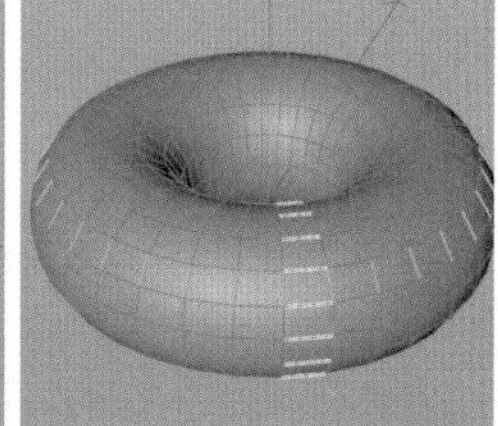
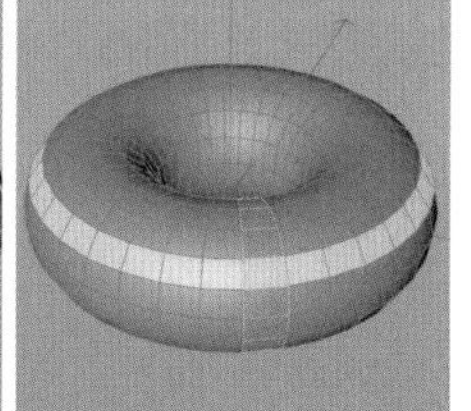

轮廓选择(快捷键为 U~Q)

在“面”模式下，执行该命令，可以快速选中已选择的面对应的轮廓线。

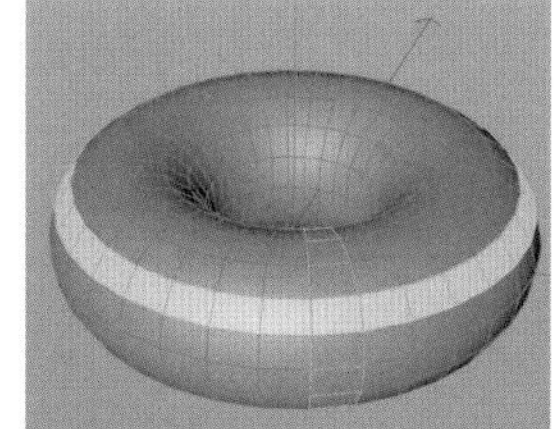
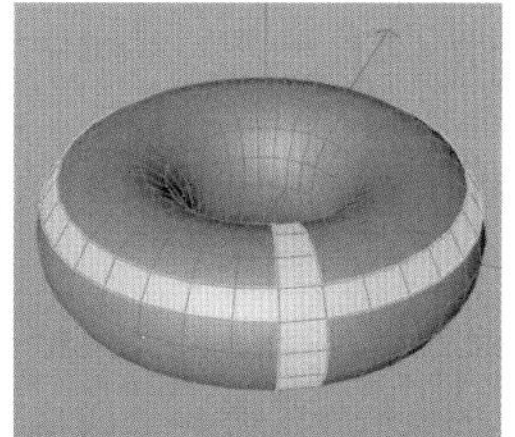

填充选择(快捷键为 U~F)

在“边”模式或者“面”模式下，选中一圈或多圈闭合的边 / 面后，执行该命令，可以快速选择闭合边 / 面内的面。

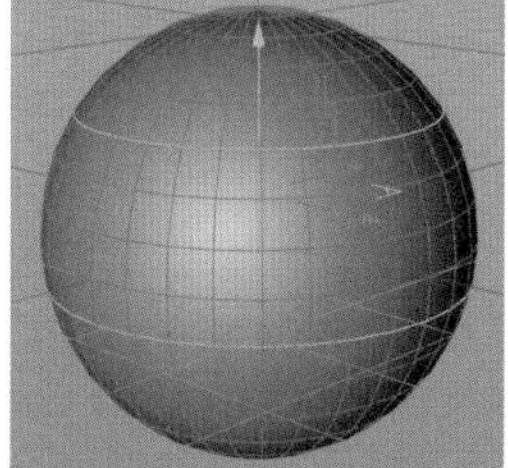
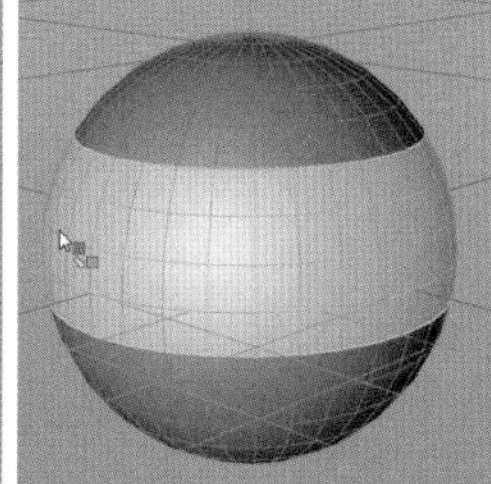
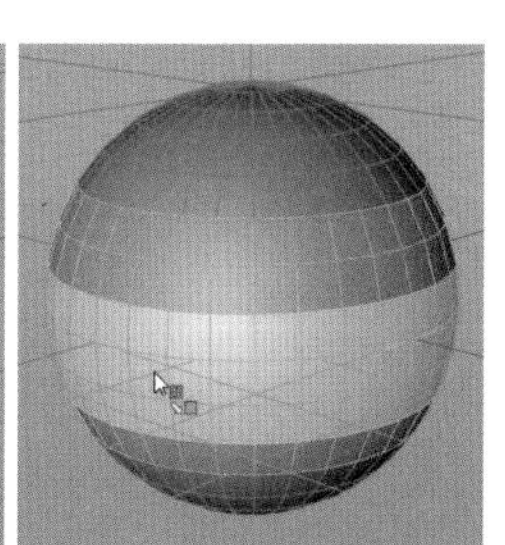

路径选择(快捷键为 U~M)

在“点”“边”模式下，执行该命令，单击任意一点作为起点，移动鼠标指针。此时，起点与当前鼠标指针所在点间最短路径上的边将高亮显示，然后单击任意一点作为终点，即可选中路径上的点或边。

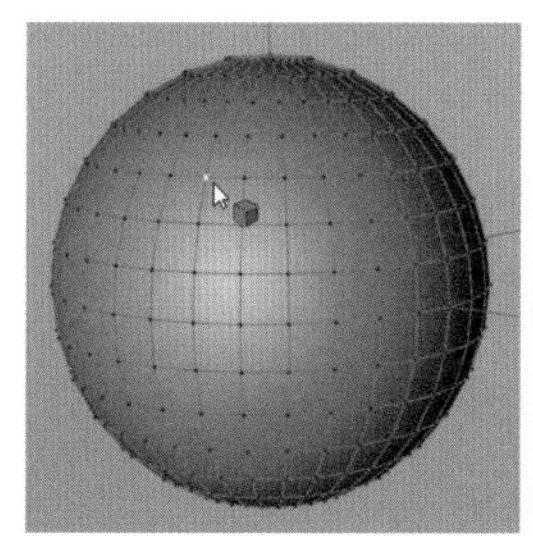
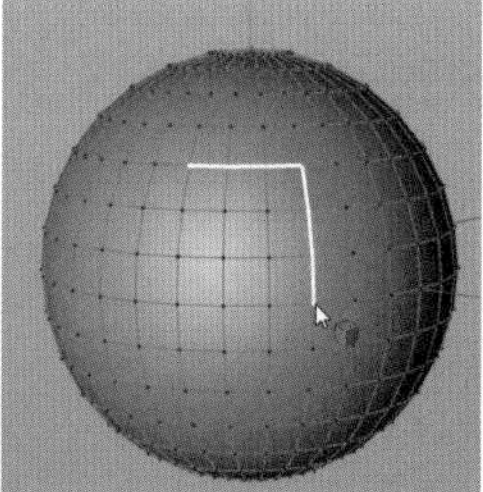
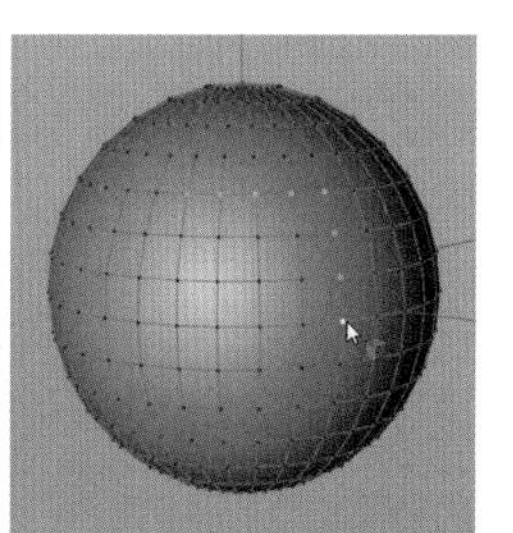

选择平滑着色断开（快捷键为 U~N）

在“属性”窗口中调节“平滑着色角度”参数。转折角度大于设置的参数的边在视图中将处于蓝色高亮显示状态，单击“全选”按钮即可选择所有高亮显示的边。

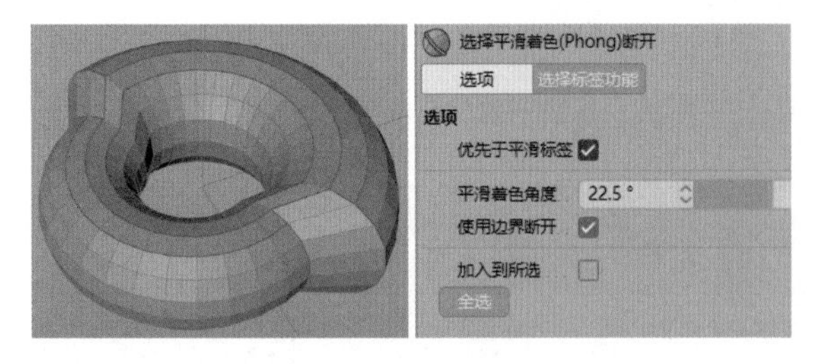

全选（快捷键为 Ctrl+A）

选中当前模式下的全部元素。

取消选择

单击视图中的任意空白处，即可取消选择所有已选中的元素。

反选（快捷键为 U~I）

反向选择当前没有被选中的元素。

选择连接（快捷键为 U~W）

执行“选择 > 选择连接”命令，可以选中所有对象上与所选元素相连的元素。

扩展选择（快捷键为 U~Y 或 U~Shift+Y）

执行“选择 > 扩展选择”命令，在已选择的点、边、面的基础上，加选相邻的点、边、面。

转换选择模式（快捷键为 U~X）

选择需要的点、边、面元素后，执行“选择 > 转换选择模式”命令，弹出“转换选择模式”窗口。在该窗口中可以转换选择模式。

收缩选区（快捷键为 U~K）

和“扩展选择”的操作相反，在已选择的点、边、面的基础上，减选相邻的点、边、面。

隐藏选择

执行“选择 > 隐藏选择”命令，隐藏已选择的点、边、面。

隐藏未选择

和隐藏选择的操作相反，执行“选择 > 隐藏未选择”命令，隐藏未选择的点、边、面。

全部显示

执行“选择 > 全部显示”命令，将执行“隐藏选择”“隐藏未选择”命令后隐藏的点、边、面全部显示出来。

反转显示

执行“选择 > 反转显示”命令，反转当前的显示状态。执行该命令后，会将显示的点、边、面隐藏，再将隐藏的点、边、面显示出来。

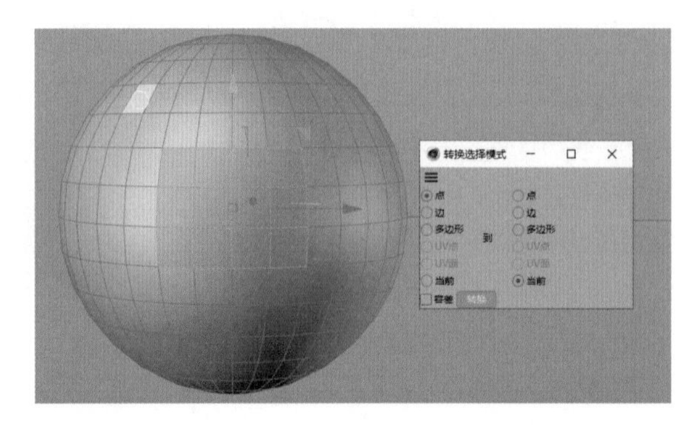

设置选集

设置好点、边、面元素后，执行“选择 > 设置选集”命令，将在“对象”窗口中对象的右边创建相应的选集标签。其中，为“面”选集，为“边”选集，为“点”选集。选集既可以用于快速选择元素，也可在后续操作中应用在其他模块中。

转换顶点颜色

执行“选择 > 转换顶点颜色”命令，弹出“转换顶点贴图”窗口，可以将对象的“顶点贴图”标签与“顶点颜色”标签互换。

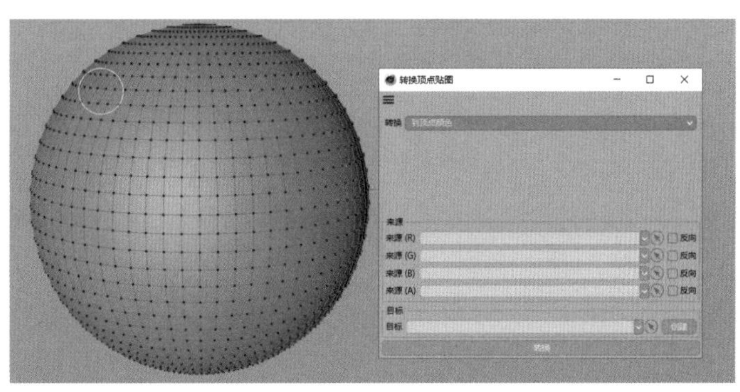

01 打开“实例文件 >CH02> 顶点颜色 .c4d”文件，场景中有一个带“顶点颜色”标签的平面，选中“顶点颜色”标签。

02 在“点”模式下选择平面，将视角拉近，可以看到平面上的颜色是由顶点颜色控制的。“顶点颜色”标签即为每个顶点赋予颜色的标签。

03 执行“选择 > 转换顶点颜色”命令，在弹出的“转换顶点贴图”窗口中，将“转换”修改为“到顶点贴图”；然后将“顶点颜色”标签拖入“来源”文本框，在需要转换的 RGBA 通道右侧单击“创建”按钮，即可创建对应名字的“顶点贴图”标签，并将“顶点颜色”标签中对应通道的颜色转换到“顶点贴图”标签内。

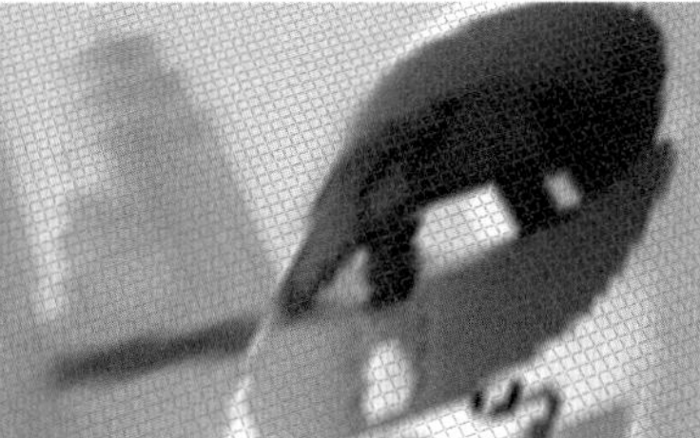

设置顶点权重

执行“设置顶点权重”命令，弹出“设置顶点权重”对话框。单击“确定”按钮后，会为对象生成“顶点贴图”标签 。“顶点权重”是非常重要的进阶工具，可以配合变形器、域系统等实现许多复杂的效果。

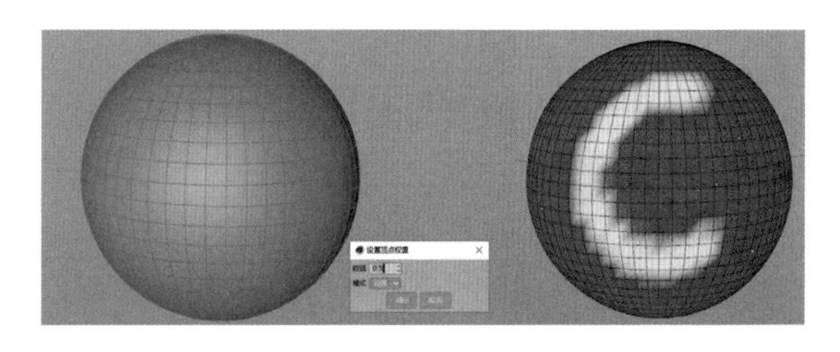

选中“顶点贴图”标签，对象会变成红、黄两色，其中，红色代表权重为 0、黄色代表权重为 1。选中“顶点贴图”标签，将自动启用绘制工具，可以直接在对象上绘制权重。

2.4 视图控制

Cinema 4D 启动后的默认视图模式为“透视视图”模式，该视图模式中的效果类似在现实世界中看到的三维效果。“透视视图”模式是三维创作中常用的视图模式之一，此外还有“右 / 左视图”“顶 / 底视图”“正 / 背视图”“平行视图”等模式。

平移视图

1. 按住 Alt 键 + 鼠标中键，在视图中拖曳鼠标，即可平移视图。

2. 按住并拖曳视图右上角的图标即可进行平移操作。

3. 单击视图窗口左上角的“查看”菜单，在下拉菜单中选择“镜头移动”命令，然后在视图中拖曳鼠标即可进行平移操作。

推拉视图

1. 按住 Alt 键 + 鼠标右键并拖曳鼠标，即可向前 / 后推拉视图。

2. 按住并拖曳视图右上角的图标即可进行推拉操作。

3. 单击视图窗口左上角的“查看”菜单，在下拉菜单中选择“镜头推移”命令，然后在视图中拖曳鼠标即可进行推拉操作。

旋转视图

1. 按住 Alt 键 + 鼠标左键并拖曳鼠标，即可旋转视图。

2. 按住并拖曳视图右上角的图标即可进行旋转操作。

切换视图

在视图窗口中单击鼠标中键，或单击视图右上角的图标，可在单视图和四视图之间进行切换。

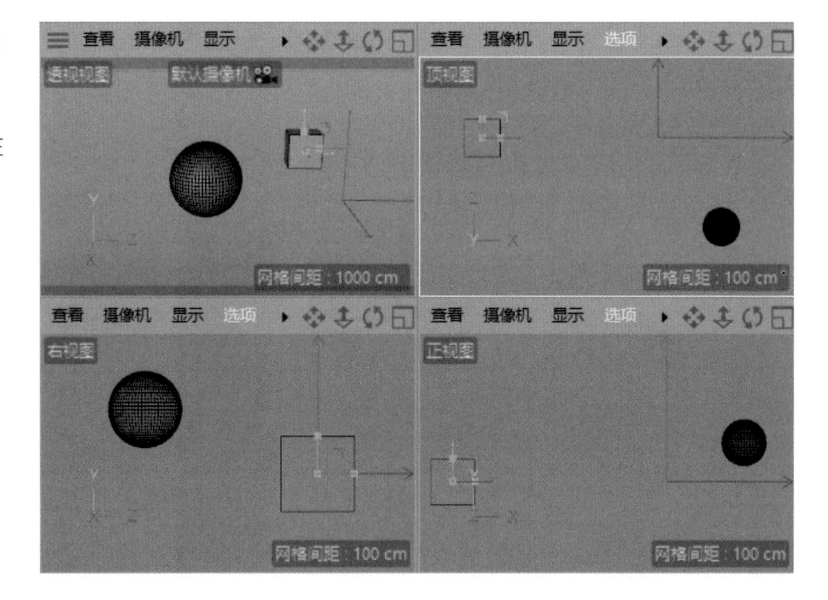

技巧与提示

在 Cinema 4D 的视图中，默认以鼠标指针所在位置的对象为中心进行视图操作；如果鼠标指针所在位置为空场景，则以世界坐标原点为中心进行视图操作。也可以在视图左上角的“摄像机 > 导航”命令的子菜单中切换视图操作模式。

2.5 视图窗口菜单栏

查看 摄像机 显示 选项 过滤 面板 ProRender

每个视图窗口的左上方都有视图窗口菜单栏，可以通过视图窗口菜单栏对视图进行编辑操作。

查看

单击视图窗口左上方的“查看”菜单，弹出下拉菜单，可以在该下拉菜单中进行与“查看”相关的操作。

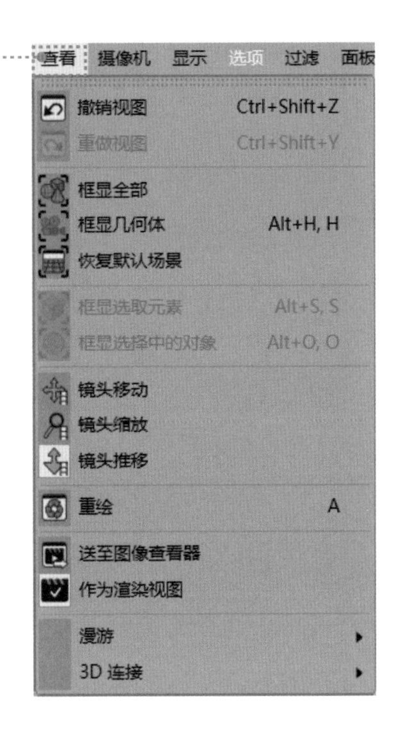

摄像机

单击视图窗口左上方的“摄像机”菜单，弹出下拉菜单，可以在该下拉菜单中切换视图模式。

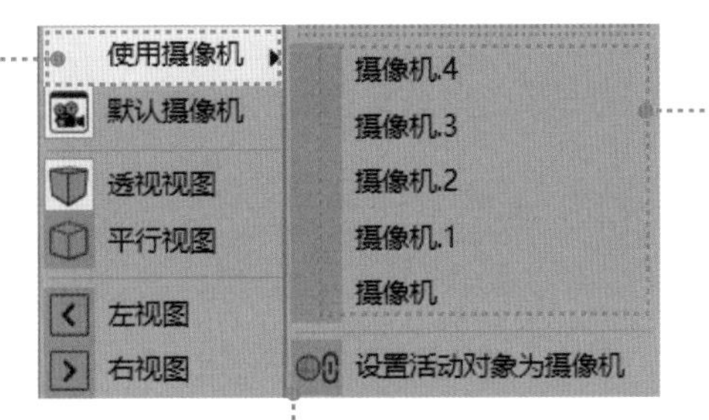

选择“使用摄像机”子菜单中的命令，可以对场景中的多个摄像机进行切换。在“对象”窗口中单击“摄像机”对象的图标，也可以切换摄像机。

可以设置当前选中的任意对象为摄像机，以便对画面进行观察。

显示

单击视图窗口左上方的“显示”菜单，弹出下拉菜单，可以在该下拉菜单中切换视图的显示模式。视图的默认显示模式为“光影着色”模式，当需要通过其他方式观察对象时，可以通过该菜单切换显示模式。

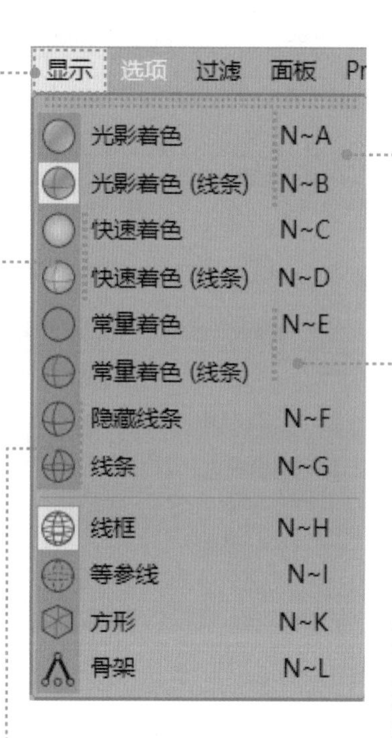

光影着色： 显示对象在场景中受到的光照效果。

光影着色（线条）： 在光影着色的基础上叠加显示对象的线条。

快速着色： 使用系统默认的灯光而不是场景中的灯光进行光影着色。由于默认灯光会随视角的变化而变化，因此所有角度下都会有灯光正对着场景中的对象。

隐藏线条： 只显示对象在当前视角下可见的线条。

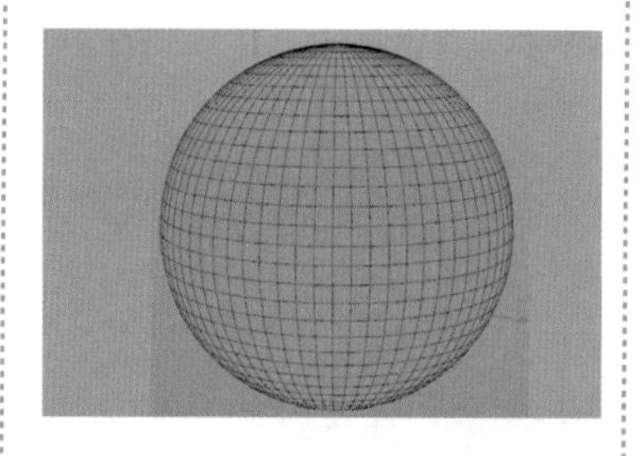

常量着色： 只显示对象的固有色，不进行任何光照计算。当对象被赋予材质贴图时，显示贴图的固有色。

快速着色（线条）： 在快速着色的基础上叠加显示对象的线条。

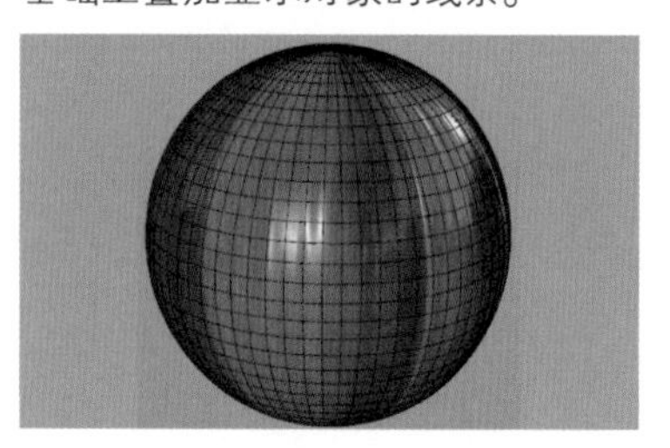

线条： 不考虑遮挡关系而显示对象的全部线条。

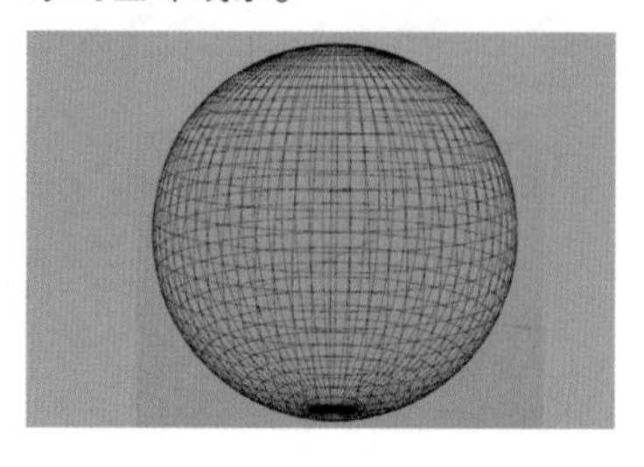

常量着色（线条）： 在常量着色的基础上叠加显示对象的线条。

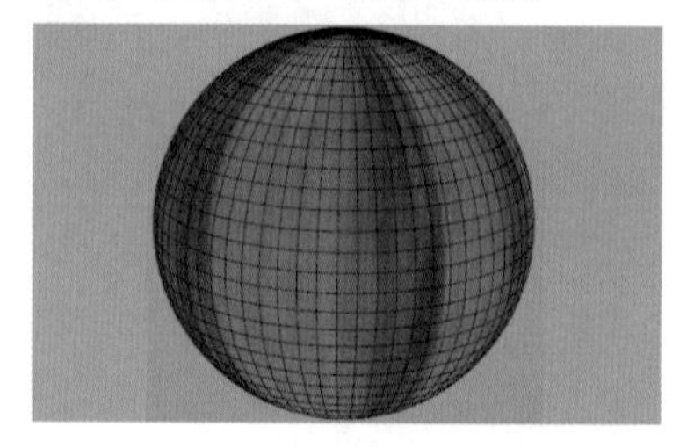

选项

单击视图窗口左上方的“选项”菜单，弹出下拉菜单，可以在该下拉菜单中切换各类视图选项。

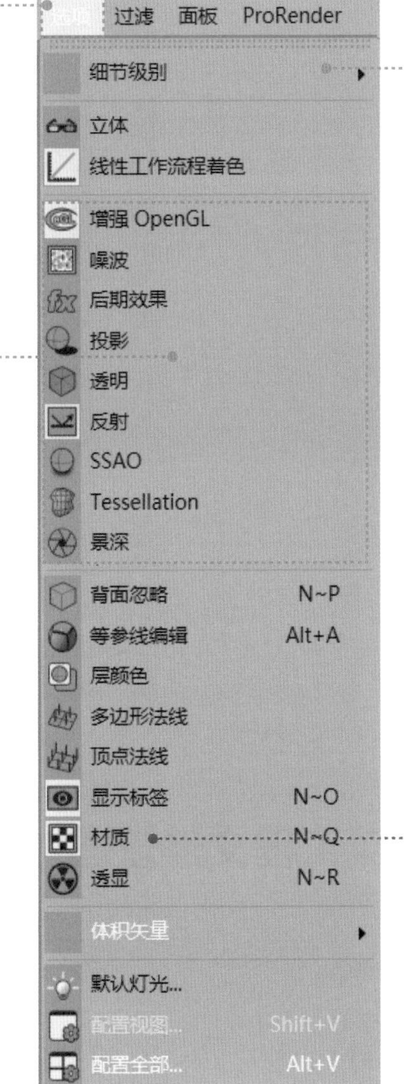

细节级别：用于设置视图中显示的对象的细节级别。当场景过于复杂而导致视图卡顿时，可以降低细节级别，减少点、线、面的显示以节约计算机资源。

视图特效选项：选择相应的特效后，可在视图中显示更多效果，让视图中的预览效果更接近最终的渲染效果。

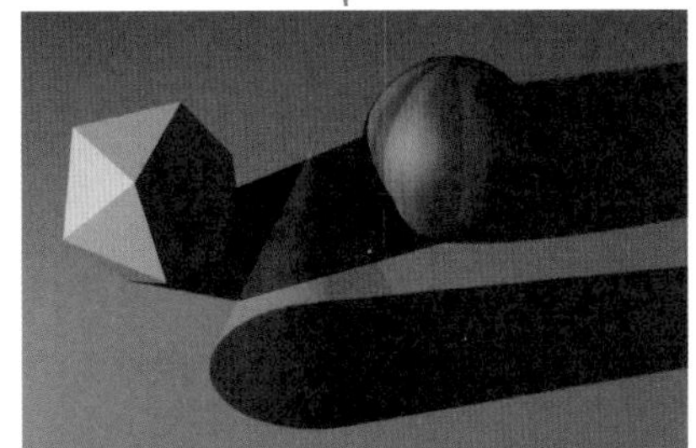

下图为选择“透明”和“反射”特效后的效果，较上图更能准确地显示透明对象的效果和材质的反射效果。

取消选择“材质”选项后，场景中的对象将不会显示材质效果。

过滤

单击视图窗口左上方的“过滤”菜单，弹出下拉菜单，可以在该下拉菜单中选择要在视图中显示的各类元素。取消选择的元素将不会在视图中显示。

面板

单击视图窗口左上方的“面板”菜单，弹出下拉菜单，可以在该下拉菜单中调整界面中的面板与视图。

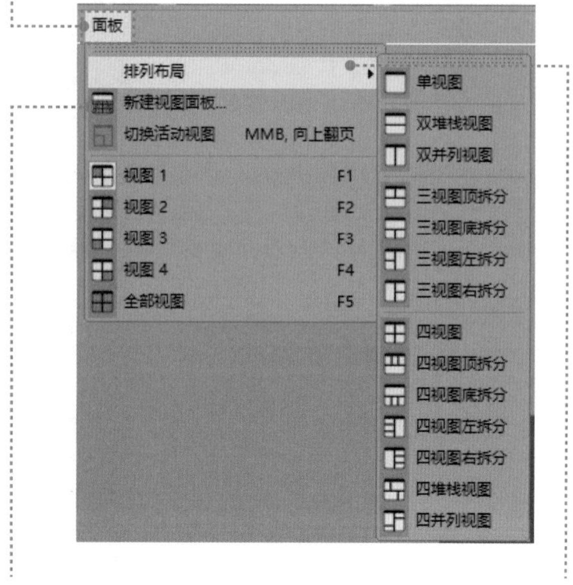

选择“新建视图面板”命令，可以新建独立的视图面板。

在“排列布局”子菜单中，可以更改视图的排列方式。

2.6 Cinema 4D 工程文件管理

所有三维软件都有自己特有的文件，Cinema 4D 的特有文件是扩展名为“.c4d”的 Cinema 4D 工程文件。

新建项目（快捷键为 Ctrl+N）

新建项目

执行“文件 > 新建项目”命令，即可新建一个工程文件。

合并项目（快捷键为 Ctrl+Shift+O）

合并项目

当需要将两个或多个不同的工程文件合并时，可以执行“文件 > 合并项目”命令，然后在弹出的“打开文件”对话框中选择需要合并的工程文件。

打开项目（快捷键为 Ctrl+O）

打开项目

执行“文件 > 打开项目”命令，在弹出的“打开文件”对话框中选择需要打开的工程文件，单击“打开”按钮即可打开项目文件。

最近文件

执行“文件 > 最近文件”命令，即可查看最近打开过的 20 个工程文件，便于快速打开近期使用过的工程文件。

保存项目

保存项目

执行“文件 > 保存项目”命令，即可对工程文件中已修改的内容进行保存。如果工程文件没有保存过，则会弹出“保存文件”对话框，选择保存路径和设置文件名进行保存即可，快捷键为 Ctrl+S。

项目另存为

执行“文件 > 项目另存为”命令，即可重新指定工程文件路径和名称，从而将工程文件保存为新工程文件，快捷键为 Ctrl+Shift+S。

增量保存

执行“文件 > 增量保存”命令，可以在当前工程文件的目录下创建一个新工程文件，并且创建的工程文件的编号依次加 1，快捷键为 Ctrl+Alt+S。

保存工程（包含资源）

执行“文件 > 保存工程（包含资源）”命令，将弹出“保存文件”对话框，选择保存路径后，将根据输入的名称创建工程文件夹并保存工程文件，同时将工程文件中引用的所有资源都保存一份到工程文件夹内。

导出文件

执行“文件 > 导出”命令，在弹出的子菜单中选择不同的格式，可以将工程内的对象导出为其他软件也能使用的格式。

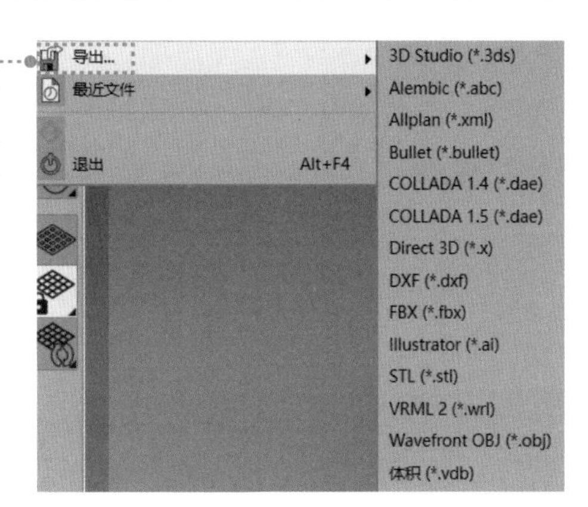

系统设置（快捷键为 Ctrl+E）

执行“编辑 > 设置”命令，打开“设置”窗口，可以根据需要更改 Cinema 4D 的一些默认设置，使其在下次启动时根据设置的参数运行。

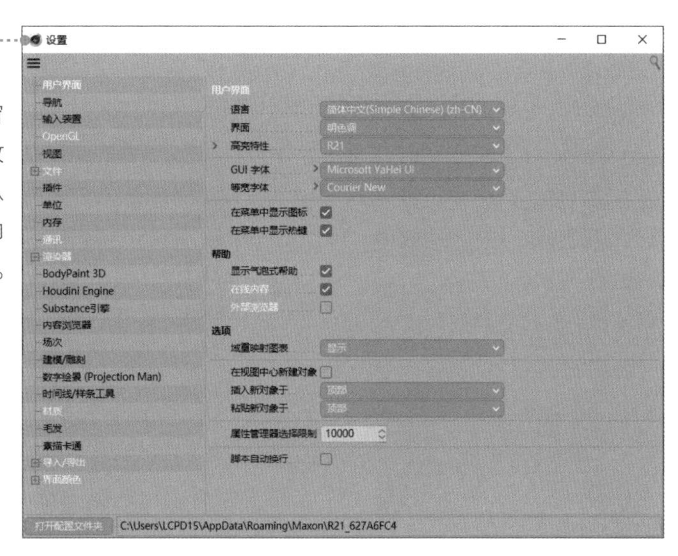

工程设置（快捷键为 Ctrl+D）

执行“编辑 > 工程设置”命令，在“属性”窗口中切换至“工程设置”面板。

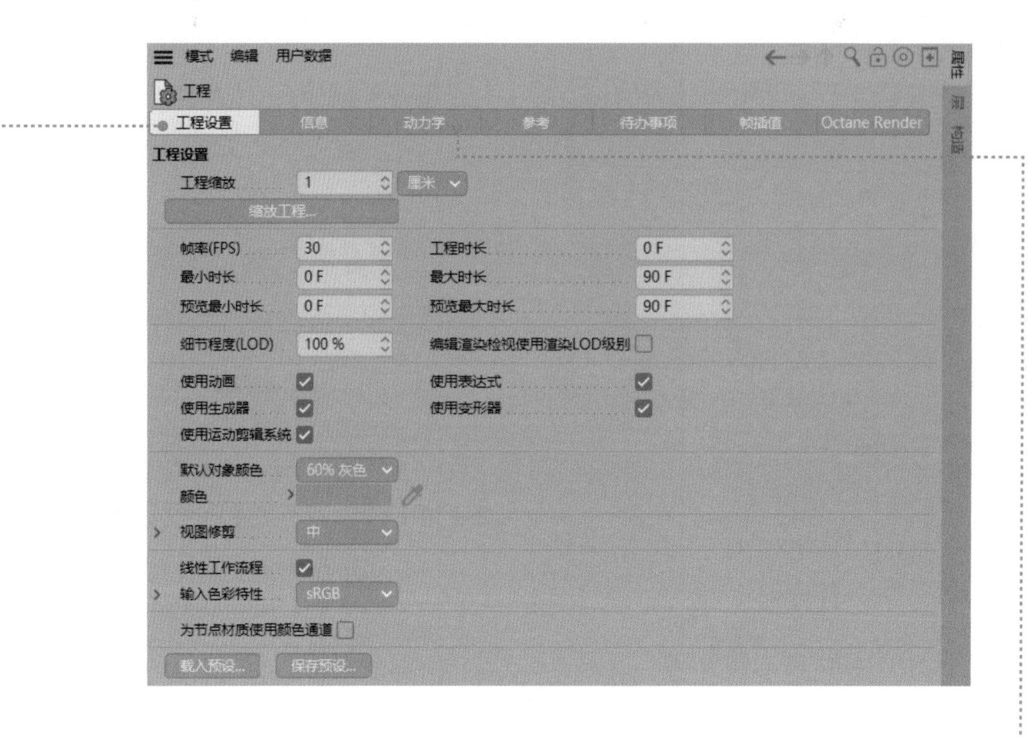

工程设置：用于更改当前工程的参数。

帧率（FPS）：帧为计算机动画的基础时间单位，每一次画面刷新记为一帧，每秒显示的帧数称为帧率，帧率为 30 即每秒显示 30 帧画面。

工程时长：工程时长的值为工程当前显示的画面所处的帧。

最小 / 最大时长：工程开始 / 结束的时间。若将最小时长设置为 10，则工程从第 10 帧开始；若将最大时长设置为 100，则工程在第 100 帧结束。

预览最小 / 最大时长：时间线上显示的时长不能超出预览最小 / 最大时长的范围。

使用动画 / 表达式 / 生成器 / 变形器 / 运动剪辑系统：用于控制是否要在视图中使用这些元素；假如取消选中“使用动画”复选框，则播放工程时，场景中的动画效果均不会显示。

默认对象颜色：没有被赋予材质的对象的默认颜色。

视图修剪：与摄像机的距离小于“靠近”参数和大于“远离”参数的元素将不会显示在视图中。

视图修剪 自定义
靠近 1 cm
远离 100000 cm

动力学：全局动力学参数设置。

时间缩放：进行动力学计算的时间相对于工程时间的缩放值。

重力：模拟地球引力，使场景中的动力学对象产生向下的加速度。

密度：对象的全局密度。

空气密度：全局空气密度。

技巧与提示

动力学模块是基于物理参数进行计算的模拟仿真方案，在制作写实的物理效果时，应当严格注意对象的比例与对应的物理参数，100 米高的楼倒塌和 10 厘米高的积木倒塌所需要的时间和产生的效果是完全不一样的。只有将各方面的参数都设置准确，才能制作出符合现实世界物理效果的动力学效果。

第 3 章 基础几何体

本章学习要点

Cinema 4D 空白对象的使用方法　　Cinema 4D 常用的参数对象

3.1 空白对象的使用方法

在使用Cinema 4D时，大部分工作都是从基础几何体开始的，基础几何体提供了常用的基础元素，如立方体、圆柱体、球体等。在工具栏中按住按钮，即可在弹出的下拉菜单中看到所有基础几何体。

空白对象作为特殊对象，不会在渲染结果中显示，其通常用于处理对象之间的父子级关系和承载特殊标签，以及自定义参数。

执行“创建 > 空白”命令，或在工具栏中按住按钮以显示下拉菜单，单击“空白”按钮，在场景中创建一个空白对象。

也可以在选中对象后，按快捷键Alt+G执行“组合”命令，创建一个空白对象并自动把选中的对象作为该空白对象的子级。

空白对象默认显示为“圆点”模式，在画面中显示为小黑点。若不便观察，则可以在“对象”属性面板中对其进行更改。

显示：选择空白对象的显示模式。

半径：设置空白对象显示模式的对应图形的半径。

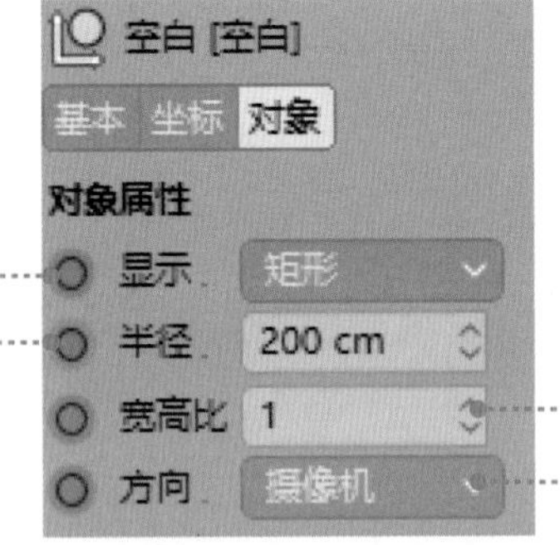

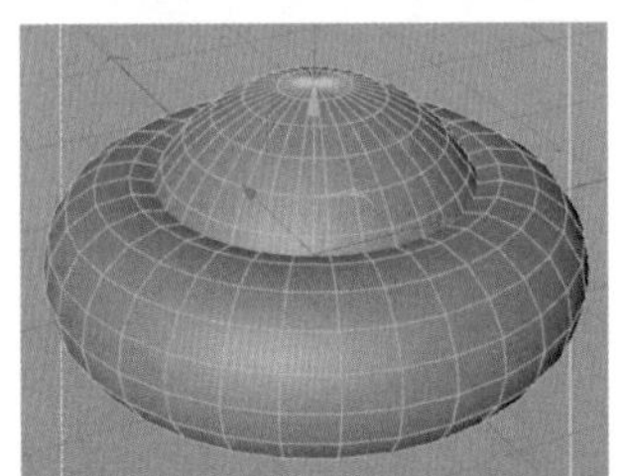

宽高比：设置空白对象显示模式的对应图形的宽度和高度的比值，低于1，则图形在y轴方向上被压缩，高于1，则图形在y轴方向上被拉长。

方向：设置图形的朝向。

摄像机：图形永远朝向摄像机，不管怎么变换视角，看到的都是正对摄像机的图形。

XY/ZY/XZ：图形朝向xy、zy、xz平面，视角的变换不会影响图形的朝向。

3.2 参数对象

执行“创建 > 参数对象”命令，或按住工具栏中的按钮以显示“参数对象”下拉菜单，单击需要创建的对象即可在场景中创建对应的参数对象。

参数对象是Cinema 4D中最基础的几何对象，可以通过修改对象的参数控制对象的形态。

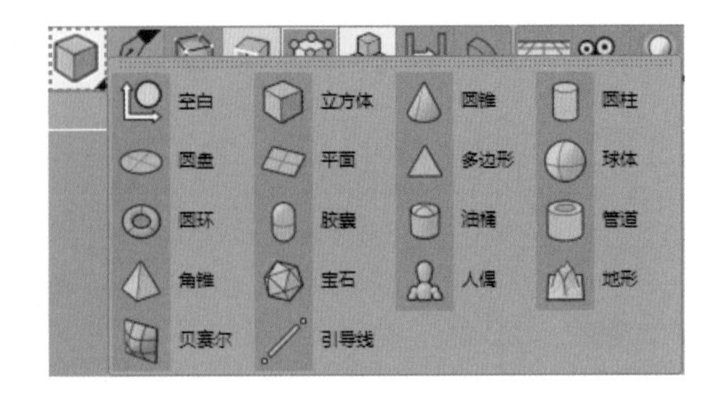

立方体

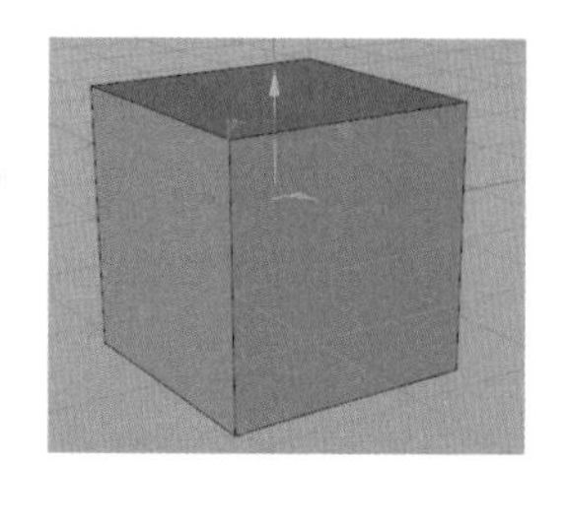

立方体是三维软件中最常用的对象之一，单击“立方体”按钮即可创建“立方体”对象，然后可以在“对象”属性面板中更改立方体的参数。

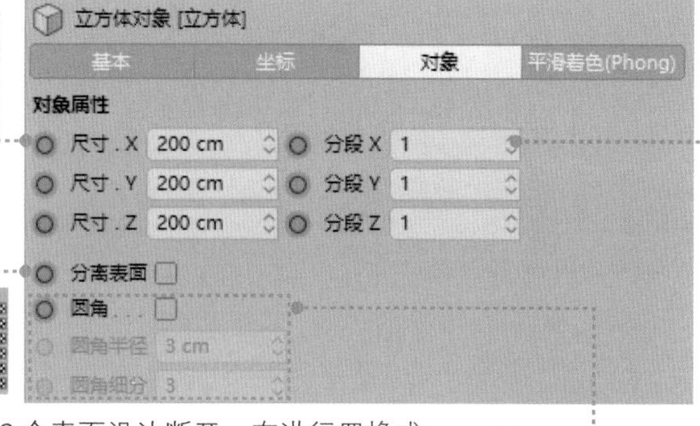

尺寸 .X/Y/Z：设置立方体在 x、y、z 轴上的尺寸。

分段 X/Y/Z：设置立方体在 x、y、z 轴上的分段数量，分段数量越多则对象越精细，分段数量最少为 1。

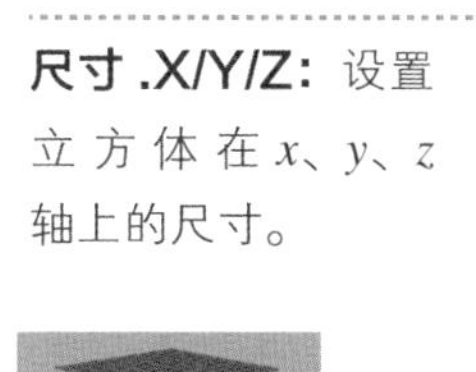

分离表面：将立方体的 6 个表面沿边断开，在进行置换或者其他操作时，6 个表面互不影响；将立方体对象转换为可编辑对象时，会将其转换为作为子级的 6 个平面和作为父级的 1 个“空白”对象。若选中“圆角”复选框，则不可再选中“分离表面”复选框。

圆角：对对象的边缘进行圆角处理。

圆角半径：设置圆角的半径。

圆角细分：设置圆角的分段数量。

圆锥

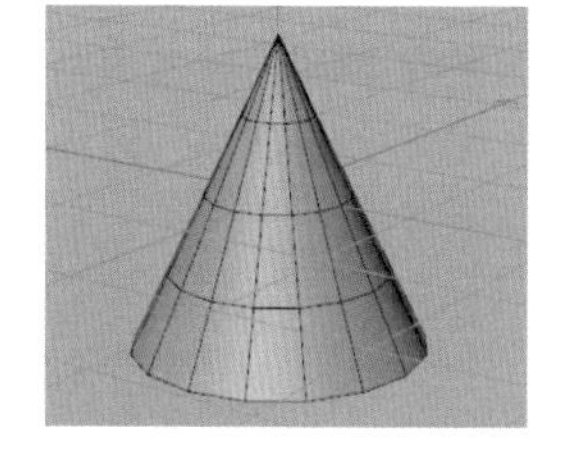

单击“圆锥”按钮，创建“圆锥”对象，可在“对象”属性面板、“封顶”属性面板和“切片”属性面板中更改圆锥的参数。

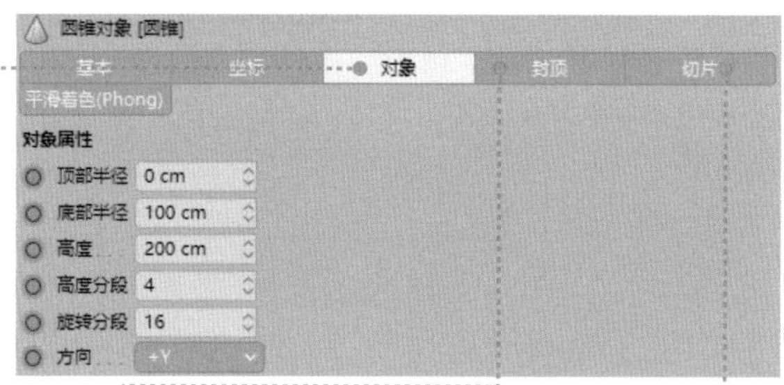

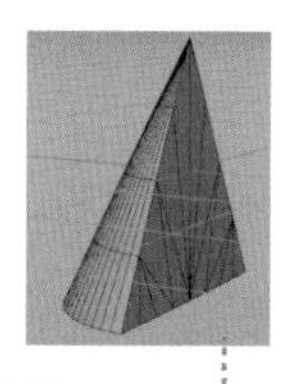

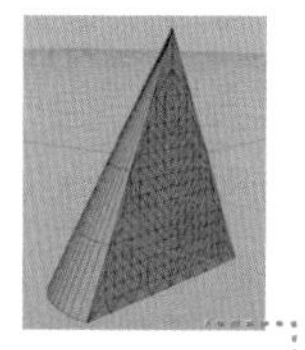

对象属性

顶部半径：圆锥顶部圆形的半径，默认为 0，即顶面只有一个点。

底部半径：圆锥底部圆形的半径。

高度：圆锥的高度。

高度分段：圆锥在高度方向上的分段数量。

旋转分段：圆锥曲面的分段数量，旋转分段数量越多，则圆锥顶 / 底面越接近圆形。

方向：圆锥的朝向，默认为“+Y”，即圆锥尖角朝向 y 轴的正方向。

封顶属性

封顶：设置是否对圆锥进行封顶，取消选中“封顶”复选框，则圆锥没有顶面和底面。

封顶分段：圆锥底面和顶面的分段数量。

圆角分段：需至少选中“顶部”或“底部”复选框中的一个，才可以设置圆角部分的分段数量。

顶部 / 底部：选中“顶部”/“底部”复选框，设置圆锥顶部 / 底部的圆角。若“顶部半径”/“底部半径”为 0，则没有效果。

半径：圆角在顶 / 底面平行方向上的半径。

高度：圆角在圆锥高度方向上的半径。

切片属性

切片：选中“切片”复选框，开启切片功能，以圆锥高度方向为轴进行旋转拉伸变形操作；如果不选择“封顶”复选框，则断开的部分不会封顶。

起点 / 终点：切片的起点和终点，用于定义切片角度；当切片角度大于 360° 时，对象会出现重叠。

标准网格：对切片产生的面进行重拓扑。

宽度：重拓扑网格的宽度。

圆柱体

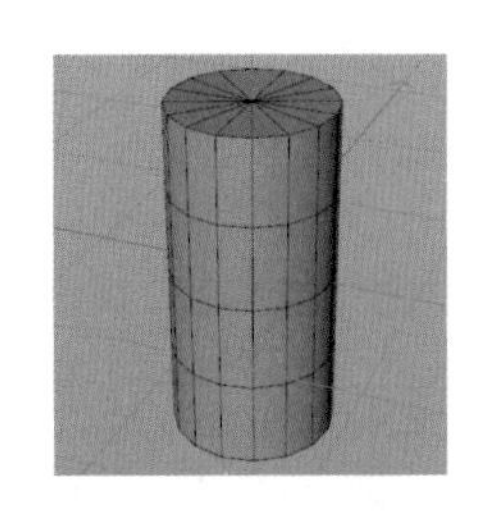

单击“圆柱体”按钮即可创建“圆柱体”对象，除了没有分顶部 / 底部半径外，圆柱体的参数和圆锥的参数完全相同。

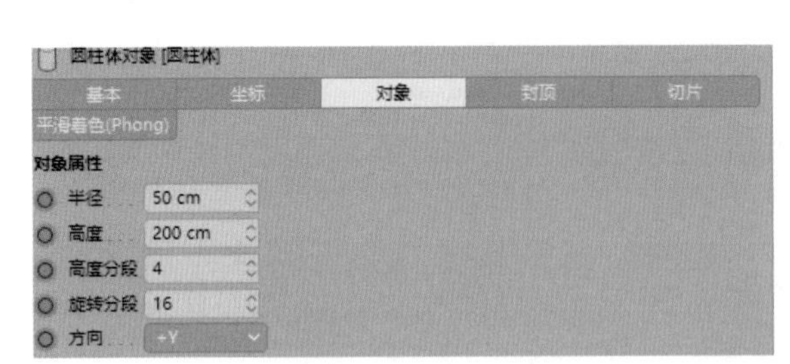

圆盘

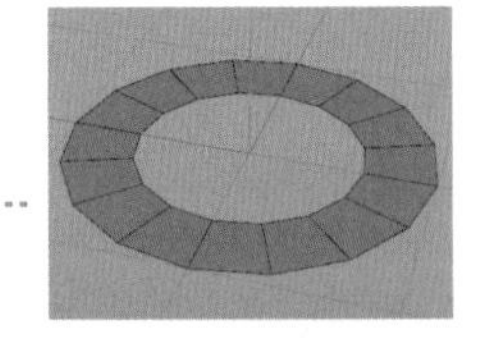

单击“圆盘”按钮，创建“圆盘”对象，可在“对象”属性面板中更改圆盘的参数。

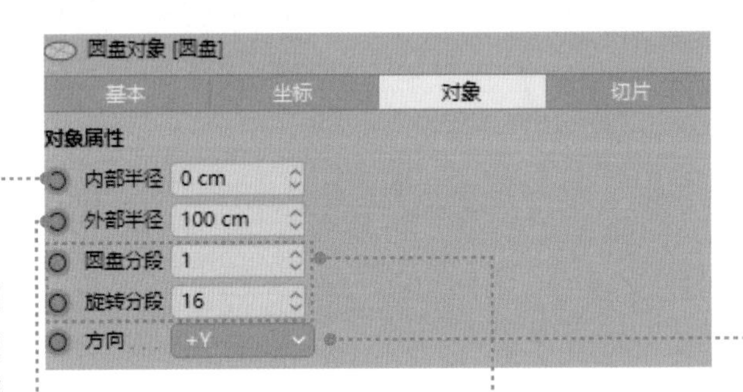

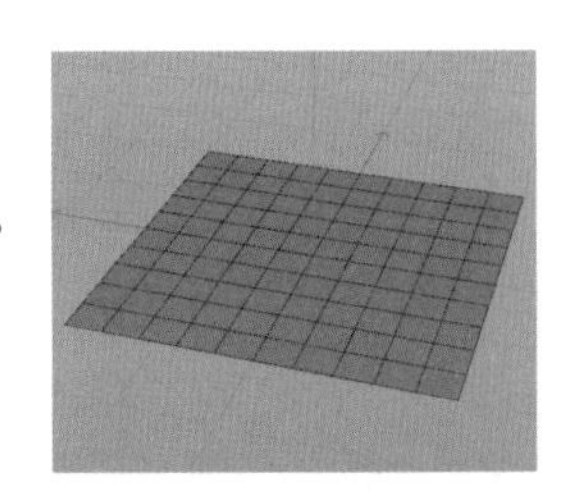

内部半径： 圆盘内圆的半径，默认为 0，内部半径不可大于外部半径；若将内部半径调大，则会在圆盘中心生成一个空洞，圆盘将变成环状。

外部半径： 圆盘外圆的半径，若将其调整至小于内部半径，则内部半径会自动缩小以保证其不大于外部半径。

圆盘分段： 内圆到外圆之间的距离分段。

旋转分段： 圆盘旋转方向上的分段。

方向： 圆盘朝向，默认为“+Y”。

平面

单击“平面”按钮，创建“平面”对象，可在“对象”属性面板中更改平面的参数。

多边形

单击“多边形”按钮，创建“多边形”对象，可在“对象”属性面板中更改多边形的参数。

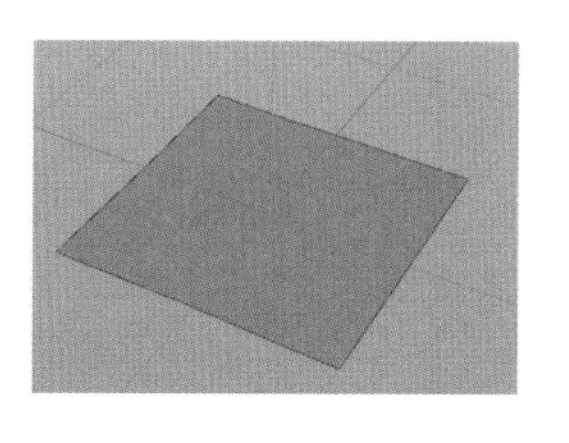

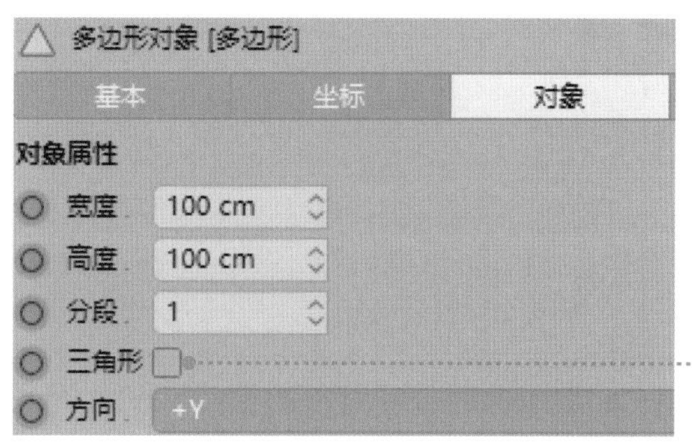

选中“三角形”复选框，则多边形变为三角形。

球体

单击“球体”按钮，创建“球体”对象，可在“对象”属性面板中更改球体的参数。

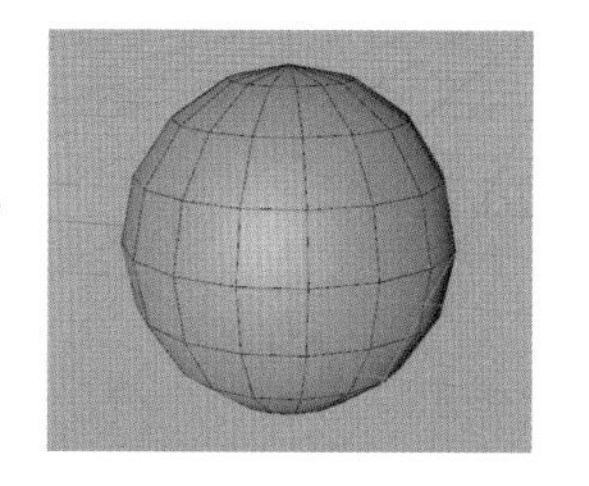

类型：球体类型。

标准：默认类型。

四面体 / 六面体 / 八面体 / 二十面体：设置球体为四面体 / 六面体 / 八面体 / 二十面体。

半球体：删除下半部分球体，只保留上半部分球体，开口不能封起来。

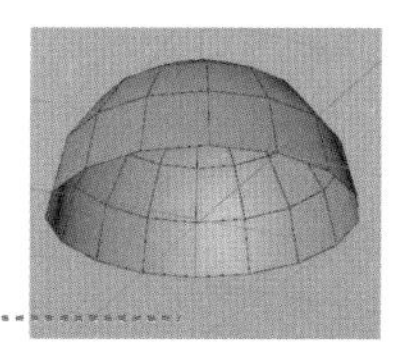

理想渲染：不论球体的分段数量有多少，用“理想渲染”渲染出的都是理想球体；当球体类型为“半球体”时，不可选中“理想渲染”复选框。

圆环

单击“圆环”按钮，创建“圆环”对象，可在“对象”属性面板中更改圆环的参数。

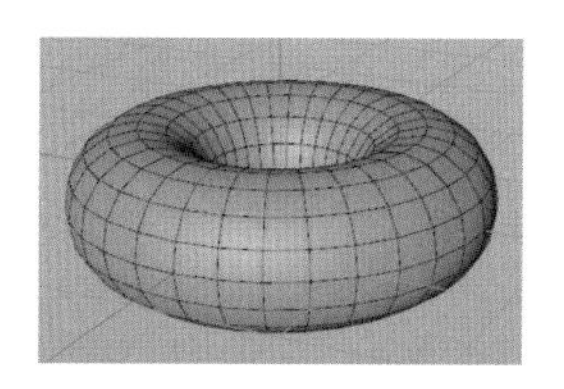

圆环半径：圆环的半径，即圆环中心到导管中心的直线距离。

圆环分段：圆环旋转方向上的分段。

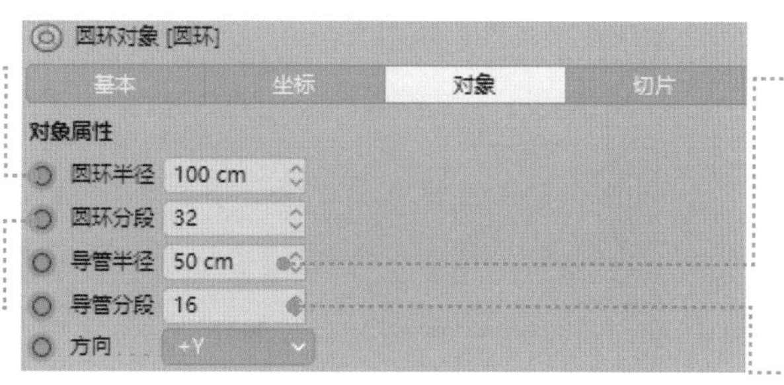

导管半径：圆环的“环”称为“导管”，该参数只影响导管半径，不影响圆环半径；导管半径不能大于圆环半径。

导管分段：圆环导管的分段。

胶囊

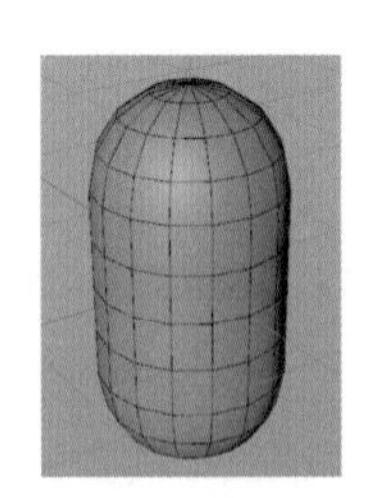

单击“胶囊”按钮，创建“胶囊”对象，可在“对象”属性面板中更改胶囊的参数。

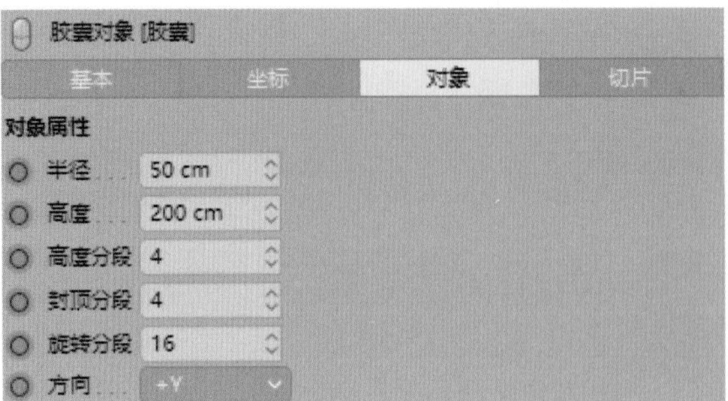

油桶

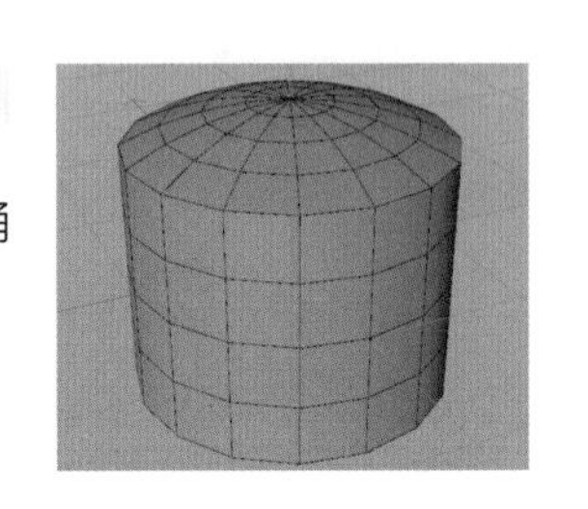

单击“油桶”按钮，创建“油桶”对象，可在“对象”属性面板中更改油桶的参数。

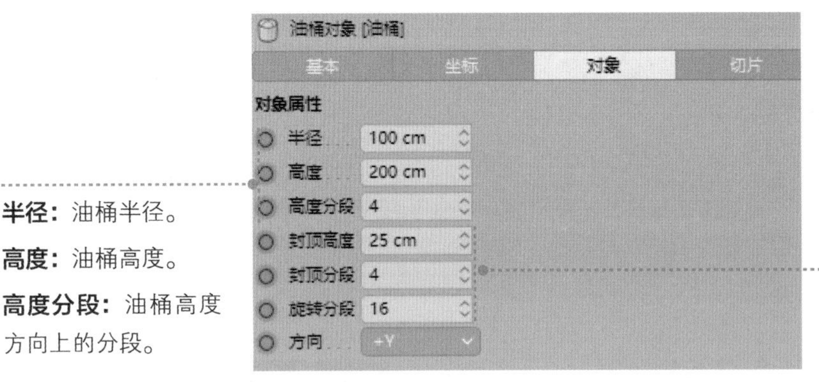

半径： 油桶半径。

高度： 油桶高度。

高度分段： 油桶高度方向上的分段。

封顶高度： 油桶顶面/底面隆起的高度，不影响油桶整体的高度。封顶高度不能大于油桶高度的一半。

封顶分段： 油桶封顶部分的分段。

旋转分段： 油桶旋转方向上的分段。

管道

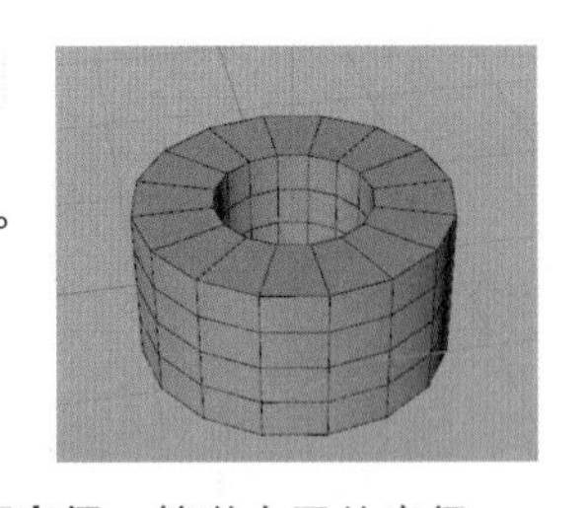

单击“管道”按钮，创建“管道”对象，可在“对象”属性面板中更改管道的参数。

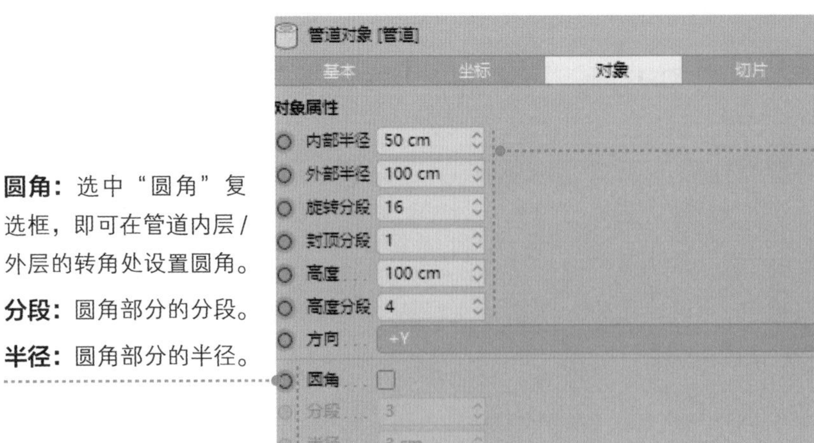

圆角： 选中“圆角”复选框，即可在管道内层/外层的转角处设置圆角。

分段： 圆角部分的分段。

半径： 圆角部分的半径。

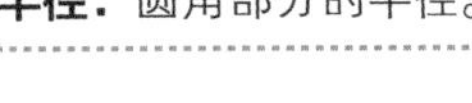

内部半径： 管道内层的半径。

外部半径： 管道外层的半径。

旋转分段： 管道旋转方向上的分段。

封顶分段： 管道顶面/底面上的分段。

高度： 管道高度。

高度分段： 管道高度方向上的分段。

金字塔

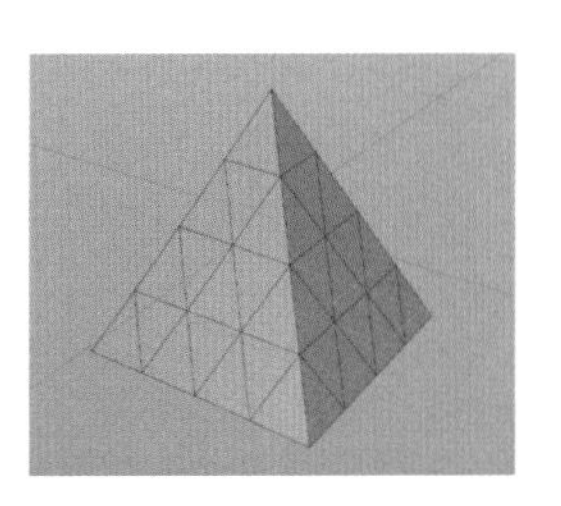

单击“金字塔”按钮，创建“金字塔”对象，可在“对象”属性面板中更改金字塔的参数。

宝石体

单击“宝石体”按钮，创建“宝石体”对象，可在“对象”属性面板中更改宝石体的参数。

可以在“类型”中将宝石体修改为四面体/六面体/八面体/十二面体/二十面体/碳原子。

宝石体还有一个特殊类型为碳原子。

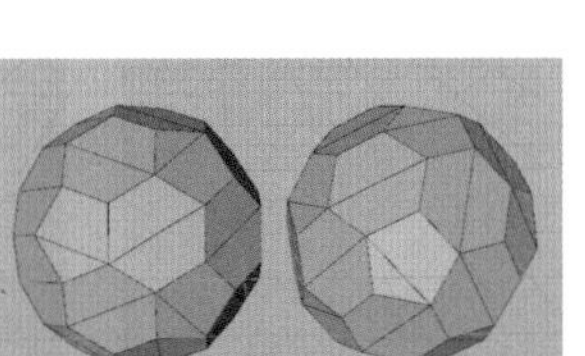

人偶

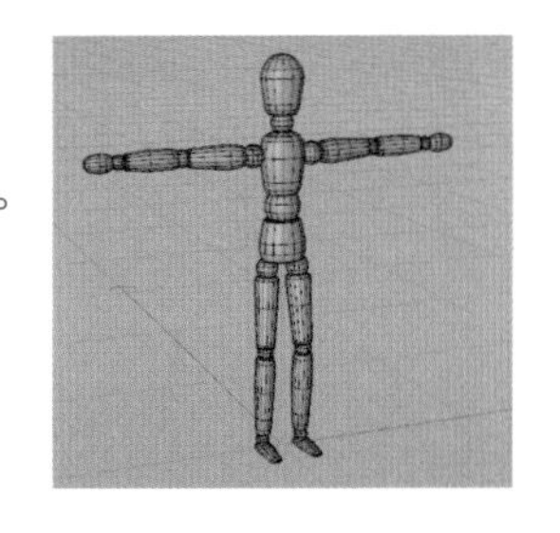

单击“人偶”按钮，创建“人偶”对象，可在“对象”属性面板中更改人偶的参数。

选中人偶，按C键将其转换为可编辑对象，此时人偶的肢体会逐层分开。人偶可以作为参照物置于场景中，并摆出简单的动作；也可以作为测试角色，用于测试其他效果。

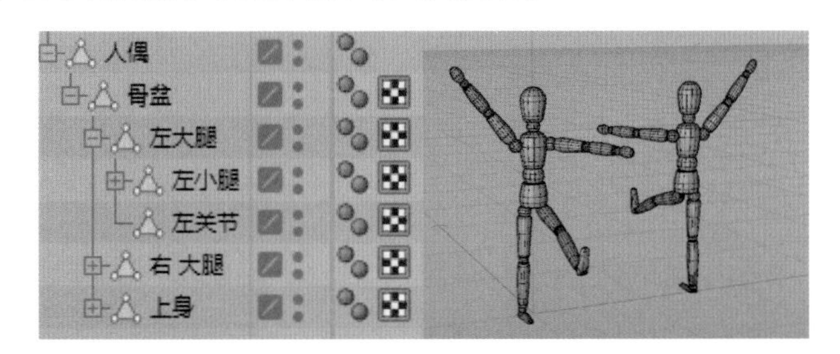

地形

单击“地形”按钮，创建“地形”对象，可在“对象”属性面板中更改地形的参数。

尺寸： 地形的尺寸，分别为宽度、高度、深度，调整高度数值即可调整地形的隆起高度。

宽度 / 深度分段： 默认情况下为地形表面在 x、y 轴方向上的分段数量。

粗糙皱褶： 地形皱褶效果的粗糙度，最小值为 0%，最大值为 100%；值越小则地形表面越平整，值越大则地形表面的起伏越明显。

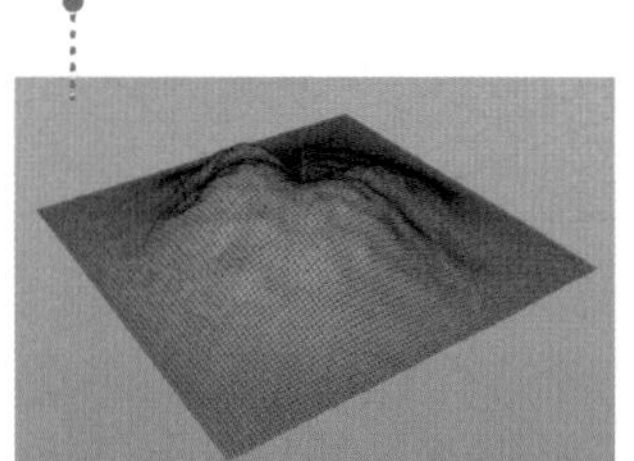

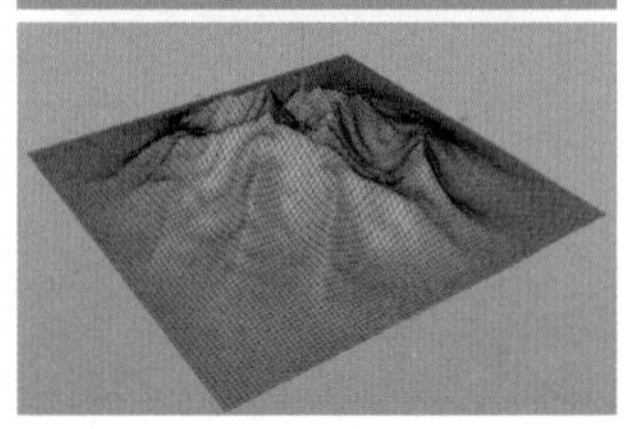

限于海平面： 将地形的四边限制在海平面上，默认选中；若取消选中，则整个地形平面都会隆起。

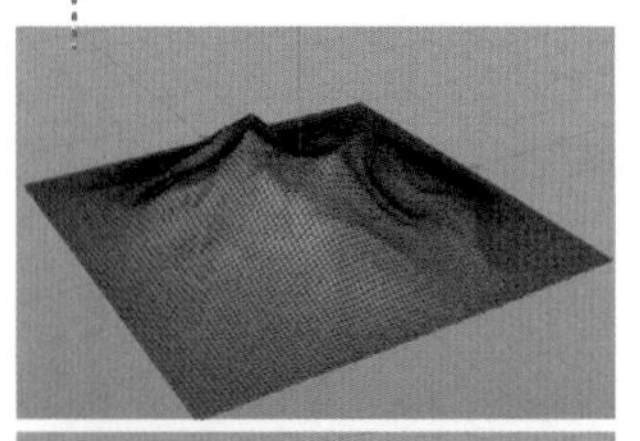

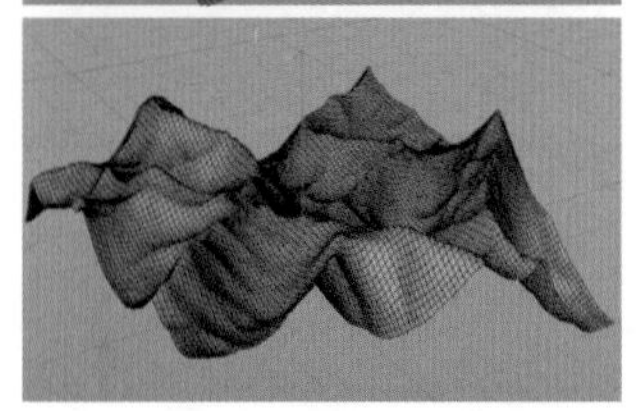

球状： 以球体为基础生成地形效果。

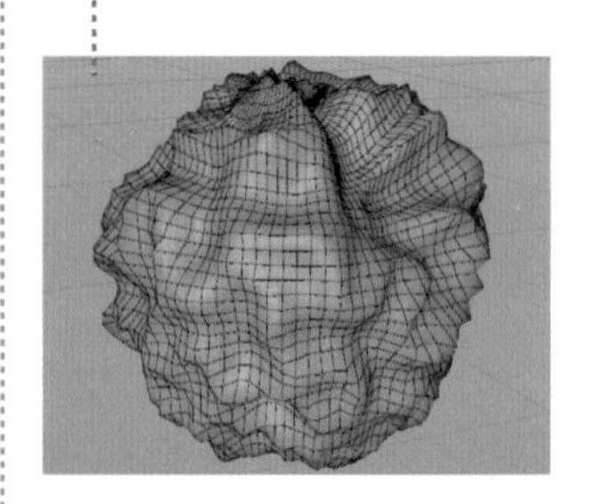

海平面： 设置海平面的高度，值越大则越多网格被拉平到海平面；默认值为 0%，当值为 100% 时，将变成平整的面。

地平面： 设置地平面的高度，值越小则越多网格被拉平到“尺寸”中设置的高度平面上，默认值为 100%。

多重不规则： 将多种不同类型的噪波叠加，以便生成更好的地形效果，默认选中。

随机： 地形随机数字，用于生成随机地形。

精细皱褶： 地形表面上细小皱褶效果的强度，最小值为 0%，最大值为 100%；值越小则地形表面越平整，值越大则地形表面细小的起伏越多。

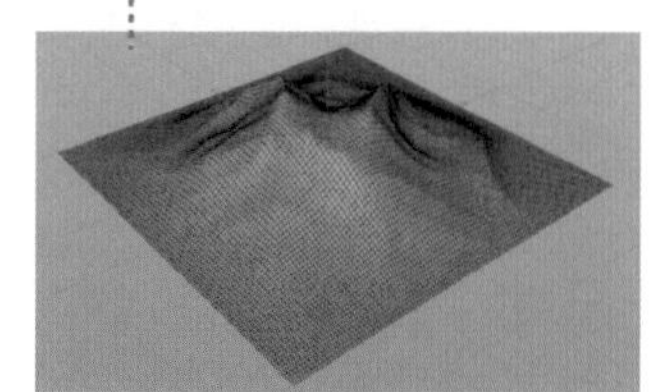

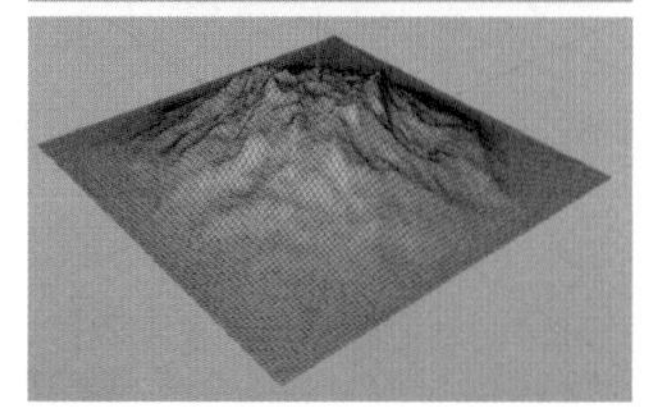

缩放： 用于控制地形起伏的噪波，值越小则每个山体越大，值越大则每个山体越小。

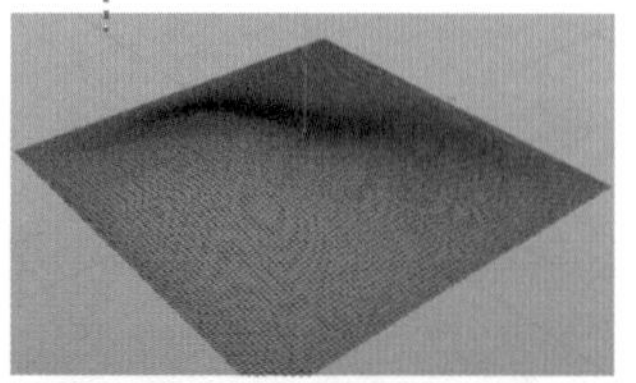

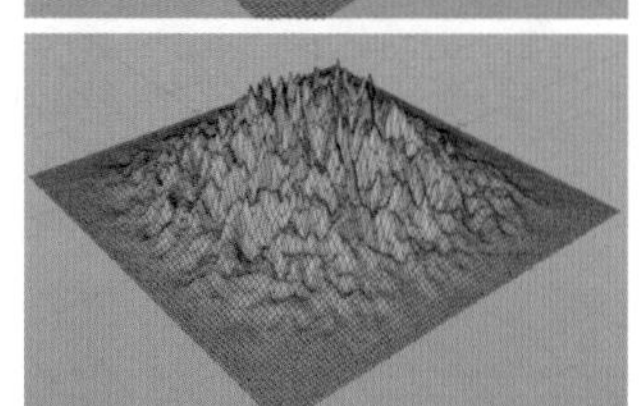

贝塞尔

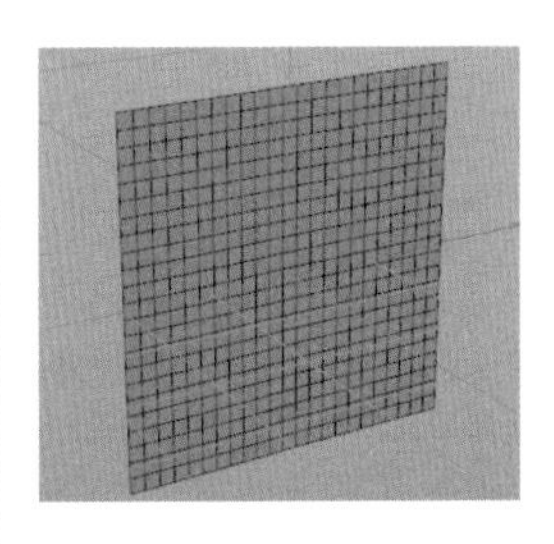

单击“贝塞尔”按钮，创建“贝塞尔”对象，可在“对象”属性面板中更改贝塞尔的参数。

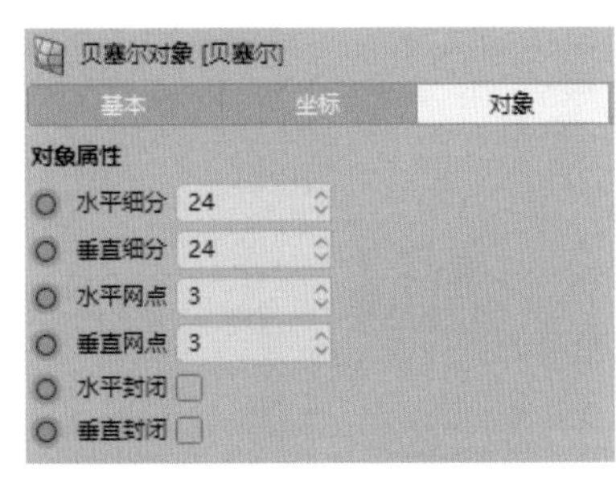

可以通过网点控制网格形态，切换到“点”模式即可对网点进行编辑。在“对象”属性面板中可以对网点数量进行调整。

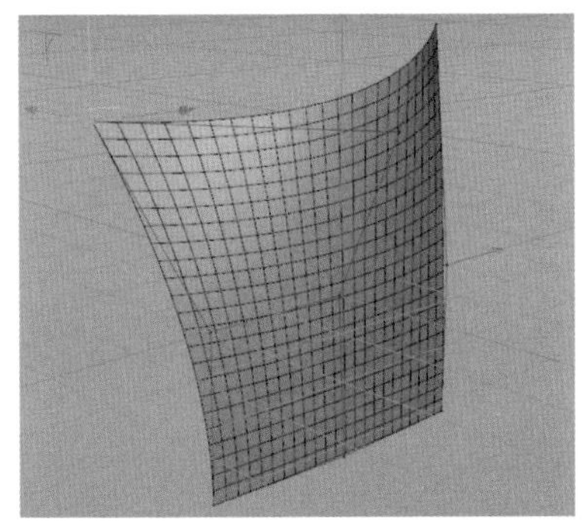

引导线

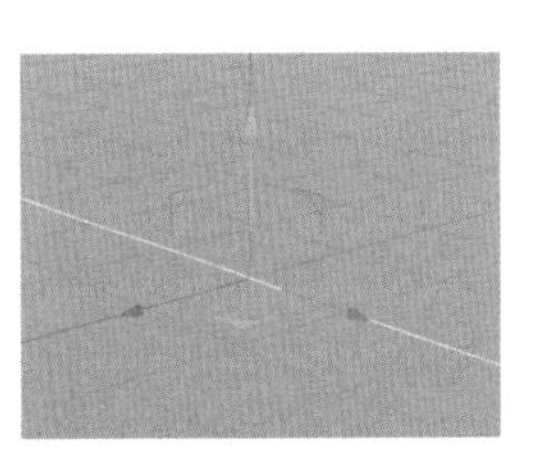

单击“引导线”按钮，创建“引导线”对象，可在“对象”属性面板中更改引导线的参数。引导线用于创建参考线、参考平面，以保证建模的准确性。

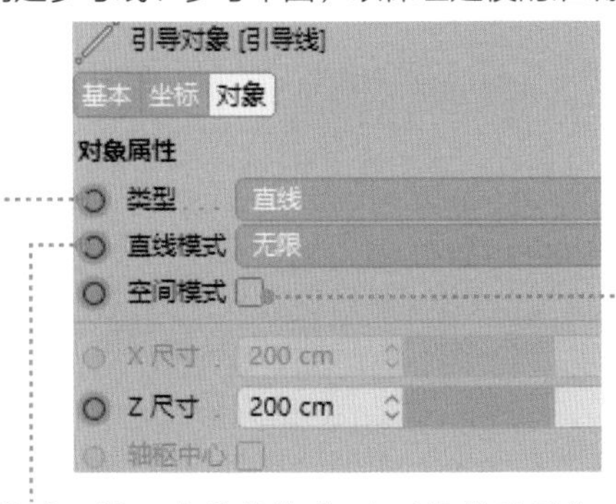

技巧与提示

现实中的物体不存在绝对锐利的转折边缘，因此要想让制作的模型更加真实，可适当为其增加圆角。

类型：引导线的类型。

直线：引导线在视图中显示为直线。

平面：引导线在视图中显示为平面。

直线模式：设置直线的模式，当引导线类型为平面时不可用。

无限：拥有无限长度，但从轴心延伸的长度不超过“工程设置”属性面板中设置的“远离”的值。

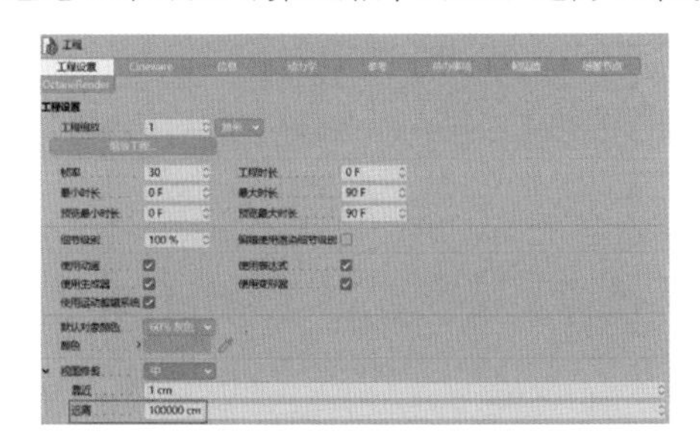

半直线：只显示正方向上的引导线。

分段：有限长度的线段，长度在“Z 尺寸”中设置。

空间模式：选中“空间模式”复选框后，直线/平面模式下的引导线/平面在 x、y、z 3 个方向上均会显示。

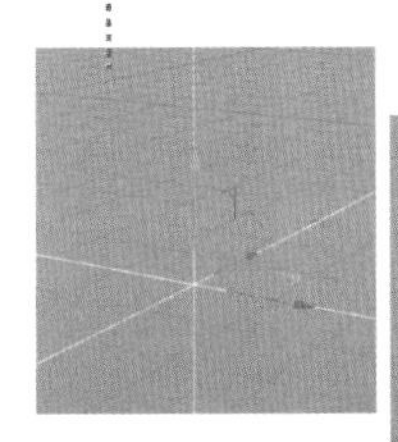

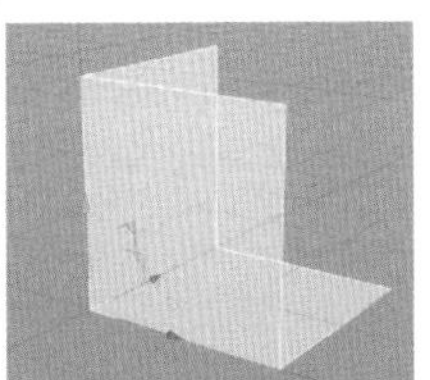

第 4 章
样条曲线

本章学习要点

Cinema 4D 中样条曲线的创建与应用　　布尔运算

样条曲线是 Cinema 4D 中通过创建点生成的曲线，创建完成后，可以通过控制点来控制样条曲线的形态。将样条曲线与 Cinema 4D 的其他功能相结合可以生成三维模型，这是一种基础的建模方式。同样，也可以将样条曲线应用于动画、特效等，以实现对动画、特效的灵活控制。

4.1 钢笔工具

在 Cinema 4D 中，可以用来自由绘制样条曲线的工具统称为钢笔工具，常用的包括“样条画笔”“草绘”“平滑样条”“样条弧线工具”。

可以单击菜单栏中的“样条”菜单，或在工具栏中按住按钮，在显示的下拉菜单中找到钢笔工具。

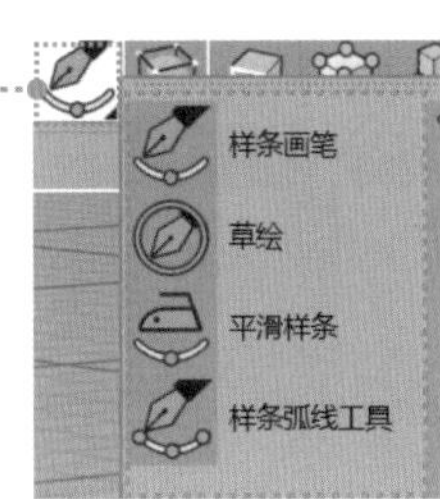

样条画笔

单击“样条画笔”按钮，启用“样条画笔”工具，然后在视图窗口中单击即可创建点。创建的多个点将连成样条曲线，只要将最后一个点创建在第 1 个点的位置，样条曲线就会自动闭合并结束创建。如果不想闭合样条曲线，则在创建完成后按 Esc 键即可。下图为使用“样条画笔”工具创建的字母 A 样条曲线。

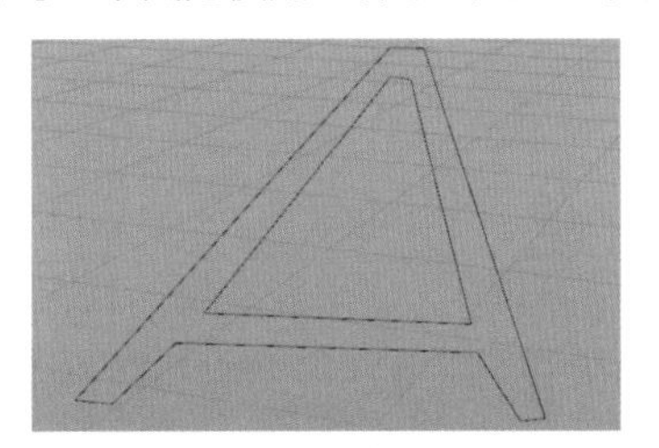

如果想在创建完成的样条曲线上加点，则按住 Ctrl 键并在样条曲线上要加点的位置单击；如果想删除点，则按住 Ctrl 键并单击要删除的点，或选中点后按 Delete 键。

如果创建完成后想修改样条曲线让样条曲线闭合或不闭合，则可以在“属性”窗口中选中或取消选中“闭合样条”复选框。

在创建样条曲线前或创建完毕后，均可在“属性”窗口的“类型”中更改样条曲线的类型。

线性样条

连接点与点的直线段。

贝塞尔（Bezier）曲线

除线性样条外，其他样条均为曲线，而贝塞尔曲线是实际应用中最常用的曲线。贝塞尔曲线由点连接而成，可通过操控手柄控制贝塞尔曲线的形态。默认情况下，直接单击创建的贝塞尔曲线的操控手柄的长度为 0，其形态和线性样条一致。可以在创建点的过程中按住鼠标左键拖曳调整贝塞尔曲线的形态，也可以在创建完毕后选中点或曲线显示出操控手柄后再调整贝塞尔曲线的形态。

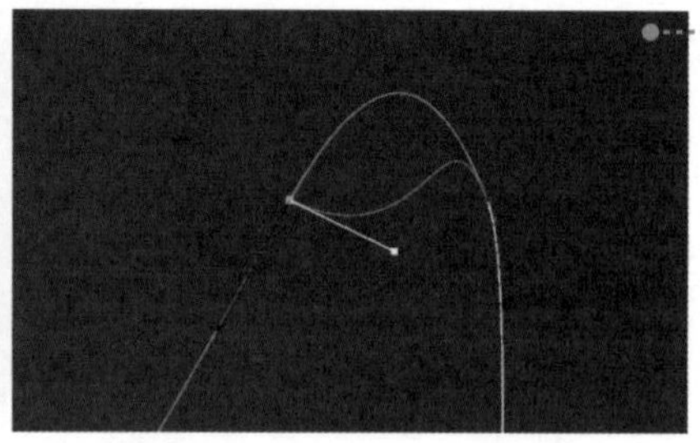

如果只需要操控手柄的一侧，可按住 Shift 键并拖曳。

立方样条

立方样条曲线会经过全部点，但没有操控手柄来单独控制曲率，会直接形成曲率较大的样条曲线。

阿基玛（Akima）样条

类似立方样条，但其曲率较小，每段样条曲线之间的影响也较小。

B- 样条

当创建的点达到 3 个或 3 个以上时，系统会根据相邻的 3 个点创建出平滑的样条曲线，样条曲线不闭合时首尾会经过创建的点，其余部分不经过点。

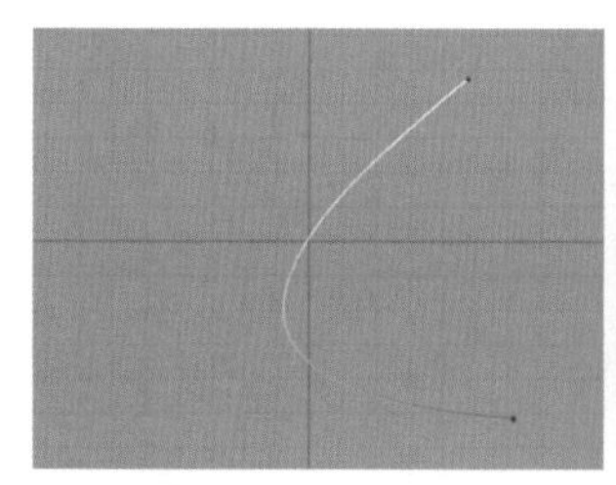

草绘

单击“草绘”按钮，启用“草绘”工具，按住鼠标左键在视图窗口中任意拖曳，即可在鼠标指针的移动路径上生成样条曲线。

平滑样条

单击“平滑样条”按钮，启用“平滑样条”工具，按住鼠标左键在视图窗口中拖曳，即可对鼠标指针移动范围内的样条曲线进行平滑操作。

如果要扩大选区范围，可以按住Shift键，或按住Ctrl键+鼠标中键并左右拖曳，也可以通过“属性”窗口中的“半径”参数进行调整。

“属性”窗口中的“平滑”“抹平”“随机”“推”“螺旋”“膨胀”“投射”等为工具的操作模式，默认只开启“平滑”模式，若需要开启其他模式则选中相应的复选框即可；右侧的数值为对应强度。

在进行平滑操作的过程中，按住Ctrl键会同时进行加控制点的操作，每次移动鼠标指针进行平滑操作都会生成新的控制点，若生成的控制点过多，则系统容易崩溃；但适当使用也可做出有趣的效果。下图所示为使用“螺旋”模式时，按住Ctrl键对一段直线进行平滑操作后的效果。

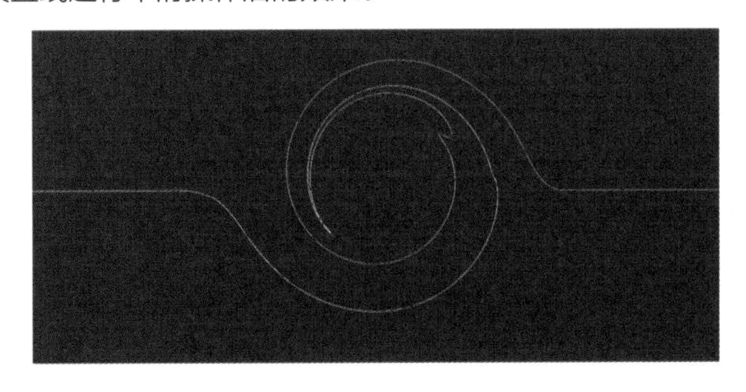

样条弧线工具

单击“样条弧线工具”按钮，启用“样条弧线工具”，选中任意样条曲线后拖曳鼠标，通过拖曳两个曲线控制点和一个圆心组成的三个控制点，可以定义一个圆形并在圆形上确定一条弧线，将原样条曲线修改为定义的弧线。

也可以在空白处拖曳鼠标，用“样条弧线工具”创建新的样条曲线。

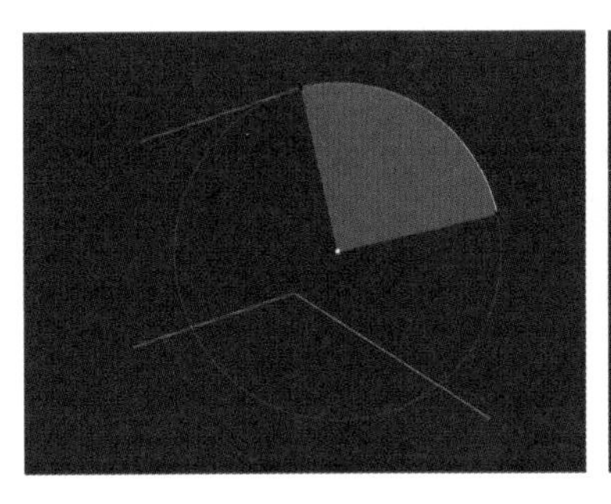

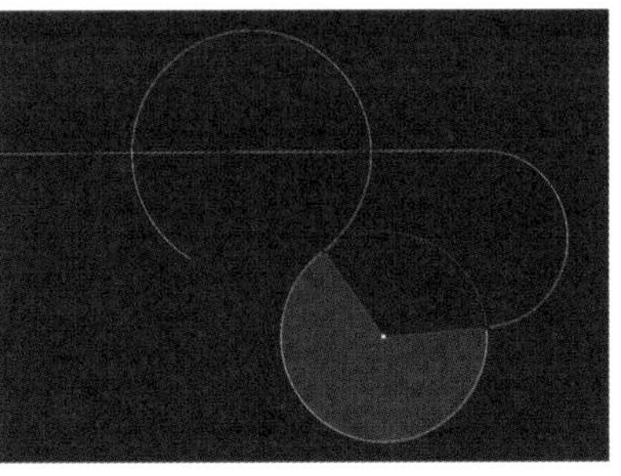

技巧与提示

在透视视图中绘制样条曲线，很难保证旋转视角后的样条曲线依然是自己想要的样子。因此，通常都会在顶视图或其他视图中创建好平面的样条曲线后，再在各个视图中分别进行调整。

4.2 样条对象

在 Cinema 4D 中，按住工具栏中的按钮，在弹出的下拉列表中单击需要创建的对象，即可在场景中创建对应的样条对象。

弧线

单击“弧线”按钮，创建“圆弧”对象，可在“对象”属性面板中查看圆弧的参数。

类型： 设置样条曲线的类型，包括“圆弧”“扇区”“分段”“环状”等选项。

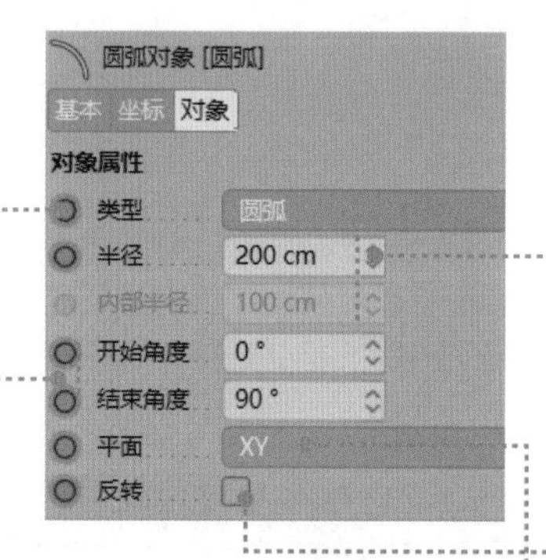

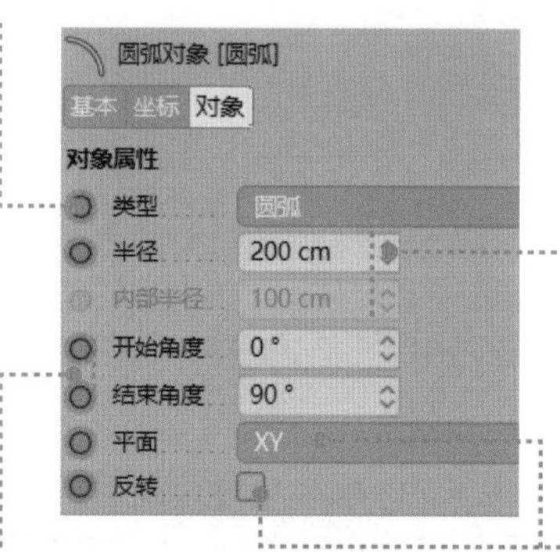

半径： 圆弧的半径。

内部半径： 当“类型”被设置为“环状”时，用来设置圆弧内环的半径。

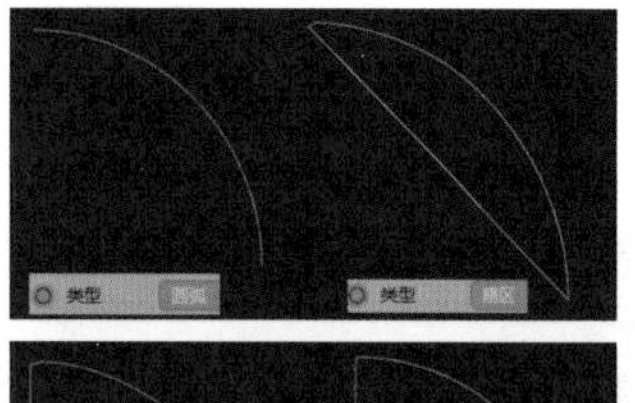

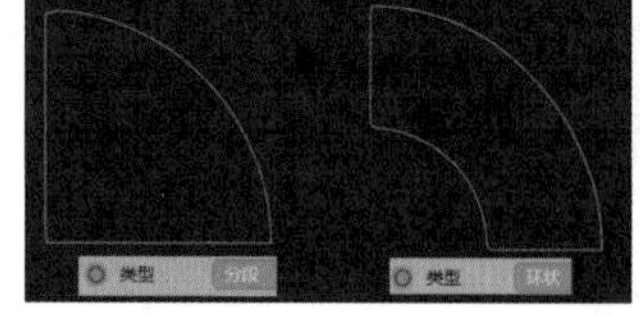

开始 / 结束角度： 设置圆弧起始点和结束点相对于圆心的角度，两个角度中间的区域内会生成可见的圆弧。

平面： 设置圆弧的朝向。

反转： 选中“反转”复选框，将反转起始点与结束点。

圆环

单击“圆环”按钮，创建“圆环”对象，可在“对象”属性面板中查看圆环的参数。

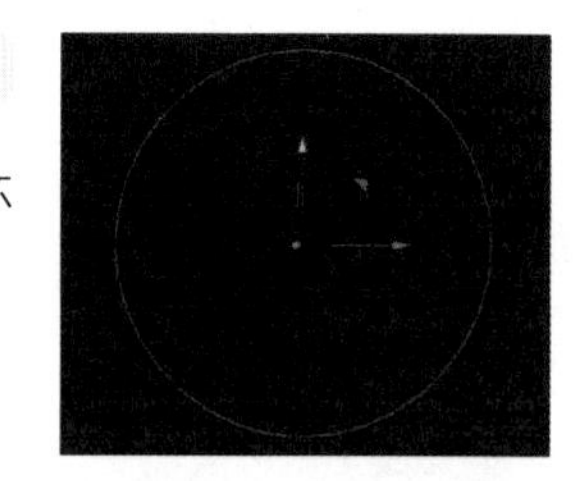

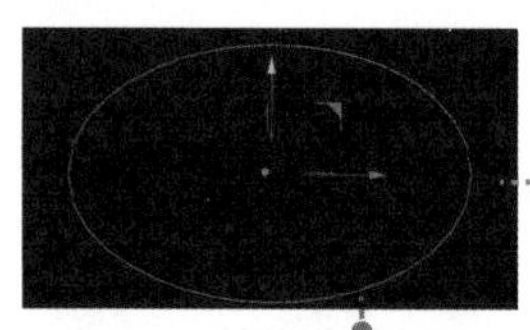

椭圆： 选中“椭圆”复选框后，可以单独设置圆环在 x、y 轴上的半径，以形成椭圆。

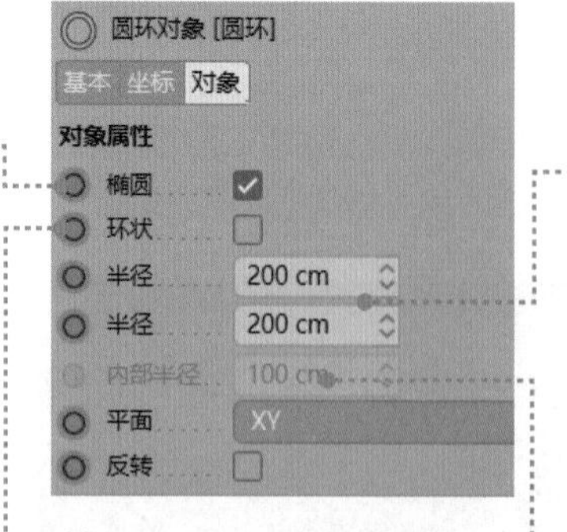

半径 / 半径： 当取消选中“椭圆”复选框时，高亮显示的半径用于调整圆环整体的半径；当选中“椭圆”复选框时，默认情况下第 1 个半径用来调整 y 轴方向的半径，第 2 个半径用来调整 x 轴方向的半径。

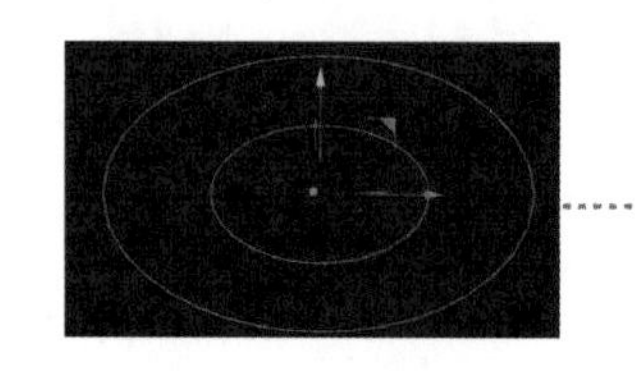

环状： 选中“环状”复选框，将额外添加一个内环，其默认半径为 100cm。

内部半径： 当选中“环状”复选框时，用来调整添加的内环的半径。

螺旋线

单击“螺旋线”按钮，创建“螺旋线”对象，可在“对象”属性面板中查看螺旋的参数。

起始 / 终点半径： 通过单独设置螺旋起始点和结束点的半径，可以设置出上大下小或上小下大的螺旋。

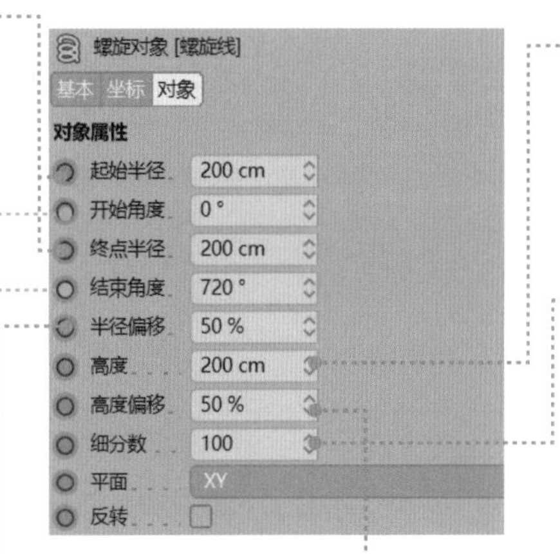

开始 / 结束角度： 设置起始点和结束点相对于圆心的角度，差值每达到 360° 螺旋就多旋转一圈。

高度： 螺旋的高度；调整开始 / 结束角度、增加螺旋的圈数不会影响螺旋的高度，高度需要单独调整。

细分数： 螺旋样条的分段数，分段数过少会导致螺旋不够圆；当起始 / 终点半径和细分数调整到特定比例时，可以形成一些特殊的效果。

半径偏移： 当螺旋起始 / 终点半径不一致时，设置半径的中点更偏向哪一边。下图所示为起始半径为 10cm、终点半径为 100cm 时，不同的半径偏移效果。

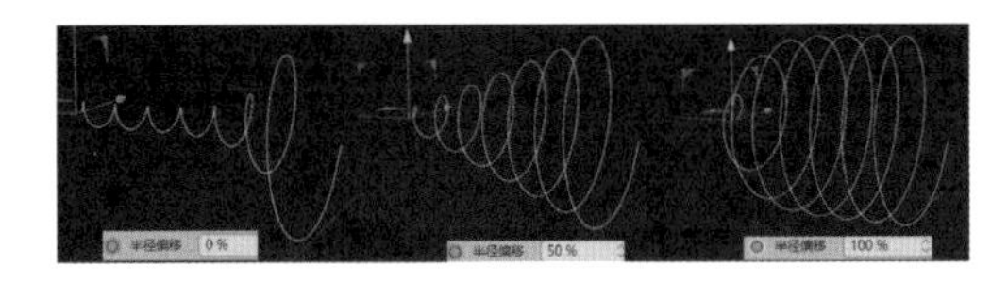

高度偏移： 与“半径偏移”类似，设置高度的中点更偏向哪一边。下图所示为起始半径为 10cm、终点半径为 100cm、高度为 200cm 时，不同的高度偏移效果。

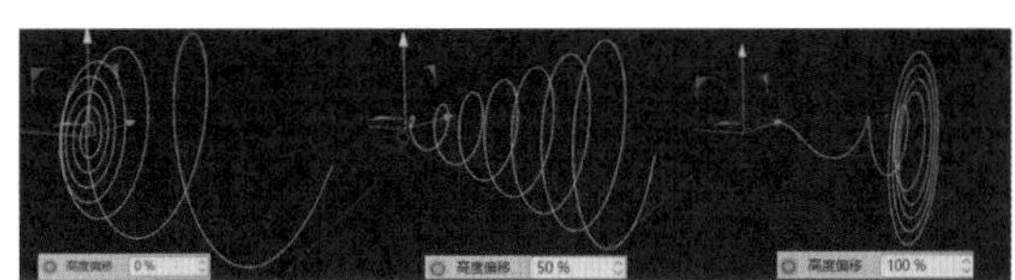

多边

单击“多边”按钮，创建“多边”对象，可在“对象”属性面板中查看多边的参数。

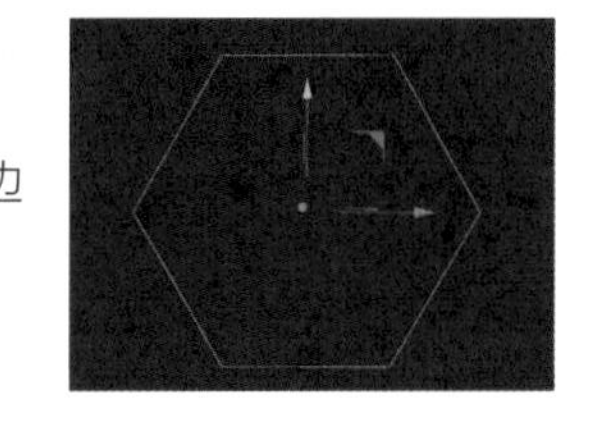

半径： 多边形的半径。

侧边： 多边形边的数量，最小为 2，即线段；值越大越接近圆形。

圆角： 在转角处生成圆角。

半径： 选中“圆角”复选框后，可设置圆角的半径。

矩形

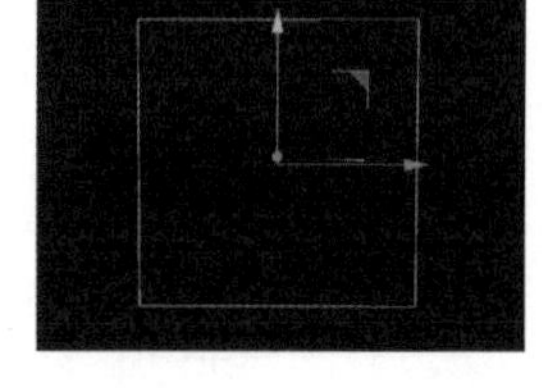

单击“矩形”按钮 矩形 ，创建“矩形”对象，可在“对象”属性面板中查看矩形的参数。

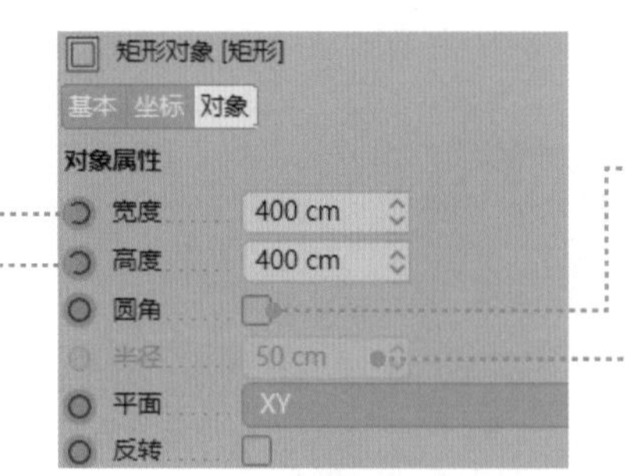

宽度： 设置矩形的宽度，默认 x 轴方向为宽度方向。

高度： 设置矩形的高度，默认 y 轴方向为高度方向。

圆角： 在转角处生成圆角。

半径： 选中“圆角”复选框后，可设置圆角的半径。

星形

单击“星形”按钮 星形 ，创建“星形”对象，可在“对象”属性面板中查看星形的参数。

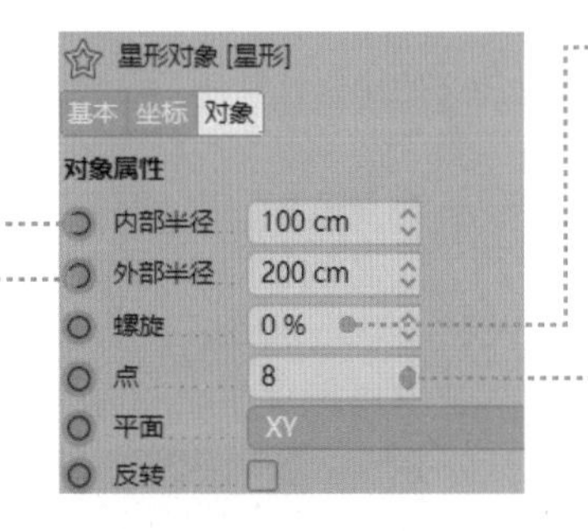

内部半径： 星形内圈的点到星形中心的距离。

外部半径： 星形外圈的点到星形中心的距离。

螺旋： 调整内圈点向相邻点偏移的强度，右图所示为螺旋值为 100% 时的效果。

点： 设置星形角的数量，最小值为 3。

文本

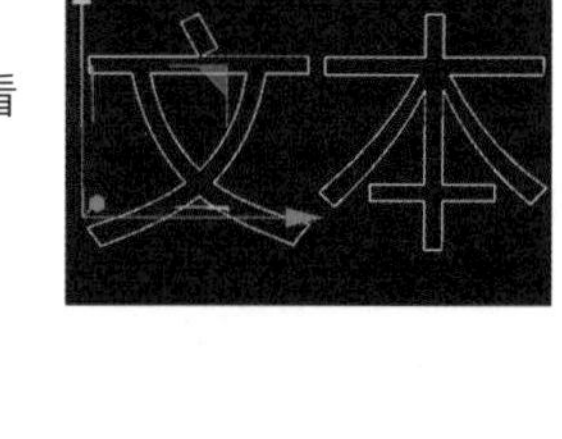

单击“文本”按钮 文本 ，创建“文本”对象，可在“对象”属性面板中查看文本的参数。

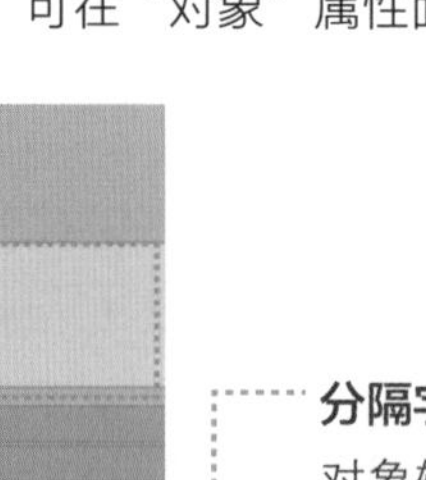

文本： 设置“文本”对象的文字内容。

字体： 设置文字的字体。

分隔字母： 默认情况下，将“文本”对象转换为可编辑对象时，只会生成一个包含全部文本的样条曲线，选中该复选框后，每个文字会单独生成样条曲线。

高度： 设置“文本”对象的高度，相当于字号。

水平 / 垂直间隔： 设置文字在水平 / 垂直方向上的间隔距离。

字距： 单击 › 图标，显示出二级参数，即可设置字距、字体缩放、基线偏移等参数，类似 Photoshop 中的字体属性设置。

四边

单击“四边”按钮 四边，创建“四边”对象，可在“对象”属性面板中查看四边的参数。

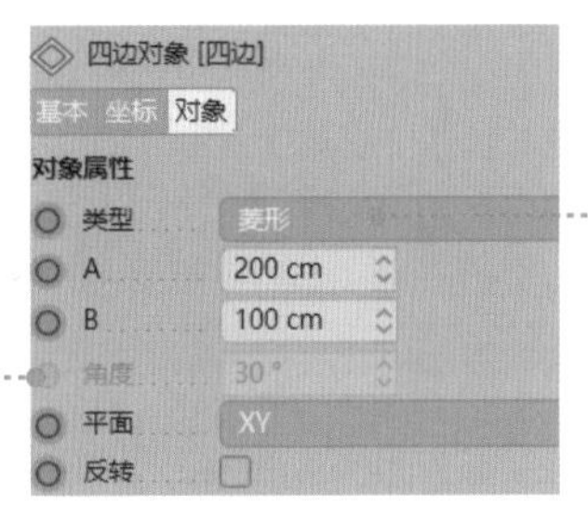

角度： 当“类型”为“平行四边形”或“梯形”时，可修改内角的角度。

类型： 设置四边形的类型，有“菱形”“风筝”“平行四边形”“梯形”4 种。

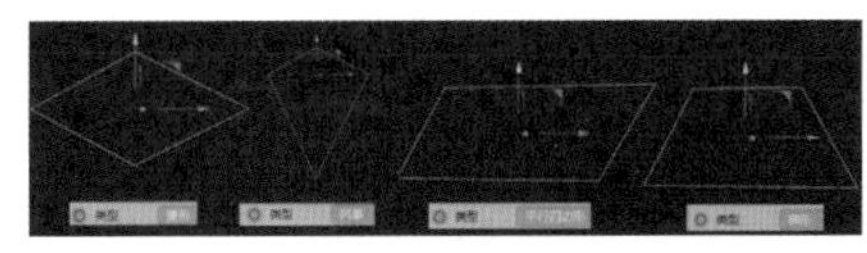

蔓叶线

单击“蔓叶线”按钮 蔓叶线，创建“蔓叶线”对象，可在“对象”属性面板中查看蔓叶线的参数。

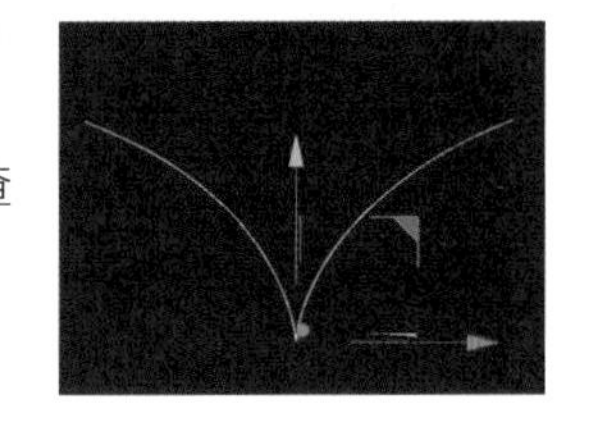

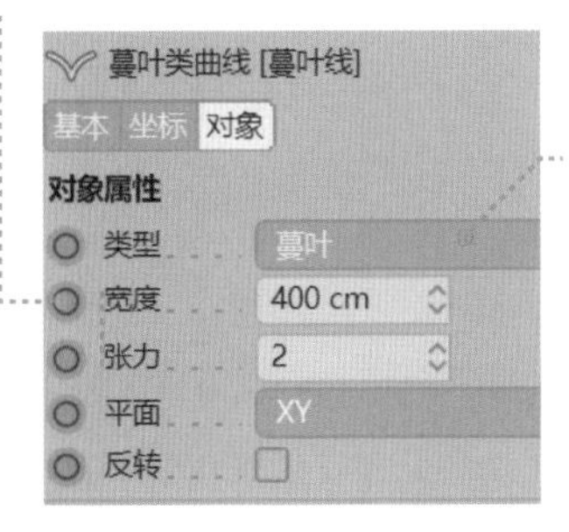

宽度： 设置样条曲线的宽度。

张力： 当“类型”为“蔓叶”或“环索”时，用来设置样条曲线的张力；最小值为 1.5，最大值为 100；值越接近 100，创建的对象就越接近“T”形。

类型： 设置样条曲线的类型，有“蔓叶”“双扭”“环索”3 种。

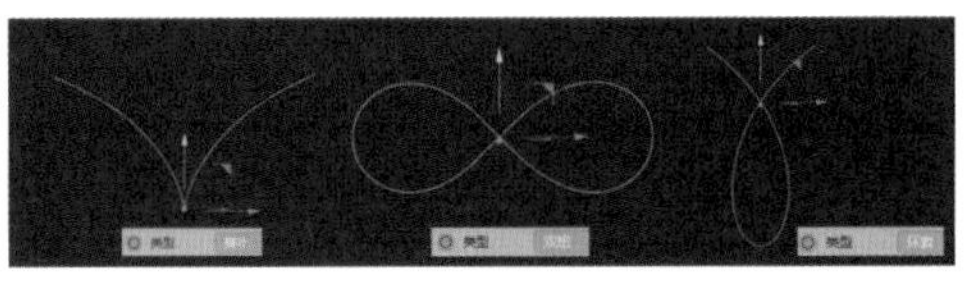

齿轮

单击“齿轮”按钮 齿轮，创建“齿轮”对象，可在“对象”属性面板、“齿”属性面板和“嵌体”属性面板中查看齿轮的参数。

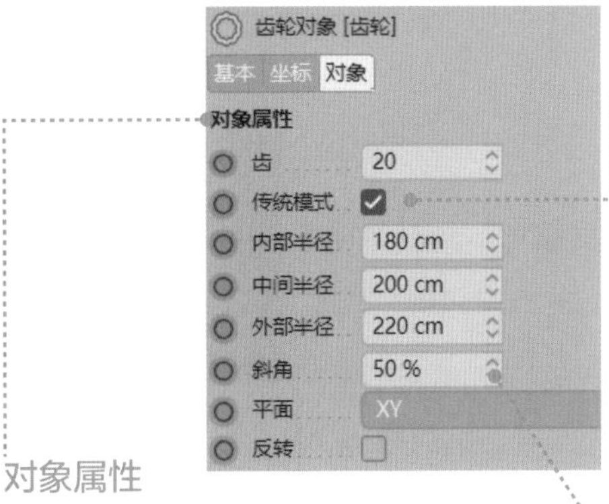

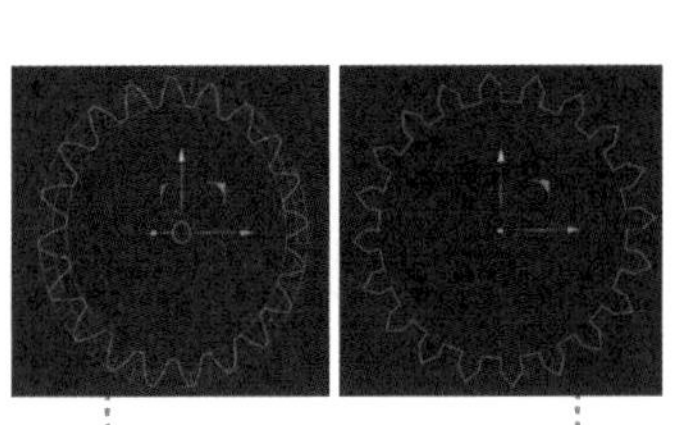

对象属性

齿： 设置齿的数量。

传统模式： 默认未选中，未选中状态下会多出“齿”和“嵌体”两个属性面板，用于单独设置齿和嵌体的参数。

内部 / 中间 / 外部半径： 齿的底部 / 齿的中部 / 齿的顶部到圆心的距离。

斜角： 齿轮从中间半径处分为内、外两个部分，“斜角”用于设置齿轮外部向内收缩的强度。

显示引导： 取消选中“传统模式”复选框后才会显示此复选框，选中该复选框，视图中会显示齿轮的引导线。

引导颜色： 设置引导线的颜色。

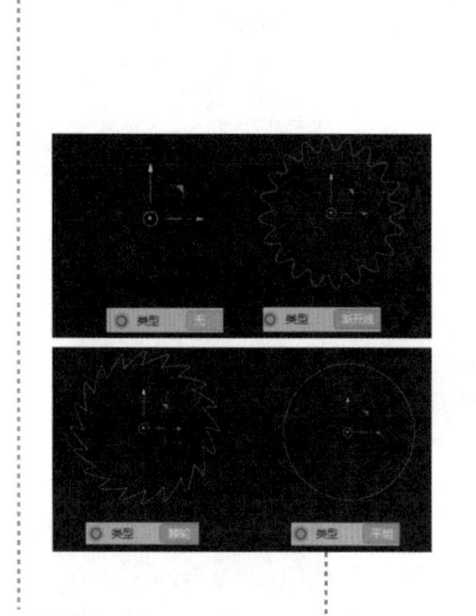

嵌体属性

类型：设置齿轮的嵌体的类型，有“无”“轮辐”“孔洞”“拱形”“波浪”5种类型。

齿属性

类型：齿的类型，有“无”“渐开线”“棘轮”“平坦”4种；若设置为“无”则表示没有齿，“齿”属性面板下的参数全部无效。

锁定半径：选中“锁定半径”复选框，修改齿的数量时，需通过修改齿轮的半径来保持齿的参数不变；取消选中该复选框则需通过修改齿的参数来保持齿轮的半径不变。

倒勾：选中“倒勾”复选框会使齿的底部曲线出现一个圆角，并且需要通过修改其他参数来使齿的比例始终保持不变。

根/附加/间距半径：同传统模式下的内部/中间/外部半径。

组件/径节/齿根/压力角度：英制齿轮参数，用于调整齿轮的外形。

径向比率：“类型”为“棘轮”时才可修改；最小值为0，最大值为20，值越小则棘轮朝外的样条曲线越圆，值越大则样条曲线越直。

齿尖宽度：棘轮尖端的宽度，最小值为0%，最大值为100%。下图所示为值为100%时的效果。

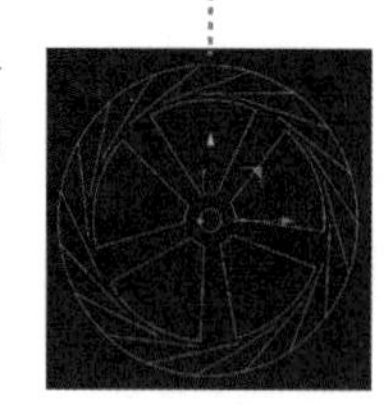

倒勾比率：类似传统模式下的“斜角”，棘轮内部的点向内偏移，“倒勾比率”的值越大棘轮的齿越倾斜。

本书后面的内容会对涉及的嵌体类型进行讲解。

摆线

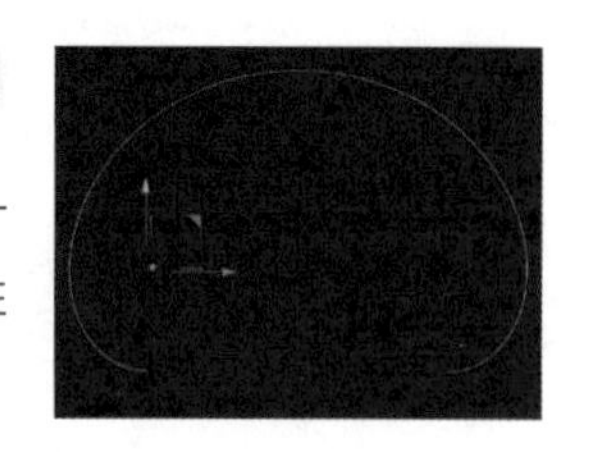

在数学中，摆线（Cycloid）被定义为：一个圆形沿一条直线运动时，圆形边上一定点所形成的轨迹。单击“摆线”按钮 摆线，创建“摆线”对象，可在“对象”属性面板中查看摆线的参数。

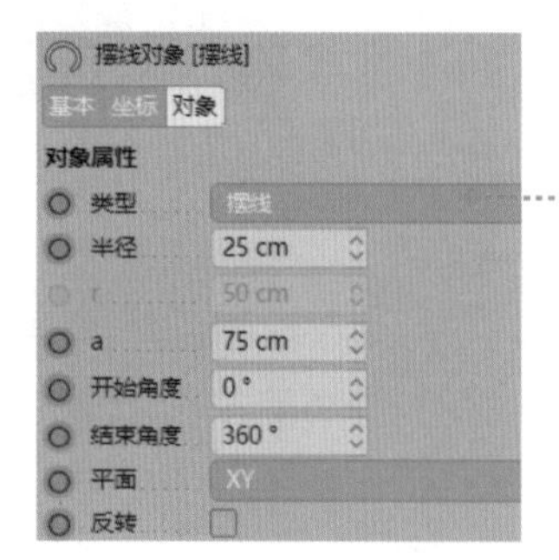

类型：设置摆线的类型，有“摆线”“外摆线”“内摆线”3种。

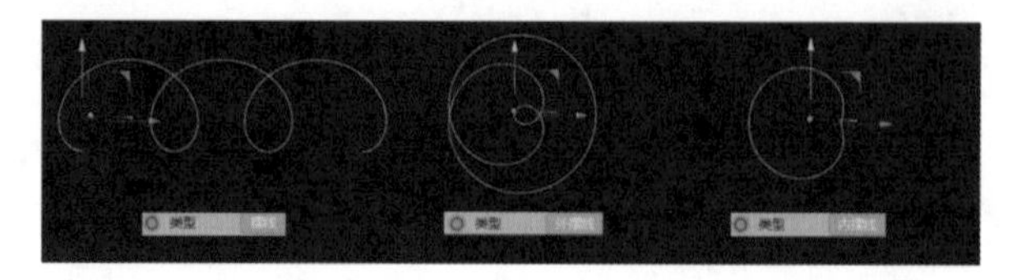

公式

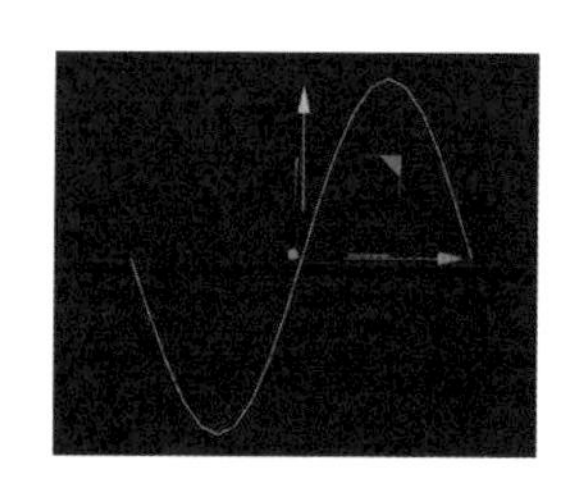

“公式”对象即通过函数生成的样条曲线。单击“公式”按钮 公式，创建“公式”对象，可在“对象”属性面板中查看公式的参数。

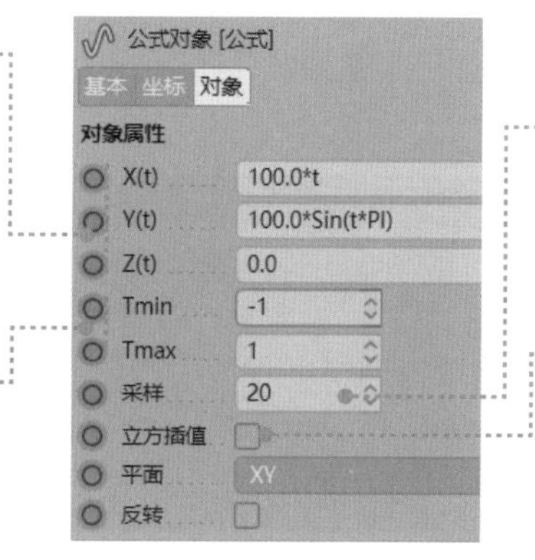

X(t)/Y(t)/Z(t): x、y、z 轴方向上使用的函数解析式，t 为以对象为中心的 x、y、z 轴的坐标值。

Tmin/Tmax: t 的最大值和最小值，即样条曲线的生成范围。

采样： 样条曲线对函数曲线的采样点数，值越大样条曲线越精细。

立方插值： 默认状态下生成的样条曲线的类型为线性样条，选中“立方插值”复选框后将变成立方样条。

花瓣形

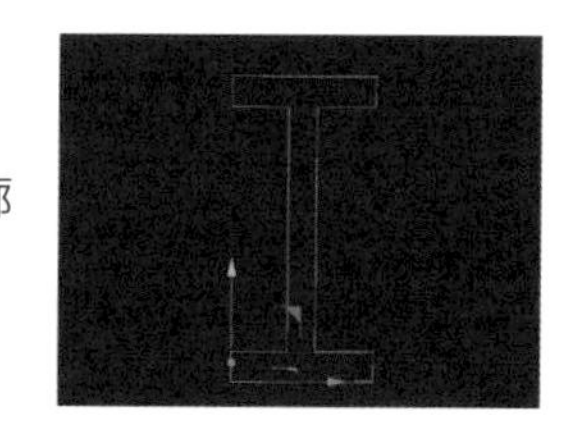

单击“花瓣形”按钮 花瓣形，创建“花瓣形”对象，可在“对象”属性面板中查看花瓣的参数。

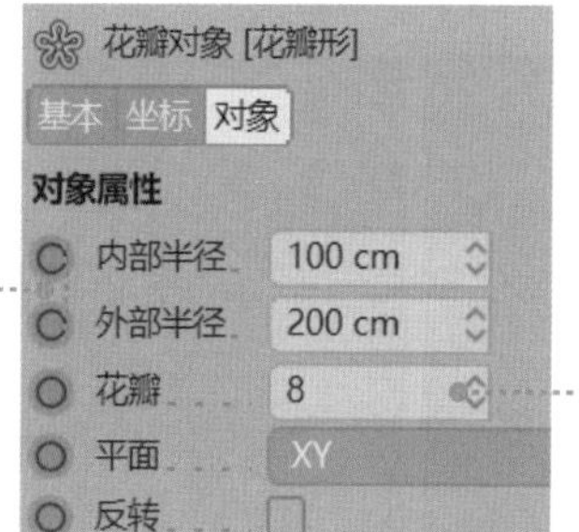

内部 / 外部半径： 花瓣内部/外部的半径。

花瓣： 花瓣的数量。

轮廓

单击“轮廓”按钮 轮廓，创建“轮廓”对象，可在“对象”属性面板中查看轮廓的参数。

高度： 轮廓的整体高度。

b/s/t: 轮廓分别沿不同的边进行位移。

类型： 轮廓的形状，有 H、L、T、U、Z 这 5 种。

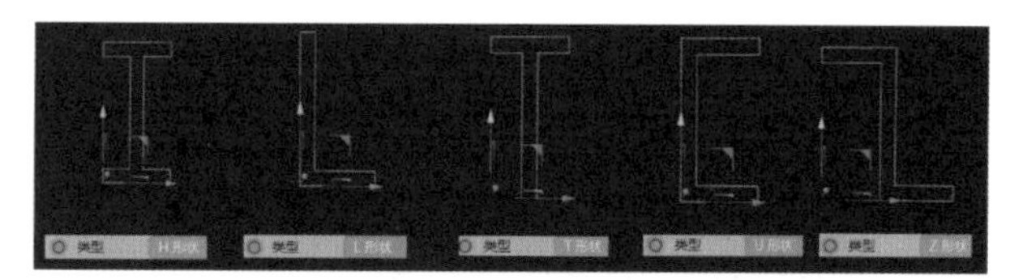

4.3 布尔运算

布尔运算是三维建模中非常常用的逻辑运算方法，在三维建模中使用布尔运算可以使简单的基本对象组合成新的形体。布尔运算既有二维的样条布尔，也有三维的布尔运算。

在 Cinema 4D 中创建了两个及两个以上的对象后，选中多个对象即可进行布尔运算。下图中从左至右分别为“圆环 1”“圆环 2”“圆环 3”对象。

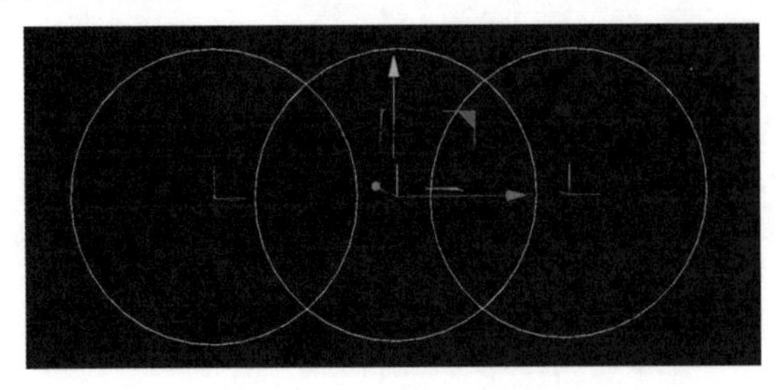

样条差集

依次选择“圆环 1”“圆环 2”“圆环 3”对象，单击“样条差集”按钮 样条差集 进行运算，得到下左图所示的样条曲线。

样条差集会将最后选择的对象与其他对象不重合的地方及其他对象和最后选择的对象重合的部分保留，合并得到最终结果。若最后选择的对象为“圆环 2”，则结果如下右图所示。

样条并集

选择“圆环 1”“圆环 2”“圆环 3”对象后，单击“样条并集”按钮 样条并集 进行运算，得到下图所示的样条曲线。

样条并集会将所有被选择对象组成的集合的最外层的样条曲线保留，将内部的样条曲线删除，然后生成新的样条曲线。

样条合集

选择“圆环 1”“圆环 2”“圆环 3”对象后，单击“样条合集”按钮 样条合集 进行运算，得到下图所示的样条曲线。

样条合集与样条并集相反，它会保留集合内部的样条曲线。

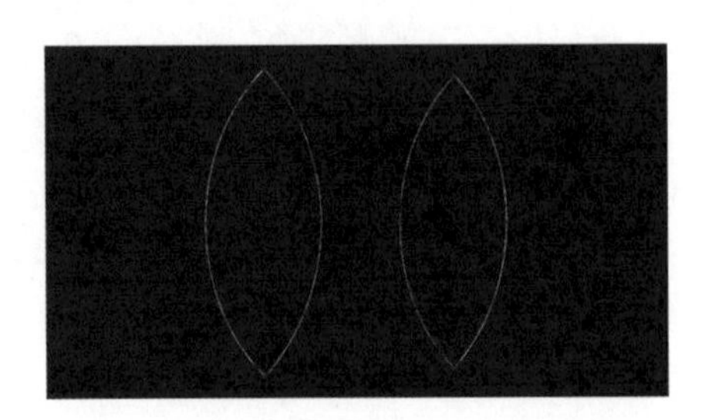

样条或集

选择“圆环 1”“圆环 2”“圆环 3”对象后，单击“样条或集”按钮进行运算，得到右图所示的样条曲线。

样条或集会将所有样条曲线在相交处新建的点连接为同一个样条曲线，并将相交部分作为样条曲线的外部，运算前后的样条曲线通常在外观上看不出来区别。

在工具栏中单击按钮，创建“挤压”生成器，将进行样条或集运算后的样条曲线作为“挤压”生成器的子级，样条曲线的相交部分将作为外部被排除。

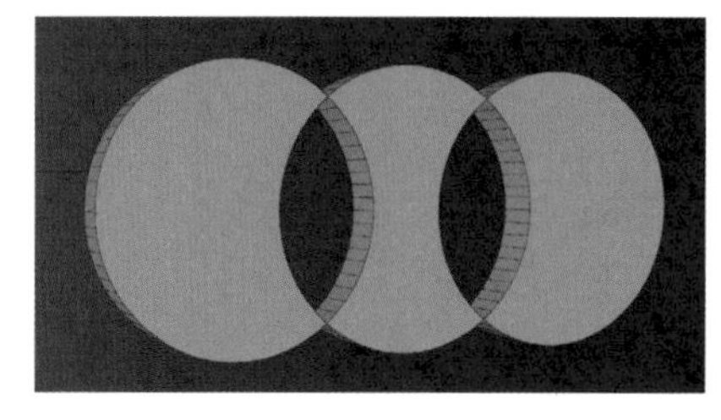

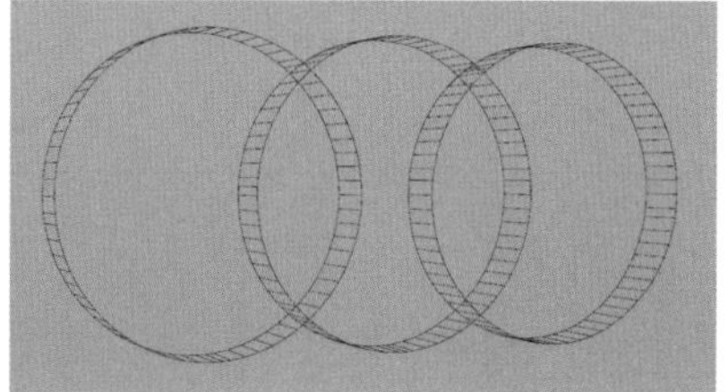

样条交集

选择“圆环 1”“圆环 2”“圆环 3”对象后，单击“样条交集”按钮进行运算，得到下左图所示的样条曲线。

和样条或集一样，样条交集会将所有样条曲线在相交处新建的点连接为同一个样条曲线，但不会将相交部分作为外部排除。添加“挤压”生成器后，将得到下右图所示的效果。

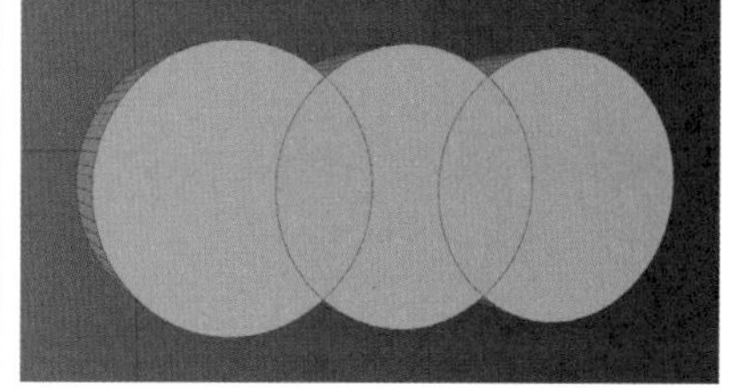

第 5 章 NURBS 建模

本章学习要点

挤压、旋转、放样、扫描等 NURBS 建模工具的参数与使用方法

NURBS 是 Non-Uniform Rational B-Splines（非均匀有理 B 样条）的缩写，NURBS 建模是三维软件中非常常用的一种建模方式，即通过对样条曲线的挤压、旋转等操作，创建基于曲线造型的模型。Cinema 4D 中有挤压、旋转、放样、扫描、样条布尔、矢量化 6 种生成器可以用于进行 NURBS 建模。执行“创建 > 生成器”命令，或在工具栏中按住按钮，在显示的下拉菜单中找到 NURBS 建模工具并创建模型。

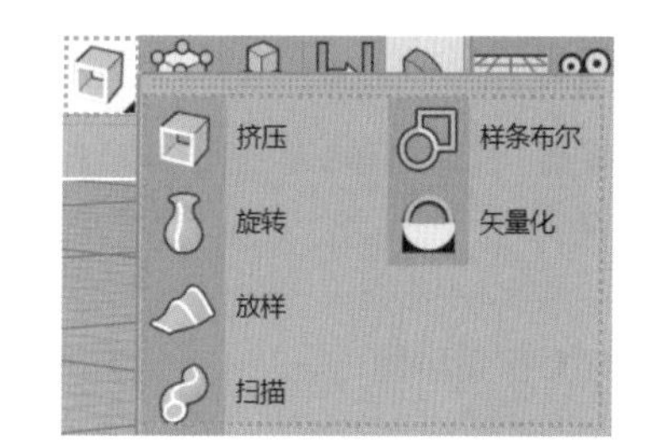

5.1 挤压

“挤压”生成器会将样条曲线沿着设定的方向挤出一定厚度，生成三维模型。

在场景中创建一个“星形”对象后，单击“挤压”按钮，创建“挤压”生成器。

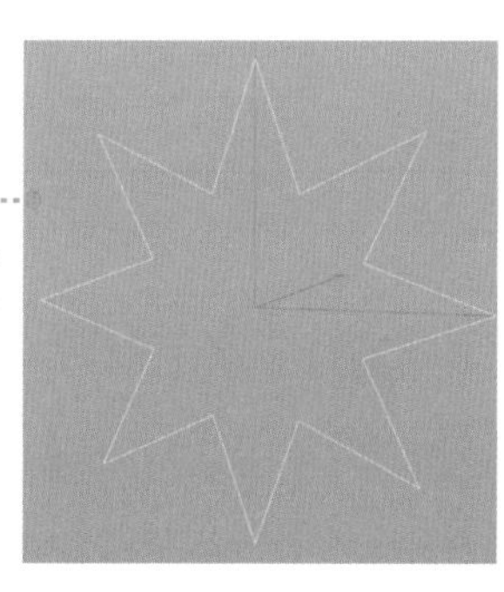

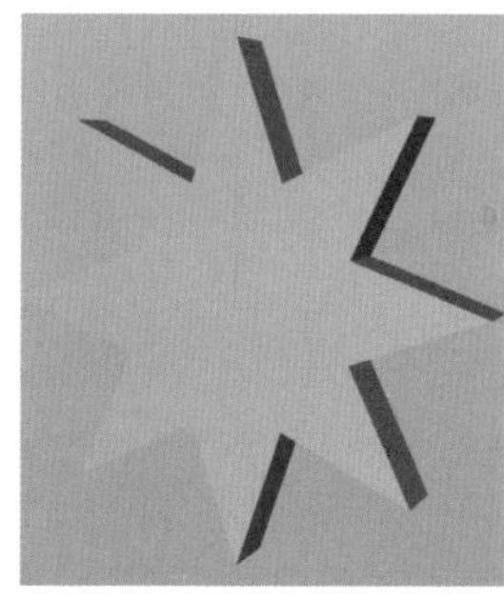

将“星形”对象作为“挤压”生成器的子级，即可对“星形”对象应用“挤压”生成器。

挤压常用参数

“挤压”生成器有“对象”“封盖”“选集”3 个主要属性面板。

对象属性

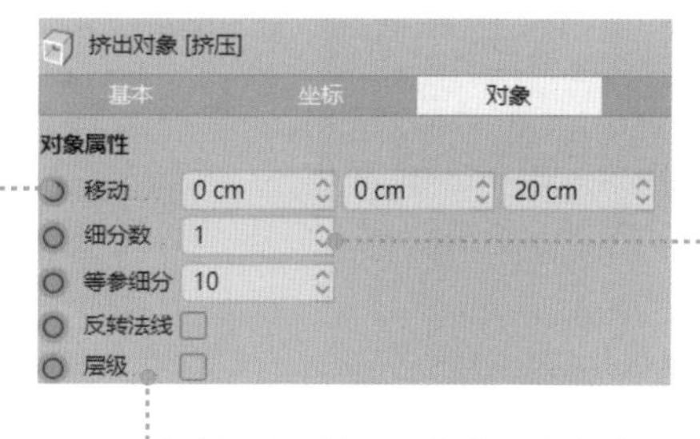

移动： 设置 x、y、z 轴方向上挤出的距离，也可以理解为挤出的平面相对于原样条曲线所在平面的位置。

层级： 当“挤压”生成器有多个子级时，默认只会对位于最上层的子级生效，选中“层级”复选框后则会对所有子级生效。

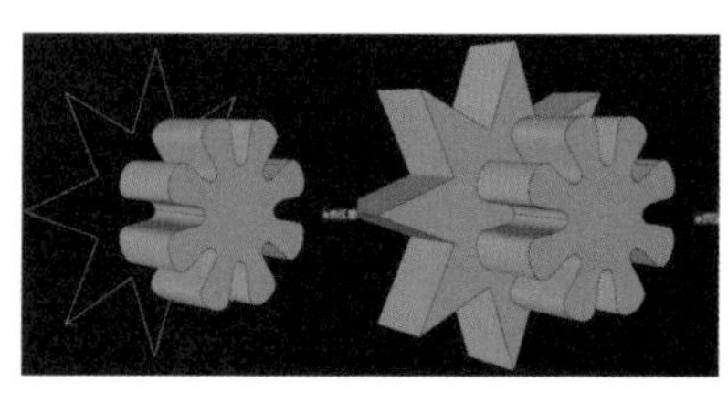

细分数： 挤出的厚度（面）的分段数。

封盖属性

起点 / 终点封盖： 设置是否对起点或终点启用封盖，右图所示为封盖全部关闭的效果。

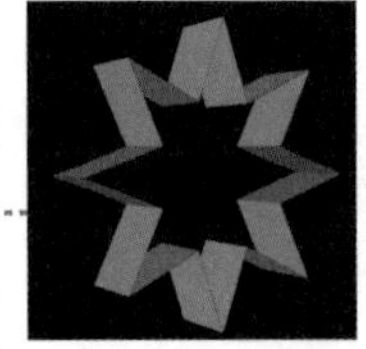

独立斜角控制： 选中该复选框则会将下方的“两者均倒角”拆分为“起点倒角”和“终点倒角”，以便单独控制这两处的倒角。

载入预设： 单击该按钮会弹出系统自带的倒角预设，选择需要使用的倒角预设，系统会自动将相关参数设置成符合预设效果的值。

保存预设： 当调整出一个满意的倒角参数后，可以单击该按钮将当前的参数保存为预设参数，以便下次使用。

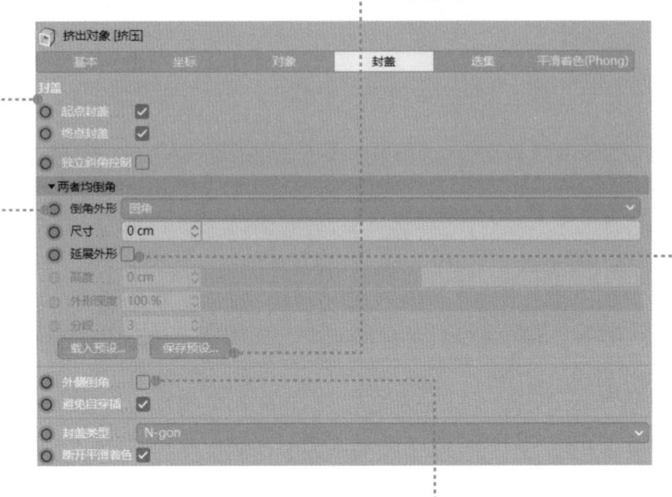

延展外形： 选中该复选框后可以调整下方的“高度”参数，以设置倒角部分的整体高度。

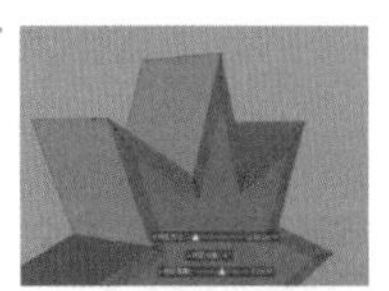

倒角外形： 设置封盖转折处的倒角类型，有“圆角”“曲线”“实体”“步幅”4 种。

圆角： 倒角形状为圆角，下方的“尺寸”控制圆角的范围，“外形深度”控制圆角弯曲的方向，“分段”控制圆角的分段数。

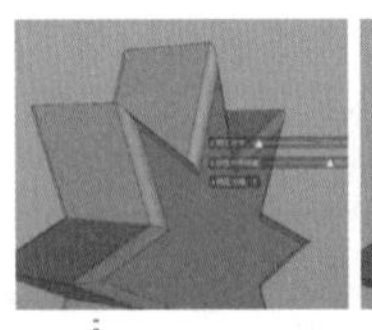

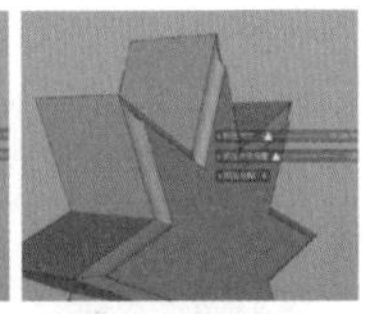

曲线： 设置为“曲线”类型后，会多出一个曲线编辑框，倒角的外形会随曲线的变化而变化。

如果要在曲线上加控制点，则按住 Ctrl 键并单击曲线上需要加控制点的位置；如果需要删除控制点，则选中想要删除的控制点，然后按 Delete 键。曲线操控手柄的工作原理和样条曲线操控手柄的工作原理类似。

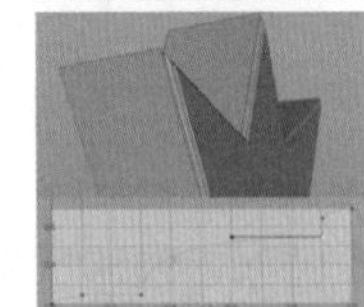

实体： 倒角形状为完全没有过渡的直角。

步幅： 阶梯状倒角，通过“分段”控制阶梯数量。

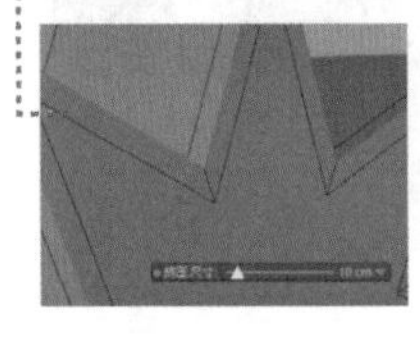

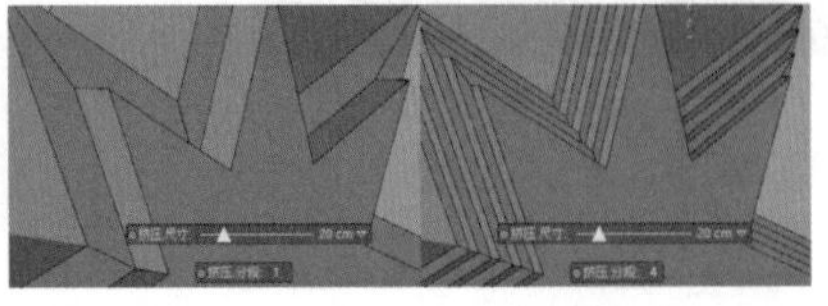

外侧倒角： 倒角默认是向内收的，调整倒角不会影响模型的外边长；选中“外侧倒角”复选框后倒角方向朝外，此时调整倒角会影响模型的外边长。

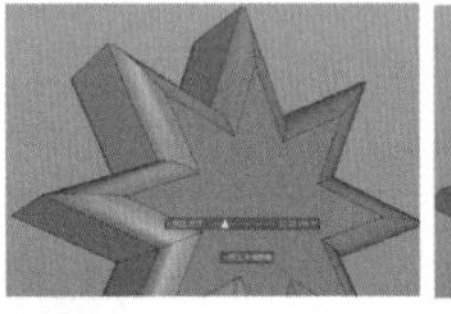

避免自穿插： 用于自动优化模型，默认选中。

封盖类型： 将模型转换为可编辑模型后，封盖的类型有“三角面”“四边面”“N-gon”“Delaunay”“常规网格”5 种。

断开平滑着色： “对象”窗口中“挤压”的右侧有一个“平滑着色（Phong）”标签，可以在三维软件中对精细度不高、转折生硬的网格表面进行平滑着色处理，使模型看起来更平滑。取消选中该复选框后，将取消平滑着色效果，删除对应标签也可以达到同样的效果。

选集属性

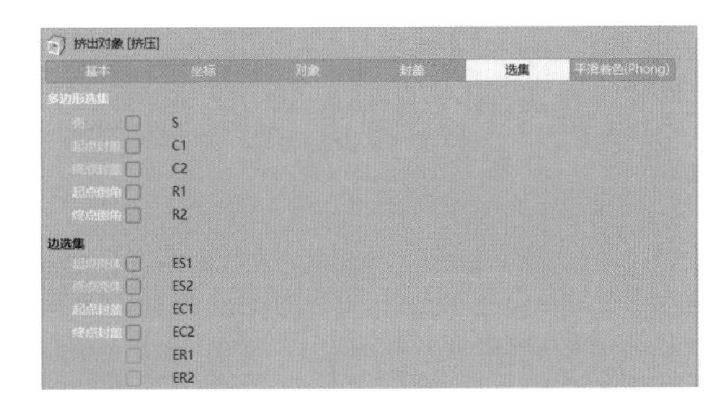

选集属性用于创建对应的多边形 / 边选集，选中某个复选框后，“对象”窗口中会生成相应的选集标签，选集标签的名称为对应复选框右侧的字母 + 数字。

选集标签既可以用于为一个模型的不同部分赋予不同的材质，也可以在一些特殊的对象上使用。在“材质”窗口的空白处双击，创建一个默认材质，选中该材质，将其颜色修改为红色并拖曳到模型上，赋予模型红色材质。

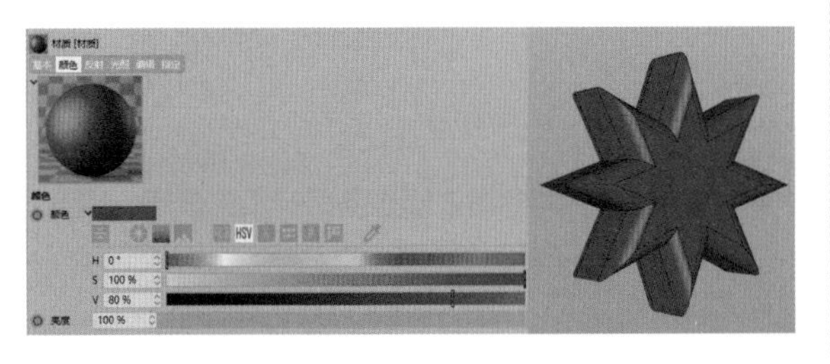

选中“起点封盖”（C1）复选框，创建多边形选集“C1”。选中材质标签，将“C1”拖入材质标签属性面板中“选集”右侧的文本框内，此时只有“C1”标签中包含的模型面被赋予了红色材质。

也可以不选中选集参数，直接在材质标签中输入选集名称以实现只为相应的面赋予材质。

实战：制作齿轮组

场景位置	无
实例位置	实例文件 >CH05> 实战：制作齿轮组 .c4d
视频名称	无
难易指数	★☆☆☆☆
技术掌握	参数建模、“挤压”生成器的使用

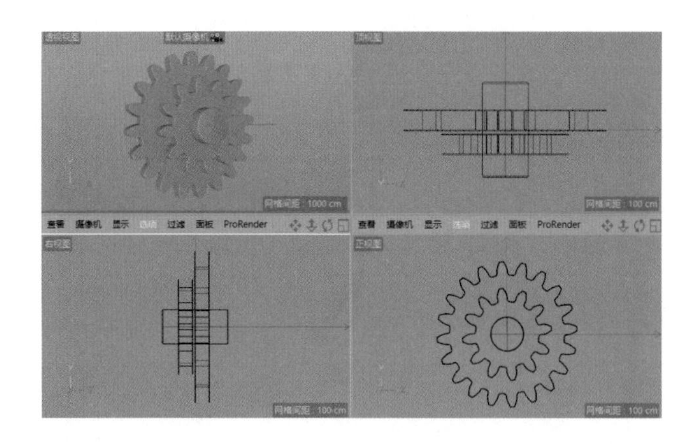

01 新建一个“齿轮”对象，将其重命名为“齿轮 1”，切换到“嵌体”属性面板，将“半径”设置为 50cm。

02 新建一个“挤压”生成器，将其重命名为“挤压 1”，将“齿轮 1”对象作为“挤压 1”生成器的子级，切换到“对象”属性面板，将“移动”中的 z 轴参数设置为 40cm。切换到“封盖”属性面板，将“尺寸”设置为 2cm。

03 复制并粘贴“挤压 1”生成器和“齿轮 1”对象，将它们依次重命名为“挤压 2”“齿轮 2”。选中“挤压 2”生成器，切换到“坐标”属性面板，将“P.Z”设置为 –50cm；切换到“齿轮 2”对象的“齿”属性面板，将“齿”设置为 12。

04 新建一个“圆柱体”对象。切换到“坐标”属性面板，将“R.P”设置为 90° ；切换到“对象”属性面板，将“旋转分段”设置为 32 ；切换到“封顶”属性面板，选中“圆角”复选框，齿轮组制作完成。

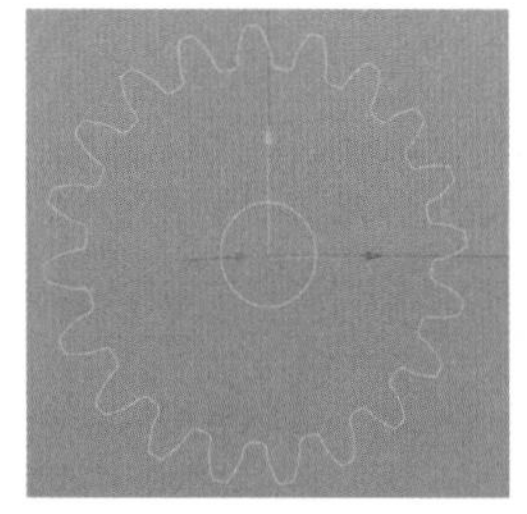

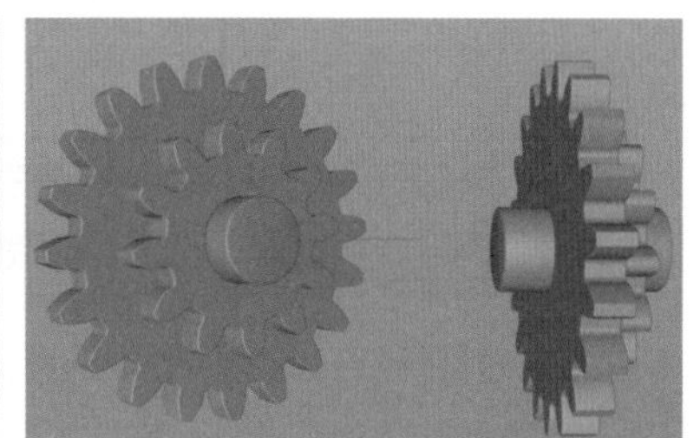

5.2 旋转

“挤压”生成器会将样条曲线沿着设定的方向挤出一定厚度，然后生成三维模型。

“旋转”生成器可以将样条曲线沿着世界坐标系统的 y 轴旋转 1 周后，在样条曲线经过的路径上生成三维模型。

在场景中创建一个“蔓叶类曲线”对象，单击“旋转”按钮即可创建“旋转”生成器。将“蔓叶类曲线”对象作为“旋转”生成器的子级，即可对“蔓叶类曲线”对象应用“旋转”生成器。

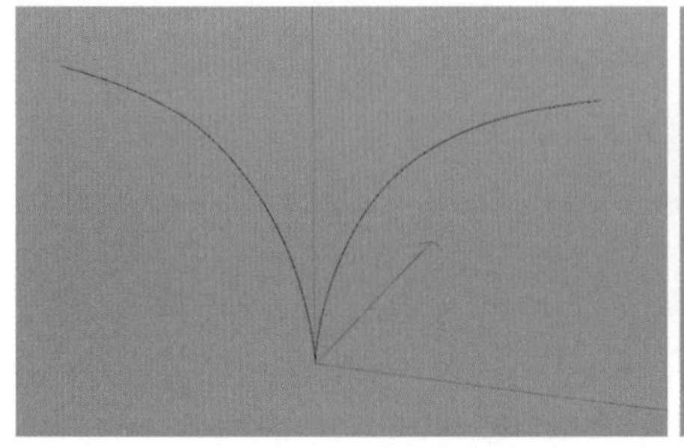
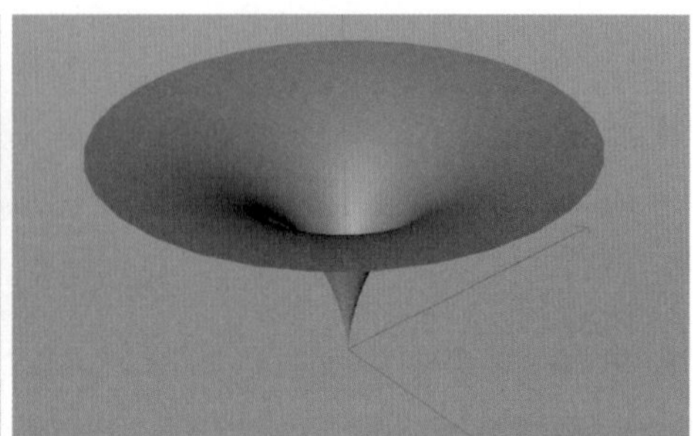

若使用的是“轮廓”对象，则效果如下图所示。

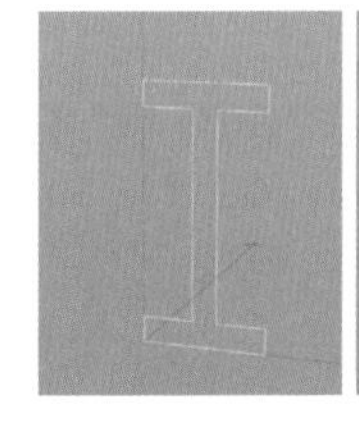

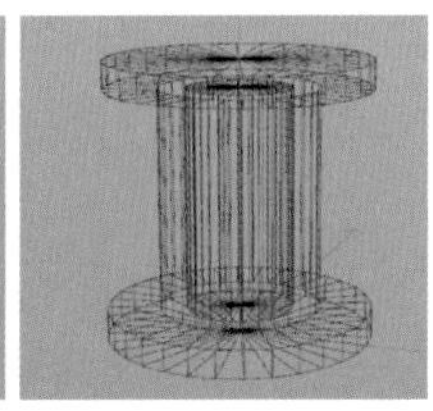

若让“轮廓”对象稍微远离世界坐标系统的中心，则效果如下图所示。

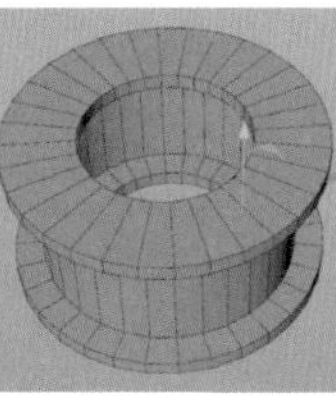
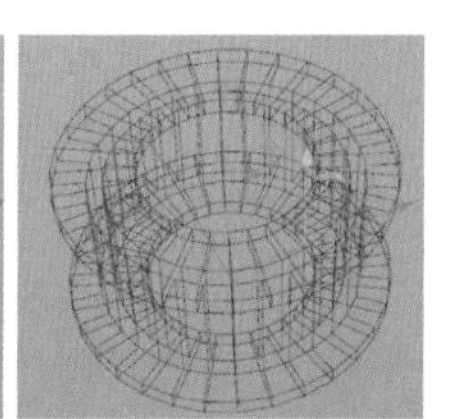

旋转常用参数

“旋转”生成器有“对象”“封盖”“选集”3个主要属性面板，其中“封盖”“选集”属性面板和“挤压”生成器的基本相同。

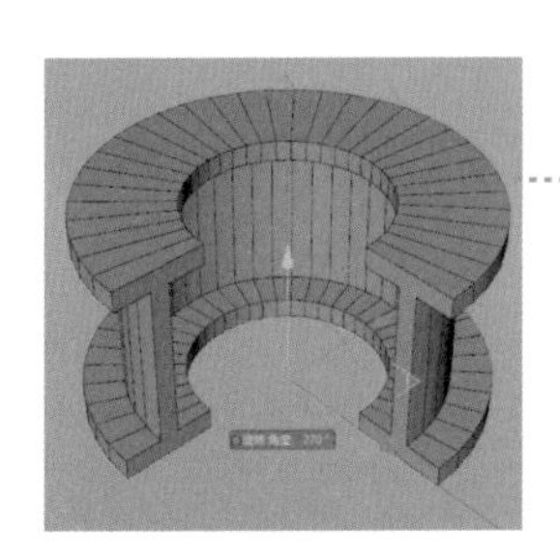
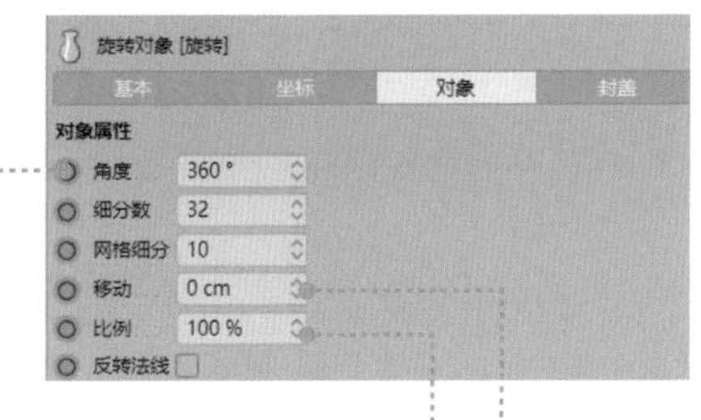

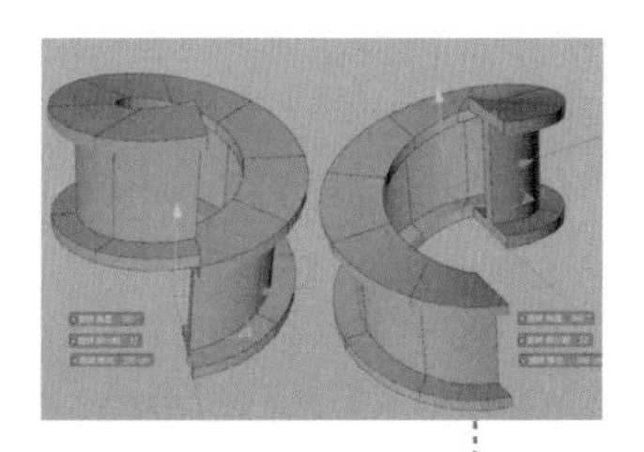

角度：设置旋转的角度，默认360°为1周，若不足360°则效果如上图所示，若超过360°则会造成模型穿插。

移动：设置旋转结束处网格沿 y 轴移动的距离，网格会从开始处随着旋转过渡移动到结束的位置。

细分数：旋转方向上的分段数，值越大越精细，最小值为1。

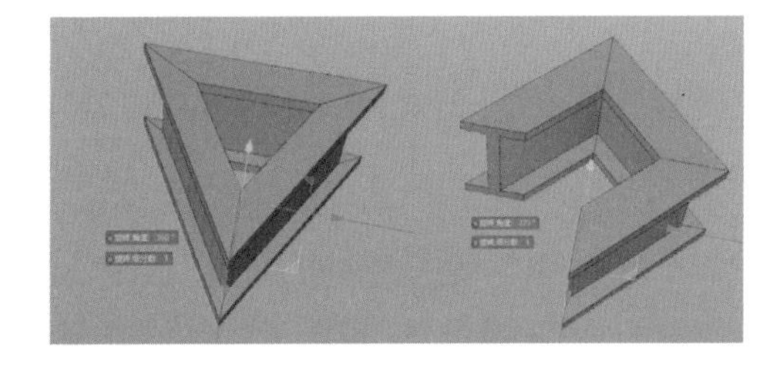

比例：设置旋转结束处网格的缩放比例，网格会从开始处随着旋转过渡缩放到结束的位置。

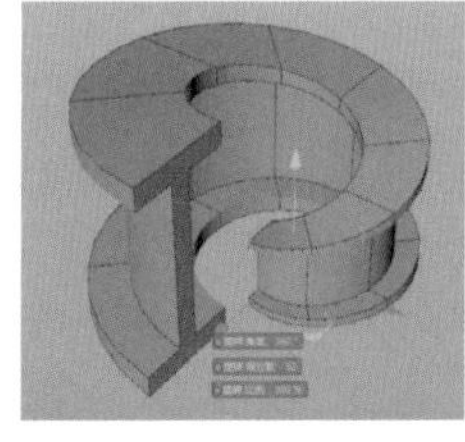
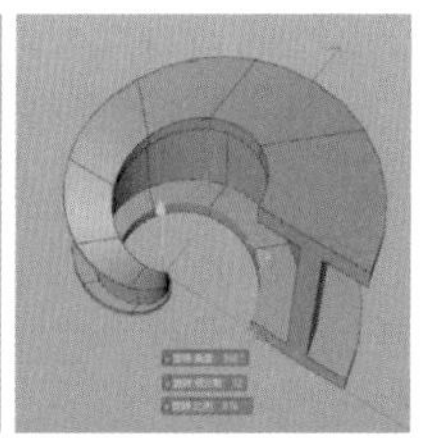

实战：制作花瓶

场景位置	无
实例位置	实例文件 >CH05> 实战：制作花瓶 .c4d
视频名称	无
难易指数	★☆☆☆☆
技术掌握	样条曲线的绘制、“旋转”生成器的使用

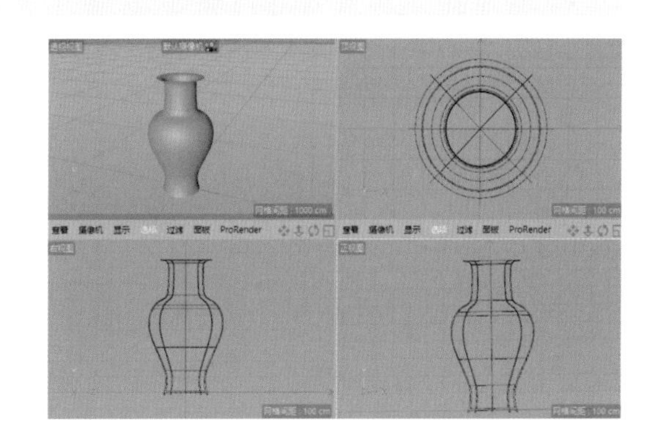

01 单击“样条画笔”按钮，启用“样条画笔”工具，执行“摄像机 > 正视图”命令，切换到正视图，在视图中以 y 轴为中心，绘制花瓶的半个横截面。

02 切换到“点”模式，使用“实时选择”工具选中样条曲线左下角的两个点，再按 T 键切换到“缩放”工具。按住 Shift 键并拖曳操控手柄，将两个点沿 x 轴缩放到 0 处，使两个点的 x 坐标相同。

03 选中步骤 02 中修改的两个点，在“坐标”窗口中将 X 设置为 0。此时，两个点的 x 坐标和 z 坐标均为 0，进行旋转操作后花瓶的底部不会出现孔洞。

04 单击“旋转”按钮，创建“旋转”生成器，将“样条”对象作为“旋转”生成器的子级。

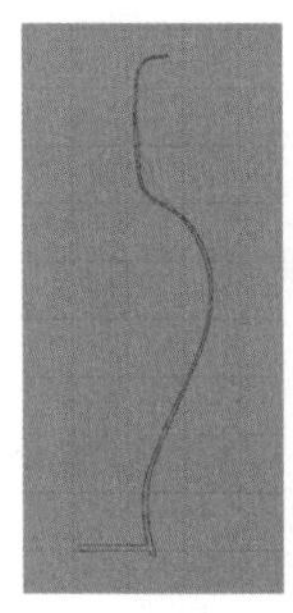

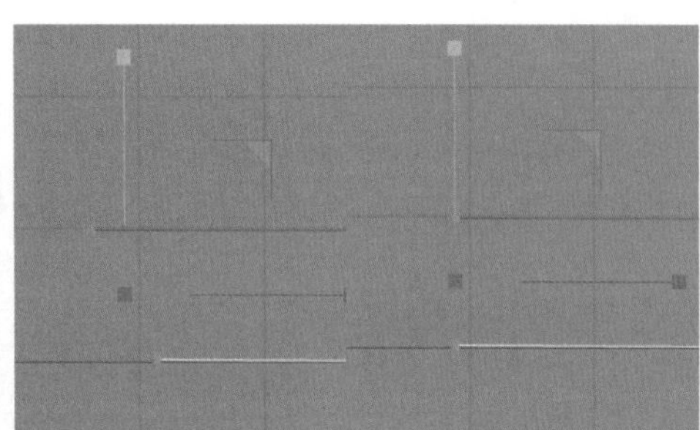

技巧与提示

1. 位于旋转中心轴上的样条曲线可以不封闭，否则旋转后模型内部会多出一条边。如果是花瓶口这类不在旋转中心轴上的样条曲线，则需要封闭，否则旋转后会出现破口的现象。

2. 如果需要以现实物体为参照，可以执行“选项 > 配置视图”命令或按快捷键 Shift+V，调出“视窗”属性面板，在“背景”属性面板的“图像”中载入计算机里的花瓶图片。此时，系统会将加载的图片显示为背景，便于以图片为参照绘制样条曲线。

5.3 放样

“放样”生成器会将多个样条曲线作为模型沿某个路径的剖面，按从上到下的顺序沿路径生成三维模型。同时，可以在一个路径上使用不同形态的样条曲线，以生成复杂的三维模型。

在场景中创建一个“多边”对象，再创建一个“星形”对象，在“坐标”属性面板中将“P.Z”设置为 500cm，它们的位置关系如下图所示。

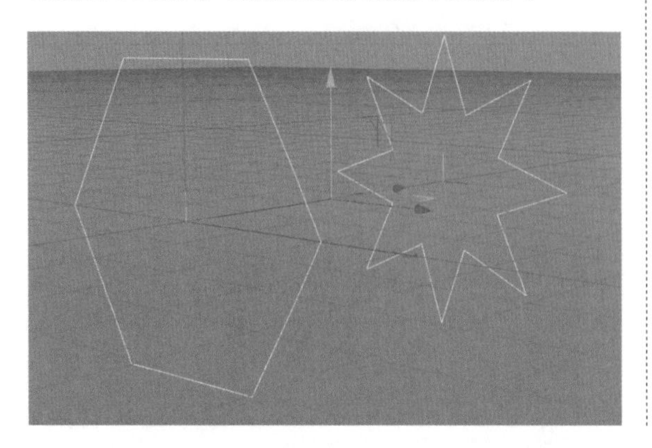

单击“放样”按钮，创建“放样”生成器，将新建的两个对象作为“放样”生成器的子级，得到一个从多边形过渡到星形的模型，效果如下图所示。

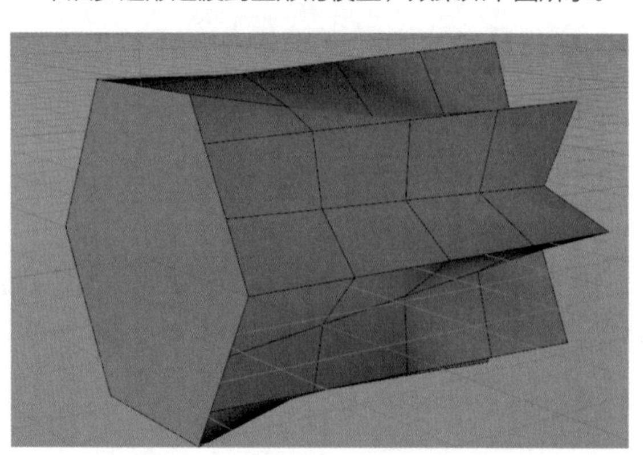

"放样"生成器将两个样条曲线的起始点相互对应后生成模型。为了方便观察，可将"放样"生成器的细分数调大。此时旋转星形，由于模型点与点之间的连接关系不变，因此模型会产生扭转的效果。

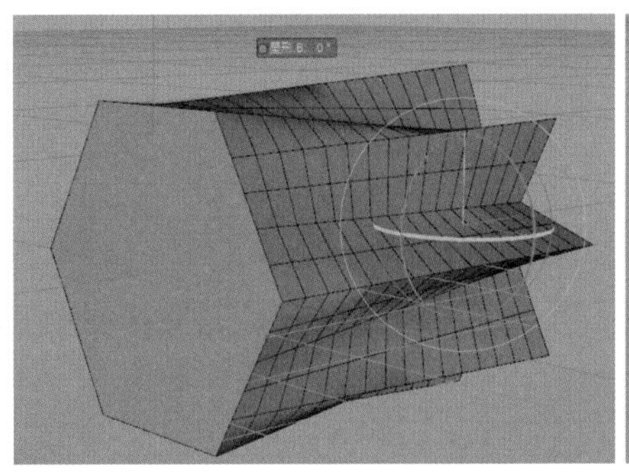

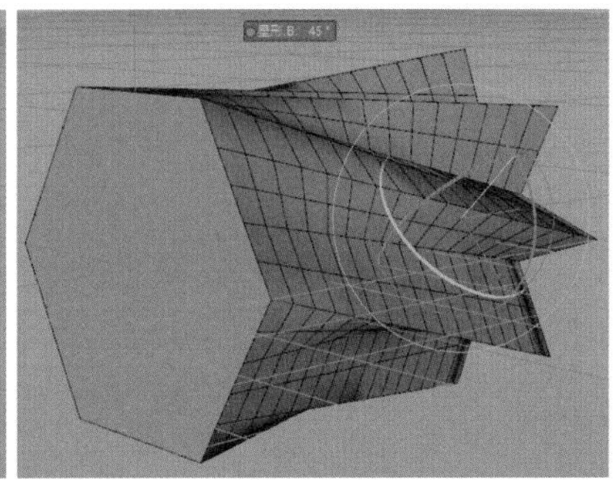

放样常用参数

"放样"生成器有"对象""封盖""选集"3个主要属性面板。其中，"封盖""选集"属性面板和"挤压"生成器的基本相同。

网孔细分 U/V： 设置细分数，数值越大模型越精细。

网格细分 U： 等参线模式下使用的细分数，一般不使用。

有机表格： 可以使转折强烈的地方过渡得平缓一些。

每段细分： 若选中"每段细分"复选框，则每两个样条曲线之间的模型都将以网孔细分参数进行单独的细分；若取消选中"每段细分"复选框，则整个模型都将按网孔细分参数进行统一细分。

循环： 类似于样条曲线的"闭合样条"，使模型首尾相接，封闭起来。

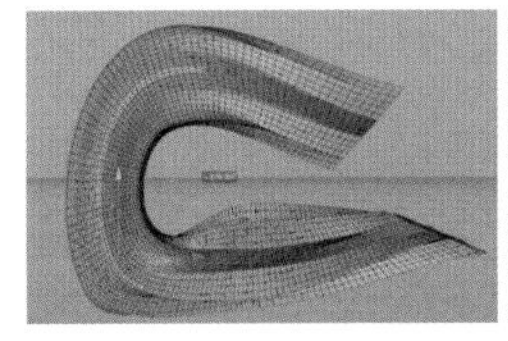

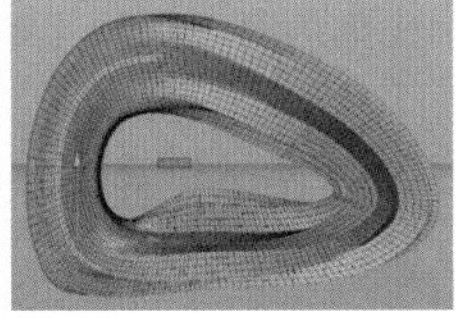

线性插值： 在样条曲线之间以线性模式进行放样，类似于样条类型中的"线性"。

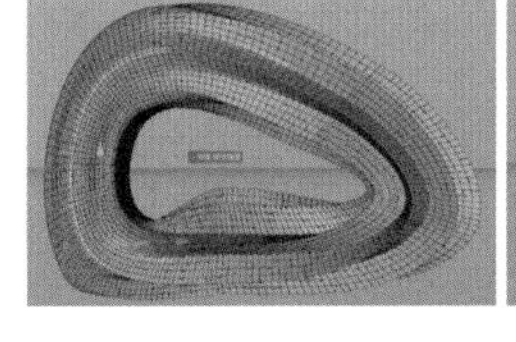

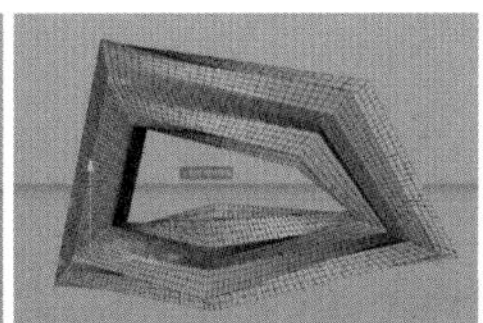

实战：制作冰激凌

场景位置	无
实例位置	实例文件 >CH05> 实战：制作冰激凌 .c4d
视频名称	无
难易指数	★☆☆☆☆
技术掌握	星形样条、"放样"生成器、参数化对象的使用

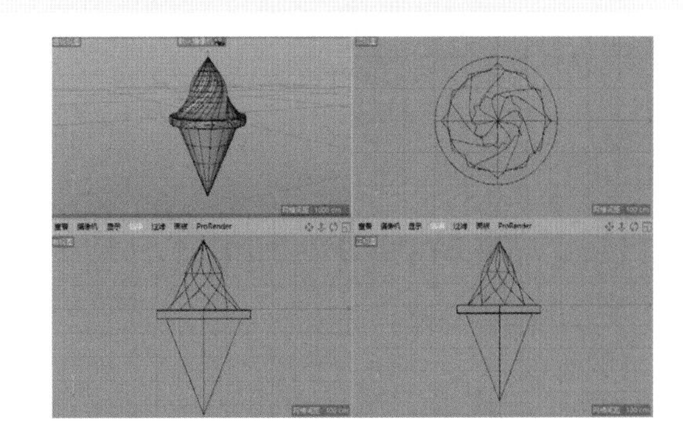

01 单击“星形”按钮，新建一个“星形”对象并重命名为“冰激凌底部”，在“坐标”属性面板中设置“R.P”为90°；在“对象”属性面板中设置“内部半径”为150cm，“外部半径”为180cm，“点”为12。

02 复制“冰激凌底部”对象并粘贴，将其重命名为“冰激凌中部”，在“坐标”属性面板中设置“P.Y”为150，“R.B”为60°；在“对象”属性面板中设置“内部半径”为70cm，“外部半径”为90cm，“点”为12。

03 单击“圆环”按钮，创建一个“圆环”对象并重命名为“冰激凌顶部”，在“坐标”属性面板中设置“P.Y”为300cm，“R.P”为90°；在“对象”属性面板中设置“半径”为1cm。

04 单击“放样”按钮，新建“放样”生成器，在“对象”属性面板中设置“网孔细分U”为32，“网孔细分V”为6，选中“有机表格”复选框，将创建的3个对象按顶部、中部、底部的顺序设置为“放样”生成器的子级。

05 单击“圆柱”按钮，创建一个“圆柱体”对象，在“坐标”属性面板中设置“P.Y”为-20cm；在“对象”属性面板中设置“半径”为200cm，“高度”为40cm；在“封顶”属性面板中选中“圆角”复选框。

06 单击“圆锥”按钮，创建一个“圆锥”对象，在“坐标”属性面板中设置“P.Y”为-240cm，“R.P”为180°；在“对象”属性面板中设置“底部半径”为160cm，“高度”为400cm。

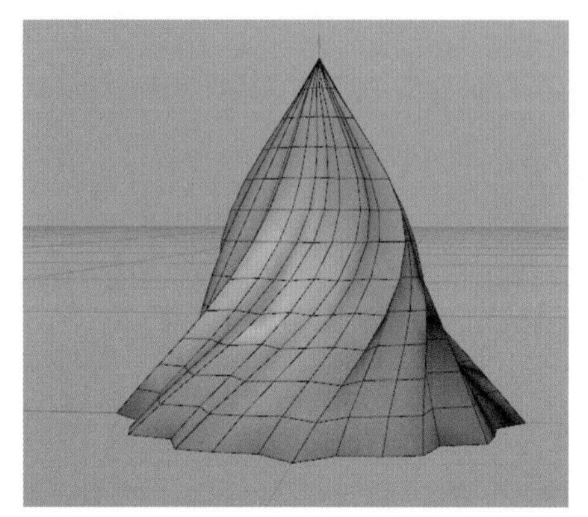

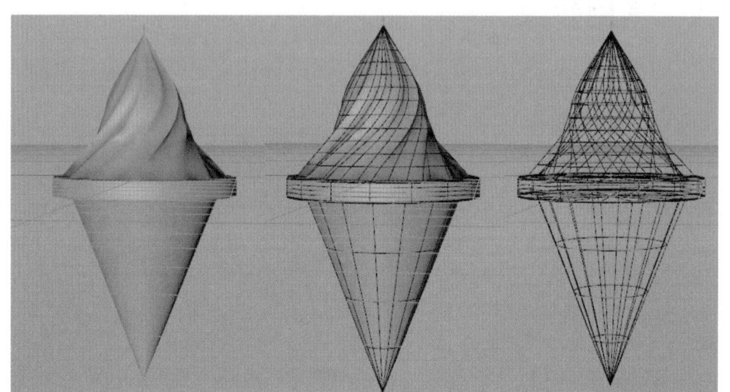

5.4 扫描

“扫描”生成器使用两个样条曲线，一个作为截面，另一个作为路径，截面沿路径生成三维模型。

在场景中创建一个“圆弧”对象，再创建一个“星形”对象，在“对象”属性面板中设置“内部半径”为20cm，“外部半径”为40cm；然后单击“扫描”按钮，创建“扫描”生成器。将两个对象依次设置为“扫描”生成器的子级，上面的作为截面，下面的作为路径。

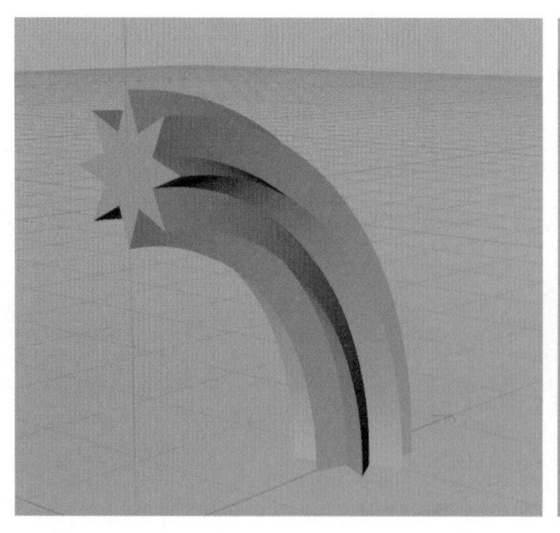

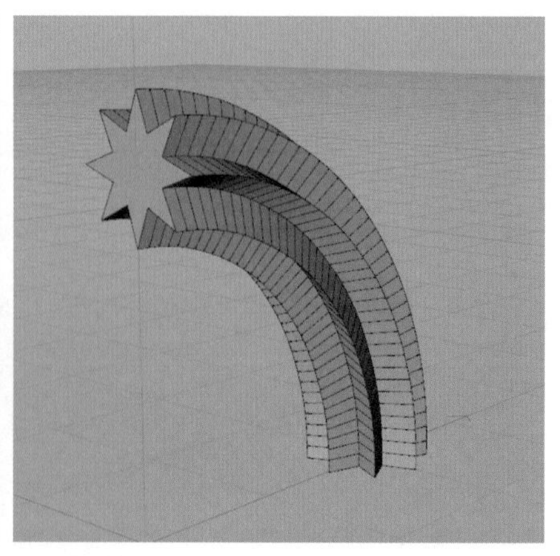

扫描常用参数

“扫描”生成器有“对象”“封盖”“选集”3个主要属性面板，其中“封盖”“选集”属性面板和“挤压”生成器的基本相同。

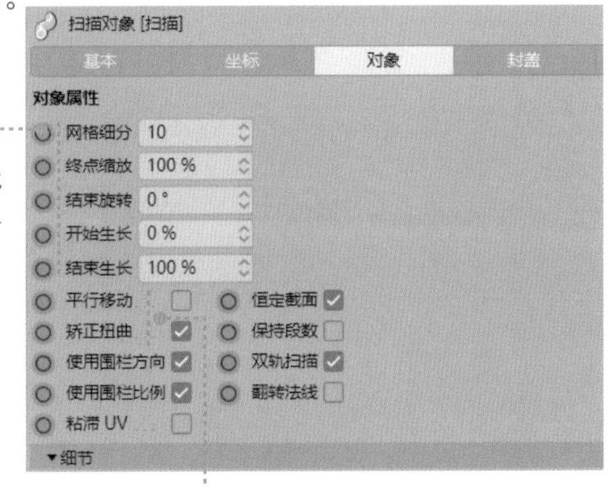

网格细分：等参线模式下使用的细分数，一般不使用。

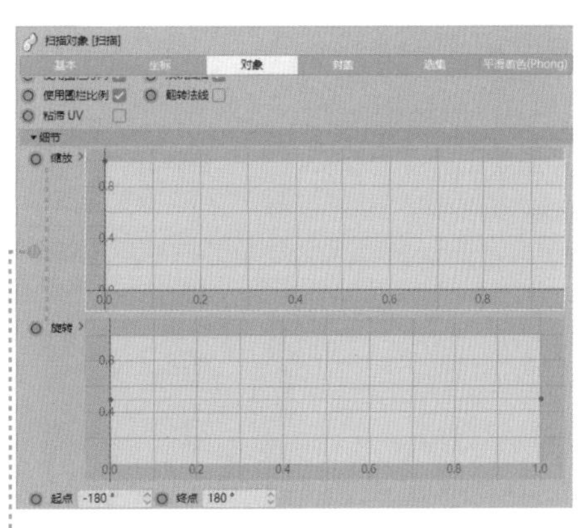

终点缩放：终点位置的缩放比例，若设置为0%，则效果如下图所示。

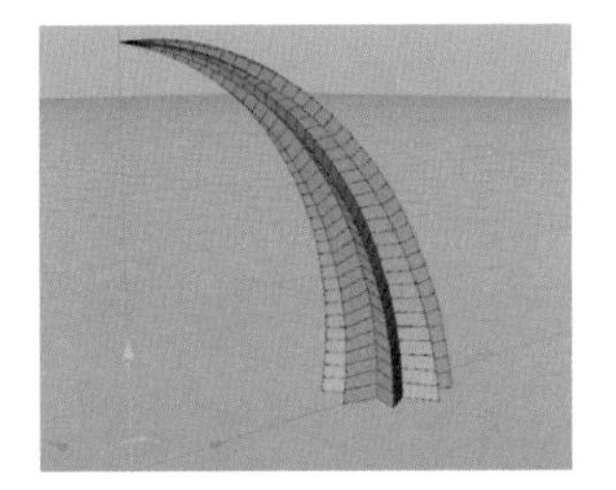

结束旋转：结束位置的旋转角度，若设置为360°，则效果如下图所示。

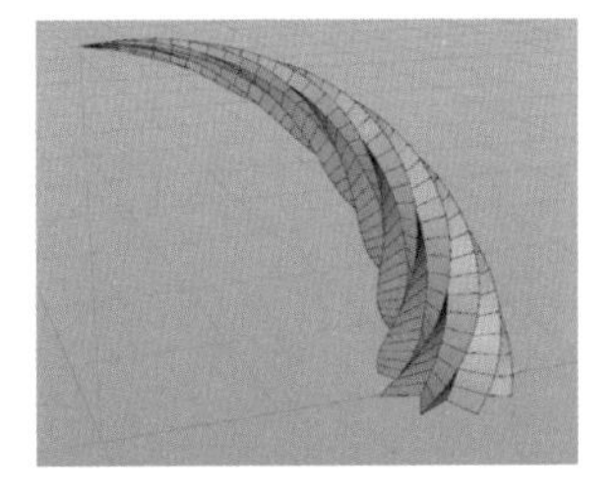

开始 / 结束生长：设置模型起始点和结束点相对于样条曲线的位置，若分别设置为25%和75%，则效果如下图所示。

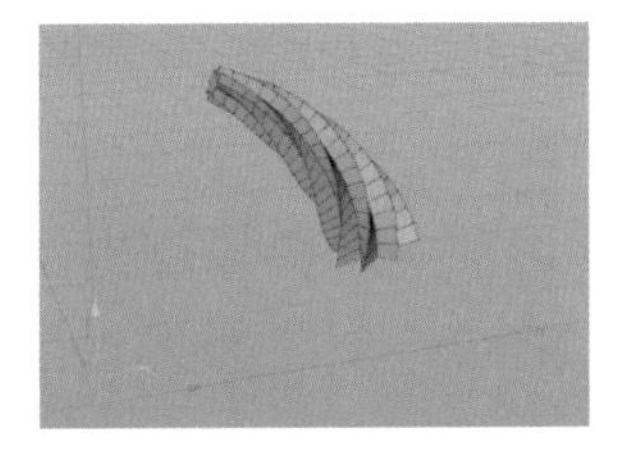

平行移动：选中“平行移动”复选框后，扫描出来的模型被压缩在一个平面上，其他参数恢复默认设置。

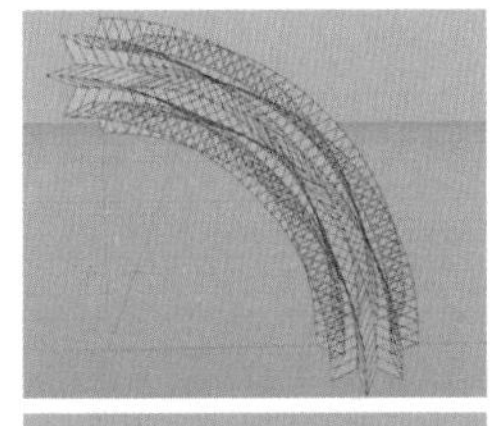

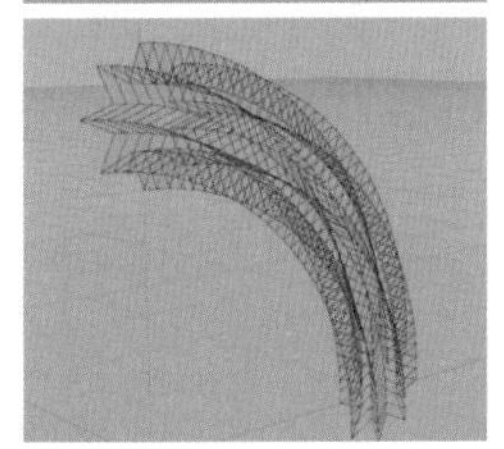

矫正扭曲：在路径较为曲折的时候，用于修正部分模型错误，但不能修正模型穿插错误。下图所示为未选中和选中“矫正扭曲”复选框时的对比效果。

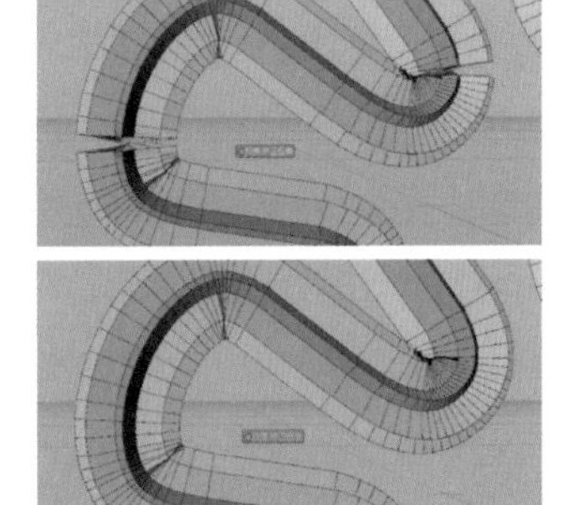

缩放：展开“细节”栏可以设置“缩放”参数，以曲线的形式控制扫描模型的缩放程度。x轴上的0~1对应路径的起点和终点，y轴上的0~1对应缩放比例0%到100%。下图所示为调整缩放曲线后的效果。

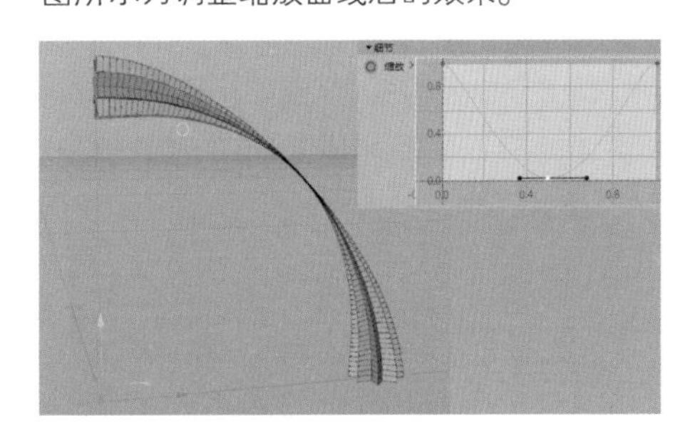

旋转：展开“细节”栏还可以设置“旋转”参数，以曲线的形式控制扫描模型的旋转程度。x轴上的0~1对应路径的起点和终点，y轴上的0~1对应旋转强度0~1。下方的“起点”和“终点”分别对应曲线y坐标为0和1时的旋转值。

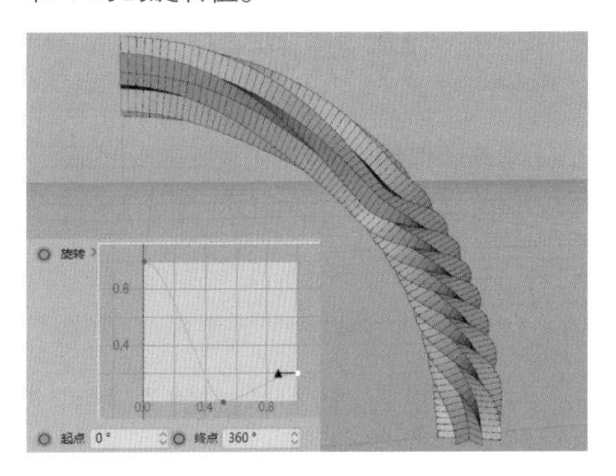

实战：制作立体文字

场景位置　无
实例位置　实例文件 >CH05> 实战：制作立体文字 .c4d
视频名称　无
难易指数　★☆☆☆☆
技术掌握　文本对象、多边对象、“扫描”生成器的使用

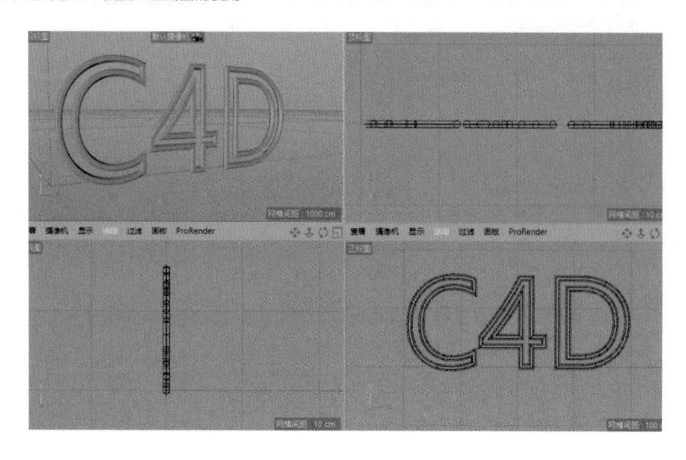

01 单击“文本”按钮，新建一个“文本”对象，在“对象”属性面板中将“文本”设置为“C4D”。

02 单击“多边”按钮，新建一个“多边”对象，在“对象”属性面板中设置“半径”为5cm，选中“圆角”复选框，设置圆角“半径”为1cm。

03 单击“扫描”按钮，新建“扫描”生成器，将刚创建的“多边”和“文本”对象作为“扫描”生成器的子级，并使“多边”对象在上，“文本”对象在下。

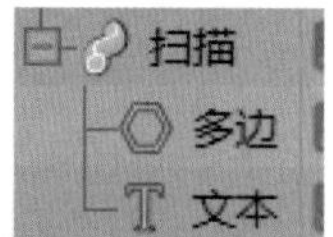

技巧与提示

使用“文本 + 扫描”的方法时，可以将作为截面的样条曲线替换成任意形状。例如，既可以用中空管道制作霓虹灯管，用花瓣制作类似窗框的起伏效果，也可以通过“生长”参数制作文字生长动画。如果不需要制作特殊的横截面，则可以执行“运动图形 > 文本”命令，直接生成立体文字。

5.5 样条布尔

单击“样条布尔”按钮，创建“样条布尔”生成器，将需要进行布尔操作的样条曲线作为“样条布尔”生成器的子级，即可实现上一章中介绍的所有布尔运算操作。使用“样条布尔”生成器进行的操作均不会对样条曲线产生不可逆的破坏，并且用户可以随时对布尔运算中使用的样条曲线进行修改、替换。

同时，“样条布尔”生成器的“对象”属性面板中多了“轴向”“创建封盖”参数，以便进行更细致的调整。

例如，将“圆环 1”对象的“平面”设置为“XZ”，“圆环 2”对象的“平面”设置为“XY”，调整它们的位置即可得到两个圆环。

轴向： 根据设置轴向的映射结果进行布尔运算。

将对象作为“样条布尔”生成器的子级后，设置不同的轴向会得到不同的效果，如右图所示。

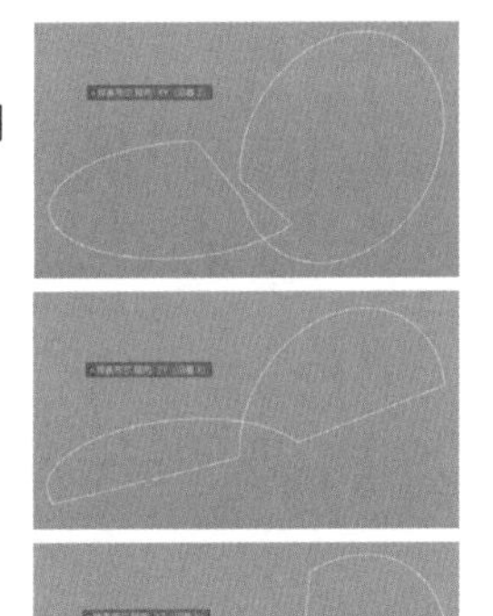

其中“视图（渲染视角）”较为特殊，它以视图窗口的渲染视角为平面进行映射后再进行布尔运算，其结果会根据视角的变化而实时变化。

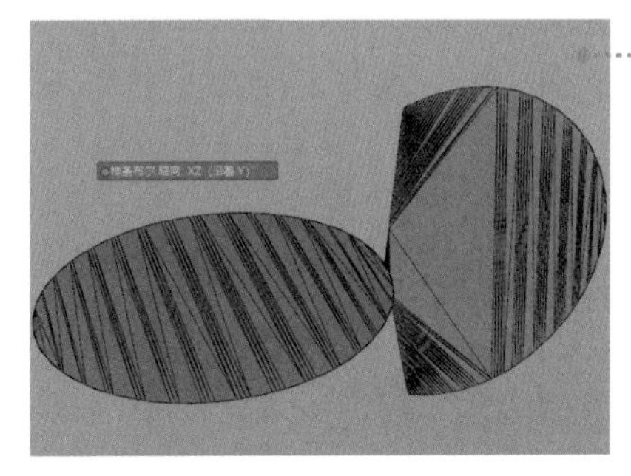

创建封盖： 在样条曲线中创建封盖，效果如左图所示。

5.6 矢量化

“矢量化”生成器通过读取计算机中的位图文件（IPG、PNG 等格式）或者矢量图（AI 格式）文件，可以自动识别图片内容并生成样条曲线。单击“矢量化”按钮，创建“矢量化”生成器，单击“对象”属性面板中“纹理”右侧的按钮，选择“实例文件 >CH05> 灯 .png”文件。

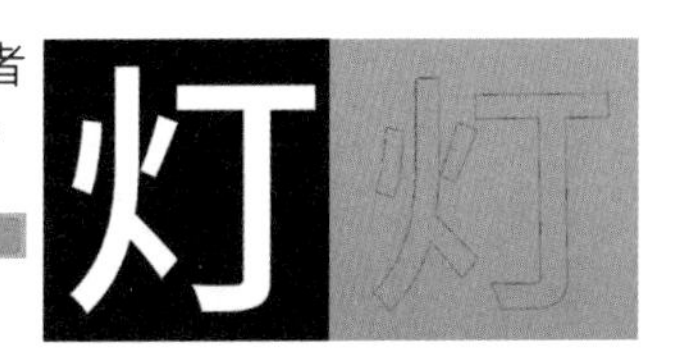

对象属性

宽度： 将图片映射到指定宽度的方形中，以便生成样条曲线。

公差： 公差值越小，生成的样条曲线越接近原始图片中的形状。

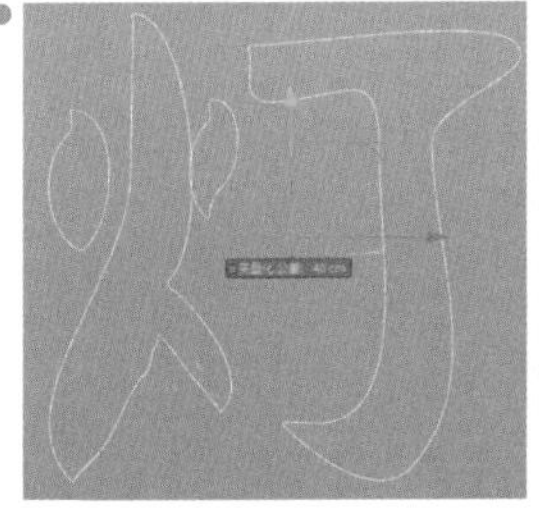

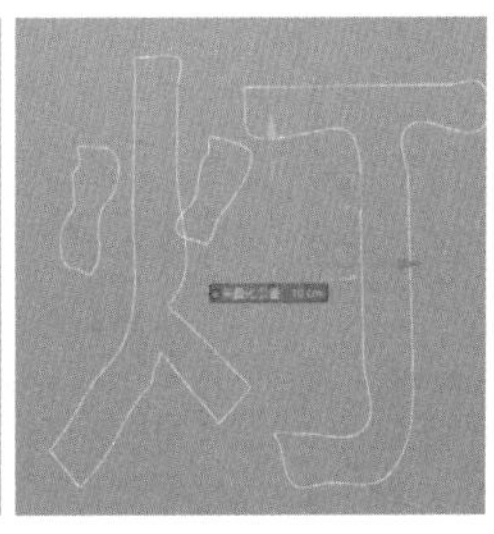

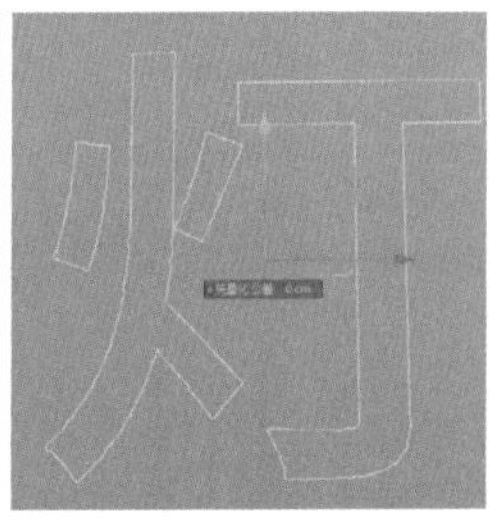

5.7 点插值方式

样条曲线和部分与样条曲线有关的工具的“对象”属性面板的底部会出现“点插值方式”参数。

样条曲线由公式生成，三维模型由点、线、面构成，“点插值方式”用于在根据样条曲线生成模型时（例如 NURBS 建模），控制对样条曲线的采样插值方式。采用不同的点插值方式会得到不同的结果，且会直接影响模型的精度。使用“扫描”生成器生成的花瓣形环状模型如下页图所示。

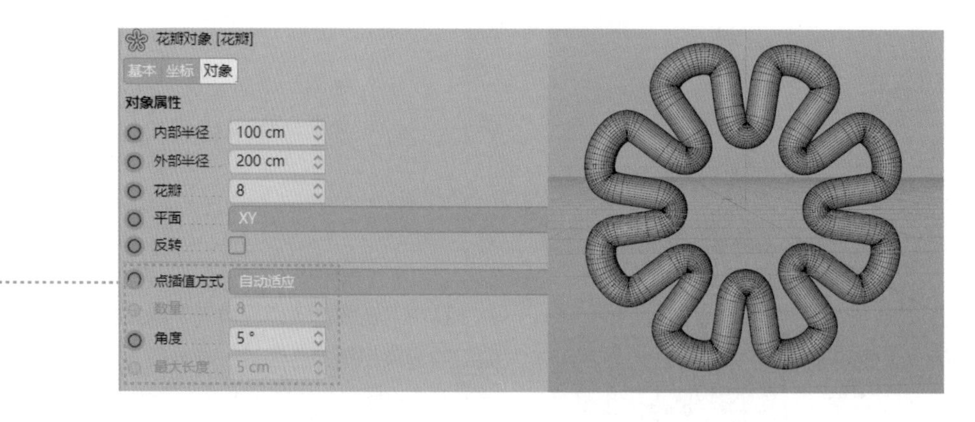

点插值方式：设置不同的插值算法，有“无”“自然”“统一”“自动适应”“细分”5 种。

无：不使用任何点插值方式，只使用样条曲线的控制点作为模型的顶点。将“花瓣”对象的“点插值方式”修改为“无”，效果如右图所示。

自然：自动在样条曲线的每两个控制点之间分布控制点，在曲率大的地方分布较密，在曲率小的地方分布较疏，“数量”参数用于控制点的数量。将“花瓣”对象的“点插值方式”修改为“自然”，“数量”修改为 12，效果如右图所示。

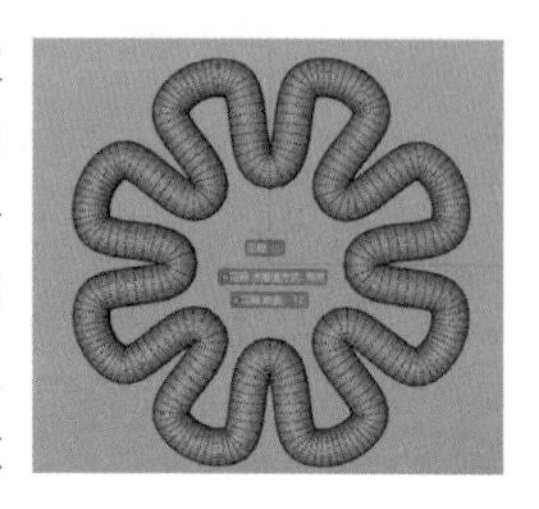

统一：和“自然”类似，但它分布的控制点的间距一样，不论曲率大小都是统一的间距。

自动适应：根据设置的“角度”参数分布控制点，当两控制点之间的角度差大于设定值时才会在两端生成控制点；值越小则点越密集，值越大则点越稀疏。“角度”的最小值为 0°，最大值为 90°。将“花瓣”对象的“点插值方式”修改为“自动适应”，效果如下图所示。

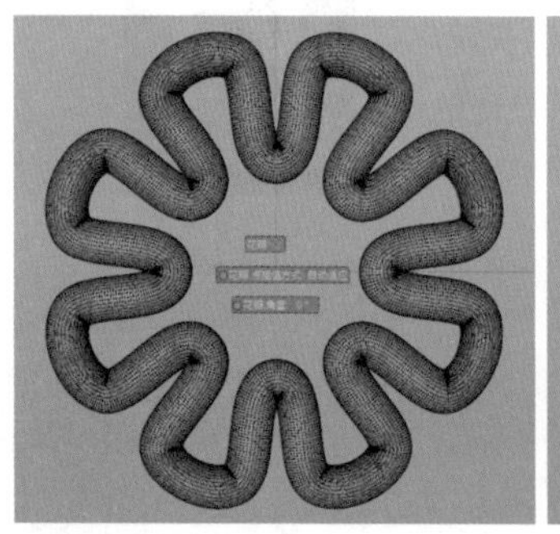
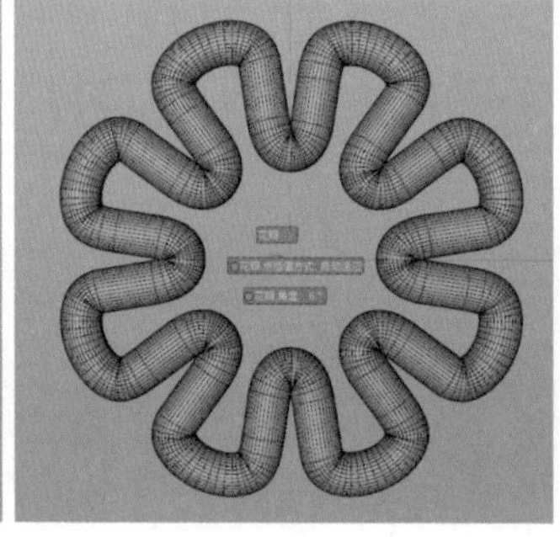

细分：在“自动适应”的基础上多了“最大长度”参数，用于设置每两个控制点之间的最大距离并优先计算；若两控制点之间达到距离限制却依然没超过设定的角度，则还可以创建控制点；若设置的值过小，则容易使模型过于精细而造成计算机卡顿。

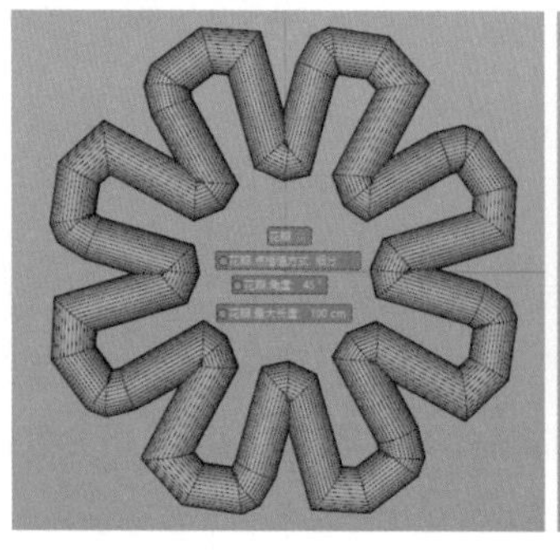
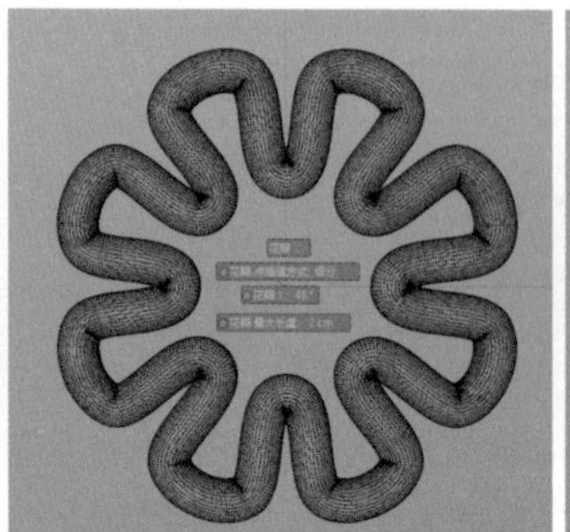
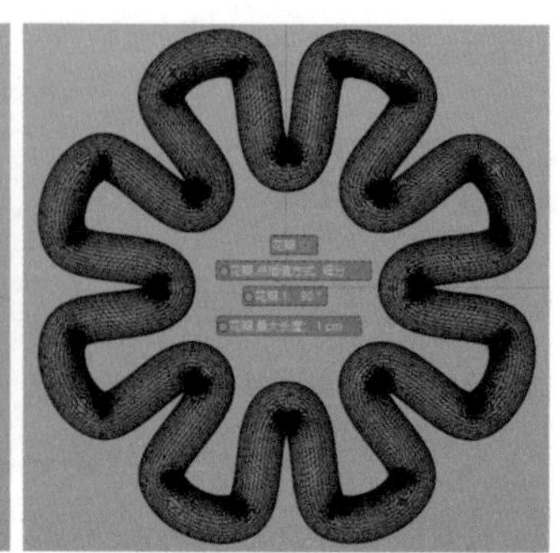

第6章 生成器和变形器

本章学习要点

常用生成器的使用方法　　常用变形器的使用方法

6.1 常用生成器

使用 Cinema 4D 中的生成器，可以灵活、快速地制作出许多特殊的效果。同时，将生成器自由组合后还可以实现非常复杂的效果。生成器是 Cinema 4D 中最常用的工具之一。

执行“创建 > 生成器”命令，或在工具栏中按住按钮，在弹出的下拉菜单中可查看常用的生成器。创建的生成器作为父级，可以对其子级物体起作用。

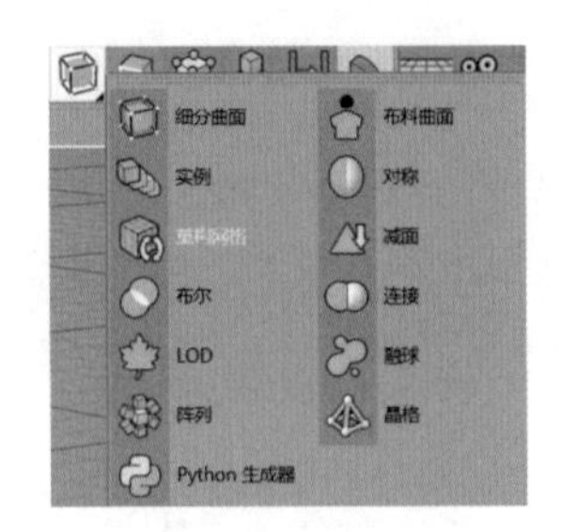

细分曲面

“细分曲面”生成器是三维软件中的常用功能之一，即通过为模型添加额外的分段来提高模型的精细度。只需先创建一个基本轮廓，再添加“细分曲面”生成器，即可快速创建精细、圆滑的模型。

单击“细分曲面”按钮，创建“细分曲面”生成器。再单击“金字塔”按钮，在场景中创建一个“金字塔”对象，将其作为“细分曲面”生成器的子级。在“对象”属性面板中将金字塔的“分段”设置为 2，将细分曲面的“编辑器细分”设置为 3。

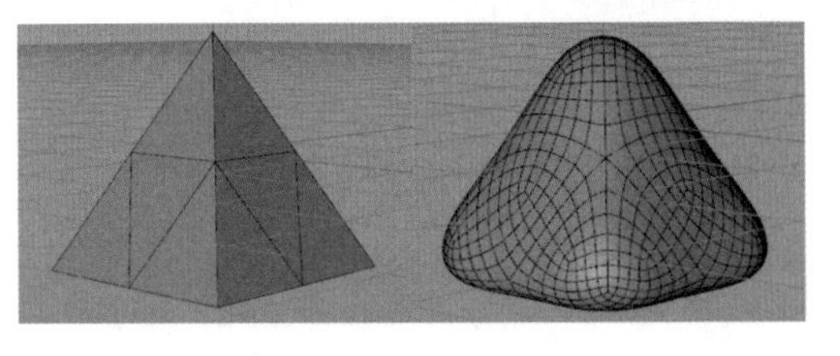

细分曲面 [细分曲面]
基本 坐标 对象
对象属性
类型 Catmull-Clark(N-Gons)
编辑器细分 3
渲染器细分 2
细分 UV 边

编辑器细分： 视图窗口中显示的细分曲面的迭代次数最多为 6，由于细分数过多会造成计算机卡顿，因此一般不会超过 4。

渲染器细分： 使用渲染器进行最终渲染时的细分曲面的迭代次数。细分数过多会造成计算机卡顿，因此可以关闭“编辑器细分”功能，只开启“渲染器细分”功能。

类型： 设置细分曲面的类型，不同类型的规则不同，生成的效果也不同，常用的类型如下。

Catmull-Clark（N-Gons）：默认类型，一种四边面细分规则，会在每个面和每条边上生成新的顶点，并在更新原始顶点的位置后链接新生成的顶点，从而生成新的模型。

OpenSubdiv Catmull-clark：一种四边面细分规则，其效果和“Catmull-Clark（N-Gons）”的效果类似，但它可以自定义“边界插值”“三角细分”“转折边”等参数。

OpenSubdiv Loop：一种三角面细分规则，会在每条边上生成新的顶点，并在更新原始顶点的位置后链接新生成的顶点，从而生成新的模型。

OpenSubdiv Bilinear：一种四边面细分规则，不会更新顶点的位置，所生成的模型的外形与原始模型的外形相比没有变化，只会增加模型的分段数。

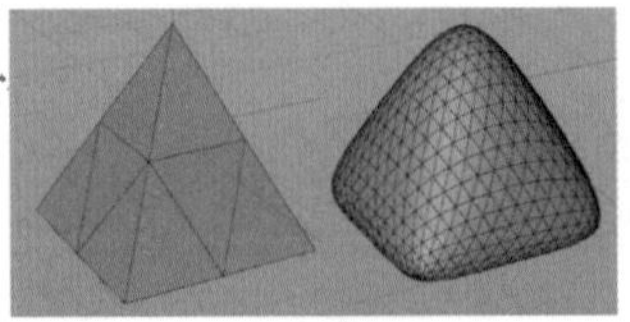

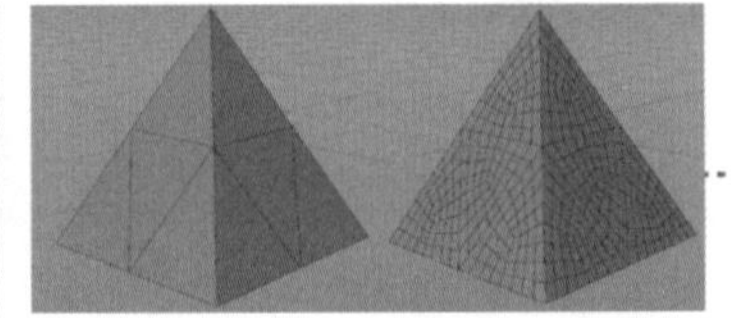

若要同时对多个对象进行细分曲面操作，则选中多个对象并按快捷键 Alt+G，或将多个对象设置为同一个对象的子级后，再一起作为生成器的子级。

布料曲面

“布料曲面”生成器可以为面增加厚度，常用于在布料模拟中给布料增加厚度。单击“布料曲面”按钮，创建“布料曲面”生成器，然后将需要增加厚度的对象作为“布料曲面”生成器的子级。

打开“实例文件>CH06>布料场景示例.c4d”文件。

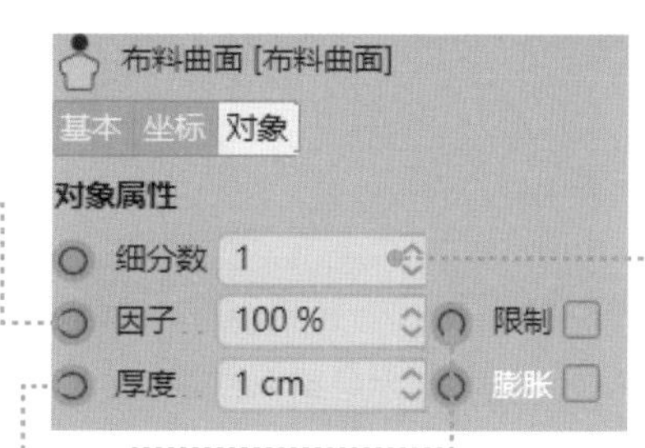

因子： 对细分后添加的控制点进行插值运算，使生成的模型更加平滑。

细分数： 对原始对象进行细分后再增加厚度，默认值为 1。

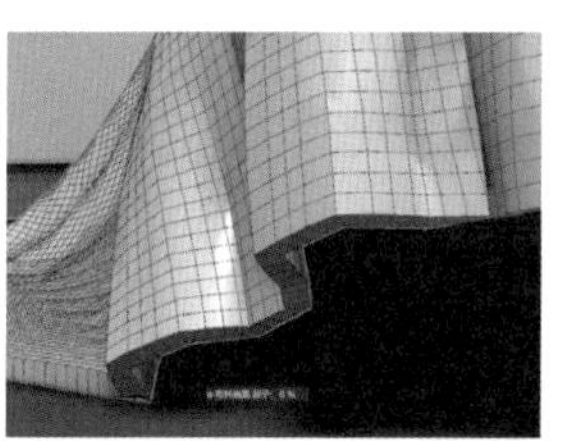

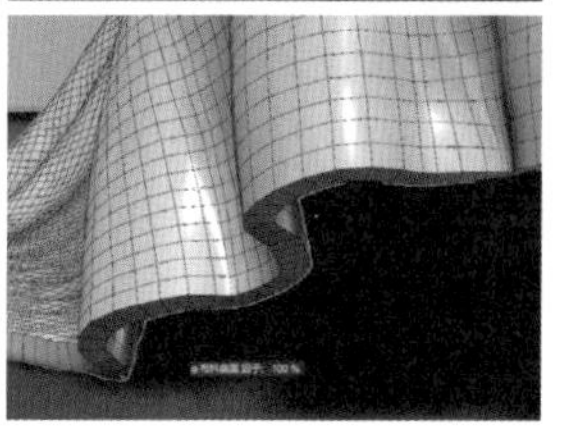

厚度： 增加的厚度值，当值过大时容易在转折处发生穿插。

限制： 选中“限制”复选框后，只会对向外凸起的部分进行插值运算。

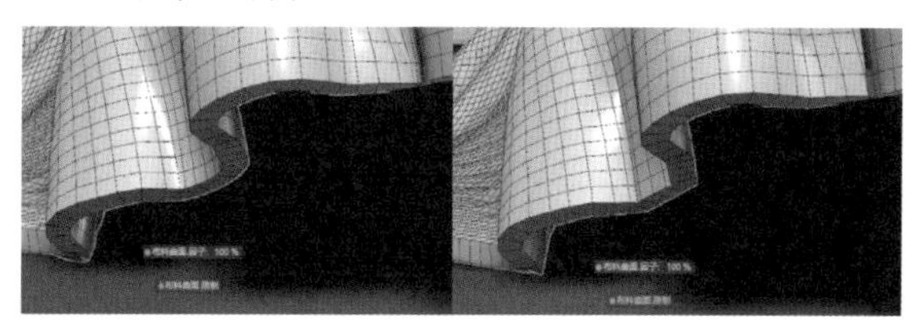

膨胀： 在加厚的基础上添加一层膨胀效果。

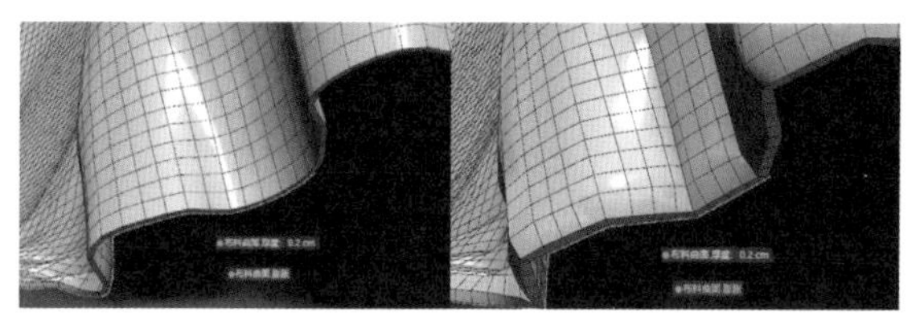

阵列

单击“阵列”按钮，创建“阵列”生成器；再单击“球体”按钮，创建一个“球体”对象。将“球体”对象作为“阵列”生成器的子级，会生成指定数目的球体副本并排列成圆形。

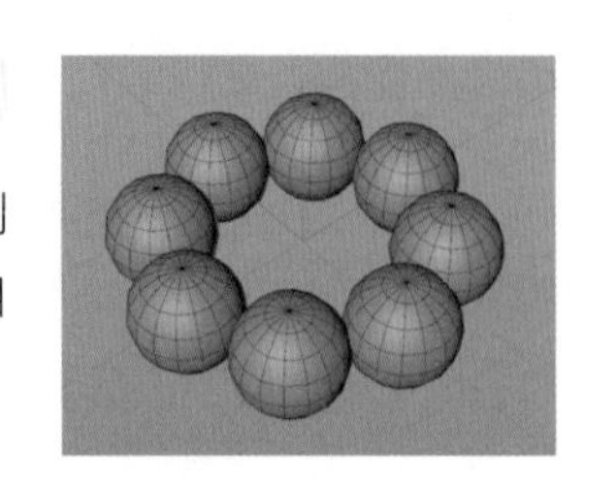

阵列对象 [阵列]
基本 坐标 对象
对象属性
半径 250 cm
副本 7
振幅 0 cm
频率 0
阵列频率 10
渲染实例

半径： 设置对象分布范围的半径。

副本： 设置副本的数量。

振幅 / 频率： 以正弦波的形式调整生成的副本的高度，效果如下图所示。

渲染实例： 当应用“阵列”生成器后生成的对象过多时，选中“渲染实例”复选框只会在内存中记录一个原始对象，生成的对象均作为实例进行计算，从而减少渲染时占用的系统资源。

阵列频率： 设置绕阵列一圈所需的正弦波数量，效果如下图所示。

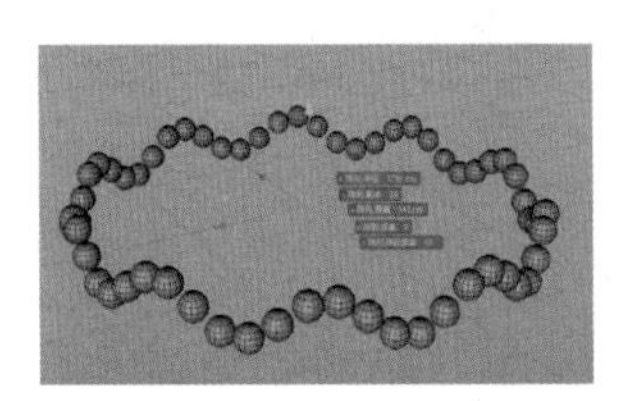

晶格

单击“晶格”按钮，创建“晶格”生成器；然后单击“宝石体”按钮，创建一个“宝石体”对象，将其作为“晶格”生成器的子级。此时，对象的顶点上会生成球体，边上会生成圆柱。

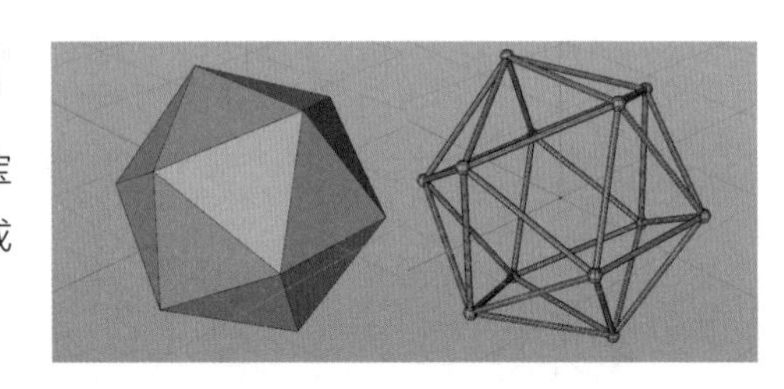

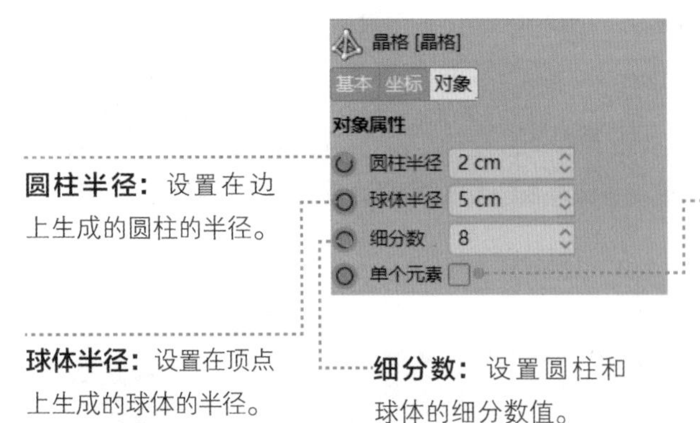

圆柱半径： 设置在边上生成的圆柱的半径。

球体半径： 设置在顶点上生成的球体的半径。

细分数： 设置圆柱和球体的细分数值。

单个元素： 选中“单个元素”复选框后，可将“晶格”生成器转为可编辑对象，而每个圆柱和球体都会作为单独的对象；若取消选中“单个元素”复选框，则只生成一个完整对象。

布尔

可以对多个“多边形”对象进行布尔操作。单击“布尔”按钮，创建“布尔”生成器；然后单击“立方体”按钮，创建两个“立方体”对象，将它们重命名为“A”和“B”，将“A”对象置于“B”对象的上方。

将“A”对象和“B”对象作为“布尔”生成器的子级。

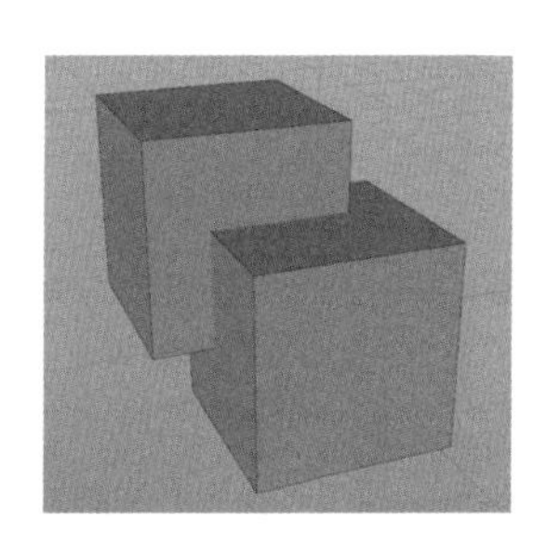

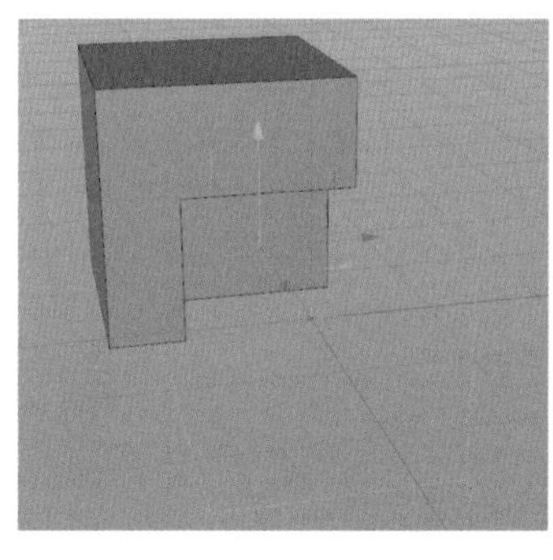

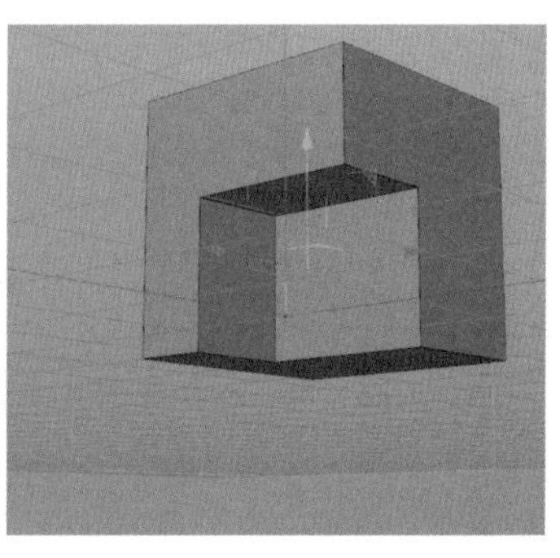

高质量： 取消选中“高质量”复选框，则下方的其他选项将全部不可用。

创建单个对象： 选中“创建单个对象”复选框后，将“布尔”生成器转为可编辑对象时只会生成一个对象；若取消选中“创建单个对象”复选框，则“A”“B”对象保留的面将分别作为独立的对象。

隐藏新的边： 选中“隐藏新的边”复选框即可隐藏进行布尔操作后新生成的边，取消选中则不隐藏。

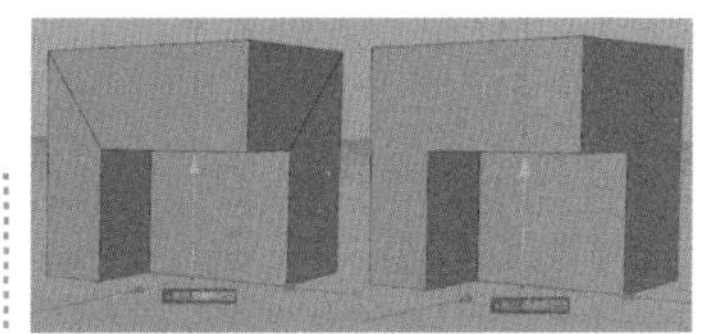

布尔类型： 指定布尔运算类型，有“A 加 B”“A 减 B”“AB 交集”“AB 补集”4 种。

A 加 B：删去 A 和 B 相交的部分，保留其余部分，并将它们作为一个整体。

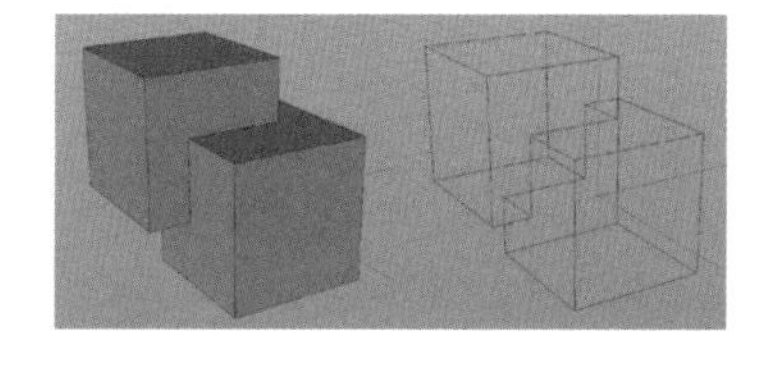

A 减 B：分别保留 A 未和 B 相交的部分、A 和 B 相交的面。

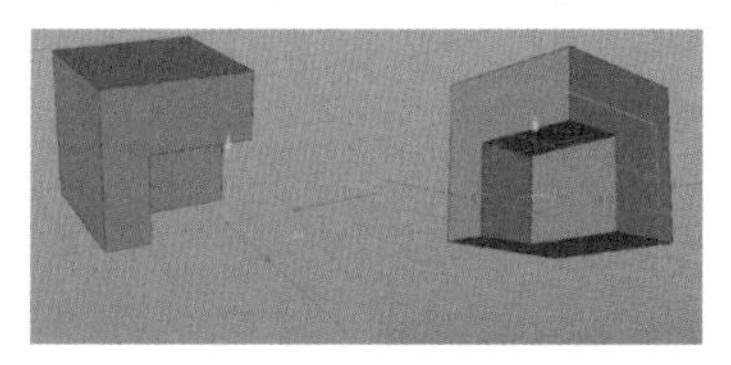

AB 交集：只保留 A 和 B 相交的部分。

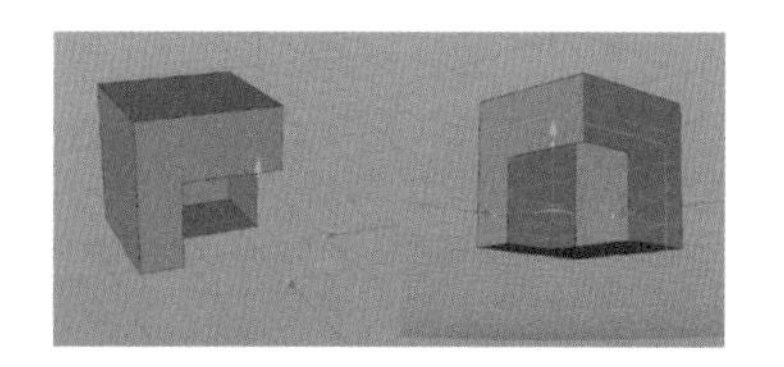

AB 补集：只保留 A 未和 B 相交的部分。

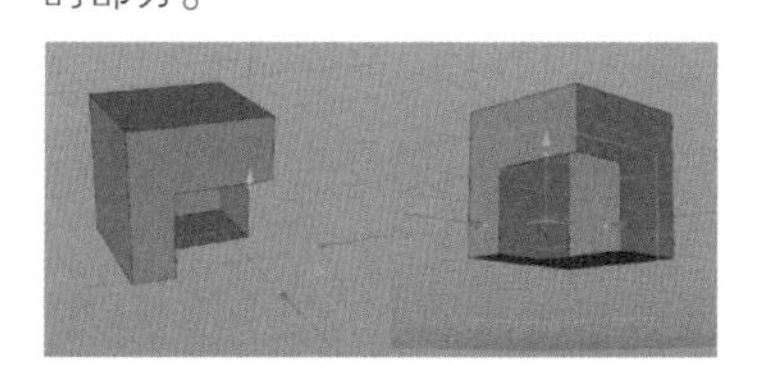

交叉处创建平滑着色（Phong）分割： 在 A 和 B 的交叉处应用平滑着色。

选择交界： 选中“选择交界”复选框后，将“布尔”生成器转为可编辑对象时，会生成一个名为“I”的边选集，边选集中为 A、B 交界处新生成的边。

优化点： 选中“创建单个对象”复选框后可用，其作用同后面讲解的“连接”生成器。

连接

“连接”生成器可以将距离小于设置值的两个顶点焊接，多用于修复模型。打开“实例文件 >CH06> 连接示例 .c4d”文件。

虽然模型有“平滑着色”标签，但模型的面均没有平滑效果。切换到“面”模式，随意移动一个面，此时会发现所有的面都是独立的，每个顶点处都有多个面的独立顶点重叠。

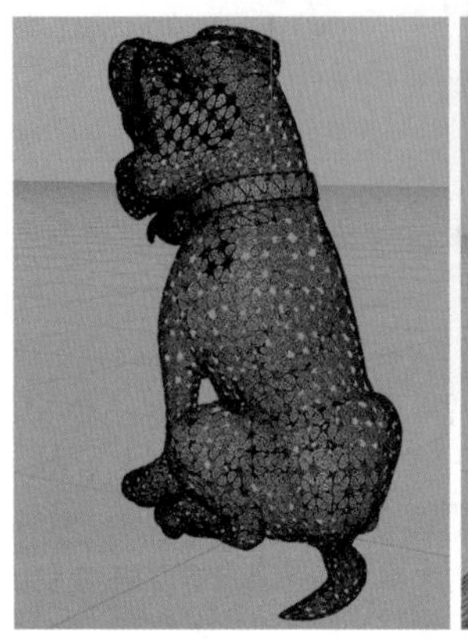

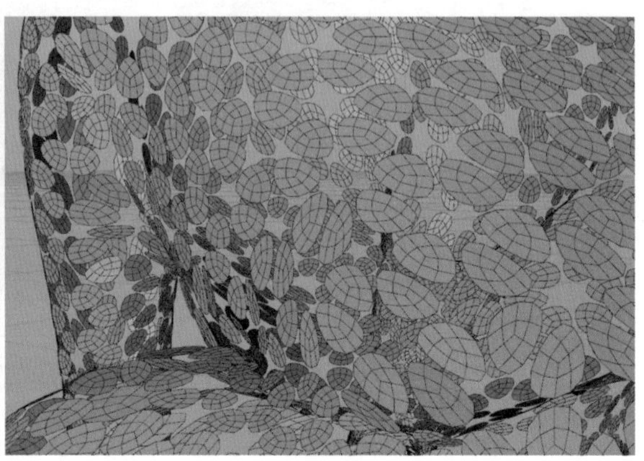

单击“连接”按钮，创建“连接”生成器并将其作为“小狗”对象的父级。

此时，如果对对象应用“细分曲面”生成器，则其所有的面都会独立进行细分。

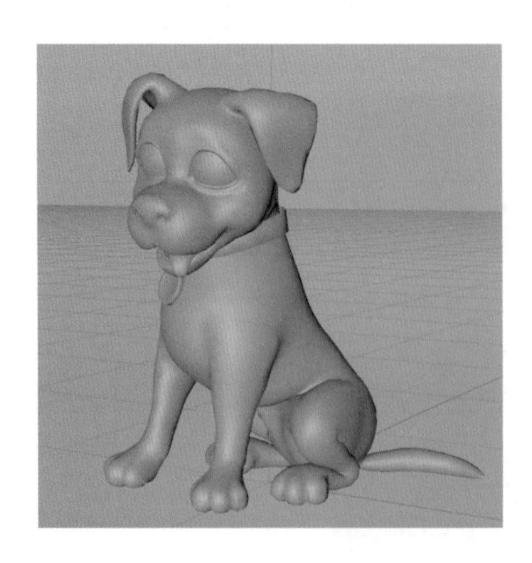

对象属性

对象： 设置操作的对象。

焊接： 将小于设定距离的两个顶点焊接为一个顶点。

公差： 设置焊接的两个顶点之间的最大距离，大于该距离的顶点不会被焊接，小于或等于该距离的顶点则会被焊接。

平滑着色（Phong）模式： 选用该模式前，需要先删除原始对象的“平滑着色”标签。

纹理： 若未选中“纹理”复选框，则不显示原始对象的材质。

居中轴心： 将处理后的对象移动到“连接”生成器的轴心位置。

实例

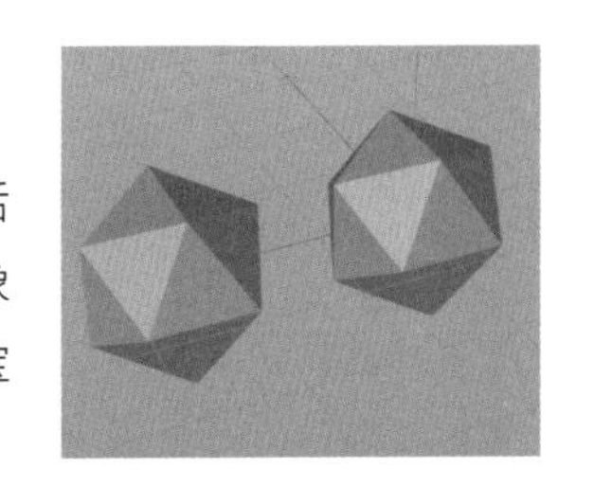

单击“宝石体”按钮，创建一个“宝石体”对象。选中“宝石体”对象后单击“实例”按钮，创建“实例”生成器。此时，系统会自动将“宝石体”对象放入“实例”生成器的“对象”属性面板中。移动“实例”生成器，将生成一个和“宝石体”对象一模一样且同步的对象。

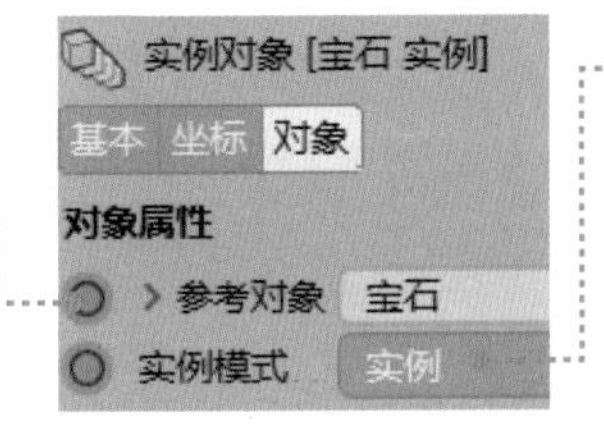

参考对象：用于生成实例的对象。

实例模式：设置实例的模式，有“实例”“渲染实例”“多重实例”3种，选择“多重实例”模式会显示两个新的参数。

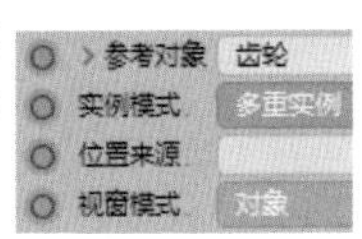

位置来源：选择“多重实例”模式后显示，会在参考对象的顶点上生成实例。以立方体为例，效果如下图所示。

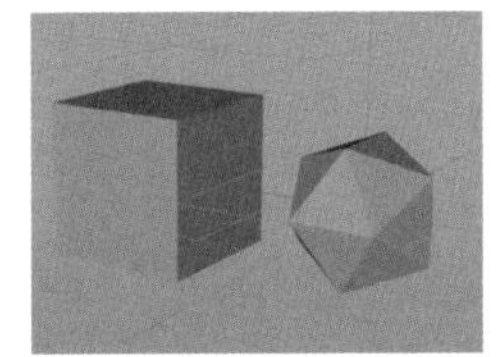

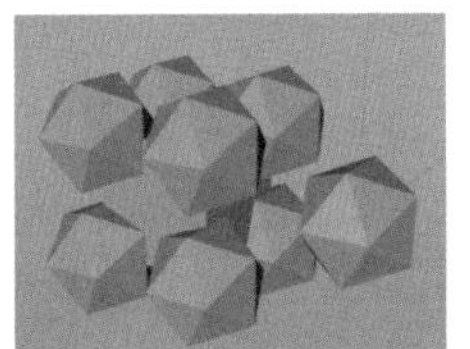

视窗模式：设置视图窗口中实例的显示样式，有“关闭”“点”“矩阵”“边界框”“对象”5种，默认为“对象”，效果如下图所示。

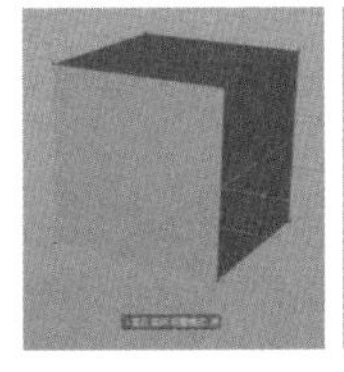

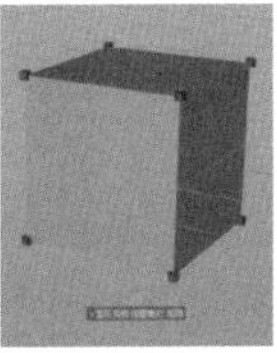

融球

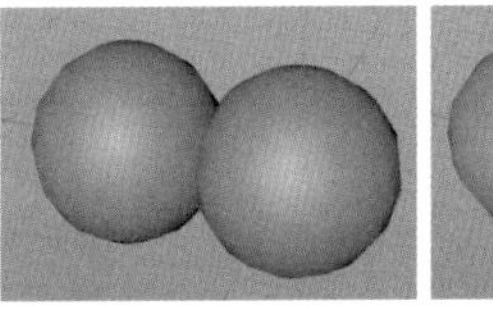

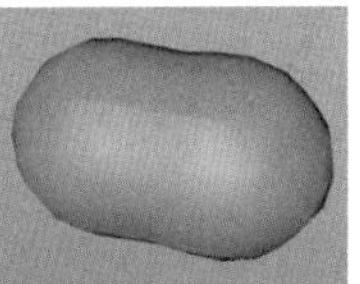

“融球”生成器可以将多个对象融合在一起。

单击“球体”按钮，创建两个“球体”对象，它们的位置如右图所示。

单击“融球”按钮，创建“融球”生成器，将其作为“球体”对象的父级。

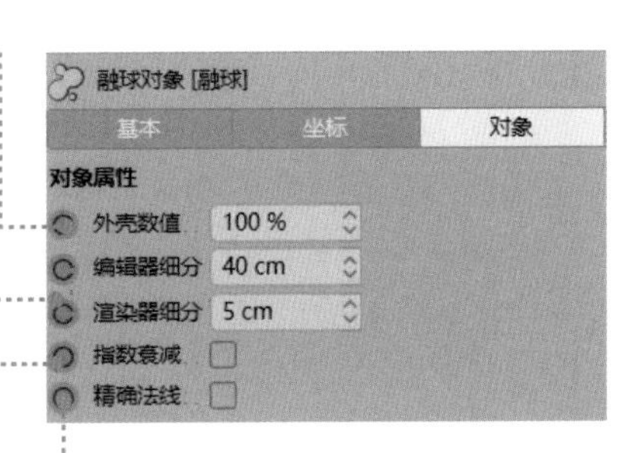

外壳数值：设置融球的外壳数值，值越小外壳越大，值越大外壳越小。

编辑器 / 渲染器细分：设置视图窗口中和渲染过程中融球的网格精度。

指数衰减：选中“指数衰减”复选框后,融球表面将更平滑，起伏将变少。

精确法线：重新计算法线，使融球表面的法线过渡更平滑。

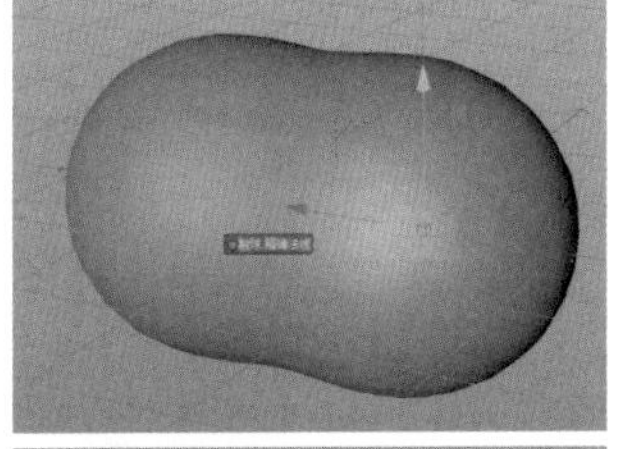

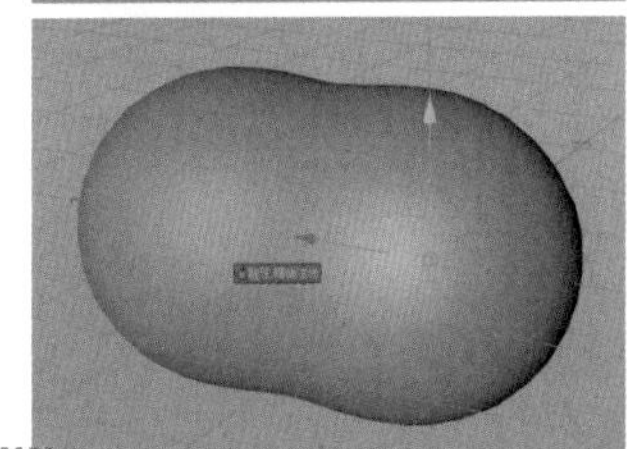

对称

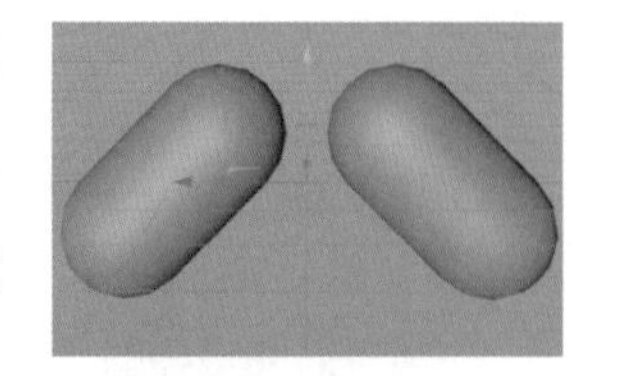

单击“胶囊”按钮，创建一个“胶囊”对象。在“坐标”属性面板中设置“P.Z”为 100cm、“R.P”为 45° 。单击“对称”按钮，创建“对称”生成器，将其作为“胶囊”对象的父级。

镜像平面： 沿 XY、ZY、XZ 中的一个平面，根据“对称”生成器的轴进行镜像操作。

焊接点 / 公差： 作用同“连接”生成器。

对称： 使焊接后的效果也对称。

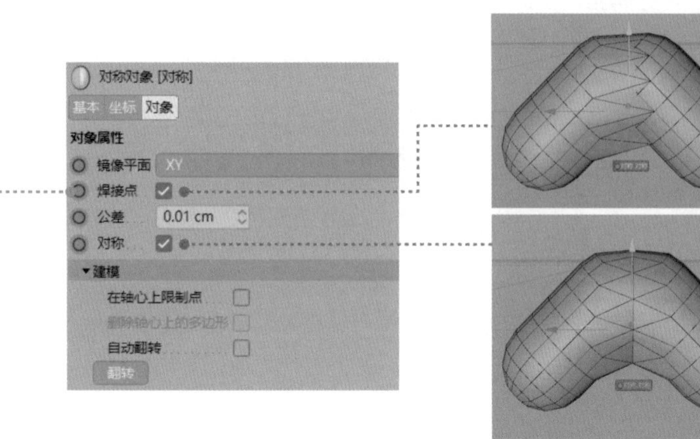

Python 生成器

单击“Python 生成器”按钮，创建“Python 生成器”。在“对象”属性面板中使用 Python 语言生成对象，该操作需要用户具备 Python 基础。

LOD

“LOD”生成器可以根据摄像机距离、屏幕大小等自动简化对象，大大提高预览流畅度和渲染速度，下面用常用的“摄像机距离”标准举例。

单击“球体”按钮，新建 3 个“球体”对象，将“分段”分别设置为 4、8、32。单击“LOD”按钮，新建“LOD”生成器，将其作为 3 个“球体”对象的父级。在“对象”属性面板中将“标准”设置为“摄像机距离”，将“最小距离”和“最大距离”分别设置为 100cm 和 3000cm。此时，对象上会显示 LOD 等级和它与摄像机的距离，前后推拉摄像机，“LOD”生成器会根据距离在 3 个对象之间自动切换。

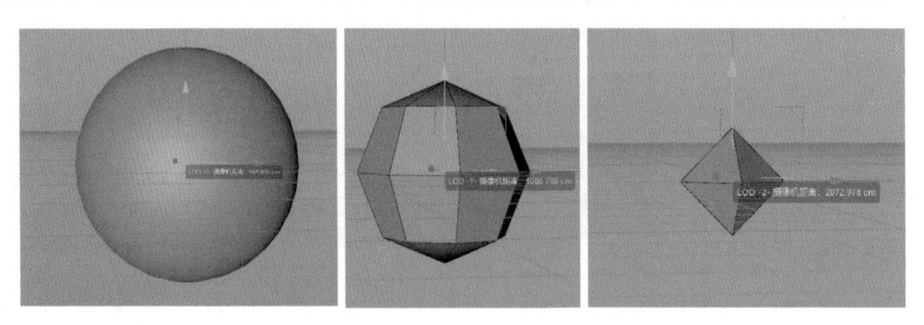

可以在“对象”属性面板的“LOD 条”中更改“LOD”生成器切换的范围或查看当前摄像机距离对应的 LOD 范围。

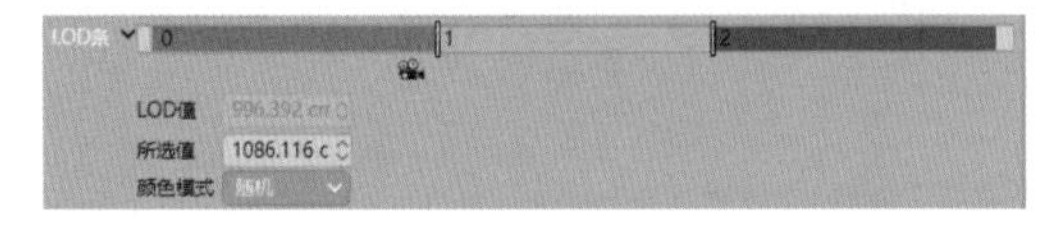

减面

减少对象的面数可以减轻计算机的负担，但如果减掉的面太多，会破坏对象的形态。

打开“实例文件 >CH06> 减面示例 .c4d”文件。

单击“减面”按钮，新建“减面”生成器，将其作为“老鹰”对象的父级。此时，模型消失不见（处理过程中模型不可见），需要等待减面处理完毕后才会显示出来，可以在界面左下角查看处理进度 减面：预处理（230430/810792）。

可以通过在“对象”属性面板中修改“减面强度”来控制减去的面数占原始面数的百分比，如将“减面强度”修改为 99%，如下图所示。

6.2 常用变形器

使用 Cinema 4D 中的变形器可以为几何体添加不同的变形效果。在不破坏对象的情况下，变形器可以快速调整对象的形态，相比直接修改对象，使用变形器进行调整更方便，容错率更高。执行“创建 > 变形器”命令；或在工具栏中按住按钮，可在弹出的下拉菜单中看到常用的变形器。

将创建好的变形器作为对象的子级，变形器即可对该对象生效。若要使变形器对多个对象同时生效，则需要将变形器与多个对象设置为同一个对象的子级。此时，变形器会同时对父级对象及所有同级对象生效。

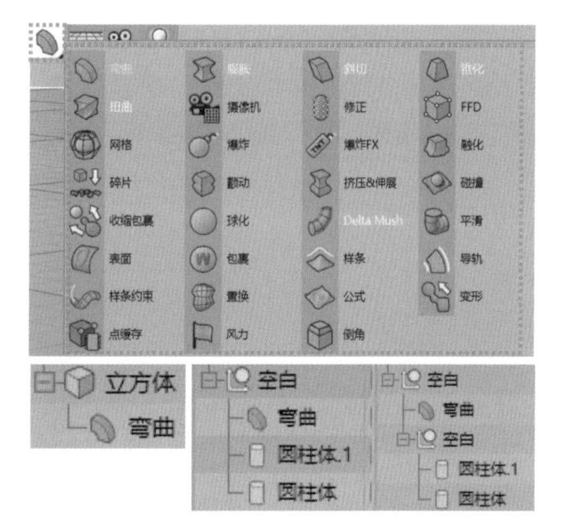

弯曲

“弯曲”变形器可以按设定的范围、方向、强度对几何体进行弯曲操作。

在场景中创建一个“立方体”对象，单击“弯曲”按钮，创建“弯曲”变形器，并将“弯曲”变形器作为“立方体”对象的子级，在“对象”属性面板中设置“强度”为90°。

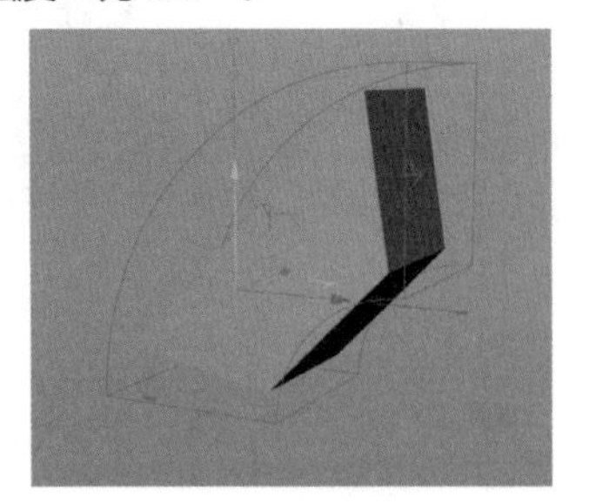

此时，因为立方体在 y 轴方向上的分段数过少，所以没有办法很好地呈现弯曲效果。选中“立方体”对象，在“对象”属性面板中将“分段Y”修改为10，并显示出线框。

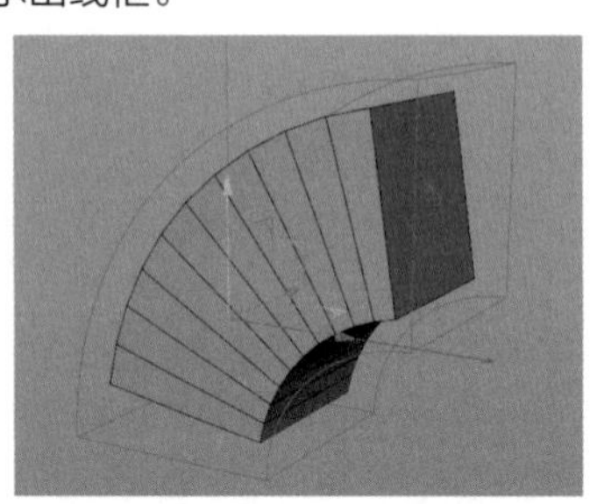

对象属性

尺寸： 设置变形器的影响范围，视图中的紫色框即变形器的影响范围框。

对齐： 设置变形器的对齐方向，修改后单击匹配到父级按钮，则影响范围框会自动匹配对象并应用修改的对齐方向。

模型： 设置变形器对几何体的影响模式。

限制： 让对象在影响范围框内产生弯曲效果。

框内： 对象只有在影响范围框内才会产生弯曲效果。

无限： 对象不受影响范围框的限制，可以在任意位置产生弯曲效果。

强度： 变形器弯曲的角度。

角度： 变形器向强度方向的垂直方向弯曲的角度。

保持纵轴长度： 纵轴长度即变形器中心箭头的长度，选中该复选框后，在变形过程中，纵轴长度保持不变。

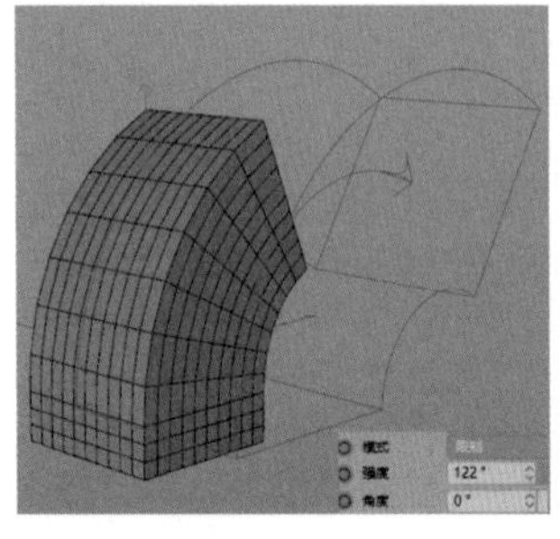

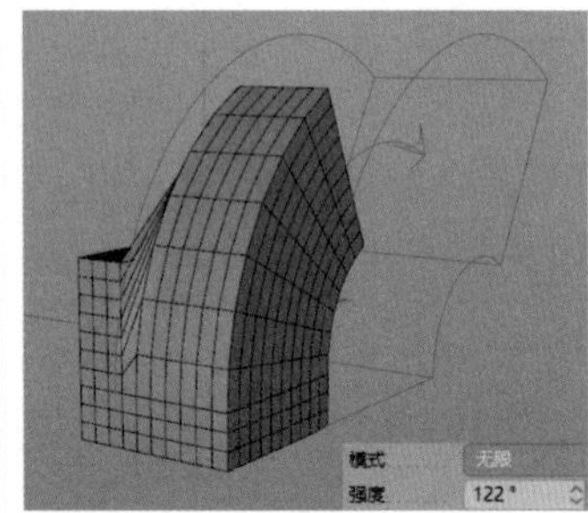

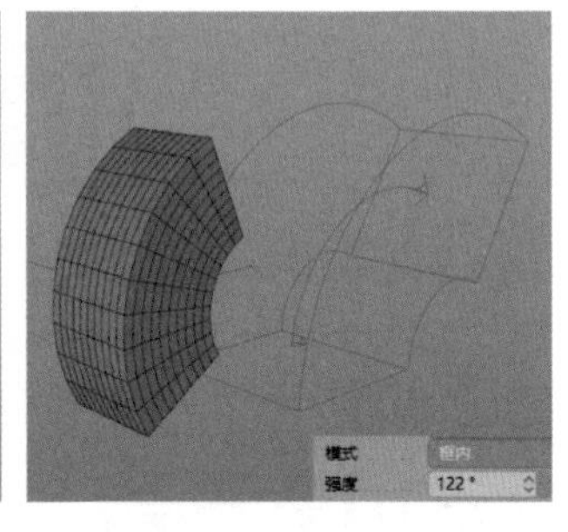

扭曲

创建一个“圆柱体”对象，单击“扭曲”按钮，创建“扭曲”变形器，并将其作为“圆柱体”对象的子级。在“扭曲”变形器的“对象”属性面板中设置“强度”为90°。“扭曲”变形器的参数和“弯曲”变形器的参数类似。

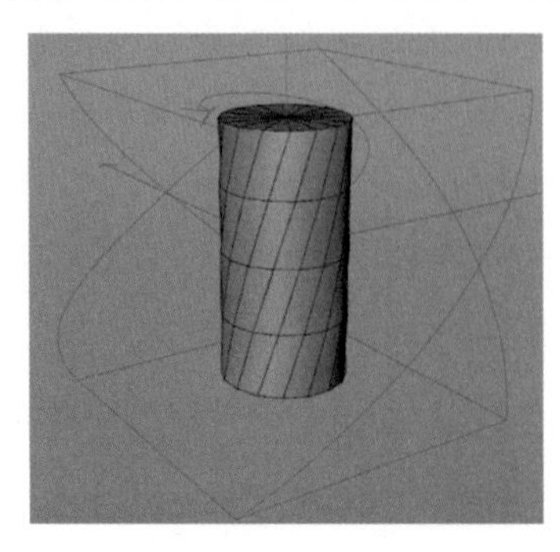

网格

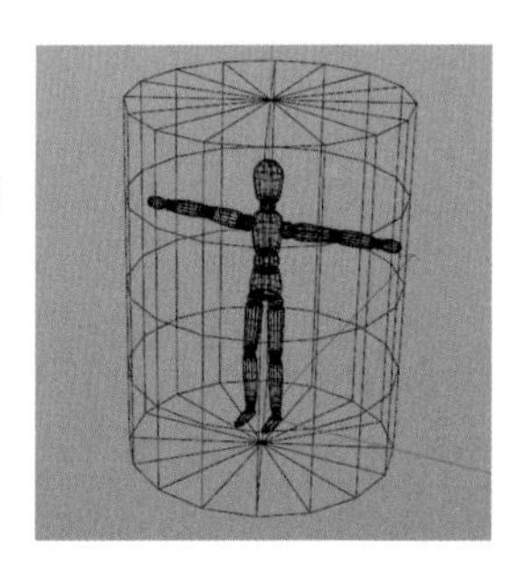

在场景中分别创建“人形素体”对象和“圆柱体”对象，开启“线条”显示模式，调整圆柱体的大小和位置使其包裹人形素体，然后选中全部对象并按C键，将它们转为可编辑对象。

单击“网格”按钮，创建“网格”变形器，并将其作为“人形素体”对象的子级。将“圆柱体”对象拖曳到“网格”变形器的“对象”属性面板的“网笼”中，单击“初始化”按钮回到“光影着色”模式，此时圆柱体变成了网格。

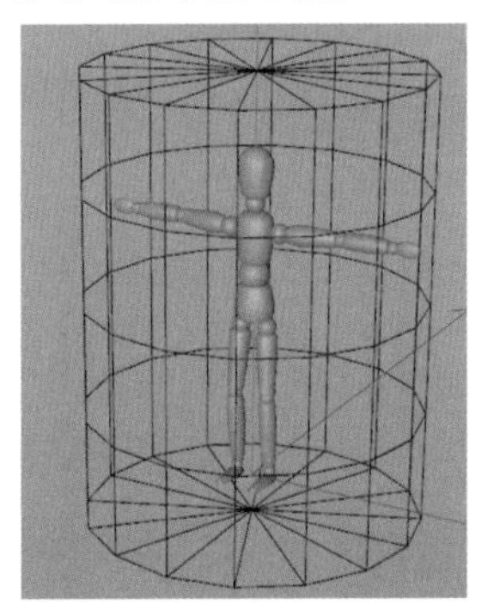

此时，对圆柱体形态的修改会同步映射到人形素体上。例如，切换到“边”模式，对圆柱体的形态进行修改，效果如下图所示。

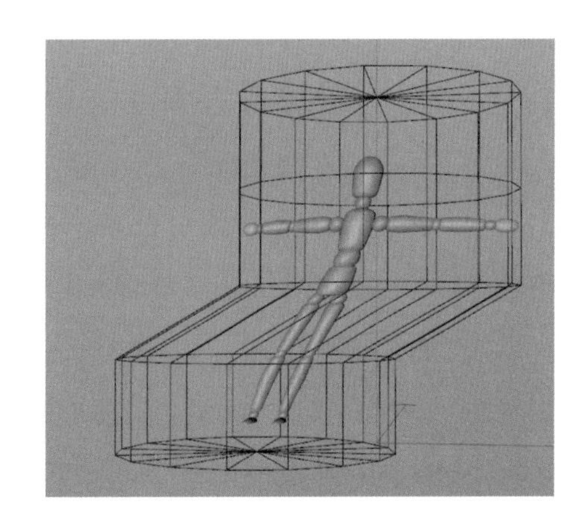

碎片

“碎片”变形器可以将对象的面分开，并为其添加重力下落和消散的效果，以模拟物体破碎的效果。

创建一个“球体”对象，然后创建一个“碎片”变形器，并将其作为“球体”对象的子级。在“坐标”属性面板中将“碎片”变形器的 y 坐标“P.Y”设置为 -100cm，然后在“对象”属性面板中多次修改“强度”值，效果如下图所示。

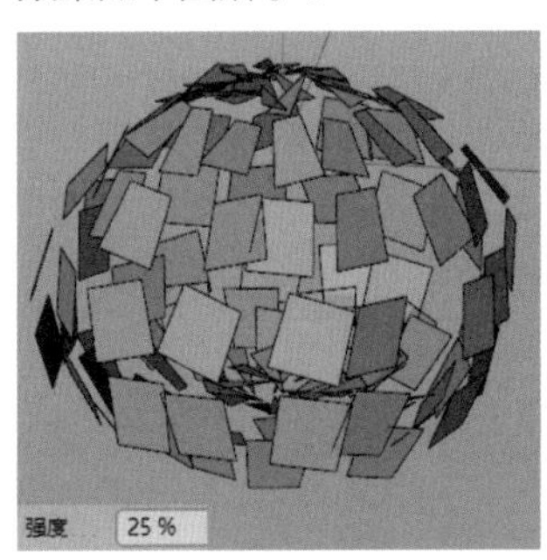

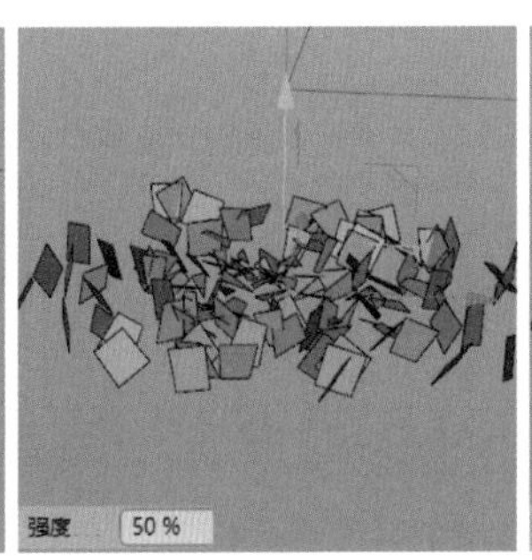

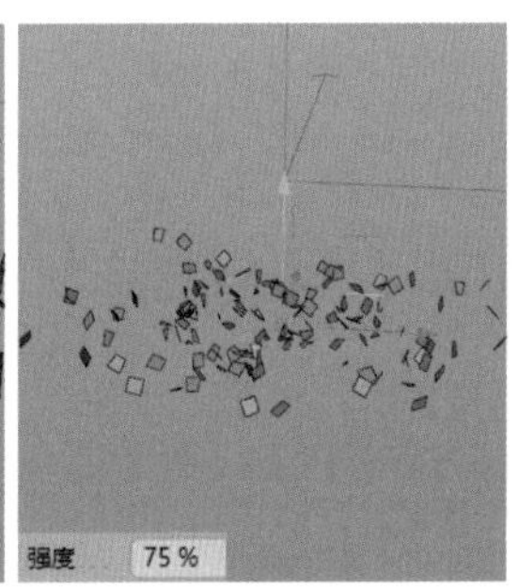

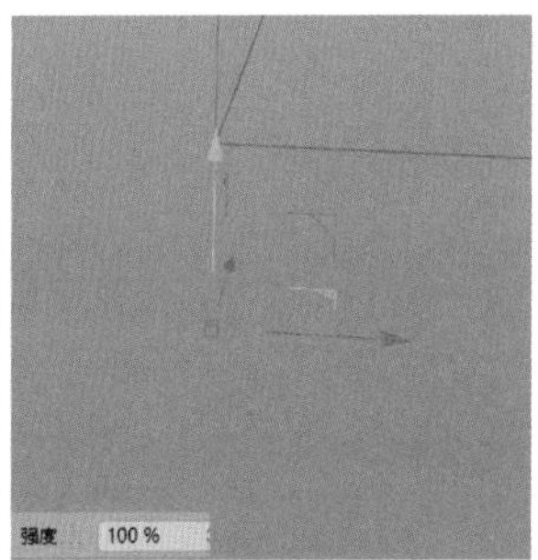

“碎片”变形器会以变形器所在的位置为地面，设置一个最低位置以模拟地面。如果有位于“碎片”变形器下方的面，则其破碎后会被直接置于变形器的高度处。

对象属性

强度： 破碎的强度，默认情况下 0% 为对象完好，100% 为对象已经完全破碎。

角速度： 破碎后的面的旋转速度。

终点尺寸： 在“强度”为 100% 时对象的面的大小，为 0 表示面消失，为 1 表示面大小不变。

随机特性： 破碎后的面的位置随机变化的强度。

收缩包裹

“收缩包裹”变形器可以将“A”对象变形以包裹“B”对象。

分别创建“球体”对象和“立方体”对象，在“对象”属性面板中将立方体的分段数调成 10 × 10 × 10；并创建“收缩包裹”变形器，将其作为“立方体”对象的子级。在变形器的“对象”属性面板中，将“球体”对象拖曳到“目标对象”右侧的文本框中。

为了方便观察，用鼠标右键单击“立方体”对象，在弹出的菜单中执行“渲染标签>显示”命令，单击创建的“显示”标签，在“标签”属性面板中选中第 1 个“使用”复选框，选择“着色模式”为“网线”。

调整“收缩包裹”变形器的“对象”属性面板中的“强度”，不同的强度效果如下图所示。

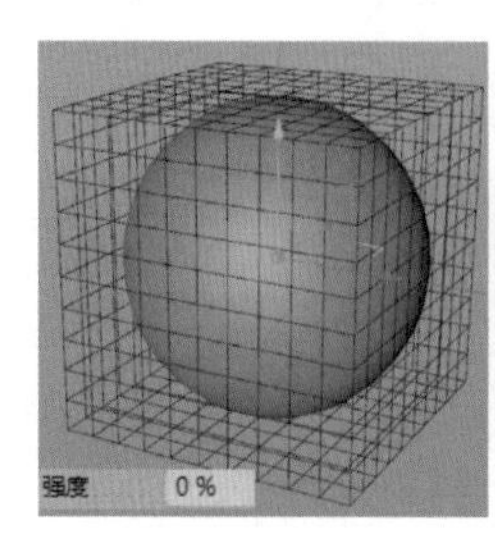

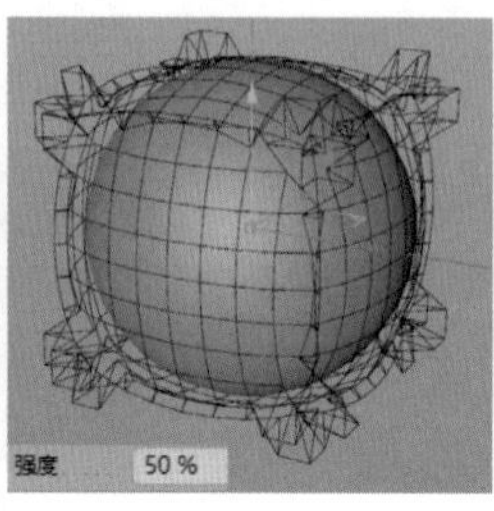

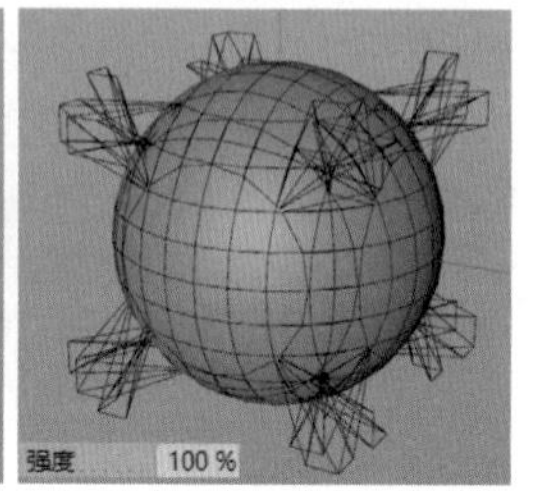

“收缩包裹”变形器的父级被称为“来源对象”，“来源对象”上的每个点被称为“来源点”。“收缩包裹”变形器通过修改“来源点”位置的方式，将“来源对象”包裹在目标对象的表面，修改位置后的点称为“目标点”。

对象属性

强度： 当“强度”为 100% 时，来源点完全紧贴目标点。

最大距离： 来源点与目标点之间的最大距离，超过这个距离则不产生包裹效果。

目标轴： 更换不同的目标点计算方式。

沿着法线： 沿着来源点的点法线，与目标对象相交的最近点为目标点。若立方体的 8 个角的点法线不与球体相交，则立方体 8 个角处的点不会产生包裹球体。

目标轴： 切换为此模式，每个来源点分别与目标对象的轴心点连接，以连线上与目标对象相交的最近点为目标点进行包裹；若“强度”固定为 100%，移动球体，立方体的位置不变。

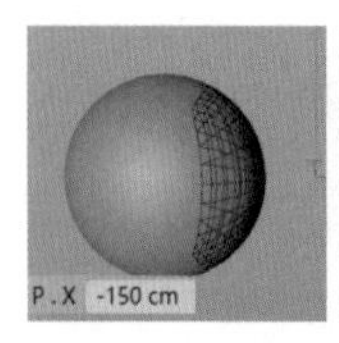

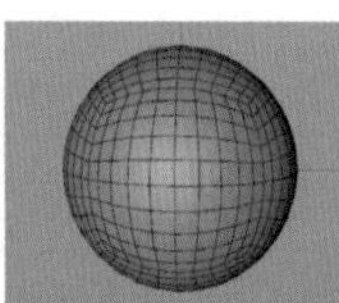
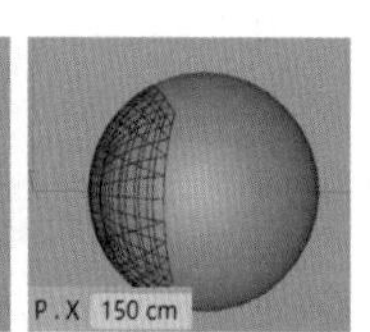

来源轴： 设置为此模式，则来源对象的轴心点和来源点的连线的延长线与目标对象相交的最近点为目标点；若“强度”保持 100% 不变，移动球体，立方体的位置不变。

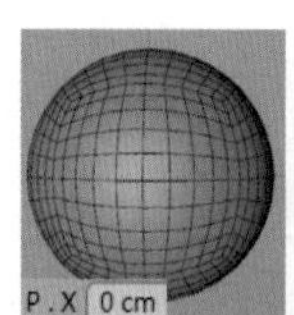

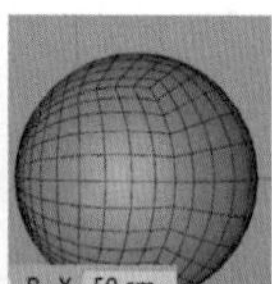

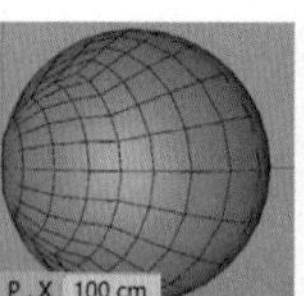

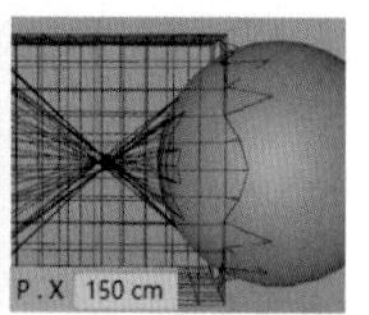

表面

“表面”变形器通过映射的方式让来源对象随目标对象的变化而变化。

打开“实例文件 >CH06> 表面变形器 1.c4d”文件，单击“向前播放”按钮播放动画，可以看到场景中的“布料”对象下落而“C4D”对象静止不动。

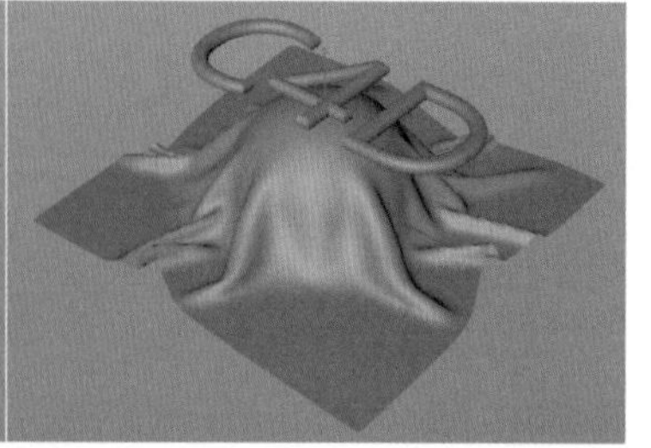

再次单击“向前播放”按钮，然后单击“转到动画的开始”按钮回到第 1 帧。创建“表面”变形器，并将其作为“C4D”对象的子级。在“表面”变形器的“对象”属性面板中，将“布料”对象拖入“表面”，单击“初始化”按钮。此时再播放动画，就会看到“C4D”对象跟随“布料”对象落下，其形态也与“布料”对象的形态相似，仿佛粘在“布料”对象的表面。

对象属性

强度： 来源对象被目标对象形态影响的强度。

成比例的： 选中该复选框后效果会变得更夸张。

偏移： 在映射(U,V)和映射(V,U)模式下控制来源对象，将其沿目标对象的法线方向进行偏移。

类型： 设置不同的映射类型。

映射： 默认的映射类型，根据单击“初始化”按钮时来源对象和目标对象之间的位置关系创建映射，一般在动画的第 1 帧创建映射。

映射（U,V）： 将来源对象映射到目标对象的 UV 后，再将其根据 UV 映射到目标对象的表面，通过“平面”参数控制映射平面；U、V、缩放 3 个参数用来控制来源对象在映射中的变化。

映射（V,U）： 和映射（U,V）作用相同但方向相反。

技巧与提示

使用“表面”变形器可以将多个对象附加到简单的表面上，通过给简单表面添加动力学效果，然后驱动附加的对象，可以快速地制作出复杂的动画效果。打开“实例文件 >CH06> 表面变形器 2.c4d”文件，尝试用本节开始提到的为多个对象应用变形器的方法，制作一个木桥断裂且下落的动画。

样条约束

“样条约束”是 Cinema 4D 中常用的变形器之一，在建模、制作动画、制作特效时都可以使用。

分别创建“胶囊”对象和“螺旋线”对象。为了方便观察，将“胶囊”对象的“半径”修改为 25cm，“高度”修改为 50cm，“封顶分段”修改为 32，“方向”修改为“+X”。再创建“样条约束”变形器，并将其作为“胶囊”对象的子级，效果如右图所示。

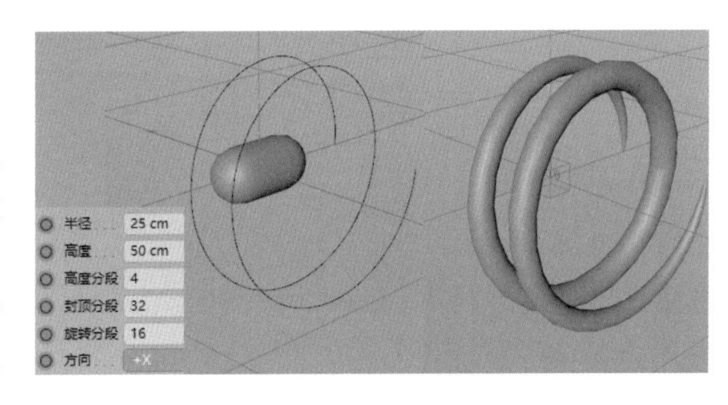

对象属性

样条： 设置约束来源。

导轨： 导入一个新的样条曲线作为导轨，使对象跟随导轨方向的变化而变化。

轴向： 控制约束轴向，通常用作约束的轴向上的分段需要手动提高数值，以避免精度过低。

强度： 设置样条曲线对对象的约束强度。

偏移： 设置对象在样条曲线上的位置偏移。

起点 / 终点： 设置对象在样条曲线上的起点和终点。

模式： 控制对象在样条曲线上的约束模式。

适合样条： 默认的约束模式，将对象拉伸至与样条曲线一样长。

保持长度： 保持对象长度不变，不改变“起点”或“终点”数值而只修改“偏移”数值，可以实现对象沿样条曲线运动的效果。

结束模式： 控制对象在样条曲线端点处的约束模式。

限制： 修改“偏移”数值，当数值小于 0% 或者大于 100% 时，对象不会超出样条曲线的范围。

延伸： 修改“偏移”数值，当数值小于 0% 或者大于 100% 时，对象会根据样条曲线的端点朝向继续延伸。

尺寸 / 旋转： 根据样条曲线修改对象形态，其作用和“扫描”生成器的作用类似。

边界盒： 定义来源对象的计算范围，一般保持默认设置。

点缓存

打开“实例文件 >CH06> 点缓存 .c4d”文件，效果如下图所示。播放动画，可以看到场景中的“平面 1”对象有动画，而“平面 2”对象没有动画。

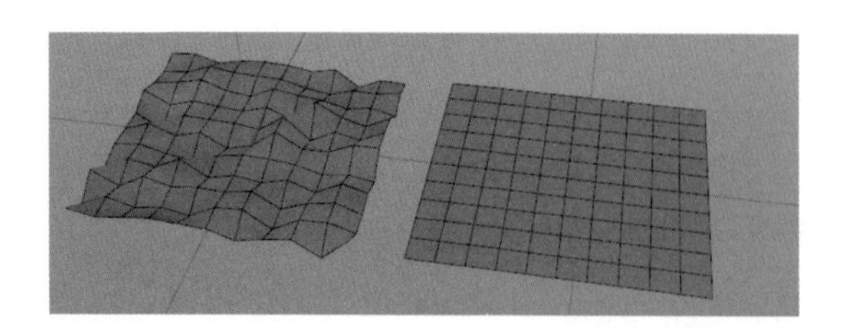

创建“点缓存”变形器，并将其作为“平面 2”对象的子级。将“平面 1”对象的“点缓存”标签拖曳到变形器“对象”属性面板的“标签”中，此时播放动画，可以看到“平面 2”对象被赋予了和“平面 1”对象相同的动画。

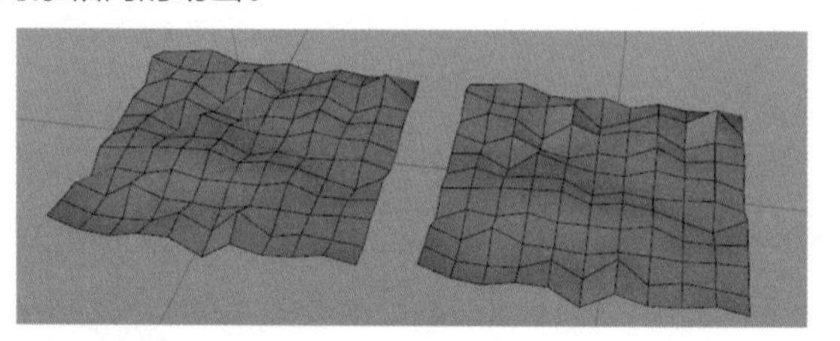

使用“点缓存”变形器时，要求来源对象和目标对象的点数量和点顺序一致，否则不会产生动画效果，或者会产生奇怪的动画效果。

膨胀

创建一个“管道”对象，再创建一个“膨胀”变形器，将其作为“管道”对象的子级，调整“膨胀”变形器的强度。

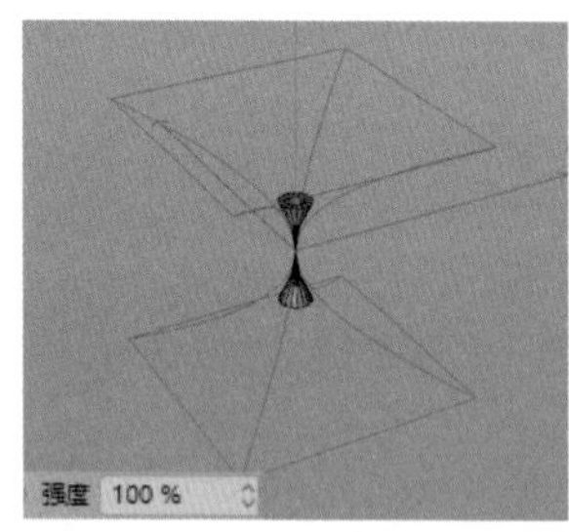

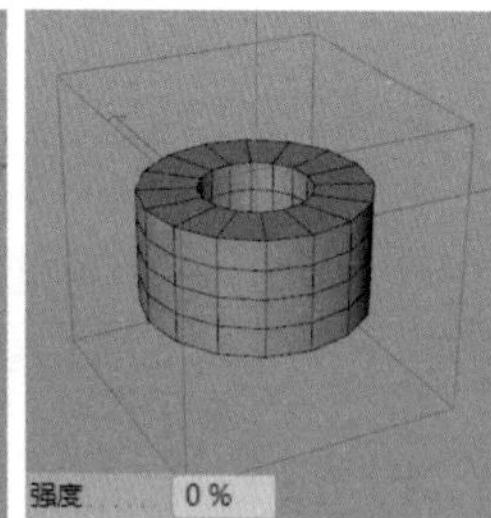

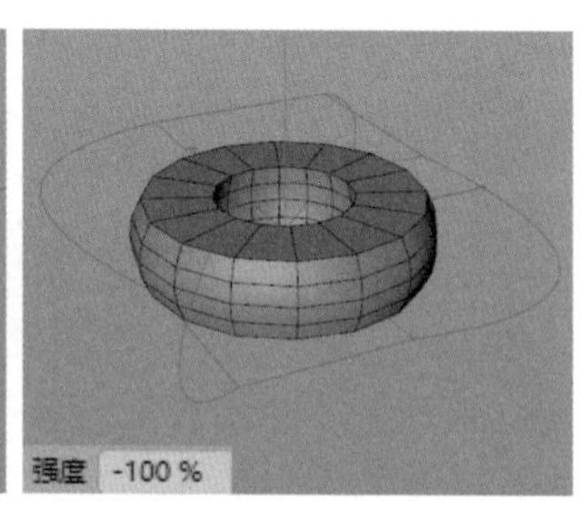

对象属性

强度：控制膨胀的强度。

弯曲：控制膨胀边的弯曲程度，若为0则膨胀边是直边。

圆角：开启“圆角”功能后，上下两条膨胀边会向内弯曲并形成圆角。

摄像机

在场景中分别创建“球体”对象和“摄像机”变形器，并将“摄像机”变形器作为“球体”对象的子级。选中“摄像机”变形器，视图中会出现网格；切换到“点”模式，即可直接编辑网格点。对网格点的编辑会根据当前视角的不同而对父级对象产生不同的影响。

若希望将“摄像机”变形器的视角固定在某个摄像机上，则可以将摄像机拖曳到其“对象”属性面板的“摄像机”中。此时，只有在摄像机视图下才会显示变形器效果。

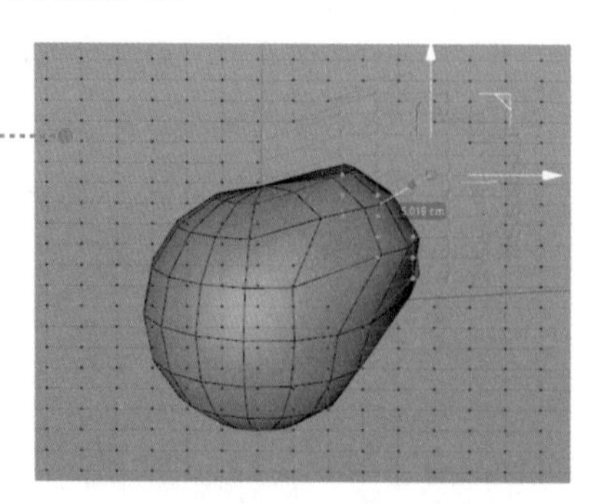

爆炸

“爆炸”变形器与“碎片”变形器类似，但比“碎片”变形器少了重力和地面效果，多了“速度”参数。

创建“球体”对象和“爆炸”变形器，并将“爆炸”变形器作为“球体”对象的子级，调整“爆炸”变形器的强度。

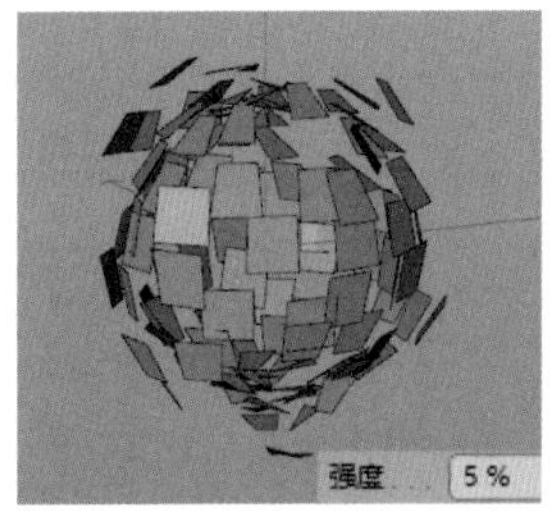

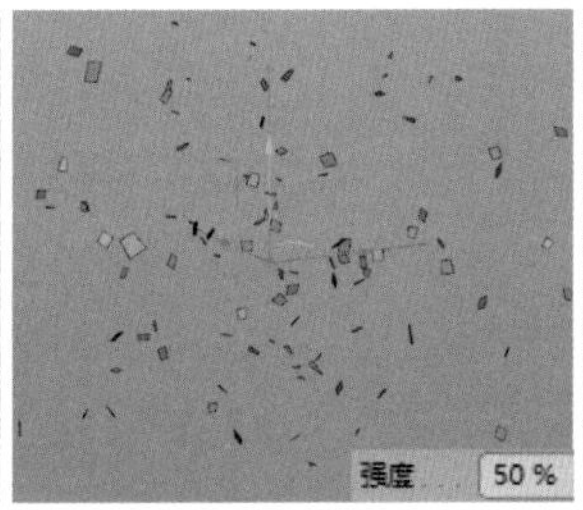

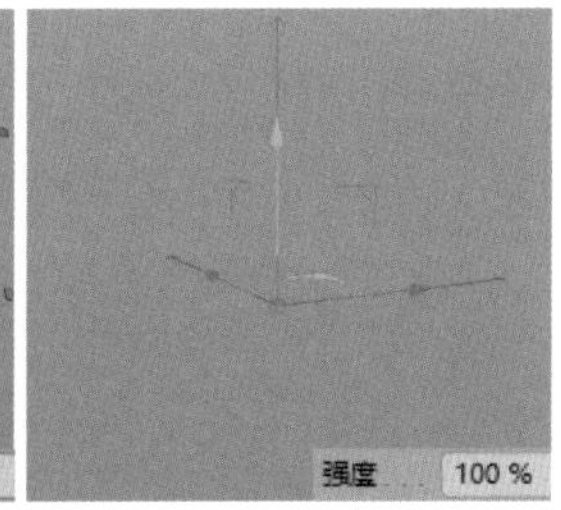

颤动

“颤动”变形器可以在动画结尾处为对象添加颤动效果，使动画效果更有趣。

打开“实例文件 >CH06> 颤动 .c4d”文件并播放，可以看到场景中有一个下落的球体，创建“颤动”变形器，并将其作为“球体”对象的子级，再次播放就可以看到动画的结尾处球体多了颤动效果。

球化

“球化”变形器可以使对象向球体的形状变形。

创建一个“立方体”对象，并将“立方体”对象的分段数修改为 10×10×10。然后创建“球化”变形器，并将其作为“立方体”对象的子级，调整“球化”变形器的强度。

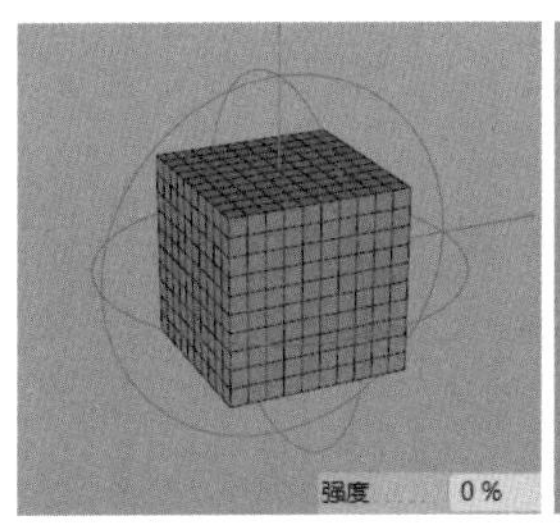

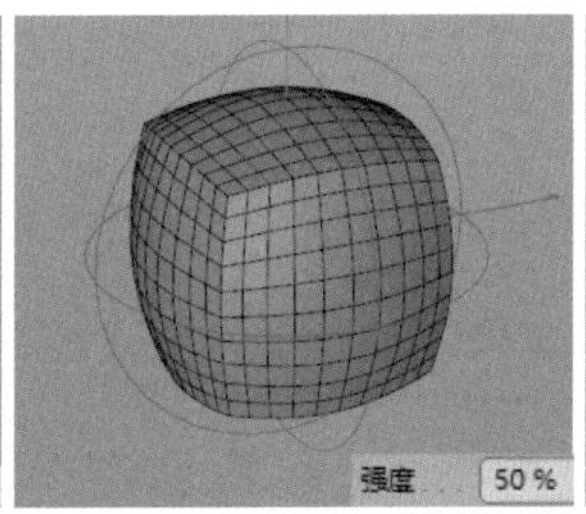

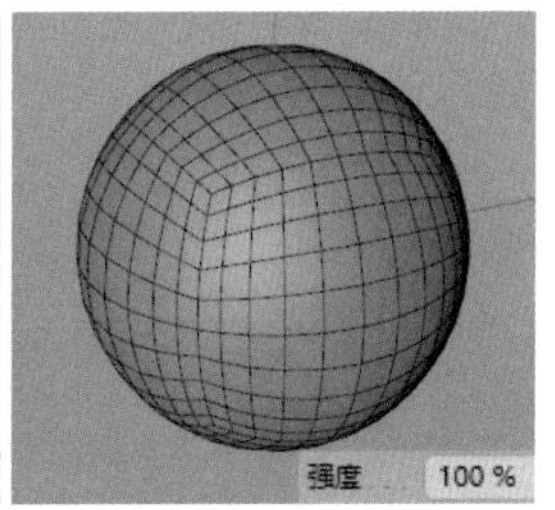

包裹

创建一个“平面”对象，将“平面”对象的“方向”修改为“+Z”，然后创建“包裹”变形器并将其作为“平面”对象的子级。此时，包裹已生效，效果如右图所示。

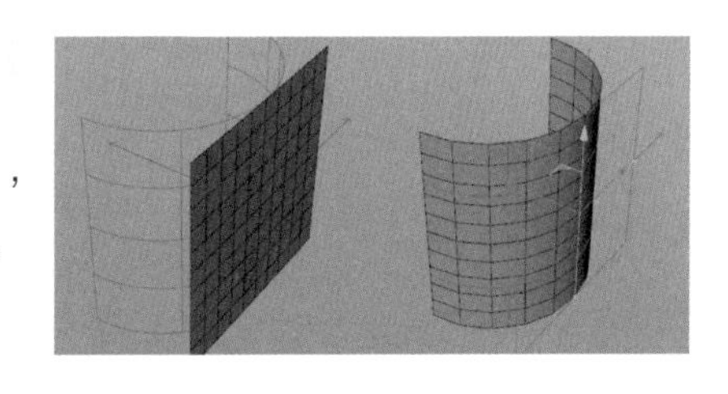

对象属性

宽度 / 高度 / 半径： 设置变形器的范围。

包裹： 设置包裹模式。

柱状： 默认模式，将对象包裹成圆柱状。

球状： 将对象包裹成球状，效果如右图所示。

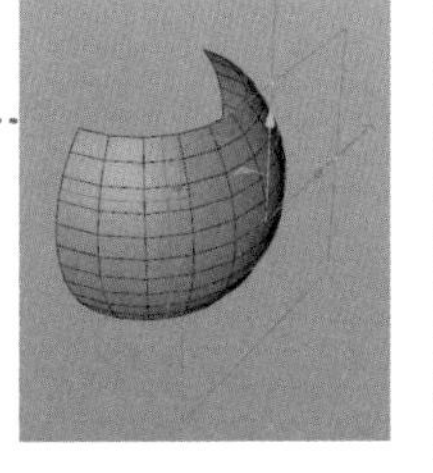

经度起点 / 经度终点： 设置经度方向上的起点和终点。

纬度起点 / 纬度终点： 设置纬度方向上的起点和终点。

移动 Z： 使用的对象在 z 轴方向上有厚度时，缩放对象在 z 轴方向上的厚度。

张力： “张力”为 0% 时，包裹后的对象不会弯曲；“张力”为 100% 时，对象首尾相接。

置换

“置换”变形器可以根据一张灰度图上的灰度信息对对象表面进行变形，从而在对象表面添加丰富的细节。

新建一个“平面”对象，将“平面”对象的分段数修改为200×200，然后新建一个“置换”变形器，并将其作为“平面”对象的子级。在“着色”属性面板中单击“着色器”右侧的图标，在打开的下拉菜单中选择“噪波”命令，新建一个“噪波”着色器。进入“噪波着色器”面板，设置“全局缩放”为200%，“动画速率”为1。单击“向前播放”按钮，即可得到类似水面波动的效果，如下图所示。

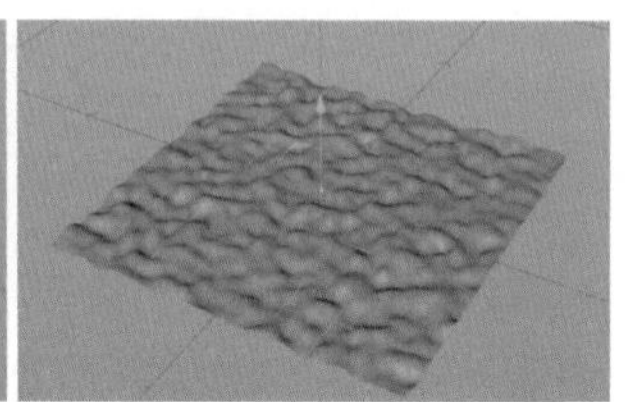

除了可用于制作动画外，“置换”变形器也常被用于制作地形。单击“属性”窗口右上方的返回箭头，回到“置换”变形器的“着色”属性面板中。在“着色器”下拉菜单中选择“加载图像”命令，加载“实例文件 >CH06> 地形灰度图 .png”文件。然后在弹出的对话框中单击“否”按钮，即可看到视图中的平面有不明显的起伏效果。在“对象”属性面板中将“高度”设置为30cm，效果如下右图所示。

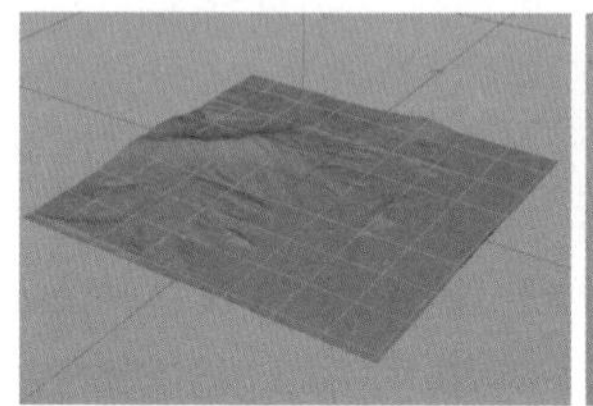

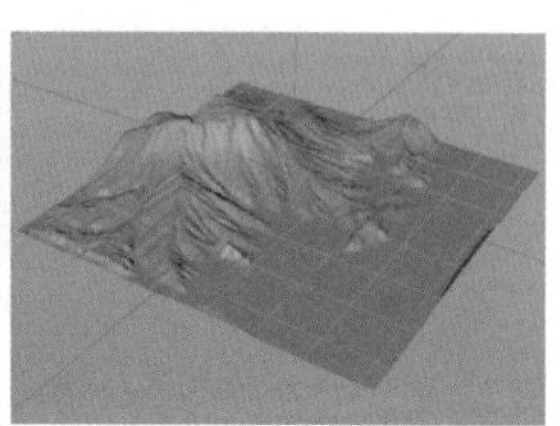

对象属性

仿效： 不使用变形器参数，而使用对象材质中的置换通道对置换进行控制。

强度： 控制置换的强度。

高度： 控制置换的最大位移距离。

类型： 控制置换的不同计算类型。

强度：在灰度图中，灰度为0则对象不动，灰度大于0则根据参数进行置换。

强度（中心）：在灰度图中，灰度为0.5则对象不动，灰度大于0.5则根据参数进行置换，灰度小于0.5则朝反方向进行置换。

红色/绿色：在灰度图中，可以使用红绿色贴图控制置换方向，红色表示向参数的方向进行置换，绿色则表示向反方向进行置换。

RGB（XYZ Tangent）：贴图的R、G、B数值分别用于控制根据对象的切线方向定义的 x、y、z 轴方向上的置换。

RGB（XYZ Object）：贴图的R、G、B数值分别用于控制根据对象的朝向定义的 x、y、z 轴方向上的置换。

RGB（XYZ 全局）：贴图的R、G、B数值分别用于控制全局坐标系统的 x、y、z 轴方向上的置换。

方向： 有以下3种方向。

顶点法线： 以顶点法线的朝向为正方向。

球状： 根据对象的轴心点对球状进行置换。

平面： 进行单一方向的置换。

方向： 第二个“方向”用于控制置换方向。

着色属性

通道： 通常使用默认的自定义着色器，当其他模式均指定材质后，使用设置的材质通道中加载的着色器。

偏移U/偏移Y： 设置着色器的偏移。

长度U/长度V： 设置着色器的缩放，均设置为50%。

平铺： 选中“平铺”复选框，当着色器长度小于100%时，在着色器外重复着色器效果，将长度均设置为50%后可取消选中该复选框。

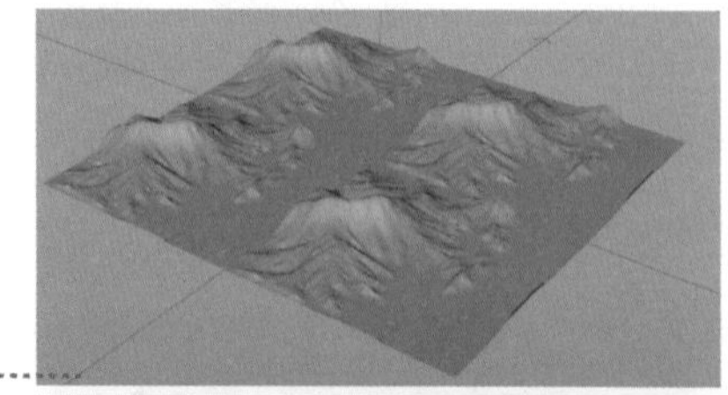

风力

创建一个“平面”对象，然后创建“风力”变形器并将其作为“平面”对象的子级。此时，单击“向前播放”按钮即可看到平面随风摆动的效果。

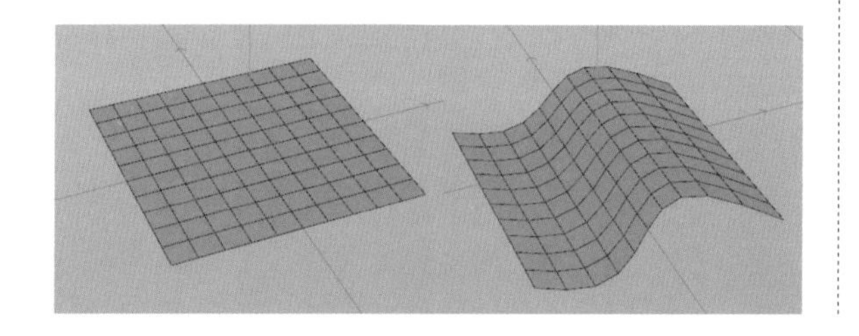

“风力”变形器可以根据自身的朝向，使对象按设定的波形起伏。若要更改对象的起伏方向，旋转“风力”变形器即可。可以在“风力”变形器的“坐标”属性面板中调整 R.P 参数。

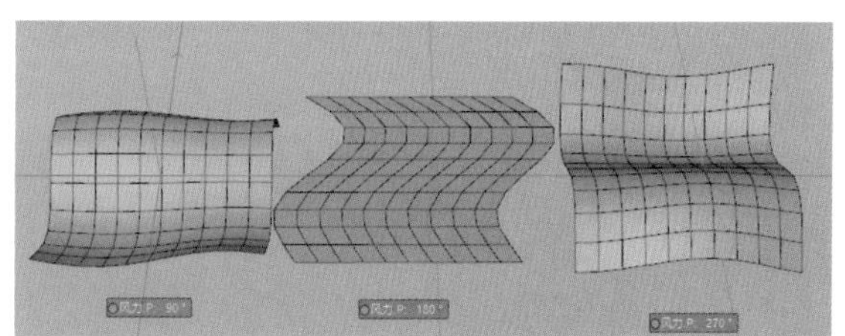

对象属性

振幅： 风力波形的振幅，值越大对象变形的幅度越大。

尺寸： 风力波形的波长，值越大对象变形越平缓。

频率： 风力波形移动的速度，值越大对象运动越快。

湍流： 在风力波形上叠加一层湍流，可以使运动效果更随机。

fx/fy： 调整函数，值越大则风力波形越密集。

旗： 选中该复选框，对象在风力方向上越接近“风力”变形器，其变化越弱；越远离“风力”变形器，其变化越强。可以用来模拟旗帜被风吹动的效果。

斜切

创建一个“圆柱体”对象，然后创建“斜切”变形器并将其作为“圆柱体”对象的子级，调整“斜切”变形器的强度。

修正

“修正”变形器可以在对象处于参数化状态时，对对象的点、边、面进行编辑。将“修正”变形器作为需要修改的对象的子级后，即可在视图中对对象进行点、边、面层级的编辑，而不会改变原始对象。删除“修正”变形器后，对象会回到原始状态。

“修正”变形器会记录修改操作，移除“修正”变形器后若将其重新作为对象的子级，则会产生和原来一样的效果。

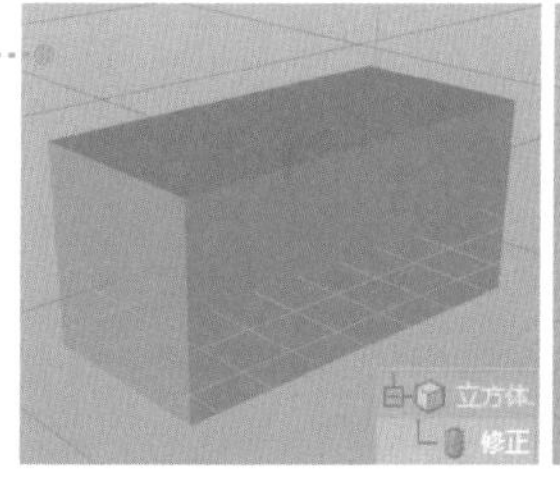

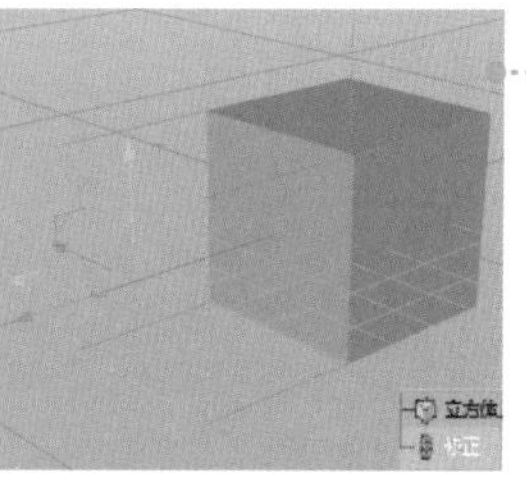

“修正”变形器不能对对象进行加点、加面操作，编辑对象时的局限性较大。除了可以编辑对象外，“修正”变形器还可以对参数化对象进行选面操作。

爆炸 FX

与“爆炸”变形器相比，“爆炸 FX”变形器对爆炸效果的模拟更精细，参数也更多、更可控。

先创建一个“球体”对象，然后创建一个“爆炸 FX”变形器并将其作为“球体”对象的子级，调整“对象”属性面板中的“时间”参数。

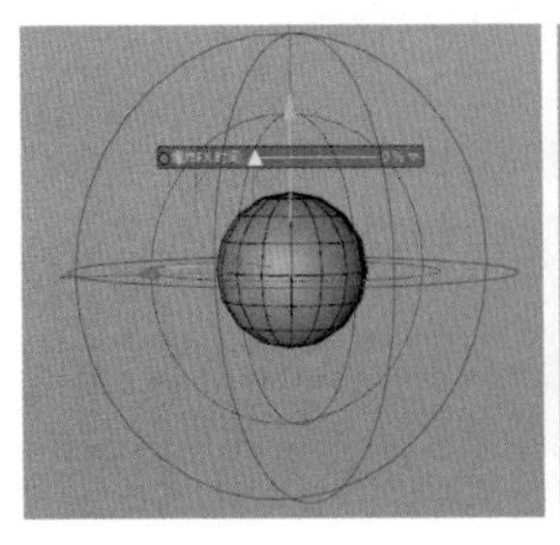
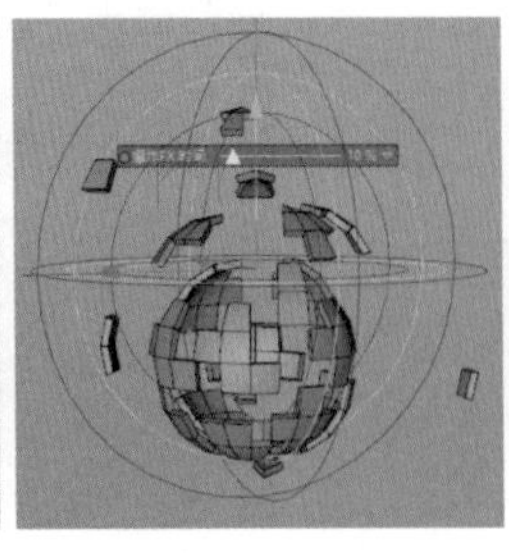
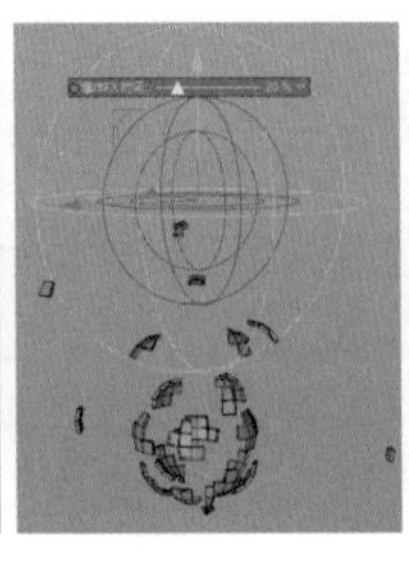
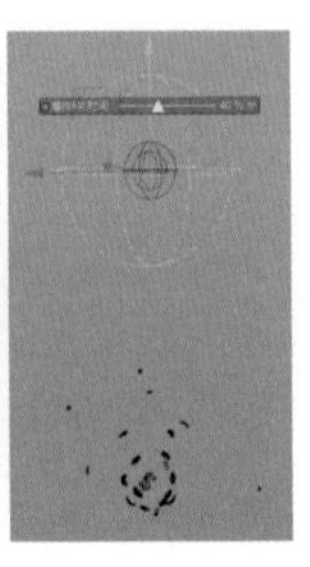

在第 1 帧处将“时间”恢复成 0%，单击左侧的“时间”按钮，按钮变为红色则表示在第 1 帧处给“时间”参数设置了关键帧。在时间线中单击即可转到结束位置。在最后 1 帧处将“时间”设置为 50%，并单击变为黄色的按钮，给首尾都设置关键帧后单击“向前播放”按钮，即可看到球体爆炸并下落的动画效果。

对象属性

时间： 控制时间进度。

簇属性

厚度： 第 1 个“厚度”参数用于给对象的面添加挤压效果，使对象爆炸后不变成薄片；同时，厚度越大，对象越重，爆炸后产生的碎片间的距离越小。

厚度： 第 2 个“厚度”参数用于给挤压添加随机效果，使对象的变化更多样。

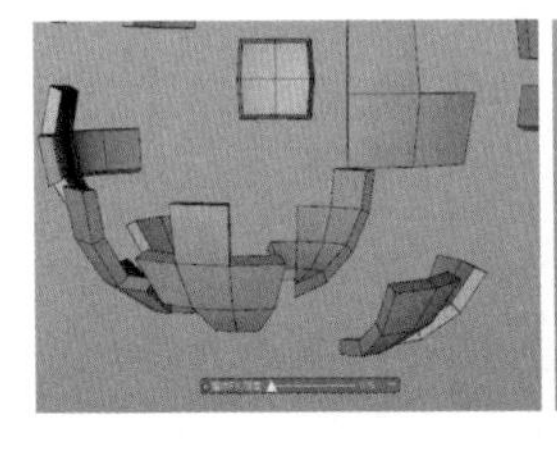
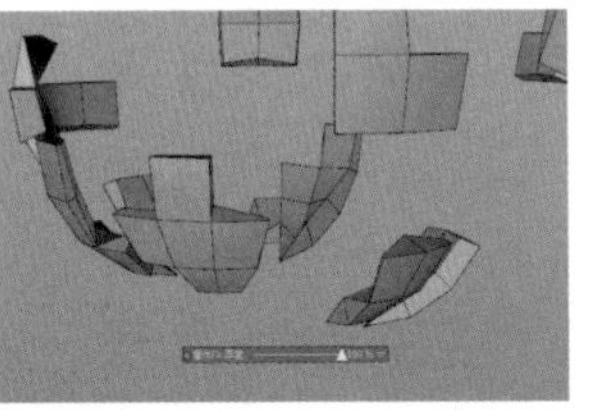

密度： 控制对象的密度，和“厚度”参数一起影响对象的质量和被炸开的距离。

变化： 控制密度的随机变化。

簇方式： 设置碎片的生成方式。

多边形：每个面都会单独成为一个碎片。

自动：默认的方式，会根据参数自动生成不规则的碎片。

使用选集标签：根据对象的选集标签生成碎片，每个选集中的面将单独作为一个碎片，不在选集中的面则没有爆炸效果；如果两个选集中的面有重复，则会把重复的面分给顺序更靠前的选集。

选区 + 多边形：每个选集作为一个碎片，没有被选中的面将单独作为一个碎片。

蒙板： 将选集作为蒙板；在前 3 种簇方式中，只有作为蒙板的选集中的面才会生成爆炸效果。

固定未选部分： 在“使用选集标签”方式下，取消选中该复选框则未选择的部分也会产生爆炸效果。

最少 / 最多边数： 限制“自动”方式中碎片的最少和最多边数；“最少边数”越小，则碎片允许的最小边数越小，“最多边数”越大，则碎片允许的最大边数越大。

消隐： 选中“消隐”复选框，则碎片随时间变化变小直到消失。

类型： 设置不同的计算方式。

开始： 设置碎片在移动了多远后开始逐渐消失。

延时： 碎片从开始消失到完全消失需要移动的距离。

选中“消隐”复选框后的效果如下图所示。

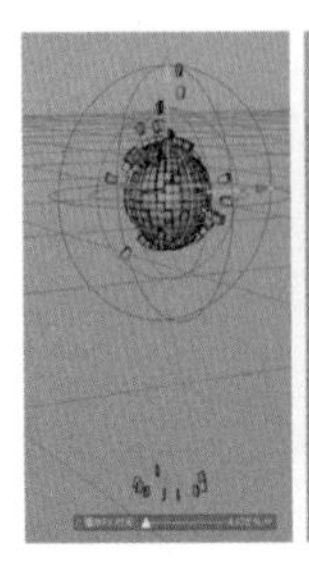
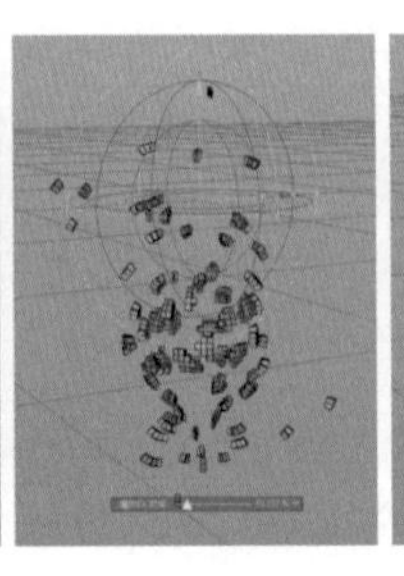
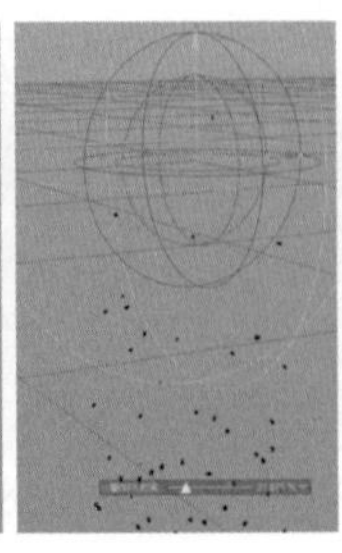
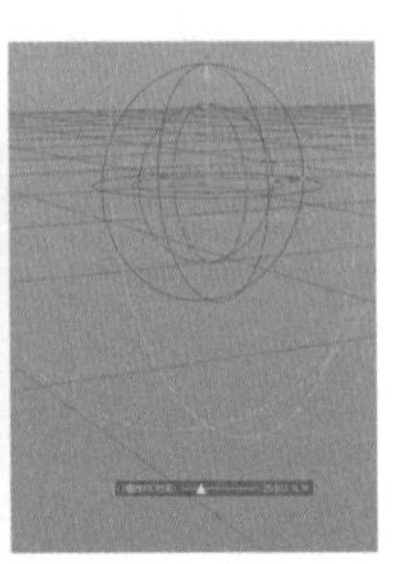

爆炸属性

强度： 控制爆炸的强度，值越大则爆炸越强烈。

衰减： “衰减”越大则分散碎片的速度衰减越快。

变化： 给“强度”添加随机效果，使每个碎片受到的冲击力发生变化。

方向： 控制爆炸的冲击方向，若设置为“仅 X”，则碎片除重力外，只受 x 轴方向上的冲击力的影响。

线性： 选中“线性”复选框后碎片会飞散得更远。

变化： 给冲击方向添加随机变化。

冲击时间： 爆炸冲击的持续时间，时间越长则碎片飞得越远。

冲击速度： 冲击扩散的速度，当视图中“爆炸 FX”变形器的绿圈碰到碎片时，碎片才会向外飞散。

衰减 / 变化： 冲击速度的衰减和变化。

冲击范围： 爆炸冲击影响的范围，对应视图里的红圈范围；如果碎片位于红圈外，则不会被爆炸影响。

变化： 给冲击范围添加随机变化。

如果需要制作巨大的对象被逐渐摧毁的动画，则可以将“爆炸 FX”变形器放到对象的一侧，然后减小冲击速度，效果如下图所示。

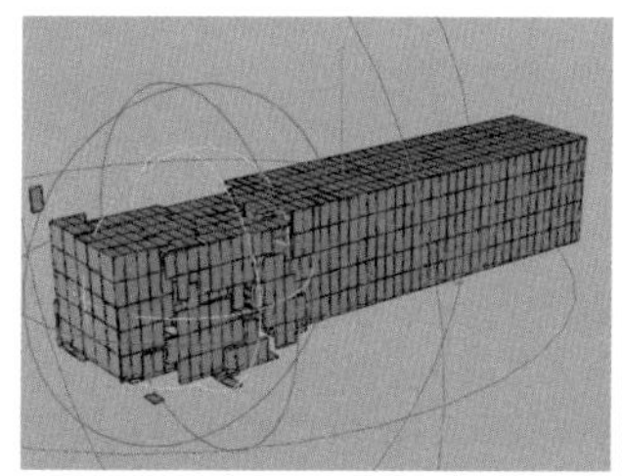
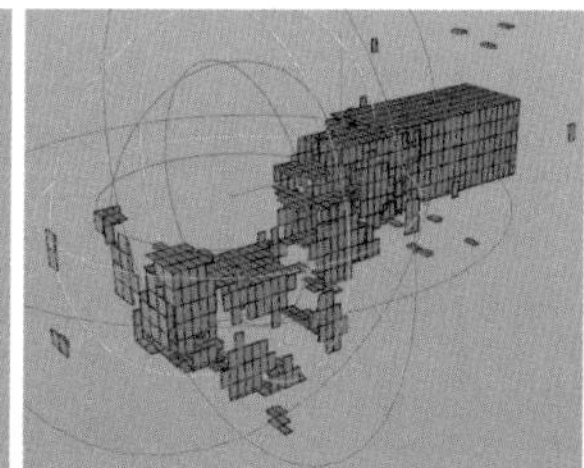
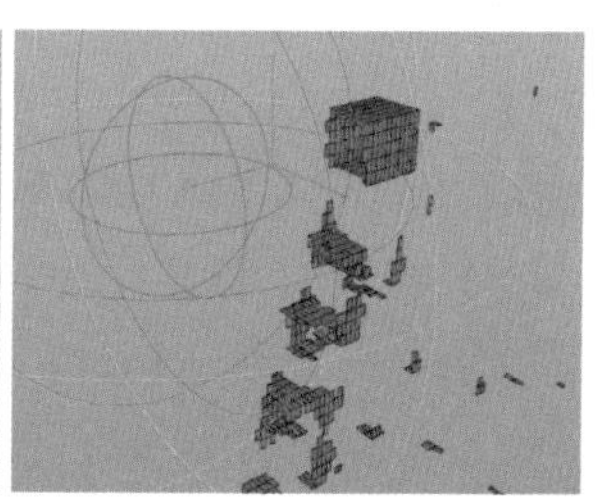

重力属性

重力： 控制重力大小。

方向： 控制重力方向，可以让爆炸有定向效果。

范围： 重力范围，对应视图中的蓝圈范围。

旋转属性

速度： 碎片被炸飞后的旋转速度。

旋转轴： 控制碎片的旋转轴。

专用属性

风力： 控制风力大小，风力方向为“爆炸 FX”变形器的 z 轴方向。

螺旋： 控制碎片飞出后的螺旋运动，效果类似被气旋带飞。

挤压&伸展

创建一个“圆柱体”对象，然后创建“挤压&伸展”变形器并将其作为“圆柱体”对象的子级，在“对象”属性面板中调整“因子”参数。

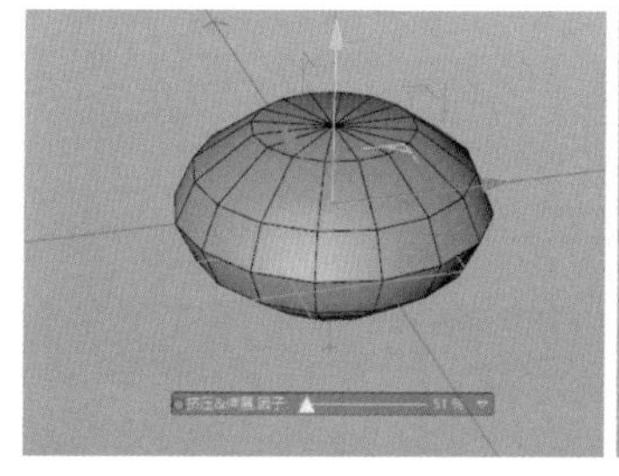
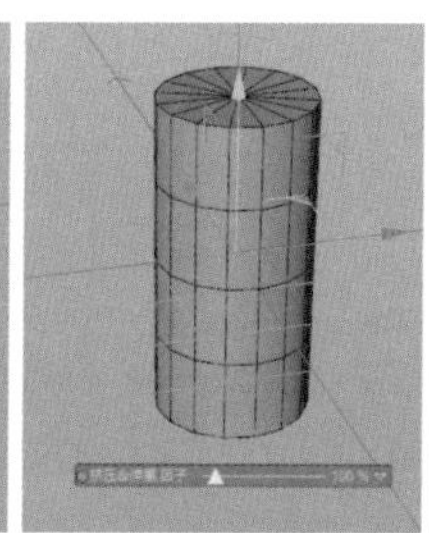
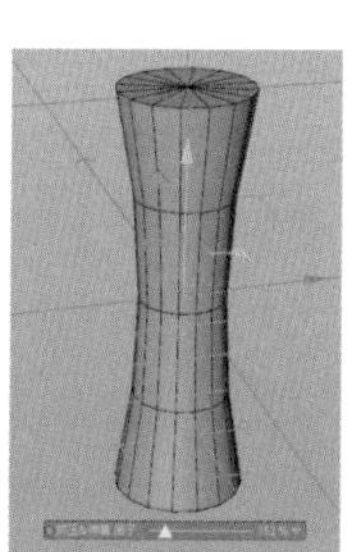

对象属性

因子： 当该值小于 100% 时，变形器沿 y 轴挤压对象；当该值大于 100% 时，变形器沿 y 轴拉伸对象。

膨胀： 挤压或拉伸的强度；当该值过大时，拉伸后的对象中部会过细。

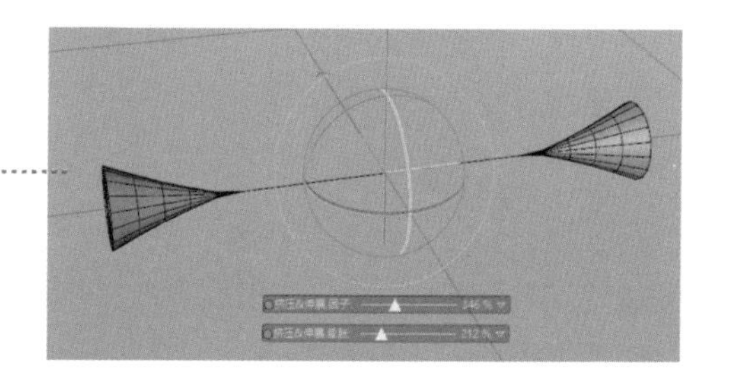

平滑起点/终点：平滑起点和终点的挤压/拉伸曲线。

弯曲：当“弯曲”值为0时，对象将失去两端和中间粗细不一的效果。

类型：切换曲线的类型。

强度：曲线强度，值越大则对象变形越明显。

曲线：当“类型”为“自定义”或“样条”时，自定义挤压/伸展的曲线。

变化：给“强度”添加随机效果，让每个碎片受到的冲击力不同。

顶部/中部/底部：控制变形器的范围。

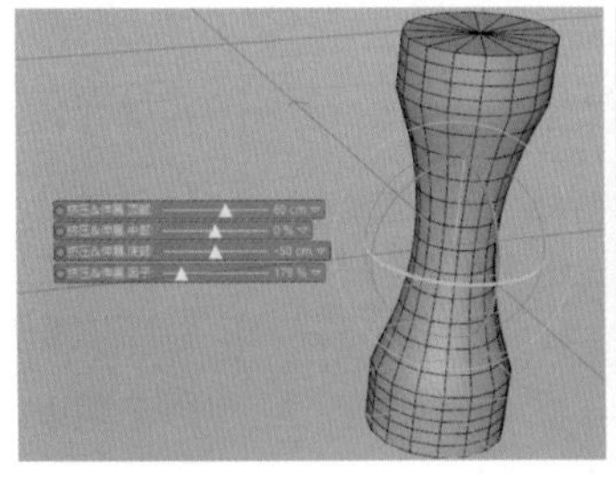

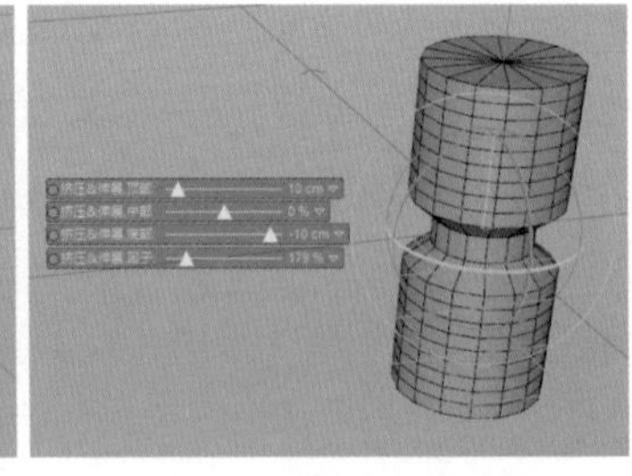

方向：“方向”值越小，对象被挤压/拉伸的部分在z轴方向上越扁。

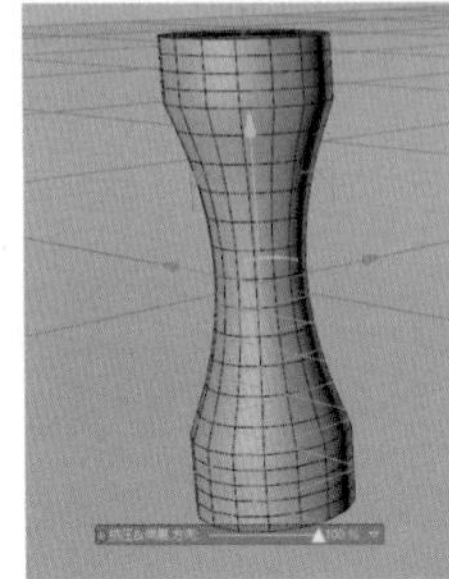

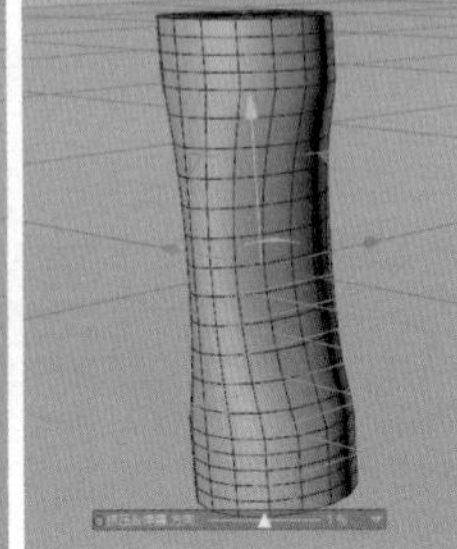

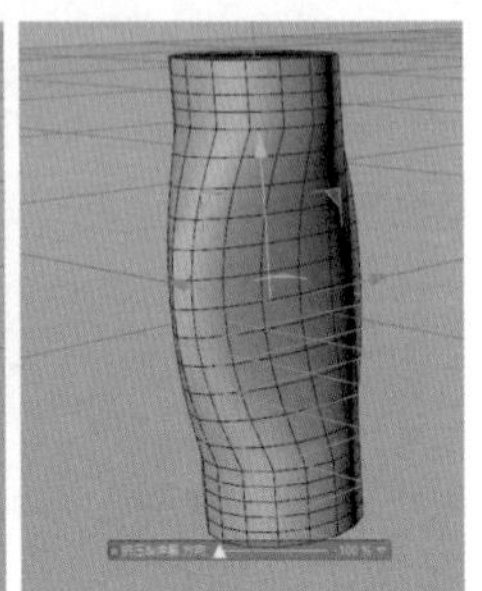

Delta Mush

“Delta Mush”变形器通常用于制作变形动画。三维对象在变形时，由于没有表面碰撞效果，因此容易发生穿插。此时，使用“Delta Mush”变形器平滑对象可减弱穿插效果。

打开“实例文件>CH06>手臂.c4d”文件，单击“向前播放”按钮即可看到手臂运动的动画，观察人物的肘关节，可以看到发生了明显的穿插。

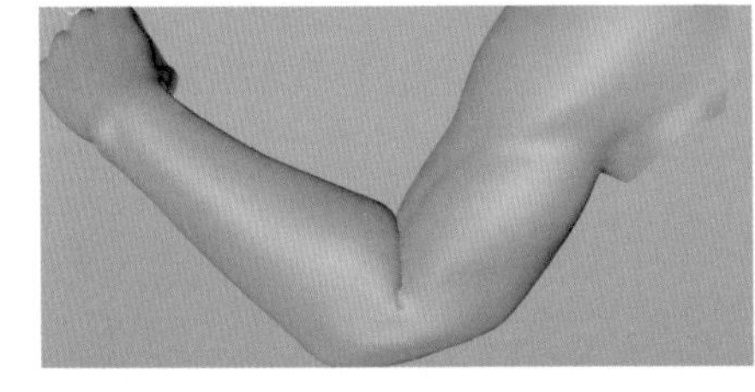

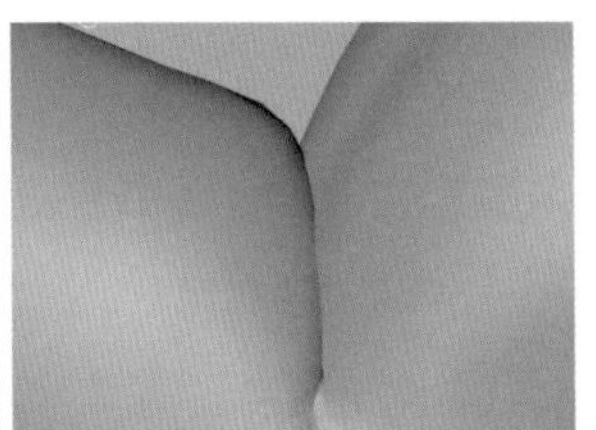

创建“Delta Mush”对象，并将其作为“手臂”对象的子级，调整“平滑视图”参数，可以看到对象逐渐平滑，穿插效果也逐渐减弱。

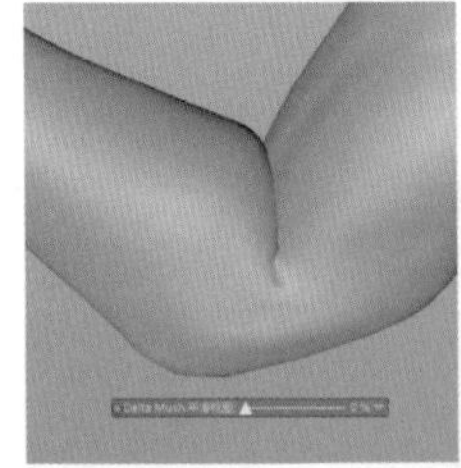

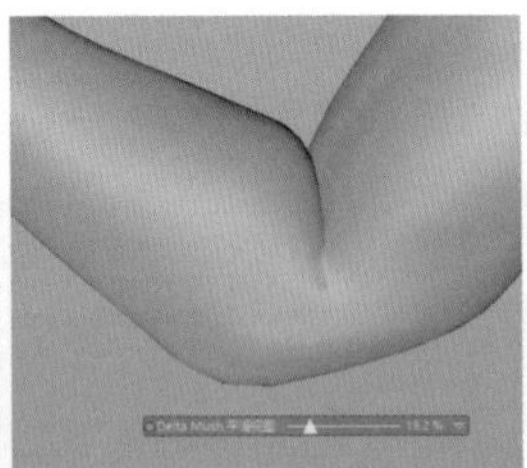

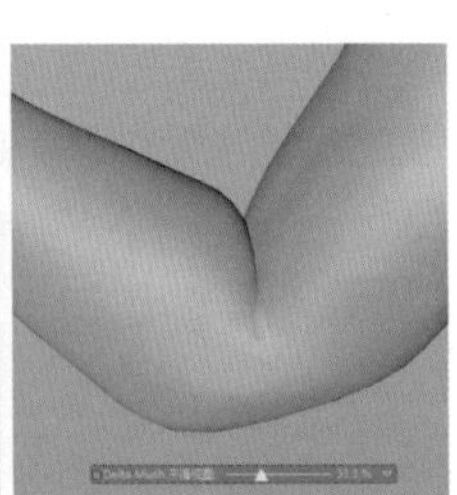

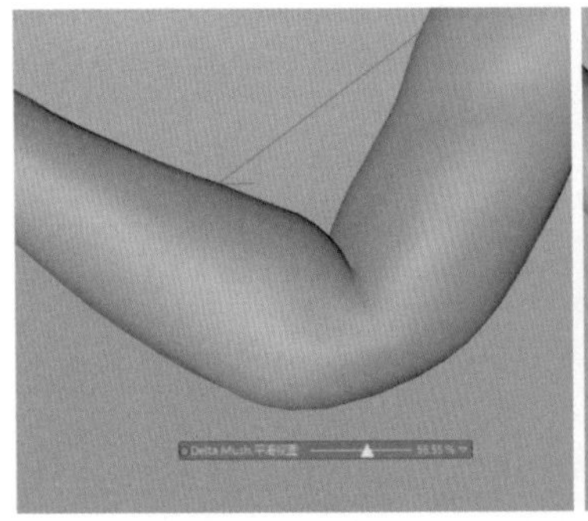

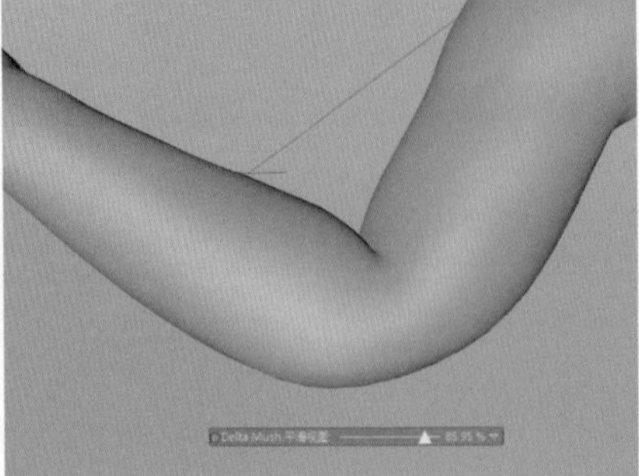

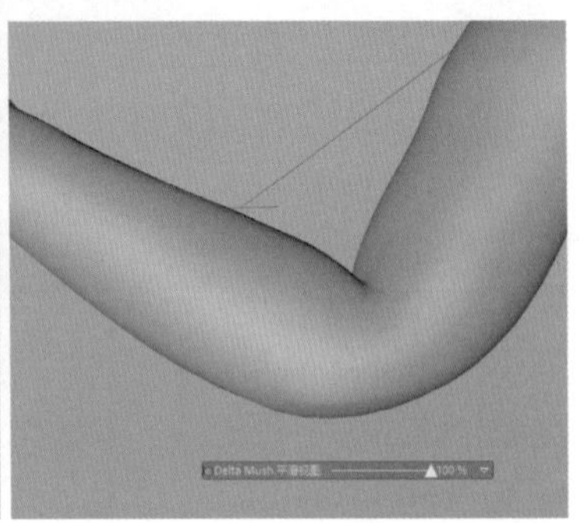

但此时，因为“Delta Mush”变形器会对整个对象起作用，所以对象的其他部分也受到了平滑影响。用鼠标右键单击“手臂”对象，在弹出菜单中执行“装配标签 >Delta Mush”命令，创建一个“Delta Mush”标签。此时没有了“Delta Mush”变形器的效果，取而代之的是标签的效果。单击标签，将绘制好的顶点贴图拖曳到“标签”属性面板的“强度贴图”中；调整标签的“平滑视图”参数，此时可以看到只有顶点贴图中的黄色部分被标签影响。

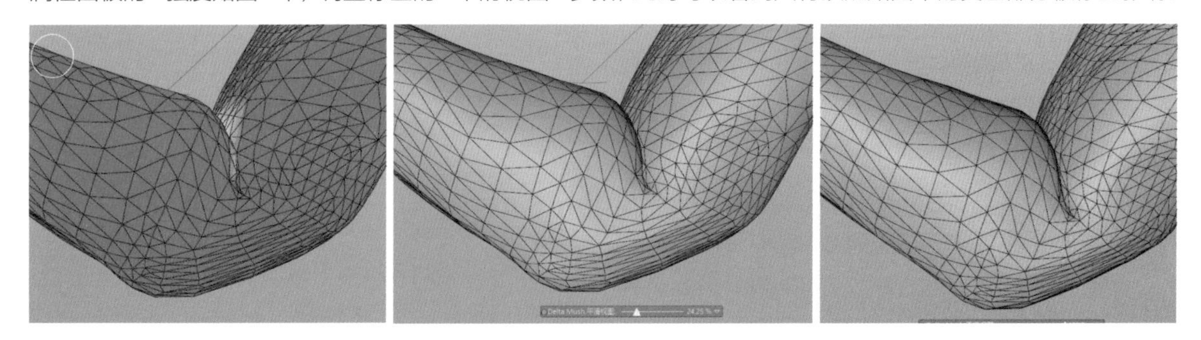

样条

创建一个“平面”对象 平面，将其分段数设置为 50 × 50；再创建两个“矩形”对象 矩形 并适当缩小，将它们放至“平面”对象的内部。

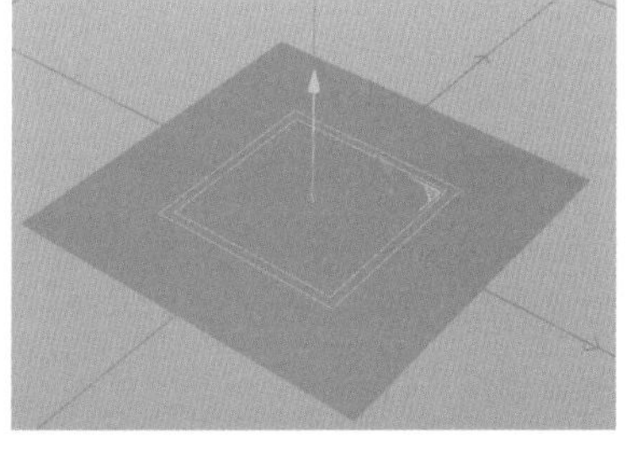

创建“样条”变形器 样条 并将其作为“平面”对象的子级，将两个“矩形”对象分别拖曳到“样条”变形器的“原始曲线”和“修改曲线”参数内。此时没看到任何效果，选中“修改曲线”中的对象并上下移动，可看到明显的效果。

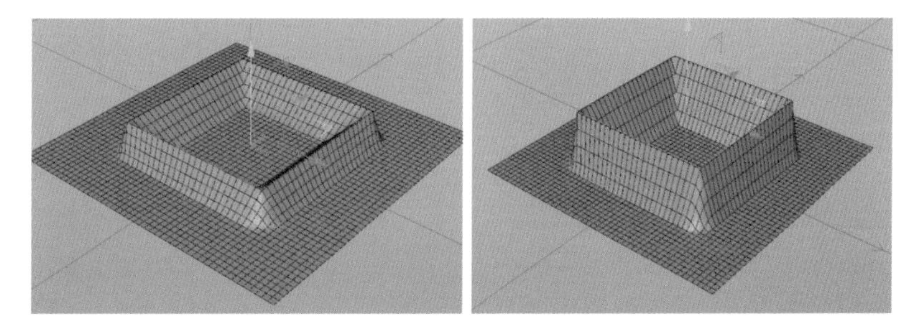

“样条”变形器可以让原始曲线附近的多边形根据定义的半径和曲线，向修改曲线移动。如果使用不同的对象进行变化，则模型可能会因为两个对象的端点的朝向不同而发生扭转。此时，手动旋转对象使对象端点的朝向一致即可。

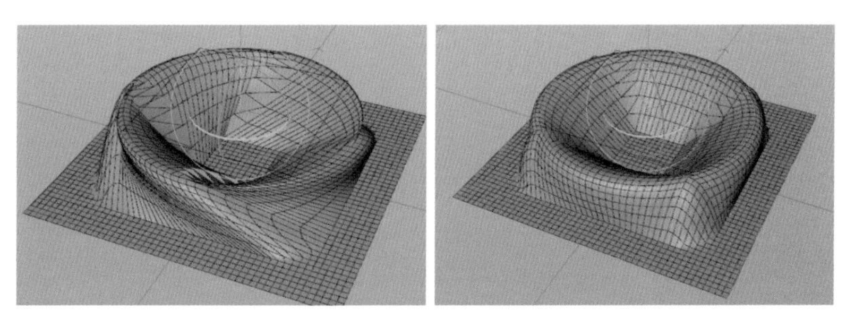

公式

创建一个“平面”对象，将其分段数设置为100×100。创建“公式”变形器并将其作为“平面”对象的子级，单击“向前播放”按钮。

“公式”变形器通过数学公式控制指定范围内的对象的变化，将图形和数学公式结合可以做出有趣的动画效果。

例如，将“平面”对象的宽度扩大到4000cm，在“公式”变形器的“对象”属性面板中输入“sin（x）”，则“平面”对象会根据点的原始 x 坐标计算出 sin 值并进行变形，最后呈现出正弦波的形态。

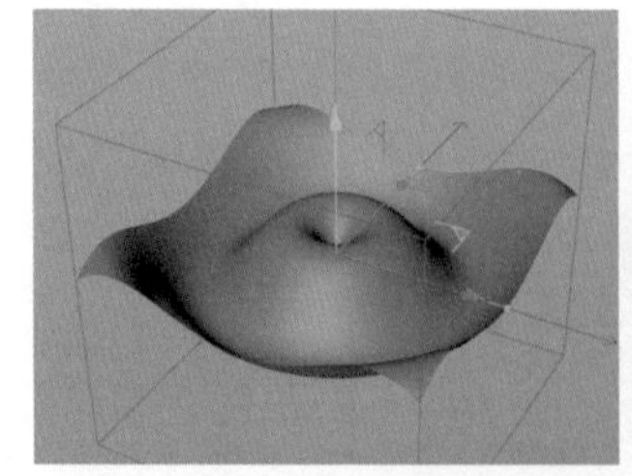

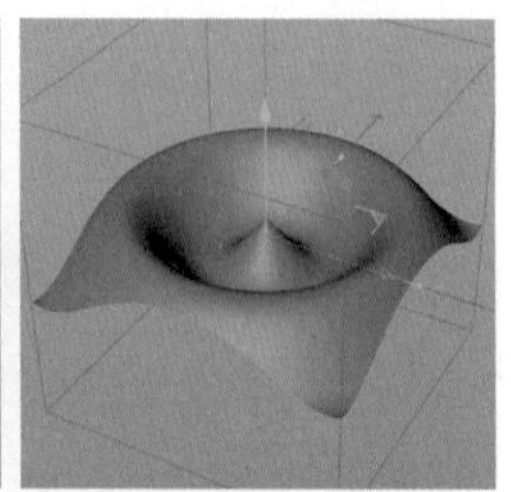

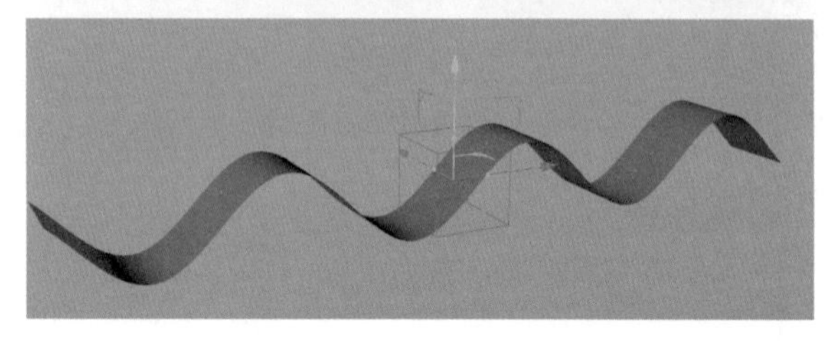

如果要让正弦波随时间运动，则将公式改为“sin（x+t）”即可。t 即时间 time，在此代表当前帧数。如果只在公式中输入“t”，则可以看到“平面”对象随时间变化的动画效果。

倒角

“倒角”变形器可以在不破坏对象的情况下为对象添加倒角效果，它是非常实用的变形器。

创建“立方体”对象，然后创建“倒角”变形器并将其作为“立方体”对象的子级。调整“选项”属性面板中的“偏移”参数，效果如下图所示。

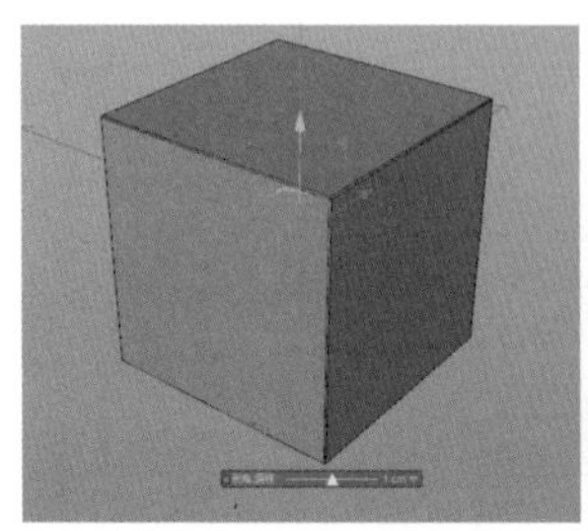

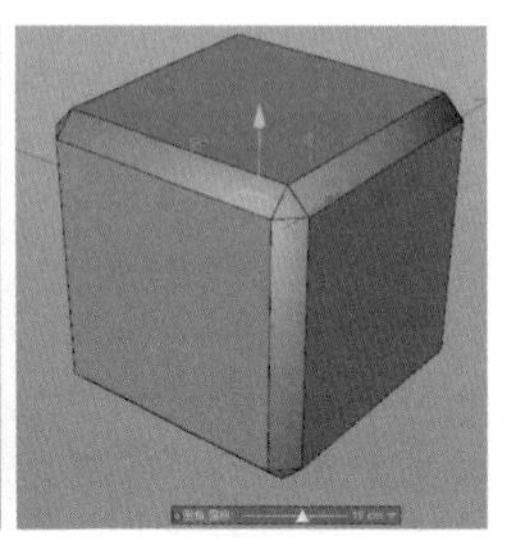

调整“细分”参数，效果如下图所示。

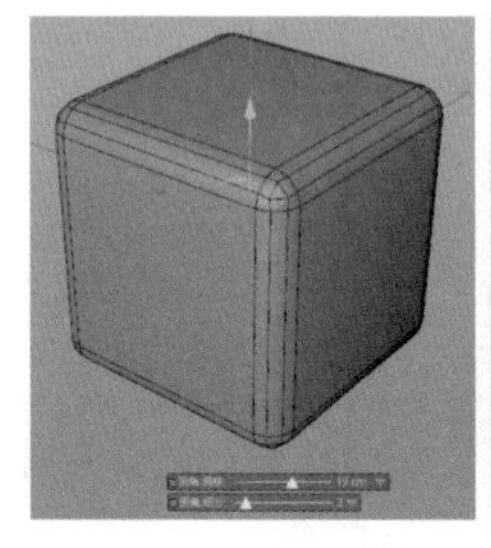

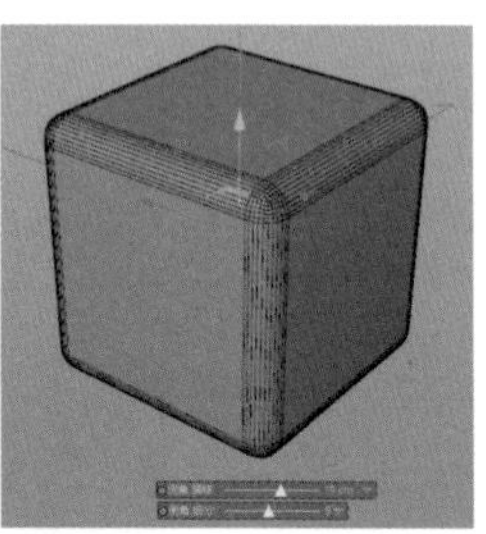

选项属性

构成模式：有“点”“边”“多边形”3 种模式，分别用于对点、边、面进行倒角操作，效果分别如下图所示。

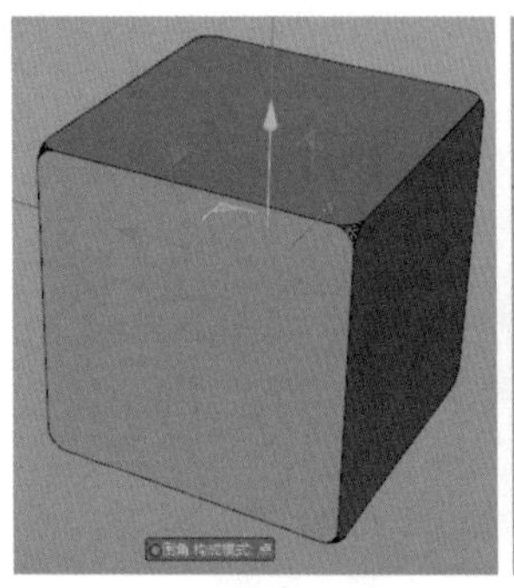

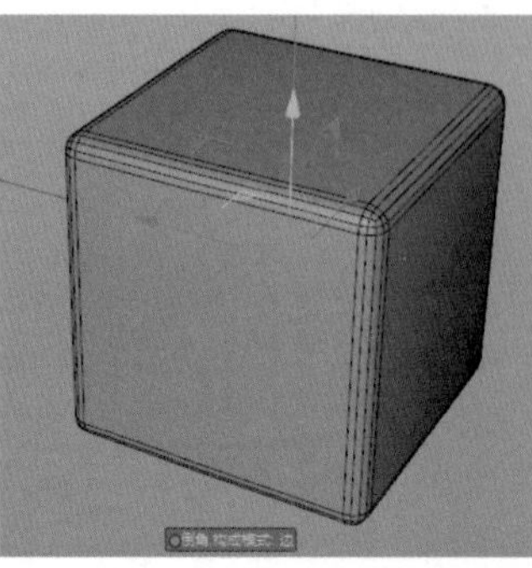

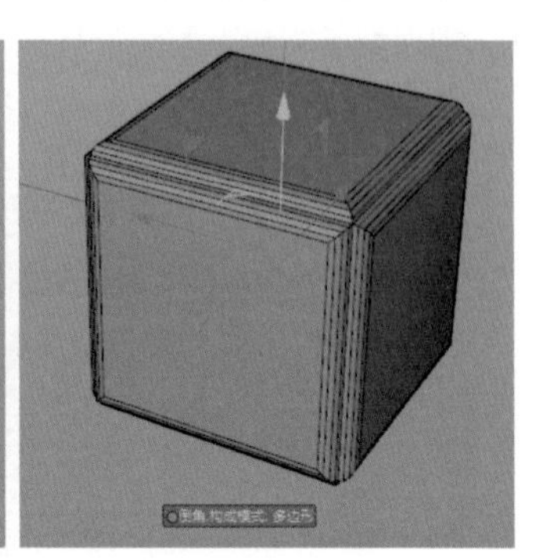

选择： 使用选集标签限制倒角效果的生成范围；单击“添加”按钮即可添加一个“选择”参数，单击“移除”按钮则可移除最后一个“选择”参数。

角度阈值： 在“边”模式下控制生成倒角的阈值，转折角度大于阈值的边则不会生成倒角，取消选中“使用角度”复选框则不可设置该参数。

倒角模式： 有“倒角”和“实体”两个模式，在“实体”模式下不会生成倒角，只会在对象边缘生成边。

偏移模式： 控制倒角大小的计算模式。

限制： 当生成倒角的地方有重叠时，选中此复选框可以避免一些不必要的重叠。

深度： 在“倒角”模式下控制倒角的深度。

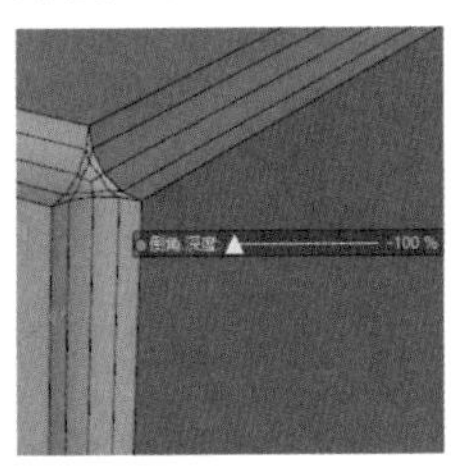
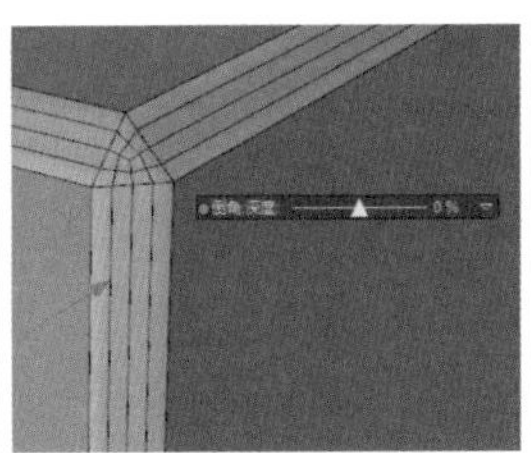
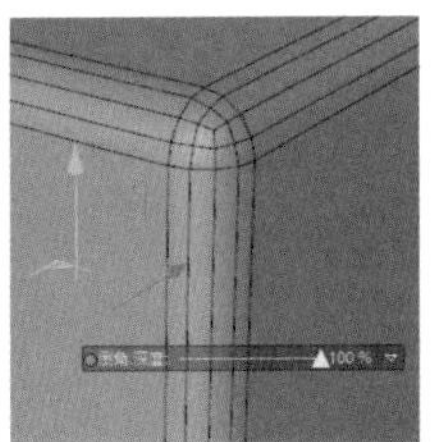

外形属性

外形： 有“圆角”“用户”“剖面”3个模式。

圆角： 默认的模式，在倒角范围内生成圆角。

用户： 根据用户自定义的曲线控制指定范围内倒角的形态。

剖面： 使用一个样条曲线对象来定义指定范围内倒角的形态。

锥化

创建一个“圆柱体”对象，再创建一个“锥化”变形器并将其作为“圆柱体”对象的子级，调整“锥化”变形器的强度。

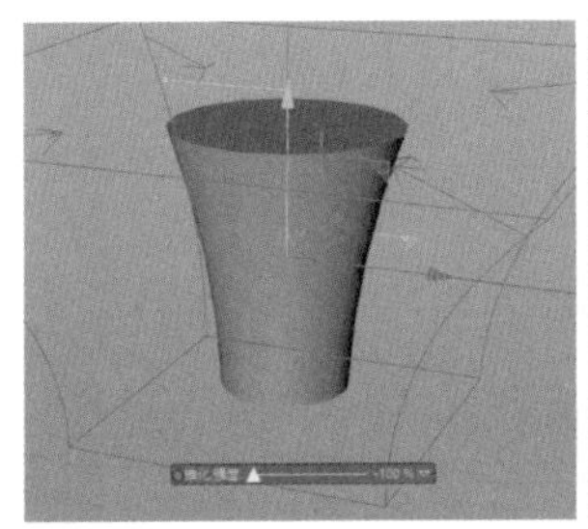
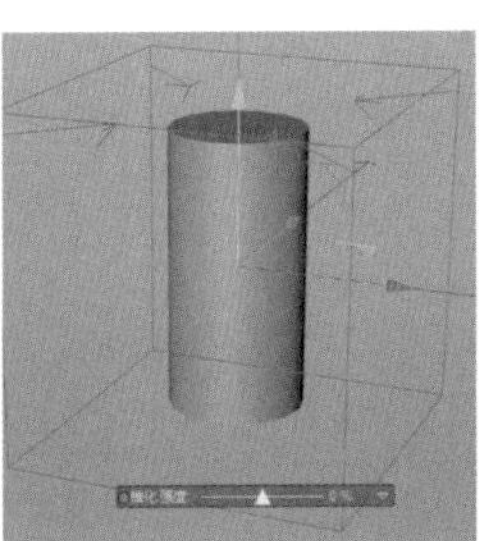
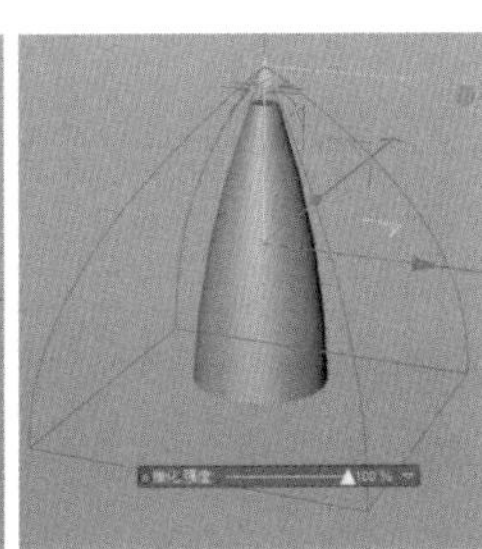

“锥化”变形器可以使对象在设定的方向上收缩或扩大，以形成锥化效果。其余参数和“弯曲”变形器的参数一样。

FFD

创建一个“立方体”对象并增加其分段数，然后创建“FFD”变形器并将其作为“立方体”对象的子级，在“对象”属性面板中单击“匹配到父级”按钮。切换到“点”模式并选中“FFD”变形器。此时，“FFD”变形器的网格点就会变得可以控制，调整“FFD”变形器的形态则“立方体”对象的形态也会随之变化。

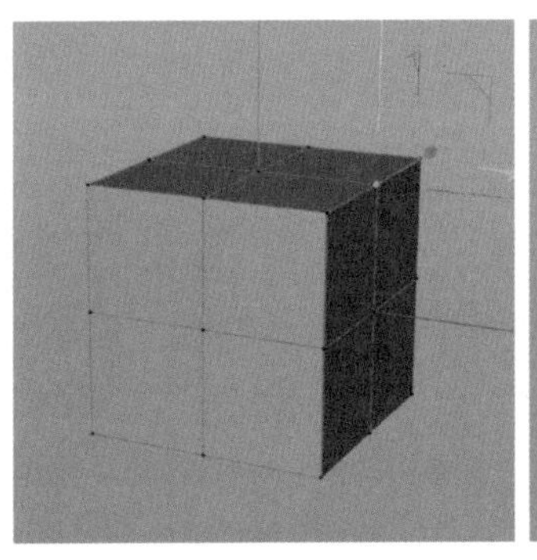
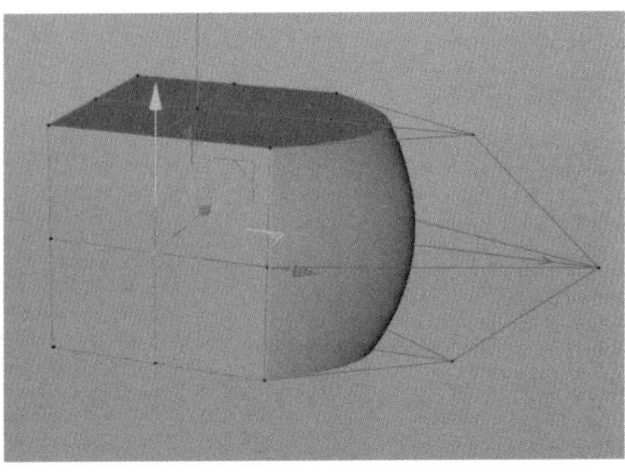

对象属性

水平/垂直/纵深网点： 用于控制“FFD”变形器在 x、y、z 这3个方向上的网格点数量。

融化

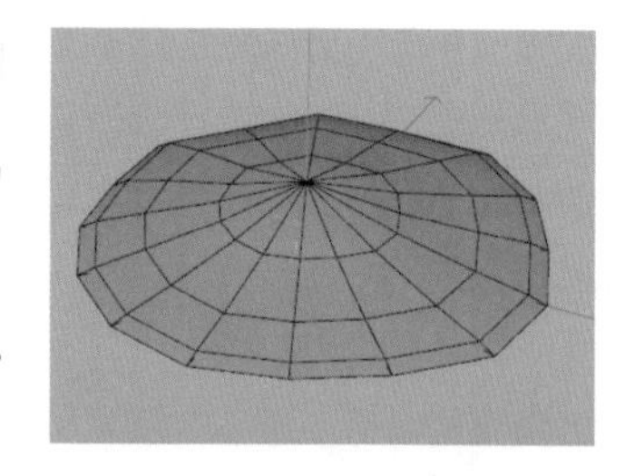

创建一个“球体”对象，再创建一个“融化”变形器，并将其作为“球体”对象的子级。

“融化”变形器和“碎片”变形器一样，它们都通过变形器的坐标定义地面。可以将“融化”变形器的“强度”设置为0，然后移动“融化”变形器至“球体”对象的下方，再更改“强度”值。

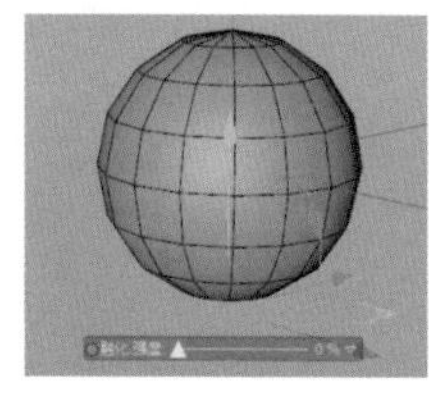
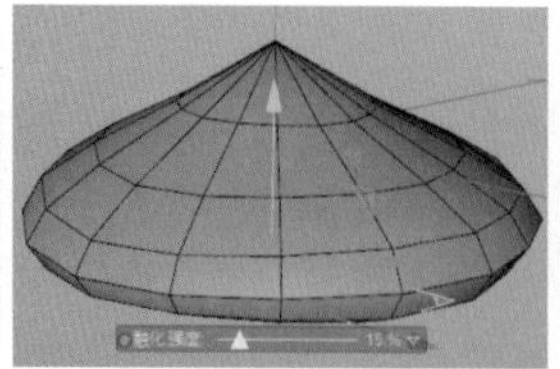
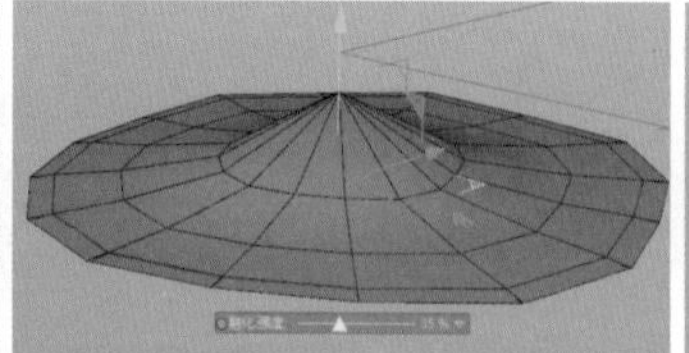
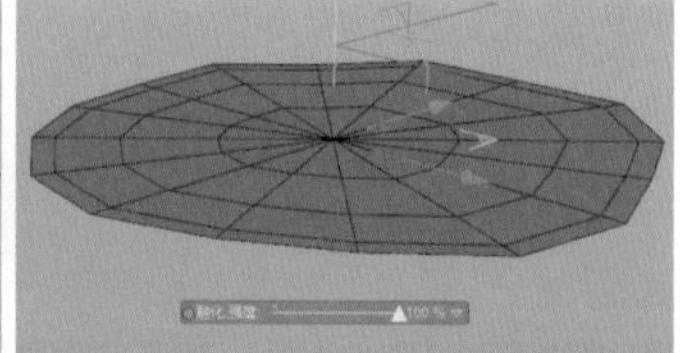

对象属性

强度：控制“融化”变形器的强度。

垂直 / 半径随机：使垂直和半径方向上的融化效果随机。

溶解尺寸：融化“强度”为100%时，物体的半径相对于融化“强度”为0%时的大小。

噪波缩放：控制垂直和半径方向上随机的噪波大小。

半径：当“强度”保持为5%时，更改“半径”的效果如下图所示。

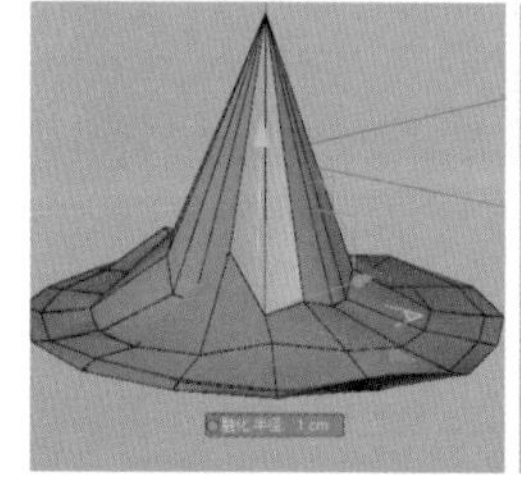
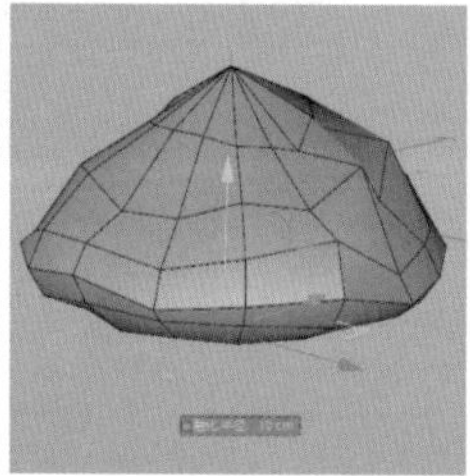
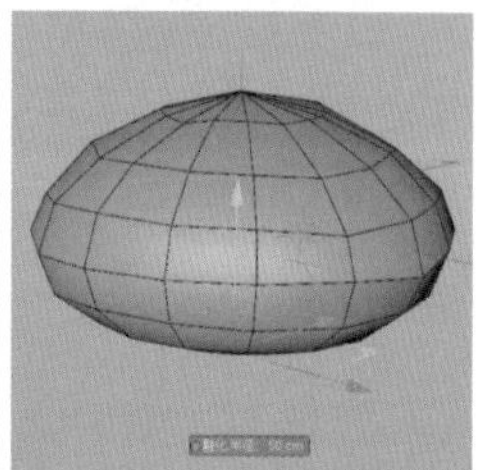

碰撞

创建一个“球体”对象和“平面”对象，并适当增加分段数以便观察。创建“碰撞”变形器并将其作为“平面”对象的子级，将“球体”对象拖曳到“碰撞”变形器的“碰撞器”属性面板中，此时“碰撞”变形器生效。

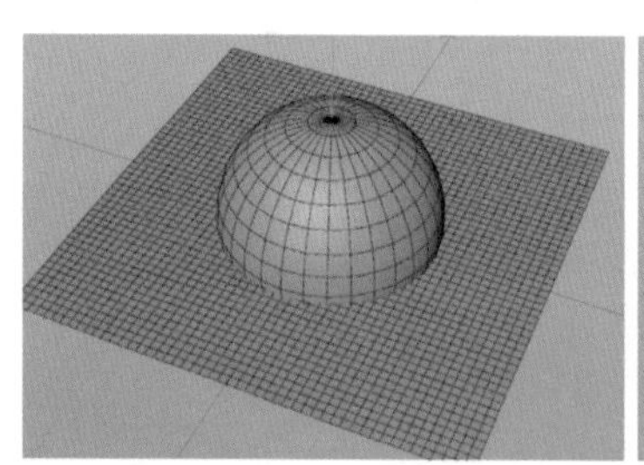
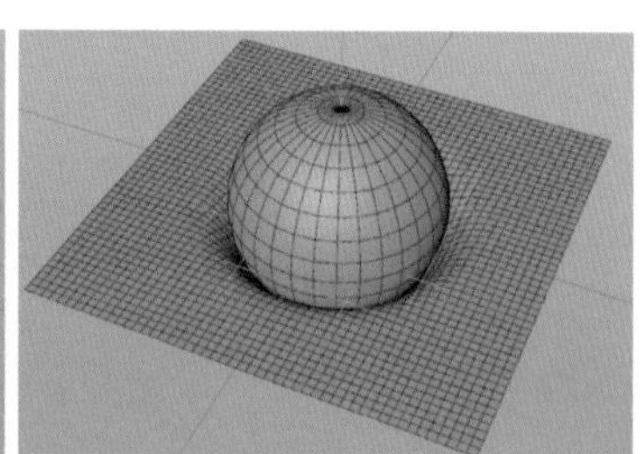

对象属性

衰减：默认为“无”，选择任意模式后，可以通过参数扩展碰撞对象，使被变形对象在范围内形变。

距离：设置碰撞对象影响的距离。

强度：控制指定范围内对象被影响的强度。

重置外形：当碰撞对象有动画时，控制碰撞对象形变的恢复速度。值为0%时，形变不会恢复；值为100%时，形变会马上恢复。要制作一个球体从屏幕右上方移动到屏幕左下方的动画，可以调整此参数。该操作也可以用于制作雪地中的脚印、轮胎印等效果。

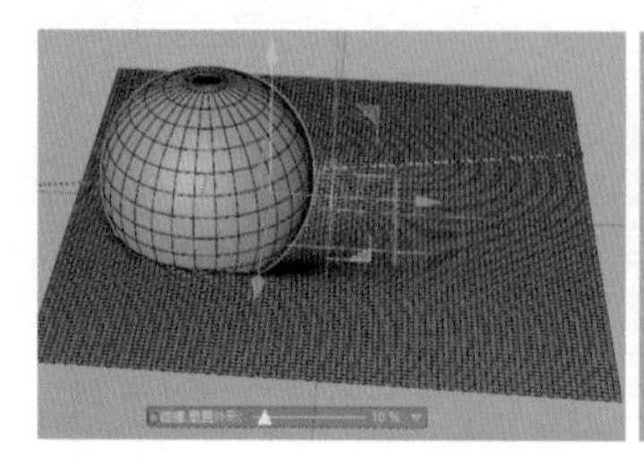
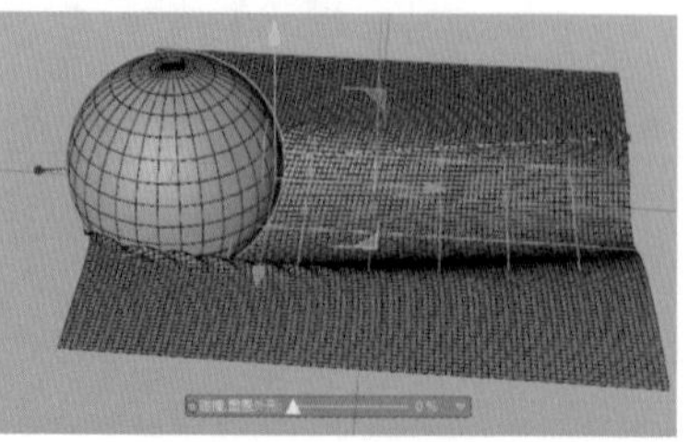

曲线： 设置指定范围内对象形变的方式；横轴上的 0 代表指定范围内靠近碰撞对象的最近距离，横轴上的 1 代表最远距离，纵轴代表形变的位移距离。例如，将 " 距离 " 设置为 50cm，调整曲线，可以得到类似球体撞击地面后四周形成土堆的效果。

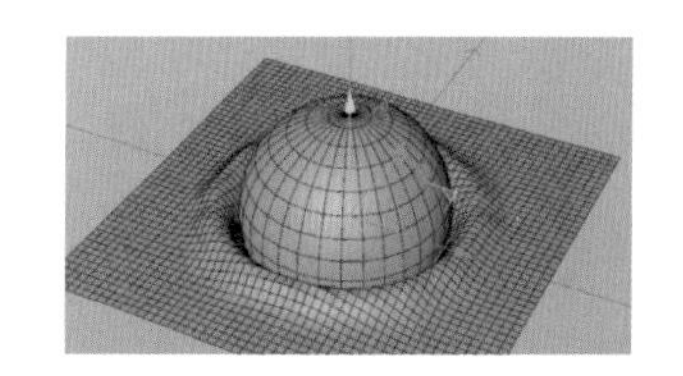

碰撞器属性

解析器： 更改碰撞的计算方式。

内部： 假定碰撞对象位于被变形对象的内部，由于内外部基于面法线的方向定义，因此只会将对象向面法线的方向变形。

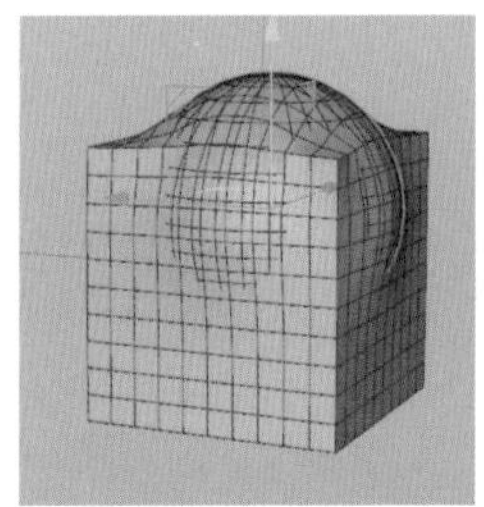

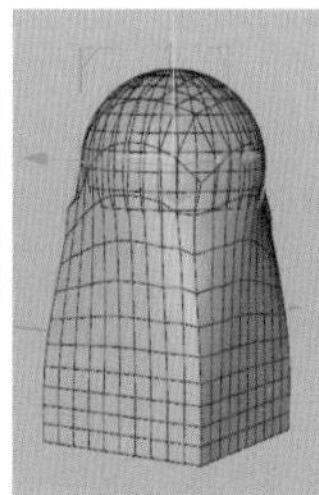

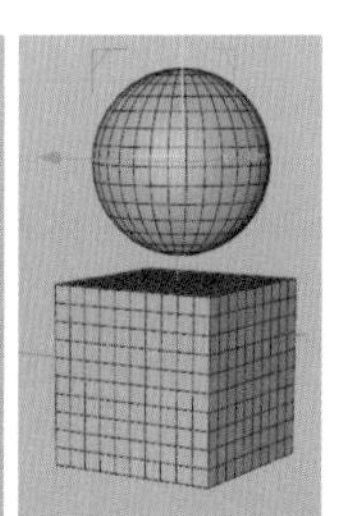

外部： 与“内部”相反，假定碰撞对象在被变形对象的外部，则会将对象向面法线的反方向变形。

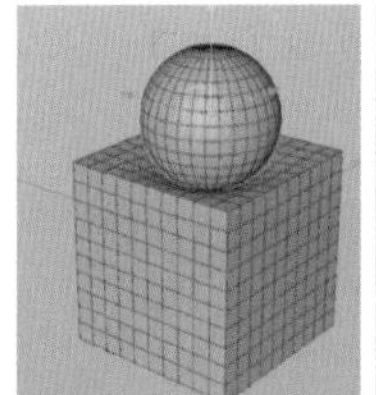

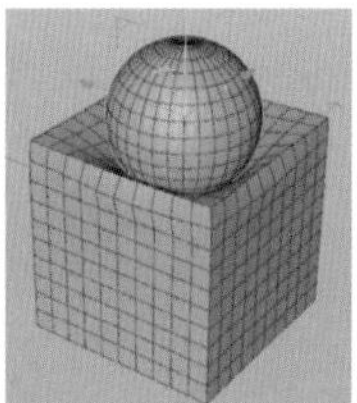

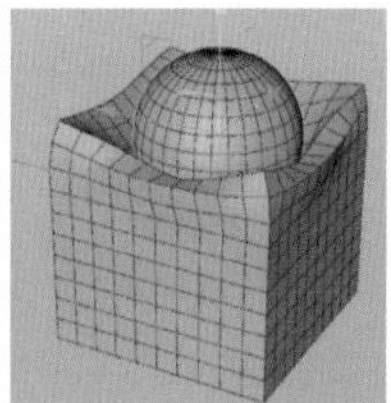

内部（强度）： 与“内部”的计算方法一致，但无论碰撞对象距离被变形对象多远，被变形对象都会变形至碰撞对象的位置。

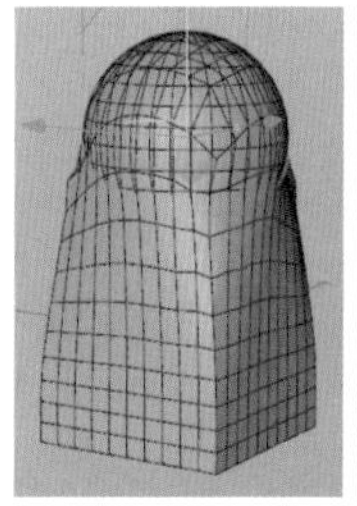

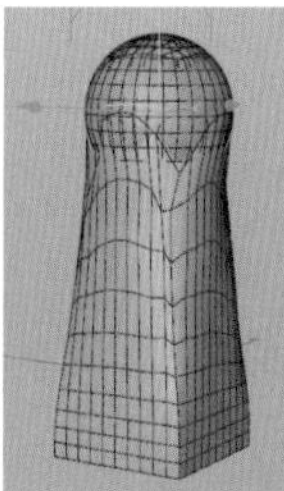

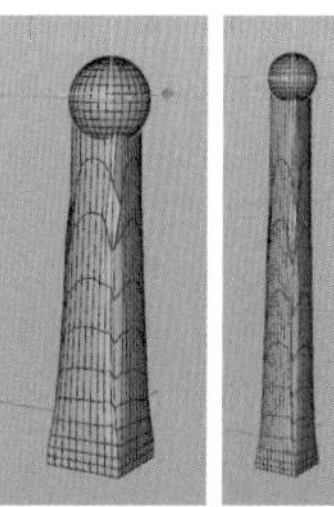

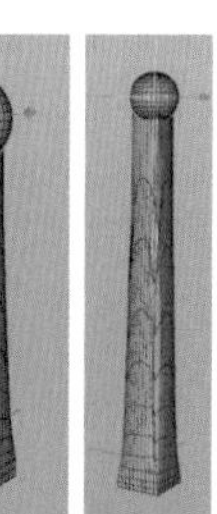

外部（体积）： 与“外部”相同，但碰撞基于体积产生，如果被变形对象是个没有体积的平面，则碰撞没有效果。

交错： 默认的碰撞方式，会根据对象的位置，自动判断采用“内部”或“外部”中的一种。

对象： 碰撞对象列表，每个对象右侧都有两个图标，为黑色代表碰撞对象的子级也参与计算，为灰色则代表不参与计算；代表启用碰撞对象，代表关闭碰撞对象。

包括属性

对象： “碰撞”变形器可以同时作用于多个对象，将碰撞对象和“碰撞”变形器放在一个组内，将要变形的对象拖到此处即可让多个对象变形。或者将“碰撞”变形器设置为其中一个对象的子级后，把其余对象也设置为该对象的子级，让变形器对对象的子级生效，即可同时让多个对象变形。

映射图

伸展 / 松弛： 通过“顶点贴图”标签控制形变的平滑程度。

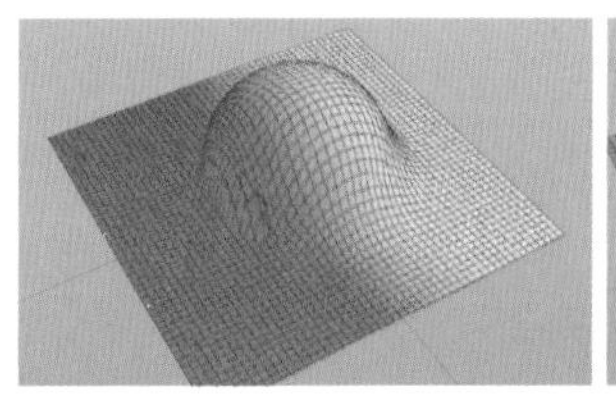

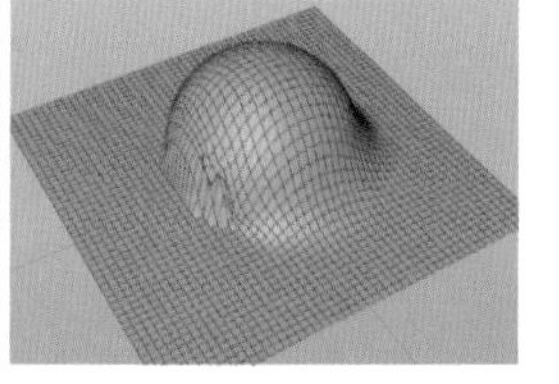

衰减： 通过“顶点贴图”标签控制衰减的影响强度。

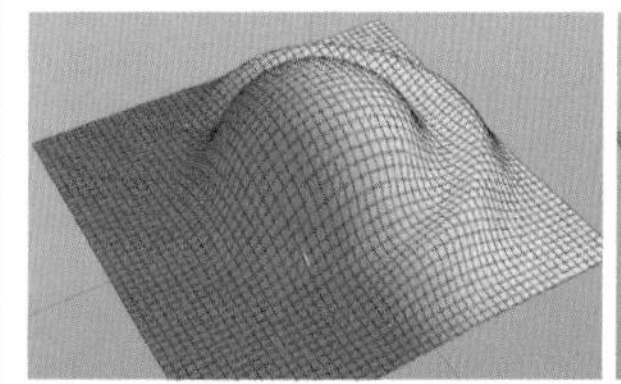

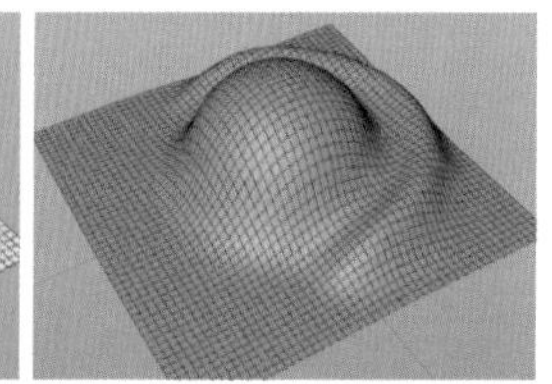

重置： 通过“顶点贴图”标签控制重置外形的强度。该参数和“重置外形”参数会同时生效，为了能够准确判断变形效果，可以先将“重置外形”设置为 100%，再使用该参数。设置好顶点贴图后，再用“重置外形”参数控制整体效果。

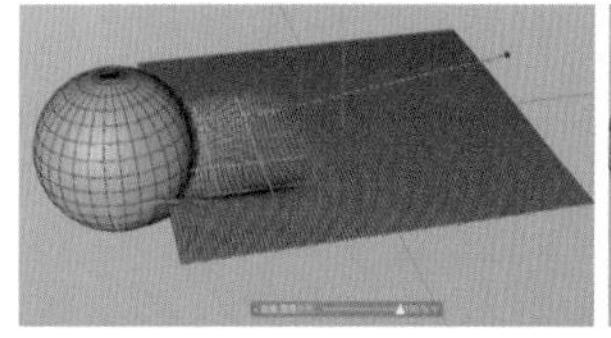

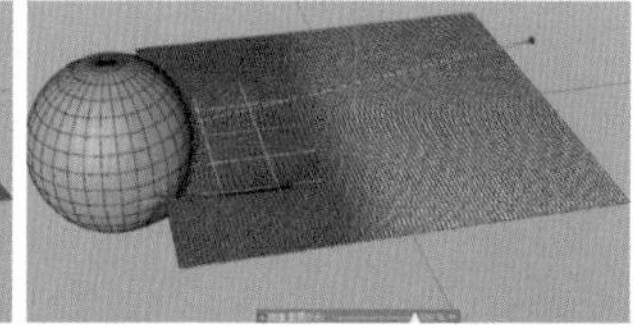

碰撞： 根据碰撞的计算结果，动态输出顶点颜色到设置的“顶点贴图”标签。

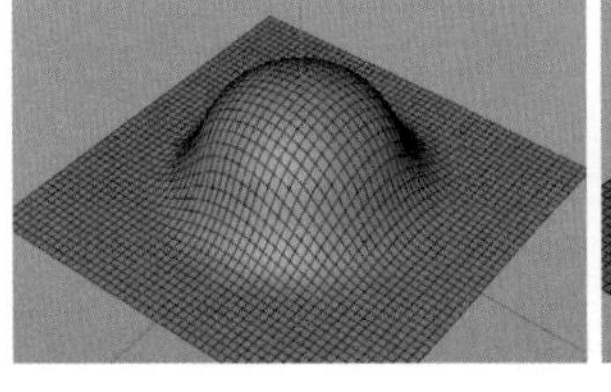
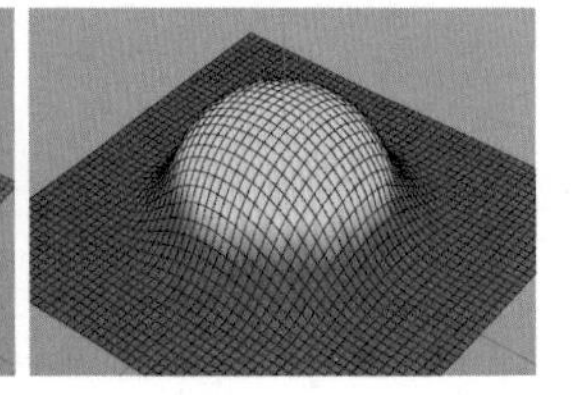

衰减： 根据衰减的计算结果，输出顶点颜色到“顶点贴图”标签。

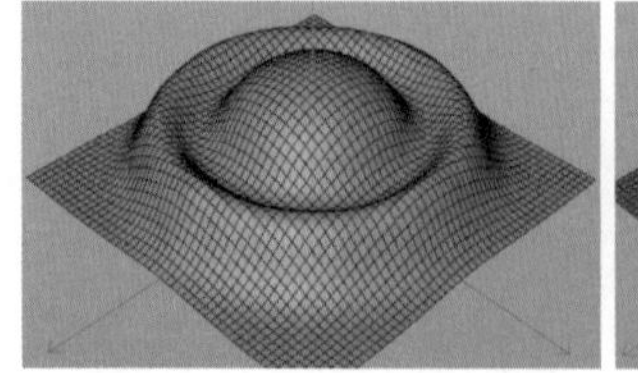
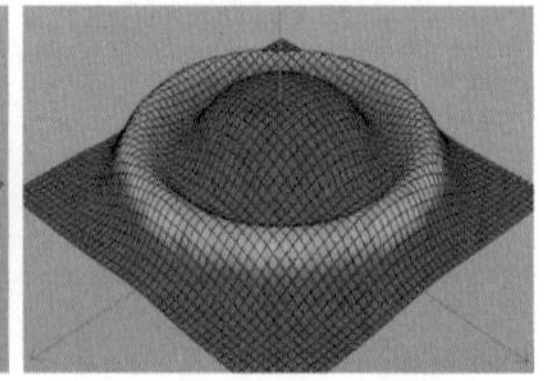

反相： 反转输出的顶点颜色。

如果对象已有“顶点贴图”标签，需要设置新的“顶点贴图”标签，则可以先选中对象，执行“选择 > 设置顶点权重”命令，或者按住 Ctrl 键拖曳现有的“顶点贴图”标签。新的“顶点贴图”标签用于输出顶点颜色。

高级属性

尺寸： 用于扩大碰撞对象的碰撞范围，可以防止碰撞对象和被变形对象发生重叠。若更改“尺寸”值后视图中没有发生变化，则可以通过拖曳时间线或更改“步幅”参数来更新效果。

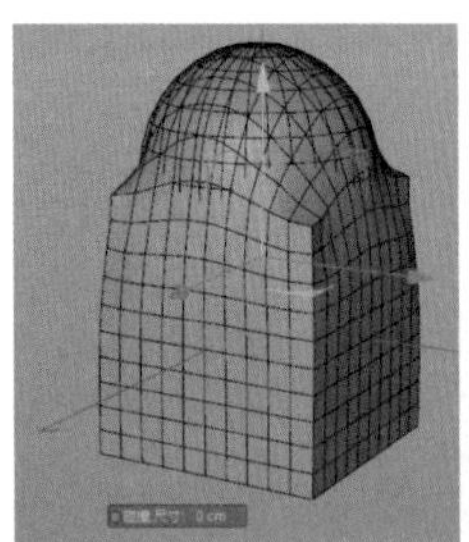
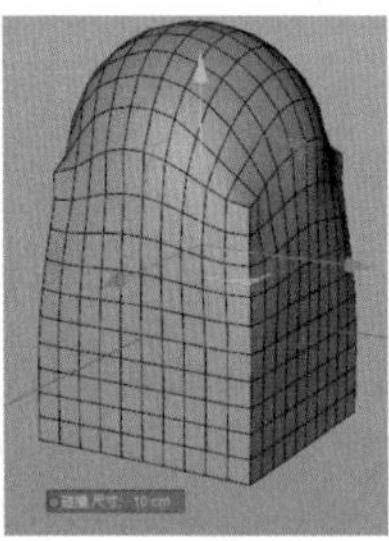
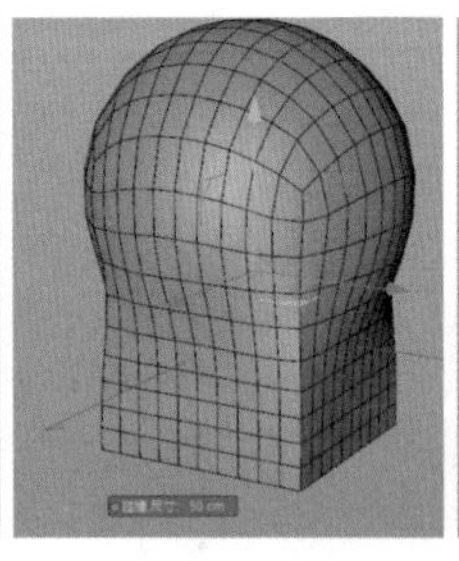
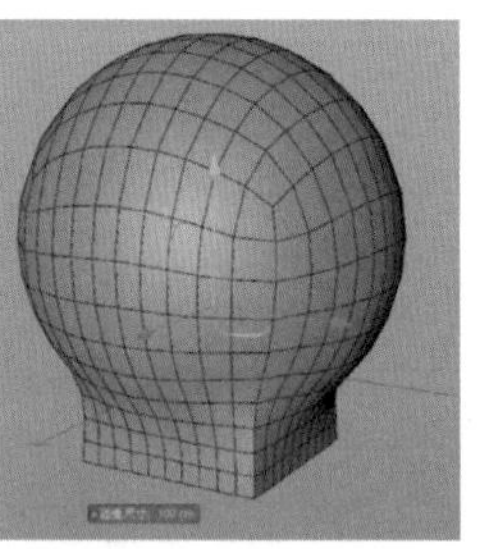

步幅： 控制每帧中碰撞的频率，频率越高结果越准确。对于高速移动的对象，提高步幅可以消除因高速移动而产生的错误；但提高步幅的同时也会提高对性能的要求，从而导致计算速度降低。

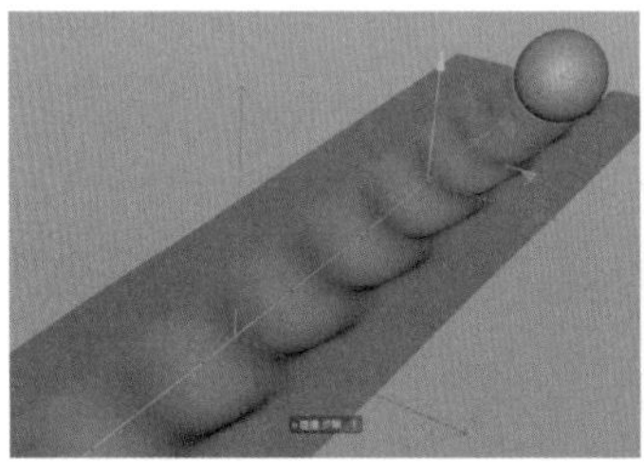
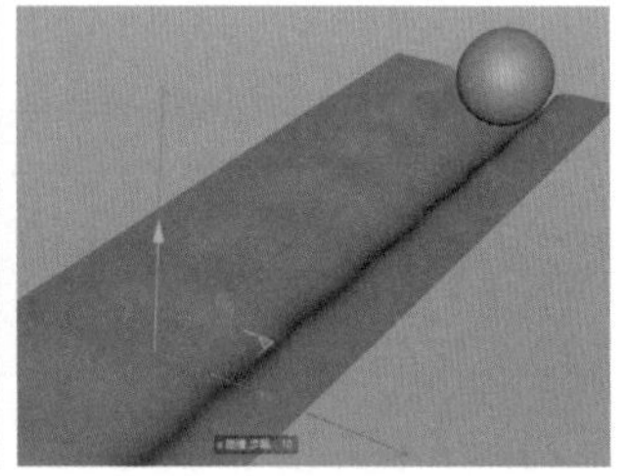

伸展： 控制碰撞变形的平滑迭代次数，若将该值增大则变形的区域也随之增大，但该值过大会严重影响计算机的性能。

松弛： 增大该值则对象在恢复到原始形态的过程中会产生类似布料的效果。由于效果是在恢复过程中产生的，因此需要播放动画才能看到效果。将“重置外形”设置为 0% 时看不到效果。该值过大时也会严重影响计算机的性能。

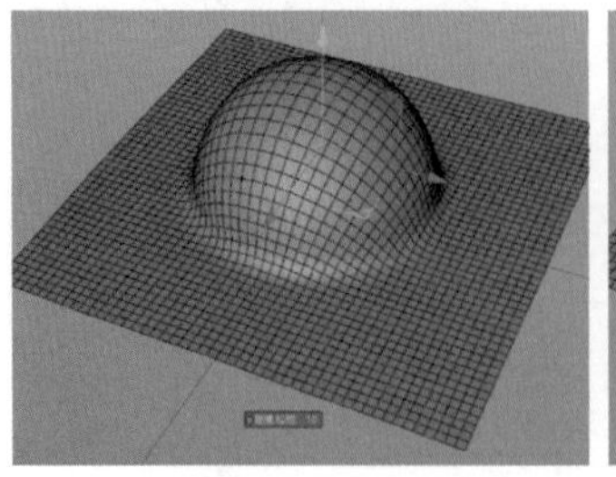
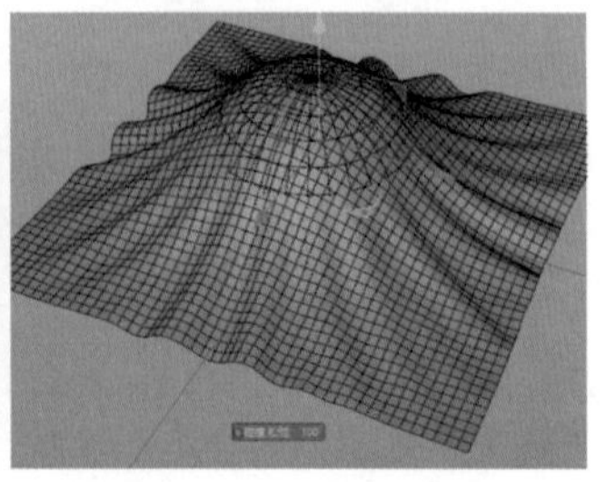

硬度： 控制网格的硬度，该值太小时不容易产生布料效果，而该值为 0 时被变形对象会更快速地回弹并完全包裹碰撞对象。

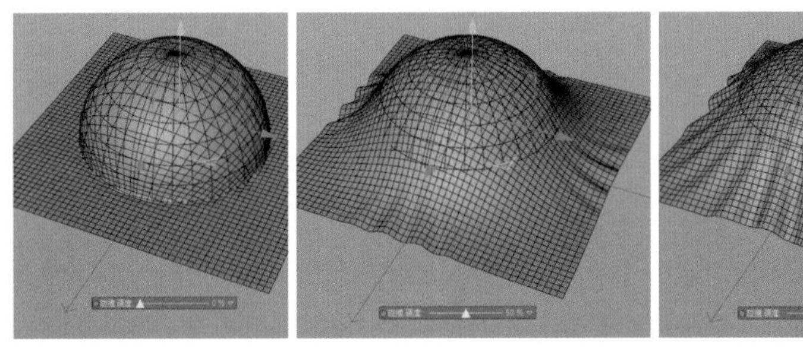

结构： 控制被变形对象保持原有结构的能力，值越小变形越严重。该参数可以用于制作橡胶等易拉伸的材料；但值越低越不容易产生布料效果。

弯曲： 控制布料的柔韧性，值越小越容易产生细小的褶皱，褶皱数量也越多。

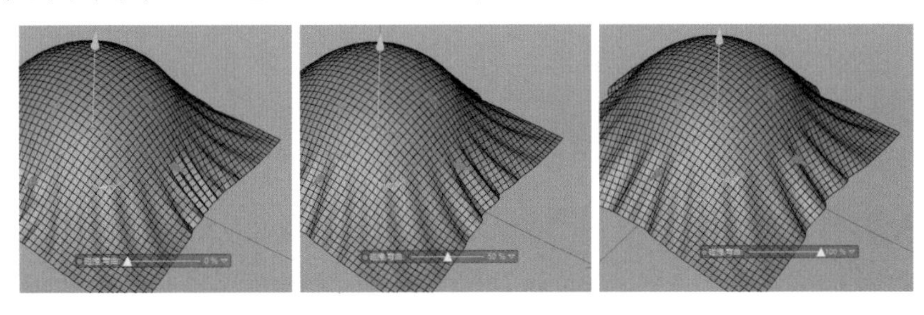

平滑

创建一个“立方体”对象并增加其分段数，然后创建一个“平滑”变形器并将其作为“立方体”对象的子级，单击“初始化”按钮，调整“强度”参数。

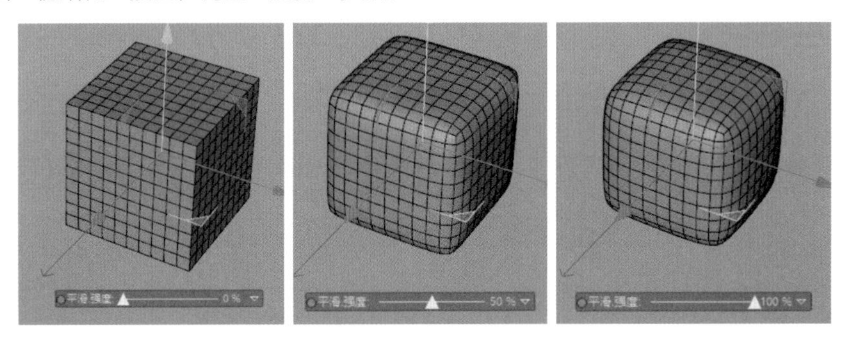

对象属性

类型： 设置不同的平滑计算类型。

松弛：使对象在运动过程中产生类似布料的效果。

平滑：默认的模式，使对象的转折处更平滑。

强度：使对象的转折更强烈，转折角度越大效果越明显。

迭代： 控制计算次数，“迭代”值越大效果越强烈。

硬度： 控制被变形对象保持原始形态的能力，当值为 100% 时，“平滑”变形器完全没效果。

保持置换： 选中“保持置换”复选框，则在应用“平滑”变形器时对点做出的变换能被实时应用于“平滑”变形器。

硬度贴图： 用顶点贴图控制硬度，该参数可以和“硬度”参数结合使用。

导轨

创建一个“立方体”对象并增加其分段数，然后分别在“立方体”对象的左右两侧绘制两个样条曲线。创建“导轨”变形器并将其作为“立方体”对象的子级，根据位置关系将样条曲线拖曳到“导轨”变形器“对象”属性面板的“左边 Z 曲线”和“右边 Z 曲线”中。

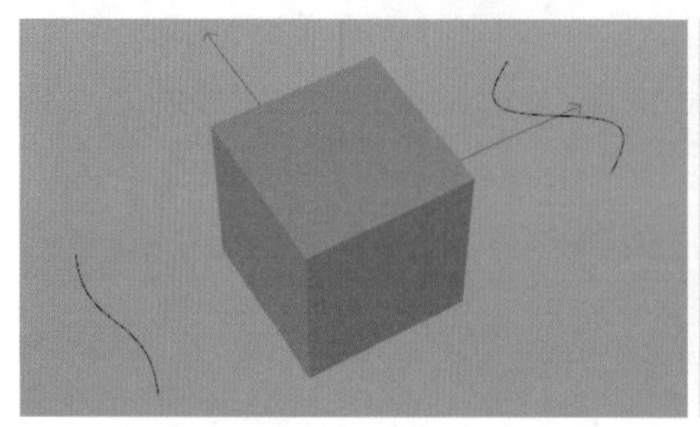

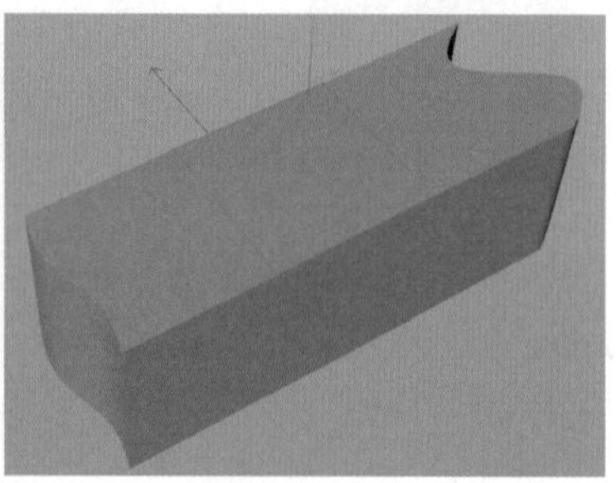

对象属性

左边 / 右边 Z 曲线： 位于被变形对象的 XZ 平面上，且位于被变形对象 z 轴正负方向，用于控制左右方向上的变形。

上边 / 下边 X 曲线： 位于被变形对象的 XZ 平面上，且位于被变形对象 x 轴正负方向，用于控制上下方向上的变形。

参考： 使用任意对象作为参考，以参考对象的 z 轴方向作为变形的方向。

开始之前 / 开始之后缩放： 当模式设置为“无限”时，控制范围框外对象变形的比例。

变形

“变形”变形器用于给“姿态变形”标签添加衰减效果，打开“实例文件 >CH06> 变形变形器 .c4d”文件，拖曳“姿态变形”标签属性面板中的“动作 - 指”滑块，对象的形态将发生变化。

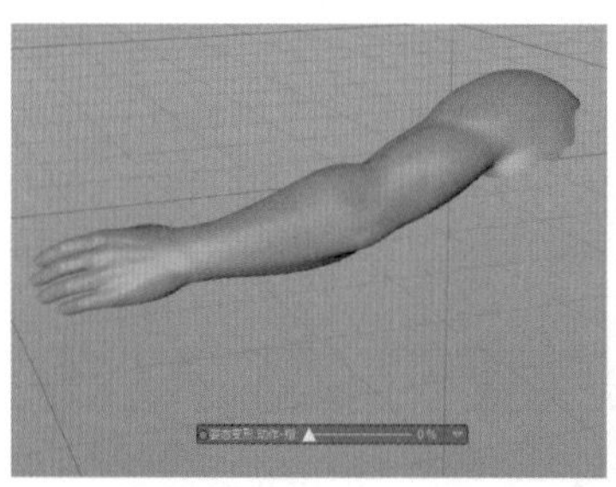

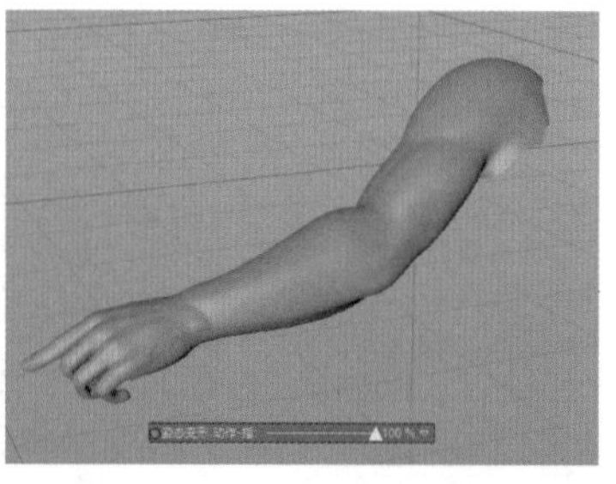

创建“变形”变形器并将其作为“姿态变形”对象的子级，将“姿态变形”标签拖曳到“变形”变形器“对象”属性面板的“变形”中。此时，“目标”下会出现标签中的滑块，拖曳滑块即可修改变形效果。切换到“衰减”属性面板，按住“线性域”按钮，在弹出的下拉菜单中选择“球体域”命令，在“对象”窗口中选中“球体域”对象，调整其大小和位置，则姿态变形只会在球体域范围内生效。

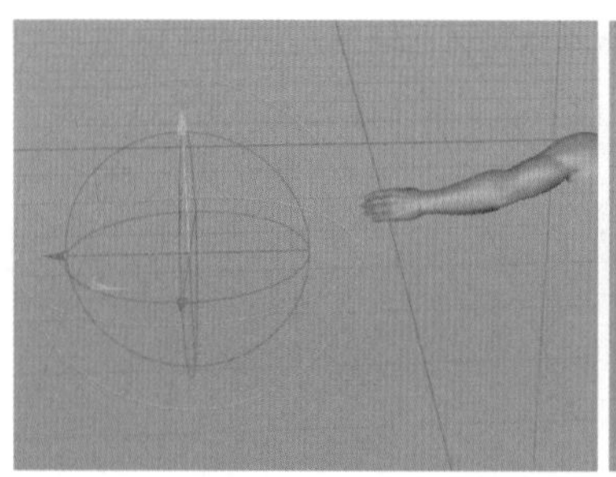

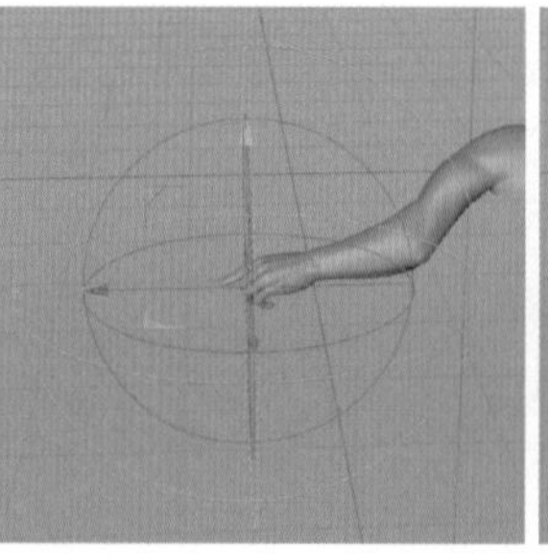

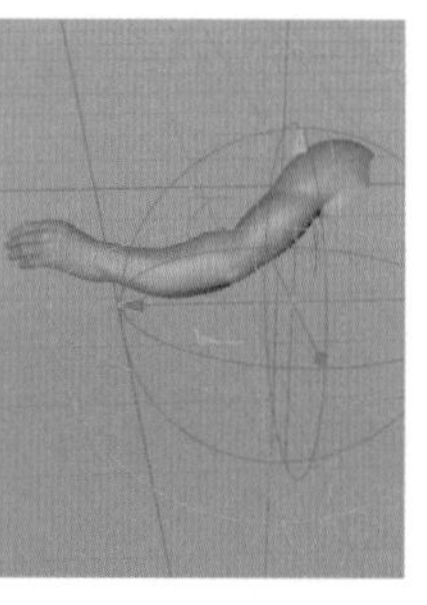

技巧与提示

用一个变形器能做出的效果很简单，但通过后续的学习并掌握了 Cinema 4D 其他功能的使用方法后，可以将多个功能结合使用以做出多种不同效果。

第 7 章 对象和样条的编辑操作

本章学习要点

点、边、面模式下对象和样条曲线的编辑操作

在三维软件中，大部分对象由点、边、面 3 个元素构成，对对象的编辑即对点、边、面的编辑。

7.1 转为可编辑对象

在 Cinema 4D 中，参数化对象、ABC 对象等不能直接编辑，想要直接对其点、边、面进行编辑，需要先将其转换为可编辑对象。

创建一个参数化对象，选中该对象后单击按钮，或按 C 键将其转为可编辑对象。转换后，“多边形”对象的图标会变成，“样条”对象的图标会变成，可以直接在“点”模式、“边”模式、“面”模式下对转换完成的对象的相应元素进行编辑。在需要编辑的点、边、面上单击鼠标右键，即可展开编辑菜单。

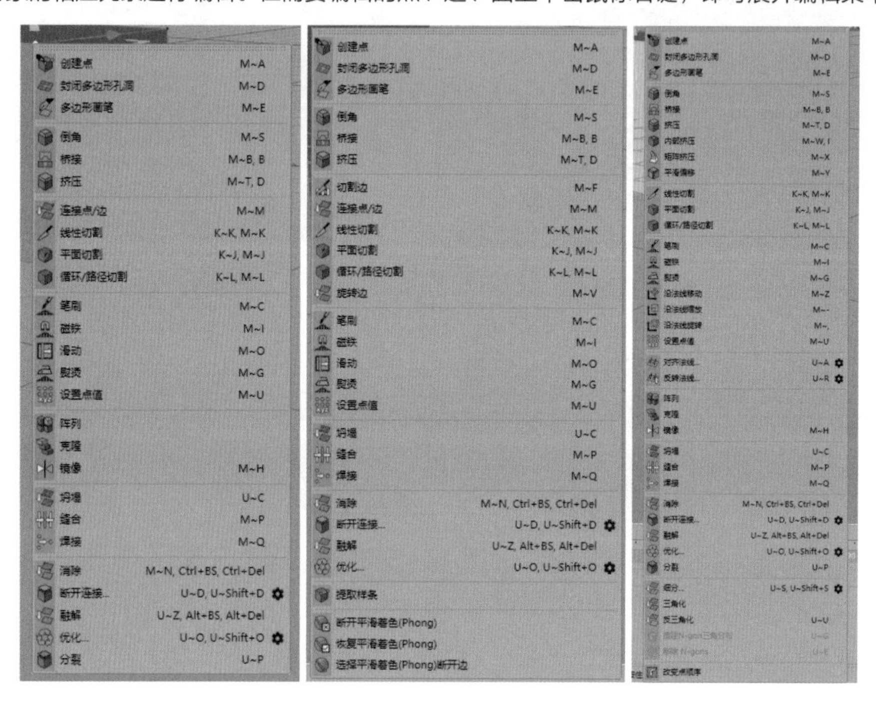

各命令右侧“M~A”形式的英文为该命令对应的快捷键。在视图中分别按 M 键、U 键、K 键可以展开下图所示的菜单。若要执行某个命令，再按一次该命令名称左侧的字母键即可。

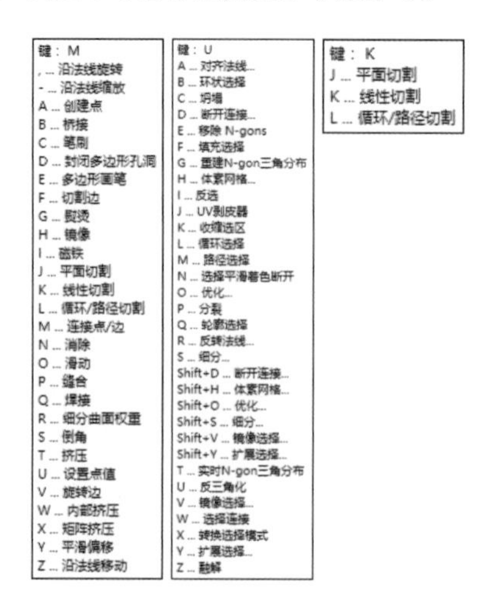

7.2 点、边、面的命令与操作

创建点

该命令在 3 个模式下通用，快捷键为 M~A，用于根据鼠标指针的位置，在对象的边、面上创建点，在面上创建的点会和该面上的其他点自动连接，从而生成新的边。创建点时，按住 Shift 键即可只在面上创建点而不创建边；按住 Ctrl 键则可以只根据鼠标指针的位置创建点，并且创建的点独立于对象。

技巧与提示

Cinema 4D 只支持三角面和四边面，若加点后让一个面中的点超过了 4 个，则面会转换为 N-gons 类型。在由多个三角面和四边面构成的对象中，多出来的边被称为“N-gon 线”，默认不显示。在视图窗口左上角单击“过滤”菜单，然后在弹出的下拉菜单中选择“N-gon 线”命令，即可在视图中显示出蓝色的 N-gon 线。

封闭多边形孔洞

该命令在 3 个模式下通用，快捷键为 M~D。将鼠标指针移至多边形的孔洞上，则系统会提示封闭孔洞，单击即可将其封闭。可以在“属性”窗口中更改已创建的多边形的类型，默认为 N-gon。

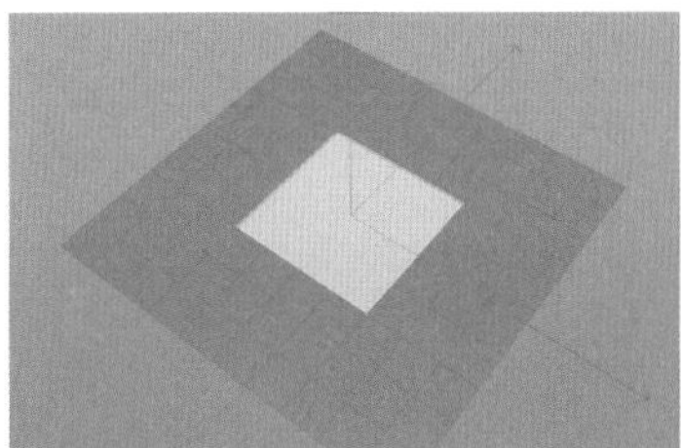

多边形画笔

该命令在 3 个模式下通用，快捷键为 M~E。可以根据鼠标指针的位置自动切换选择的点、边、面。按住鼠标左键拖曳被选择的元素，被拖曳的元素会根据鼠标指针的位置与摄像机的朝向进行移动。除了可以按住鼠标左键并拖曳元素外，还可以在任意位置单击创建点。可以在创建多个点后，再单击起始点结束创建，并生成面。

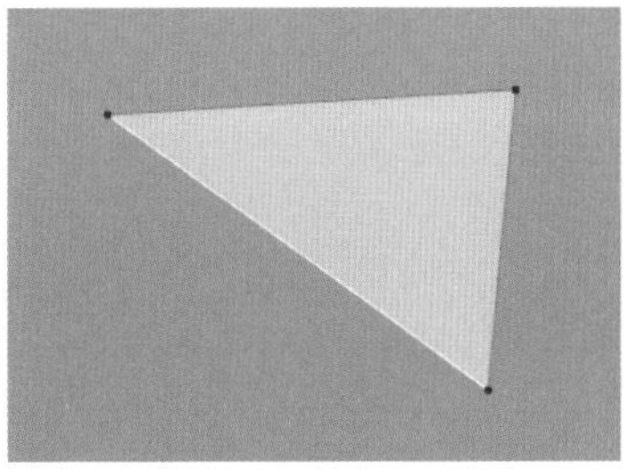

在“属性”窗口中切换绘制模式，可以只创建边，或通过拖曳鼠标创建连续的面。

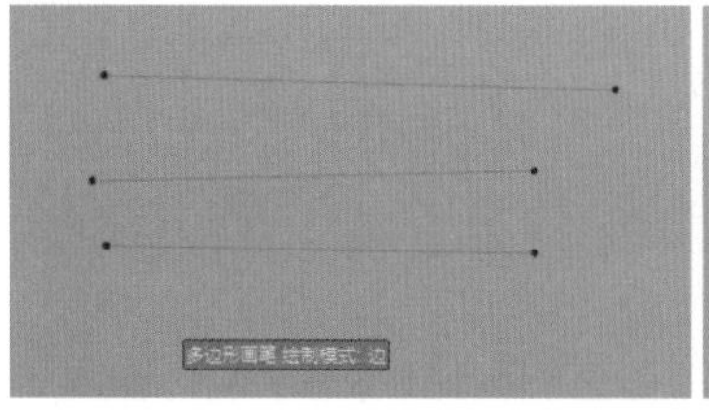

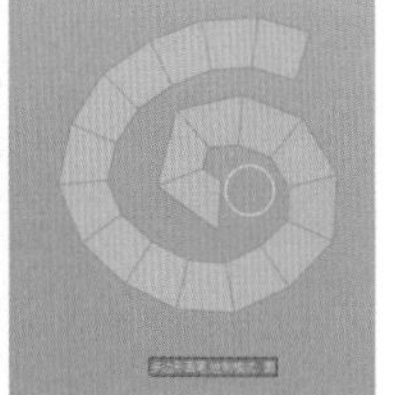

在“面”模式下新创建的面会自动和邻近的原有面焊接，调整“多边形笔刷尺寸”参数，或在视图中按住 Shift 键 + 鼠标中键左右或上下拖曳可以调节多边形笔刷的尺寸。

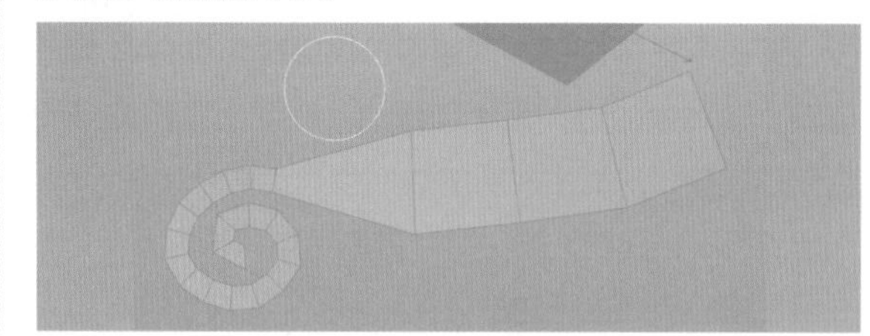

倒角

该命令在 3 个模式下通用，快捷键为 M~S。执行该命令后单击需要创建倒角的点，然后拖曳即可创建倒角。

如果要创建距离精确的倒角，则可以选中点后在“属性”窗口中设置“偏移”值，然后按 Enter 键。创建完成后，在选择其他对象前调整“偏移”值，可以实时修改倒角大小，其余参数和“倒角”变形器的参数类似。

桥接

该命令在 3 个模式下通用，快捷键为 B 或 M~B。执行该命令后拖曳需要桥接的点至另一个桥接点，松开鼠标后点与点之间会生成一条边，多次拖曳则边与边之间会生成面。在“边”模式下则拖曳边来生成面。

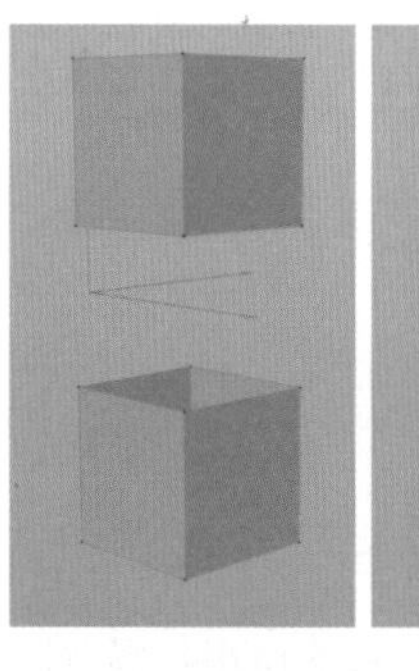

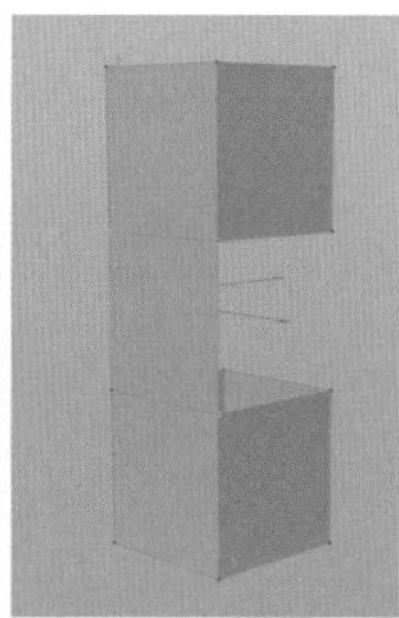
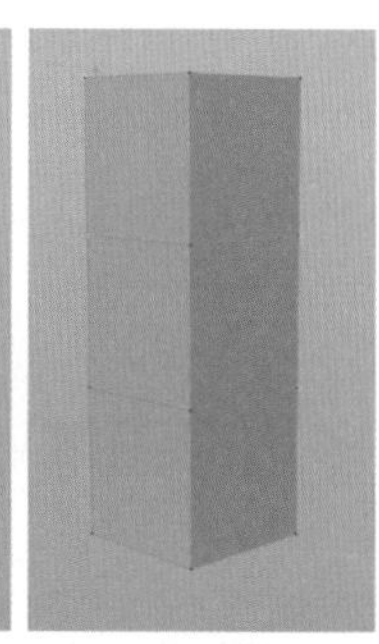

在“面”模式下，按住 Shift 键选择需要桥接的面，然后执行“桥接”命令，拖曳面可以控制桥接顺序。

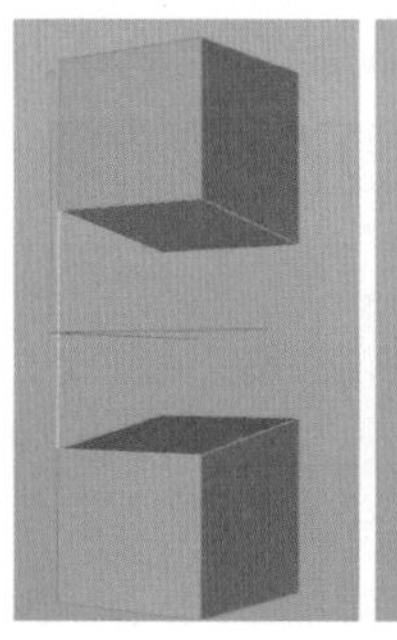

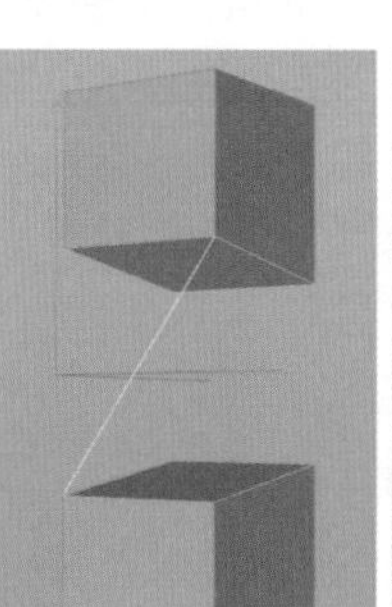

连接点 / 边

该命令在“点”“边”模式下通用，快捷键为 M~M。选中需要连接的点或边，执行“连接点/边”命令。

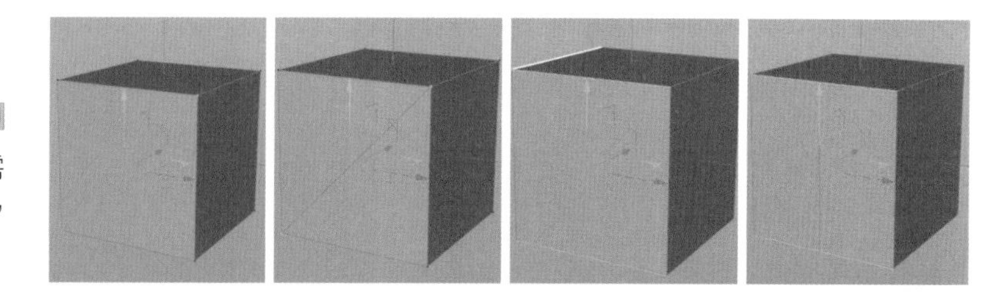

线性切割

该命令在 3 个模式下通用，快捷键为 K~K 或 M~K。执行该命令后，在视图中多次单击可绘制连续的线，绘制出的线会映射到对象的表面，从而生成新的点和边。可以在“属性”窗口中修改切割模式。

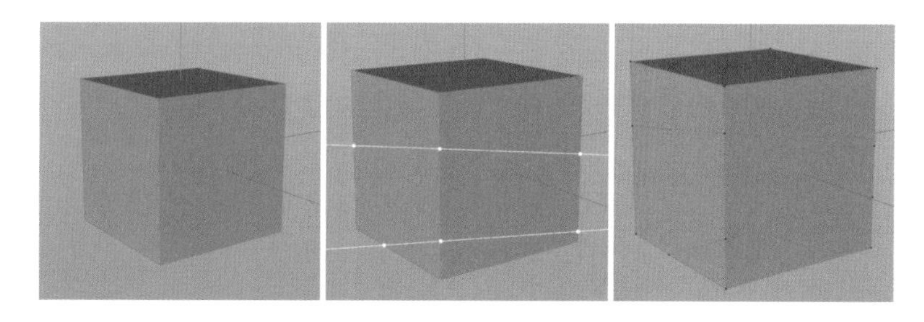

平面切割

该命令在 3 个模式下通用，快捷键为 K~J、M~J。它与“线性切割”类似，单击即可绘制线，然后使用该线的延长线对对象进行切割。

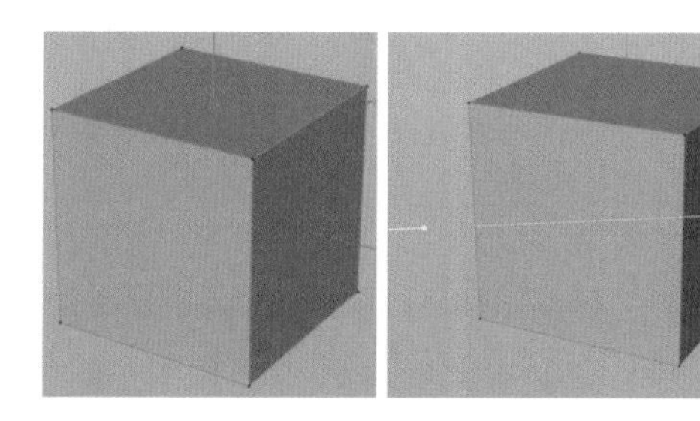
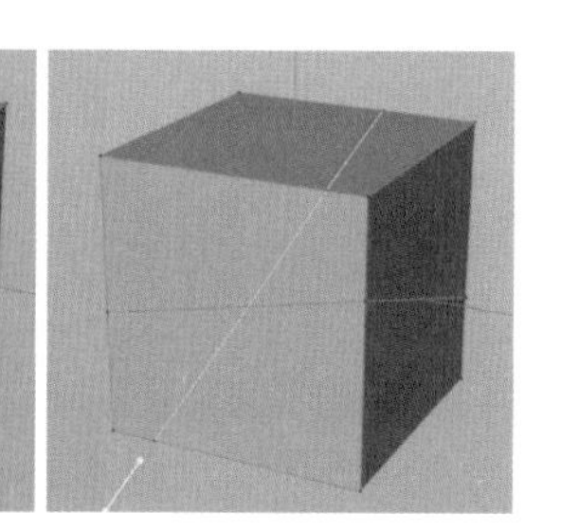

循环 / 路径切割

该命令在 3 个模式下通用，快捷键为 K~L 或 M~L。执行该命令后，将鼠标指针移至对象的边上，会显示切割路径，单击即可创建循环边。

创建完成后，在“选项”属性面板中更改“偏移”或“距离”参数，可精确控制创建的循环边在选中的边上的位置。若要创建“偏移”为 0%、16.667%、33.333%、50%、66.67%、83.333%、100% 的循环边，则可以在创建时按住 Shift 键，边上会出现 7 个点，这 7 个点对应上面的 7 个值。

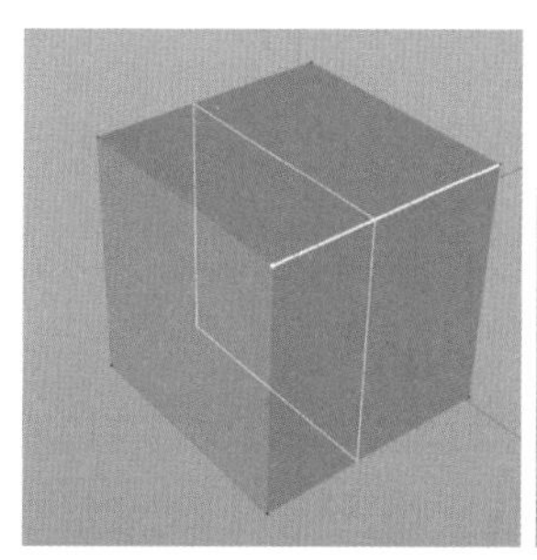
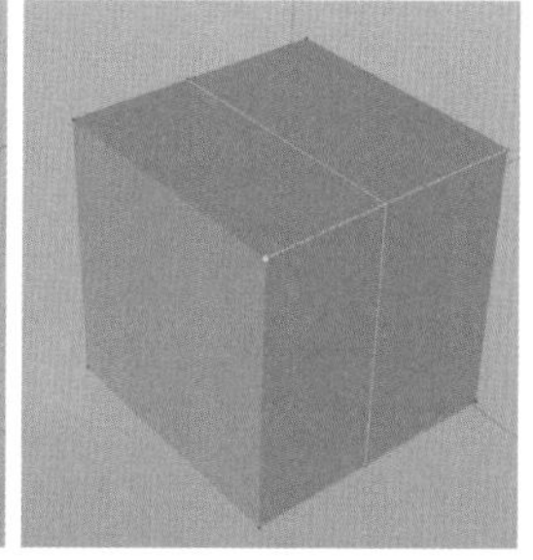
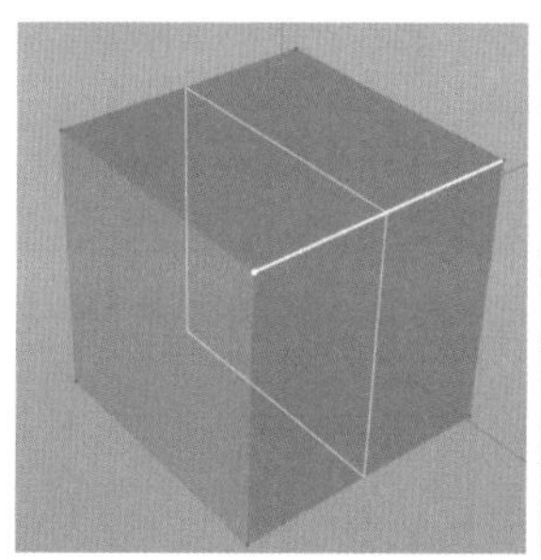
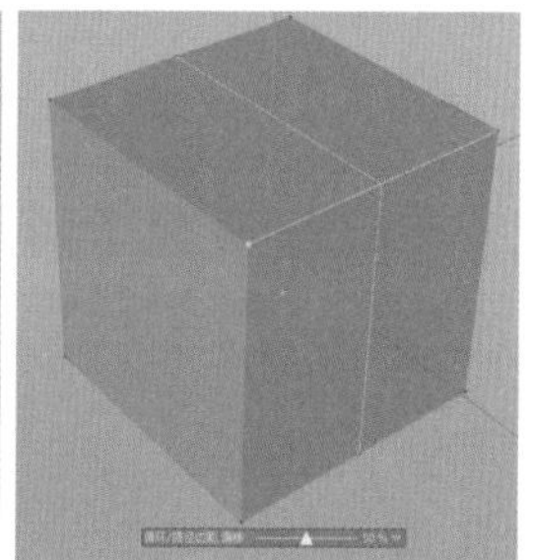

若要在边上创建等距的多组循环边，则创建完一条循环边后，在“属性”窗口中更改“切割数量”参数即可。

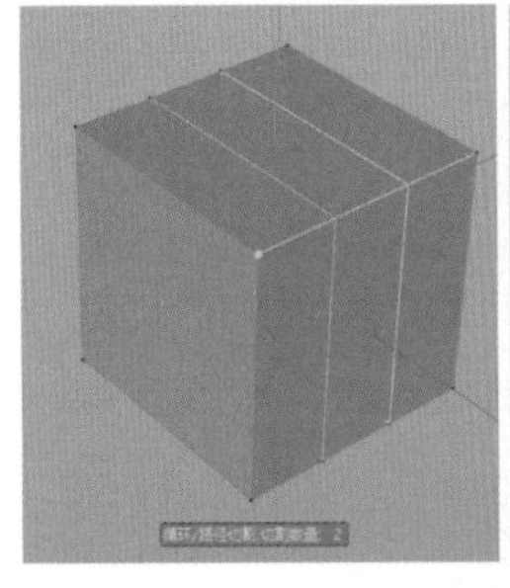
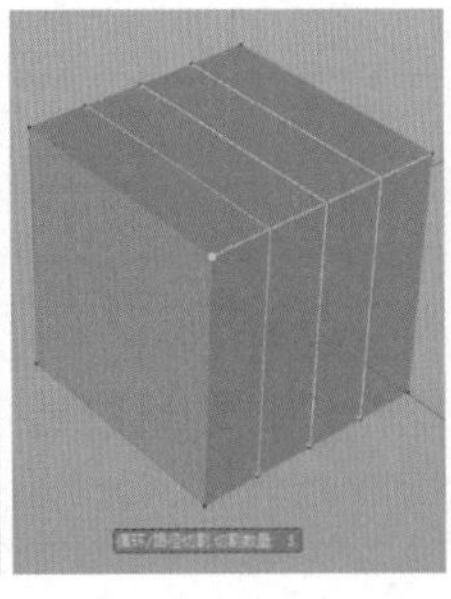
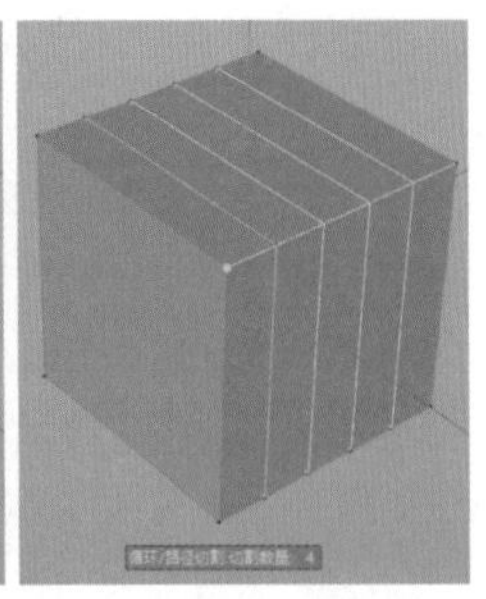

在“造型”属性面板中选中“轮廓”复选框，则添加的循环边会根据下方的“深度”和“曲线”参数定义的形状进行变形。

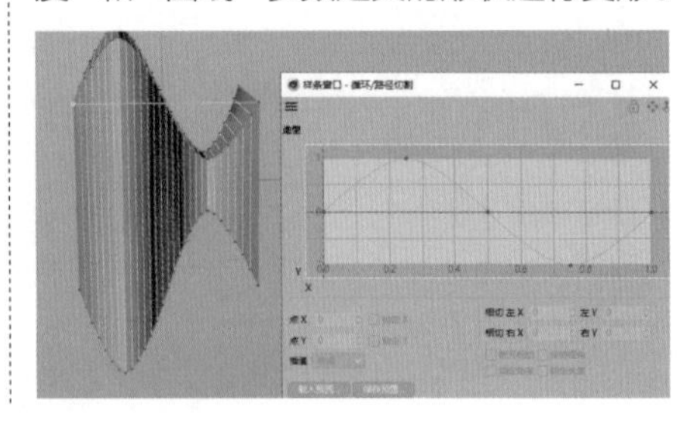

选中“轮廓”复选框后，可以在创建新的循环边时根据曲线的位置创建深度不同的循环边。

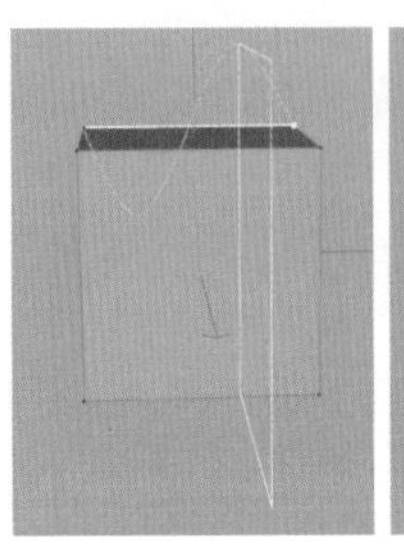
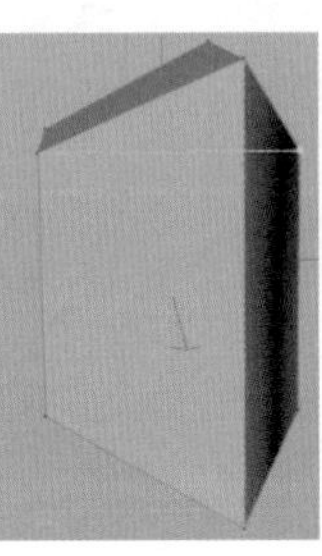
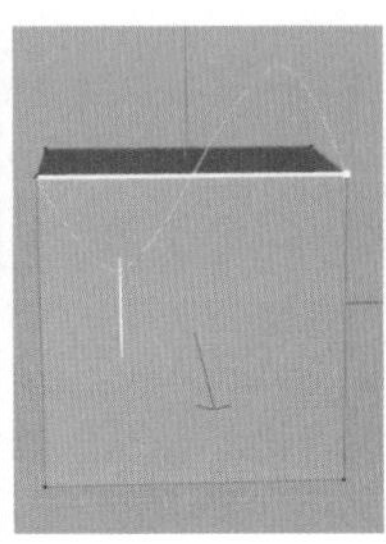
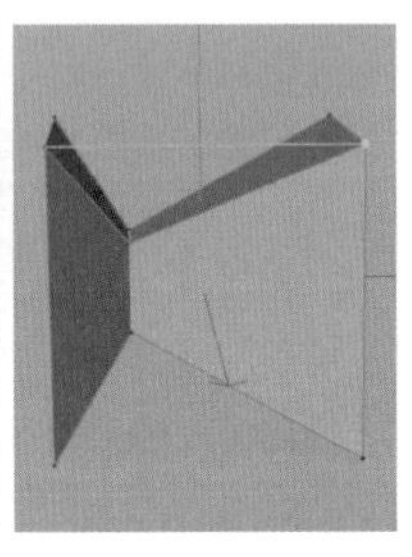

笔刷

该命令在 3 个模式下通用，快捷键为 M~C。执行该命令后鼠标指针将变为圆形范围框，按住鼠标左键拖曳可以影响该范围内的点，使其跟随鼠标指针运动一小段距离，以达到微调的效果。在“属性”窗口中可以调整笔刷的强度和大小。

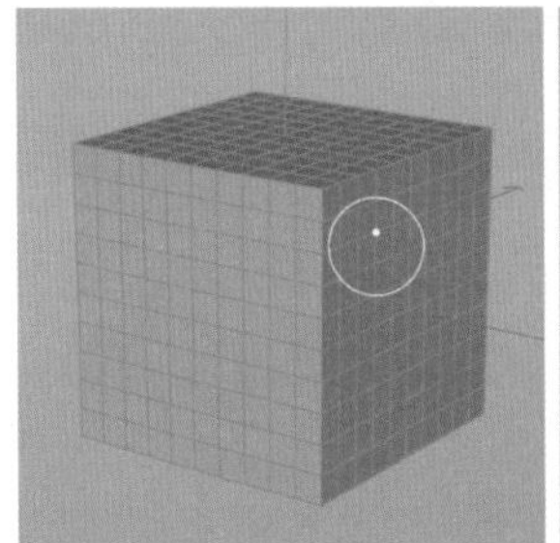
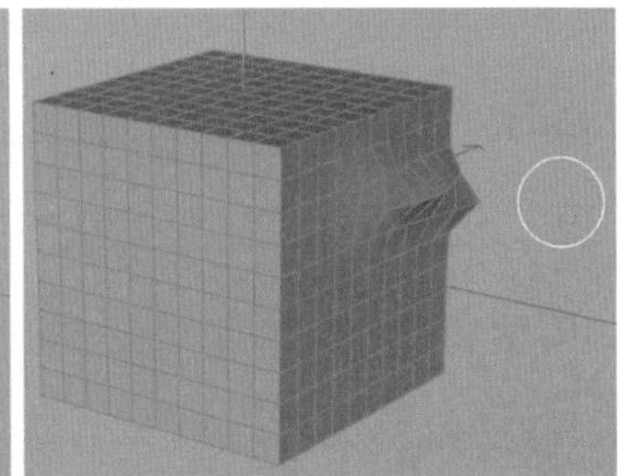

磁铁

该命令在 3 个模式下通用，快捷键为 M~I。“磁铁”命令与“笔刷”命令类似，但在松开鼠标前，被影响的点会一直被影响。

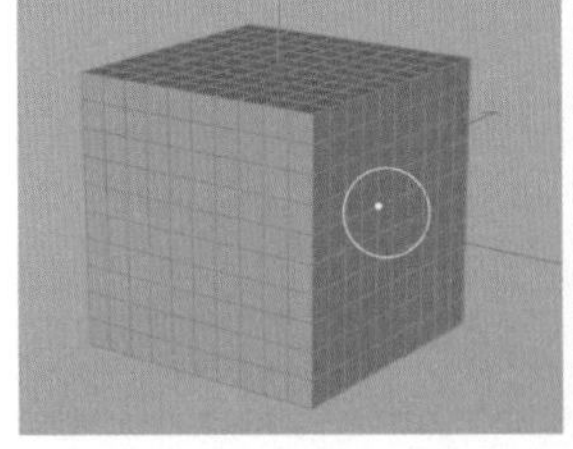
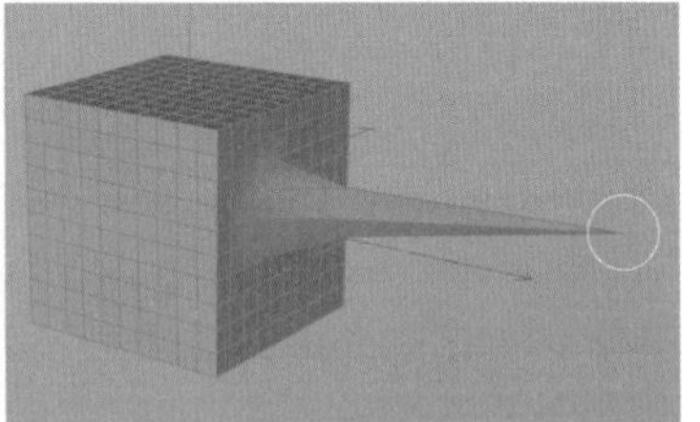

滑动

该命令在“点”模式和“边”模式下通用，快捷键为 M~O。执行该命令后拖曳需要滑动的点或边，可以使其沿着相连的边滑动。在“属性”窗口中可以精确调整滑动的偏移量。

熨烫

该命令在3个模式下通用，快捷键为M~G。执行该命令后拖曳鼠标，可以使被选中范围内的转折角度大于设定的值，从而向内变形使角度变小，或向外变形使角度变大。若不选择任何元素，则整个对象均会参与变形。

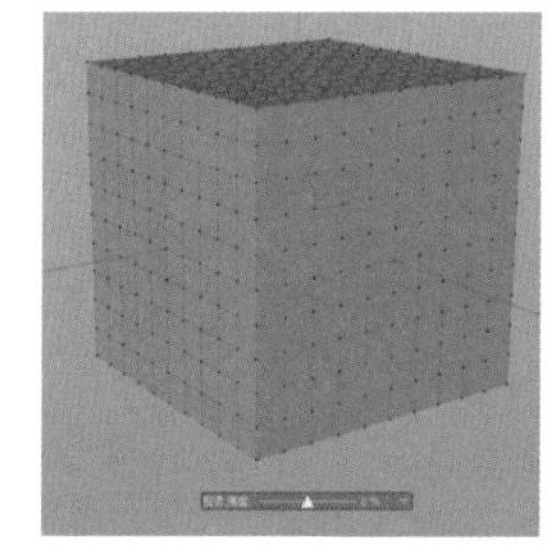

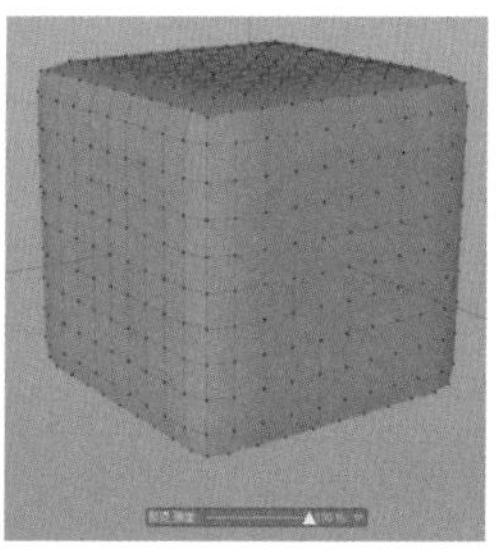

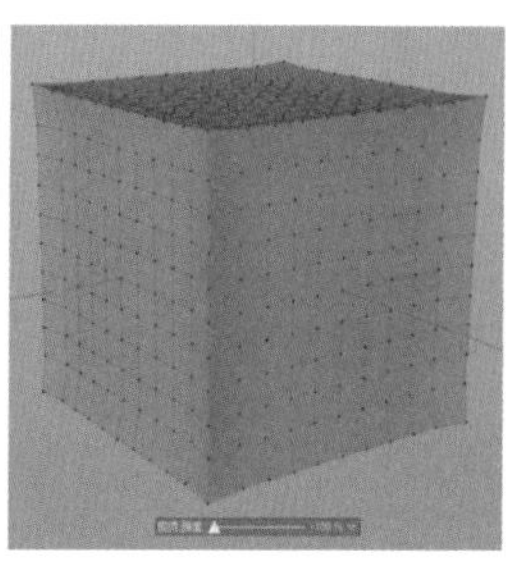

设置点值

该命令在3个模式下通用，快捷键为M~U。使用该命令可以快速设置多个点的坐标。

例如，创建一个"球体"对象，按C键将其转为可编辑对象，然后在"点"模式下使用"框选"工具选中球体上半部分的点，按快捷键M~U，执行"设置点值"命令。

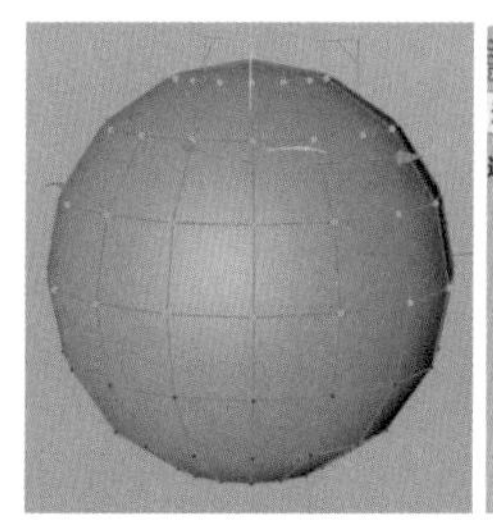

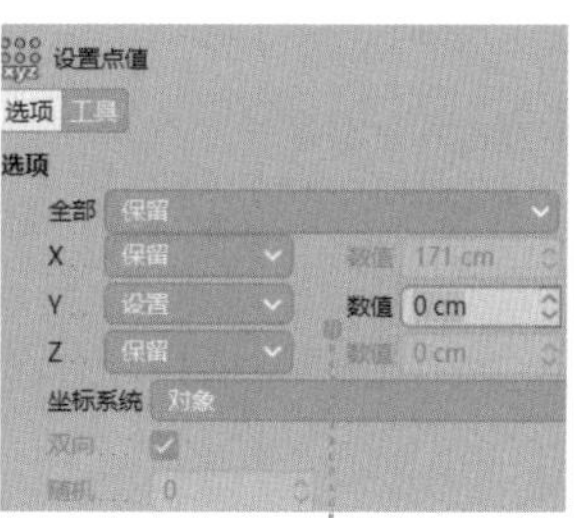

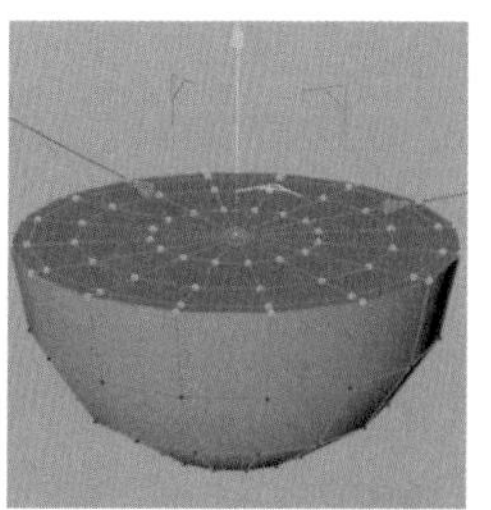

在"选项"属性面板中，将"Y"设置为"设置"，将其值修改为0cm；将"X"和"Z"均设置为"保留"；将"坐标系统"设置为"对象"，单击"应用"按钮，被选中的点的y坐标将均变为0，得到一个半球体。

阵列

该命令在"点"模式和"面"模式下通用，没有快捷键。执行"阵列"命令会将选中的元素根据设置的参数复制多份。

例如，创建一个"立方体"对象，按C键将其转为可编辑对象，在"面"模式下选中所有对象并执行"阵列"命令，"选项"属性面板中的参数保持默认设置，在"工具"属性面板中单击"应用"按钮。

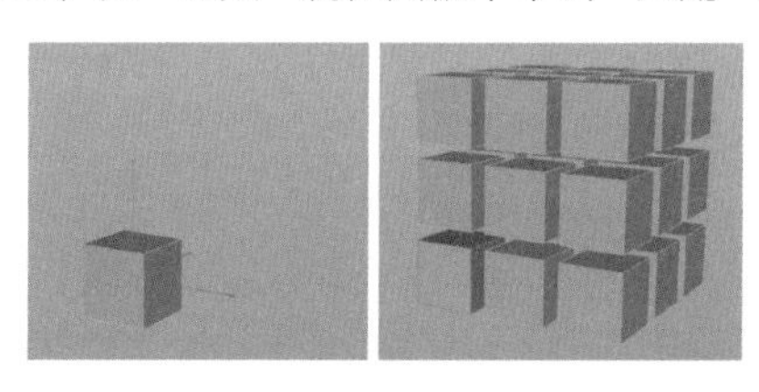

若觉得元素数量不够，则可以单击"新的变换"按钮，在创建的面外，根据之前设置的参数再次生成元素。

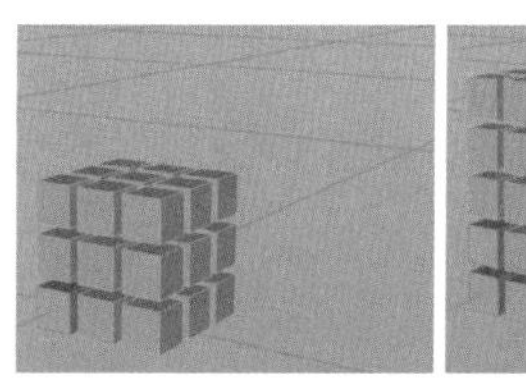

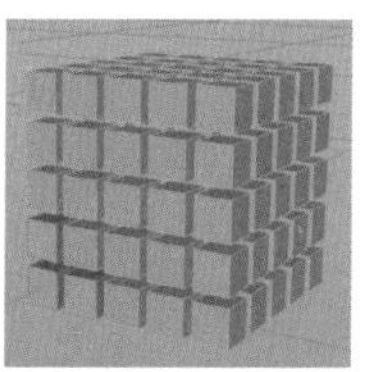

在"工具"属性面板中选中"实时更新"复选框后调整相关参数可以在视图中实时更新调整效果。

选项属性

克隆X/Y/Z：控制在x、y、z这3个方向上复制的数量。

偏移：控制在x、y、z这3个方向上复制的元素的总偏移距离。

穿孔：删除部分复制的元素，以制造随机效果。

移动/旋转/缩放变量：控制复制出来的元素的移动/旋转/缩放的随机变化。

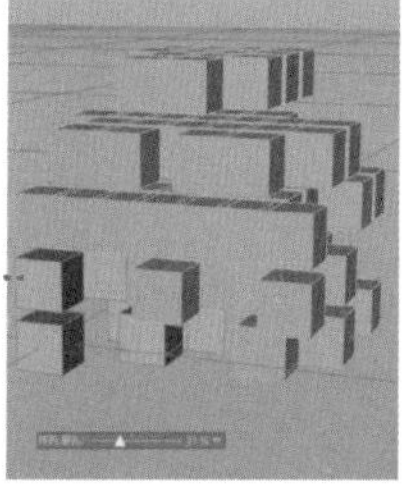

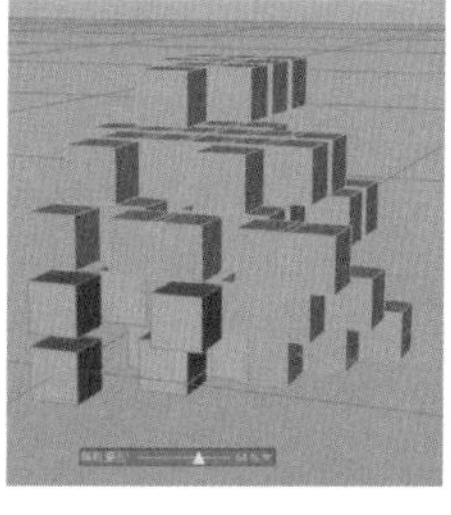

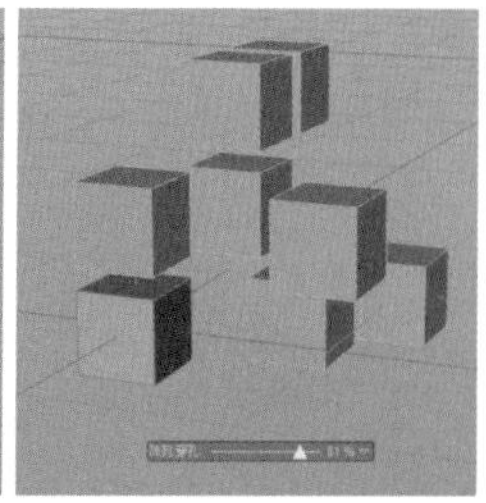

克隆

该命令在“点”模式和“面”模式下通用，没有快捷键。该命令和“阵列”命令类似，用于复制并偏移选中的元素，但该命令只能通过“轴向”参数控制元素朝着一个方向偏移。

镜像

该命令在“点”模式和“面”模式下通用，快捷键为 M~H，用于根据设置的参数平面镜像对象，例如用设置点值的方法创建一个半球体，并在“面”模式下选择半球体，按快捷键 M~H 执行“镜像”命令，然后在“属性”窗口中将“镜像平面”修改为“XZ”。按住鼠标左键拖曳被选中的面，会出现一个黑色的轴，将根据该轴的中心点以 XZ 平面为准镜像对象，然后松开鼠标，效果如右图所示。

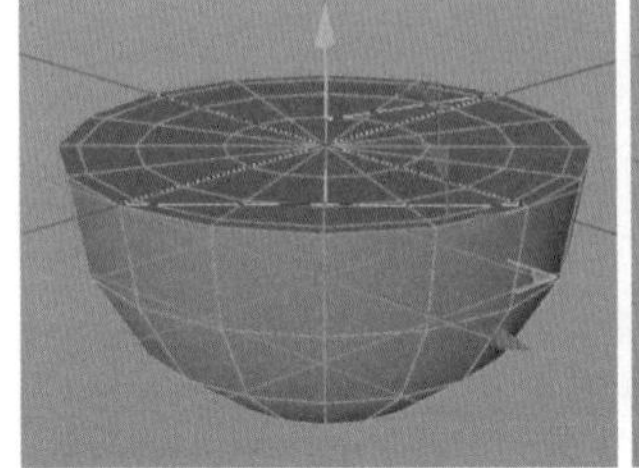
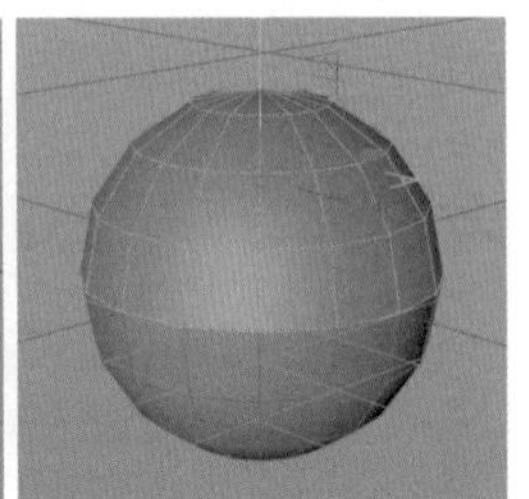

坍塌

该命令在 3 个模式下通用，快捷键为 U~C。执行该命令后选中的点、边、面将被删除，并在选中的元素的中心创建新的点和其他元素相连。

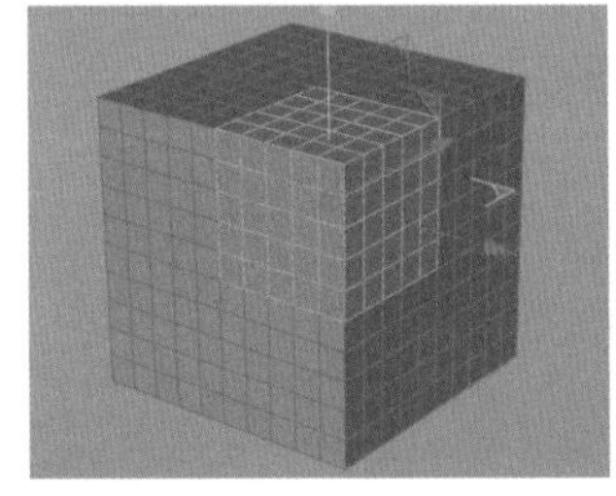
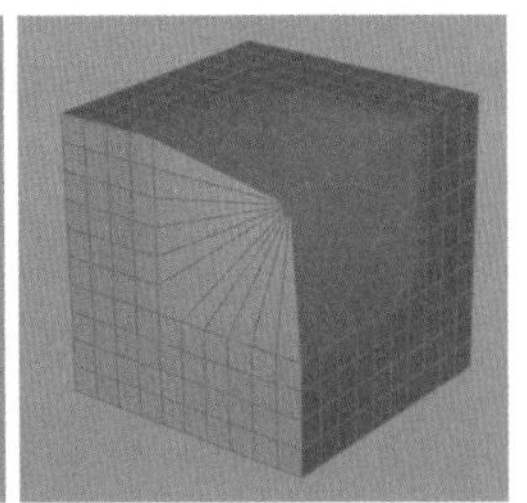

缝合

该命令在 3 个模式下通用，快捷键为 M~P。将点拖曳至目标点，该点会被缝合至目标点。

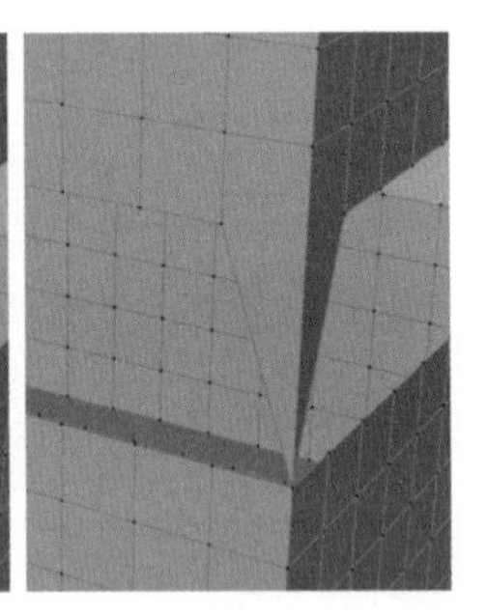

在“边”模式下未选中任何对象时，将鼠标指针移至边上，则与边相连的点会变成黑白两色，离鼠标指针近的点变为白色，离鼠标指针远的点变为黑色。单击则黑点会被缝合至白点，也可以拖曳点至目标点。

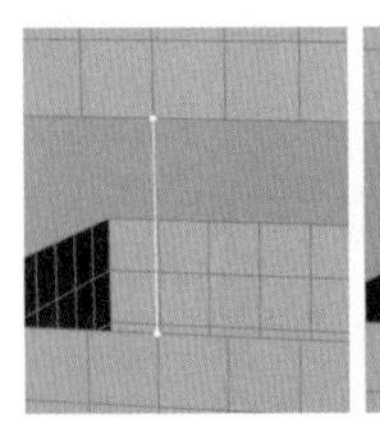
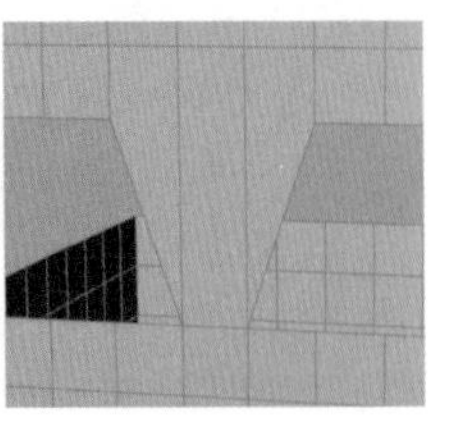

选中部分边后执行“缝合”命令，则只会在选中的边内进行缝合操作。

在“面”模式下，只有在选中面的情况下才能使用“缝合”命令。

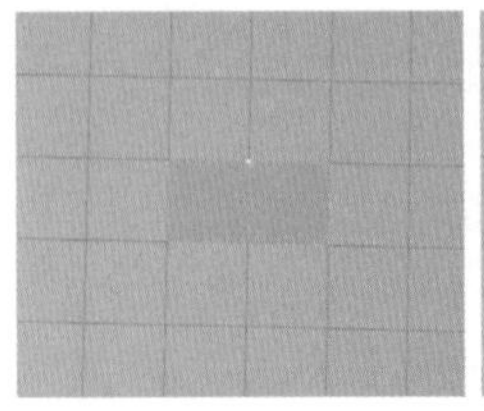
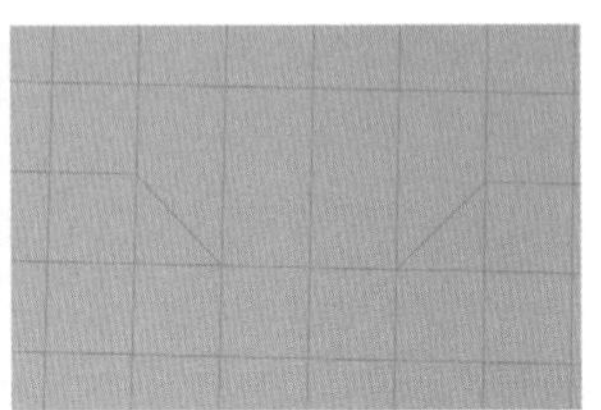

焊接

该命令在 3 个模式下通用，快捷键为 M~Q。在“点”模式下，按住 Ctrl 键拖曳点，则点会被焊接在目标点的位置。

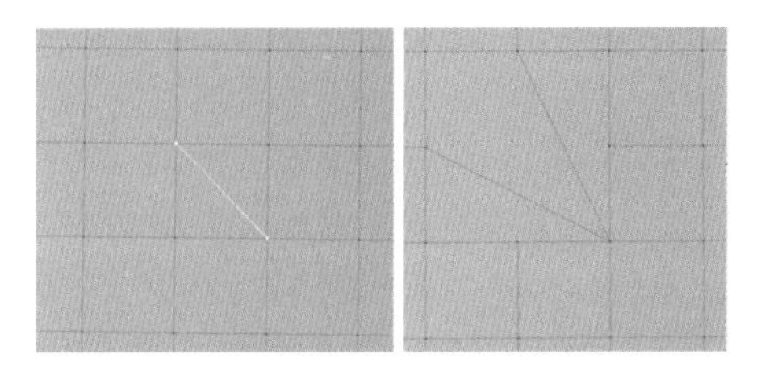

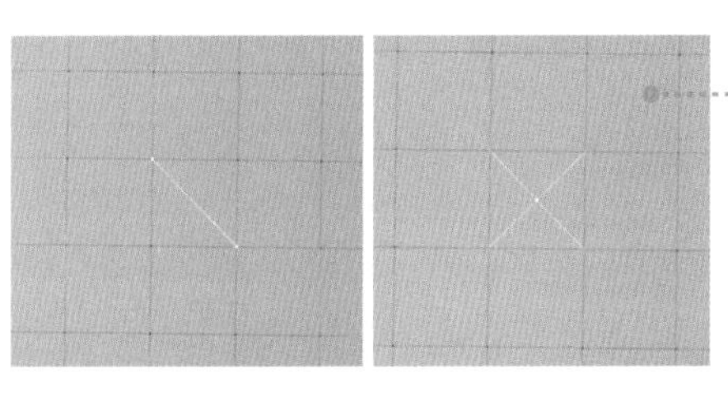

按住 Shift 键，则会将两个点焊接在两点中间的位置。

若先选中多个点再执行“焊接”命令，则可以通过单击确定焊接位置。

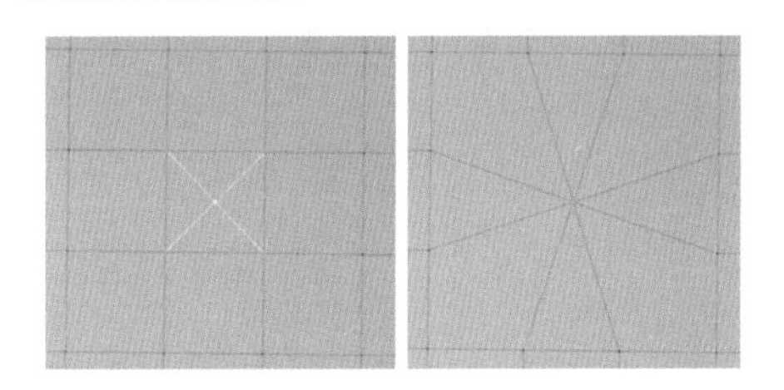

在“边”模式和“面”模式下均需要先选中元素，再单击确定焊接位置。

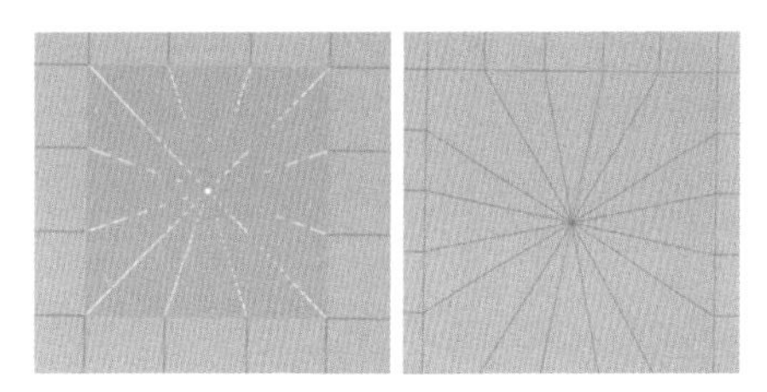

消除

该命令在 3 个模式下通用，快捷键为 M~N 或 Ctrl+Back Space 或 Ctrl+Delete。选中元素后，执行“消除”命令即可消除该元素。与删除不同的是，消除元素后对象不会被破坏，元素所在的位置会被面填补上。

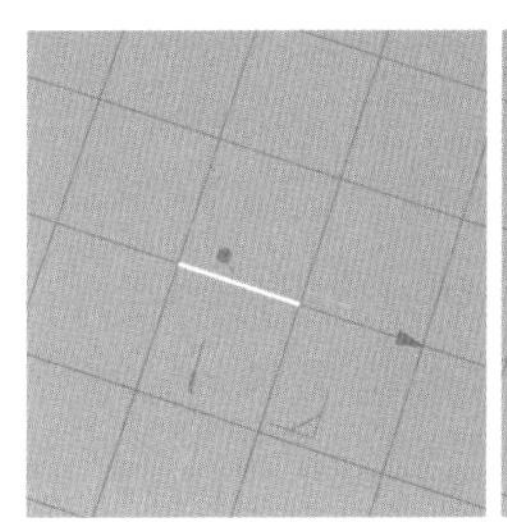

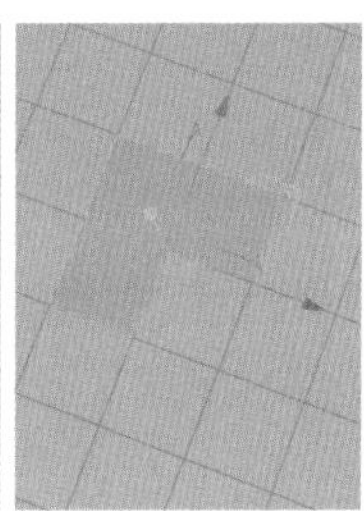

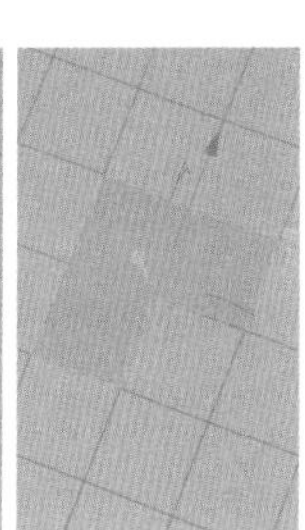

断开连接

该命令在 3 个模式下通用，快捷键为 U~D 或 U~Shift+D。选中一个面，执行“断开连接”命令后该面与其他元素不再相连。

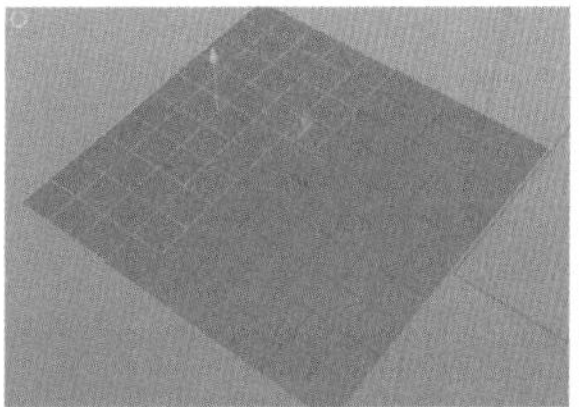

融解

该命令在 3 个模式下通用，快捷键为 U~Z 或 Alt+Back Space 或 Alt+Delete。选中需要融解的元素后执行“融解”命令，在“点”模式或“边”模式下，该元素相邻的面被融解为 N-gons；在“面”模式下，被选中的面融解为 N-gons。

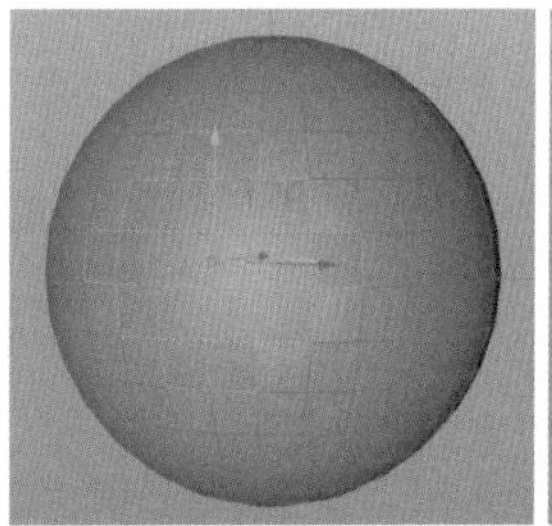

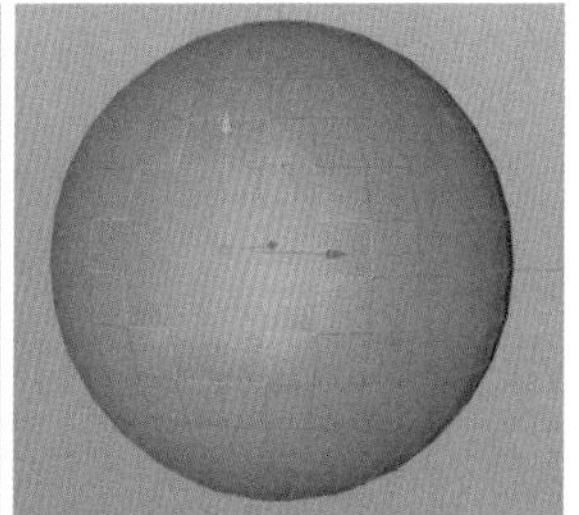

优化

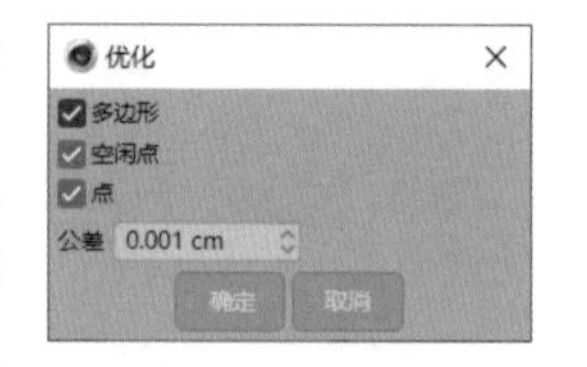

该命令在 3 个模式下通用，快捷键为 U~O 或 U~Shift+O。“优化”命令既可以自动消除对象中没有与其他点连接的独立点，也可以自动根据距离焊接相邻的元素。单击“优化”命令右边的齿轮图标，可以在弹出的“优化”对话框中更改焊接的距离公差。

分裂

该命令在“点”模式和“面”模式下通用，快捷键为 U~P。执行“分裂”命令可以复制选中的元素并建立一个新的对象。

旋转边

该命令仅在“边”模式下可用，快捷键为 M~V。“旋转边”命令通过改变边的连接点来达到旋转边的效果。

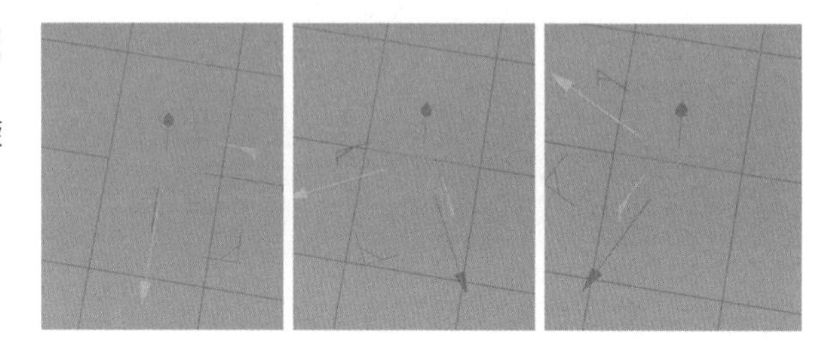

提取样条

该命令仅在“边”模式下可用，没有快捷键。选中需要提取的边，执行该命令，则会创建一个与选中的边形态相同的样条对象作为提取的边的子级。

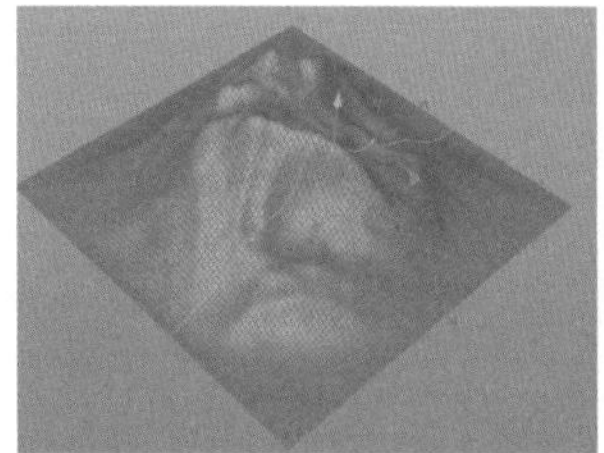

断开平滑着色（Phong）

该命令仅在“边”模式下可用，没有快捷键。选中需要断开平滑着色的边，执行该命令后，所选边不再有“平滑着色（Phong）”标签的平滑着色效果。

若取消选中“平滑着色（Phong）”标签中的“角度限制”复选框，则不论有没有断开平滑着色，所有的边都将受到“平滑着色（Phong）”标签的影响。

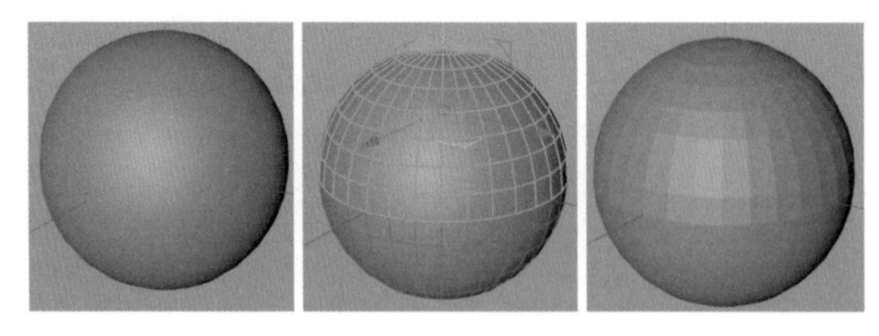

恢复平滑着色（Phong）

该命令仅在“边”模式下可用，没有快捷键。执行“恢复平滑着色（Phong）”命令后的边将恢复平滑着色效果。

选择平滑着色（Phong）断开边

该命令仅在“边”模式下可用，没有快捷键，用于选择平滑着色被断开的边。

挤压

该命令在 3 个模式下通用，多用于“面”模式下，快捷键为 M~T 或 D。可以先选中需要挤压的元素，按住 Ctrl 键并拖曳鼠标进行挤压。

选中需要挤压的元素，按 D 键执行“挤压”命令，在“选项”属性面板中调整“偏移”值以控制挤压的深度，在“工具”属性面板中单击“应用”按钮或直接按 Enter 键即可应用挤压效果。

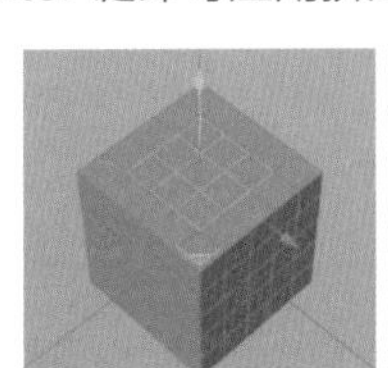

通过挤压可以生成新的面，并且不会对除被挤压面外的面产生影响，该命令是建模中最常用的命令之一。挤压与直接移动面的差别如下图所示。

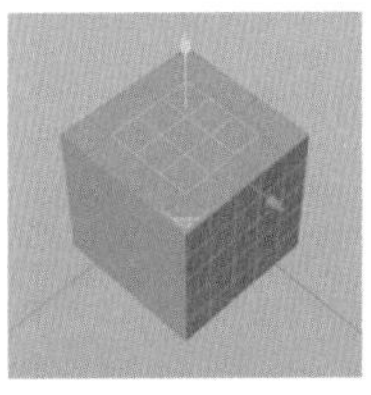

选项属性

偏移： 控制挤压深度，为正数则朝面的法线方向挤压，为负数则朝面的法线方向的反方向挤压。应用挤压后可以直接更改该参数，以实时修改挤压深度。

偏移变化： 应用挤压后可以使用该参数让挤压的深度发生偏移。

细分数： 对通过挤压而新生成的面进行细分，该参数可以用于控制挤压生成的面的分段数。

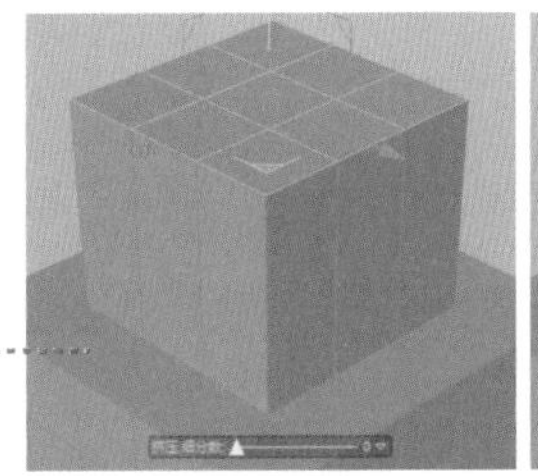

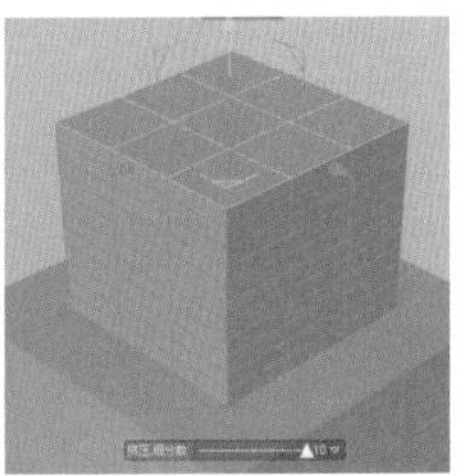

保持群组： 控制不同朝向的面挤压后是否仍然相连。

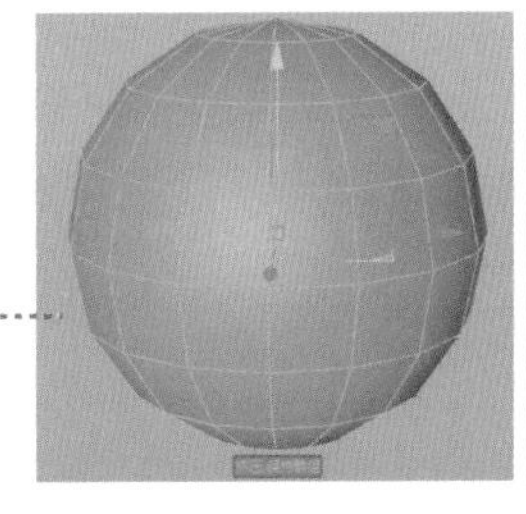
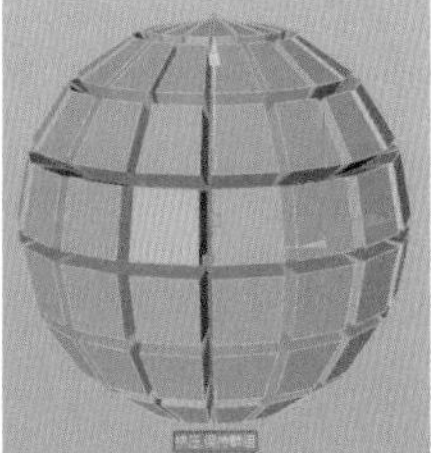

创建封顶： 控制是否在原位置保留面，以使挤压出的部分封闭。

最大角度： 控制面保持群组的最大角度，角度大于此值的面则不会保持群组。

旋转： 在“边”模式下进行挤压时，控制边沿着所选边旋转的角度。

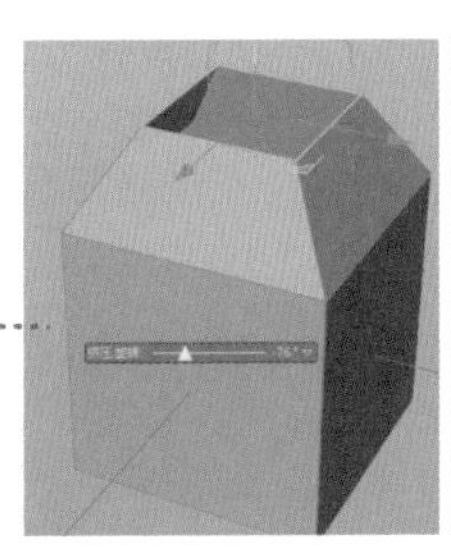
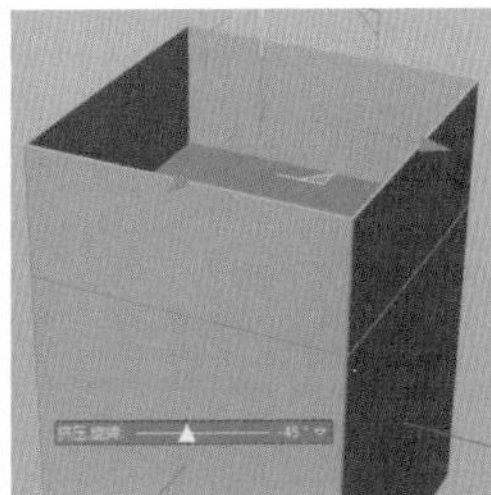
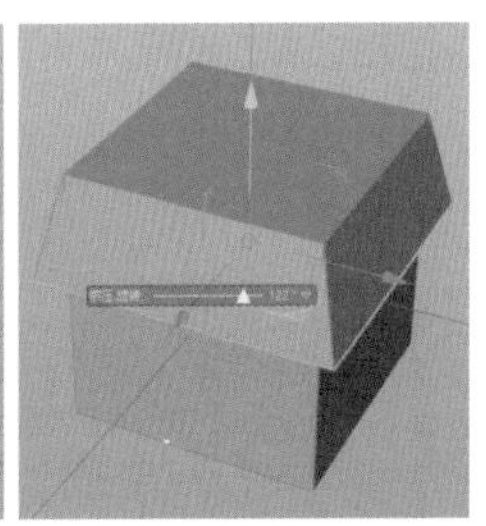

点斜角： 在“点”模式下挤压点时控制挤压面的大小。

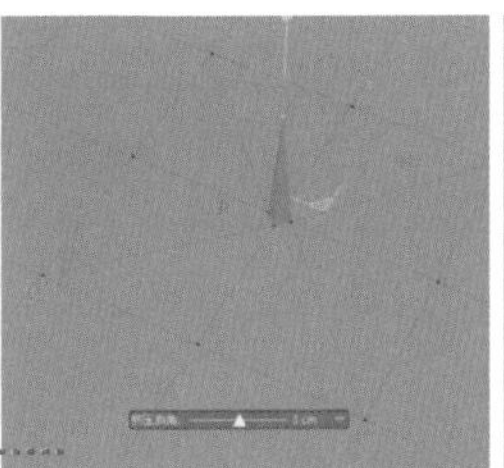
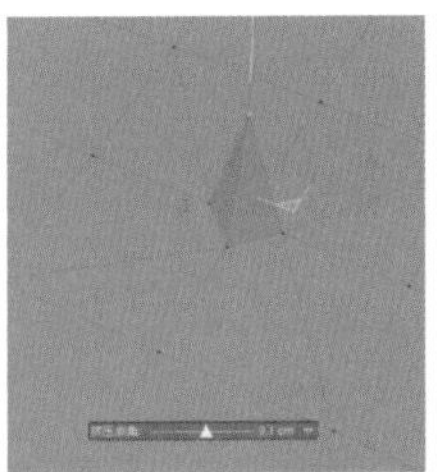
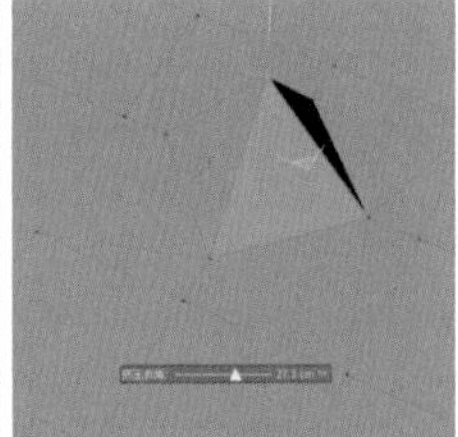

内部挤压

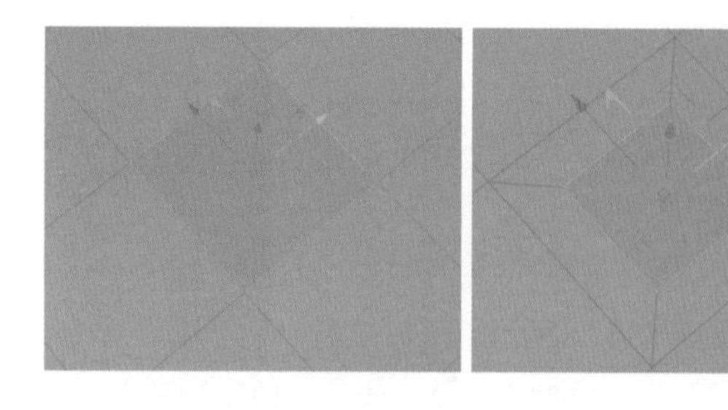

该命令仅在“面”模式下可用，快捷键为 M~W 或者 I。“挤压”是向面的法线方向进行挤压，而“内部挤压”则是向面所在的平面进行挤压，“内部挤压”的参数与“挤压”的参数一致。

矩阵挤压

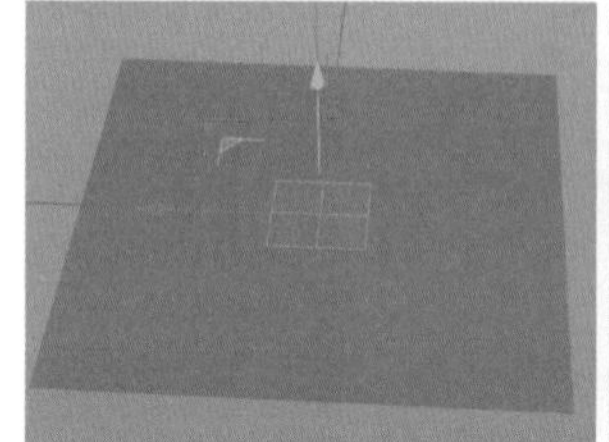
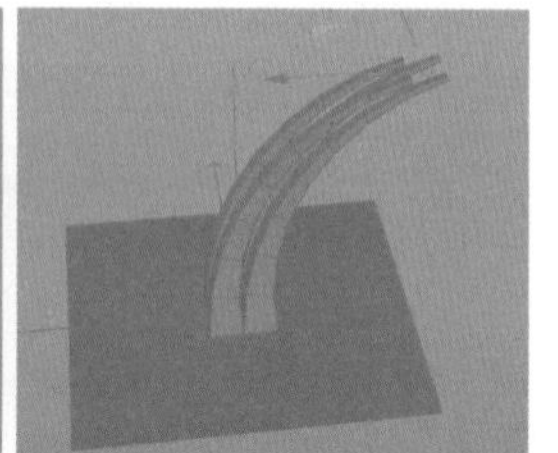

该命令仅在“面”模式下可用，快捷键为M~X。“矩阵挤压”会根据设置的参数进行重复挤压。

平滑偏移

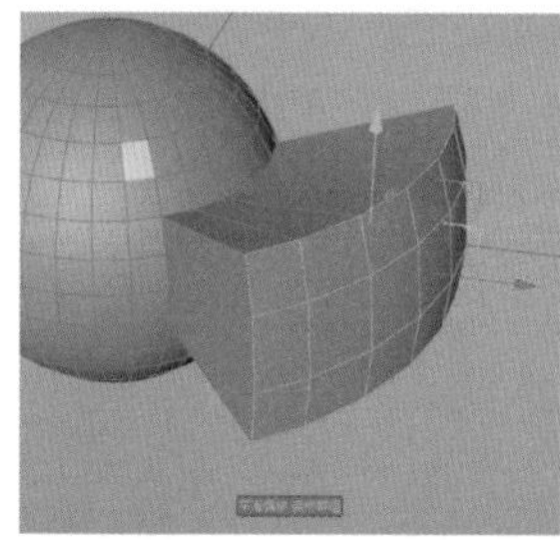
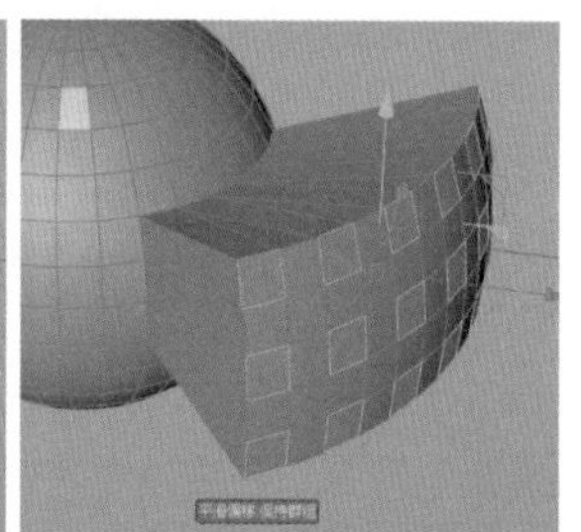

该命令仅在“面”模式下可用，快捷键为M~Y。“平滑偏移”命令默认与“挤压”命令类似。

沿法线移动

该命令仅在“面”模式下可用，快捷键为 M~Z，用于使面沿着法线方向移动。

沿法线缩放

该命令仅在“面”模式下可用，快捷键为 M~-，用于使面沿着法线方向缩放。

沿法线旋转

该命令仅在“面”模式下可用，快捷键为 M~，用于使面沿着法线方向旋转。

反转法线

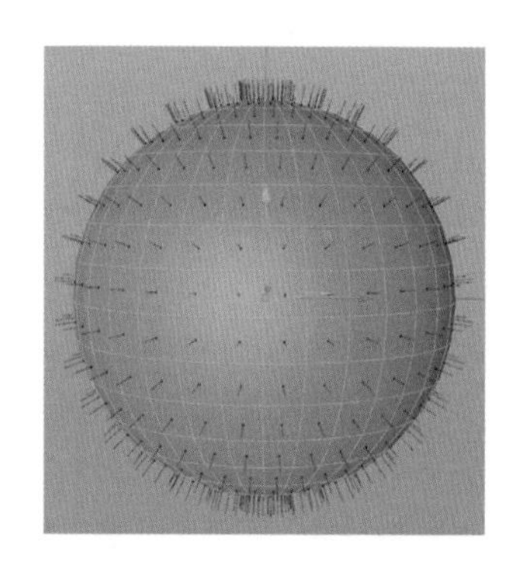

该命令仅在“面”模式下可用，快捷键为 U~R。在视图窗口左上角的“选项”下拉菜单中选择“多边形法线”命令，显示法线。在“面”模式下，选中的面会即刻显示法线的方向，面中心显示的黑线的朝向即法线的方向。

选中一部分面，执行“反转法线”命令，效果如下图所示。

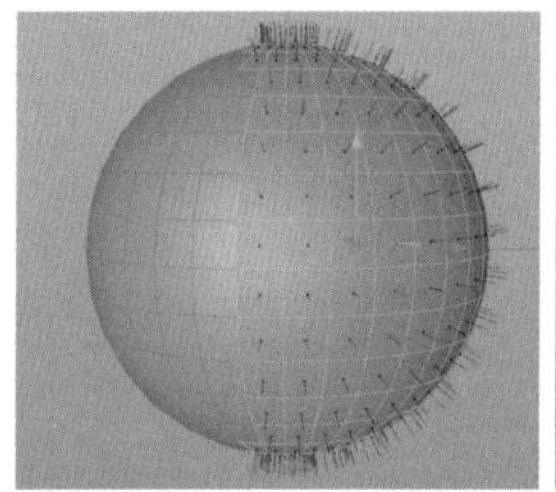

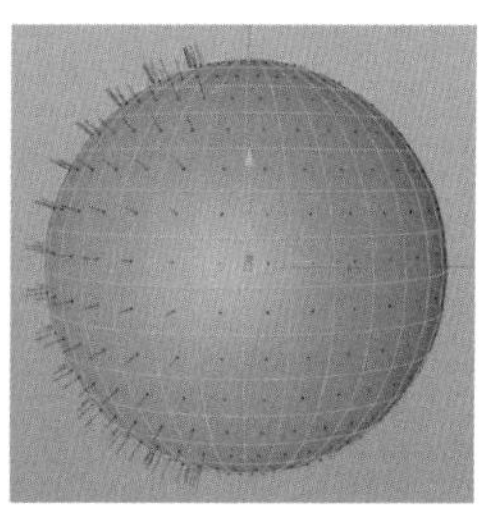

对齐法线

该命令仅在“面”模式下可用，快捷键为 U~A。“对齐法线”命令可对齐多数面的法线。若大部分面的法线朝内，则法线会对齐到内部。该命令通常用于修复模型。

细分

该命令仅在“面”模式下可用，快捷键为 U~S 或 U~Shift+S。“细分”命令可对选中的面进行细分，若不选择面则对对象整体进行细分。

单击“细分”命令右方的齿轮图标打开“细分”对话框，可以在其中修改细分的类型和参数。

三角化

该命令仅在“面”模式下可用，没有快捷键，它可以将选中的面转换为三角面。

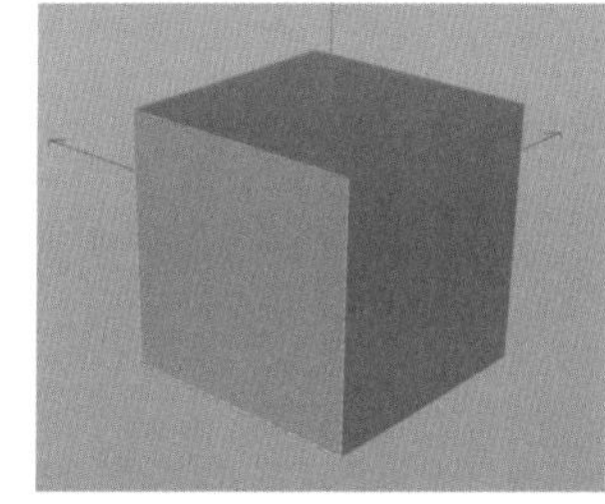
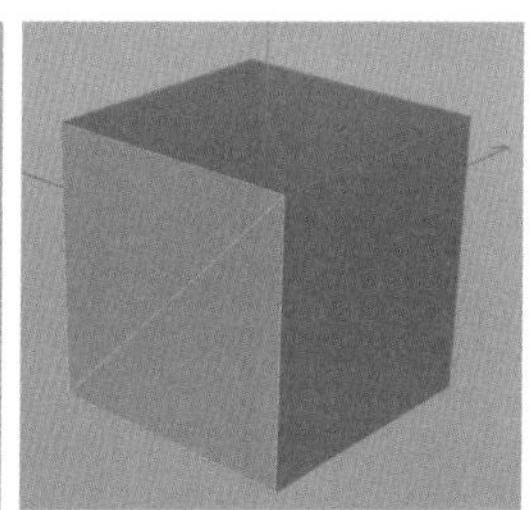

反三角化

该命令仅在“面”模式下可用，快捷键为 U~U。“反三角化”命令可以将选中的三角面转换为四边面。

重建 N-gon 三角分布

该命令仅在“面”模式下可用，快捷键为 U~G。执行该命令后可以重建并优化选中的 N-gons 面的 N-gon 线的分布（N-gons 是边数大于 4 的面，构成 N-gons 的边叫作 N-gon）。

移除 N-gons

该命令仅在“面”模式下可用，快捷键为 U~E。该命令可以将选中的 N-gons 面转换为三角面。

7.3 编辑样条的命令与操作

样条由点定义，因此对样条的编辑需要在“点”模式下进行。

刚性插值

可以将样条点的插值方式修改为刚性。

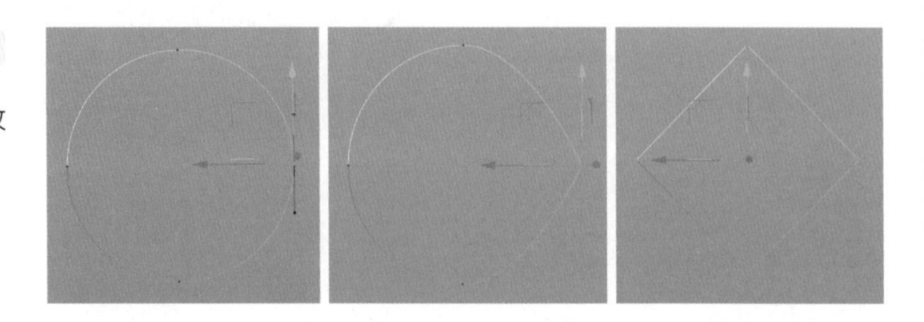

柔性插值

可以将样条点的插值方式修改为柔性。

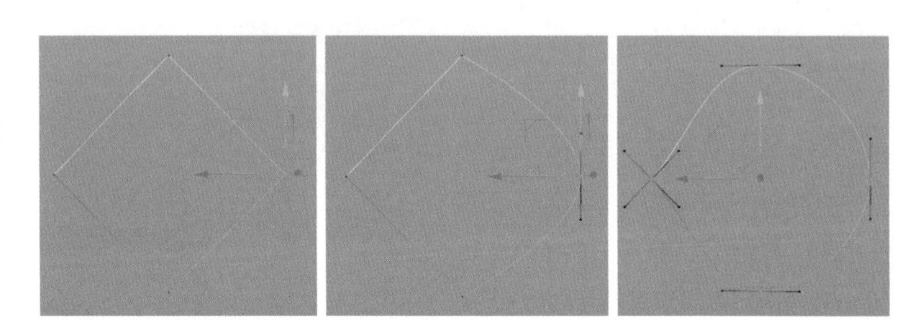

相等切线长度

若样条点的操控手柄长度不相等，则可以执行“相等切线长度”命令使其相等。

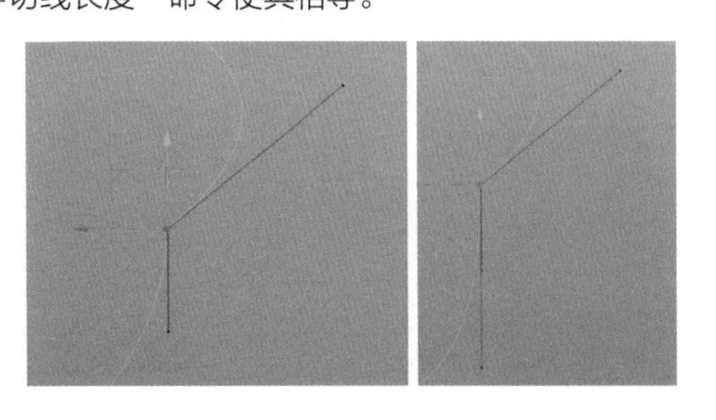

相等切线方向

若样条点的操控手柄方向不同，则可以执行“相等切线方向”命令使其对齐。

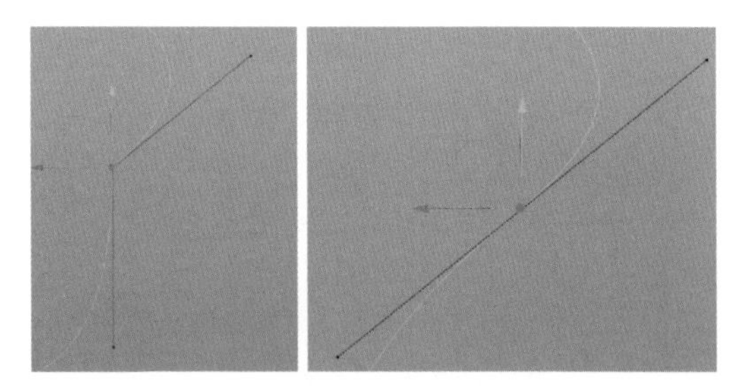

合并分段

可执行“合并分段”命令连接不相连的样条点。

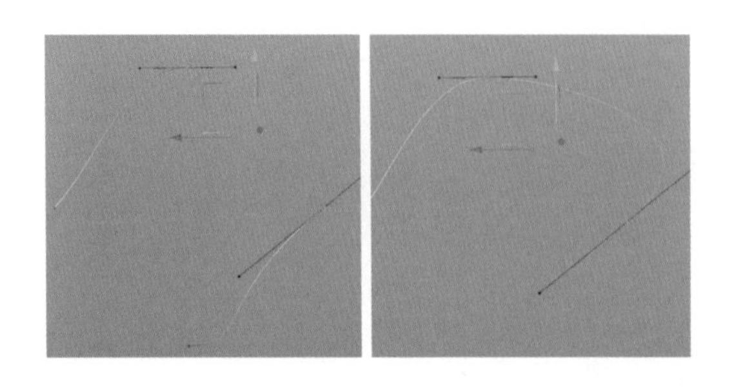

断开片段

可执行“断开片段”命令将选中的样条点与相连的样条点断开。

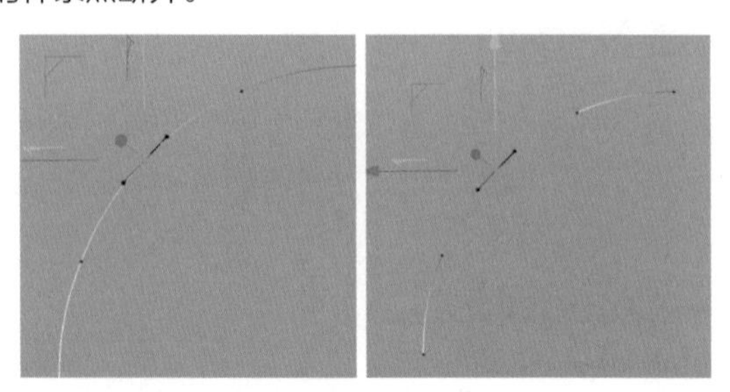

分裂片段

若一个样条对象中有不相连的多个样条片段，则可以执行“分裂片段”命令，将一个样条对象分裂成多个样条对象并置于同一个空样条对象的子级中。

点顺序

修改样条的点顺序，有“设置起点”“反转顺序”“上移顺序”“下移顺序”4 个选项。

布尔命令

与第4章中布尔运算的操作相同。

倒角

执行“倒角”命令可以为样条点添加倒角，其效果与多边形的倒角效果类似。

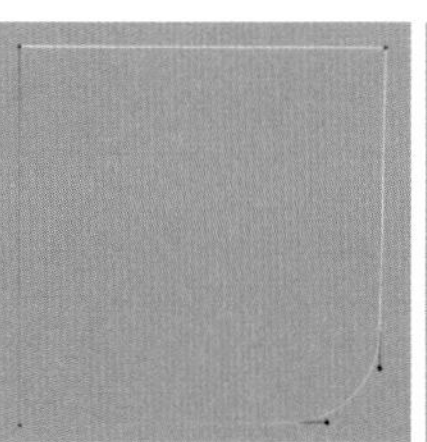
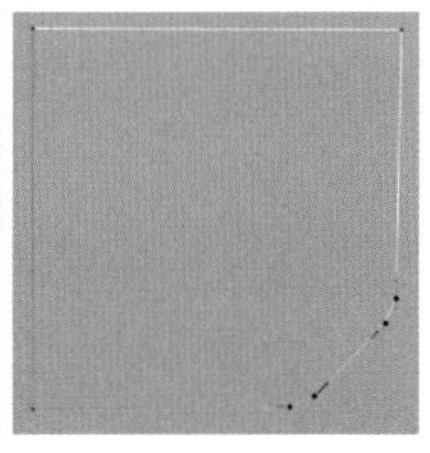

创建轮廓

为样条创建一圈轮廓，在视图中拖曳或在“属性”窗口中修改“距离”参数以控制轮廓位置，轮廓将会灵活添加倒角效果。

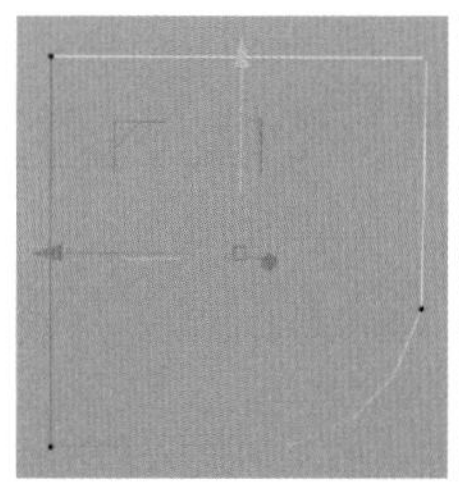
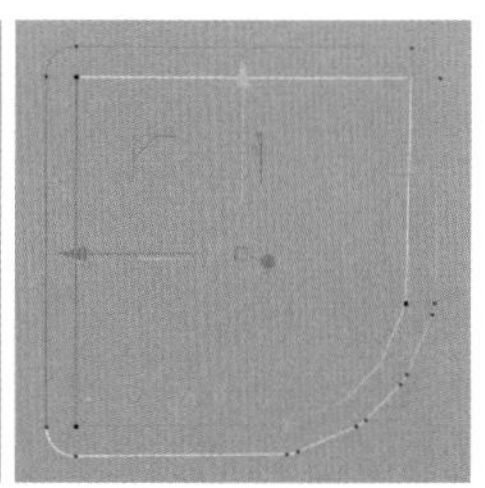

平滑

对样条执行“平滑”命令，可在“选项”属性面板中更改平滑后的点数和平滑的类型。

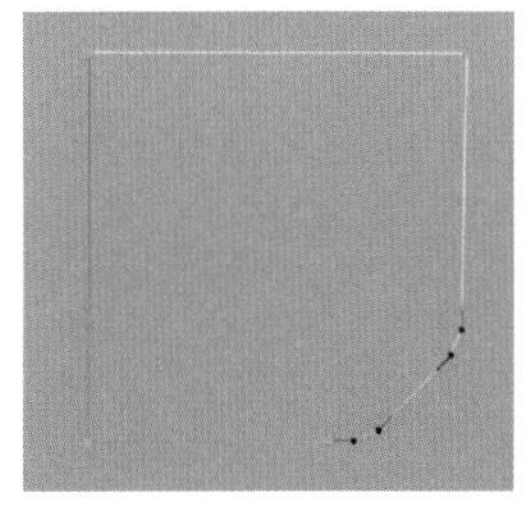
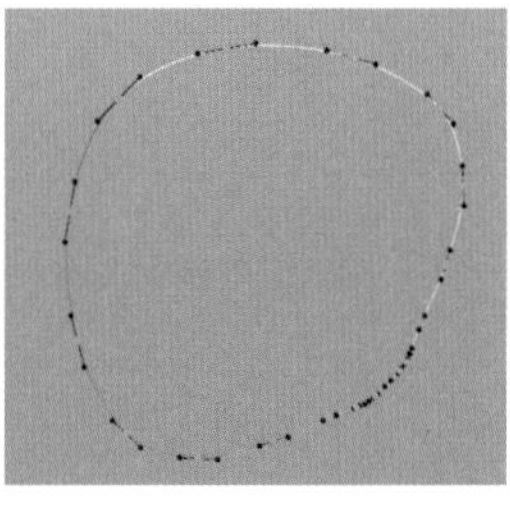

排齐

将样条点沿着 x 轴映射，排列为一条竖直的线段。

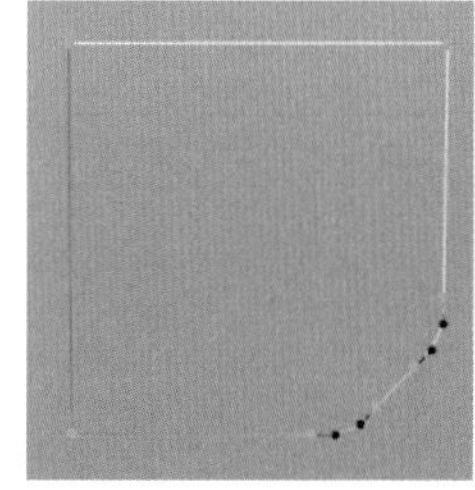
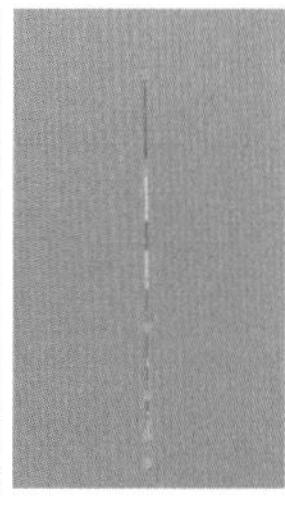

投射样条

将样条投射到其他对象的表面。例如，先创建一个样条，再在其后方创建一个“圆柱体”对象，将样条转为可编辑对象，执行“投射样条”命令，在视图中将样条与要投射的位置对齐，然后在“选项”属性面板中将“模式”设置为“视图”，单击“应用”按钮，效果如下图所示。

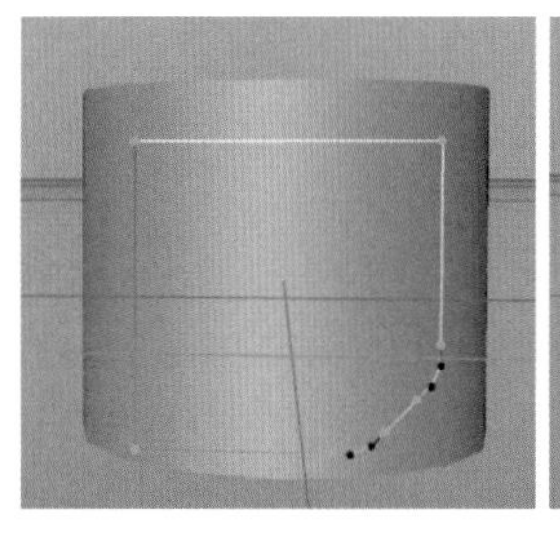
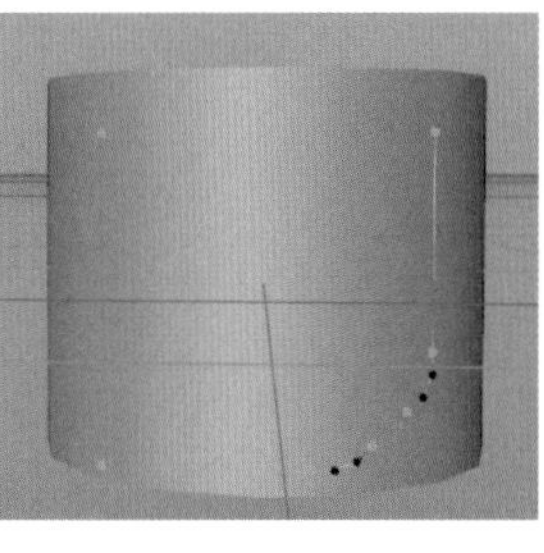
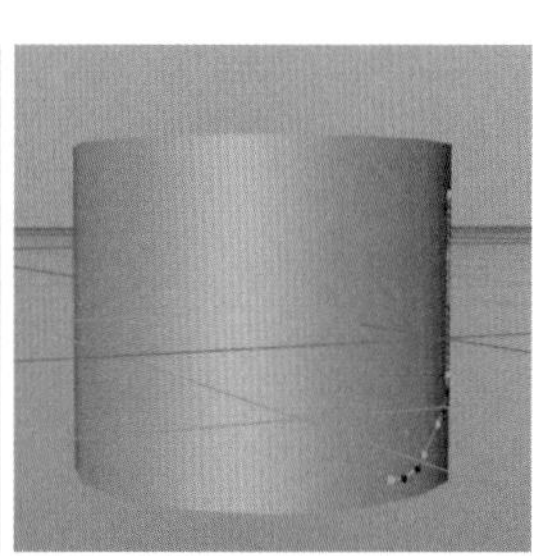

第 8 章
材质

本章学习要点

材质在三维创作中的应用　　Cinema 4D 材质编辑器的基础操作

8.1 材质表现

材质指一个物体在光的作用下，在视觉上呈现出的客观属性。观众可以通过材质分辨物体的材料、质感等属性。

在三维软件中，模拟光照与物体的交互需要使用一个程序进行数学计算，而进行此类数学计算的程序被称为“着色器”（Shader）。该程序可以用于制作被称为“材质”（Material）的、描述物体光学特性的数据集，其中包含物体表面的漫反射颜色、粗糙度、反射强度等参数。材质在 Cinema 4D 中通过材质球进行修改和应用，用户通过修改材质的参数值或者使用纹理（Texture），对材质参数进行控制；然后通过添加灯光与渲染操作赋予物体不同的视觉效果。

在 Cinema 4D 中，物体默认的材质在灯光效果下看起来像灰色的塑料。

将鼠标指针移至 Cinema 4D 界面下方的“材质”窗口中，按快捷键 Ctrl+N 或双击，或执行“创建 > 新的默认材质”命令，即可创建一个默认材质球。拖曳材质球到视图窗口或“对象”窗口中需要被赋予材质的对象上，即可赋予该对象材质。被赋予材质的对象会在“对象”窗口中增加对应的材质标签。此时的模型被称为白模，白模的材质简单，渲染速度快，通常被用于快速出图或观察灯光效果；也可以用来排除材质的影响，从而观察模型。

8.2 材质类型

在 Cinema 4D 中，有多种不同类型的材质可以满足不同场景的需要，包括但不限于标准材质、PBR 材质、节点材质等。

标准材质

在“材质”窗口中按快捷键 Ctrl+N 或执行“创建 > 新的默认材质”命令，或执行“创建 > 材质 > 新标准材质”命令，即可创建标准材质。

标准材质是 Cinema 4D 中最基础的材质，可以在所有渲染器中使用。

双击材质图标可以打开“材质编辑器”窗口，其中包含颜色、漫射、发光、透明、反射、环境、烟雾、凹凸、法线、Alpha、辉光、置换等通道。

PBR 材质

在“材质”窗口中按快捷键 Ctrl+Shift+N，或执行“创建 > 材质 > 新 PBR 材质”命令，即可创建新的 PBR 材质。PBR 的全称为 Physically Based Rendering，意为基于物理的渲染。PBR 材质的光照计算结果更接近现实，相比于传统方法，它能更精确地表现光对物体表面的作用。

在 Cinema 4D 中，PBR 材质的参数和标准材质的参数一致，但 PBR 材质的渲染速度更慢。使用 PBR 材质时，推荐同时使用 PBR 灯光和物理渲染器。

节点材质

在“材质”窗口中按快捷键 Ctrl+Alt+N，或执行“创建 > 材质 > 新节点材质”命令，即可创建节点材质。

目前主流的渲染器大都采用节点化操作，Cinema 4D 也逐渐加入了节点材质。节点化操作方式相比传统的层级操作方式更高效、直观。双击材质图标，打开“节点编辑器”窗口。

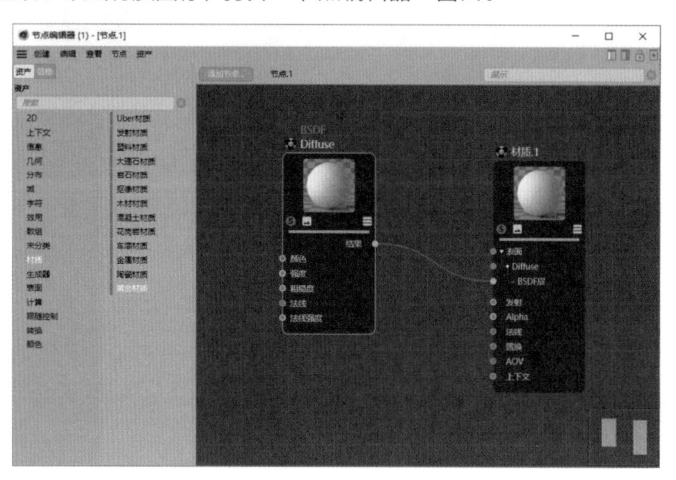

Uber 材质

在“材质”窗口中执行“创建 > 材质 > 新 Uber 材质”命令，即可创建 Uber 材质。

Uber 材质结合了层级和节点操作方式，双击材质图标，打开“材质编辑器”窗口。

单击“节点编辑器”按钮 节点编辑器... ，打开“节点编辑器”窗口。

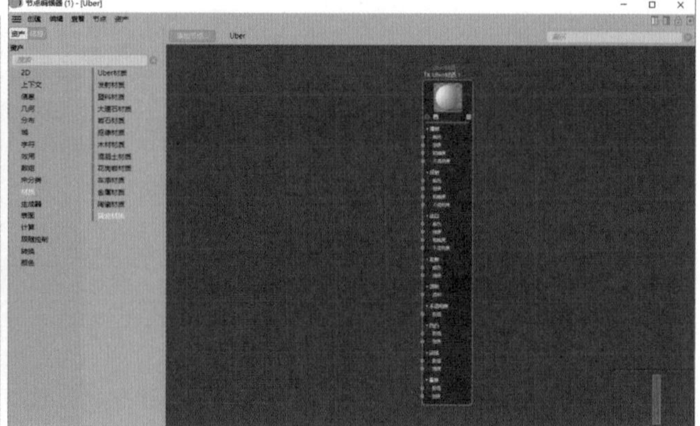

草坪材质

在“材质”窗口中执行“创建 > 材质 > 新建草坪材质”命令，即可创建草坪材质。

草坪材质是 Cinema 4D 中的特殊材质，将其赋予对象后，对象表面在渲染时可以生成草丛效果。

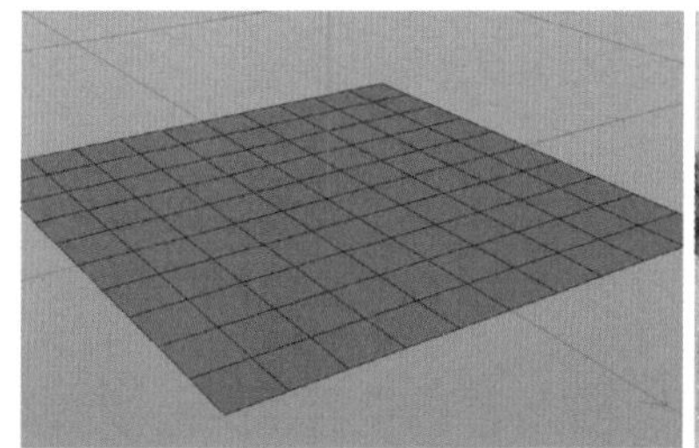

毛发材质

在“材质”窗口中执行“创建 > 材质 > 新毛发材质”命令，即可创建毛发材质。

毛发材质与草坪材质类似，可以在对象表面生成毛发效果。

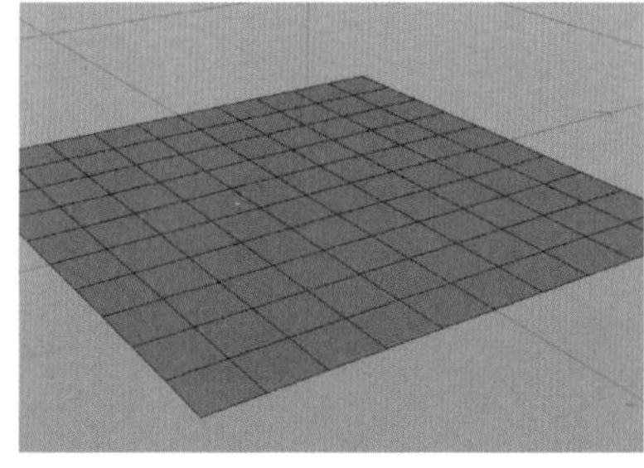

PyroCluster 材质 / PyroCluster 体积跟踪材质

在“材质”窗口中执行“创建 > 材质”命令，在打开的子菜单中可以找到 PyroCluster 材质和 PyroCluster 体积跟踪材质。

PyroCluster 材质用于将粒子渲染为体积对象，PyroCluster 体积跟踪材质用于规定生成体积的范围，通过设置不同的参数和粒子形态可以制作不同的烟雾、云朵、火焰等效果。

阴影捕捉材质

在“材质”窗口中执行“创建 > 材质 > 新建阴影捕捉材质”命令，即可创建阴影捕捉材质。

阴影捕捉材质用于将对象接收到的其他对象的阴影进行保留，其余透明的部分则只保留对象的阴影。在实景合成中经常会使用阴影捕捉材质。

卡通材质

在“材质”窗口中执行“创建 > 材质 > 新建卡通材质”命令，即可创建卡通材质。

卡通材质区别于标准材质和 PBR 材质，它是完全不以现实物理效果为基础的材质，用于生成类似手绘风格或其他风格的效果。

预设

除上述材质类型外，Cinema 4D 还提供了非常多的预设材质和纹理。例如，执行“创建 > 节点材质预设 > 黄金”命令，可以创建一个已设置好参数的黄金材质。

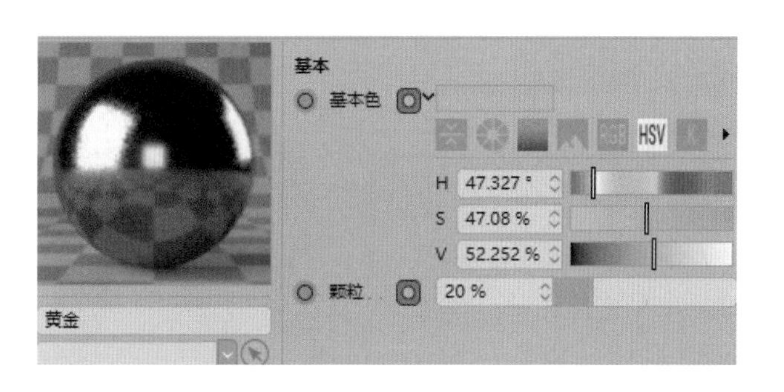

8.3 材质编辑器与材质属性

创建一个标准材质，双击材质图标打开“材质编辑器”窗口。

材质预览窗口：按住鼠标右键拖曳即可旋转预览对象，单击鼠标右键可以在弹出的菜单中修改预览窗口的大小和预览对象。

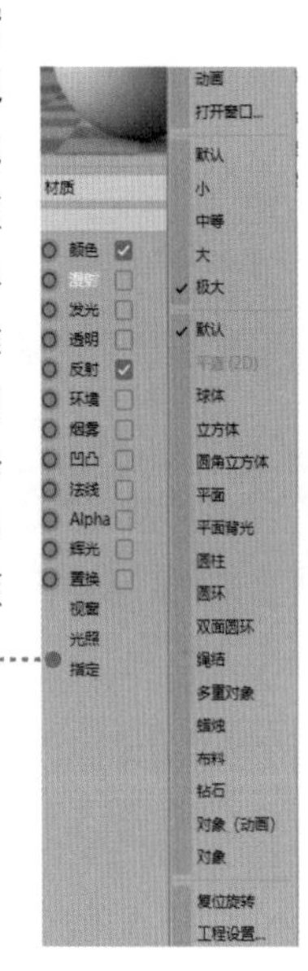

材质名称

材质所在层

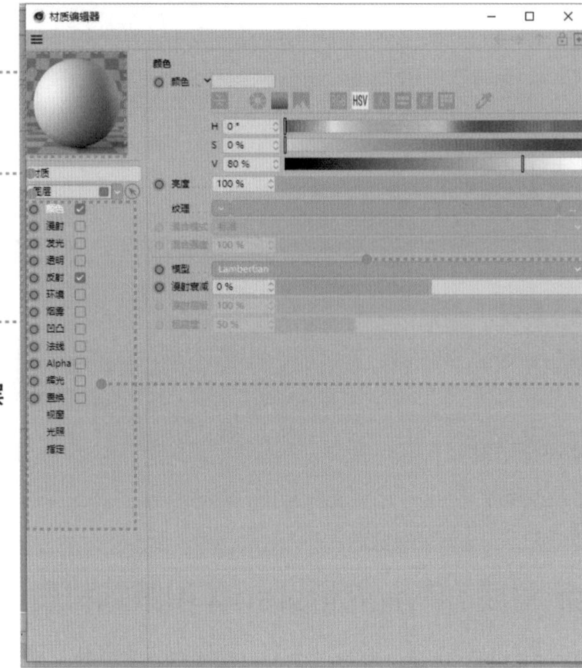

对应通道的具体参数

材质属性通道：选中通道复选框即可启用对应通道，取消选中通道复选框则不启用对应通道。

选择“动画”命令，则预览效果会一直更新，若材质中有动画效果则能在预览窗口中进行观察。选择“打开窗口”命令，会单独打开一个材质预览窗口，可以在其中自由拖曳调整对象的位置和大小。

选择“对象”命令，则会将预览对象替换为左图所示的对象，此对象结构较为丰富，含有三维模型中常出现的多种结构，非常适合作为材质预览对象。

选择“对象(动画)”命令并选择“动画”命令后，预览对象会一直旋转，方便观察。

颜色通道

颜色通道用于定义对象表面的漫反射颜色，也就是常说的固有色。

颜色：设置对象的漫反射颜色，单击“颜色”按钮，打开“颜色拾取器”窗口，或单击按钮展开颜色设置面板，然后指定颜色。在“颜色拾取器”窗口上方有一排按钮，其中为“紧凑”按钮，将其激活后窗口中的图标会变少。分别为“色轮”“光谱”“从图片取色”按钮，单击后将打开对应模式下的拾色器，以色轮为例，可以从中单击拾取颜色。单击下方的“+”按钮可以新建色组，可以在新色组中保存和快速选择常用的颜色。

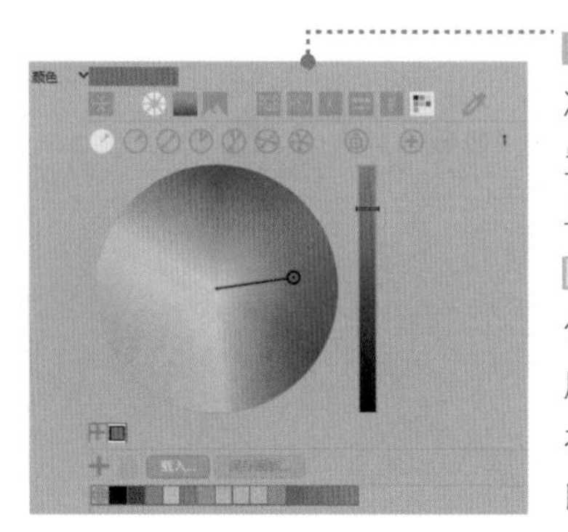

为5个不同颜色标准的按钮，可以通过输入数值设置精确的颜色。按住Shift键并单击可以同时激活这5个按钮。为“色块”按钮，用于快速从保存的色组中选择颜色。为“从屏幕取色”按钮，单击该按钮后在屏幕中需要取色的地方单击，即可从屏幕中拾取颜色。

亮度： 设置颜色的明暗，值为 0% 时显示为黑色。

纹理： 使用纹理对颜色进行控制。纹理分为程序纹理和图像纹理，单击按钮，弹出的下拉菜单中的“噪波”“渐变”等为程序纹理。单击“纹理”右侧的长条或单击按钮，或单击按钮，在弹出的下拉菜单中选择“加载图像”选项，即可从计算机硬盘中选择图片作为图像纹理并将其应用到“颜色”属性中。先创建一个“平面”和“球体”对象，再创建一个标准材质并赋予“平面”和“球体”对象，只启用“颜色”属性，加载“实例文件 >CH08> 地砖纹理 > 地砖 _ 颜色（Color）.jpg”文件到“颜色”属性中。

纹理选项菜单： 单击“纹理”右侧的按钮，弹出的下拉菜单即纹理选项菜单。

清除： 删除当前纹理。

加载图像： 加载图像作为纹理。

创建纹理： 创建一个颜色纹理或图像纹理。

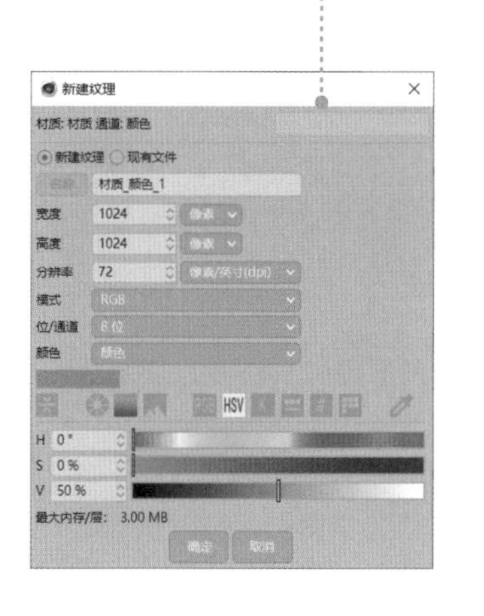

渐变： 创建渐变纹理。

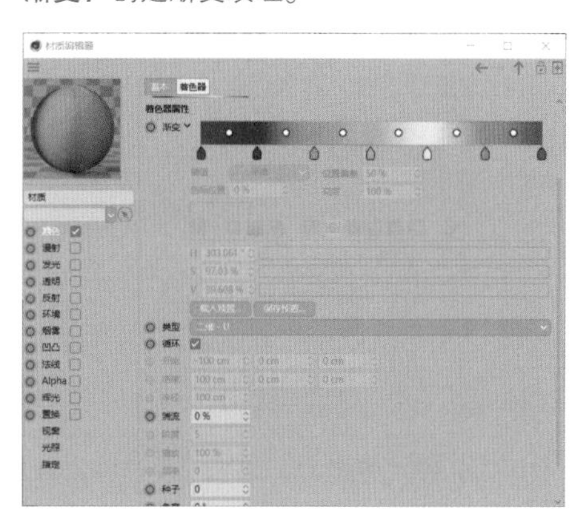

复制、粘贴着色器： 可以在多个材质之间快速地复制、粘贴着色器。

加载、保存预置： 可以将创建好的纹理保存，以便之后加载使用。

位图： 快速选择加载过的图像纹理。

噪波： 一种程序纹理，创建后单击“噪波”按钮进入“噪波”属性面板，可以在其中修改噪波的缩放、比例等参数。

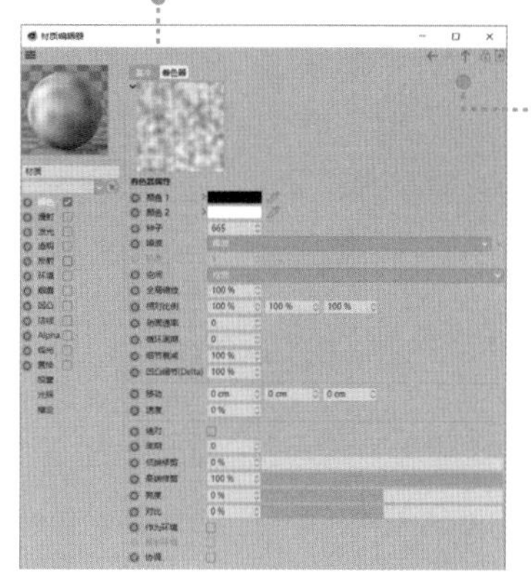

进入“噪波”属性面板后，可以通过右上角的按钮返回或新建单独的属性面板。

菲涅尔（Fresnel）： 菲涅尔效应是一种物理现象，表述的是对象表面反射 / 折射方向与观察者视角方向之间的关系，对象表面反射 / 折射方向与观察者视角方向之间的夹角越小，效果越强烈。在现实中，肥皂泡边缘的表面反射方向与观察者的视角方向夹角较小，因此其反射效果强烈；肥皂泡中间部分的表面反射方向与观察者的视角方向夹角较大，因此其反射效果不强烈甚至呈透明状。在三维创作中，“菲涅尔”常用于增强材质的真实感。

颜色： 使用颜色作为纹理。

图层： 选择“图层”选项后可以创建多个图层并进行混合，从而制作出复杂的纹理。如果在创建图层时已加载纹理，则已加载的纹理会被置入图层中。

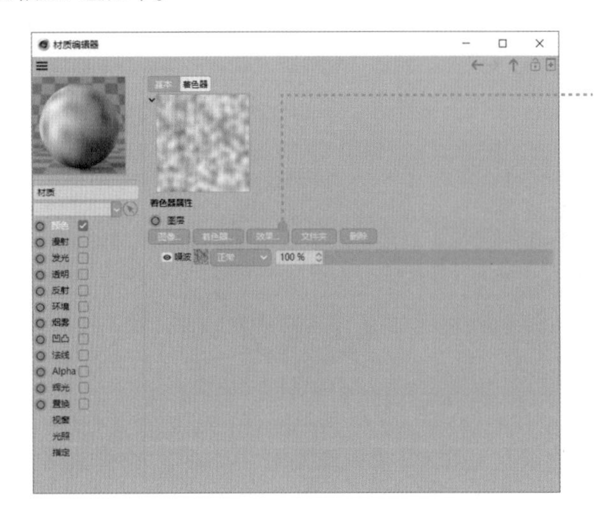

在图层内可以正常创建任何图像纹理、程序纹理，也可以嵌套多个图层。在“效果”的下拉菜单中，可以选择多种效果对纹理进行调色、扭曲等操作。

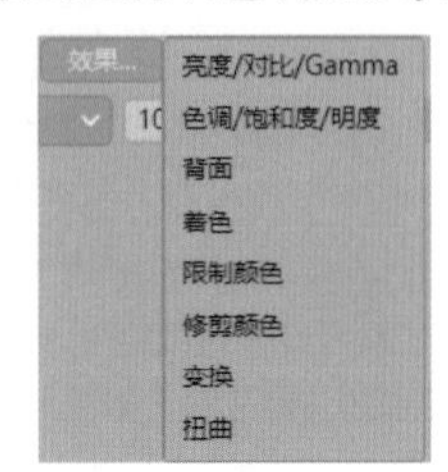

着色： 通过渐变对纹理进行重新着色。

背面： 通过色阶和过滤宽度对纹理进行修改，“噪波”纹理在背面着色器中被修改前后的对比效果如下图所示。

融合： 通过不同模式和参数对两个纹理进行融合。

过滤： 对纹理进行调色。

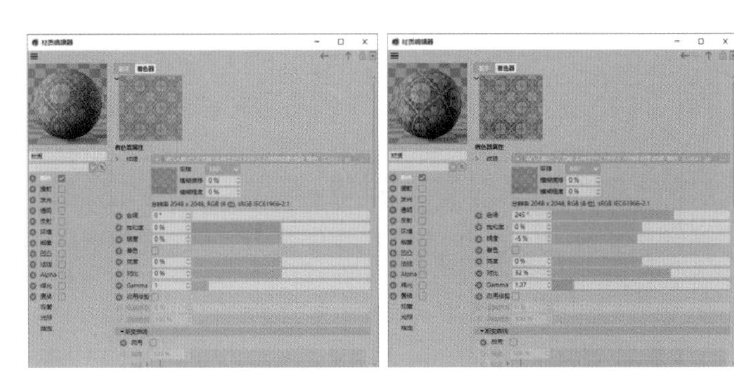

MoGraph：包含多个 MoGraph 着色器。

表面： 包含多个效果着色器。

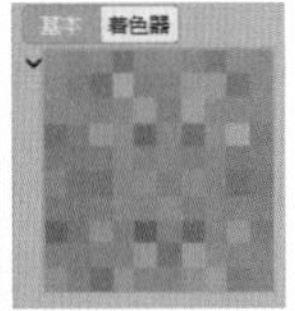

素描与卡通： 包含 4 个用于制作素描与卡通效果的着色器。

表面： 包含多个程序化的表面纹理，方便快速制作特定的效果。例如，“砖块”着色器可以快速制作和调整砖块效果。

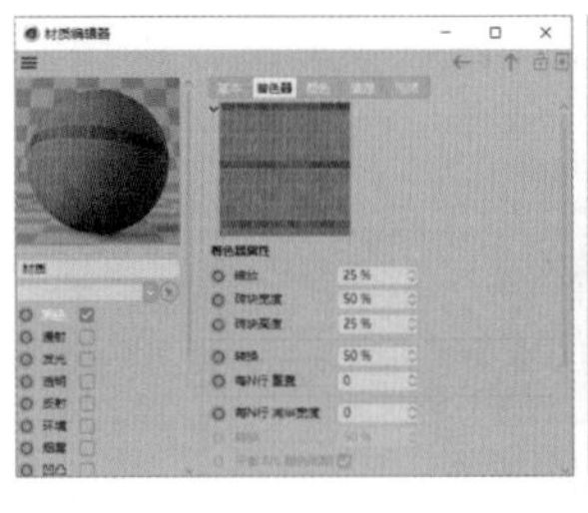
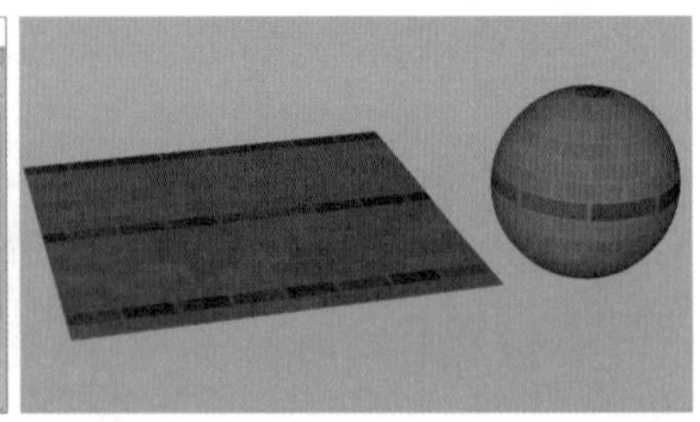

漫射通道

漫射通道用于控制漫射颜色的强度，选中“漫射”复选框后，其参数可以分别影响发光、高光、反射等效果。

透明通道

透明通道用于控制对象的透明度和折射率，选中“透明”复选框后材质的预览效果如下图所示。

修改“颜色”属性，可以制作有色玻璃的效果。

不同对象的折射率不同，在制作真实对象时，将折射率设置为真实值可以最大限度地增强折射效果的真实性。Cinema 4D 中提供了多种对象的真实折射率，可以在“折射率预设”下拉菜单中进行选择。

全内部反射：设置全反射效果。

双面反射：设置双面反射效果，选中该复选框后透明对象的内外面都会有反射效果。

菲涅尔反射率：在基础反射上叠加菲涅尔反射。

吸收颜色：对象的光线会被吸收，只剩下设置的颜色不受影响。

吸收距离：光超过设置的距离后被完全吸收，将“吸收距离”与“吸收颜色”搭配使用可以制作有色宝石或者浑浊液体。

模糊：增大“模糊”值会提高对象表面的粗糙度，反射效果会发生扩散。

最大采样、最小采样、采样精度：控制采样数和采样精度，值越大效果越好，渲染也越耗时间。

发光通道

“发光”属性通道用于控制材质表面的自发光颜色及强度，可以使用纹理贴图对发光区域进行控制。

反射通道

反射通道用于控制对象表面对光的反射效果，现实中不存在没有反射的对象。通过 添加… 移除 复制 粘贴 4个按钮，可以创建多个反射层，并可以通过反射层名字右侧的滑块和参数控制每个反射层的混合方式和混合强度。标准材质的反射中默认只有高光部分，需要手动修改反射类型或者添加反射属性才会有反射效果。

全局反射亮度：设置所有反射层的全局反射亮度。

全局高光亮度：设置所有反射层的全局高光亮度，高光为反射中的高亮部分，如反射的太阳光、灯光等。通过单独控制高光和反射效果，可以更灵活地控制材质的效果。

类型：设置不同的反射着色器类型。

衰减：设置高光的衰减方式，若设置为“金属”，则反射较弱的地方会呈黑色，且不显示颜色通道中设置的颜色。

宽度：反射的扩散范围，“宽度”值为 0% 时没有反射效果，值越大高光范围越大。“宽度”值为 0% 和 100% 时的效果如下图所示。

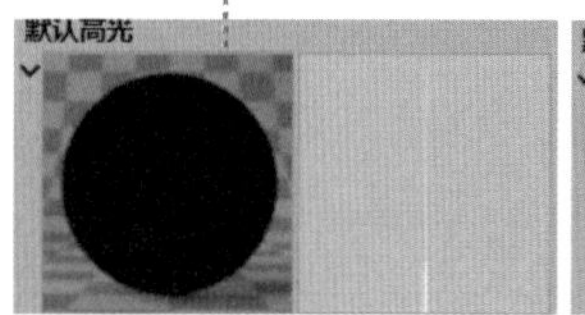

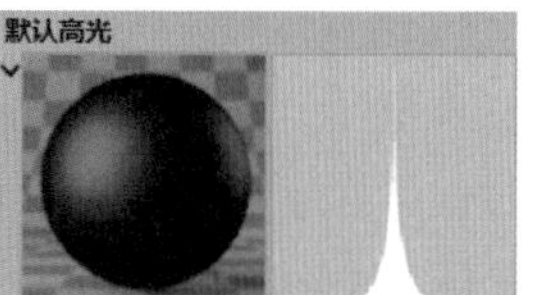

衰减：设置“宽度”的衰减效果。

内部宽度：在高光中间加一段值固定的高光，固定值为 0% 和 50% 时的效果如下图所示。

高光强度：设置高光强度，强度越大高光越亮。

凹凸强度：若材质有凹凸效果，则该参数可以控制高光部分是否受凹凸影响。

层颜色：控制当前反射层的高光颜色。

层遮罩：设置当前反射层的遮罩，可以通过纹理控制对象，使其只有一部分有反射效果。

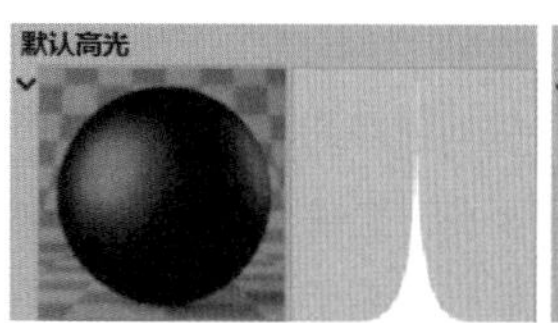

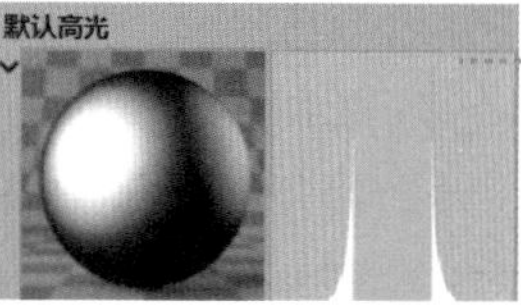

将“类型”修改为“GGX”，相关参数将发生变化，不仅同时有了高光和反射参数，还增加了“粗糙度”参数。

反射、高光强度：控制反射和高光的强度。

菲涅尔：控制反射的菲涅尔类型，有“无”“绝缘体”“导体”3种类型。

预置：Cinema 4D 中的预置参数，“绝缘体”“导体”类型的预置参数不同。

粗糙度：控制反射和高光的粗糙度，值越大反射扩散得越严重，越看不出反射对象的形状。值为 0%、50% 和 100% 时的效果如下图所示。

名称左侧有图标的参数可以通过纹理进行控制。加载纹理后，参数值将变成纹理的混合强度。

在“GGX”类型下，给“粗糙度”加载“实例文件 >CH08> 地砖纹理 > 地砖 _ 粗糙度（Roughness）.jpg”文件，给“反射强度”加载“实例文件 >CH08> 地砖纹理 > 地砖 _ 反射（Specular）.jpg”文件，将强度值均调整为100%。

环境通道

环境通道可以通过纹理模拟对象周围的环境，从而进行反射，通常使用“hdr”纹理作为环境纹理。

因为环境通道是混合到对象表面的，所以其效果不如真实环境的效果，也不受反射通道中的参数控制，但胜在高效。若取消选中“反射专有”复选框，则其他通道也会受影响。关闭反射属性后加载“实例文件 >CH08> 傍晚 .exr”文件，效果如下图所示。

烟雾通道

烟雾通道可以让对象产生烟雾效果，例如使用“环境”对象制作大气雾效果。执行“创建 > 场景 > 环境”命令，新建“环境”对象。将新建材质赋予“环境”对象并开启烟雾通道，降低亮度，然后在场景中放置多个球体，调整烟雾的“距离”参数，单击渲染工具组中的按钮渲染活动视图。

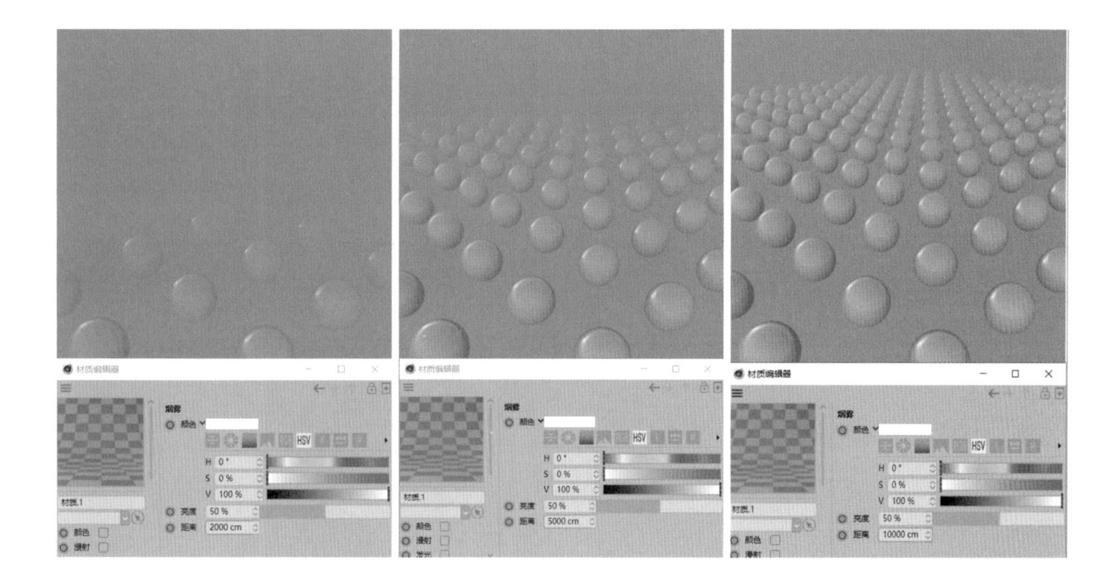

凹凸通道

凹凸通道可以通过黑白纹理记录高度信息，从而在对象表面添加凹凸效果。添加的凹凸效果只是通过改变光反射时的方向，在光影上形成的凹凸效果，并不是真正意义上的凹凸效果。

只开启颜色和反射通道，将“实例文件 >CH08> 地砖纹理 > 地砖 _ 颜色（Color）.jpg”贴图加载到相应的材质通道中，然后在凹凸通道中加载“实例文件 > CH08> 地砖纹理 > 地砖 _ 凹凸（Bump）.jpg”文件。可以看到，添加了凹凸效果后，对象表面多了很多细小的起伏。

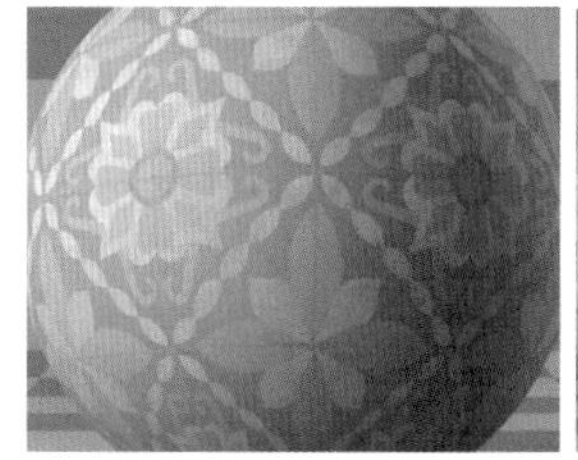
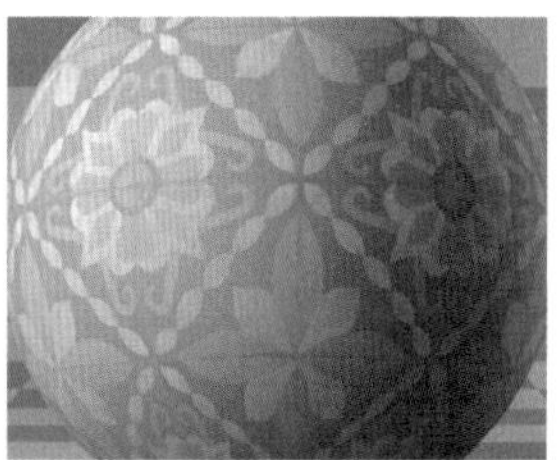

法线通道

法线通道与凹凸通道类似，但法线通道使用 R、G、B 这 3 个通道记录光线的偏移矢量，记录的信息更多，凹凸效果更好，但渲染时间也会有所增加。

加载“实例文件 >CH08> 地砖纹理 > 地砖 _ 法线（Normal）.jpg”文件，关闭凹凸通道。

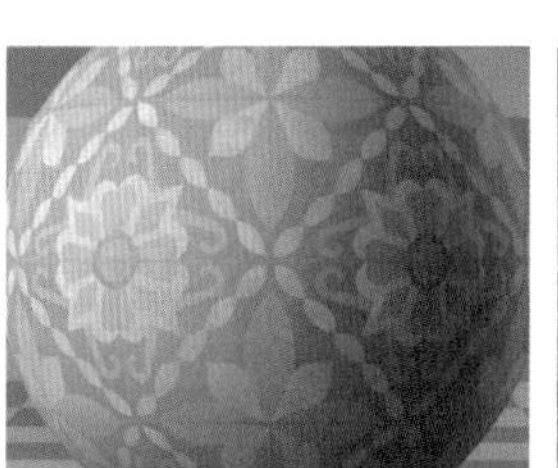
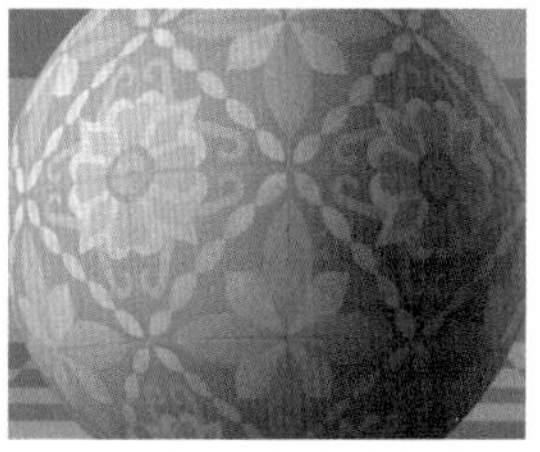

对比凹凸通道和法线通道中的效果，下右图所示为法线通道中的效果，相比下左图中的效果更加细腻、柔和。

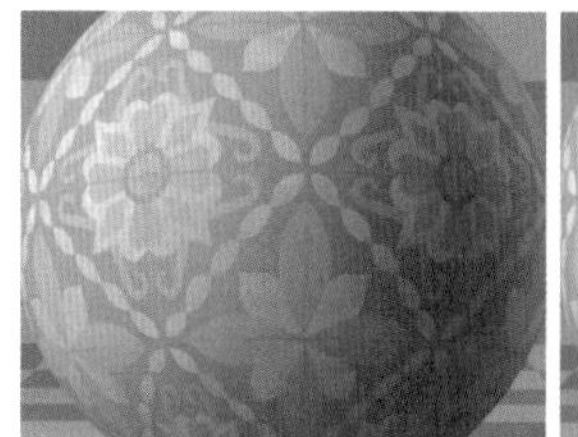
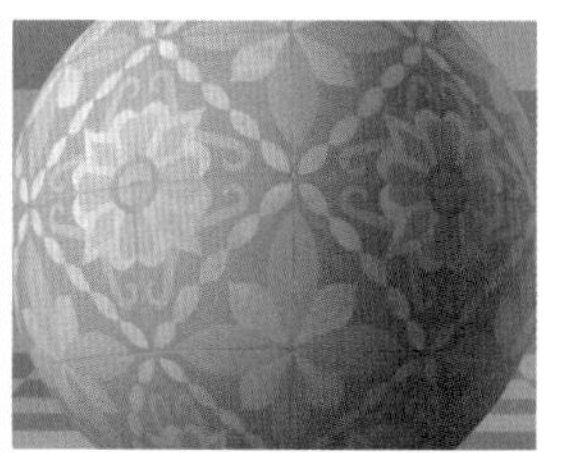

也可以同时开启凹凸通道和法线通道，效果如下图所示。

Alpha 通道

Alpha 通道通过黑白纹理控制材质的透明度。Alpha 通道与透明通道不同，透明通道使对象变成类似玻璃的透明状，而 Alpha 通道则使对象变成类似图片的透明状，透明即看不见。分别通过透明通道和 Alpha 通道控制对象的透明度，效果如右图所示。

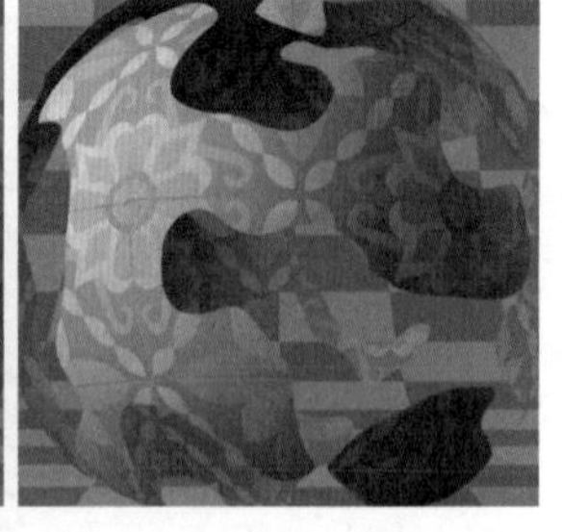

辉光通道

辉光通道会在对象外围生成一圈辉光效果，通常配合发光通道使用。

置换通道

置换通道与“置换”变形器相同，都是通过黑白纹理使对象表面变形。但好的置换效果需要用到大量的多边形，因此在凹凸、法线、置换等效果中，置换效果是渲染最慢的效果。加载“实例文件 >CH08> 地砖纹理 > 地砖 _ 置换（Displacement）.jpg”文件，选中“次多边形置换”复选框。在渲染过程中，材质会对对象进行细分，以减小编辑时对计算机性能的压力；将“细分数级别”调高至 8，关闭凹凸通道和法线通道。

单击按钮创建一盏泛光灯，在其“常规”属性面板中将“投影”设置为“阴影贴图（软阴影）”，单击“渲染”按钮。

启用法线通道重新进行渲染，通常同时使用法线通道和置换通道能获得更好的效果。

如果还想添加更多的细节，可以同时启用凹凸通道。

技巧与提示

若反射贴图不是黑白贴图而是带颜色的贴图，则需要在标准材质中将其加载到层颜色中。若材质是金属，则需要将反射的衰减类型修改为“金属”，以屏蔽颜色通道对其的影响。

视窗

调整材质在视图窗口中的显示效果。

纹理预览尺寸： 控制纹理在视图窗口中的预览分辨率，分辨率越低，视图窗口中的纹理越模糊，反之则越清晰。

视窗显示： 控制材质通道的显示及显示模式，显示模式默认为“结合”，即同时显示多个通道的整体效果。

环境： 覆盖材质在视图中的天空环境。

旋转 .H/P/B： 设置环境覆盖中纹理的旋转角度。

视图 Tessellation：需要在视图窗口中执行“选项 > 实时置换”命令才能启用。该功能可以在视图窗口中实现实时细分，提高视图窗口中实时置换的质量。

模式：实时细分的模式，有“统一”和“投射”两种。“统一”模式会将细分数固定为设置的参数值；“投射”模式则会根据对象和镜头的远近自动进行细分，当对象离镜头足够近时，才会达到设置的参数值。

统一 / 投射级别：值越大则细分数越多，当值为 16 时，细分数就低于值为 64 时。

光照

光照通道用于控制在渲染时全局光照的影响和是否产生焦散现象。灯光照射到对象后反射、折射的光聚集在一起形成光斑的现象称为焦散现象，要渲染焦散效果则需要在材质、渲染设置、灯光中都开启“焦散”功能。焦散的渲染速度非常慢。

指定

指定通道用于显示使用当前材质的对象，单击鼠标右键可以对对象的材质标签和 UVW 标签进行操作。

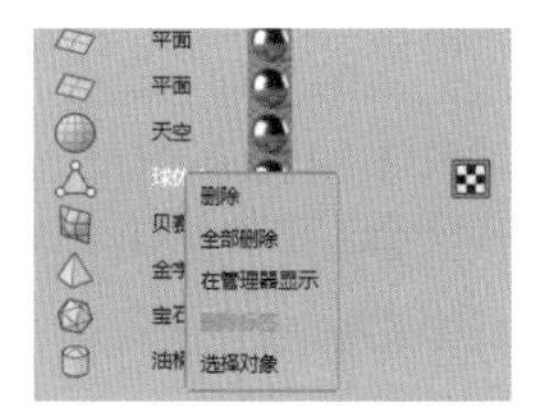

8.4 节点编辑器

按快捷键 Ctrl+Alt+N 创建一个新的节点材质，双击材质图标，打开“节点编辑器”窗口。

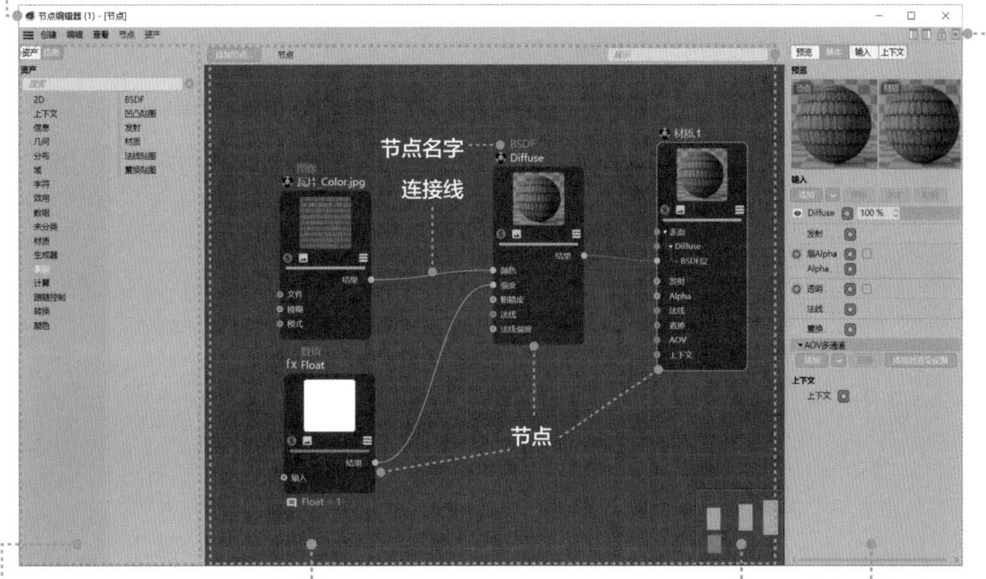

若没有显示左右两侧的资产列表和节点属性面板，则可在右上角的界面开关处单击相应按钮将其打开。

节点编辑器操作

节点信息

切换到“信息”面板，则会显示在节点编辑视图中选择的节点的信息。

搜索框

在搜索框中输入需要搜索的内容的关键字，则搜索结果中会显示所有资产类型下带有该关键字的节点。

资产列表

单击鼠标右键可以建立和导入新的资源。

节点列表

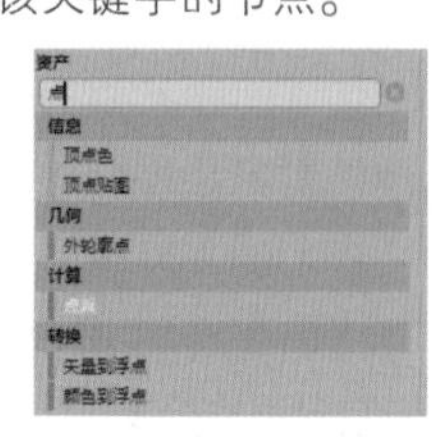

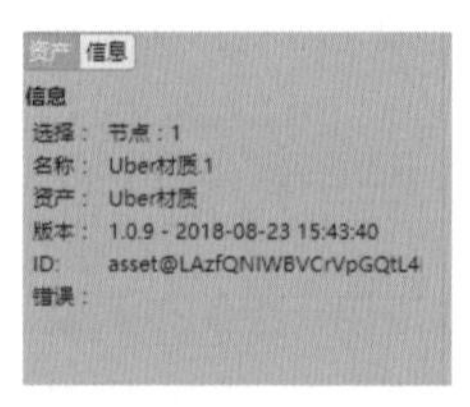

找到需要的节点后，可以在视图中心双击创建节点，或拖曳节点到指定位置。也可以在节点编辑视图的空白处按快捷键 C，或双击节点列表，快速创建节点。

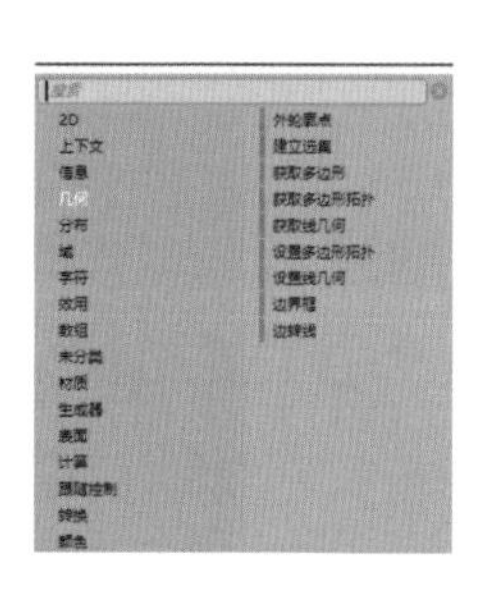

在节点编辑视图中，使用鼠标中键可以对节点编辑视图进行缩放，按住鼠标中键拖曳或按住 Alt 键 + 鼠标左键拖曳可以平移视图，单击可以选中节点，按住鼠标左键拖曳可以框选节点，按住 Shift 键后依次单击可以加选，按住 Ctrl 键可以加 / 减选，基本与视图窗口中的操作逻辑相似。

若要复制节点，除了可以按快捷键 Ctrl+C、Ctrl+V 外，还可以按住 Ctrl 键拖曳节点，或单击鼠标右键后使用复制和粘贴功能。右下角导航器中的方块与当前视图中的节点的位置、颜色对应，使用鼠标左键在导航器中拖曳也可以平移节点编辑视图。

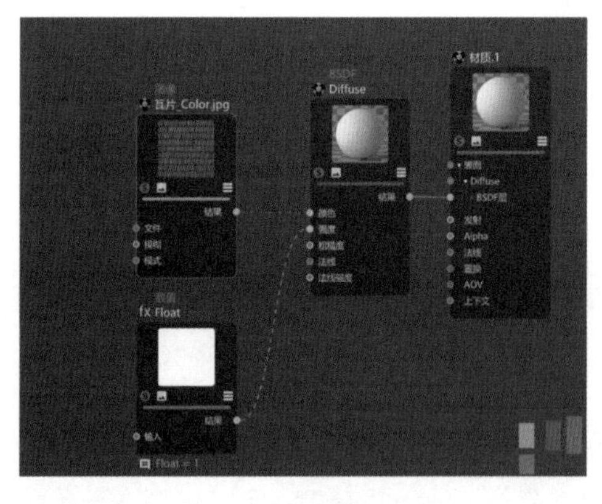

在“节点编辑器”窗口中，数据流总是从左到右，并最终到达一个材质节点。节点左右两侧的小圆点为节点的端口，左侧的小圆点代表输入端口，右侧的小圆点代表输出端口，不同的颜色代表不同的端口类型，对应关系如下。

浅灰色：代表数值，可以是整数、百分数或浮点数等类型。

黄色：用于实现颜色（RGB 通道）或纹理的传输。

蓝色：用于传输数据类型，如 Matrix、Text、Boolean、Array。

紫色：矢量端口，可以用于传输法线贴图。

绿色：材质节点的 BSDF 层（双向散射分布函数，Bidirectional Scattering Distribution Function），可用于定义材质的阴影和反射率信息。

若要连接端口，可以拖曳某节点的输出 / 输入端口到另一个节点的输入 / 输出端口，然后松开鼠标，会出现一条和输入端口颜色一致的连接线。若输出端口的类型和输入端口的类型不同，则数据会被拟合到输入端口。

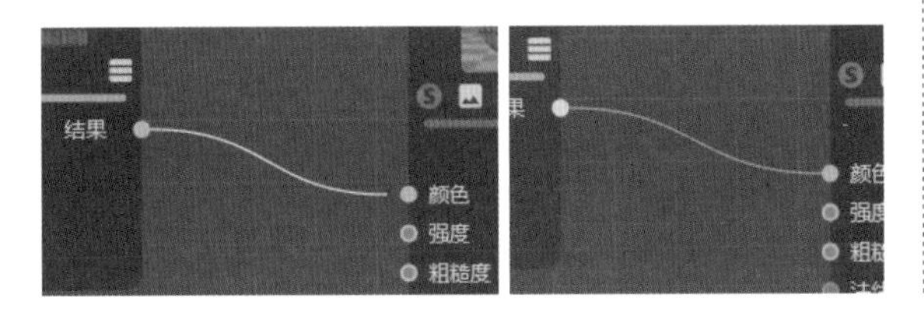

如果要断开连接线，可以拖曳连接线到空白处；也可以单击连接线，然后按 Delete 键；还可以用鼠标右键单击连接线，再在弹出的菜单中选择“移除连接”命令。

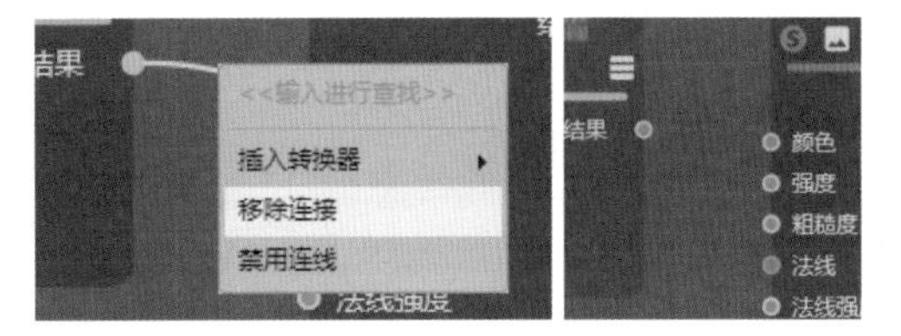

若只想暂时禁用连接线而不断开，可以选择“禁用连线”命令，此时连接线会变成虚线，连接失效。

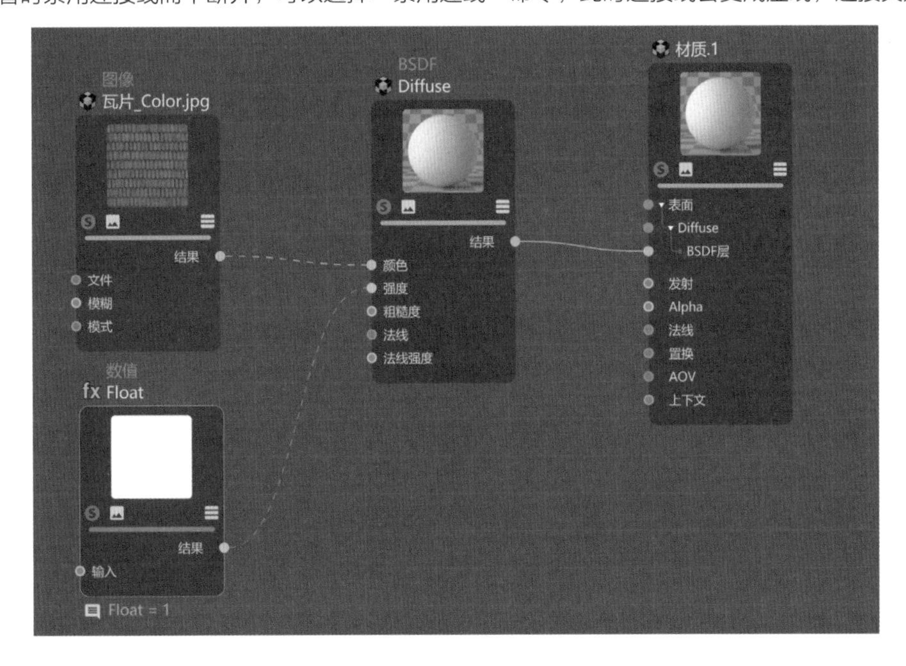

若需要在连接线中插入节点，则可以单击鼠标右键，然后在“插入转换器”的子菜单中选择需要的节点；也可以直接在单击鼠标右键之后输入关键字，搜索需要的节点。

启用▣后，选中需要修改的节点，则右侧会显示节点的属性面板；若没有开启▣，则会在主窗口的“属性”窗口中显示节点属性。

执行“编辑 > 节点编辑器配置”命令，在“设置”窗口中将“连线类型”改为“直线”，则节点编辑视图中的连接线会从曲线变为直线。

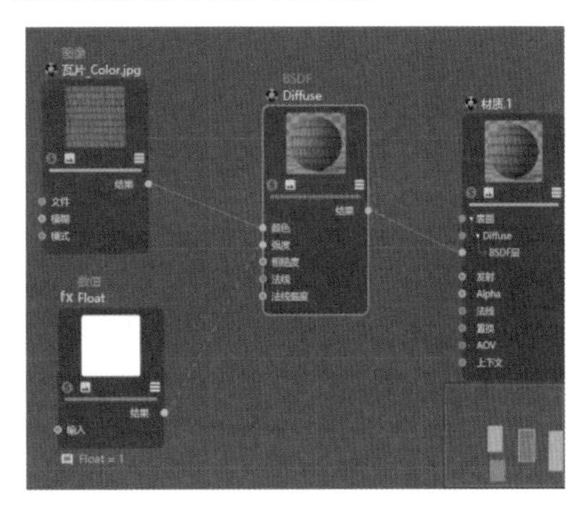

节点编辑

节点名称：名称左侧是代表节点类型的图标，上方的灰色名称为节点名称，不可修改。下方的白色名称通常用于表示节点的类型，双击或在“基本”属性面板中可以修改白色名称。若用户将其修改为其他名称，则对应的数据类型会一起显示在上方灰色名称的右侧。

节点预览

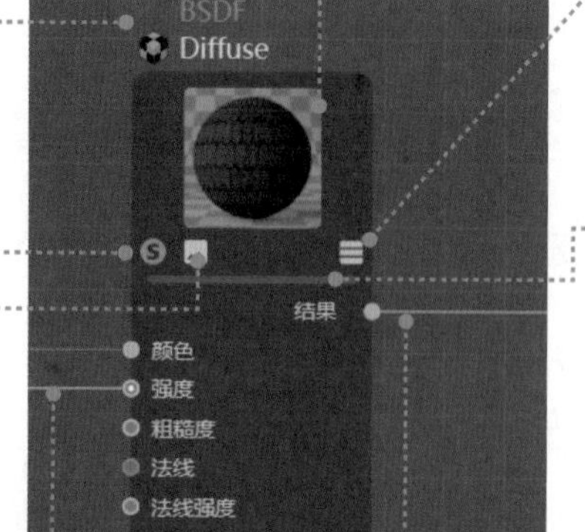

显示所有端口
显示连接的端口
隐藏所有端口

节点的显示类型：单击该图标可以切换显示的端口类型，也可以单击鼠标右键对显示的节点类型进行切换。

节点颜色：可以在“基本”属性面板中进行设置。当缩小节点编辑视图后节点过小时，则会用对应的色块代替显示节点，其效果和导航器中显示的效果类似。

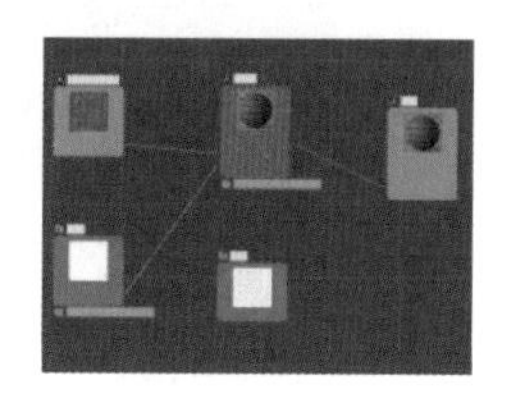

独显节点：该图标单击后变为橙色，表示材质只会计算至该节点，并将该节点作为输出节点。一个节点材质只能有一个节点激活了该图标。

输入端口

输出端口

节点预览开关：该图标默认处于激活状态，关闭后将不显示预览节点。

节点注释：需要在“基本”属性面板中自行输入，一般用于记录连接节点的思路。

拖曳任意端口到空白处后松开鼠标，可以在弹出的菜单中直接创建并连接节点。

通常情况下，节点默认不显示全部的输入端口。在节点空白处单击鼠标右键，可以在弹出的菜单的“添加输入”子菜单中添加未显示的输入端口，输出端口的添加同理。若要移除端口，则用鼠标右键单击端口名称，在弹出的菜单中执行“移除端口”命令；或在空白处单击鼠标右键，在弹出的菜单中执行“移除未使用端口”命令，将未连接的端口统一移除。

选中单个或多个节点，单击鼠标右键，在弹出的菜单中执行“群组节点”命令，会将选中的节点组合。双击组合的节点或单击图标进入组内，在左上角的“节点 > 组1”处单击上一级的名称，即可返回上一级。

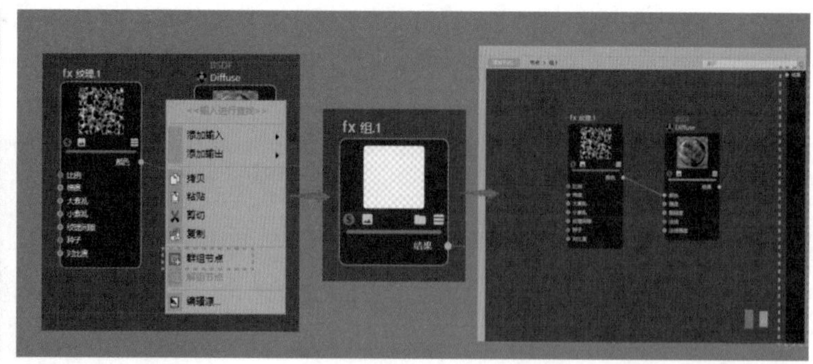

进入组内，在任意的输入端口上单击鼠标右键，在弹出的菜单中执行“传播端口”命令。此时，节点编辑视图右侧会出现深色竖条，深色竖条内有刚选择的端口，输出端口同理。

返回上一级，可以看到组节点中多出了刚才进行传播的端口。除了可以在组节点中操作传播的端口外，还可以在组内单击两侧的深色竖条，查看传播的所有端口参数。

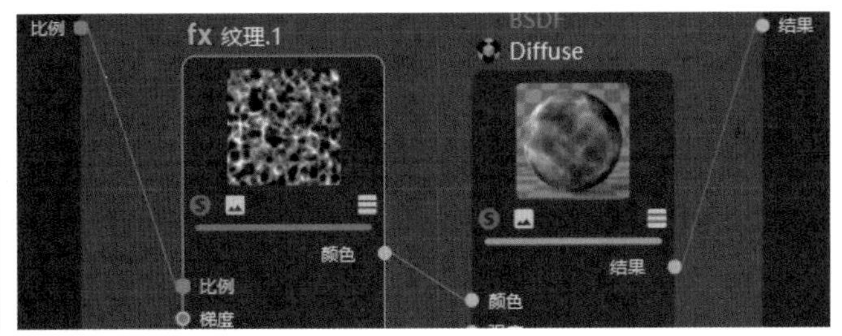

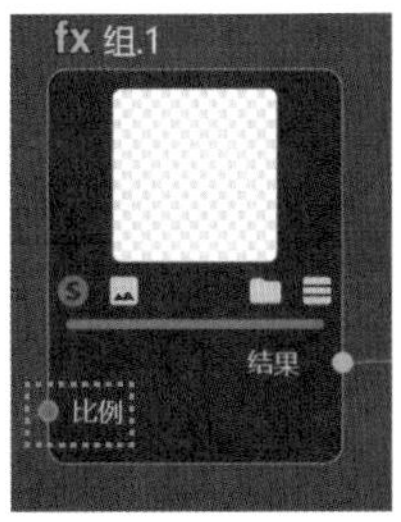

使用“组”功能可以在组内创建复杂的节点逻辑，或定制Cinema 4D中不具备的功能。若想存储编辑好的节点，可以先选中节点，然后执行“资产 > 转换到资产”命令，在弹出的“保存资产”窗口中设置资源的名称和保存目录，单击“确定”按钮后，就能在资产列表中找到该节点。如果后续需要使用，则可以直接调用。若想进入组内编辑保存为资产的节点，则可以执行“资产 > 转换资产到组”命令，将节点转回组中。

节点属性

单击节点材质中默认的材质节点，展开节点属性面板。

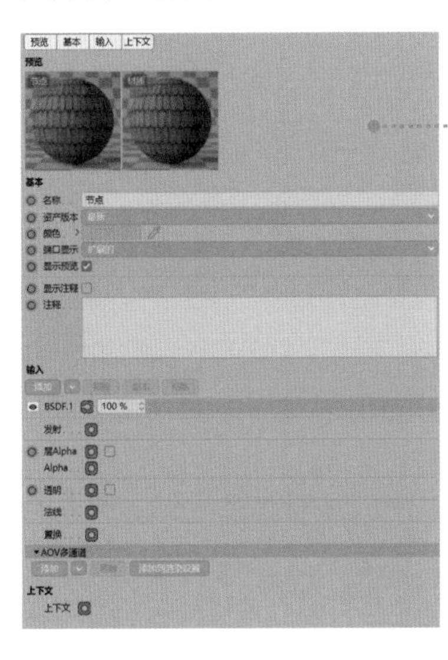

预览面板左侧为当前选中的节点的预览图，右侧为材质整体的预览图，可以修改预览对象。

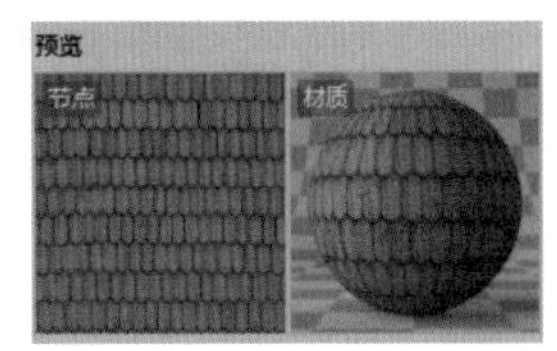

在“输入”等属性面板中，大部分参数名称的右侧会有一个连接器图标，用于在属性面板中进行端口的连接操作。其中，图标左侧有缺口代表连接了其他端口，图标带有斜线代表连接被禁用，图标没有缺口则表示没有连接其他端口。用鼠标左键或右键单击这些图标均会弹出端口菜单，可以选择连接节点或传播端口。若并没有在节点上创建端口，则连接节点后会自动创建。

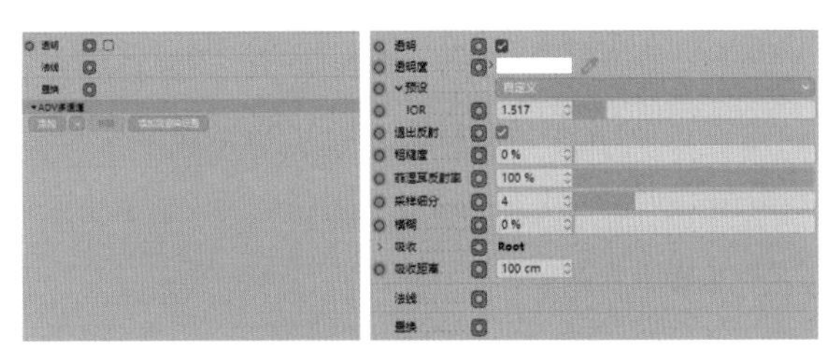

部分参数右侧有一个复选框，选中该复选框则表示启用该参数。若该参数还有其余参数，则会一并展开。例如，选中“透明”复选框，会展开“透明”的详细参数，其参数可以作为端口连接其他节点。

若想载入图像纹理，则可以在生成器组选中“图像”节点进行创建，在“节点”属性面板中载入图像纹理文件后，将该节点的输出端口与 BSDF 节点的“颜色”输入端口连接。或者在端口上单击鼠标右键，在弹出的菜单中执行“载入纹理”命令，选择纹理后会自动创建并连接“图像”节点。

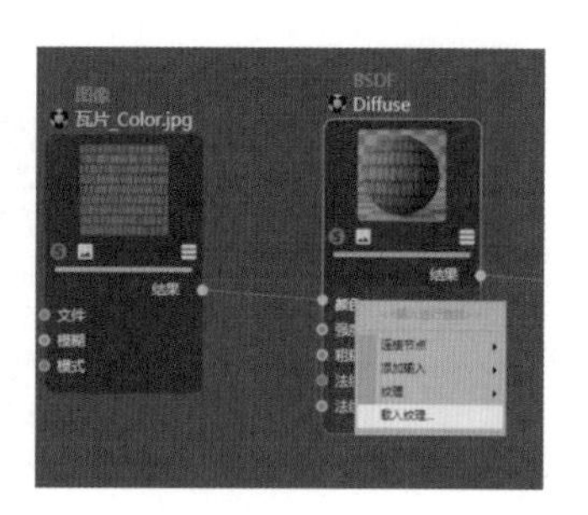

8.5 纹理标签

将材质赋予对象后，对象的标签栏中会添加对应的材质标签。可以同时存在多个材质标签，而此时右侧的标签会覆盖左侧的标签。单击材质标签，将显示材质标签的属性面板。

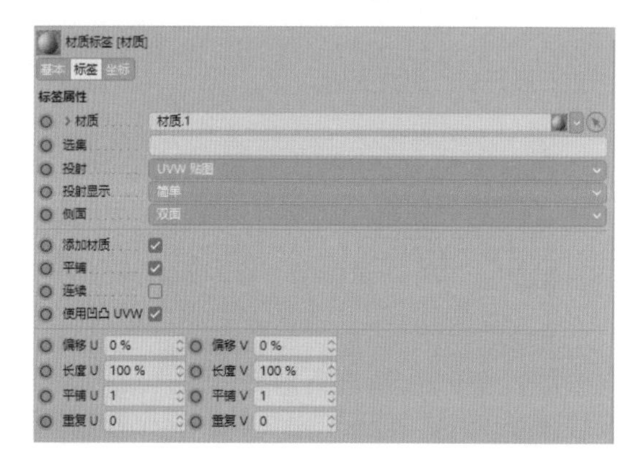

材质：指定该标签对应的材质，拖曳材质到右侧的文本框内可以更改标签的材质；直接拖曳材质到材质标签上也可以更改标签的材质。若将材质标签拖曳到标签栏的空白处或直接拖曳到对象上，则会创建新的材质标签并置于原有标签的右侧。单击›按钮可以展开“材质”参数。

选集：输入选集名称或拖入选集标签，可以让材质只应用于选集内。在使用“挤压”生成器时，“挤压”生成器“选集”属性面板中参数名称右侧的缩写，可以在不选择选集的情况下直接应用于材质标签。打开“实例文件 >CH08> 选集 .c4d”文件，给使用“挤压”生成器生成的立体字赋予 5 种材质，并分别在“选集”中输入 S、C1、C2、R1、R2。

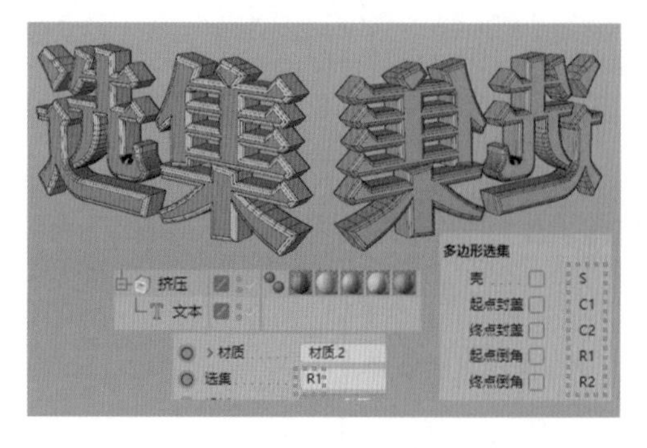

投射：纹理的投射方式，默认为“UVW 贴图”。若是已经展开 UV 的对象或参数化对象，则保持默认即可。

球状、柱状、平直、立方体：纹理以选择的几何体的形式投射到对象上。例如，创建一个新材质，在颜色通道的“纹理”中载入“表面 > 棋盘格”纹理，将材质赋予立方体。

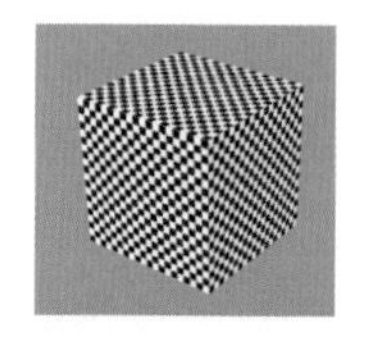

更改不同的投射方式。

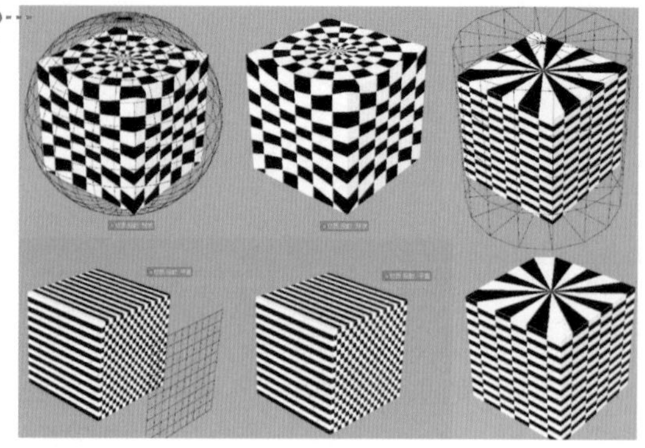

前沿：该投射方式会将纹理固定在屏幕上，然后在对象的范围内将其从摄像机映射到对象上。

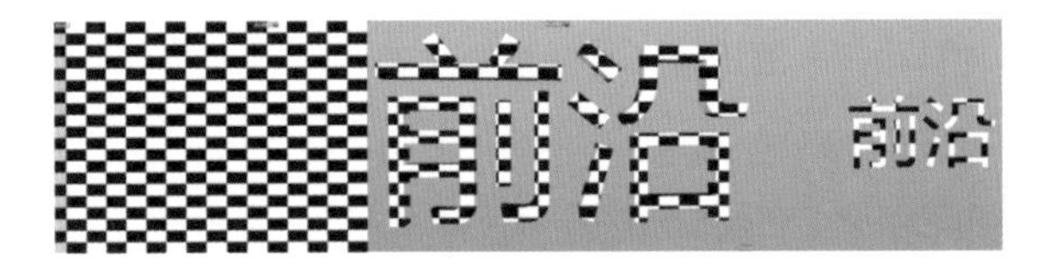

空间：与“平直”类似，但在面与投射方向平行时，纹理会向左、向上偏移。

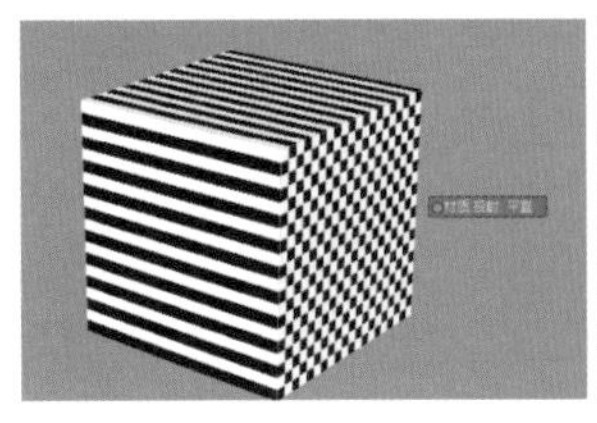

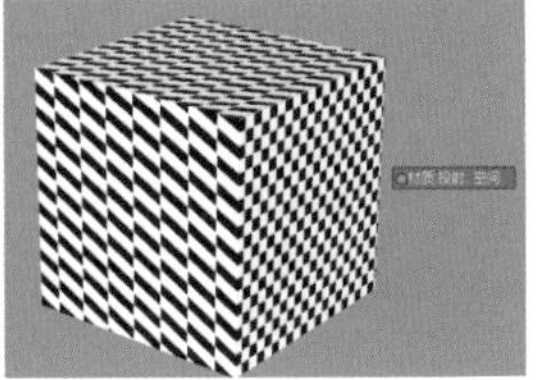

投射显示：控制 UV 投射辅助的显示模式。

侧面：默认为“双面”，即正反面均会显示材质；若将“侧面”改为“正面”或“背面”，则只会在正面或背面显示材质。

添加材质：选中“添加材质”复选框后，右侧的材质标签会向左进行混合。

平铺、长度 U/V、平铺 U/V：使用“平铺 U/V”参数控制纹理的平铺次数，修改“平铺”参数会同步修改“长度 U/V”参数，反之亦然。两者关系为：长度值为平铺值的倒数。

若取消选中“平铺”复选框，则会产生下图所示的效果。

UVW 贴图：根据对象的 UVW 坐标进行投射。Cinema 4D 中的参数化对象都有 UVW 坐标，使用参数化对象时，使用默认的“UVW 贴图”模式即可。

收缩包裹：纹理从对象的南极出发，向四周拉伸。

摄像机贴图：与“前沿”类似，但需要从指定的摄像机视角中进行投射。

连续：对平铺形成的重复纹理进行左右、上下的镜像操作，使纹理看起来连续，形成无缝纹理。

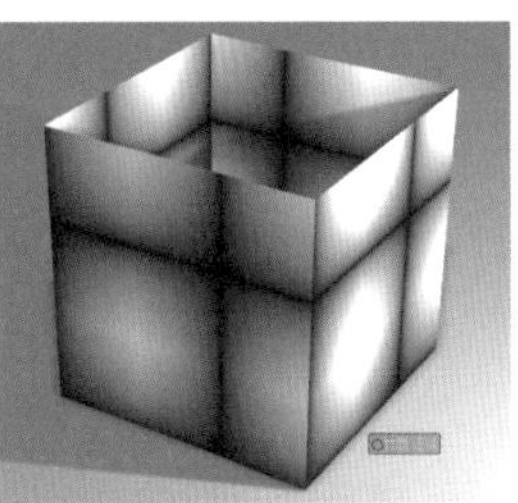

使用凹凸 UVW：在早期版本的 Cinema 4D 中，即使有了 UV 贴图，也会使用球形投影进行凹凸贴图的投影，而该功能则是为了解决这个问题设计的，默认选中即可。

偏移 U/V：控制纹理偏移的位置。

重复：控制纹理在平铺时的最大重复次数，值为 0 时代表无限次重复；为其他值时，若重复次数超出所设置值将不再进行平铺。若“平铺 U/V”均为 3，“重复 U/V”均为 2，则纹理只在前两次平铺中显示。

8.6 材质管理

在实际应用中，材质往往多到让人眼花缭乱，因此需要对其进行分层管理。

在“材质”处单击鼠标右键，在弹出菜单中执行“加入新层”命令。此时，“材质”窗口中会多出一排“全部”“无层”“图层”选项，选择相应的选项即可看到该层内的材质。若要对层名称进行修改，双击层名称即可。若后续要将其他材质加入该层，则单击鼠标右键，在弹出菜单中执行“加入到层 > 需要加入的层”命令即可。在“材质编辑器”窗口中也可以进行同样的操作。

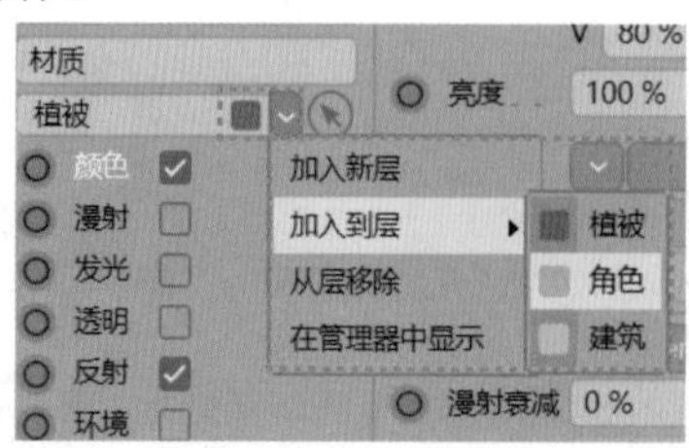

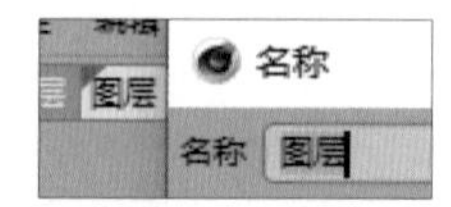

在“材质”处单击鼠标右键，然后在弹出菜单中执行“层管理器”命令或按快捷键 Shift+F4，或直接单击“层”按钮切换到“层”窗口。除“材质”“模型”“生成器”等对象外，其他对象均可加入层中。在“层”窗口中关闭层的某个类型图标，即可取消对该类型功能的计算。

选择对象后，若因材质过多而找不到材质，则可以单击鼠标右键或在“选择”菜单中选择“选择活动对象材质”命令，选中当前选择对象的所有材质。

材质过多时，可能出现材质预览图更新不及时的情况。单击鼠标右键或在“材质”菜单中选择“渲染材质”命令可以强制重新渲染预览图。选择“排列材质”命令可以按名称顺序重新排列材质。

当场景中有大量未使用的材质时，单击鼠标右键或在“编辑”菜单中选择“删除未使用材质”命令，即可删除场景内所有未使用的材质。选择“删除重复材质”命令，即可合并属性完全相同的重复材质，使材质列表更整洁、易于编辑。

在“查看”菜单中，可以修改材质列表的显示模式和材质图标的大小。

技巧与提示

保持良好的使用习惯可以大大提高操作效率，不管是“材质”窗口还是“对象”窗口，都应尽量保持整洁、有序。

第 9 章 灯光与场景

本章学习要点

Cinema 4D 中灯光的参数和应用方法

Cinema 4D 提供了多种多样的灯光工具和场景工具，可供用户自由发挥。

在“创建”菜单中展开“灯光”“场景”“物理天空”3 个子菜单，或者在工具栏中按住或按钮，可以分别展开灯光工具组、场景工具组。

9.1 灯光对象

打开“实例文件 >CH09> 柱状方块 .c4d”文件。

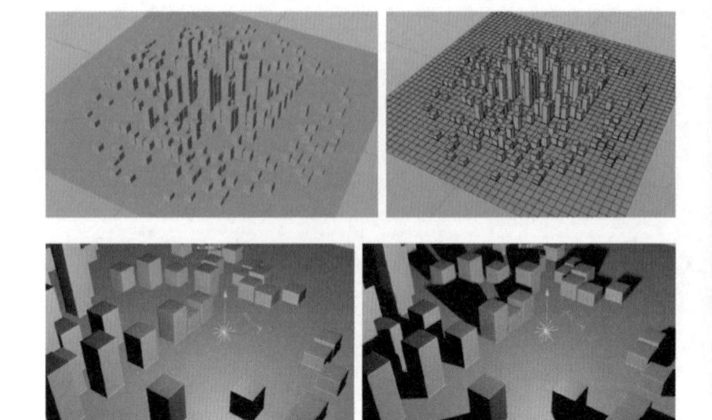

在工具栏中单击按钮，或单击展开的下拉菜单中的“灯光”按钮，创建一盏泛光灯。若此时画面大面积变黑，则可能是因为灯光被地面遮挡，将灯光调整至合适的位置后，会发现对象没有产生阴影。此时，在视图窗口的“选项”下拉菜单中选择“阴影”命令，然后在灯光的“常规”属性面板中将“投影”修改为“阴影贴图（软阴影）”。

常规属性

颜色：设置灯光的颜色。

使用色温 > 色温：使用“色温”参数控制灯光的颜色。Cinema 4D 中的色温值范围为 1000~10000，中性色即白色的色温值为 6500。色温值越小，颜色越暖；色温值越大，颜色越冷。

强度：控制灯光的亮度，若“强度”值为负，则照明区域变为阴影区域，阴影区域变为照明区域。

类型：切换灯光的类型，Cinema 4D 中不同类型的灯光通常只有参数不同，可以随时切换灯光类型。

泛光灯：默认的灯光类型，光源为没有大小的点，它可向四面八方均匀地发射光线，类似现实中的灯泡，即点光源。

平行光：额外规定了光线的起始位置和衰减效果的远光灯。

聚光灯：指定了照射方向和光束角度的点光源，可以根据需要调整照射方向和光束角度。

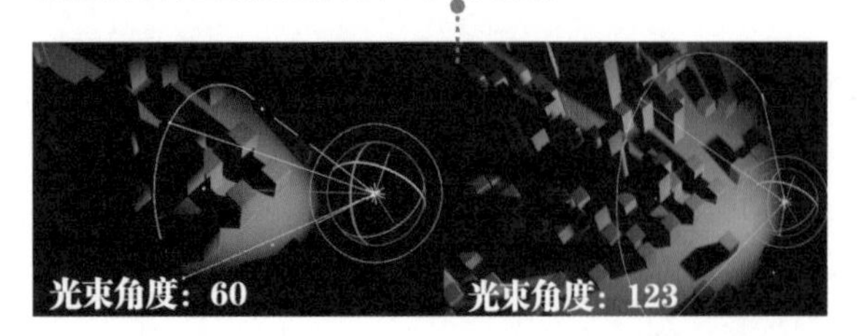

四方 / 圆形平行 / 四方平行聚光灯：不同形状的特殊聚光灯。

远光灯：有指向性的灯光，从任意位置观察，灯光的角度都不变；用于模拟距离观察者很远的灯光，如阳光、月光等。

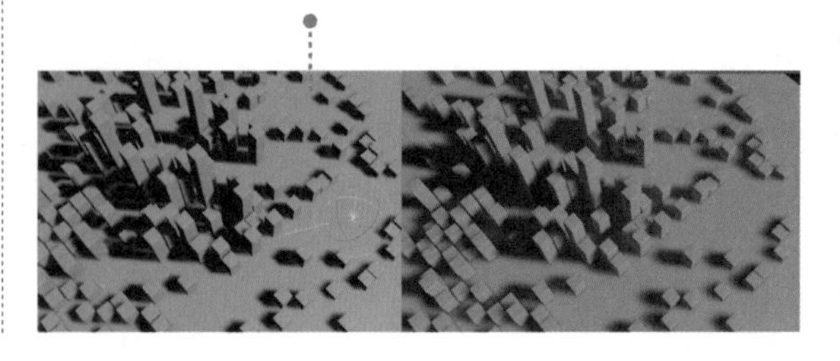

区域灯：使用网格面作为光源，需要配合“区域阴影”使用。可以在预设中使用多种形状的区域光，也可以使用“网格”对象作为光源。现实中的大多数光都是区域光，其最大的特点是能产生真实的软阴影效果。

IES：IES 为光域网文件的格式，描述了光在空气中发散的方式，在“实例文件 >CH09>ies”文件夹中可以看到 38 个 IES 文件。其中，同编号的 PNG 文件为 IES 文件的效果预览图。确定需要加载的 IES 文件后，切换到“光度”属性面板，选中“光度数据”复选框，在“文件名”文本框中加载“实例文件 > CH09>ies>07.ies”文件。加载文件后，视图中的灯光图标会变为一条线段，线段所指的方向为光照方向，向下调整光照方向，灯光位置将靠上。

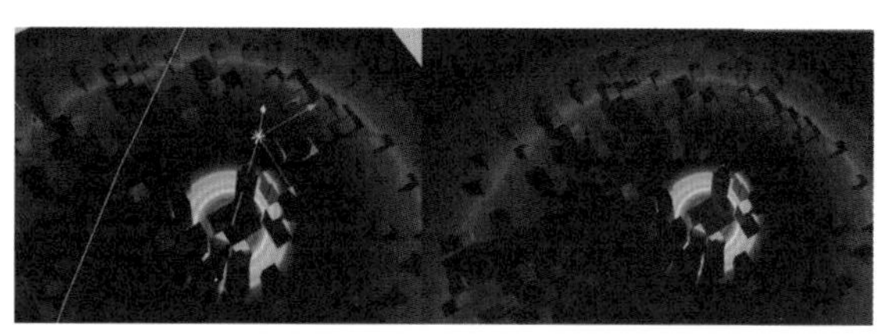

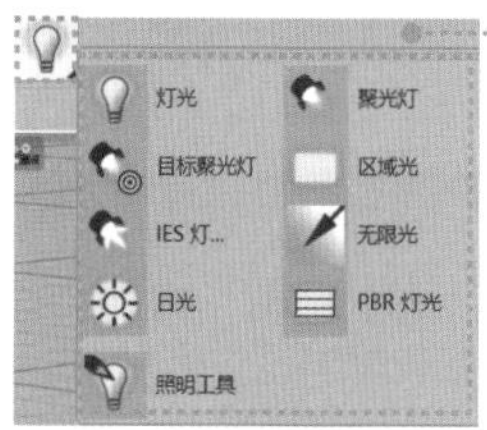

除了可以在“常规”属性面板中切换灯光外，也可以按住按钮，在展开的下拉菜单中直接创建大部分常用的灯光。

投影：设置投影模式。

可见灯光：为灯光添加立体效果，只有泛光灯和聚光灯可以设置“可见灯光”参数， 立体效果需要渲染后才能看到。

没有光照：关闭灯光的照明效果，但保留其他效果，如立体、辉光等。

显示光照：选中该复选框后会显示灯光的线框，拖曳线框手柄可以改变灯光的大小或衰减范围。

环境光照：选中该复选框后可以将灯光作为环境光照。通常情况下，光线与对象表面切线之间的角度越大，该表面被灯光照射后越亮，选中“环境光照”复选框后将无视这个规律。

显示可见灯光：选中“显示可见灯光”复选框后，将在视图中显示可见灯光的范围框，拖曳范围框上的操控手柄可以调整范围大小。

漫射、高光：控制开 / 关灯光对漫射和高光通道的影响。

显示修剪：在视图中显示修剪的范围。

分离通道：分离灯光通道，在多通道渲染时使用。

导出到合成：在“渲染设置”窗口中将结果保存为“合成”，选中该复选框后灯光会被导出到“合成”中。

GI 照明：控制灯光是否参与 GI 照明计算。GI 意为全局光照（Global Illumination），用于计算直接照明和间接照明，是三维渲染中非常重要的功能，需要单独开启。单击按钮打开“渲染设置”窗口，随后单击效果按钮并在展开的下拉菜单中选择“全局光照”命令，开启 GI 效果。原本被遮挡的部分会因为间接照明而被灯光照亮，但开启 GI 照明会增加渲染时间。

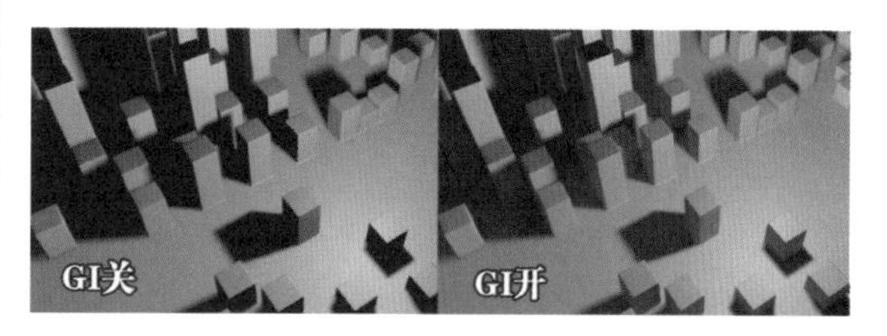

细节属性

使用内部：为灯光的边缘添加亮度衰减效果，在“聚光灯”模式下才能使用。

对比：在未开启光照衰减的情况下，光照强度只与光线和对象表面切线的角度有关，角度越大光照越强。当光线与对象表面切线的角度为 90° 时光照最强，为 0° 时光照消失。灯光与球体位于同一个平面的右侧，球体上最右侧的表面切线与光线的角度最大为 90° ，此时光照最强；灯光向球体中线处移动，球体表面切线与光线的角度趋于 0° 时，光照越来越弱，直到消失。

可以使用“对比”参数控制光照角度在 0° ~90° 的光照强度。

除了可以使用正值外，还可以使用负值使光照更柔和。

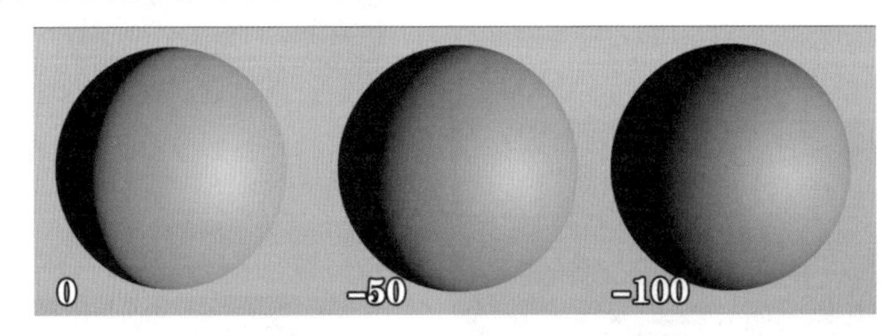

投影轮廓：选中“投影轮廓”复选框后，灯光只会产生阴影而没有光照效果。

衰减：控制灯光的强度衰减效果。

无：灯光没有衰减效果，其光照强度只由对象表面切线与光线的角度决定。

平方倒数（物理精度）：符合物理规律的衰减方式，离灯光越近越亮，越远越暗；光照强度与距离的平方成反比。

线性：距离越远光照越弱，光照强度与距离呈线性关系。

步幅：光线范围内光照强度使用角度计算，光照范围外光照强度为 0。

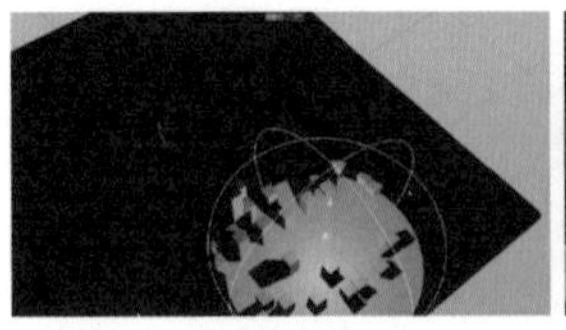
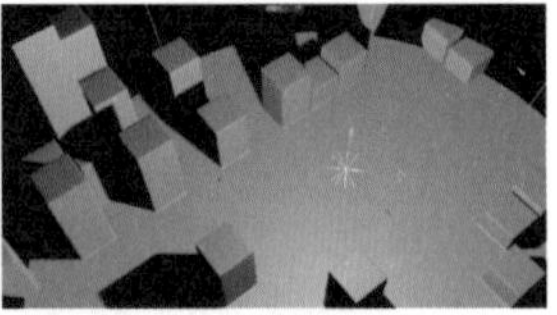

倒数立方限制：与“平方倒数（物理精度）”类似，但限制灯光的最大强度为设定的值。

内部半径： 在"线性"模式下可使用，该半径内光照强度不会随距离衰减。

半径衰减： 控制衰减范围的半径，可以在选中灯光后，直接拖曳范围框上的操控手柄进行调整。

着色边缘衰减： 在"聚光灯"模式下可用，选中该复选框后可以使用渐变控制灯光在衰减范围内的颜色。

仅限纵深方向： 选中该复选框后光照强度只向灯光的 z 轴方向衰减，z 轴负半轴方向的强度为 0。

使用渐变： 选中该复选框后使用渐变颜色控制衰减范围内的灯光颜色。

近处修剪： 若在"常规"属性面板中选中"显示修剪"复选框，则选中"近处修剪"复选框后出现的蓝色范围框为修剪范围。该参数用于设置灯光的近端修剪效果，起点处不产生光照，起点至终点范围内的光照强度从 0 过渡到 1，需渲染才能看到效果。

远处修剪： 与"近处修剪"类似，超出终点范围则不产生光照，范围框显示为绿色。

形状： 控制区域光的形状，默认为"矩形"，但可以使用自定义的"网格"对象作为灯光。

对象： 用于在将"形状"设置为"对象/样条"时拾取对象作为灯光形状。

水平 / 垂直 / 纵深尺寸： 控制灯光网格在 x、y、z 轴方向上的尺寸。

衰减角度： 灯光从边缘向中心衰减的角度，范围为 0° ~180° 。

采样： 如果场景中的光照效果明显不均匀，或能看到光源形状的光斑，则可以通过增大"采样"值进行修复，但同时也会增加渲染时间。

增加颗粒（慢）： 用于修复光斑的另一种方法，同样会增加渲染时间。

在渲染中显示： 默认情况下，渲染结果中不会显示灯光的实体，而选中"在渲染中显示"复选框后灯光的实体也会出现在渲染结果中。

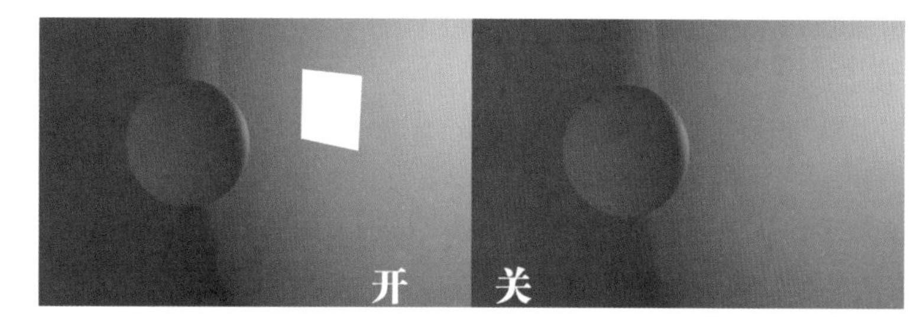

在视窗中显示为实体： 默认情况下，灯光在视图中显示为线框状，选中该复选框后则灯光显示为和渲染结果一致的实体。

在高光中显示： 用于控制是否让灯光作为高光参与材质的计算。

反射可见： 用于控制是否让灯光影响材质的反射效果。

可见度增加： 用于控制灯光实体在渲染结果和反射中的可见度；若该值为 0%，则渲染结果中的灯光实体变为黑色，但不影响光照计算。

可见属性

新建一个场景。

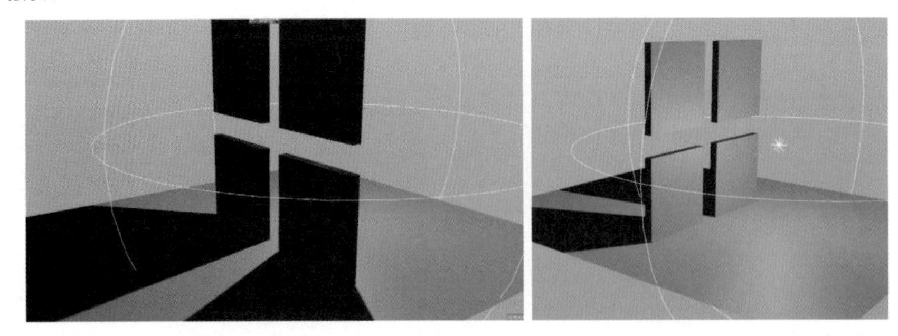

返回“常规”属性面板，修改“可见灯光”参数。其中，选择“可见”选项，则仅在灯光附近生成立体效果，不与场景产生交互；选择“正向测定体积”选项，则会计算物体对灯光的遮挡；选择“反向测定体积”选项，则将灯光对对象的照明效果反转。

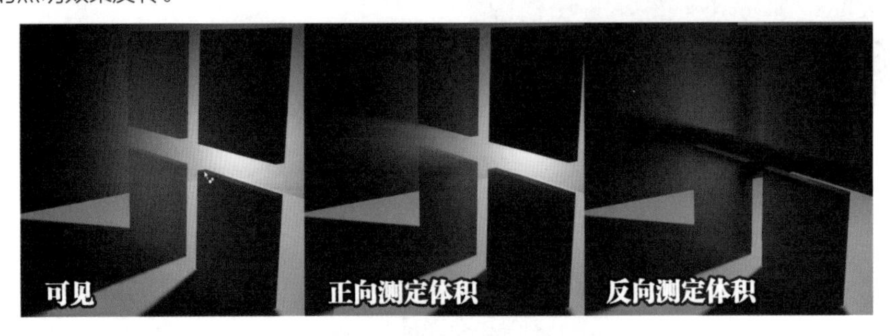

衰减： 选中“使用衰减”复选框后，可控制衰减的强度。

使用边缘衰减： 在“聚光灯”模式下可用，控制聚光灯边缘的衰减。

着色边缘衰减： 与“细节”属性面板中的“着色边缘衰减”参数相同。

内部距离： 体积光照强度为 100% 时的范围大小。

外部距离： 体积光照的最大距离。

相对比例： 控制体积光照在 x、y、z 轴方向上的相对缩放。

亮度： 体积光照的亮度，值越大越亮。

尘埃： 在体积光照中添加尘埃效果。

抖动： 使体积光照产生不规则的效果，减少因采样不足而产生的明显条纹。

使用渐变： 使用渐变控制体积光照的颜色。

附加： 当场景中有多个体积光照时，选中该复选框后则相交的体积光照之间会产生混合效果。

适合亮度： 限制体积光照的亮度，防止画面过曝。

使用衰减： 控制体积光照的“衰减”参数。

散开边缘： 控制边缘衰减的强度，下图所示为强度为 0% 和 100% 时的效果。

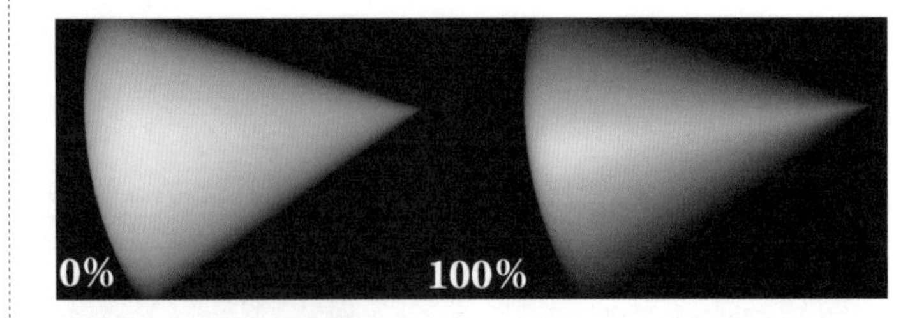

采样属性： 值越小体积光照的计算结果越精确，但会增加渲染时间。

投影属性

创建一个场景。

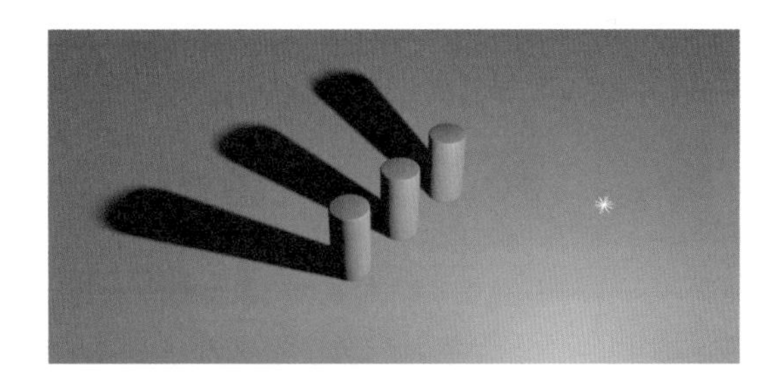

投影：控制投影的类型。

无：不产生投影。

阴影贴图（软阴影）：使用阴影贴图生成软阴影。从光源处观察场景，将生成灰度图来定义阴影范围。但阴影贴图不会因为光源大小的不同而产生不同的软阴影，无论光源多大均会产生一样的过渡效果。

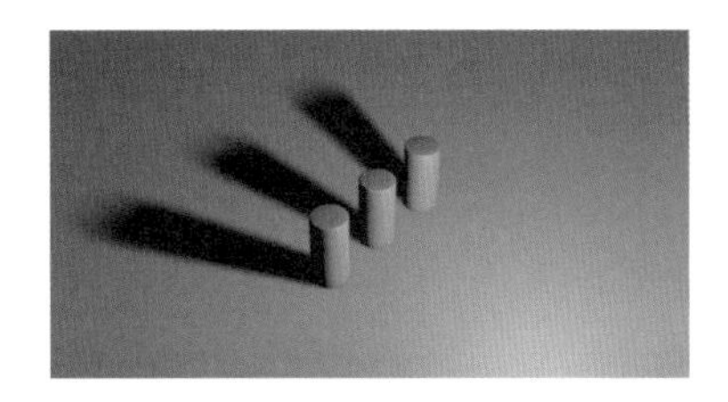

光线追踪（强烈）：硬阴影。

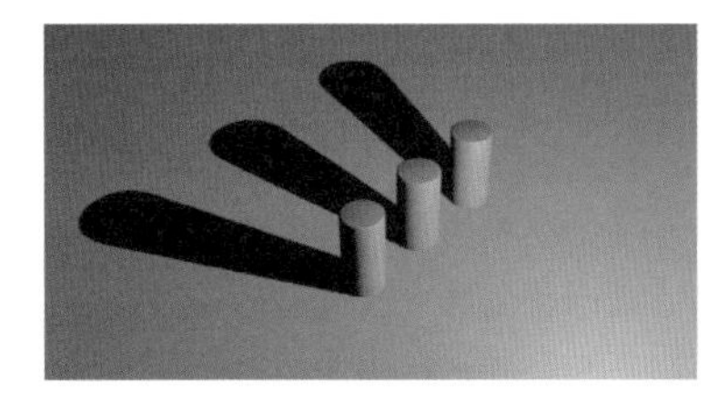

区域：根据区域光的实际大小进行阴影计算，其效果比“阴影贴图（软件阴影）的效果”更加准确、柔和。直径为200cm和直径为20cm的正方形区域光会产生不同的效果。

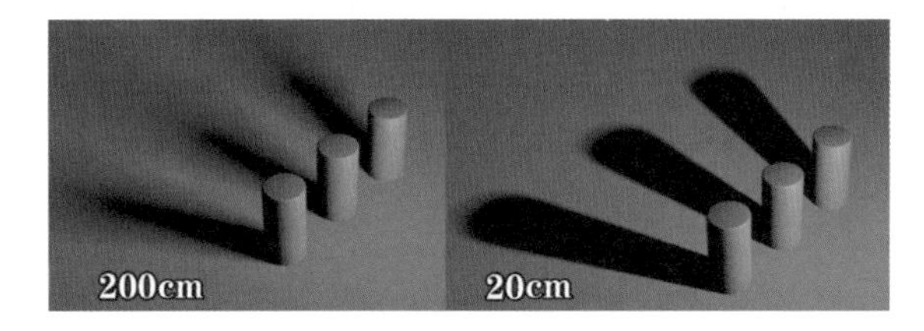

密度：控制阴影的密度，密度越小阴影越透明。

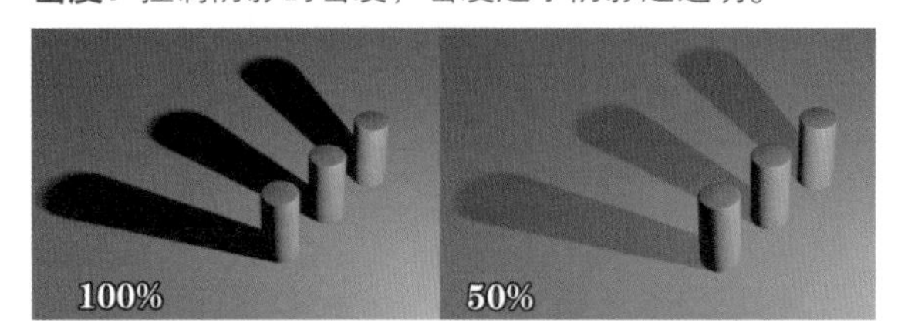

颜色：控制阴影的颜色。

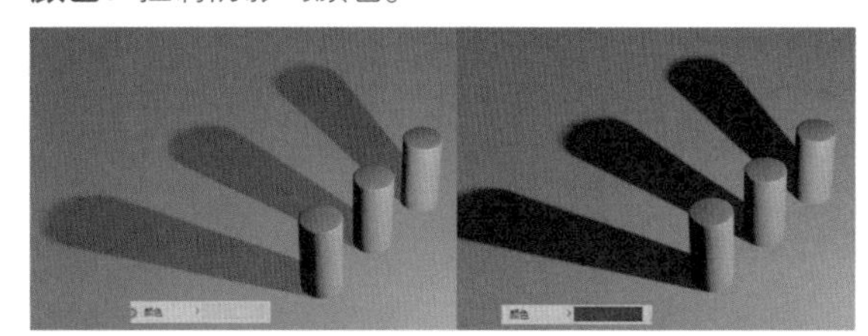

透明：选中“透明”复选框，则会计算对象材质的透明通道和Alpha通道。创建一个材质，选中透明通道并将材质赋予对象，选中该复选框并渲染视图。

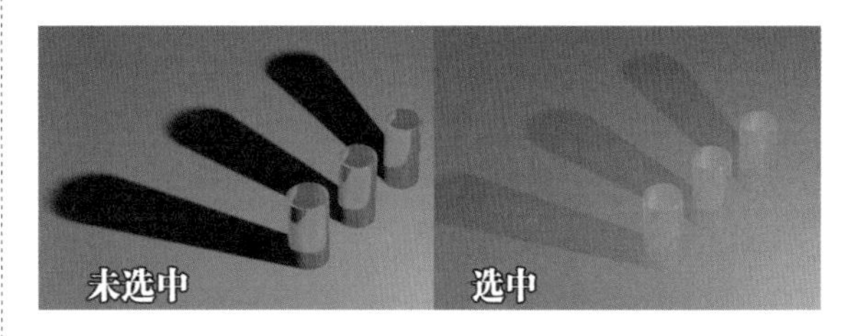

选中“透明”复选框后，穿过透明对象的光线会受到透明对象本身颜色的影响。

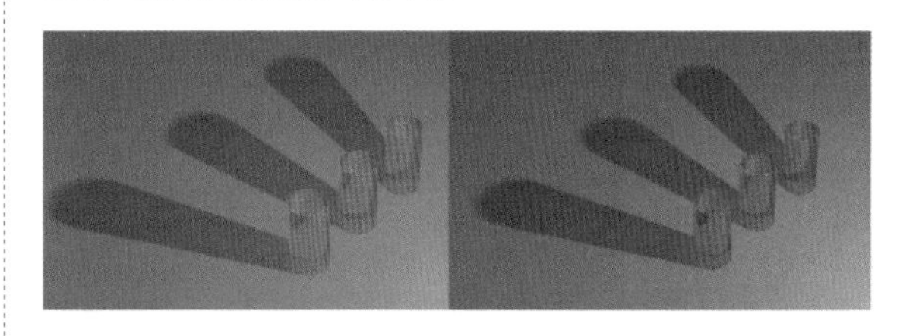

修剪改变：在“聚光灯”模式下可用。选中该复选框，则“细节”属性面板上的剪切设置将应用于阴影投射和照明。

投射贴图：控制阴影贴图的尺寸，值越大阴影越精确，但会占用更多的内存，渲染速度也会变慢。

水平/垂直精度：自定义阴影贴图在x、y轴方向上的精度。

内存需求：显示当前设置下占用的内存。

采样半径： 参数值越大阴影边缘越柔和，参数值范围为 1~20。

采样半径增强： 增强柔和效果，“采样半径”固定为 20。

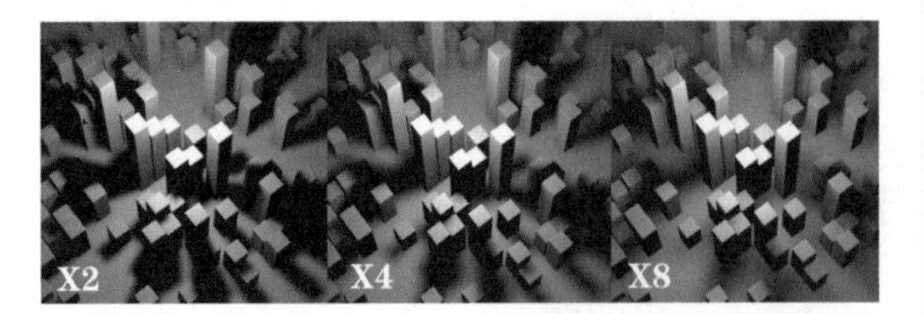

绝对偏移： 选中“绝对偏移”复选框后使用绝对偏移，取消选中则使用相对偏移。该参数用于控制阴影相对于投影源的偏移方式，可以使离投影源近的阴影的强度变弱。

偏移（相对）： 使用相对方式控制阴影的偏移。例如，将参数设置为 50%，则每块阴影都相对自己的范围向外偏移 50%。

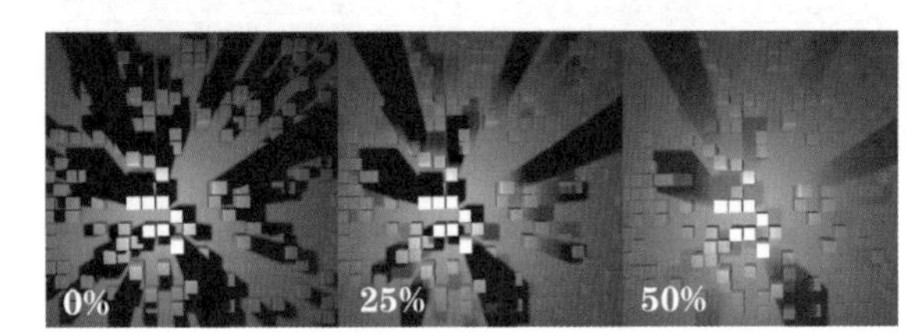

偏移（绝对）： 使用绝对方式控制阴影的偏移。例如，将参数设置为 100cm，则每块阴影都相对自己的起点位置向外偏移 100cm。

平行光宽度： 在“远光灯”“平行光”模式下使用“阴影贴图（软阴影）”时才能使用该参数，其值规定了远光灯产生阴影的范围。

轮廓投影： 选中“轮廓投影”复选框后只保留轮廓处的投影。

高品质： 设置更高的阴影质量，用于解决一些边缘阴影的问题，但渲染速度慢。

柔和锥体： 柔和锥体的边缘。

投影锥体： 选中该复选框后只在参数控制的锥体角度内产生阴影，类似于聚光灯。

角度： 控制锥体的角度，范围为 0° ~170° 。

采样精度： 范围为 0%~100%，值越大阴影计算得越精确，渲染速度越慢，值过小时阴影中会出现明显的颗粒。

最小取样值： 范围为 2~10000，计算阴影时会根据不同像素的环境复杂度分配不同的取样值，值越大计算得越精确；该参数控制场景中允许的最小取样值，可以提升阴影整体的质量，但同时也会增加渲染时间。

最大取样值： 范围为 2~10000，控制场景中允许的最大取样值，限制阴影的最高质量。使最大取样值、最小取样值相等，可以保证场景中所有的阴影一致，取样值不同效果也不同。

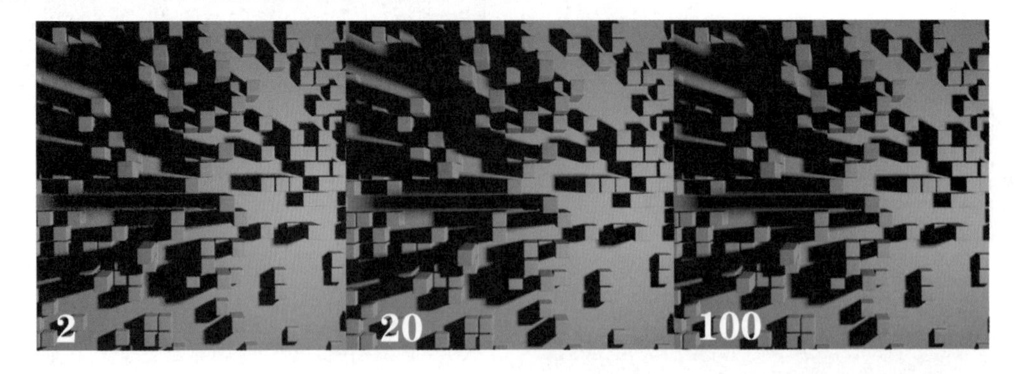

光度属性

“光度”属性面板在使用 IES 灯光时使用。除资源中提供了 IES 文件外，Cinema 4D 中也预置了 IES 文件。

按快捷键 Shift+F8，打开“内容浏览器”窗口，找到“预置 > Presets>Lighting>IES Lights”文件夹，其中包含大量的 IES 灯光预置。

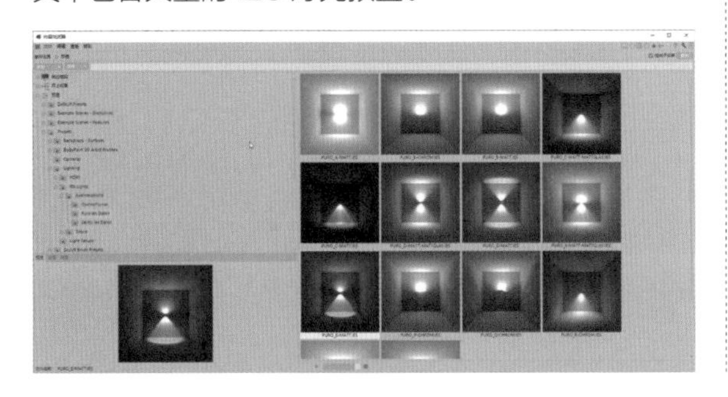

选中需要的 IES 灯光预置，将其拖曳至“文件名”文本框即可。

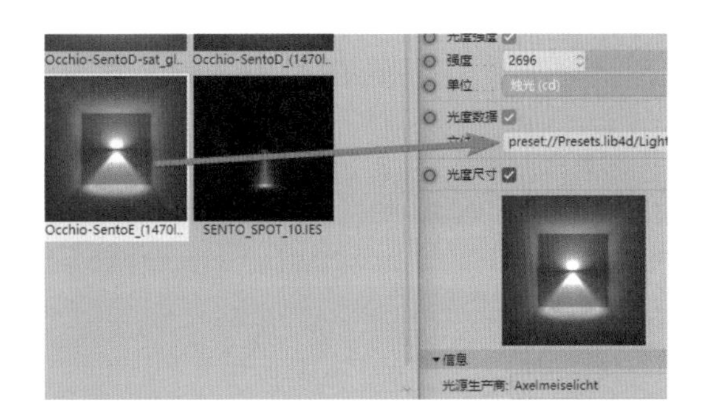

IES 灯光取样于现实世界，可以用于创建较自然、逼真的灯光效果。

光度强度： 使用物理参数控制灯光的强度，该参数独立于“常规”属性面板中的“强度”参数。

强度： 控制光度强度，该参数独立于“常规”属性面板中的“强度”参数。IES 文件中包含光照强度数据，替换新的 IES 文件会自动修改该参数值。

单位： 切换不同的光度单位，有烛光（cd）、流明（lm）、勒克斯（lx）3 个单位；其中勒克斯（lx）只能在“区域光”模式下使用。

光度尺寸： IES 文件中通常包含灯光的尺寸，选中该复选框后灯光会变为区域光，“细节”属性面板中会新增灯光形状和“灯光尺寸”参数，导入新的 IES 文件时会应用该 IES 文件中的灯光尺寸信息；取消选中该复选框，则灯光不会被采用，也不能调整灯光尺寸。

信息： 展开该参数可以看到 IES 文件中的灯光信息，但不是所有的 IES 文件都包含灯光信息。

焦散属性

打开“实例文件 >CH09> 焦散示例 > 泳池 .c4d”文件，单击按钮或按快捷键 Shift+R，打开“图片查看器”窗口，场景中丝毫没有泳池中蓄满水的感觉。

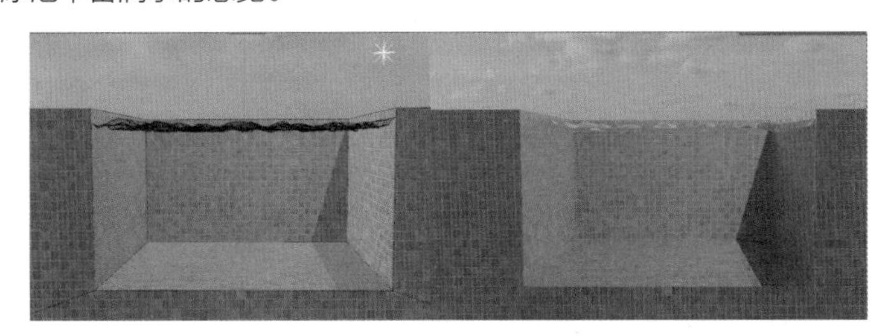

单击按钮或按快捷键 Ctrl+B，打开“渲染设置”窗口，单击左下角的“效果”按钮 效果... ，在弹出的下拉菜单中选择“焦散”命令即可添加焦散效果，然后在右边的“焦散”属性面板中选中“表面焦散”“体积焦散”复选框。

选中“灯光”对象，在“焦散”属性面板中选中“表面焦散”复选框，单击按钮或按快捷键 Shift+R，打开“图片查看器”窗口，可以看到光线透过起伏的水面，并经折射形成亮斑。

能量： 光子的初始能量，值越大，光子能反弹的次数越多，光斑越亮。

光子： 控制光子的数量，值越大，则焦散效果越精细，渲染速度越慢。“光子”值默认为 10000，“能量”保持不变；“光子”值太小则不能很好地计算光斑形状，调大该值能提升焦散效果的精细度并增加细节。

体积焦散： 选中“体积焦散”复选框后，会在灯光的体积范围中产生焦散效果，该效果的渲染速度非常慢。在灯光的“常规”属性面板中，将“可见灯光”设置为“正向测定体积”；在“可见”属性面板中，将“外部距离”调整至能覆盖场景，则在灯光的体积范围内会产生体积焦散效果。仔细看可以发现，除了水下有明显光柱，水面与泳池地面反射的光线也在体积范围中产生了细微的光柱。

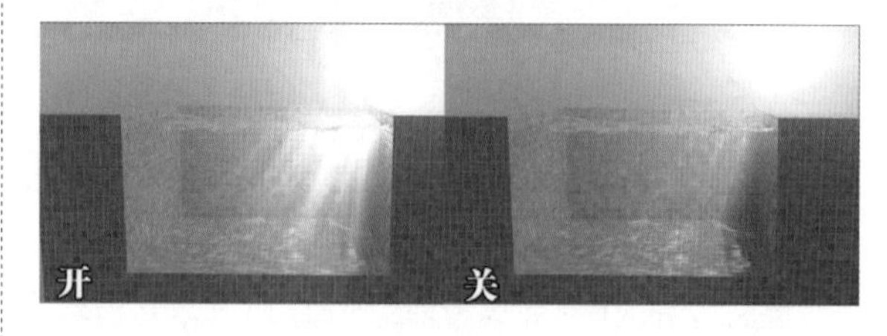

衰减： 使焦散强度随距离衰减，模式固定为“线性”，“内部距离”固定为0cm，调整“外部距离”，效果如下图所示。

噪波属性

使用“平面”和“聚光灯”对象创建一个新场景，使聚光灯直射平面并将灯光的“可见灯光”设置为“正向测定体积”。

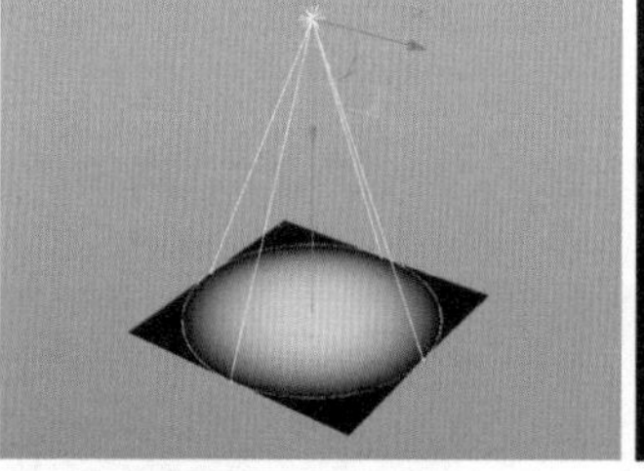

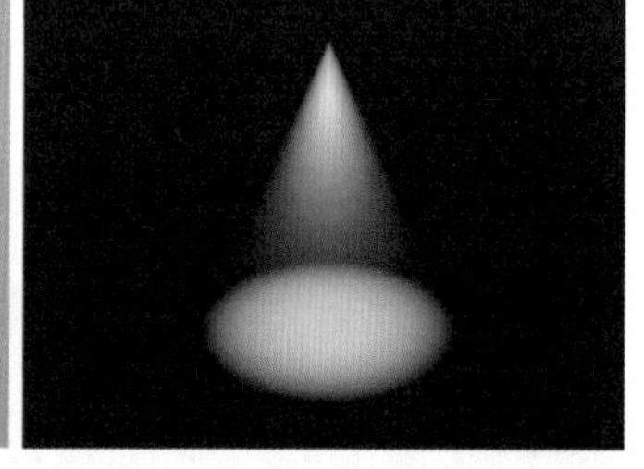

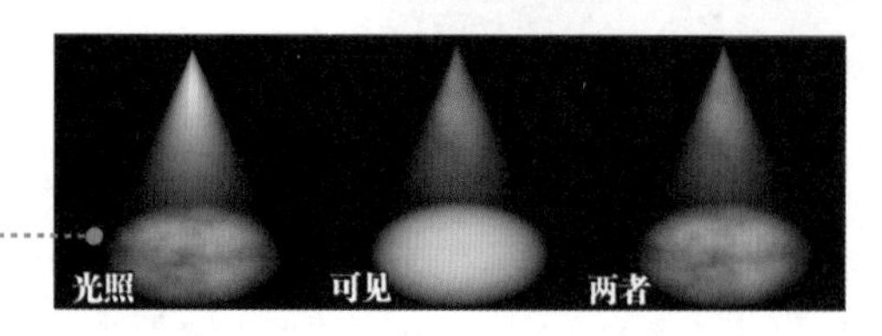

噪波： 控制灯光噪波的类型。其中，“光照”为只对光照添加噪波影响，“可见”为只对体积添加噪波影响，“两者”为对光照和体积都添加噪波影响。

类型： 切换噪波的类型，有“噪波”“柔性湍流”“刚性湍流”“波状湍流”4 种。

阶度： 数值范围为 1~8，值越大噪波细节越多，值越小噪波细节越少且越平滑；“阶度”下方的图片为噪波图像预览图。

速度： 控制噪波动画的速度。

亮度： 控制噪波图像的整体亮度，“高度”为负值则降低整体亮度，“亮度”为正值则提高整体亮度。

对比： 控制噪波图像的对比度。

局部： 设置噪波是否跟随灯光移动。

可见比例： 设置体积噪波在三维空间中的比例，该值影响体积中噪波的大小，值越小颗粒越密集，值越大颗粒越稀疏。

光照比例： 设置光照噪波的缩放，值越大则噪波越密集。

风力： 给体积噪波添加风力效果，使体积噪波产生类似被风吹动的效果。该参数用于设置风的矢量。

比率： 设置风速。

镜头光晕属性

为灯光添加镜头光晕效果。通常在实际制作过程中，镜头光晕会在后期添加。

新建一个泛光灯，切换到“镜头光晕”属性面板，将“辉光”设置为“红色”，单击按钮。

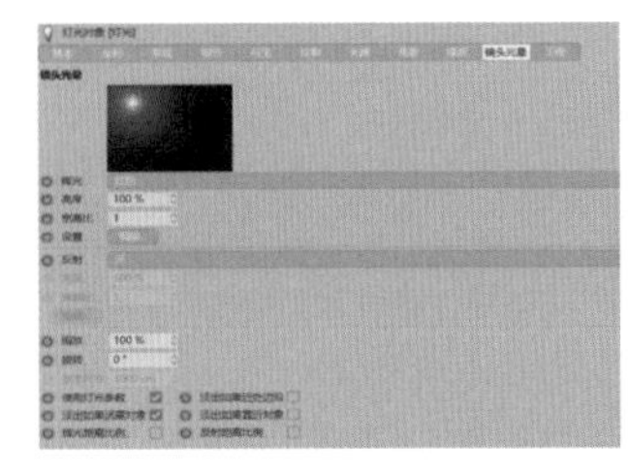
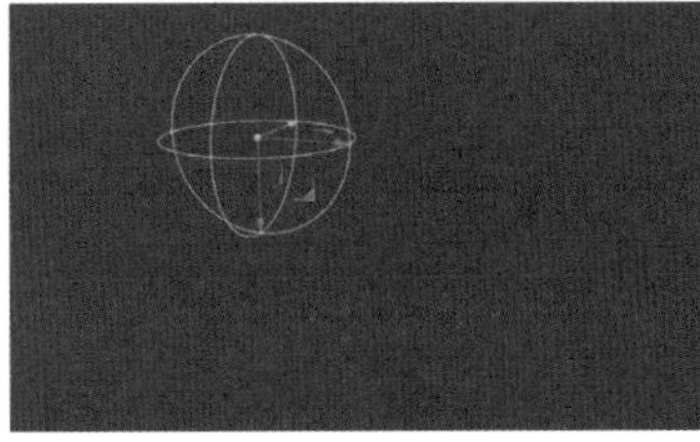

镜头光晕：在当前设置下，灯光位于视图左上角时的光晕预览效果。

辉光：设置灯光的辉光类型。

亮度：设置辉光的亮度。

宽高比：设置辉光的宽高比，值越小则辉光在 y 轴方向上越扁，值越大则辉光越长。

设置：单击“编辑”按钮可以打开“辉光编辑器”对话框。

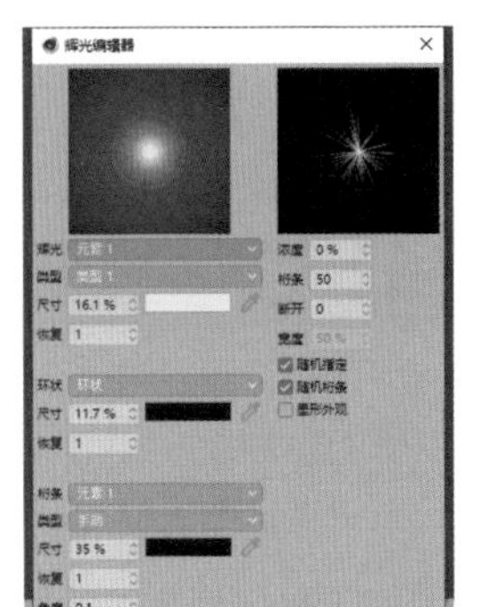

反射：设置灯光在镜头上产生的反射的类型。辉光类型保持不变，修改反射类型，效果如下图所示。

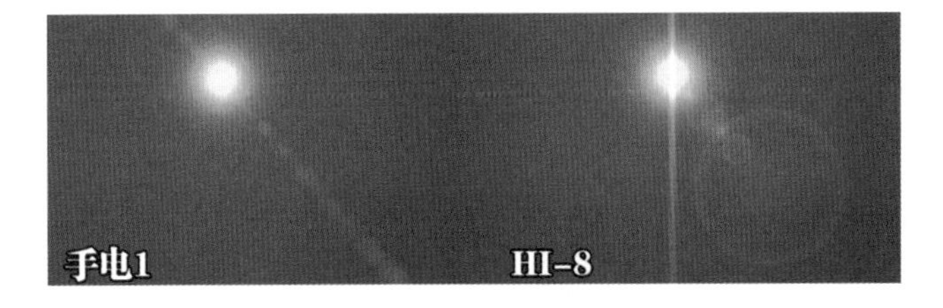

缩放：控制镜头光晕中所有元素的缩放。

旋转：设置辉光整体的旋转角度。

辉光距离比例：选中该复选框后辉光的大小会受灯光与镜头的距离影响，距离越远辉光越小。

参考尺寸：选中“辉光距离比例”复选框时，用于调整辉光的尺寸。

使用灯光参数：选中该复选框后光晕颜色会叠加灯光颜色。在 HSV 色彩模式下，S（饱和度）值越大，光晕颜色越接近灯光颜色；当 S 值为 0 时，光晕颜色为设置的颜色。

淡出如果远离对象、淡出如果靠近对象、淡出如果近处边沿：选中相应的复选框后当灯光远离或靠近对象、视图边缘时，光晕效果逐渐减弱直到被遮挡后完全消失。

反射距离比例：选中该复选框后反射效果会随距离变化，灯光越远反射图案越小。

工程属性

在三维创作中，创作者为了实现一些特殊效果，有时候需要让灯光只照亮特定的对象而不影响其他对象，这种反物理手段被称为“灯光排除”。“工程”属性面板用于设置 Cinema 4D 的灯光排除。

图中 4 个材质完全相同的立方体在同一个灯光下，有的完全不接受光照，有的没有漫射效果，有的不产生阴影。

模式：控制灯光排除的模式。

排除：对象列表内的对象不受灯光的影响。

包括：只有对象列表内的对象会受到灯光的影响。

对象： 对象列表内的对象会受到“工程”属性面板中的设置的影响，对象的名称右侧有 4 个图标，分别用于单独对对象的材质通道和阴影等的灯光进行排除。为漫射通道，在“排除”模式下，激活该图标，后灯光将不对对象材质的漫射通道产生影响。为反射通道，为阴影，用于控制是否对对象的子级产生影响。

PyroCluster 光照、PyroCluster 投影： 控制灯光是否对 PyroCluster 材质产生效果。

技巧与提示

Cinema 4D 的场景在没有灯光的情况下，会使用默认灯光进行照明，可以在视图窗口中执行“显示 > 默认灯光”命令，在打开的“默认灯光”窗口中修改默认灯光的角度。在场景中创建了任意灯光后，默认灯光将被关闭。如果关闭所有灯光，则会重启默认灯光。

9.2 目标聚光灯 / 日光 /PBR 灯光

除了灯光对象的“类型”参数下定义的灯光类型，Cinema 4D 还预设了其他几种类型的灯光。

目标聚光灯

目标聚光灯是 Cinema 4D 提供的一个预设灯光，其灯光类型为聚光灯，投影模式默认为无。

单击按钮创建一个“立方体”对象，按住按钮，在展开的下拉菜单中单击“目标聚光灯”按钮，创建“目标聚光灯”对象。目标聚光灯会自动朝向目标，即使大范围移动灯光位置也不必担心灯光照射不到对象。

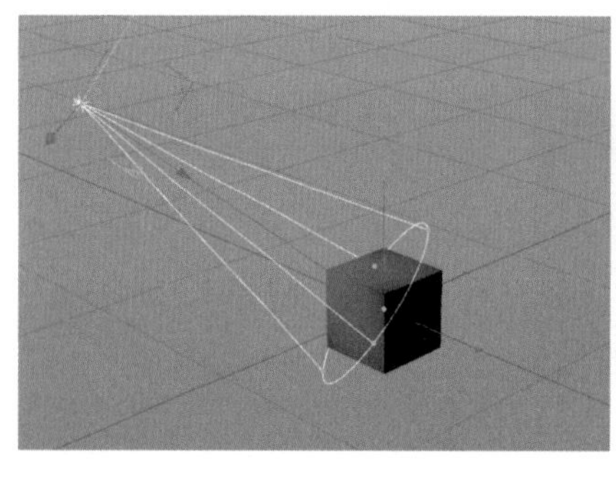

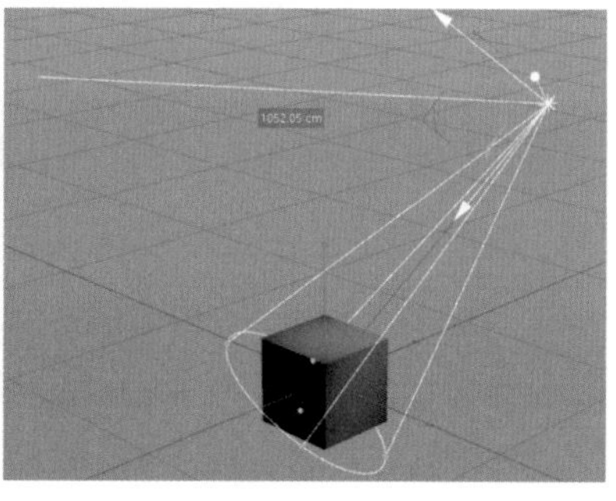

单击右侧的“目标”标签，在“标签”属性面板中对该标签进行设置。

目标对象： 设置灯光的照射目标，灯光会始终朝着该目标的轴心点方向照射，创建灯光时会默认创建一个空对象作为目标。

上行矢量： 使灯光的 y 轴始终朝向目标。

仰角： 取消选中“仰角”复选框，则灯光的仰角方向不会自动朝向目标。

日光

日光是 Cinema 4D 提供的一个预设灯光，其灯光类型为远光灯，投影模式为光线追踪（强烈）。可以通过输入时间和经纬度自动创建符合参数的灯光。

按住按钮，在展开的下拉菜单中单击“日光”按钮，创建“日光”对象。

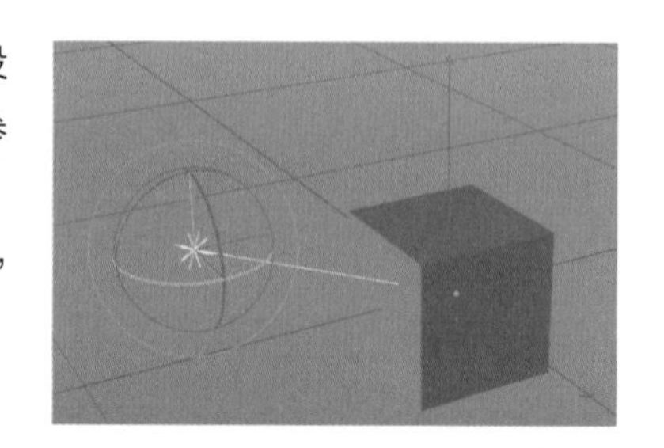

单击右侧的“太阳”标签，可以在“标签”属性面板中修改其参数。

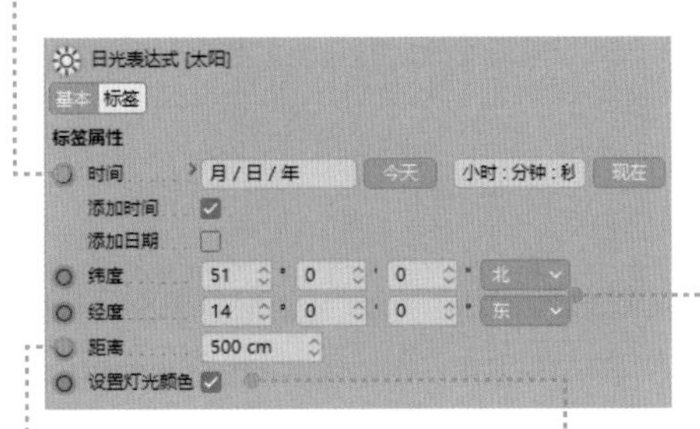

时间

设置当前场景的日期与时间，单击按钮，可以展开“时间”参数，灯光会根据设置的具体时间和日期自动旋转至正确的角度。单击“今天”“现在”按钮，可以将时间设置为当前时间。

经度、纬度

设置当前场景所处的经纬度，灯光会根据设置调整自己的位置。

距离

控制视图中的灯光与世界坐标中心的距离。

设置灯光颜色

选中该复选框后灯光会根据当前的时间与日期、经纬度自动设置颜色。

PBR 灯光

PBR 灯光是 Cinema 4D 提供的符合物理规律的预设灯光，其灯光类型为区域光，投影模式为区域，“衰减”默认为“平方倒数（物理精度）”，默认选中“光照强度”复选框，“单位”为“烛光（cd）”。

9.3 照明工具

照明工具是 Cinema 4D 提供的用于快速调整灯光的工具，按住按钮，在展开的下拉菜单中单击“照明工具”按钮即可激活照明工具。

先创建场景，然后激活照明工具

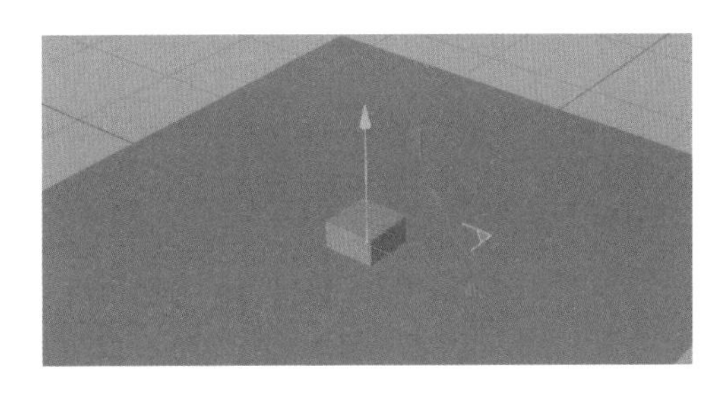

照明工具操作

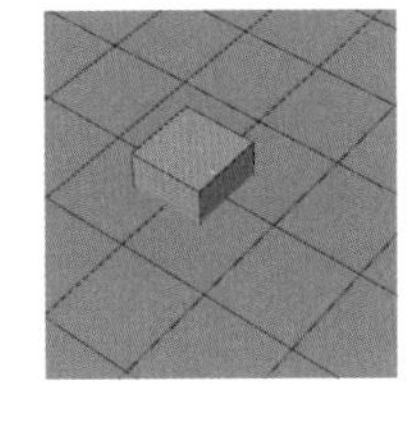

1. 在任意空白处单击，即可创建一个“灯光”对象。
2. 照明工具会自动选中新创建的灯光，按住任意对象的表面并拖曳，选中的灯光会根据照明工具中设置的模式进行调整。
3. 按住 Shift 键，然后按住鼠标左键左右拖曳，灯光会根据鼠标指针所在平面的法线方向进行移动，以达到调整灯光与鼠标指针所在平面的距离的目的。
4. 按住 Ctrl 键后按住鼠标左键左右拖曳，可以调整灯光强度。
5. 若灯光为聚光灯，则按住快捷键 Ctrl+Shift，然后按住鼠标左键左右拖曳，可以调整聚光灯的外部角度。

照明工具属性

模式：定义按住鼠标左键在对象表面拖曳时，灯光的移动模式。

轨迹球：默认模式，保持开始拖曳时的距离，灯光会以鼠标指针所在的位置为圆心进行均匀旋转。

表面：保持开始拖曳时的相对位置与朝向，灯光会跟随鼠标指针进行位移，朝向根据所在表面的法线计算。

漫射定位：将灯光放置在与所选平面的法线垂直的位置，使鼠标指针在对象光照最强烈的部位。

镜射定位：与“漫射定位”类似，使鼠标指针在镜面反射最强烈的位置，同时考虑摄像机的位置，使灯光避开画面中心。

定位：不改变灯光的位置，仅使灯光朝向鼠标指针所在平面，用于调整聚光灯、远光灯。

轴：控制阴影位置的特殊模式，选择该模式后，单击“方位轴”按钮 方位轴 ,然后在视图中选择对象表面的一个点作为轴心，单击并放置黄色的标记点。

按住鼠标左键并在任意对象表面拖曳，标记点的阴影会刚好落在鼠标指针所在位置。

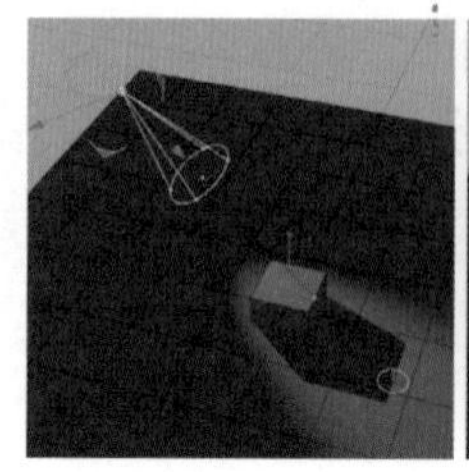
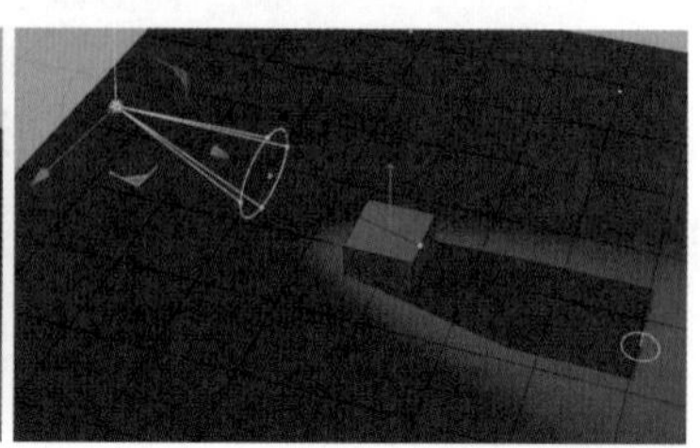

选择算法：如果场景内存在多个灯光且没有选择任何灯光，则使用照明工具进行调整时，会自动根据设置的算法选择需要操作的灯光。

角度：优先选择鼠标指针所在表面的法线与光线夹角小的灯光。

亮度：优先选择在鼠标指针位置贡献了最大量光线的灯光。

仅修改灯光：取消选中该复选框后照明工具可以用于修改除灯光对象外的其他类型的对象。

高光：取消选中该复选框后视图中表示灯光与鼠标指针位置关系的黄色连线将会隐藏。

轴：在“轴”模式下可以手动输入坐标。

方位轴：在“轴”模式下单击“方位轴”按钮 方位轴 后可以在视图中通过鼠标指针修改方位轴的位置。

添加灯光：在没有灯光的情况下，单击任意位置均可创建灯光；在有灯光的情况下，只能单击空白位置创建灯光；单击该按钮后可以和场景中没有灯光时一样，直接单击并在对象表面创建灯光。

9.4 场景工具

执行“创建 > 场景”命令，或者在工具栏按住按钮，在展开的场景工具组下拉菜单中可以看到场景工具。

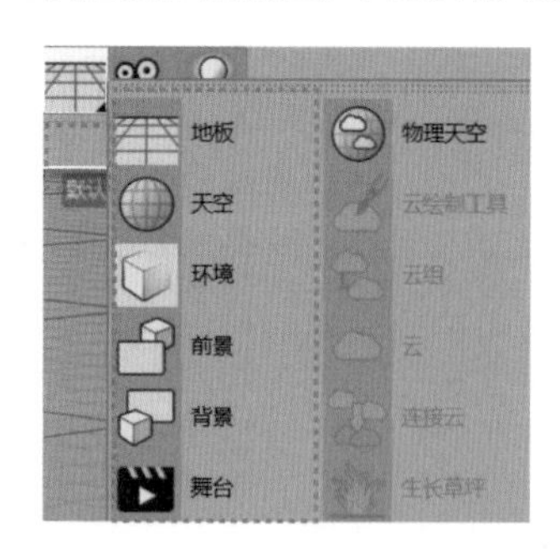

地板

单击“地板”按钮，创建“地板”对象。“地板”对象在视图中是一个 10000cm × 10000cm 的平面，渲染后为无限大的平面。

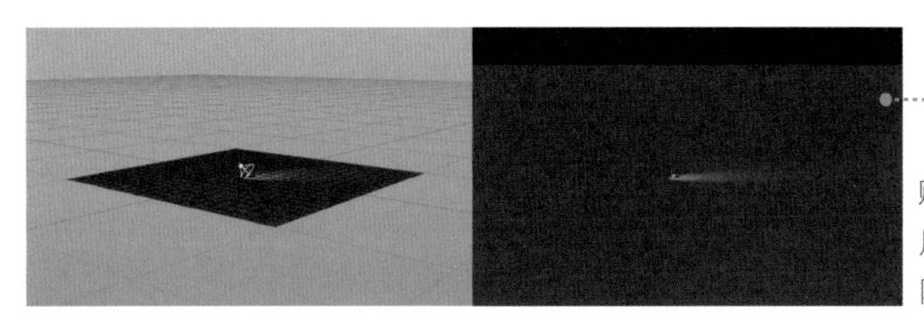

“地板”对象可以被赋予材质，但不能应用置换等会直接修改网格的功能。

天空

单击“天空”按钮，创建一个“天空”对象，然后在“材质”窗口中双击创建一个默认材质。双击默认材质，打开“材质编辑器”窗口，取消选中所有通道，然后单独选中“发光”复选框，在发光通道中加载“实例文件 >CH09> 焦散示例 >tex>Almost Clear.hdr”文件，渲染当前视图。

单击按钮，打开“渲染设置”窗口；单击“效果”按钮，选择“全局光照”命令，重新渲染视图，此时背景照亮了场景。

“天空”对象是一个无限大的球体，通常配合 HDRI 和全局光照使用，可以作为整体的环境照明和充当背景环境。

技巧与提示

HDRI 全称为 High Dynamic Range Image（高动态范围图像），格式为 .hdr，其核心技术为 HDR（High Dynamic Range，高动态范围）。通常为每通道 8 位的 RGB 图像，R、G、B 这 3 个通道中，单个通道可以存储 2 的 8 次方个灰阶数值，即 0~255，3 个通道的灰阶数值相乘得到 16777216，也就是显示器常见的 1600 万色。HDR 图像每通道可以存储 32 位信息，远超日常使用的显示器可以显示的信息。由于在三维创作中，HDR 图像中的信息可以为场景提供逼真的照明信息，所以常用 HDR 全景图作为场景的基础环境照明。

环境

“环境”对象既可以充当场景的全局环境照明，也可以被赋予 PyroCluster 体积跟踪材质，使全局都可以创建 PyroCluster 材质效果。创建场景，然后单击“环境”按钮，创建一个“环境”对象。

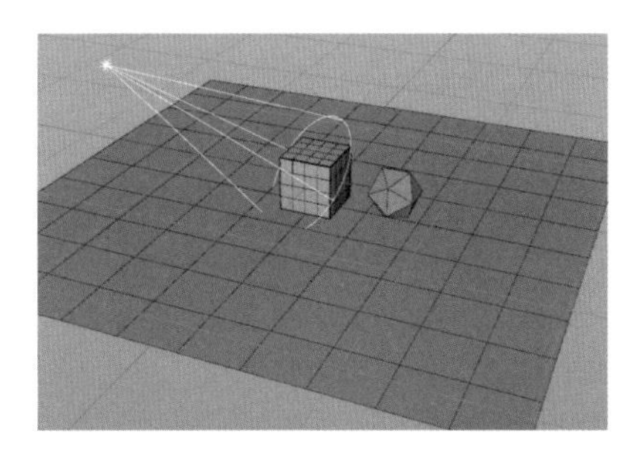

强度： 设置环境照明的强度，不同的强度效果也不同。

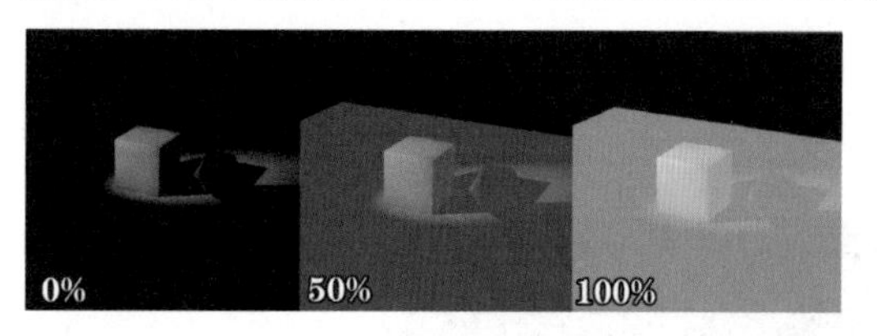

环境颜色： 设置环境照明的颜色。

启用雾： 选中该复选框即可启用全局环境雾效果。

颜色： 设置环境雾的颜色。

强度： 设置环境雾的强度。

距离： 设置环境雾的距离。

影响背景： 选中“影响背景”复选框，则无论环境雾效果的强度如何，都会覆盖“天空”对象和“背景”对象的背景效果；取消选中该复选框则只会影响场景中的对象，而背景完全不受影响。

前景

前景与背景类似，需要在通道中加载图像。前景会将图像投射到视图中，并让图像跟随视图运动，且不透明的部分会遮住场景中的一切对象。前景可用于添加 HUD，该功能较为少用。

背景

单击“背景”按钮，创建“背景”对象，在“材质”窗口中双击创建新的默认材质。双击“材质”图标，打开“材质编辑器”窗口，在颜色通道中载入“实例文件 >CH09> 草原 .jpg”文件，然后将材质赋予“背景”对象。此时，视图中有了模糊的背景，渲染后可以得到高清的效果。

创建任意对象，移动对象。此时，不论位置如何，对象均显示在“背景”对象之前，且不论如何转动摄像机视角，背景都始终保持不变。

舞台

单击“舞台”按钮，创建“舞台”对象，打开“对象”属性面板。

“舞台”对象用于指定场景中使用的摄像机、天空、前景、背景、环境 5 个对象。当场景中有多个同类对象时，只有在舞台的“对象”属性面板中被指定的对象才会生效。此外，在“对象”属性面板中可以设置关键帧动画，即当场景中有多个摄像机、背景等需要切换时，可以使用“对象”属性面板设置切换动画。

第 10 章 物理天空

本章学习要点

物理天空的相关对象与工具

物理天空与天空一样，通常作为环境照明并充当背景。不同的是，天空是基于单一图像纹理的光照计算的环境，而物理天空是基于程序纹理模拟的复杂物理环境。物理天空包含天空、太阳、大气、云、体积云、烟雾、彩虹、阳光、天空对象共 9 个效果层。

物理天空的相关对象与工具可以通过执行“创建 > 物理天空”命令找到；或在工具栏中按住按钮，在弹出的下拉菜单中找到。

打开“实例文件 >CH10> 房屋 > 房屋 .c4d”文件。

单击“物理天空”按钮，创建“物理天空”对象。在“基本”属性面板中单击“载入天空预置”按钮，可以在天空预置列表中选择 Cinema 4D 中预置的天空效果。

选择任意的天空效果并进行渲染。

基本属性

“基本”属性面板用于设置是否显示物理天空的 9 个效果层，在此处单击“载入天空预置”“载入天气预置”等按钮可以载入物理天空的预置效果。

时间与区域

“时间与区域”属性面板用于根据时间与地理位置设置真实的光照角度及颜色。此外，还可以使用“城市”参数设置经纬度与夏令时。

物理天空提供了区域位置 HUD，用于显示物理天空的方向与太阳的运行路线，以及太阳当前的方位。若图标被遮挡，则可以通过移动物理天空使其不被遮挡。物理天空的坐标位置不影响其实际效果。

天空

取消选中除“天空”外的所有效果层并进行渲染后可以看到，即使不开启全局光照物理天空也能照亮场景。

虽然不开启全局光照物理天空也能照亮场景，但为了保证效果准确，在使用时应尽量开启“全局光照”效果，并将“全局光照”切换为更适合物理天空使用的预设。在工具栏中单击按钮，打开“渲染设置”窗口，单击“效果”按钮 效果... ，在弹出的下拉菜单中选择“全局光照”命令，然后在“预设”中选择“外部 - 物理天空”选项。

天空属性

物理天空： 选中该复选框即可启用物理天空，使用11个参数控制物理天空效果；取消选中该复选框则使用“自定义地平线”“最大高度”“颜色”3个参数控制物理天空的效果。

强度： 控制物理天空的光照强度，该值只影响物理天空对场景的环境光照强度，物理天空的视觉亮度并不会受到影响。

饱和度修正： 修改物理天空的饱和度，参数范围为0%~200%。当值为0%时，物理天空将变为黑白色。

可视强度： 与“强度”类似，只修改物理天空的可见亮度而不影响全局光照。

抖动： 为物理天空的颜色添加细微的噪点，参数范围为0%~100%。

地平线： 选中该复选框后地平线下方的物理天空将显示为黑夜，取消选中该复选框则会自动指定地平线下方的颜色和亮度。

颜色暖度： 轻微调整物理天空颜色的冷暖倾向，参数范围为0%~100%。

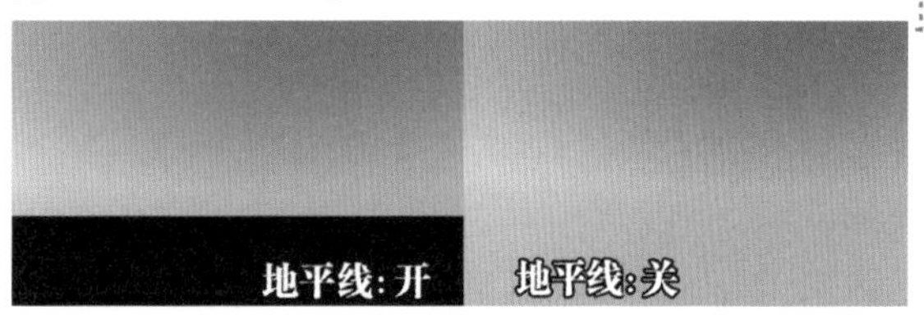

夜晚强度比率： 控制夜晚物理天空发光区域的光照强度，会同时修改物理天空的强度和光照强度。

色调修正： 调整物理天空的色彩倾向，参数范围为0%~100%。

Gamma 修正： 调整物理天空的Gamma值，参数范围为0.1~10。

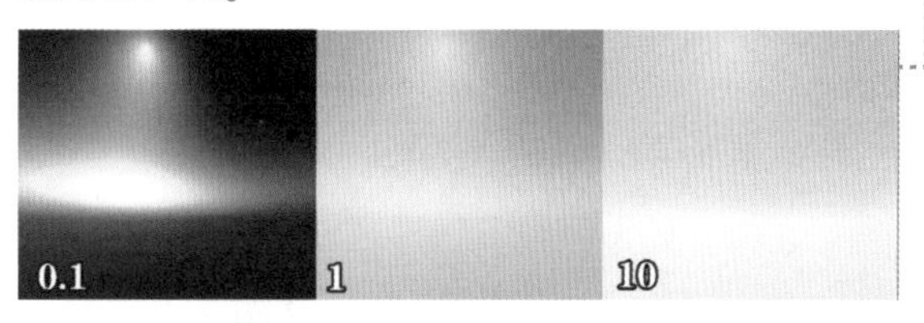

浑浊： 控制大气的浑浊度，参数范围为 2~32。

自定义地平线： 需取消选中“物理天空”复选框才能选中该复选框，选中该复选框后可以使用渐变颜色控制物理天空的颜色。

颜色： 通过渐变颜色控制物理天空的颜色；渐变从地平线开始沿 y 轴向两端延伸，左端为地平线颜色，右端为物理天空颜色，具体位置由“最大高度”控制。

最大高度： 物理天空是一个无限大的球体，“颜色”控制球体沿 y 轴的颜色变化，“最大高度”控制渐变颜色右端相对于球体两端的高度。

效果浑浊： 影响阳光、彩虹等效果层在大气中的浑浊度，参数范围为 0%~100%；当选中“太阳”和“阳光”复选框时，不同浑浊度的效果不同。

臭氧（厘米）： 臭氧会过滤阳光中的黄光和红光，值越大则阳光越偏蓝色，参数范围为 0~50。

大气强度： 设置大气的强度，参数范围为 0%~100%；值越小天空越暗，值越大则物理天空越亮；当该值为 0% 时，大气完全消失。

地平线起点： 调整地平线在球体上的相对起始位置，参数范围为 –89° ~89° ；当场景中的地面不够大以至无法完全遮挡地平线以下的内容时，可以将“地平线起点”调整为负值，使地平线向下移动以免穿帮。

地球半径（km）： 控制地球半径，半径会影响云在物理天空中的视觉位置，参数范围为 10~ ∞，不同值的效果不同。

太阳

太阳与地球距离遥远，因此太阳是远光灯。物理天空默认的投影模式为区域，也可将其调整为“光线追踪（硬阴影）”或“无”，开启天空效果层和太阳效果层。

太阳属性

预览颜色：只用于预览颜色，颜色会根据其他参数改变。

强度：太阳的光照强度，参数范围为0%~10000%；当制作晴天场景时可以适当增加"强度"值，以制作强光感。

饱和度修正：调整太阳光颜色的饱和度，参数范围为0%~200%。

色调修正：调整太阳光颜色的色彩倾向，参数范围为0%~100%。

Gamma 修正：调整太阳光的Gamma值，参数范围为0.1~10。

尺寸比率：调整太阳本体的可见尺寸，参数范围为0%~10000%；若将太阳的投影类型设置为"区域光"，则增大该值会使投影变得柔和。

可见强度：调整太阳本体的可见强度，参数范围为0%~10000%；该参数只影响太阳的可见强度，不影响太阳的光照强度。

自定义颜色：使用自定义颜色代替物理天空生成的太阳颜色。

颜色：设置自定义的太阳颜色。

镜头光斑：选中该复选框即可开启镜头光斑，单击左侧的三角图标展开光斑参数。

辉光强度、光斑强度：控制镜头光斑的辉光和光斑强度。

距离比例：设置太阳相对于摄像机的距离比例，值越小太阳越近，值越大太阳越远。

自定义太阳对象：可以将其他灯光对象置入场景作为太阳使用，置入后会自动变换太阳的位置。

投影：设置太阳的投影类型和参数，其参数同灯光的"投影"属性面板中的参数。

大气

大气对光线具有吸收与散射作用，因此在现实生活中，当观察者与物体有一定距离时，物体看起来像被一层薄雾笼罩。物体与观察者的距离越远，这种视觉感受越强烈，这种感觉通常被称为"空气感"。

若将场景中的房屋加多，则效果更明显。可以通过修改"克隆"对象或打开"实例文件 >CH10> 房屋 > 房屋2.c4d"文件进行观察。

大气属性

强度：设置大气强度，参数范围为0%~1000%；当该值过大时，远处的景物会曝光严重。

地平线渐隐：控制大气散射效果，随着距离变化与天空进行混合，避免强度过大时出现过曝现象。

全局缩放比率：物理天空的默认比例，现实世界中的1000m等于Cinema 4D中的1000个单位，修改该参数可以改变该比例。

抖动：为大气添加噪点。

云

物理天空中有两种云，其中一种是 2D 云，即通过将噪波纹理投影到天空形成的云，最多可以叠加 6 层。可以在“基本”属性面板中选中“云”复选框，在场景中添加云。

云属性

消散：根据渐变颜色添加从地平线到天空顶端的云，使地平线处的云能够平滑过渡，调整该参数可以制作满天乌云的效果。

虽然“消散”参数可以使地平线处的云平滑过渡，但并不能解决场景中没有无限地面而造成的穿帮问题。因此，仍需要在“天空”属性面板中将地平线起点下移或使用“地板”对象，再将“地平线起点”调整为 –3°　。

投射投影：控制云是否会在场景中产生投影，通常在制作较大的场景时开启。在小场景中，可以使用在空中放置面的方式制作可以灵活调整的投影。

图层：2D 云最多可以添加 6 个图层，选中对应的图层复选框后下方会出现图层设置，上方为图层开关。

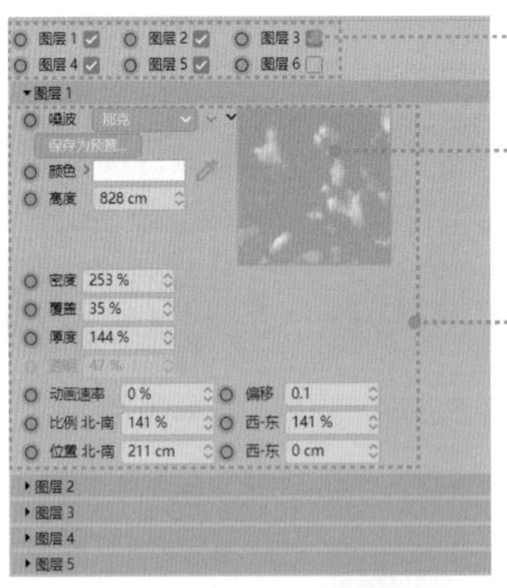

图层开关

云纹理预览图：单击鼠标右键可以在弹出的菜单中调整预览图的大小。

图层设置

噪波：2D 云是使用噪波生成的云，Cinema 4D 中提供了多种类型的噪波；除了单击噪波名称可以查看噪波列表外，还可以单击“噪波”参数右侧的按钮，展开图标形式的噪波列表，以便预览。

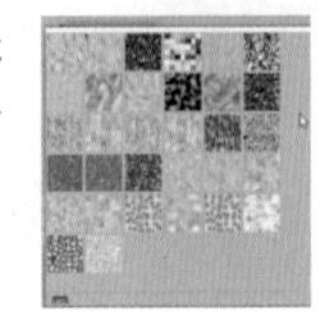

保存为预设：当设置好一个较为满意的云图层时，可以单击该按钮将云图层保存为预设，以便下次使用。

颜色：修改当前图层中云的颜色。

高度：设置云的高度，参数范围为 0~50000cm。

在现实世界中，云层通常都由不同高度的多种不同类型的云组成，因此，在制作云层时要分清不同高度云层的特点，才能做出逼真的云层。

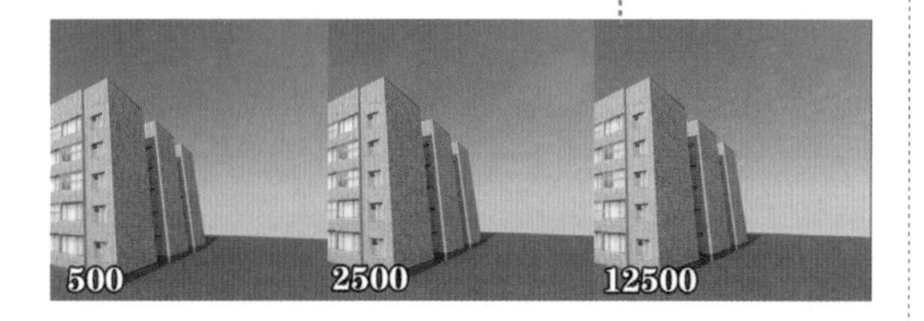

密度：控制云噪波的对比度，参数范围为 0%~5000%；当该值为 0 时，云完全消失，值越大云越大、越清晰、越不透明。

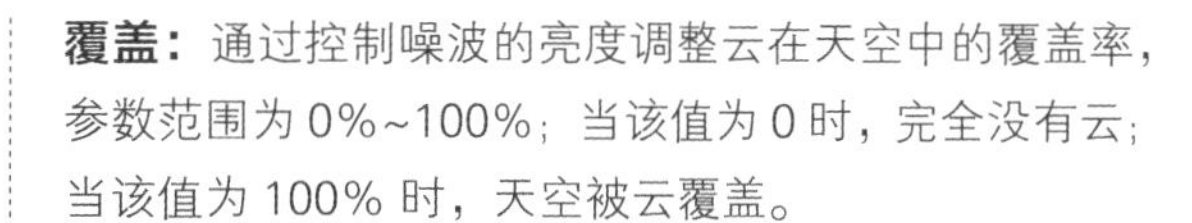

覆盖：通过控制噪波的亮度调整云在天空中的覆盖率，参数范围为 0%~100%；当该值为 0 时，完全没有云；当该值为 100% 时，天空被云覆盖。

厚度：控制云的厚度，参数范围为 0%~5000%，值越大，云越暗。

透明：选中“投射投影”复选框后可以调整“透明”参数，以控制云投影的透明度。

动画速率：控制噪波动画的速率，默认为 0，即云层没有动画；修改为其他值后，云会随动画逐渐变化，值越大变化越快。

偏移：控制偏移噪波动画的起始位置。若对动画的起始形态不满意，例如云在开始时遮住了太阳，则可以通过修改“偏移”值调整云的起始形态。

比例北 – 南、西 – 东：调整噪波在北 – 南、西 – 东方向的比例。

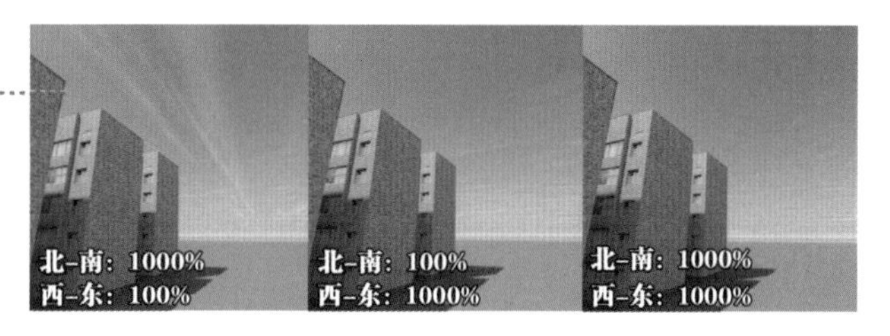

位置北 – 南、西 – 东：控制动画在北 – 南、西 – 东方向的位移。可以通过关键帧动画制作云在天空中移动的效果；配合“动画速率”参数，可以制作出更丰富的动画效果。

细节属性

细节属性

显示月亮：设置夜晚是否显示月亮，单击“显示月亮”左侧的三角图标，展开月亮参数。

缩放：设置月亮的缩放，值越大月亮越大。

亮部强度：控制月亮亮部的强度，参数范围为 0%~100%。

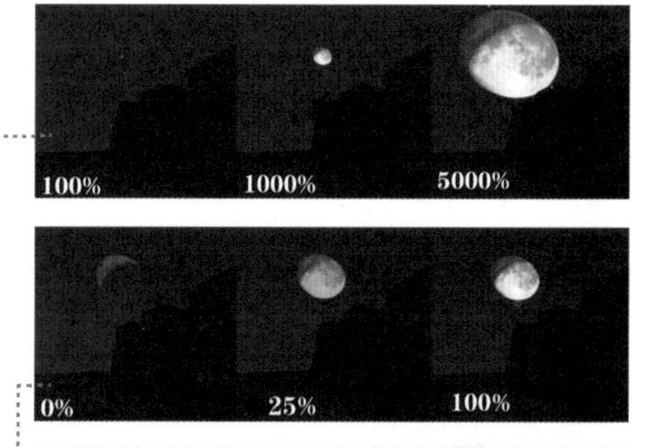

暗部强度：控制月亮暗部的强度，参数范围为 0%~100%。

距离缩放： 同太阳属性中的“距离比例”，“距离缩放”值越小则月亮越近，该参数用于解决光照问题。

自定义月亮对象： 若希望月亮也能照亮场景，则创建一个“灯光”对象，将该对象拖曳到该参数左侧的文本框中即可使用灯光作为月亮的光照来源。

显示星体： 控制夜晚是否显示空中的星星，单击“显示星体”左侧的三角图标，即可展开星体参数。

最小数量： 设置星星的最小可见度，参数范围为0~10.5；值越大，夜空中能看到的星星越多。除该参数外，夜空的亮度也会影响星星的可见度。

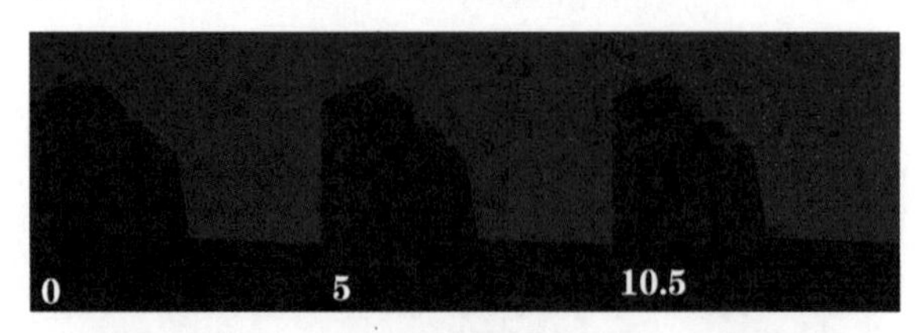

根据数量调整行星大小： 取消选中该复选框则所有星星的大小一致，选中该复选框则能使星星有更多的变化。

亮度状态： 控制星星的亮度，参数范围为0%~100%；值越大则星星越亮、越白，值为100%时，所有星星均为白色。

行星半径： 控制星星整体的半径缩放，参数范围为0.1~5，值越大星星越大。

显示星群： 选中该复选框后会在空中显示当前位置与时间下天上的星座。

颜色： 设置星座的线条颜色。

网格宽度： 默认为0°，最大值为180°；设置0°以外的值时，空中会显示网格；该参数用于控制网格之间的角度，将该值设为5°的效果如右图所示。

网格颜色： 设置网格的线条颜色。

显示行星： 选中该复选框后天空中会显示太阳系内的行星，如火星、土星、木星等。

天空穹顶光： 除阳光外，还有蓝色的面光用于模拟大气光照；在不使用全局光照的情况下，该光照常常会导致场景过蓝，取消选中该复选框则可以关闭该光照以解决此问题。

合并天空与太阳： 默认情况下，太阳是普通的Cinema 4D光源，选中该复选框后太阳会被合并到天空中，类似HDRI。

产生全局光照： 控制天空产生的光照是否影响全局光照，取消选中该复选框则天空不参与全局光照计算，但不影响太阳等其他元素。

优先： 设置不同类别的优先级，优先级将影响场景在渲染时的计算顺序。

纹理预览尺寸： 设置云、月亮等纹理在视图窗口中的预览尺寸。

显示区域位置 HUD： 控制视图中是否显示区域位置HUD。

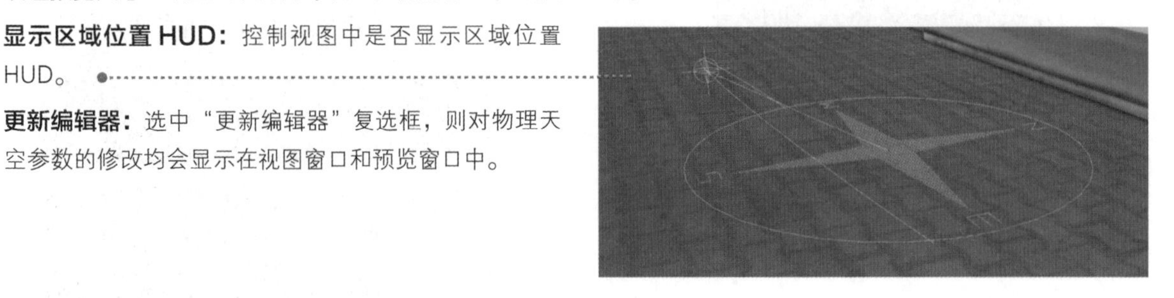

更新编辑器： 选中“更新编辑器”复选框，则对物理天空参数的修改均会显示在视图窗口和预览窗口中。

烟雾

在“基本”属性面板中选中“烟雾”复选框。

烟雾属性

颜色： 修改烟雾颜色。

起点、终点高度： 用于控制烟雾的范围。

最大距离： 从摄像机出发，设置烟雾的最大距离，将其减小可以减少渲染时间。例如，当前场景的纵深不到1000cm，将“最大距离”设置为默认的80000cm，则大部分烟雾的运算都发生在场景之外，减小该值可以减少渲染时间。

密度： 设置烟雾的密度，值越大烟雾的遮光性越好。

密度分布： x 轴代表高度，y 轴代表密度，通过曲线控制烟雾在不同高度的密度；将“起点高度”设置为0cm，将“终点高度”设置为500cm，将“密度”设置为200%，调整曲线即可使烟雾效果发生变化。

噪波： 为烟雾添加噪波效果。

投影强度： 设置对象投影到烟雾上的强度。

光照强度： 设置阳光照射到烟雾上的强度。

第 11 章 实战：Low Poly 场景

本章学习要点

多边形建模、材质与灯光的应用

场景位置	无
实例位置	实例文件 >CH11> 实战：Low Poly 木屋场景 .c4d
视频名称	无
难易指数	★★☆☆☆
技术掌握	多边形建模、材质与灯光的应用

11.1 搭建场景

搭建房屋主体

01 单击"地板"按钮，创建"地板"对象。然后单击"立方体"按钮，创建"立方体"对象，其尺寸默认为200cm×200cm×200cm，将其重命名为"房屋位置"，将其 y 坐标设置为100cm，用作房屋位置的参考。

02 单击"立方体"按钮，创建"立方体"对象，将其重命名为"竖向木板"，并在"对象"属性面板中将其尺寸修改为"X：5cm""Y：200cm""Z：9cm"。

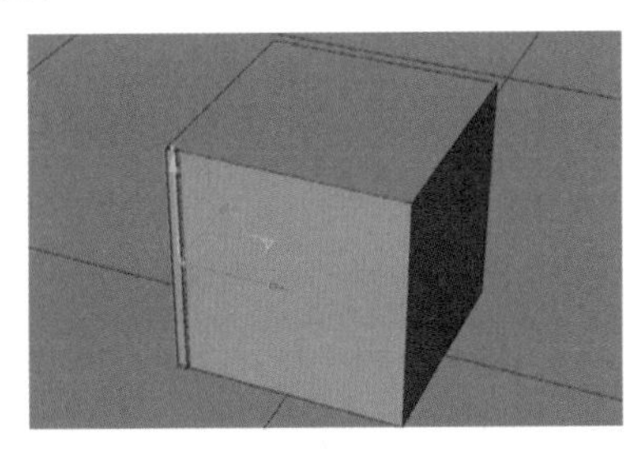

03 选中"竖向木板"对象，按E键进入"移动"模式。按住Ctrl键+鼠标左键拖曳红色的 x 轴，然后同时按住Shift键，进入"量化"模式，将其向 x 轴正方向移动10cm后松开鼠标完成复制。用同样的方法将立方体复制20份，选中全部木板，按快捷键Alt+G将它们组合，并将组合后的对象重命名为"竖向木板－正面"。

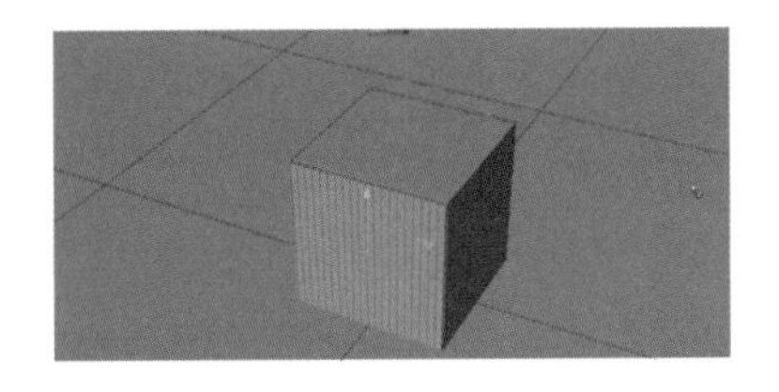

技巧与提示

在"属性"窗口的左上角执行"模式 > 建模"命令，此时会显示建模设置，切换到"量化"属性面板即可修改"量化"模式下每一步的移动距离、旋转角度等参数。当选中"启用量化"复选框时，可以不按住Shift键而时刻保持"量化"模式。在本案例中，可以将"移动"修改为10cm，进行"量化加快"操作。

04 按住Ctrl键，将"竖向木板－正面"对象复制到 z 轴正方向200cm处，并将其重命名为"竖向木板－背面"。同时选中两个组，按R键切换至"旋转"模式，然后按住Ctrl键沿着 y 轴旋转90°，将新复制的两组木板重命名为"竖向木板－左面"和"竖向木板－右面"。

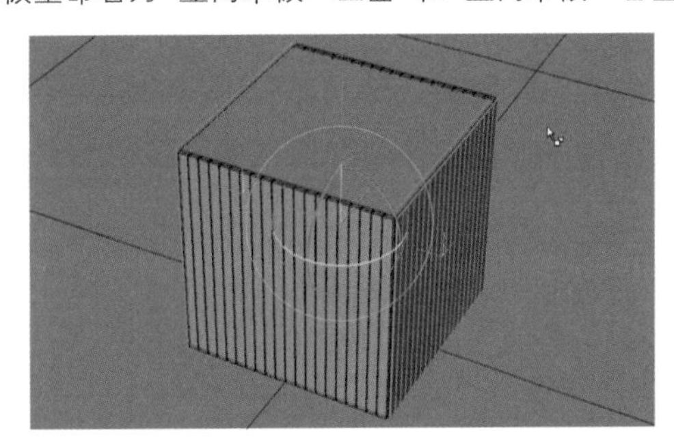

05 单击"立方体"按钮，创建"立方体"对象，将其重命名为"房梁"，将其 y 坐标设置为100cm，再将其尺寸修改为"X：220cm""Y：15cm""Z：220cm"。

06 单击“立方体”按钮，创建“立方体”对象，将其重命名为“房顶”，将其 y 坐标设置为 200cm，将“R.B”设置为 45°，再将其尺寸修改为“X: 180cm”“Y: 180cm”“Z: 240cm”。按 C 键将其转为可编辑对象，单击按钮切换到“面”模式，删除前后和上下的 4 个面；选中剩下的两个面，按快捷键 M~T 执行“挤压”命令，将“偏移”设置为 –5cm；选中“创建封顶”复选框，单击“应用”按钮。由于“偏移”被设置为负值，因此在完成操作后，需要切换到“面”模式，按快捷键 U~R 反转法线，以保证后续的灯光材质不出错。

07 单击“立方体”按钮，创建“立方体”对象，将其 y 坐标设置为 200cm，将其 z 坐标设置为 –100cm，将其尺寸修改为“X: 250cm”“Y: 14cm”“Z: 100cm”。按住 Ctrl 键，向 y 轴正方向移动 15cm 复制立方体，重复该操作 7 次，然后将 8 个立方体全部选中；按住 Ctrl 键，向 z 轴负方向移动 200cm 复制立方体，选择 16 个立方体并将它们组合，将组合后的对象重命名为“横向木板”。

08 复制“房顶”对象，将其重命名为“房顶 – 布尔”。切换到“面”模式，选中两个顶面并向下移动，使其包裹房顶下方的全部横向木板。

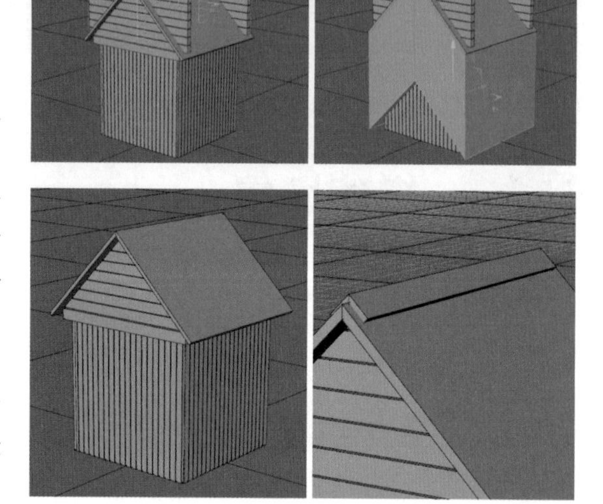

09 单击“布尔”按钮，创建“布尔”生成器，将其重命名为“布尔 – 房顶”，并将“横向木板”和“房顶 – 布尔”对象作为其子级，其中“房顶 – 布尔”对象在上方。然后将“房顶 – 布尔”对象的“编辑器可见”和“渲染器可见”设置为“关闭”。

10 复制“房顶”对象，将其重命名为“房顶装饰”，向全局坐标系统的 y 轴正方向移动 4cm，将 z 轴方向的缩放设置为 95%；然后在“面”模式下将两侧的面沿面的 z 轴正方向移动 165cm（可按 W 键切换全局坐标系统和对象坐标系统）。

11 选中“房顶”对象，切换到“边”模式，按快捷键 M~L 执行“循环 / 路径切割”命令，在房顶上添加 12 个间距相等的循环边。

12 退出“循环 / 路径切割”命令，选中上一步中生成的所有边，按快捷键 M~S 执行“倒角”命令，将“偏移”设置为 2cm。

13 选中上一步中通过倒角操作生成的朝上的面，按快捷键 M~T 执行“挤压”命令，将“偏移”设置为 –1.5cm。

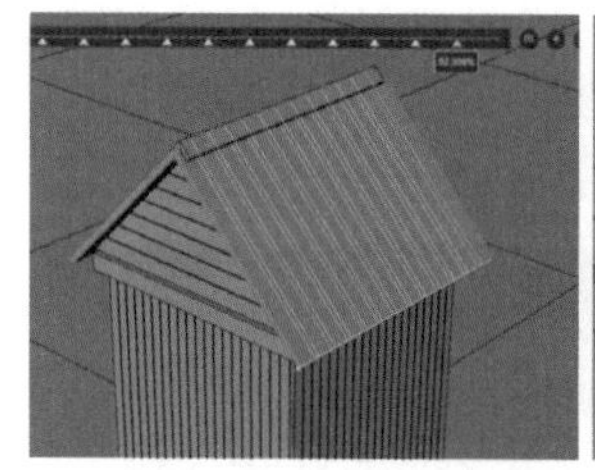

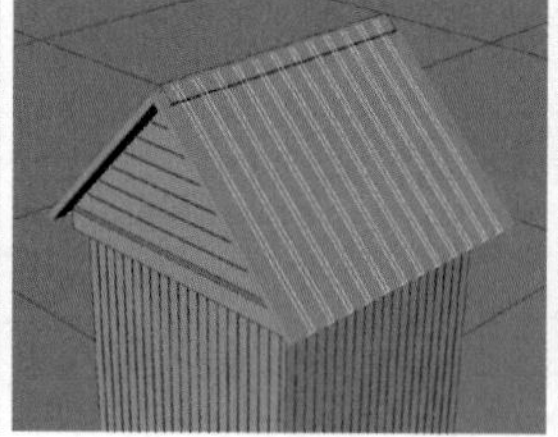

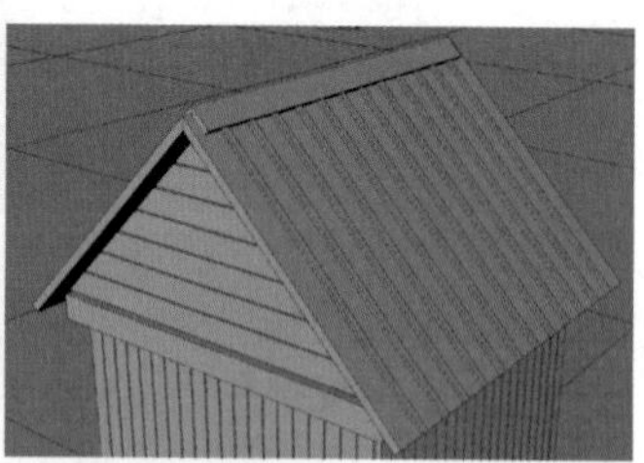

14 单击“立方体”按钮，创建“立方体”对象。将其 y 坐标设置为 120cm，将其 z 坐标设置为 –100cm，将其尺寸修改为“X: 50cm”“Y: 80cm”“Z: 100cm”。然后，沿 x 轴正方向和负方向各复制一个立方体，距离为 60cm。选择中间的“立方体”对象，按 C 键将其转为可编辑对象，在“面”模式下选中下方的面，将其向下移动至地面以下，然后将 3 个“立方体”对象组合，并重命名为“门窗布尔”。新建一个“布尔”生成器，将其重命名为“布尔 – 门窗”，然后将“门窗布尔”和“竖向木板 – 正面”对象作为其子级。其中，“竖向木板 – 正面”对象在上方，单击按钮可以暂时关闭在第 01 步中创建的“立方体”对象。

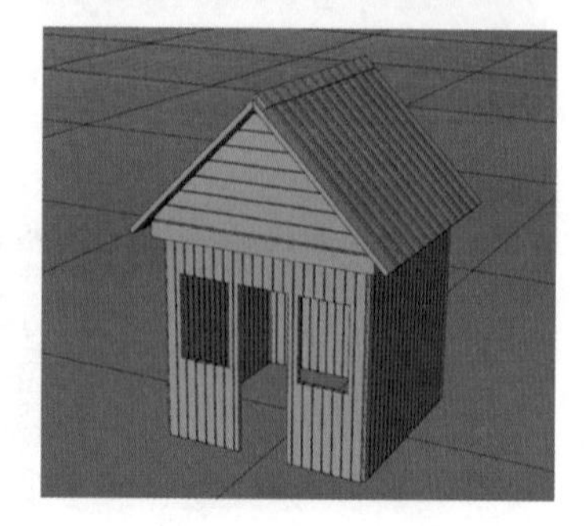

15 单击“管道”按钮 ，创建“管道”对象并设置其参数。按 C 键将“管道”对象转为可编辑对象，在“面”模式 下分别将上边框和下边框向 y 轴正方向和负方向移动 15cm。然后，将“管道”对象在 x 轴正方向的 60cm 和 120cm 处各复制一份，再将中间的“管道”对象的下边框向 y 轴负方向移动 90cm，分别将外侧的两个“管道”对象重命名为“窗框左”“窗框右”，将中间的“管道”对象重命名为“门框”。

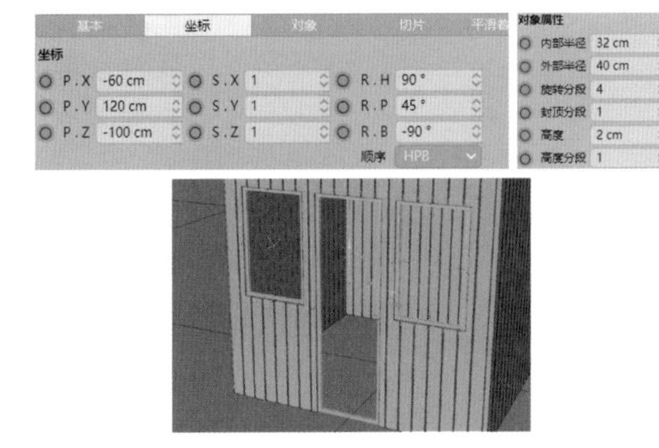

16 单击“立方体”按钮 ，创建“立方体”对象，将其尺寸修改为“X: 2cm”“Y: 80cm”“Z: 1cm”。复制两份立方体，并将它们的尺寸均修改为“X: 50cm”“Y: 2cm”“Z: 0.8cm”，将它们的 y 坐标分别设置为 15cm 和 –15cm。单击“平面”按钮 ，创建“平面”对象，将其重命名为“窗户”，设置“R.P”为 90°，“宽度”为 50cm，“高度”为 80cm，将分段均修改为 1；然后按快捷键 Alt+G 将 4 个对象组合并复制，分别将它们作为“窗框左”“窗框右”对象的子级，然后将两个组的坐标归零。

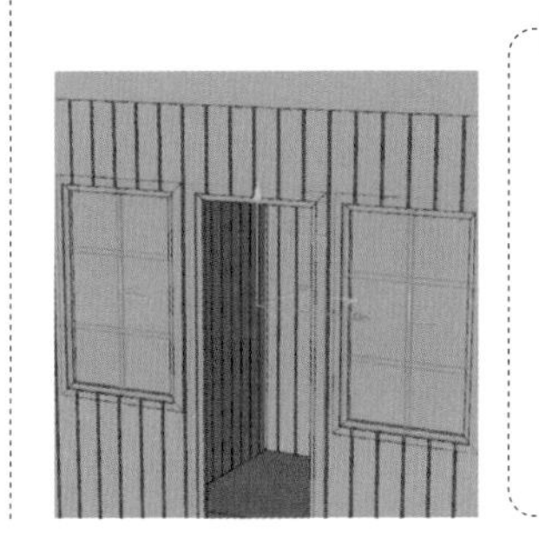

技巧与提示

将 A 对象作为 B 对象的子级后，A 对象的坐标会变为与 B 对象相对的坐标；如果将坐标设置为 0，则 A 对象的轴会完全对齐到 B 对象的轴。

17 单击“立方体”按钮 ，创建“立方体”对象并设置其参数。复制“立方体”对象，将其 x 坐标修改为 –13cm；再复制“立方体”对象并修改其参数。将 3 个“立方体”对象组合，将组合后的对象重命名为“门”。

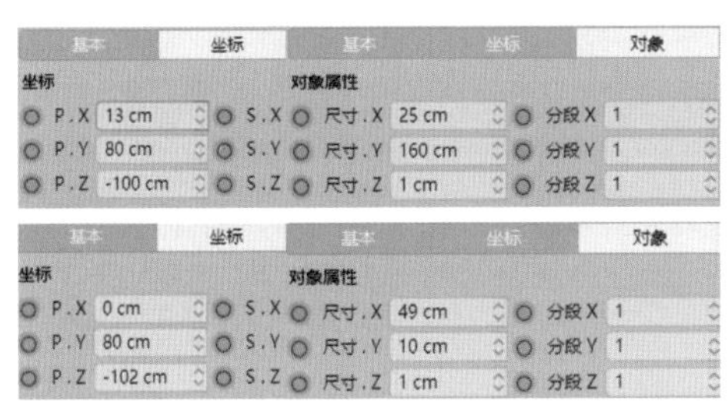

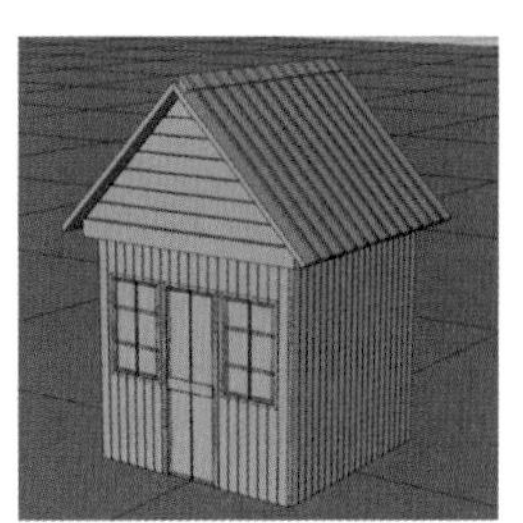

制作小物件

01 制作石砖。创建“立方体”对象 ，制作“立方体”组，并将该组置于门前，将它们组合后重命名为“石砖”，然后在门外按固定间隔复制并旋转“立方体”对象（颜色仅为方便观察）。

02 制作花盆。将“立方体”对象调整至窗下，将其转为可编辑对象；扩大其顶部后，在上半部分创建循环边，然后将新生成的面向外挤压，再将顶部中心的面向内挤压，最后将其重命名为“花盆”。

创建“对称”生成器 ，将其重命名为“对称 – 花盆”。在“对象”属性面板中将“镜像平面”设置为“ZY”，然后将“花盆”对象作为其子级，即可得到门外对称的两个花盆。

03 制作盆栽植物。创建“平面”对象，减少其分段数并将其转为可编辑对象；使用移动缩放等工具调整对象的形态。

在“面”模式下选中所有面，使用“挤压”命令对其进行挤压。挤压后，根据视觉效果再次调整对象的形态，使其自然弯曲成叶片的形态。将其缩放至合适的大小后，使用“实例”生成器创建多个实例，调整坐标使叶片围成一圈，并置于左侧的花盆中，制作出盆栽植物。可以在不穿模的前提下适当调整实例的叶片，使其更加自然。删除“平滑着色（Phong）”标签以使对象的棱角保持清晰。

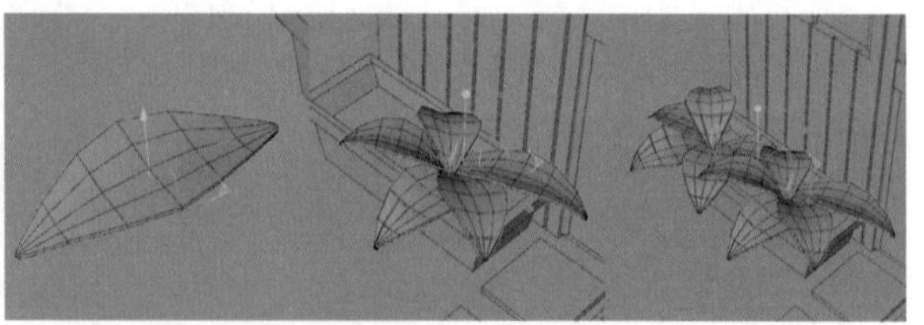

04 制作草。在正视图中通过“样条画笔”工具绘制一条微微弯曲的样条曲线，创建“圆环”对象；使用“扫描”生成器创建单株草，然后使用“实例”生成器创建多个实例并调整实例的坐标。

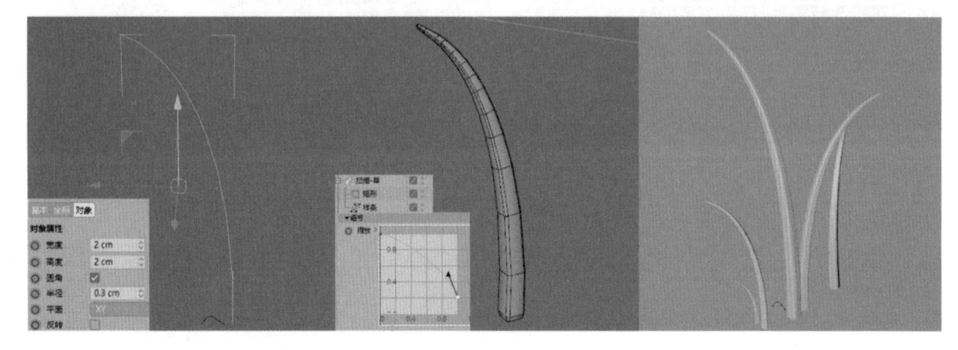

05 制作蘑菇。创建“球体”对象，将其转为可编辑对象后，将其下半部分沿 y 轴缩小，制作菌盖；使用上一步中制作草的方法制作菌柄。删除“平滑着色（Phong）”标签以使对象的棱角保持清晰。复制蘑菇并多次粘贴，根据个人喜好将其摆放在右侧的花盆中。

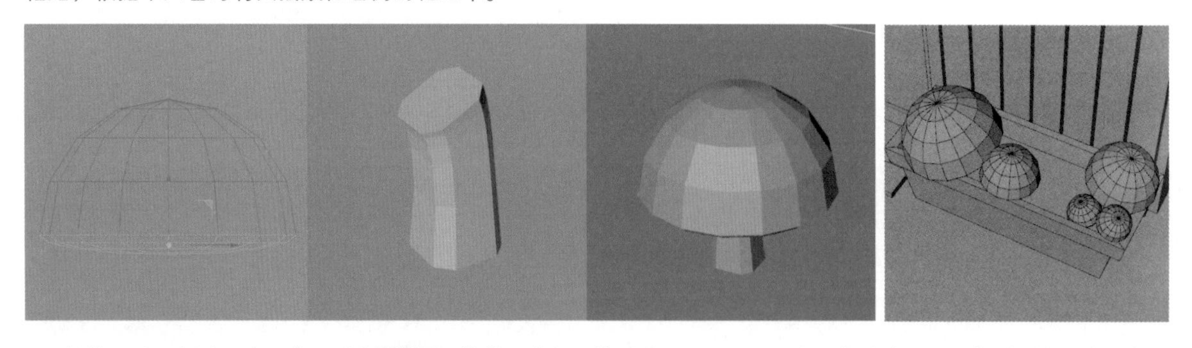

06 制作石头。创建“宝石体”对象，将其“半径”修改为 10cm，“分段”修改为 2，“类型”修改为“十二面”，删除“平滑着色（Phong）”标签。然后创建“置换”变形器并将其作为“宝石体”对象的子级，使用噪波控制置换效果，使“宝石体”对象的表面呈现不规则的凹凸效果。复制“宝石体”对象，通过修改“置换”和“噪波”参数制作多个不同的石头。将草和石头置入场景，以丰富门前的效果。

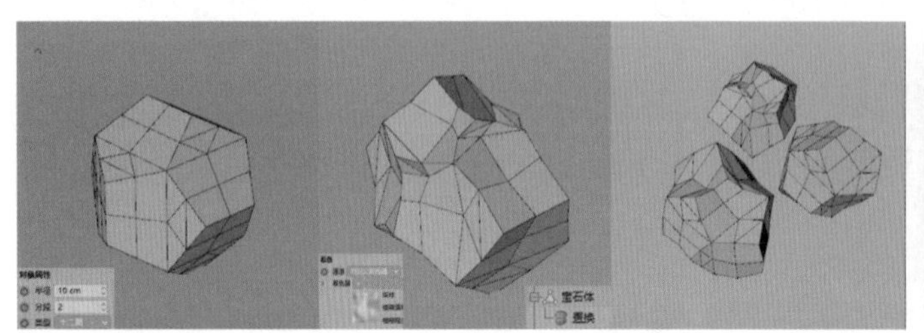

07 制作窗台。单击“立方体”按钮，创建“立方体”对象，将其转为可编辑对象后，再将其缩放到适当尺寸并置于窗户的下方作为窗台。在“边”模式下将其修改为上厚下薄的形状，然后执行“倒角”命令制作窗台上边缘靠外侧的厚度，再使用“对称”生成器将其对称复制到另一边窗户处。

08 制作玻璃瓶。创建“球体”对象，将其转为可编辑对象后选中其底部的面，进入“柔和选择”属性面板，使用缩放和移动工具将其修改为上尖下扁的造型，关闭“柔和选择”属性面板。选中最上面的面，按住 Ctrl 键并向上挤压 3 次，将中间的面向外挤压，然后使用缩放工具拉平顶面；在“面”模式下，选中上面的面及顶面，执行“选择 > 设置选集”命令，将选集重命名为“木塞”，然后删除“平滑着色（Phong）”标签。

将玻璃瓶缩放到合适的大小并复制几个，放置在窗台上作为装饰。

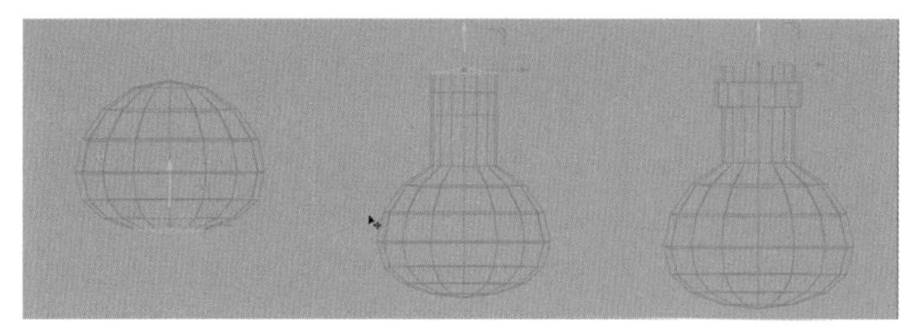

09 制作梯子。创建“平面”对象，将分段数修改为 3×7，将该对象转为可编辑对象后，在“边”模式下调整竖边使其变窄；然后选择内部的横向边，使用“倒角”命令添加分段；切换到“面”模式，选择中间较大的面并将其删除，选中全部面，挤出梯子形状，在挤压时选中“创建封顶”复选框。

切换到正视图，将梯子立起并靠在墙边。

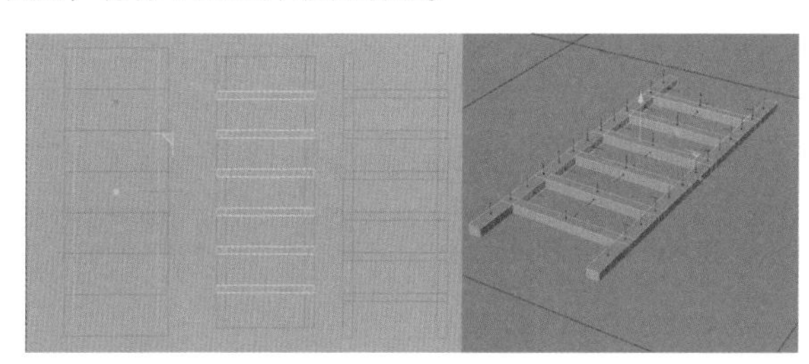

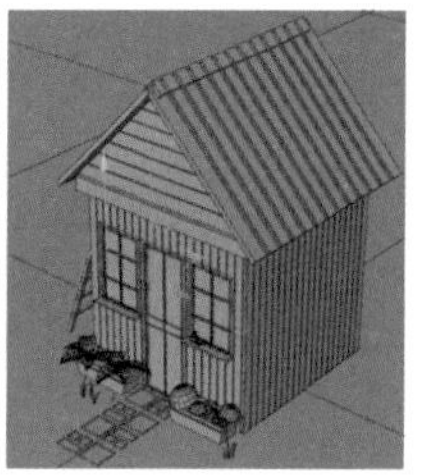

10 制作花盆。创建一个“圆柱体”对象，将“高度分段”设置为 1，“旋转分段”设置为 6；然后将其转为可编辑对象，通过缩放边将圆柱体修改为上宽下窄的形状，执行“循环 / 路径切割”命令在顶面内部生成一圈边；切换到“面”模式，选中中间的面，向下挤压并向内缩放以避免穿模。将花盆调整至合适的尺寸，使用“实例”生成器创建多个实例，并置于场景中作为装饰。

11 制作锤子。创建“圆柱体”对象，将“高度分段”设置为 3，“旋转分段”设置为 6；将其转为可编辑对象后，将中间的面沿 y 轴放大，然后在“缩放”模式下按住 Ctrl 键将其向内挤压；创建“立方体”对象，将其对齐到“圆柱体”对象后根据“圆柱体”对象的大小设置其大小，再添加圆角，设置“细分”为 1，将两者组合作为锤头。再次创建“圆柱体”对象，将其“高度分段”设置为 1，“旋转分段”设置为 6，调整其位置和大小，将其作为把手，最后删除全部“平滑着色（Phong）”标签。

调整锤子的位置和大小使其看起来像挂在墙壁上。创建“立方体”对象，并调整其位置与大小，将其用作挂钩。

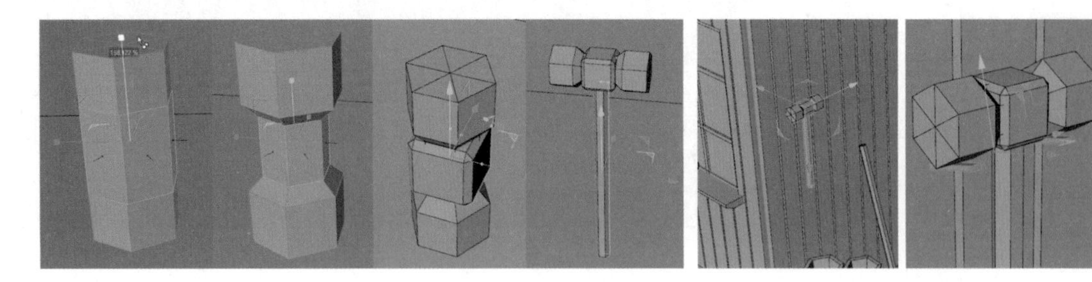

12 制作斧头。创建“立方体”对象，将其调整为长条状后转为可编辑对象；在“面”模式下，执行“内部挤压”命令，在顶面上向内挤压出一个面，然后按住Ctrl键向上挤压3次；切换到“边”模式，进入“柔和选择”属性面板，选择顶上的一圈边，使用“缩放”和“移动”工具将其沿窄边压扁、沿长边拉伸成斧头状。此时的视觉效果略显呆板，需要在原始的“立方体”对象的8条边上添加合适的倒角效果；创建“圆柱体”对象，将“高度分段”设置为1，“旋转分段”设置为6，调整其位置和大小，将其作为把手，删除全部“平滑着色（Phong）”标签。

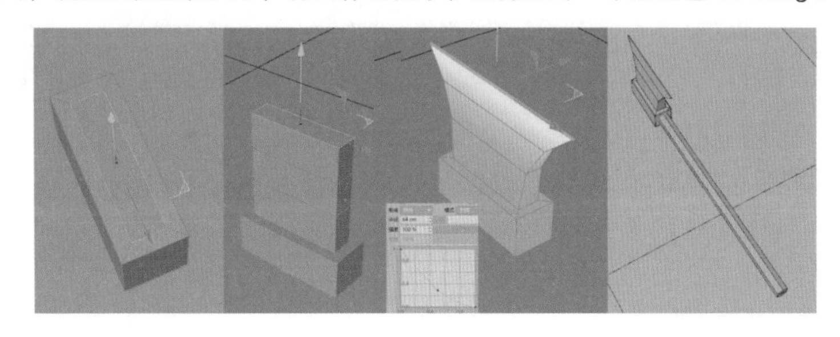

13 制作木桶。创建“圆柱体”对象，将“高度分段”设置为3，“旋转分段”设置为6；将其转为可编辑对象后，在“边”模式下将中间的两圈边稍微放大，然后转到“面”模式下选择顶面和底面，执行“内部挤压”命令向内挤压一个面；按T键切换到“缩放”工具，按住Ctrl键沿y轴缩小木桶的上下凹面；创建一个“圆柱体”对象，将其对齐到木桶后再将其“高度分段”设置为3，“旋转分段”设置为6，调整其大小，将其用作木桶上的铁环；然后复制一个对象并调整其位置作为第2个铁环，删除全部“平滑着色（Phong）”标签。

将木桶调整至合适大小，使用“实例”生成器创建多个实例，将木桶和斧头摆放在场景中。

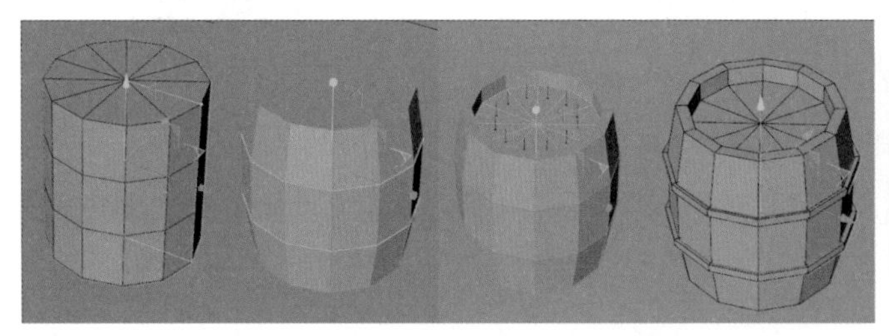

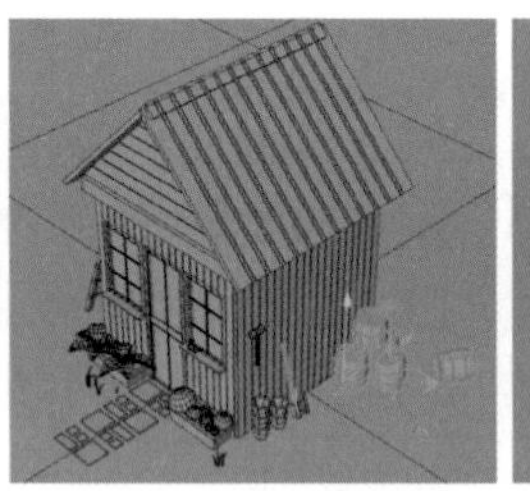

14 制作树木。创建“圆锥体”对象，将“高度分段”设置为1，“旋转分段”设置为6；将其转换为可编辑对象后，在“点”模式下使用“笔刷”工具随意调整点，使“圆锥体”对象变得不规整；然后按住Ctrl键向上复制3个“圆锥体”对象，分别调整它们的“旋转”值；使用“圆柱体”对象作为树干，用同样的方法使树干形状不规则，最后删除全部“平滑着色（Phong）”标签。

使用“实例”生成器创建多个实例，调整其大小和位置，摆放在房屋周围，再在树木附近摆放一些草的实例。

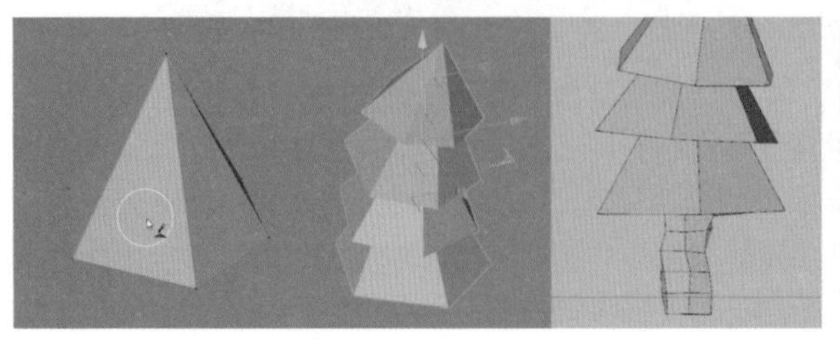

15 制作灯笼。创建“立方体”对象，将其转为可编辑对象后，在“面”模式下缩小其底面，然后按住 Ctrl 键，使用“挤压”生成器多次挤压对象并调整灯笼底座的形状；使用同样的方法调整顶面，然后选择灯笼中心的面，按 I 键执行“内部挤压”命令，取消选中“保持群组”复选框后稍微向内挤压；切换到“缩放”工具，按住 Ctrl 键向内挤压出凹陷；执行“选择 > 设置选集”命令，将选集重命名为“灯笼发光”。

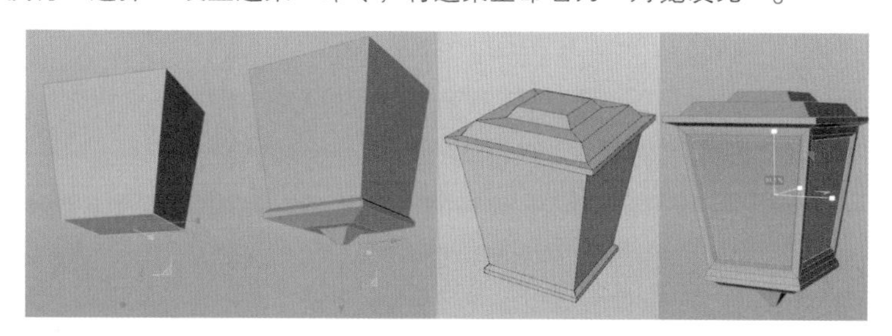

创建“圆环”对象，将“圆环分段”和“导管分段”均设置为 6，然后多次复制该对象，调整其位置，将其作为连接灯笼的锁链；创建两个“立方体”对象，作为锁链和木棍的连接，删除全部“平滑着色（Phong）”标签。

将灯笼组合后调整其大小，并摆放至房门上方，复制两个灯笼到窗户上方，删除一部分组件。

16 场景搭建完成后调整视角，然后单击按钮，在当前位置创建“摄像机”对象；单击鼠标右键，在弹出菜单中执行“装配标签 > 保护”命令，创建“保护”标签后摄像机将不能移动；此后，若需要回到该视角，则单击“摄像机”对象右侧的标签；若需退出摄像机视角，再次单击该标签即可。

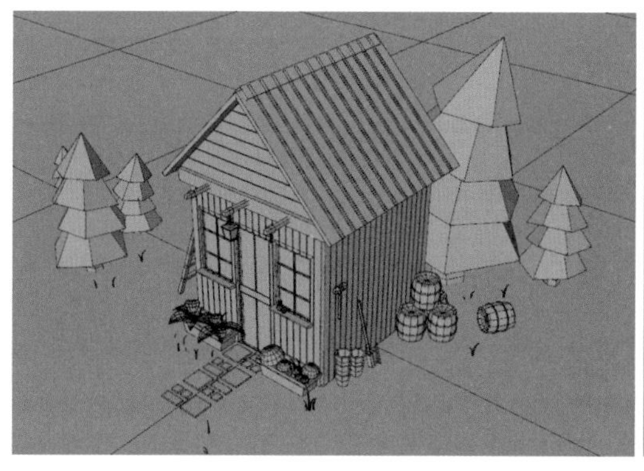

11.2 制作灯光

01 单击按钮打开“渲染设置”窗口，单击“效果”按钮，创建“全局光照”，将“预设”修改为“外部 – 物理天空”。再次单击“效果”按钮，创建“环境吸收”，将颜色中的黑色修改为 50% 灰色。

技巧与提示

环境吸收（Ambient Occlusion）用于模拟对光线的遮蔽效果。在视觉上，创建“环境吸收”后对象的相交、接近处会变得更暗，整个画面的对比度会有所提高。

02 创建“物理天空”对象，选中“天空”和“太阳”复选框，设置“时间与区域”参数。此时，可以单击按钮或按快捷键 Ctrl+R 渲染图像。

03 在“材质”窗口中双击创建默认材质，将其重命名为“灯光”。打开“材质编辑器”窗口，取消选中“颜色”“反射”复选框，选中“发光”复选框。在“色温”模式下，将“K”设置为 4600。然后选中“辉光”复选框，将“外部强度”设置为 150%，“半径”设置为 30cm。将材质赋予灯笼，将“选集”设置为“灯笼发光”，然后赋予两扇窗户。

11.3 制作材质

01 创建默认材质，将其重命名为“地板”。打开“材质编辑器”窗口，关闭反射通道；在颜色通道的“纹理”右侧单击按钮，创建融合着色器，进入融合着色器的属性面板；在基本通道中创建颜色着色器；在“十六进制”模式下，将“颜色”设置为 6F8069，将材质赋予“地板”对象并进行渲染。

02 返回上一级，选中“使用蒙板”复选框，然后在混合通道中创建颜色着色器，将“颜色”设置为 7A7A5B。返回上一级，在蒙板通道中创建噪波着色器，将噪波类型设置为“单元”，“全局缩放”设置为 150%，“低端修剪”设置为 99%。此时，地面上会多出一些零散的深色色块来丰富视觉效果。

03 创建默认材质，将其重命名为“木头”。关闭反射通道，将“颜色”设置为 CC864E，并把材质赋予房屋的木板、窗台。然后创建一个材质，将其重命名为“深色木头”，关闭反射通道，将“颜色”设置为 805132，把材质赋予房梁、灯笼的木棍、花盆、梯子、木桶及树干。

04 创建默认材质，将其重命名为“浅色木头”，关闭反射通道，将“颜色”设置为 D6925A，把材质赋予花盆、锤子的把手等。

05 创建默认材质，将其重命名为“金属”。将“颜色”设置为 50% 的灰色，将反射类型设置为“GGX”，将“粗糙度”修改为 20%，并把材质赋予锤子、斧头、灯笼。复制材质，并重命名为“木桶铁环”，在反射通道中修改反射强度为 50%，把材质赋予木桶的铁环。

06 创建默认材质，将其重命名为“房顶”，将“颜色”设置为 CCC2C7 ，把材质赋予房顶及房顶的装饰。其复制材质，将其重命名为“石砖”，降低亮度，将其颜色调整为 999195 ，把材质赋予门前的石砖和花盆中的石头。

07 创建默认材质，将其重命名为“植物”，将“颜色”设置为 9CB04D ，把材质赋予草和树木。复制材质，将其重命名为“盆栽植物”，将颜色减淡，调整为 BDC46A ，把材质赋予盆栽植物。

08 创建默认材质，将其重命名为“红蘑菇”，将“颜色”设置为 E04136 ，设置反射类型为“Beckmann”，“粗糙度”为 70%，“高光强度”为 10%，“反射强度”为 10%。复制材质，将其重命名为“黄蘑菇”，将“颜色”设置为 E88300 ，把材质分别赋予不同的菌盖，菌柄使用“浅色木头”材质。

09 创建默认材质，将其重命名为“玻璃瓶”，将“颜色”设置为 78ACC4 ，把材质赋予玻璃瓶。然后将“浅色木头”材质也赋予玻璃瓶，把“选集”设置为“木塞”。

11.4 调整

01 创建“物理天空”对象，在“太阳”属性面板中将“饱和度修正”修改为 60%。

02 创建“区域光”对象，将其重命名为“补光”。在“色温”模式下，将“K”设置为 3600 ，“强度”设置为 50%；切换到顶视图，在顶视图中将灯光调至房屋的右下方。

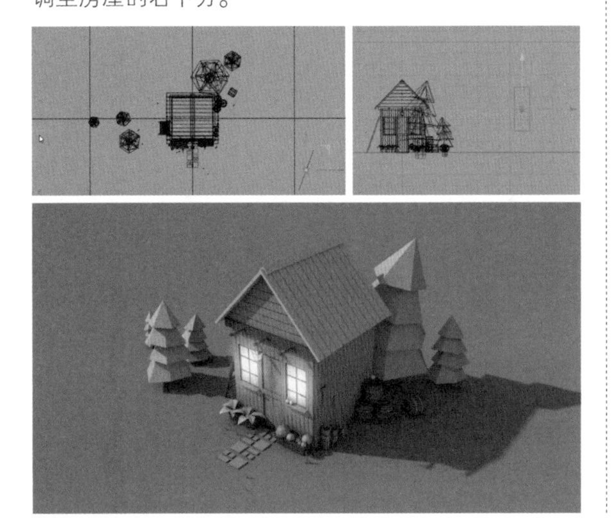

03 创建“区域光”对象，将其重命名为“背光”，将“K”设置为 7000 ，“强度”设置为 30%。在“细节”属性面板中将尺寸修改为 100cm × 100cm；切换到顶视图，将灯光放置在房屋的右上方。

04 制作完毕后，按快捷键 Ctrl+S 保存工程文件。

第 12 章
关键帧动画与摄像机

本章学习要点

设置动画关键帧　　摄像机的使用方法

12.1 关键帧与动画

电影、电视、数字视频等均可以随时间连续变换许多画面，而“帧（frame）”则指每一张画面。

帧率（Frame Rate）用于测量显示帧数的量度，测量单位为“每秒显示帧数”（Frame Per Second，FPS）或“赫兹”。一般来说，FPS 用于描述视频或游戏每秒的播放帧数。在 Cinema 4D 的默认设置下创建的工程，帧率均默认为 30FPS。

关键帧（Keyframe）指在制作动画和电影的过程中，绘制所有平滑变换时必须定义的起点和终点。在传统的手绘动画的流程中，资深关键帧画家会先绘制关键帧，然后将通过测试的草图动画交给助理，助理会清理并加入必要的“中间帧”。在较大型的工作室里，关键帧画家只需要稍微详细地进行动作的细分，然后将其转交给助理处理就可以了。

在三维动画的制作中，动画师会先建立重要的关键帧轨迹，三维软件会自动补充间隔，反复移动关键帧以修改动作的时间，然后通过“曲线”“混合”等工具调整中间帧的具体运动。

关键帧动画

创建一个“立方体”对象，在“坐标”属性面板中单击“P.X”左侧的关键帧图标，该图标会变为红色；在动画编辑窗口中单击“转到动画的末尾”按钮或按快捷键 Shift+G，将时间调整至最后一帧。此时，关键帧图标为，输入数值 1000，关键帧图标变为黄色；再次单击关键帧图标，图标变为红色。至此，便完成了一个简单的关键帧动画。

单击“向前播放”按钮，即可看到立方体在 90 帧的时间内沿 x 轴方向移动了 1000cm。不同时间下立方体的位置不同，其中，蓝色的样条曲线为立方体的运动轨迹，白色端代表起始位置，蓝色端代表结束位置，每一个黑点代表立方体在每一帧的位置。

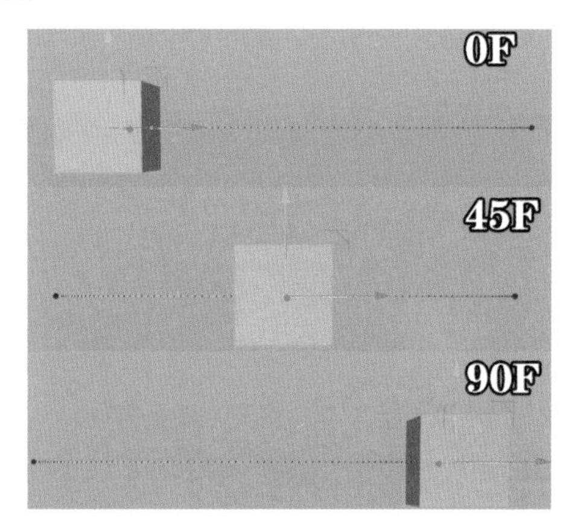

不同状态的关键帧图标表示的意思如下。

- ：表示该参数当前位置既没有关键帧也没有动画轨迹。
- ：表示该参数当前位置有关键帧。
- ：表示该参数当前位置有动画轨迹但没有关键帧。
- ：表示该参数当前位置有关键帧，但当前数值与关键帧数值不同（即对关键帧数值进行了修改但还没确定）。
- ：表示该参数当前位置有动画轨迹，但当前数值与动画轨迹不同（即在动画中进行了修改但还没确定）。

若参数左侧没有该图标，则代表该参数不支持关键帧动画。例如，“基本”属性面板中的“名称”“图层”参数就没有该图标。

动画编辑窗口

动画编辑窗口位于视图窗口的下方，“材质”窗口的上方。

时间轴：灰色数字为时间轴标记，显示该位置代表的时间；最右侧显示的是当前时间，手动输入时间值可跳转至指定时间。

时间滑块：灰色小方格代表当前选择的对象在该时间有关键帧；白色小方块为被选中的关键帧，拖曳可以改变其位置；浅蓝色小方块为时间滑块，滑块右侧的浅蓝色数字为当前时间，拖曳滑块或在时间轴上单击可以调整时间。

开关记录动画层级：使用、按钮时记录的关键帧的数据级别，白底则为启用，分别为移动、缩放、旋转、参数、点。

设置关键帧

关键帧选集

播放声音

工程开始 / 结束时间：两侧的时间范围为工程的衰减范围，中间为控制时间轴显示范围的滑块；可以通过拖曳滑块来调整时间轴上显示的范围；该滑块只影响时间轴的显示，不能超过工程时间的范围。

自动关键帧：单击后，视图边缘会被红框覆盖，表示正在自动记录关键帧；开启“自动关键帧”后，在场景中对所有对象的更改都会自动记录关键帧。

回放比率：按住该按钮会弹出下拉菜单，可设置动画的播放速率；默认使用输出设置中的帧频参数，可以修改成其他值，但不影响最终输出结果。

时间轴编辑操作

01 按住 Ctrl 键，用鼠标中键单击时间轴的任意位置即可使用当前参数创建关键帧。

02 在时间轴的下半部分拖曳，可以在一定范围内选择关键帧。下方的细长白色条为选择范围，拖曳两侧的小灰点可以缩放选择的关键帧，而拖曳其他任意位置则可以移动关键帧。若只想移动选择范围而不想移动关键帧，则按住 Shift 键再拖曳即可。

03 将鼠标指针置于时间轴显示的范围滑块内，按快捷键 Ctrl+A，可以快速显示全部时间。

高级模式

在时间轴上单击鼠标右键，在弹出菜单中执行“选项 > 高级模式”命令，可以将时间轴切换为高级模式。

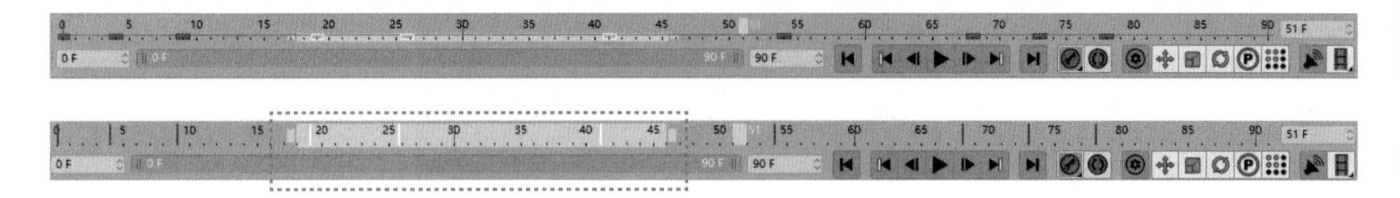

在时间轴的任意位置或关键帧上单击鼠标右键会弹出一个菜单，在其中可快速修改关键帧的插值类型和编辑关键帧。

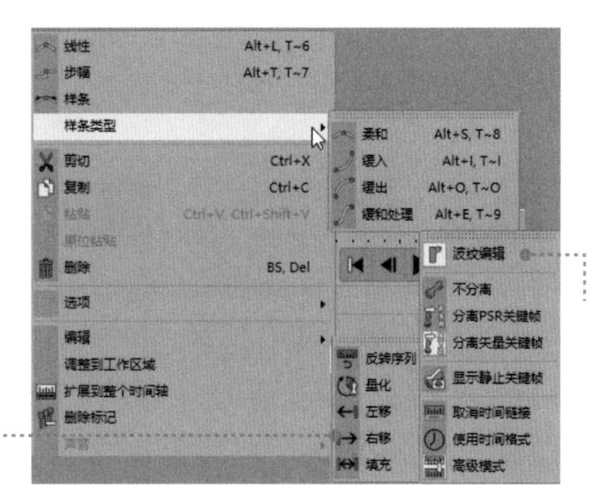

波纹编辑： 执行“波纹编辑”命令后，在对关键帧进行操作时，会对其右侧其余关键帧同时进行操作。

量化： 仅在高级模式下可用，将时间轴上不位于整数帧上的关键帧移动到最近的整数帧上。例如，缩放后，某关键帧位于第 50.4 帧处，执行“量化”命令则会自动将关键帧移动到第 50 帧处。

反转序列: 反转所选轨迹或所选范围内的关键帧。

左移、右移： 将关键帧或所选轨迹移动到时间轴的左端、右端。

填充： 将所选轨迹缩放到整个时间轴的范围内。

显示声波： 在载入音频文件后，可以单击“声音 > 显示声波”，在时间轴上显示当前场景中音轨的波形；执行“显示声波”命令，在其下方的音轨列表中选中需要显示的音轨。

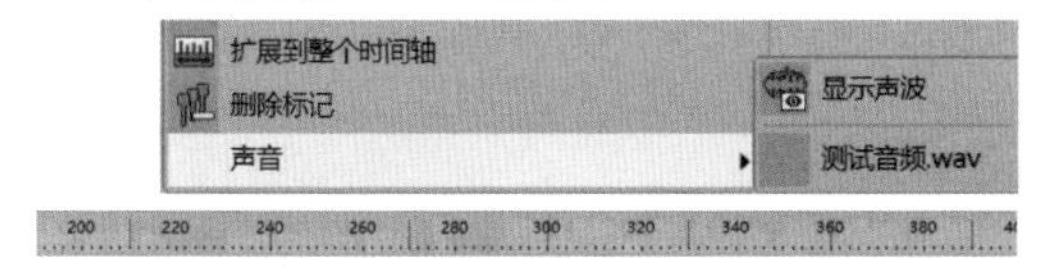

不分离： 默认的关键帧显示模式，在该模式下任何关键帧的外观一致。

分离 PSR 关键帧： 仅在高级模式下可用；PSR 分别代表位置（Position）、缩放（Scale）、旋转（Rotation），若使用该模式，则位置、缩放、旋转关键帧会分别用不同的颜色在时间轴的上、中、下位置显示。

位置： 红色，时间轴上。 **缩放：** 绿色，时间轴中。 **旋转：** 蓝色，时间轴下。

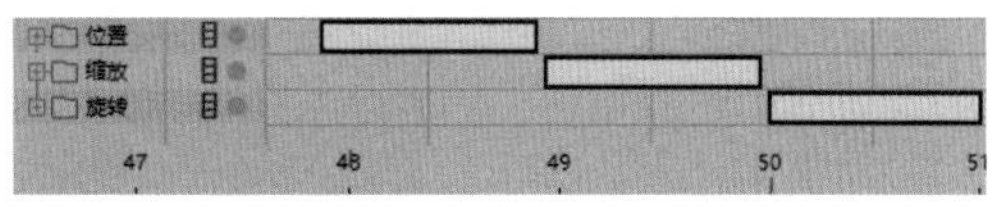

分离矢量关键帧： 仅在高级模式下可用，作用同“分离 PSR 关键帧”；可使用不同的颜色显示位置、缩放、旋转的 x、y、z 分量。

技巧与提示

不能直接在动画编辑窗口中修改工程的帧率。若要修改工程的帧率，可按快捷键 Ctrl+D 打开“工程设置”属性面板，修改“帧率”参数。

“时间线窗口”与常用命令

可以执行“窗口 > 时间线（摄影表）”命令，快捷键为 Shift+F3；或执行“窗口 > 时间线（函数曲线）”命令，快捷键为 Shift+Alt+F3，打开“时间线窗口”。

也可以在包含关键帧的参数处单击鼠标右键，在弹出菜单中执行“动画 > 显示时间线窗口”命令或者“动画 > 显示函数曲线”命令，打开“时间线窗口”。

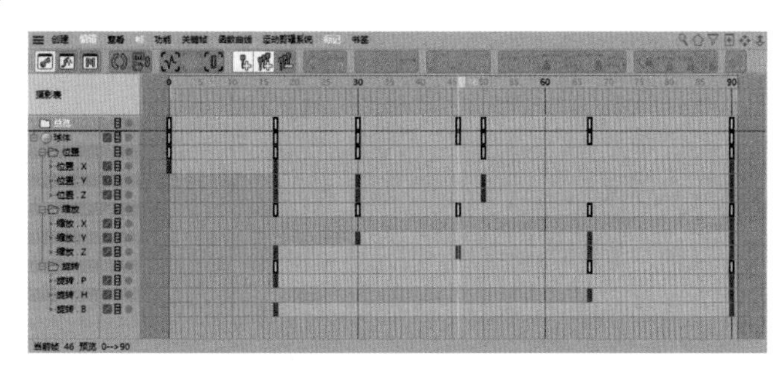

在 Cinema 4D 界面的右上角将“界面”预设修改为适合制作动画的“Animate”，此时“时间线窗口”会固定在 Cinema 4D 界面的下方。

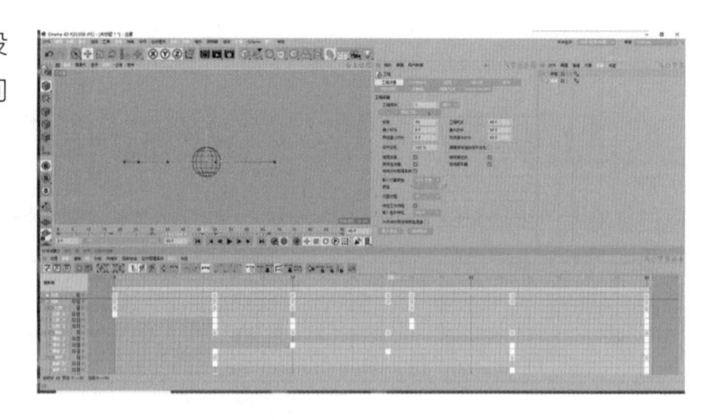

“时间线窗口”各区域功能

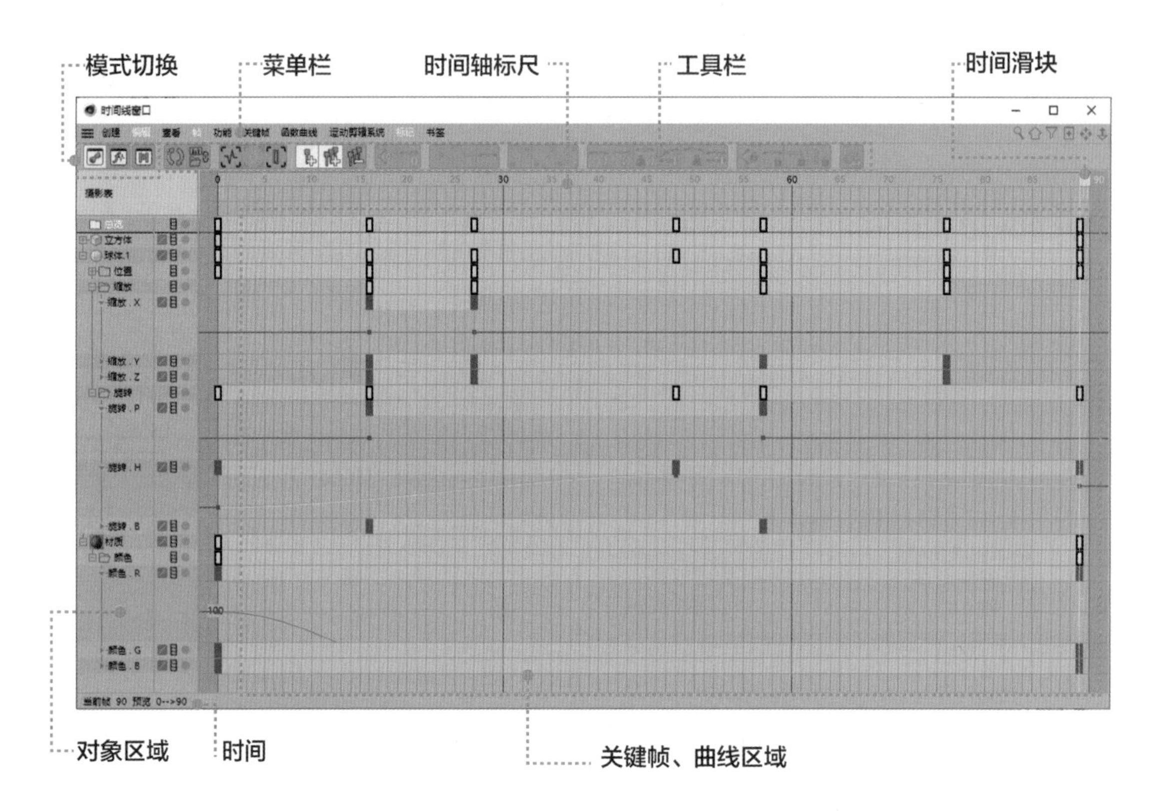

模式切换

摄影表模式： 让每个对象、参数都独立显示关键帧和曲线的模式。

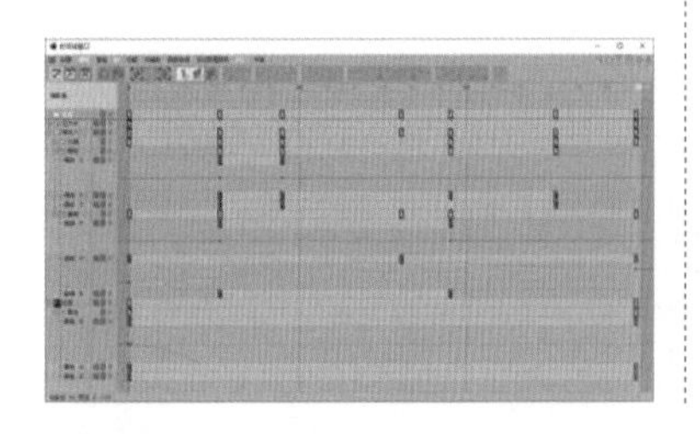

函数曲线模式： 只显示所选参数的函数曲线，且多个参数在同一个坐标系中显示的模式。

运动剪辑模式： 编辑 Cinema 4D 运动剪辑系统的模式。

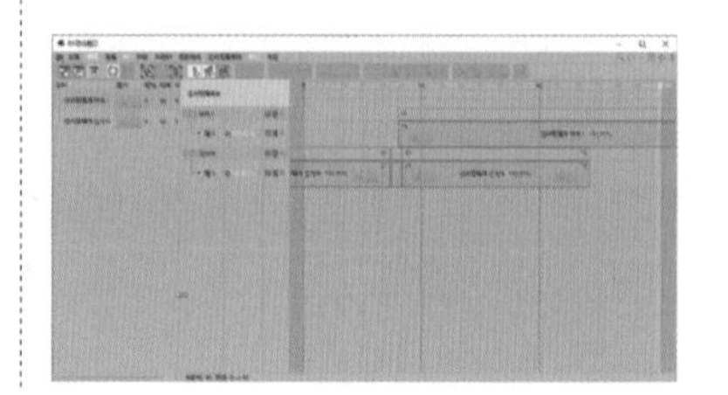

“时间线窗口”处于激活状态时，使用 Tab 键可以在 3 个模式之间快速切换。

对象区域

对象区域与“对象”窗口中的对象列表类似，用于显示当前时间线中的对象和参数的层级关系。在对象参数处单击鼠标右键，打开窗口时会自动置入对象，而不需要显示的对象则可以按 Delete 键删除。若要增加其他对象，则可以将对象拖入该区域，或者使用下列功能。

自动显示全部工程元素（快捷键为 Alt+A）：自动在对象区域中显示全部工程元素，包括对象、材质、渲染设置、插件设置等。

链接时间线到“对象”窗口：自动切换为在“对象”窗口中选择的对象，但只会显示此前已经置入对象区域中的对象。

关键帧、曲线区域

用于显示关键帧和函数曲线。在“摄影表”模式下，在对象区域中展开相应的层级后会一直显示所有对象的关键帧；而在“函数曲线”模式下，需要在对象区域中选中需要显示的参数，才会显示相应的函数曲线。

在“函数曲线”模式下，x 轴为时间，y 轴为参数值，即函数曲线表示的是参数和时间之间的关系。

框显所有（快捷键为 H）：自动将坐标轴缩放至能显示当前所有的关键帧的大小。

框选全部可见的关键帧 / 片段（快捷键为 S）：自动将坐标轴缩放至能显示当前所选的所有关键帧或片段的大小。

设置一个关键帧为分解颜色：单击该按钮后，所选关键帧的属性中的“分解颜色”复选框将被选中，关键帧在时间轴上将显示为其他颜色，以与其他关键帧进行区分。

帧显示到当前时间（快捷键为 O）：自动将视角对齐到时间滑块，使时间滑块刚好位于正中间。

标记：在当前时间线上添加或删除标记，选中标记后可在“属性”窗口中对其进行注释。

用于调整曲线的类型与形态。

锁定关键帧数据：选中需要锁定衰减的关键帧后，单击“设置选取关键帧到锁定时间”按钮后，关键帧将不能用于调整所在时间。

选择操作：选中关键帧，按住并拖曳关键帧；若在空白区域拖曳鼠标则为框选，单击鼠标右键可以展开菜单。

视图操作：在“摄影表”模式下，滚动鼠标中键可以进行上下翻页，按住 Alt 键 + 鼠标中键左右拖曳可以左右移动坐标轴，按住 Alt 键 + 鼠标右键左右拖曳可以在 x 轴方向上缩放坐标轴。

在“函数曲线”模式下，按住 Alt 键 + 鼠标中键拖曳可以移动坐标轴，滚动鼠标中键可以沿 y 轴方向缩放坐标轴，按住 Alt 键 + 鼠标右键并左右拖曳可以沿 x 轴方向缩放坐标轴，按住 Alt 键 + 鼠标右键上下拖曳可以沿 y 轴方向缩放坐标轴。

创建一个与本节中立方体沿 x 轴移动的动画相同的动画。播放动画，会发现立方体并不是在匀速运动；观察运动轨迹，可以发现立方体在开始和终点处分布得更密集。

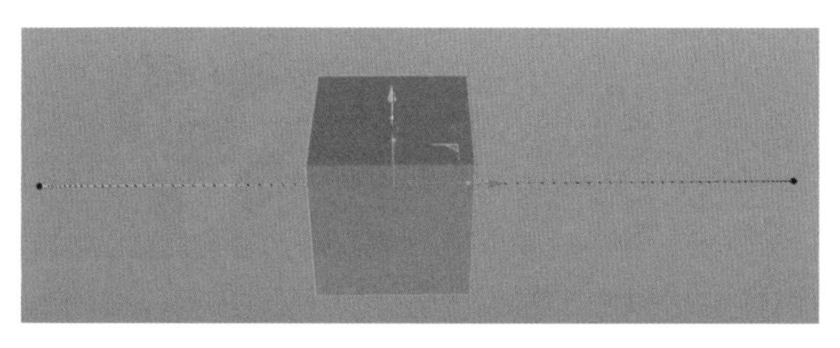

其原因是 Cinema 4D 中的关键帧默认将插值类型设置为“样条”。打开“时间线窗口”，选择“函数曲线”模式。

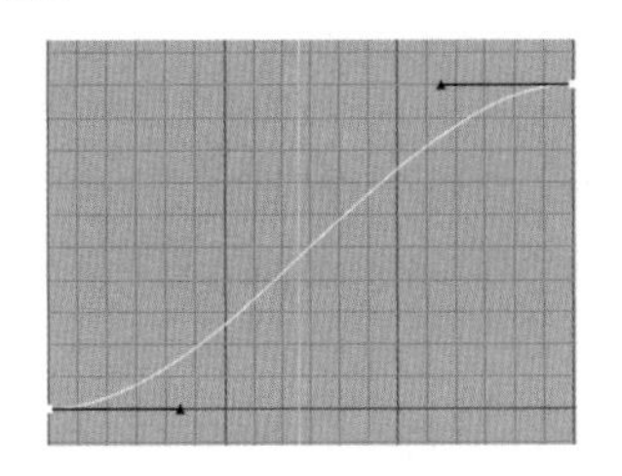

若将插值类型改为“线性”，则此时播放动画，立方体将匀速运动。

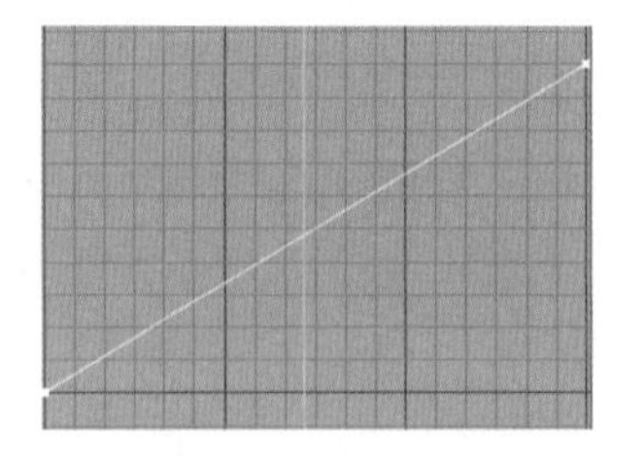

“样条”插值类型下的操作与编辑样条的操作类似，通过编辑函数曲线，可以用简单的关键帧做出细节丰富的动画。

轨迹之前 / 轨迹之后

可以在关键帧的“属性”窗口中更改，也可以在“时间线窗口”的“功能”菜单中找到该参数。“轨迹之前 / 轨迹之后”用于控制动画轨迹在开始之前 / 结束之后的行为。

关闭之前 / 之后：关闭轨迹之前、之后自动生成曲线。

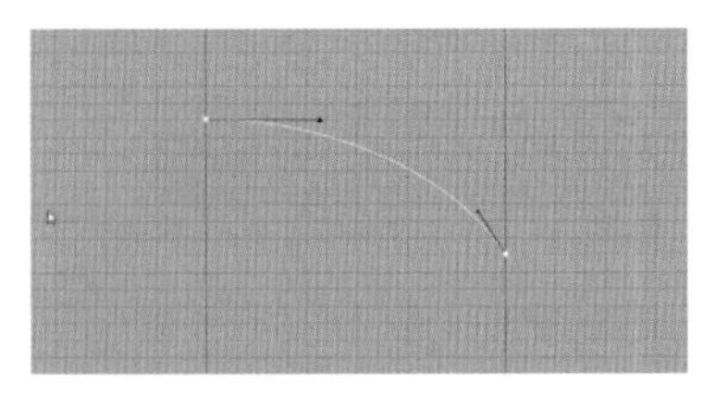

常数之前 / 之后：轨迹之前、之后的数值和起始点、结束点的数值保持一致。

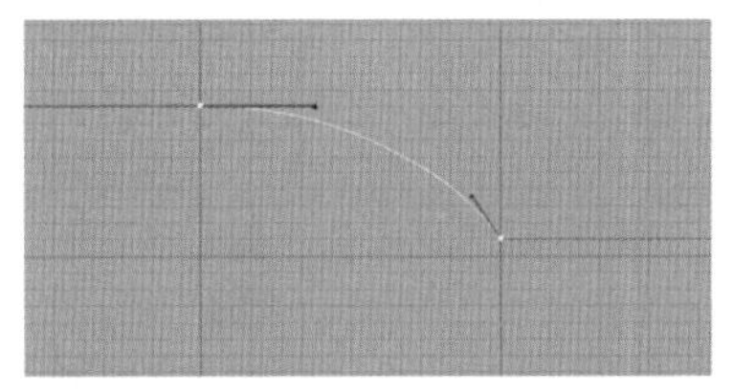

继续之前 / 之后：沿着起始点、结束点的方向延伸曲线。

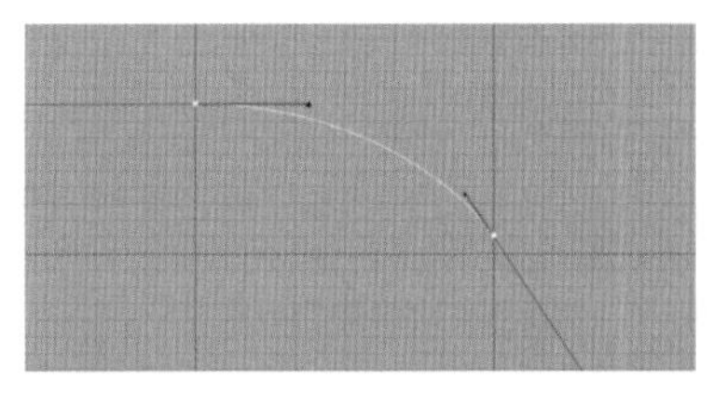

重复之前 / 之后：在轨迹之前、之后重复曲线。

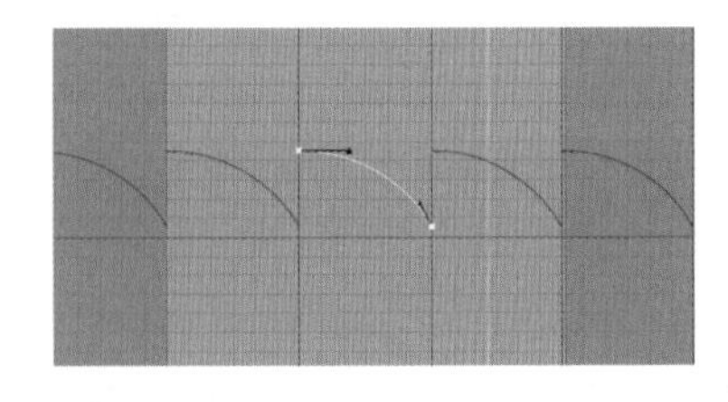

偏移重复之前 / 之后：与“重复之前 / 之后”类似，但是每次重复会通过位置偏移操作使曲线首尾相接。

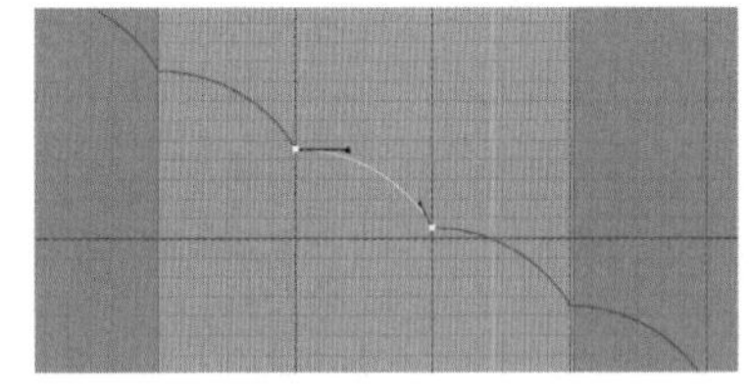

震荡之前 / 之后：与“重复之前 / 之后”类似，但每次重复会将轨迹的镜像曲线首尾相接。

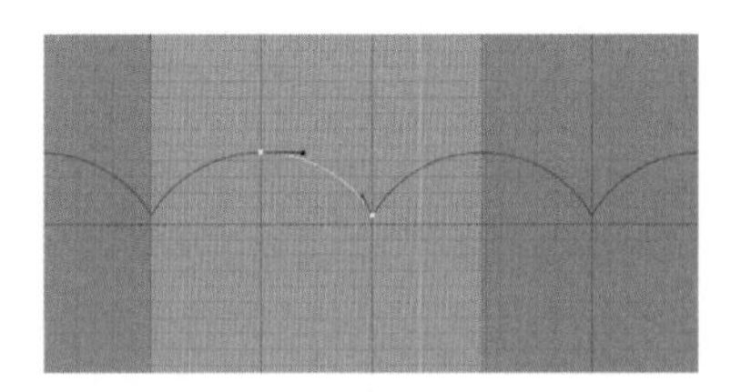

实战：制作立方体翻滚动画

尝试制作简单的立方体翻滚动画

01 创建“立方体”对象，尺寸为默认的 200cm × 200cm × 200cm；然后创建“地板”对象，将其 y 坐标调整为 -100cm。

02 为了方便观察，可创建默认材质；在颜色通道中创建棋盘着色器，将 UV 频率均设置为 1，并将材质赋予“立方体”对象。

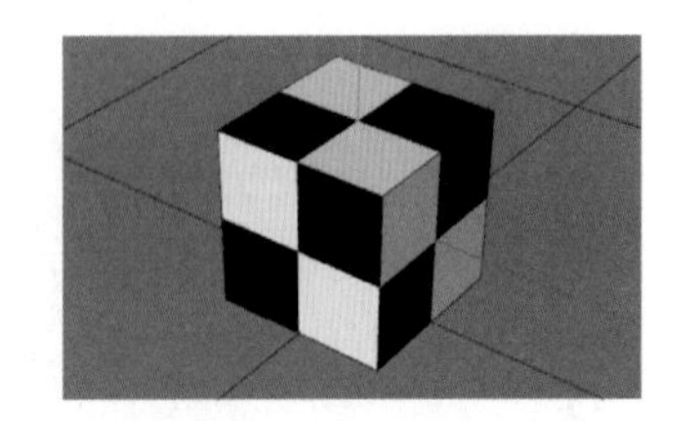

03 选中“立方体”对象，在第 0 帧处为“P.X”和“R.B”设置关键帧。

04 转到第 20 帧处，将“P.X”设置为 200cm，“R.B”设置为 90°并设置关键帧。回到第 0 帧处并播放动画，会看到在翻滚过程中，立方体穿过了地面，在视图中单击鼠标中键，切换到正视图。

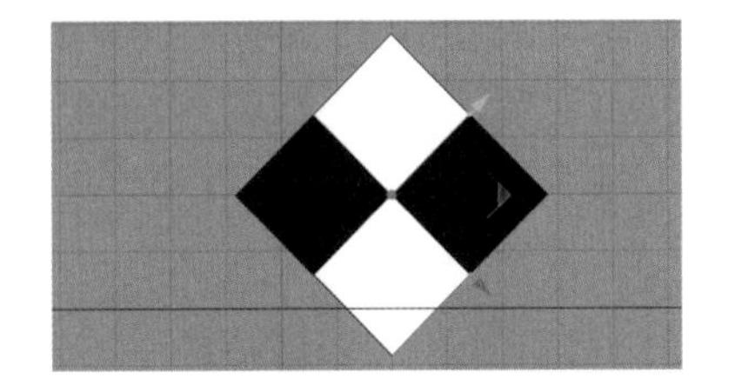

05 在第 0 帧处和第 20 帧处为“P.Y”设置关键帧，然后在翻滚动画的中心，即第 10 帧处，将“P.Y”设置为 41.421 cm，并设置关键帧。回到第 0 帧处并播放动画，可以看到立方体完成了一次翻滚。

06 切换到正视图，缩放视图，观察立方体右下方的角在旋转过程中的位置，可以看到翻滚效果其实并不完美，立方体翻滚的支点处出现了偏移和穿模现象。

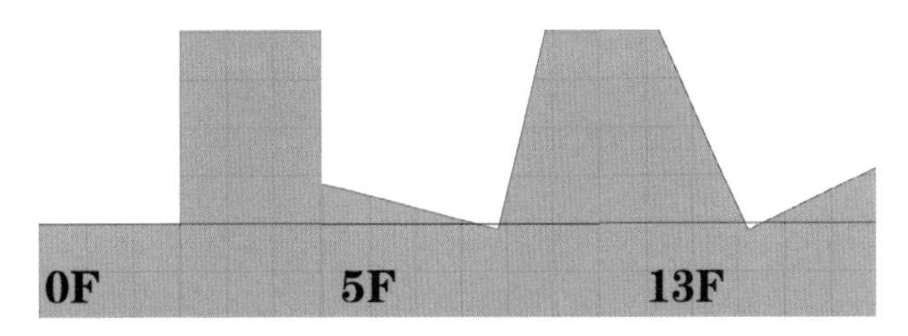

如果微调曲线或使用更多关键帧制作翻滚动画，则可能最终会做成全帧动画，但效果依然不完美。

尝试换一种方法进行制作

场景位置	无
实例位置	实例文件 >CH12> 立方体翻滚 .c4d
视频名称	无
难易指数	★★☆☆☆
技术掌握	关键帧动画

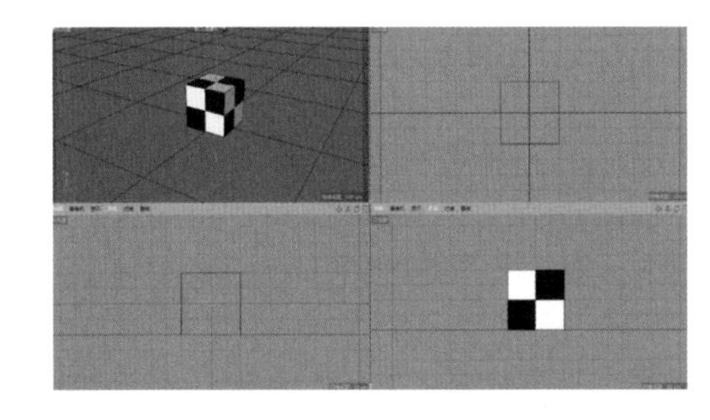

01 创建“立方体”对象，尺寸默认为 200cm×200cm×200cm；然后创建“地板”对象，将其 y 坐标调整为 –100cm，然后创建“空白”对象并将其作为“立方体”对象的子级。

02 单击按钮或按 L 键启用“轴心修改”功能，将“空白”对象的轴心修改为“X：100cm”“Y：100cm”，即立方体第一次翻滚的支点处，在正视图中显示为立方体的右下角。

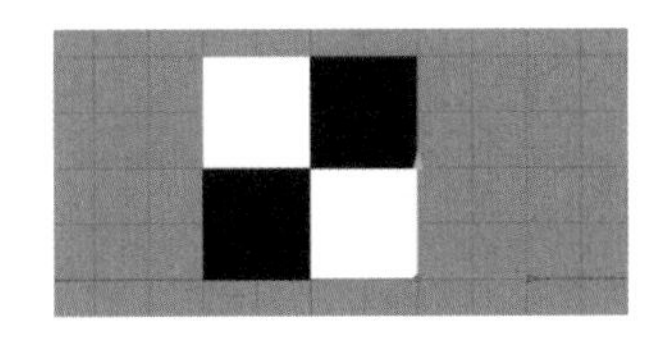

03 在第 0 帧处为“空白”对象的“R.B”设置关键帧，在第 20 帧处将“R.B”设置为 90°；回到第 0 帧处并播放动画，即可得到一个完美的翻滚动画。此时，翻滚的支点能完美地保持一致。

04 翻滚动画制作完成后，准备制作下一个翻滚动画。但此时，“空白”对象移动到了“立方体”对象的左下角。

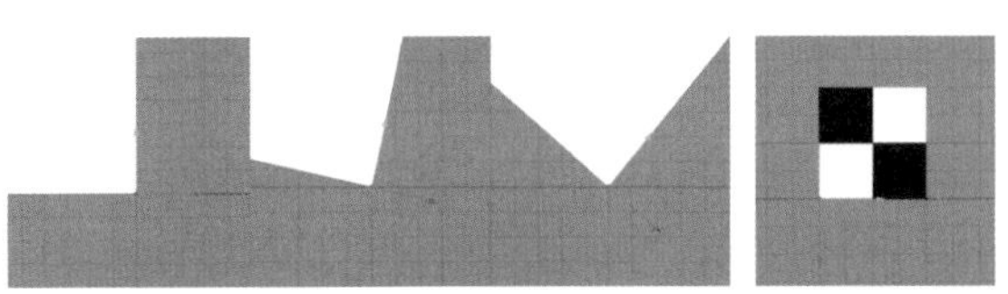

05 在第 20 帧处为“空白”对象的“P.X”设置关键帧，然后在第 30 帧处将“P.X”设置为 300cm，并设置关键帧。

06 由于“空白”对象是“立方体”对象的子级，因此父级的位移也会造成“立方体”对象的位移，“空白”对象依然位于“立方体”对象的左下角。因此，选中“立方体”对象，可以通过观察发现此时因为旋转，“立方体”对象翻滚前进的轴是 y 轴。回到第 20 帧，为“立方体”对象的“P.Y”设置关键帧，在第 30 帧处将“P.Y”修改为 –100cm 并设置关键帧，使“立方体”对象和“空白”对象做相对运动，其结果是“立方体”对象在世界坐标系统中的位置没有改变，但“空白”对象又回到了“立方体”对象的

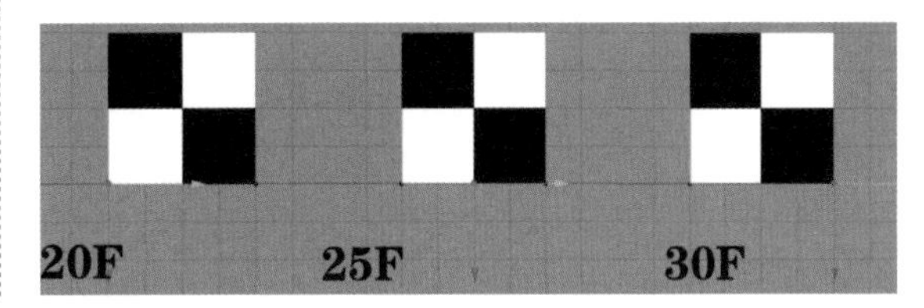

右下角。

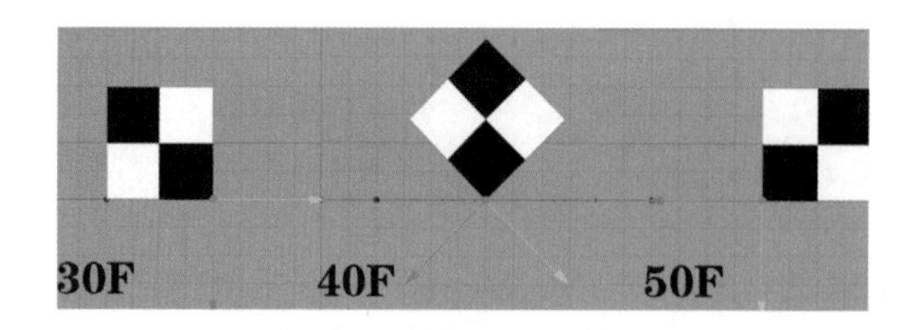

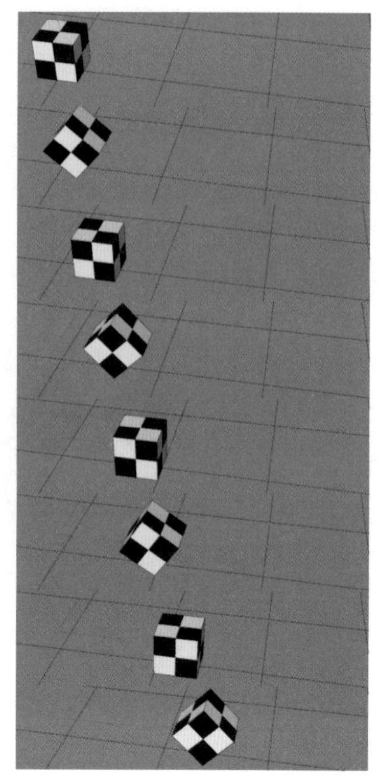

07 在第 30 帧处为“空白”对象的“R.B”设置关键帧，在第 50 帧处将“R.B”修改为 180° ，然后设置关键帧，得到第 2 个翻滚动画。

08 在第 50 帧处为“空白”对象的“P.X”设置关键帧，然后在第 60 帧处将“P.X”设置为 500cm 并设置关键帧。

09 因为旋转，此时“立方体”对象翻滚前进的轴变成了 x 轴。在第 50 帧处为“立方体”对象的“P.X”设置关键帧，在第 60 帧处将“P.X”设置为 100cm。

10 播放动画，会发现设置关键帧后动画又出现了偏差。打开“时间线窗口”，切换到“函数曲线”模式，将“立方体”对象的“P.X”“P.Y”，“空白”对象的“P.X”全部选中，然后将曲线的插值类型设置为“线性”并重新播放动画，即可解决问题。

11 使用上述方法，保持相同的时间间隔并重复操作，即可得到任意次数的立方体翻滚动画。

打开“实例文件 >CH12> 立方体翻滚 .mp4”文件，查看渲染完成后的动画效果。

12.2 摄像机

在现实中，摄像机是一种使用光学原理来记录影像的设备，人们在日常生活中接触的新闻、短视频、影视节目、综艺节目等大多都是由摄像机拍摄的。

同时，“摄像机”功能是所有三维软件的基本功能之一。摄像机可以定义三维场景如何显示在二维的视图上。在 Cinema 4D 的视图窗口中单击鼠标中键，切换到四视图，每个视图都有自己的默认摄像机。在“属性”窗口的“模式”菜单中选择“摄像机”模式，则会显示当前视图中的默认“摄像机”对象的参数。默认的“摄像机”对象不会在“对象”窗口中显示为单个对象，只能在此修改。

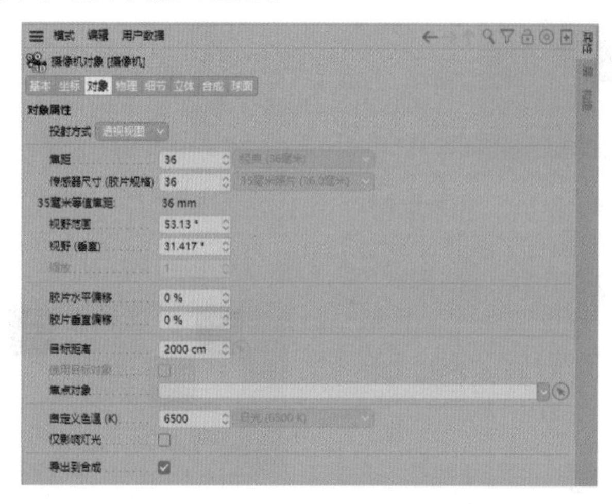

摄像机的使用

执行“创建 > 摄像机”命令，或者在工具栏中按住按钮，在展开的下拉菜单中单击需要的摄像机即可创建。

单击“摄像机”按钮，创建一个“摄像机”对象，该对象将会自动创建在当前视图中，并与视图中的摄像机参数匹配。视图边缘将出现一圈绿色线条，可用于转动摄像机视角。

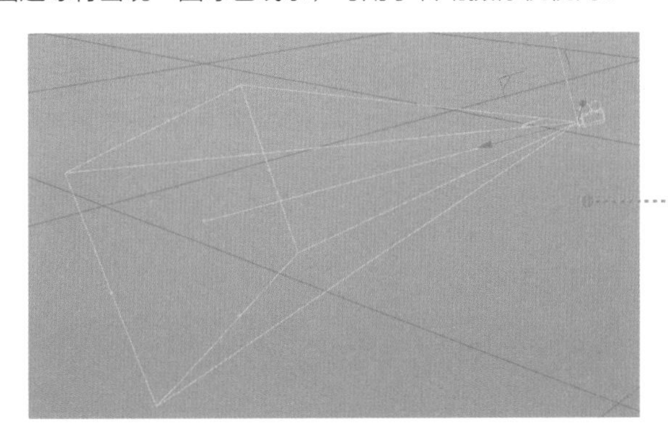

在视图中，摄像机带有两个胶卷和一个可交互的锥体。其中，锥体表示摄像机的视锥，与聚光灯类似。拖曳锥体外围的 4 个黄色操控点，可以调整锥体的大小，即调整摄像机的视野大小；拖曳中间的黄色操控点，可以调整摄像机的焦平面。

若要进入摄像机视图，则单击“摄像机”对象的图标；单击后图标变为，表示当前在该摄像机视图内；图标为则表示当前不在该摄像机视图内。

进入摄像机视图后，在视图中对视角进行任意操控，都会直接修改当前摄像机的参数。在找到一个合适的观察角度后，若不希望随意移动视角，则可以在摄像机名称处单击鼠标右键，在弹出菜单中执行“装配标签 > 保护”命令，创建“保护”标签，锁定摄像机的 PSR 参数，在“标签”属性面板中可以自定义需要锁定的参数。

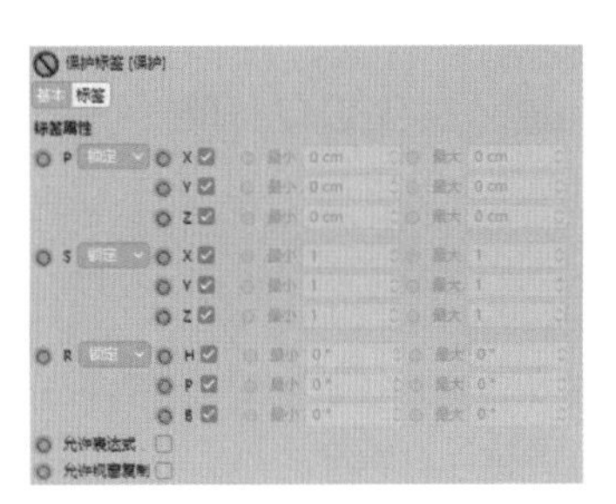

除了可以单击图标外，还可以双击图标进入摄像机视图。或者在视图窗口中执行“摄像机 > 使用摄像机”命令，在弹出的子菜单中选择需要的摄像机。

摄像机参数

对象属性

投射方式：设置摄像机的投射模式，有“透视”“绅士”“平行”“鸟瞰”等。

焦距：焦距越大，视野越小；焦距越小，视野越大；焦距的参数范围为 0~10000，Cinema 4D 中提供了现实世界中常用的焦距参数。

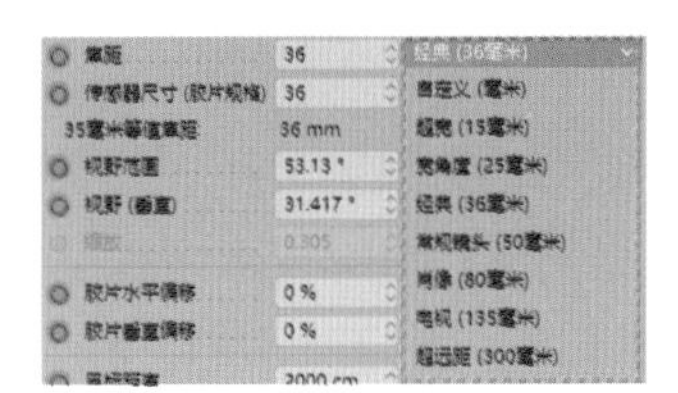

在真实的摄像机中，焦距代表镜头与胶卷之间的距离。小焦距用于广角拍摄，可以呈现更广阔的场景，但也会使图像失真（焦距越小，图像变形越严重）。较大的焦距会相应放大场景，而在最大的焦距下场景会完全失去透视效果。

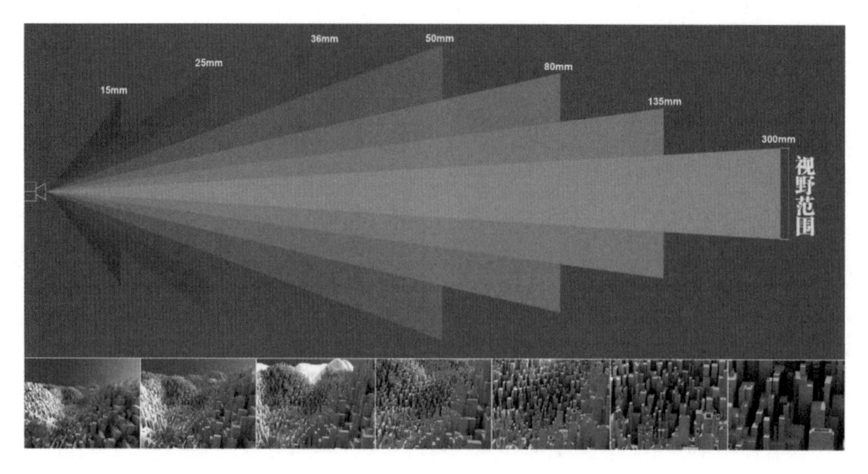

传感器尺寸（胶片规格）： 参数值越小，视野越小；参数值越大，视野越大。参数范围为 0~2000。

35 毫米等值焦距： 固定显示 35mm 等效焦距，显示该焦距是因为尽管各种尺寸的数字传感器都在普及，但模拟 35mm 胶片在摄影界仍然非常普遍。传统摄影爱好者可以以此为参考。

视野范围 / 视野（垂直）： 摄像机在水平和垂直方向上的视野范围，参数范围为 0.2° ~174° 。视野范围直接和焦距相关，不论是修改焦距或修改视野范围，这两个参数都会同步变化；修改传感器尺寸视野范围也会变化，但修改视野范围不会影响传感器尺寸。

缩放： 仅在使用正交视图等平行视图下可用，用于修改视图的大小。当“缩放”为 1 时，视图正好覆盖 1024 个单位。

胶片水平 / 垂直偏移： 使摄像机的取景范围沿着水平、垂直方向偏移。

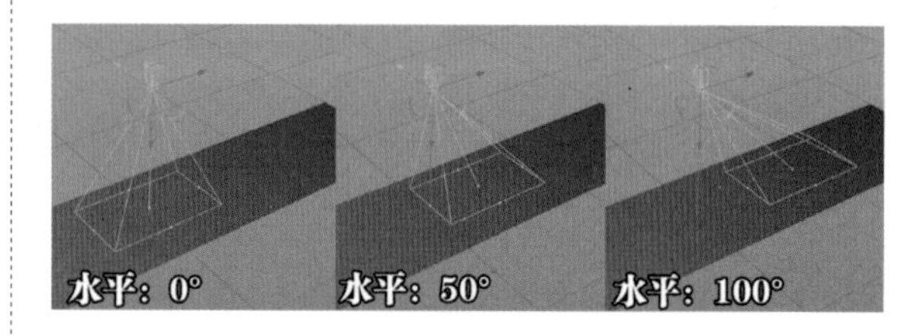

目标距离： 控制焦距，需要在物理渲染器下开启物理渲染的“景深”才有效果。打开“渲染设置”窗口，将“渲染器”切换为“物理”，在物理属性下选中“景深”复选框，然后使用摄像机“物理”属性面板中的“光圈”参数控制景深强度，再调整目标距离。

单击参数右侧的图标，然后在视图中单击需要对焦的位置，即可自动计算距离并填入“目标距离”内。

在视图窗口的“选项”菜单中选择“景深”命令，即可在视图中实时查看物理渲染器的景深效果。

使用目标对象： 添加了“目标”标签的摄像机可用，选中该复选框后会自动根据“目标”标签中设定的目标位置设置目标距离。

焦点对象： 将需要对焦的对象拖入该参数后，系统会自动将“目标距离”设置为摄像机与该对象的距离。注意由于距离是根据对象的坐标计算的，因此在使用焦点对象前，应确保焦点对象的坐标轴位于对象内。

自定义色温（K）： 自定义摄像机的白平衡，参数范围为 1000~100000。

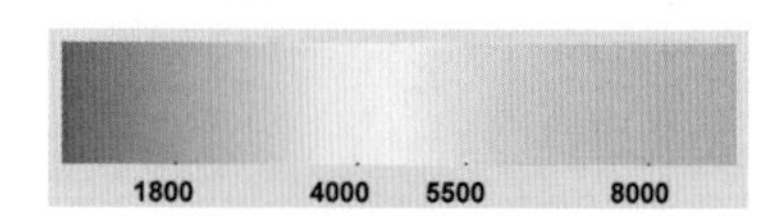

仅影响灯光： 自定义色温仅影响灯光的颜色。

导出到合成： 选中该复选框后在将“.c4d”工程文件导出到 After Effects 时，会将摄像机导出。

物理属性

“物理”属性面板下的参数在“渲染器”为“物理”时才可以设置。单击按钮打开“渲染设置”窗口，将“渲染器”修改为“物理”。单击“物理”选项展开“物理”属性面板。

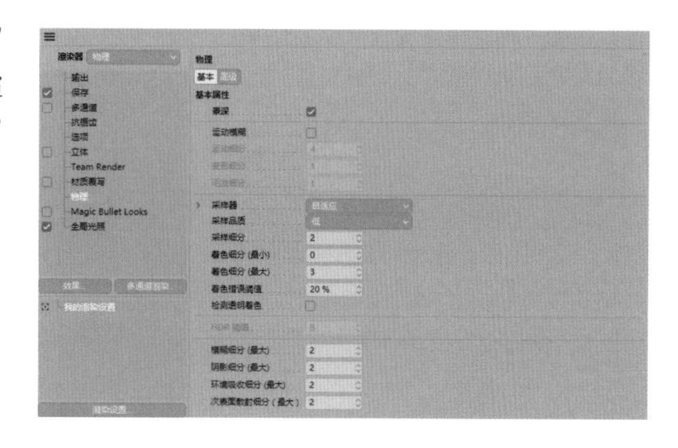

回到“摄像机”对象的物理属性面板，可以修改摄像机物理参数。

电影摄像机： 选中该复选框后，将关闭“物理”属性面板中的“ISO”“快门速度（秒）”参数，开启“快门角度”“快门偏移”“增益（db）”参数。

光圈（f/#）： 调整摄像机的光圈大小，参数范围为0.01~256；光圈越小，景深效果越强烈。如果选中“曝光”复选框，则光圈还会影响摄像机的进光量。

曝光： 选中“曝光”复选框后摄像机会通过模拟真实摄像机的曝光过程来渲染图像，而最终亮度将由“光圈（f/#）”“ISO”“增益（db）”“快门速度”共同决定。

ISO： 选中“曝光”复选框后可用，参数范围为10~10000，用于控制摄像机的曝光量。

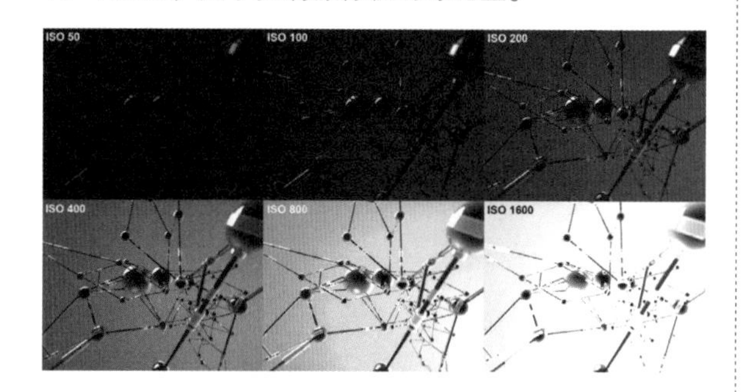

增益（db）： 同时选中“电影摄像机”和“曝光”复选框后可用，参数范围为-100~100；选中该复选框后“ISO”不可用，其功能与“ISO”的功能一致。

快门速度： 控制每一帧快门开启的时间，参数范围为0~100；同时影响“曝光”和“运动模糊”（“运动模糊”需要在“渲染设置”窗口中开启）。如果“曝光”和“运动模糊”都未开启，则该参数对渲染结果没有影响。

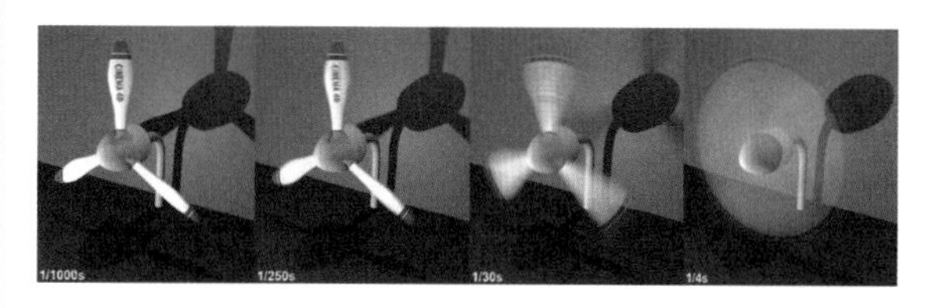

快门角度： 选中“电影摄像机”复选框时可用，参数范围为10°~1080°。该参数可以用于模拟带有旋转快门的摄像机，该参数的功能与“快门速度”的功能一致。

快门偏移： 选中“电影摄像机”复选框时可用，参数范围为0°~360°；该参数可以用于设置偏移快门的旋转角度，以抵消或增强一部分运动模糊效果。

快门效率： 参数范围为0%~100%，参数值越小，运动模糊效果越柔和。

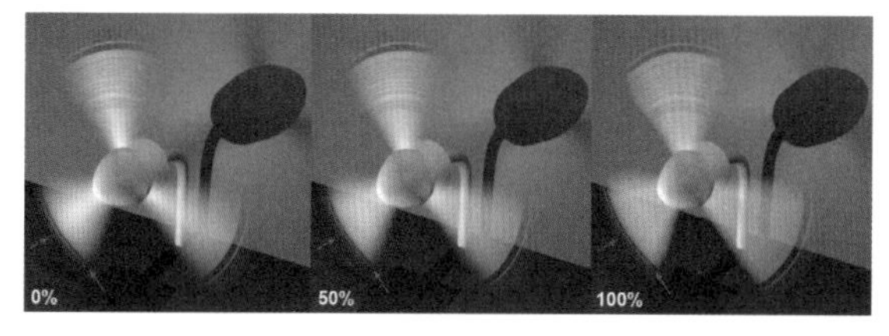

镜头畸变 - 二次方 / 立方： 控制两种镜头畸变的角度，参数范围为-100%~100%；两种镜头畸变的效果类似，可以使用镜头畸变来模拟广角镜头的失真效果。

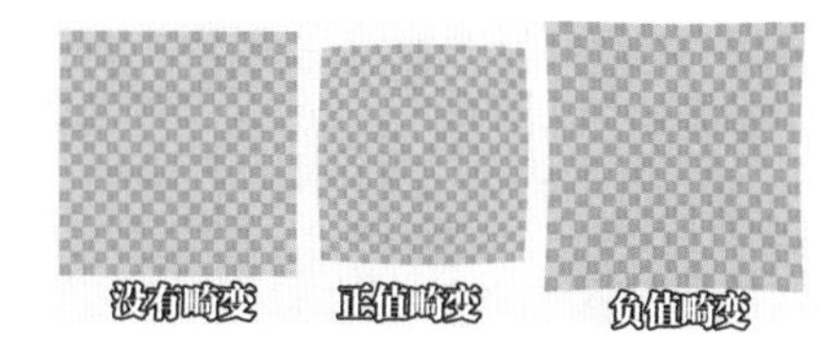

暗角强度：控制画面四周变暗的强度，参数范围为 0%~500%，不同强度的效果不同。

在摄影中，暗角指亮度或饱和度比中心区域低的图像外围部分。暗角是摄像机的结构和设置不当导致的，但有时因为需要进行创意表达而被刻意加入。例如，暗角可以使观众的注意力集中于中心区域。在三维渲染中，暗角通常在后期加入。

暗角偏移：参数范围为 0%~100%，控制图像中心区域的大小，值越大中心区域越大，即暗角效果越弱。

彩色色差：用于添加加色差效果，参数范围为 -1000%~1000%；彩色色差与暗角一样，是由器材导致的缺陷，三维动画中原本没有这些缺陷，但可以在适当的时候人为添加，使画面更具有吸引力。

光圈形状：选中该复选框后可以使用“叶片数”“角度”等参数自定义光圈形状，光圈形状会影响散景区域的明亮光斑的形状。散景即落在景深外的画面，会随距离的拉远逐渐产生松散或模糊的效果。

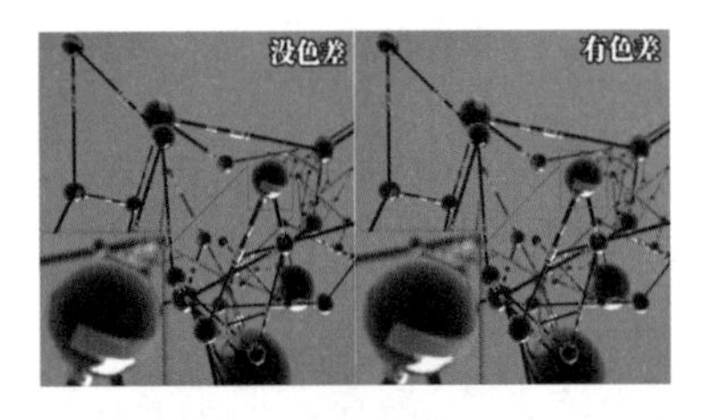

叶片数：控制光圈的叶片数量，参数范围为 3~32，叶片数量直接决定光圈形状。

不同叶片数量的散景效果不同。

角度：控制光圈的旋转角度，参数范围为 0° ~3600° 。

偏差：参数范围为 -1~1，参数为负值时可以使光圈中心变暗，参数为正值时使光圈中心变亮。

各向异性：参数范围为 -100%~100%，参数为正值会将散景水平拉伸，参数为负值则将光圈垂直拉伸。

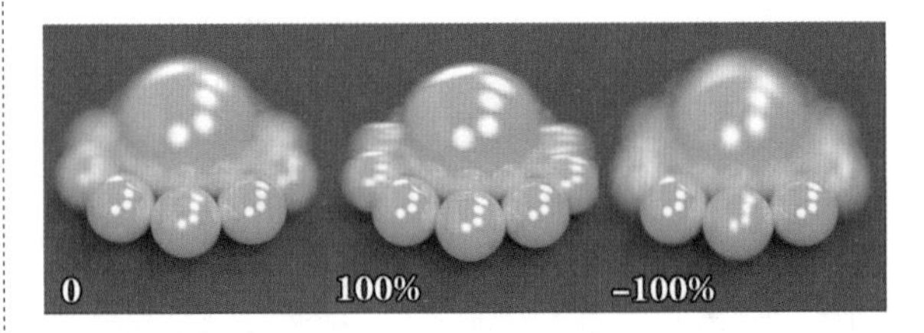

着色器：使用黑白纹理自定义光圈形状，白色区域代表透光，黑色区域代表不透光。这种方法在现实摄影中也同样适用，通过在镜头前放置不同形状的遮罩，即可控制光圈的形状并做出各类创意效果。

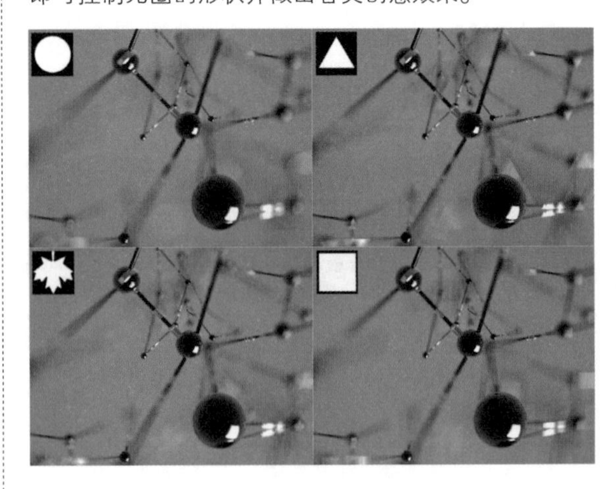

细节属性

启用近端 / 远端修剪： 根据摄像机的位置，对小于近端修剪距离和大于远端修剪距离的网格进行修剪。两者同时选中，则场景中只显示在近端修剪距离和远端修剪距离范围内的画面。

近端 / 远端修剪： 设置近端、远端修剪的距离。

显示视锥： 默认选中“显示视锥”复选框，若取消选中该复选框则视图中不显示摄像机的视锥，但选中摄像机后仍然会显示操控点。

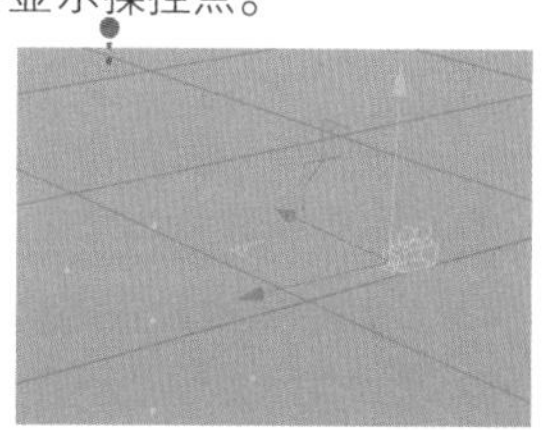

景深映射 – 前景 / 背景模糊： 在标准渲染器下使用的“景深”分为“前景模糊”和“背景模糊”，需要在选中摄像机的同时在“渲染设置”窗口中选中“景深”复选框。

开始 / 终点： 设置“前景模糊”“背景模糊”的开始位置和结束距离。与物理渲染器产生的基于物理规律的“景深”不同，“前景模糊”“背景模糊”可以自定义模糊的开始位置和模糊范围内的模糊衰减强度。

立体属性

立体属性用于输出红蓝 3D 图像。开启“红蓝 3D”功能后在视图窗口的“选项”菜单中选择“立体”命令，即可得到红蓝 3D 图像。需要佩戴红蓝 3D 眼镜才能看到 3D 效果。

开启“立体”功能后摄像机会变为两个，代表人的左右眼。

模式： 设置立体模式，有“单通道”“对称”“左”“右”4 种。

单通道：默认的模式，不输出红蓝 3D 图像。

对称：在一般情况下的红蓝 3D 图像中，图像向左右眼分离的距离一致。

左：左摄像机设置为 0，右摄像机设置为正的眼睛之间的距离。

右：右摄像机设置为 0，左摄像机设置为负的眼睛之间的距离。

双眼分离： 设置双眼之间的距离，默认值 6.5cm 为人眼分离的平均距离，该值不宜过大。

置换： 设置两个摄像机的位置关系，有“平行”“离轴”“同轴”“半径”4 种。

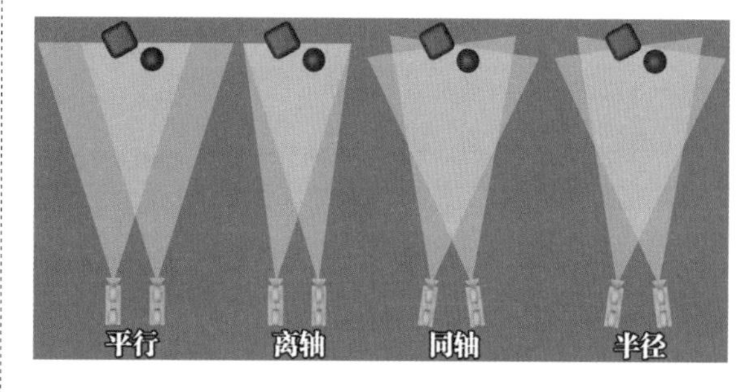

显示所有摄像机： 选中该复选框则视图中会显示两个摄像机，取消选中该复选框则只显示一个摄像机；其位置为未开启“立体”功能时的摄像机位置。

零视差：零视差是一个虚拟平面，表示在立体效果中该平面刚好位于显示器处。在立体效果中，位于该平面前的对象在观察者看来是向屏幕外突出的，该平面后的对象将位于屏幕纵深内。

在视图中，三个深绿色线框中间的一个即零视差平面。

自动平面：控制视图中近端和远端的两个深绿色线框的位置，有“手动”“70”“90”3个选项。其中，“70”和“90”分别表示两个平面的视差为70和90弧秒，“手动”则表示可以手动设置两个平面间的距离。

近端/远端平面：在“手动”模式下设置近端、远端平面与摄像机的距离；这两个平面不影响渲染效果，仅作为参考，当对象太远或太近时，立体效果会大大降低。通常，将“自动平面”设置为“90”，将场景中的对象放置在近端和远端平面之间，这样得到的效果将不会有问题。但若想得到立体效果最佳的距离区间，可以手动设置近端、远端平面间的距离。此后，将对象均放置在该范围内，则可以获得最佳效果。

显示流动帧：视图中显示的安全区域；只有两个摄像机的视野重叠的地方才能透光，不重叠的地方将显示为黑色。

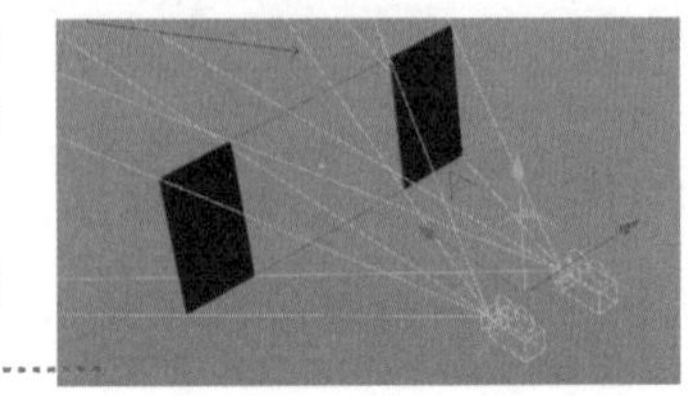

合成属性

“合成”属性面板用于辅助构图，开启后会在视图中显示对应类型的辅助线，有“网格”“对角线”“三角形”“黄金分割”“黄金螺旋线”“十字标”6种。

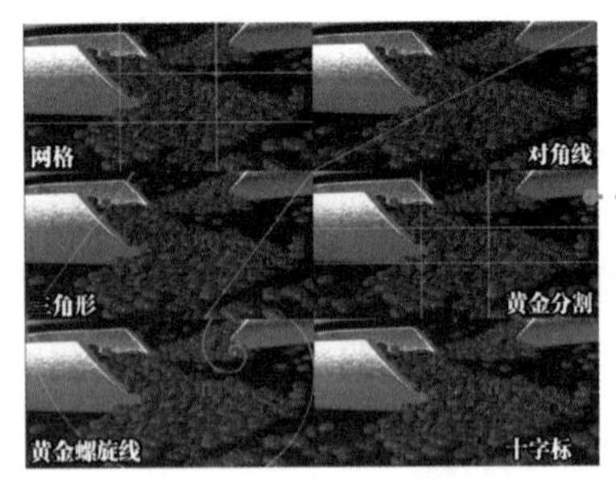

启用辅助线后，可以在下方展开的相应类型的参数中修改辅助线的颜色和形态。

球面属性

球面摄像机用于渲染全景图像，使用“球面”功能可以将制作好的场景渲染为360°的全景图像。该功能通常用于制作全景视频，在后续制作中可以把全景图像用作背景或光照信息的来源。

摄像机类型

除标准的“摄像机”对象外，Cinema 4D还提供了多种类型的摄像机，按住按钮即可展开相应的下拉菜单。

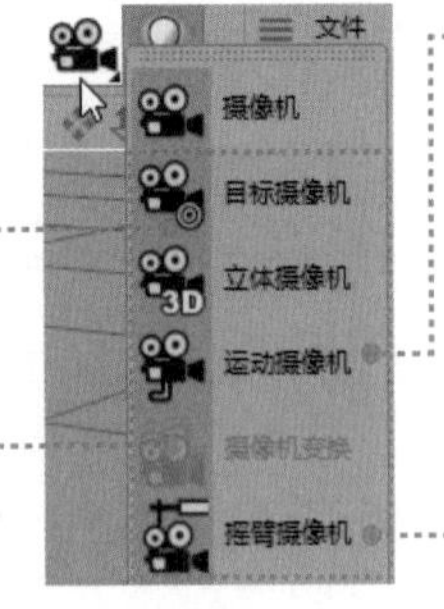

目标摄像机：创建该摄像机对象时会同时创建一个位于世界坐标系统中心的“空白”对象作为目标对象。将“空白”对象拖入“目标”标签的“目标对象”中后，摄像机会自动朝向目标对象。

立体摄像机：默认设置为“对称”的摄像机。

运动摄像机：将对象拖入“运动摄像机”标签的“链接”中，摄像机会跟随对象运动；通过设置标签的参数，可以模拟摄像机被人扛着时的运动效果。

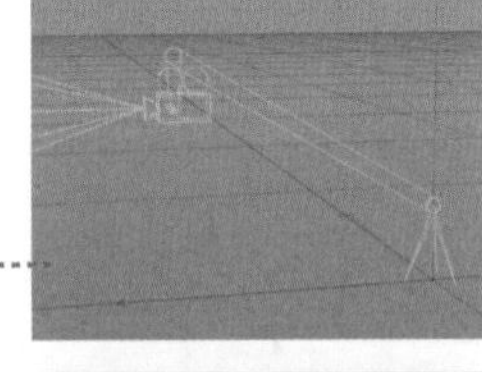

摇臂摄像机：用于模拟现实中的摇臂。

摄像机变换：当场景中有多个摄像机时，至少选中两个摄像机才可以创建“摄像机变换”对象。“摄像机变换”对象的子级中有一个带有“摄像机变换”标签的“变换摄像机”对象，在“摄像机变换”标签中修改“混合”参数，可以使“变换摄像机”的轨迹在选中的几个摄像机的轨迹之间变换。

常用构图技巧

构图是在绘画、平面设计、摄影等视觉艺术领域中经常使用的术语。构图是将场景中的物体按照一定的规律、方法，分为主体与客体、前景与背景，从而组织起来构成一幅完整的、协调的画面的过程。

三分构图法

三分构图法也称井字构图法，是最稳妥的构图方法，在大部分情况下均适用。该构图方法使用两条横线、两条竖线对画面进行分割，将画面中的主体放在线上或线的交点上。

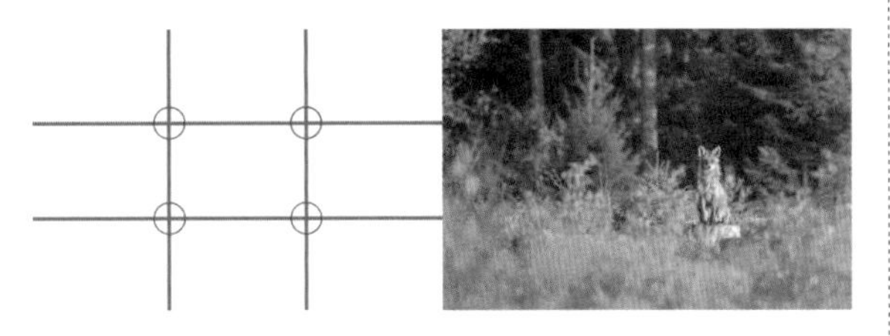

中心构图法

将画面主体放在画面的正中心，使画面主体突出、明确。

水平线构图法

以画面中的水平线为主，主要用于表现辽阔、宽敞的大场景。使用此构图法的画面具有平静、舒适、稳定等特点。

垂直线构图法

以画面中的垂直线为主，使用垂直线构图法时，对象自身通常具备较垂直的特征。

对称构图法

按照对称轴或对称中心，使对象在画面中形成轴对称或者中心对称。使用此构图法的画面具有平衡、稳定的特点。

引导线构图法

该构图方法利用画面中连续的元素来引导观众的目光，使观众的目光最终聚焦在画面的焦点上。

对角线构图法

将画面的主体放置在画面的对角线上，使画面有延展感、立体感、运动感。

框架构图法

将画面的主体用一个框架框起来，可以引导观众观看框架内的内容。

第 13 章
渲染输出

本章学习要点

渲染工具组中的常用命令　　编辑渲染常用效果

13.1 渲染

渲染（Render）是指软件通过模型生成图像的过程。在三维软件的工作流程中，渲染是一个重要步骤，通过渲染可以得到模型与动画的最终显示效果。

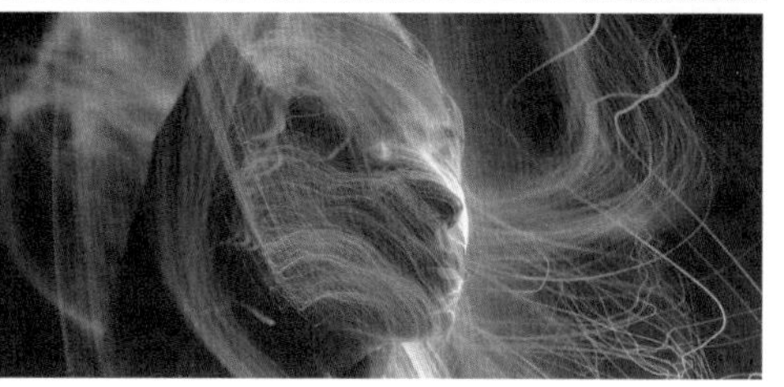

通常，可以将三维渲染简单分为离线渲染（Offline Rendering）和实时渲染（Real-time Rendering）。离线渲染的计算量非常大，有时一帧画面甚至需要用超级计算机计算数十个小时才能得到。此渲染方式通常用于影视、动画的制作。大型动画公司、特效公司都有自己的渲染服务器群。实时渲染每秒能运行数十帧甚至上百帧画面，可以实现超过人类反应速度的实时交互。此渲染方式通常用于游戏领域。计算机、游戏机、手机上的 3D 游戏，以及 Cinema 4D 的视图窗口中的场景，都是通过实时渲染生成的。

13.2 渲染工具组的常用命令

在菜单栏中单击展开“渲染”下拉菜单。

也可在工具栏的渲染工具组中快捷使用常用的渲染功能。按住按钮，即可展开渲染工具组的下拉菜单。

渲染活动视图

单击按钮，或者按快捷键 Ctrl+R，将直接渲染当前活动视图。由于对场景进行了任意修改当前活动视图中的渲染结果都会丢失，因此该操作通常只用于快速预览场景效果。

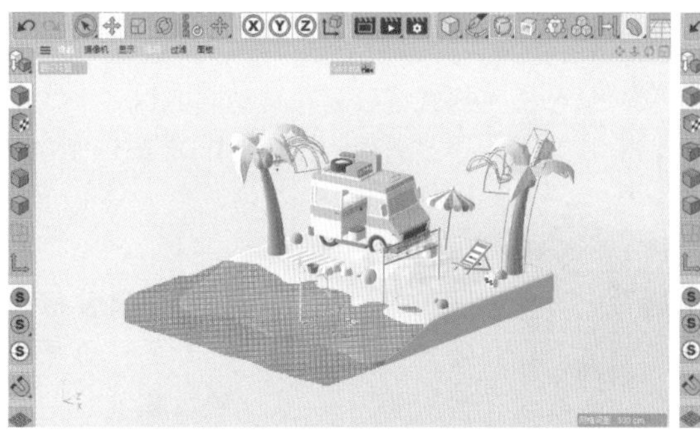

渲染到图像查看器

单击按钮，或者按快捷键 Shift+R，弹出“图像查看器”窗口，将当前的活动视图渲染到“图像查看器”窗口中。“图像查看器”窗口中的图像会在关闭 Cinema 4D 前保存至硬盘缓存中，可以随时查看。若设置了输出范围，则会逐帧渲染设置的范围中的图像并最终输出渲染结果。

区域渲染

在渲染工具组的下拉菜单中单击“区域渲染”按钮，然后在视图中框选需要渲染的区域，即可在视图中渲染特定区域。

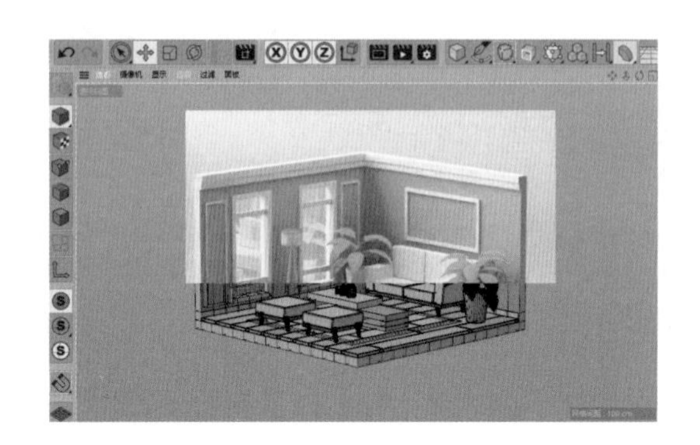

渲染激活对象

在渲染工具组的下拉菜单中单击“渲染激活对象”按钮，则会在视图中渲染选中的对象，没选中的对象将不会出现在渲染结果中。

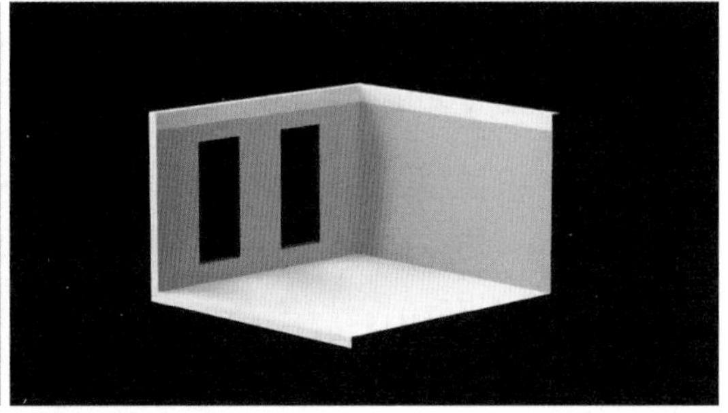

创建动画预览

在渲染工具组的下拉菜单中单击“创建动画预览”按钮，弹出“创建动画预览”对话框。

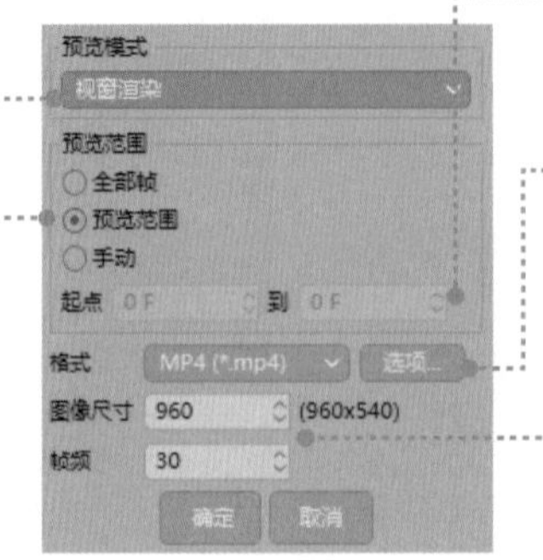

预览模式： 有“视窗渲染”和“完全渲染”两种模式；“视窗渲染”模式使用视窗中的图像进行预览，渲染速度快；“完全渲染”模式使用最终渲染结果进行预览，渲染速度慢，使用得较少。

全部帧 / 预览范围 / 手动： 设置创建预览的时间范围。

起点 / 到： 在“手动”模式下设置预览范围。

格式： 设置预览动画的保存格式，单击“选项”按钮可以设置不同格式的编码质量。

图像尺寸： 设置预览动画的分辨率。

帧频： 设置每秒创建的预览画面的数量。

参数设置完毕后单击“确定”按钮，即可在“图像查看器”窗口中创建动画预览序列。选中创建的预览序列，单击“向前播放”按钮▶即可预览场景中的动画效果。

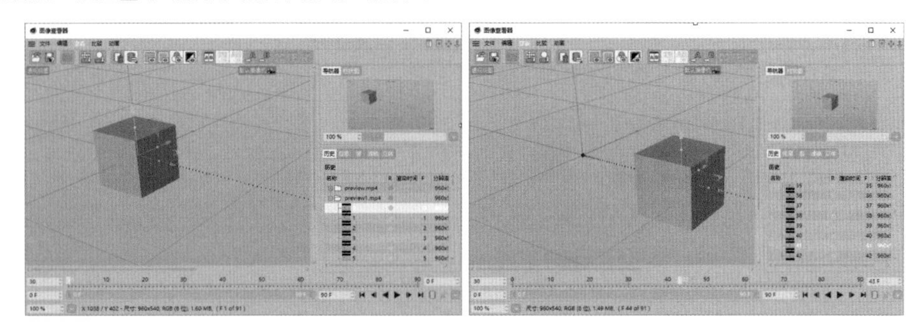

渲染队列

当有多个工程需要逐个渲染时，需要用到“渲染队列”功能。在渲染工具组的下拉菜单中单击“添加到渲染队列”按钮，即可将当前工程添加到渲染队列中。将工程添加到渲染队列后会自动弹出“渲染队列”窗口。单击“渲染队列”按钮也可以手动打开“渲染队列”窗口。

在“渲染”列表中选中需要渲染的工程，然后单击按钮开始批量渲染，Cinema 4D将会在后台逐个渲染工程。在关闭Cinema 4D后，渲染队列中的进度会保存，可在下次启动时直接继续渲染。

添加一个项目到渲染队列：从工程文件中添加项目到渲染队列，单击该按钮即可打开“打开文件”对话框。

添加当前工程：将当前工程添加到渲染队列，同一个工程可以重复添加，然后使用不同的设置分别进行渲染。

打开所有场次：打开一个工程，将工程中的所有场次添加到渲染队列。

开始渲染：从首个项目开始批量渲染。

停止渲染：停止当前批量渲染。

删除 / 全部删除：删除选中的项目 / 删除队列中的所有项目。

编辑工程：选中项目后，单击该按钮可以打开该项目对应的工程文件。

在图像查看器中打开：在“图像查看器”窗口中打开当前所选序列中已渲染的全部图像。

在浏览器 / 查看器中打开：在资源管理器中打开渲染结果所在的文件夹。

交互式区域渲染（IPR）

在渲染工具组的下拉菜单中单击“交互式区域渲染（IPR）”按钮，或按快捷键 Alt+R，视图窗口中会出现 IPR 范围框。

IPR将以较低的质量持续渲染指定范围内的图像。对场景进行操作后会重新渲染图像，可以让创作者以较最终渲染速度更快的速度，动态地预览渲染区域内的渲染结果。拖曳范围框可以调整范围框的位置，拖曳范围框上的操控点可以缩放范围框。

13.3 编辑渲染设置

单击按钮打开“渲染设置”窗口。

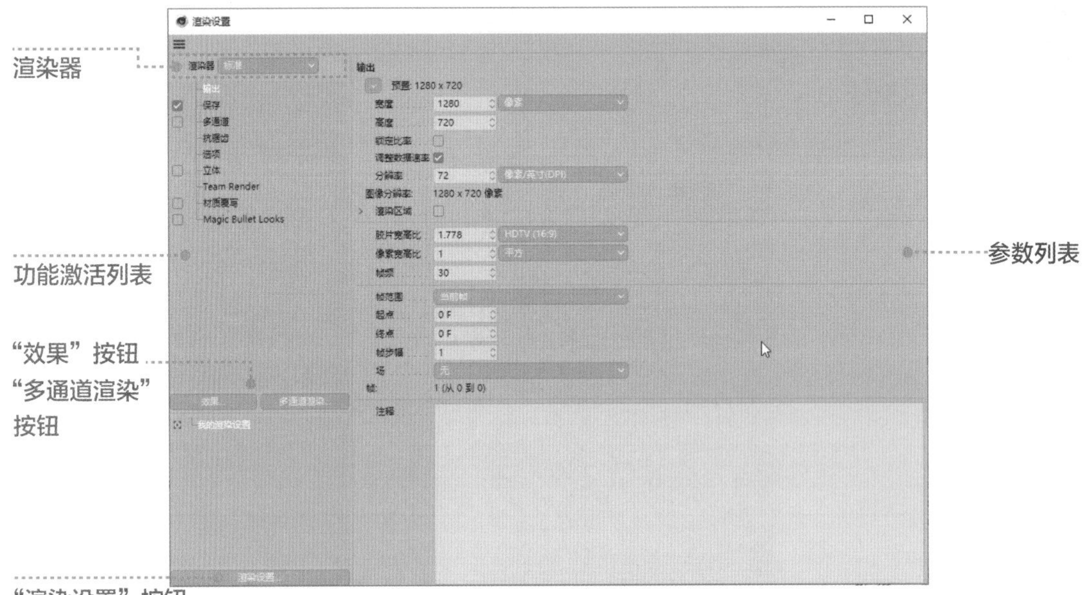

渲染器

在“渲染设置”窗口的左上角单击“渲染器”右侧的按钮，展开渲染器列表。Cinema 4D自带“标准”“物理”“视窗渲染器”3个渲染器，也可以安装外置的第三方渲染器插件中的Octane Renderer渲染器。

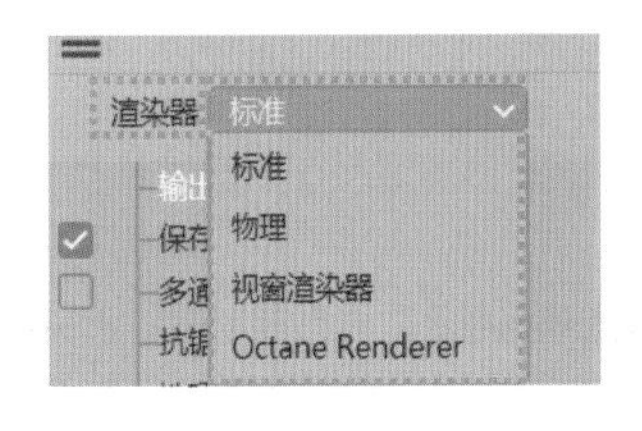

输出

“输出”功能用于设置最终输出的分辨率、帧频等信息。

宽度/高度： 设置最终输出的分辨率，可以单击按钮选择预设的分辨率，在“宽度”右侧可以修改其单位。

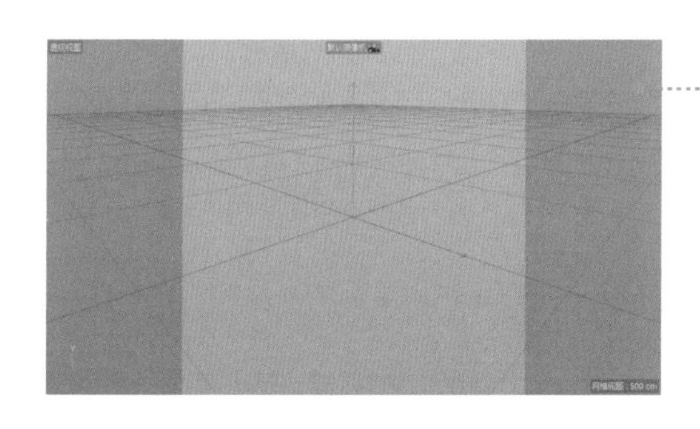

分辨率的大小会同步影响视图窗口中安全框的大小。例如，将分辨率修改为 1000 像素 ×1000 像素，此时视图窗口将仍然为长方形，而视图窗口中的安全框则会发生变化。

锁定比率： 锁定宽度和高度的比率，修改任意一个参数的值都将使另一个参数的值等比缩放。

调整数据速率： 若将保存格式设置为 .mp4，选中该复选框则可以自动根据分辨率设置 MP4 文件的码率。

分辨率： 调整图像的 DPI（Dots Per Inch，每英寸点数），当图像需要打印时需要调整此参数。

图像分辨率： 图像的分辨率，由宽度和高度决定。

渲染区域： 选中该复选框则只渲染设置的渲染区域，其余区域将显示为黑色。

左侧 / 右侧 / 顶部 / 底部边框： 设置 4 个方向上的不渲染区域的大小，单位为像素。单击“复制自交互区域渲染（IPR）”按钮，则会根据当前视图中的 IPR 区域自动填入对应参数。

胶片宽高比： 宽度和高度的比值，修改宽度或高度时，双方会按该值同步变化；修改该值后若宽度值不变，高度会根据此值和宽度值发生变化。

帧频： 设置渲染时每秒的帧数，不影响工程帧率，但建议与工程帧率一致。

帧范围 / 起点 / 终点： 设置最终渲染的帧范围。

帧步幅： 设置渲染的下一个画面跟上一个画面的帧步幅。例如，“帧步幅”设置为 10，则渲染的第一个画面为第 0 帧，第二个画面为第 10 帧。该参数通常用于在进行渲染预览时减少计算量，但参数值太大会导致动画不流畅。

场： 设置隔行扫描的模式。

帧： 显示最终会渲染的帧数量和设置的帧范围。例如，将“起点”设置为 0，“终点”设置为 20，“帧步幅”设置为 10，则“帧”会显示 3（从 0 到 20）。

注释： 用于输入文字注释。

保存

用于设置最终渲染时保存文件的路径和格式。

保存： 选中“保存”复选框则每次将图像渲染到“图像查看器”窗口中时，都会将图像保存到指定的文件夹。

文件： 设置文件的保存路径，单击“文件”右侧的按钮，在打开的资源管理器中打开目标文件夹，在“文件名”文本框中输入文件名，然后单击“保存”按钮。例如，“D\Cinema 4D\test”意为在目录“D:\Cinema 4D”中保存名称为 test 的文件。文件格式不需要输入，由其他参数设置。

格式： 设置保存文件的格式，常用的图像格式有 .jpg、.png、.tif、.exr，常用的视频格式有 .mp4、.avi；单击“格式”左侧的按钮可以展开对应格式的参数设置面板。

深度： 设置图像在每个颜色通道中的位深度，值越大则图像的位深度越大。

名称： 设置名称的格式；例如，默认的格式为“名称 0000.tif”表示最终保存文件时的文件名为“文件”中设置的“文件名 + 序号（如果输出设置中设置的输出图像不止一张）+ 文件格式”。

图像色彩特性： 设置嵌入文件中的色彩管理配置文件。

Alpha 通道： 设置是否将画面中没有内容的部分及背景渲染为图像的 Alpha 通道。需要文件格式支持 Alpha 通道，如 .png、.exr 等格式。若设置的图像格式不支持 Alpha 通道，如 .jpg、.bmp 等格式，则会根据 Alpha 通道的灰度值额外保存一张灰度图像。

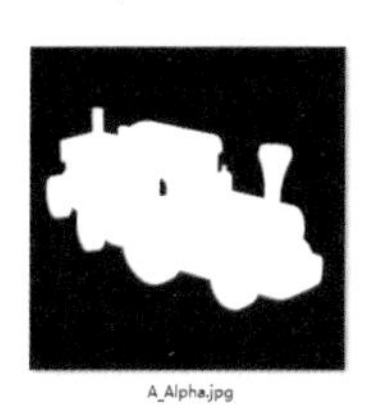

A_Alpha.jpg

Alpha.jpg

Alpha.png

直接 Alpha： 在只选中"Alpha 通道"复选框的情况下，Alpha 通道的模式为"预乘 Alpha"；选中该选复选框则 Alpha 通道的模式为"直接 Alpha"。

分离 Alpha： 将 Alpha 通道单独保存为灰度图像，当图像格式不支持 Alpha 通道时，默认使用此功能。因此，当使用不支持 Alpha 通道的格式时，该复选框不可用。

8 位抖动： 若输出的图像的每个通道的深度较小，则可能会在颜色过渡区域中出现明显的色带；"抖动"是一种向颜色添加随机图案以防出现色带的技术，但使用抖动会增大文件。

包括声音： 在输出视频文件时，选中该复选框会把场景中的声音输出到视频中。

技巧与提示

预乘 Alpha 的算法与直接 Alpha 的算法不同。三维软件中输出的图像通常使用的都是预乘 Alpha，但部分不是为三维动画后期而开发的软件并不能很好地直接识别图像的 Alpha 为预乘 Alpha，此时就会出现显示的结果与想要的结果不一致的情况，需要手动修改 Alpha 类型。

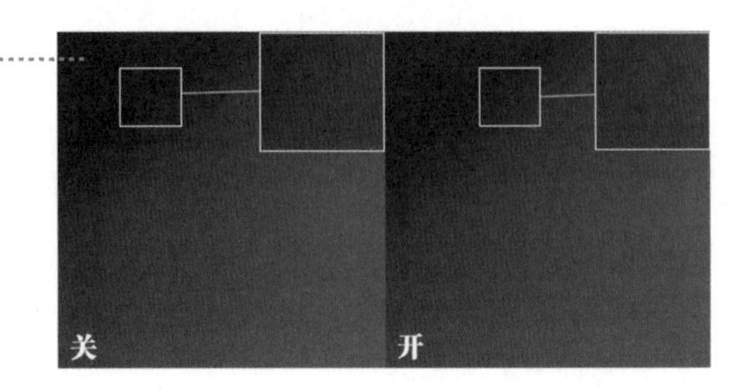

抗锯齿

抗锯齿（Anti-Aliasing，AA）是用于消除计算机图像中对象边缘出现明显的凹凸状锯齿的技术。

抗锯齿： 有"无""几何体""最佳"3 种模式，默认为"几何体"模式。

无： 不进行抗锯齿处理，对象边缘会有明显锯齿。此模式通常用于预览图像。

几何体： 默认的类型，会平滑画面中所有对象的边缘，自动使用 16×16 的子像素级别。

最佳： 启用 Cinema 4D 的自适应抗锯齿功能，只有关键区域（颜色与其相邻像素颜色差异较大的像素）内才会有抗锯齿效果。该模式会同时影响颜色、阴影、透明等效果的锯齿，选择该模式后会多出几个参数。

阈值： 在"最佳"模式下，颜色差异大的像素所在的区域被定义为关键区域，此区域会进行抗锯齿处理，"阈值"用于控制颜色差异大小与关键区域的关系。

最小级别： 定义始终需要进行抗锯齿处理的子像素的最小数量。通常情况下，默认值 1×1 即可满足要求；如果锯齿产生在阴影等区域，则应使用更大的值。

最大级别： 定义关键区域的子像素色散效果。例如，在渲染玻璃时可以增大该参数值，以确保渲染出更精细的效果。增大该参数值对渲染时间的影响较大，右图中的右侧图像的渲染时间是左侧图像的渲染时间的 10 倍，但两个图像只在极精细的细节上有微小差异。

使用对象属性： 选中该复选框后将使用对象的"合成"标签中定义的最大值、最小值和阈值。

考虑多通道： 在大部分情况下，多通道和 Alpha 通道中的抗锯齿功能不起效果，选中该复选框可以解决该问题。

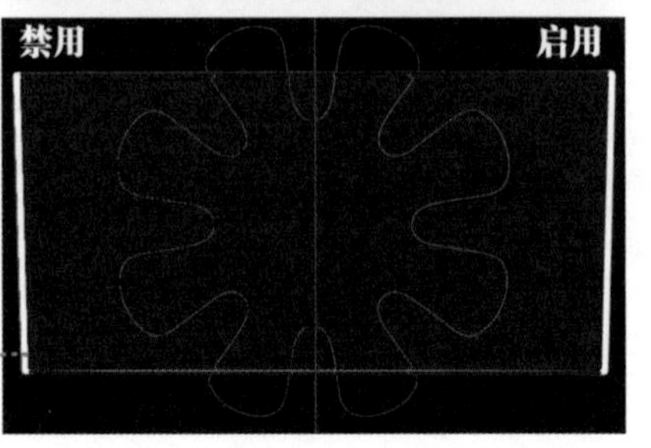

过滤：设置抗锯齿功能使用的滤镜。使用抗锯齿功能时会为每个像素计算多个子像素，然后根据滤镜将这些子像素的结果合并为一个颜色。粗线条围成的一个大方格为一个像素，包含 4×4 个小方格，即子像素。想象像素中心有一个向四周延伸的曲线，曲线的 x 轴表示子像素距中心的距离，y 轴控制该子像素对最终颜色的影响程度，不同滤镜表示不同的曲线。

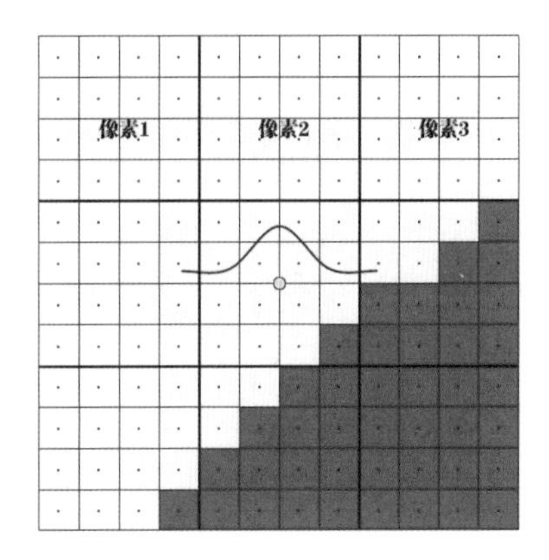

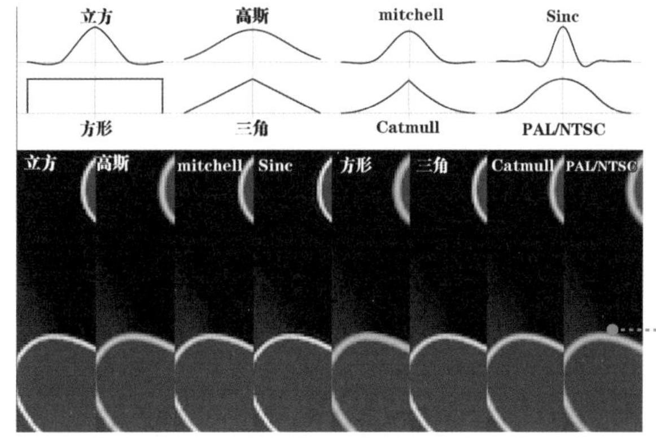

不同滤镜下曲线的模式和抗锯齿效果。

自定义尺寸：自定义曲线影响的范围，单位为像素，该值过大会导致图像边缘不清晰。

滤镜高度 / 宽度：选中“自定义尺寸”复选框时用于控制曲线的尺寸。

MIP 缩放：控制全局的 MIP/SAT 强度，同时受材质中的 MIP 参数影响。

剪辑负成分：显示的部分曲线可能有负值区域出现，选中该复选框则可以将负值区域修剪至 0。

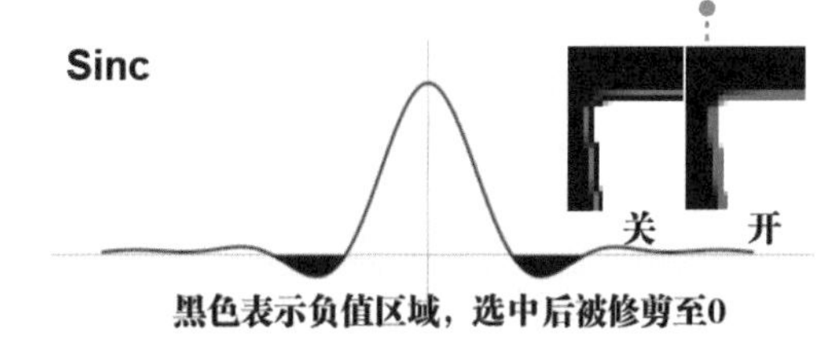

选项

透明：设置是否需要渲染透明度和 Alpha 效果。

反射：设置是否需要渲染反射效果。

折射率：设置是否需要渲染折射效果。

投影：设置是否需要渲染投影效果。

光线阈值： 参数范围为 0%~100%，当光线的亮度值低于该阈值时会停止计算，根据场景调整该阈值可以优化渲染时间。例如，当场景中有大量的反射和折射光线时，场景中的大部分亮度由少部分光线贡献，增大该阈值可以在提升渲染速度的同时对画面造成较小的影响。

跟踪深度： 参数范围为 0~500，设置渲染时可以渲染多少次透明效果。

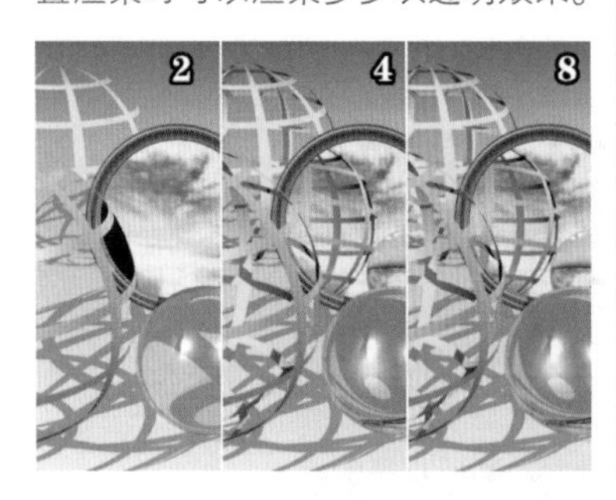

反射深度： 参数范围为 1~200，设置渲染时光线的最大反射次数。

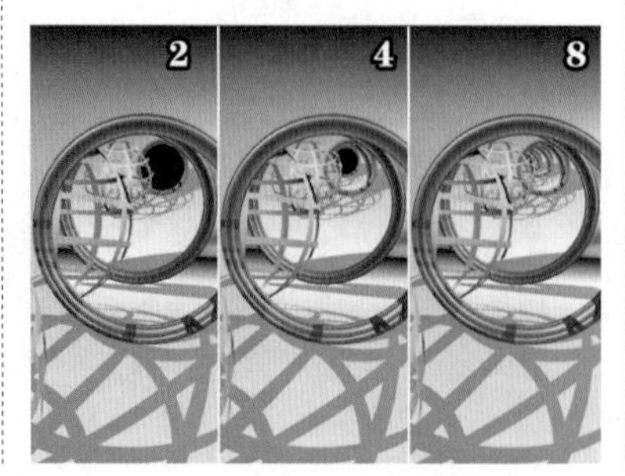

投影深度： 参数范围为 0~500，类似于“反射深度”，设置阴影射线的计算次数。

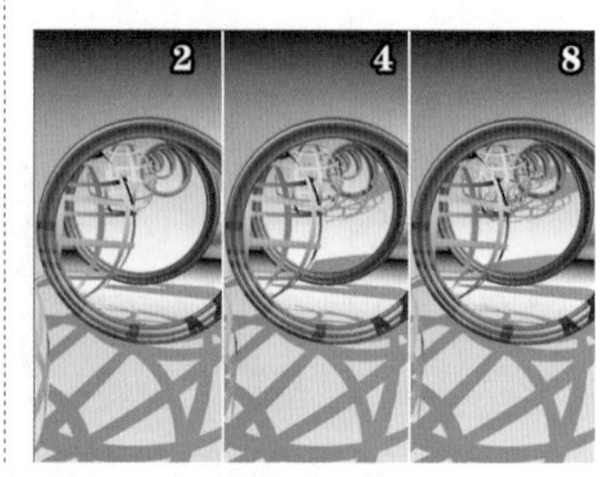

限制反射仅为地板 / 天空： 选中该复选框后只计算地板和天空的反射，而不计算其他对象的反射。该参数用于在预览时减少计算量。

细节级别： 参数范围为 0%~1000%，如果将此参数值设置为低于 100%，则会减少所有支持减少细节的对象中显示的细节，如几何体、样条等。

使用显示标签细节级别： 如果对象在“显示”标签中已经定义了细节显示级别，则最终的细节显示级别由标签决定。

模糊： 取消选中该复选框则禁用反射通道和透明通道中的模糊效果。

全局亮度： 参数范围为 0%~100000%，设置场景中所有光源最终渲染时的强度。当值为 100% 时，最终渲染时的光源强度 = 灯光设置中的强度 ×100%，即最终强度 = 灯光设置中的强度；当值为 50% 时，最终渲染时所有光源强度都要 ×50%，即所有光源都要变暗为灯光强度的 50%。

限制投影为柔和： 选中该复选框则只渲染场景中将阴影类型设置为“阴影贴图（软阴影）”的光源产生的阴影。

缓存投影贴图： 阴影贴图（软阴影）生成的阴影是靠阴影贴图确定位置的，选中该复选框后在首次渲染时，会为场景中所有阴影类型为“阴影贴图（软阴影）”的光源烘焙阴影贴图；烘焙完成后，接下来的渲染会调用缓存的阴影贴图，以减少渲染时间。阴影贴图会保存在工程文件所在目录中的“Illum”文件夹中，名称为“××.c4d.smap”。

运动比例： 参数范围为 1~65536，在多通道中渲染“运动矢量”通道时，可以通过该参数控制最大矢量长度。

仅激活对象： 选中该复选框，则渲染时只渲染被选中的对象。

默认灯光： 选中该复选框，则场景中没有任何灯光时，会使用默认灯光进行渲染，保持选中即可。

纹理： 设置是否渲染纹理。

显示纹理错误： 若渲染时存在纹理错误，例如找不到贴图文件，则会弹出对话框来提示具体的纹理错误。

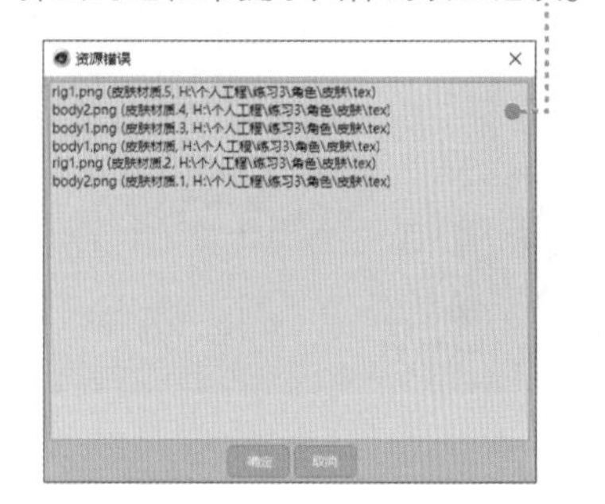

测定体积光照： 选中该复选框后可以在体积光照中产生投影，保持选中即可。

渲染 HUD： 将视窗中的 HUD 叠加到渲染结果中；可以按快捷键 Shift+V 打开视图设置，切换到“HUD”属性面板中进行设置。

渲染草绘： 选中该复选框后，使用“草绘描绘”工具在屏幕上绘制涂鸦，并将其叠加到渲染结果上。

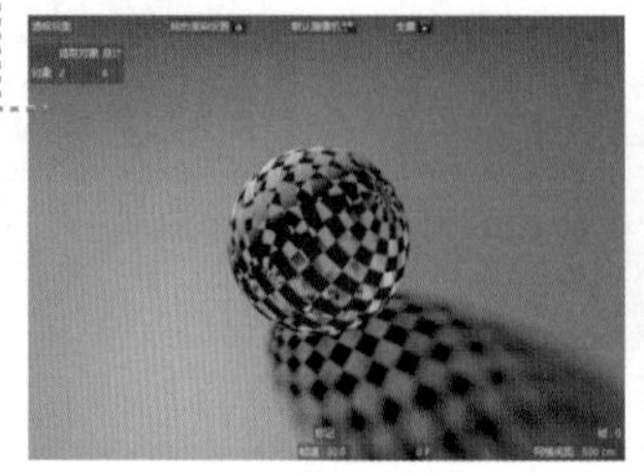

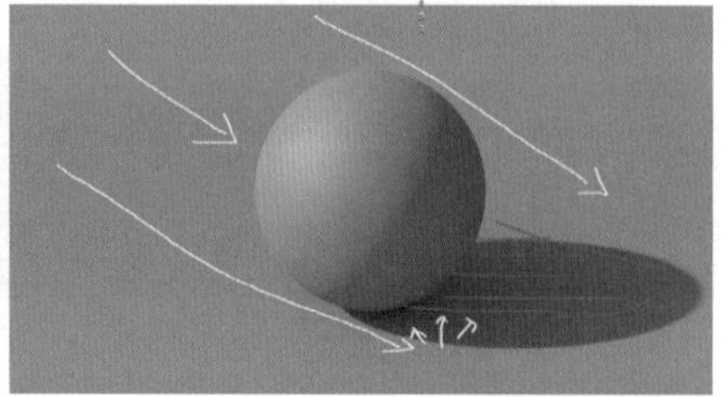

次多边形置换： 取消选中该复选框，则场景中全部材质的"次多边形置换"都将失效，而不用逐个修改。该参数通常用于渲染预览效果。

后期效果： 取消选中"后期效果"复选框，则渲染中所有的后期效果都不会生效。

同等噪点分布： 当采样不足时，渲染结果中会出现明显的噪点，且每一帧画面中的噪点都是随机的，渲染动画时每一帧画面都会因为噪点而闪烁。选中该复选框，则每一帧画面中的噪点分布会尽量相同，从而减少画面闪烁。

次表面散射： 设置是否需要渲染次表面散射（Subsurface Scattering，SSS 或 3S）效果。

区块顺序： 渲染时，每一个黄色的方框表示一个正在渲染的区块，通常一个 CPU 核心负责一个区块。右图所示为一个 16 核 CPU 正在渲染。"区块顺序"参数用于切换渲染时的顺序，默认为"居中"，即先渲染中心区块，然后逐渐向外渲染。

自动尺寸： 自动设置每个区块的尺寸，取消选中该复选框即可自定义区块尺寸。

区块宽度 / 区块高度： 取消选中"自动尺寸"复选框后可以使用该参数自定义区块的高度和宽度，单位为像素，参数值范围为 8~256。

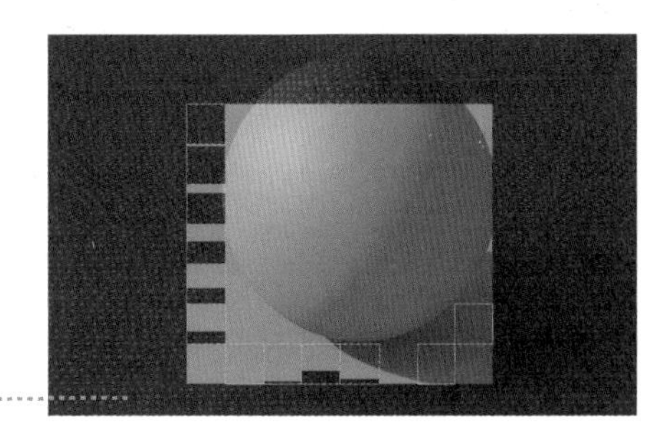

材质覆写

"材质覆写"将使用单个材质覆盖场景中的全部材质，通常在渲染白模或观察光照时使用。

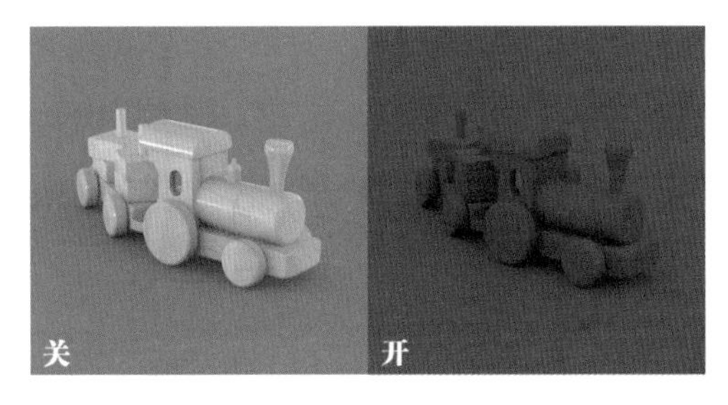

自定义材质： 置入一个材质，使用这个材质覆盖场景中的全部材质；若没有置入材质，则可以使用 50% 灰色的漫射材质。创建一个默认材质并将其置入该参数，效果如右图所示。

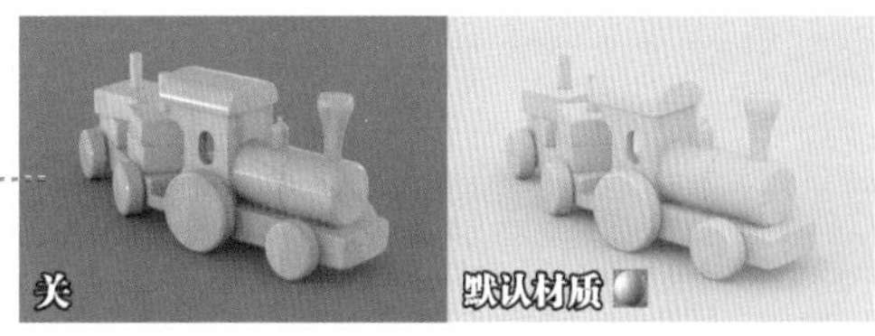

模式： 设置排除模式。

材质： 当"模式"为"排除"时，列表中的材质将不会被覆盖；当"模式"为"包含"时，列表中的材质将会被覆盖。

保持： 设置具体通道的效果是否会被覆盖，选中则不会被覆盖，取消选中则会被覆盖。例如，"凹凸"复选框在默认情况下处于选中状态，则凹凸通道的效果不会被覆盖。

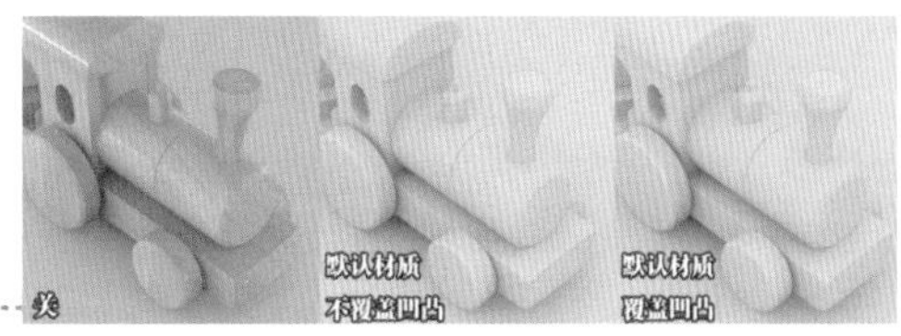

Magic Bullet Looks

Magic Bullet Looks 是 Red Giant 推出的著名后期套件，其在 After Effects 等后期软件中的应用已经非常成熟。通过该套件可以轻松应用 200 多种预设效果，或导入 LUT，或使用单独的工具进行色彩校正和添加胶片颗粒、色差等效果。该套件在 Cinema 4D R23 中正式集成，可以对输出的图像和视图中的画面进行色彩校正。

启用 Magic Bullet Looks 套件，保存的图像即经过 Magic Bullet Looks 调整的图像。在视图窗口的"选项"菜单中选择"Magic Bullet Looks"命令，则视图窗口中的画面会受到 Magic Bullet Looks 的影响。

单击“打开 Magic Bullet Looks”按钮，打开“Magic Bullet Looks”窗口。

预览：显示经过 Magic Bullet Looks 处理后的画面。

保存预览：选中“保存预览”复选框后，当前显示的预览图像会保存在工程文件中，下次启动时依然是该预览图像。

混合：设置 Magic Bullet Looks 和原始画面的混合强度，参数范围为 0%~100%。当值为 0% 时，Magic Bullet Looks 完全不影响画面；当值为 100% 时，Magic Bullet Looks 对画面的影响最强。

注意：Magic Bullet Looks 不会自动更新用于预览的图像，即便场景的变化很大，因此，单击“打开 Magic Bullet Looks”按钮后，看到的依然是上次保存的图像；若要更新图像，则需选择视图窗口的“查看”菜单中的“发送到 Magic Bullet Looks”命令，同时还会打开“Magic Bullet Looks”窗口。

13.4 常用效果

除“抗锯齿”“立体”“材质覆写”等，Cinema 4D 还提供了相当多种类的渲染效果。

在“渲染设置”窗口的功能激活列表中单击鼠标右键或单击“效果”按钮，可以展开效果列表，单击效果名称即可创建对应的效果。

全局光照

在现实世界中，即使白天只有太阳这一个光源，也依然能将室外、室内都照亮，因为即使在阳光不能直接照射的区域，也有其他物体的反射光线提供照明。全局光照（Global Illumination，GI）即模拟场景中不同对象之间的光线相互作用的技术，在三维渲染领域非常重要。

打开“实例文件 > CH13 > 全局光照 .c4d”文件，分别渲染开启“全局光照”和关闭“全局光照”的场景。

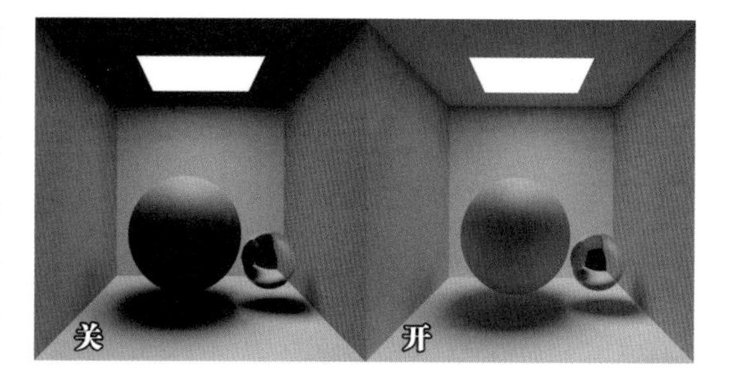

场景中只有一个区域光作为光源，可以看到在关闭“全局光照”时，场景只受到直接光照的影响，灯光照射不到的地方由于不受任何光线的影响，颜色为纯黑色。而开启“全局光照”后，场景中原本黑色的区域会因为有场景中其他物体的反射光线而被照亮，两侧墙面的颜色也因光线的反射而被映射到中间的球体和白色墙面上，场景中的一切似乎都在互相影响。

在“全局光照”出现以前，场景美术师要照亮场景往往需要布置大量的光源，并且需要有丰富的经验才能较好地模拟现实中的环境光照。而有了“全局光照”后，即使场景中只有一个灯光，往往也能制作出逼真的效果。但是注意：开启“全局光照”往往也意味着渲染时间会成倍增加，“全局光照”在带来便利的同时也极大地消耗了性能。

全局光照

预设：全局光照经过多年的发展，已经有不止一种算法被应用在实践中，Cinema 4D 根据实践结果将不同类型场景下需要的全局光照算法和参数都做了预设，以方便用户调用。例如，当在制作室内场景并需要预览效果时，可以使用“内部 – 预览”；而调整完毕需要渲染输出时，则可以使用“内部 – 高”。

主算法：设置场景中的主要全局光照算法。若主算法的漫射深度为 1，则只计算场景中灯光的一次反射。

辐照缓存：辐照缓存（Irradiance Cache）是 Cinema 4D 默认的全局光照算法。辐照缓存会在计算前进行预计算，对关键区域使用更高密度的精确计算（黑色点，也称为“着色点”），而其余区域则使用精确计算的结果通过插值得出。

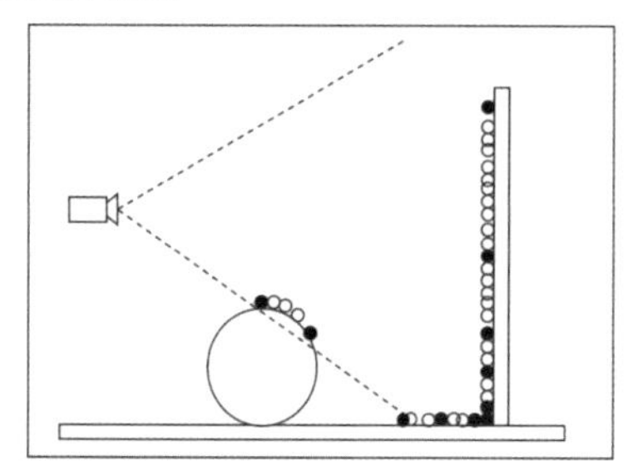

在渲染过程中，能看到该算法将大部分资源集中在了场景的转折处。白色为着色点，其余区域则使用插值得到渲染结果。

辐照缓存计算的结果会缓存在硬盘中，若全局光照的参数及场景没有变化，则下次渲染时不需要重新计算。因为是插值计算，所以使用该算法渲染动画时容易出现闪烁的画面。

准蒙特卡罗（QMC）：蒙特卡罗（Monte Carlo）是一种用来模拟随机现象的数学方法，而准蒙特卡罗（Quasi-Monte Carlo）是将蒙特卡罗随机采样的范围进行缩小后得到的一种变形方法；QMC 算法也被称为“暴力”算法，它会对每个像素进行设定次数的采样，能确保保留场景中的小细节和光照的准确性。它是最准确也是最慢的算法。

辐照缓存因为结果部分使用了插值计算，所以通常较 QMC 更快，且结果更平滑，而 QMC 的结果更准确。可以看到，在 Cinema 4D 的大部分预设中，主算法使用的都是辐照缓存。在较低采样精度下，QMC 的计算速度较慢，同时还会产生明显的噪点，但即使在低采样精度下，其阴影中的细节也很明显。

辐照缓存（旧版）：Cinema 4D R15 之前的辐照缓存，在渲染旧版本的工程时能得到一样的结果。

强度： 设置间接光照的强度，当强度值太大时，场景会过亮。

饱和度： 设置间接光照的饱和度，当值为 0 时，场景中的间接光照的颜色不受物体颜色的影响，只有黑色、白色、灰色 3 种颜色。

次级算法： 次级全局光照算法，用于计算光线在物体表面的多次反射。只使用主算法并不能得到完美的效果，要得到完美的效果往往需要根据实际情况将不同的算法搭配使用。

辐照缓存： 在渲染室内场景时，辐照缓存作为次要算法时的效果很好，与 QMC 一起使用可以有效降低得到平滑结果所需的采样精度。

准蒙特卡罗（QMC）： 使用 QMC+QMC 组合算法可以得到最精确但计算速度最慢的结果；在渲染室外场景时，最好的方式是使用辐照缓存 +QMC 算法。

辐射贴图： 辐射贴图（Radiosity Map）的采样精度较低，适用于预览效果；同时，辐射贴图可以将计算完成的辐射结果缓存在辐射贴图中，但默认不会自动保存。

光子贴图： 光子贴图（Light Mapping）将漫射、反射的光照效果存储在纹理中，并通过一定的方法混合计算得到最终结果。其跟踪深度较大，适合需要大量光线的室内场景。

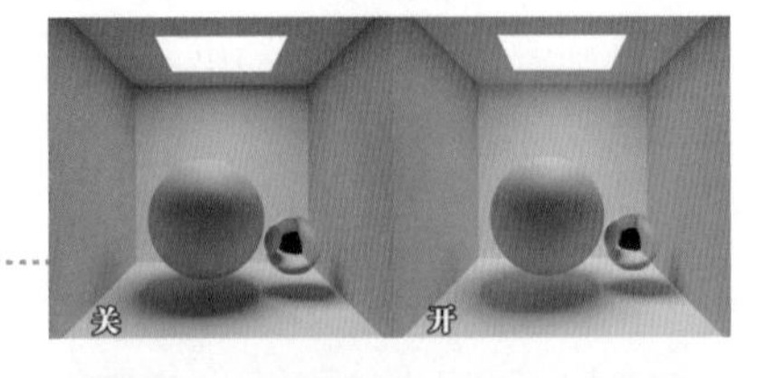

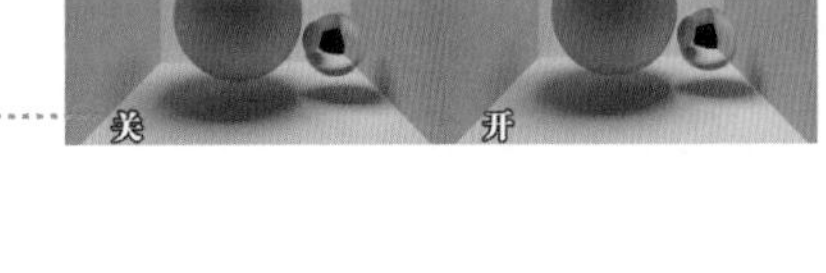

漫射深度： 用于在使用辐照缓存和 QMC 次级算法时控制光线的追踪深度，参数范围为 2~8；值越大，间接照明的跟踪深度越大。同时，深度较大时，间接照明的亮度和渲染衰减效果也会增强。

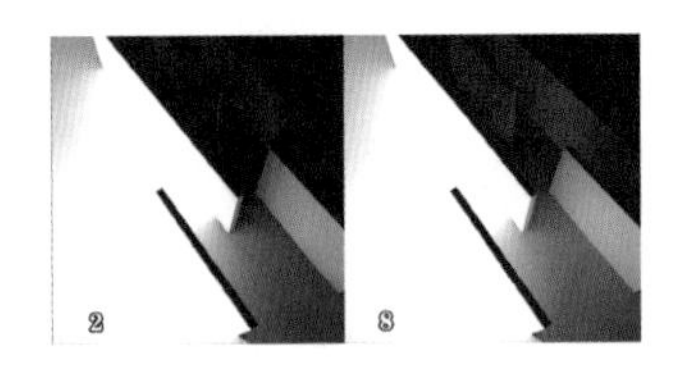

最大深度： 用于在使用光子贴图次级算法时，控制光子贴图的采样精度，参数范围为 1~128，值越大场景越亮，但不会增加渲染时间。

伽马： 控制次级算法光照的伽马值，不影响直接光照，参数范围为 0.1~10；值太大会导致间接光照过亮。

采样： 控制全局光照的采样精度，精度越高渲染结果越精细，渲染速度越慢。

半球采样： 取消选中"半球采样"复选框，灯光的"漫射深度"将变为 1，通常保持选中即可。

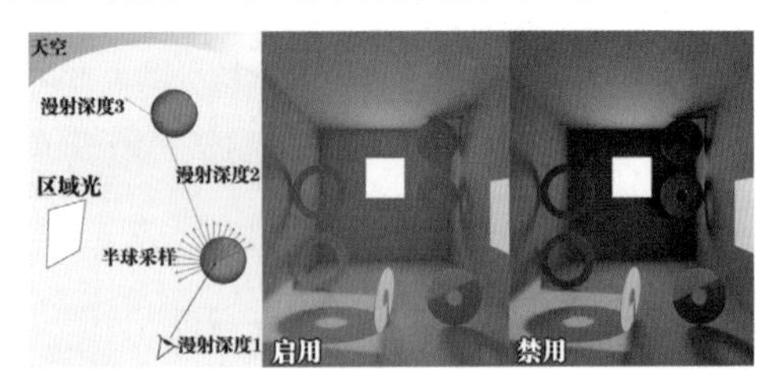

离散区域采样： 选中"离散区域采样"复选框后会在物体表面对区域光进行额外采样，因此它对区域光才有效，通常保持选中即可。

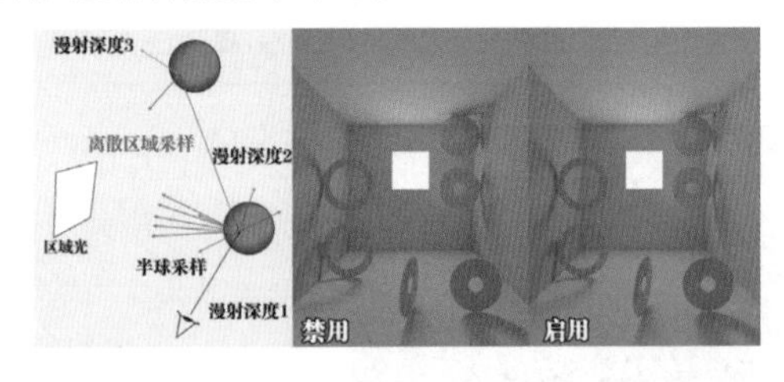

强制每像素： 使用辐照缓存算法时，因辐照缓存算法的局限性，较小的区域光将产生明显的瑕疵；选中该复选框将单独对缓存的区域光进行像 QMC 一样的逐像素计算。

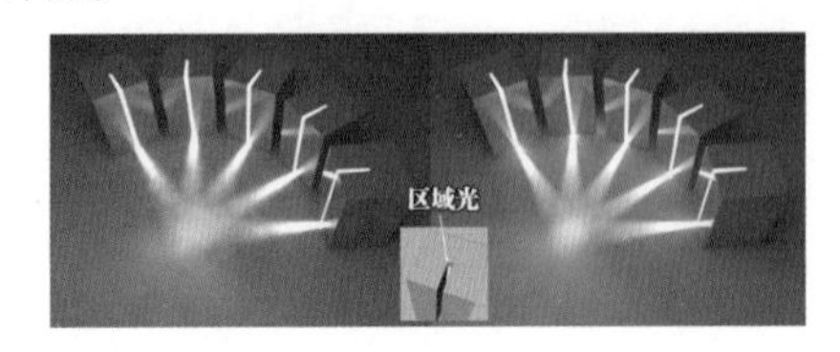

自定义采样 / 采样数量： 自定义离散区域采样 / 离散天空采样的采样数量。

离散天空采样： 与"离散区域采样"类似，对天空光照进行额外采样，使得使用 HDRI 进行照明的场景可以获得较好的区域光效果。通常保持选中即可。

强制每像素： 因为辐照缓存算法存在局限性，所以在使用 HDRI 照明时，明亮区域与细节区域中通常有瑕疵。选中该复选框则会单独对缓存中有问题的天空光照进行计算，但计算结果不会保存在缓存中，因此选中该复选框后动画的每一帧都会重新进行计算。

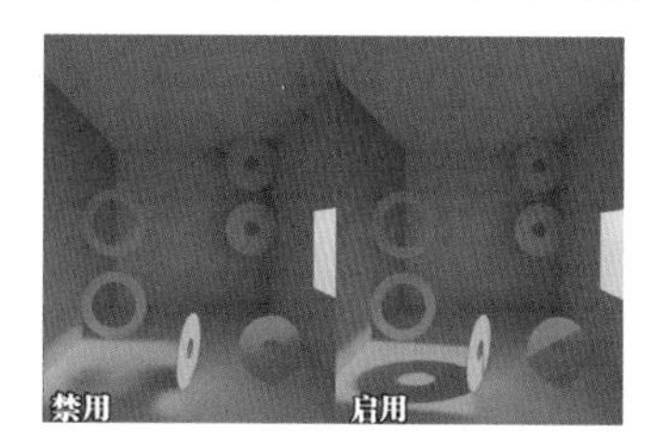

辐照缓存设置

记录密度： 控制辐照缓存的记录密度；单击 记录密度 按钮可以展开该参数，以自定义记录密度。

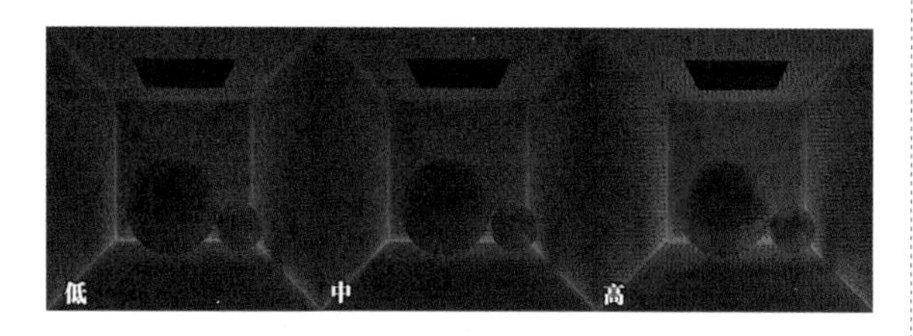

最小 / 最大比率： 参数范围为 -8~4，在辐照缓存预计算的过程中，可以看到着色点会连续计算多次，其中每次计算着色点的精度都不同。"图像查看器"窗口的左下角会显示计算进度 00:00:27 辐照度缓存预进程 - 主进程 [1/0.062] - (13/13) 。下图所示为最大比率、最小比率相同，值为 -7~0 时的效果。

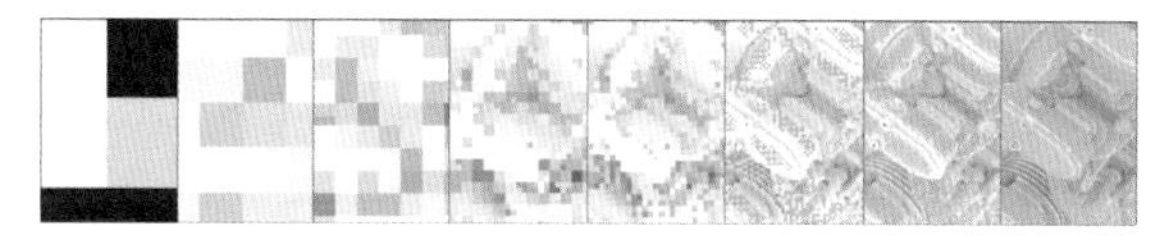

两者的差值直接决定了会进行多少轮预计算，"最大比率"的值决定了着色点的最大着色点精度。其中，值为 0 时着色点为全分辨率图像，即着色点分辨率为 1 像素 ×1 像素。值为 -1 时着色点分辨率为 2 像素 ×2 像素，值为 -2 时着色点分辨率为 4 像素 ×4 像素，以此类推。

密度： 参数范围为 10%~1000%，控制着色点的整体密度，最终效果会被最小 / 最大间距影响。

最小间距： 参数范围为 0%~1000%，控制关键区域的着色点密度。

最大间距： 参数范围为 0%~1000%，控制非关键区域的着色点密度。

平滑： 参数范围为 0%~1000%，设置对非关键区域进行插值计算的平滑程度；值越小越容易产生锐利的斑点，值越大则会丢失越多小细节。

颜色优化： 参数范围为 0%~1000%，值增大则会在明暗变化较大的区域（如阴影的边界）中增加更多的着色点，会增加渲染时间但能获得更好的阴影效果。

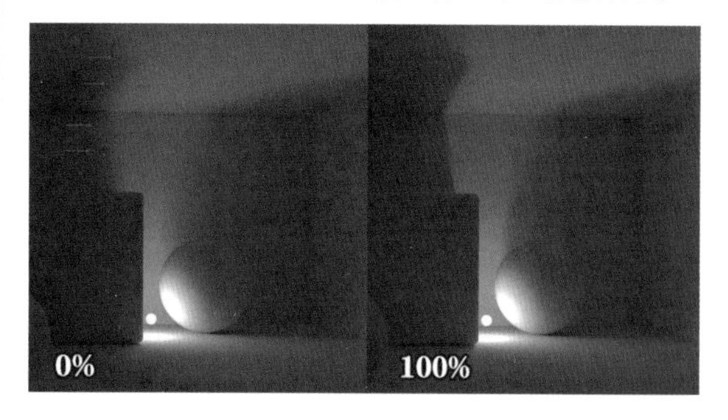

此外，还能让辐照缓存用较少的时间渲染出和 QMC 差不多的焦散效果。

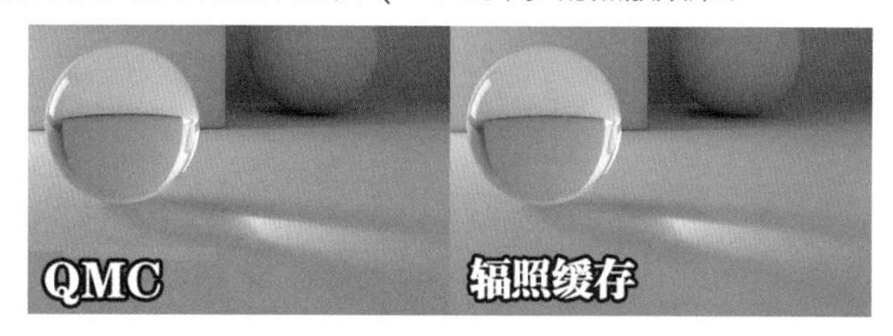

屏幕比例： 选中该复选框后分辨率会影响着色点的数量，分辨率越高着色点越多，保持选中即可。

辐射贴图设置

模式：设置辐射贴图的模式，部分模式可以显示辐射贴图的纹素。

普通：默认模式，不会显示辐射贴图的纹素，用于最终渲染。

可视化纹理：以灰度图像的形式显示辐射贴图的纹素，不包含光照信息。

可视化着色：将纹素着色后进行显示，包含光照信息。

可视化着色（正面/背面）：将纹素显示在多边形的正面或背面。

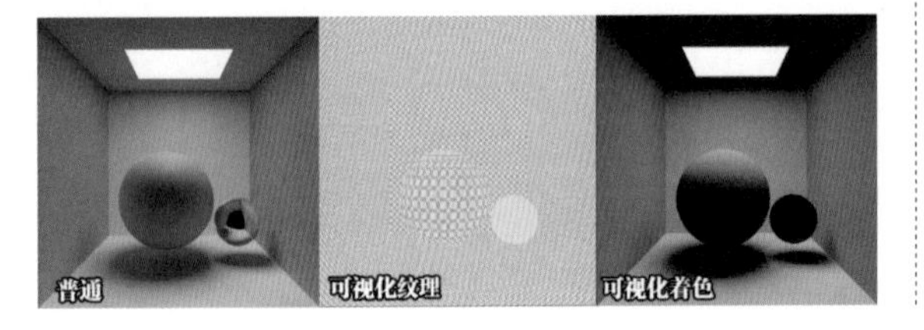

贴图密度：控制采样的密度，参数范围为10%~1000%，值越大，纹素密度越高，渲染结果越精细，但渲染时间越长。将"模式"设置为"可视化着色"时，不同密度下的效果不同，一个方格表示一个纹素。

采样细分：与"抗锯齿"类似，参数范围为1~16，值越大每个纹素的光照结果越准确，渲染结果越精细，但渲染时间越长。

区域采样/天空采样：与"离散区域采样""离散天空采样"类似。

光子贴图设置

路径数量（×10000）：参数范围为1~100000，值越大渲染结果越精细，将"模式"设置为"可视化"时不同参数值的效果不同。

采样尺寸：在屏幕比例下参数范围为0.001~1，在世界比例下参数范围为0.001~100000cm；值越小渲染结果越精细，当"路径数量（×10000）"为5000、"模式"为"可视化"时，不同采样尺寸的效果不同。

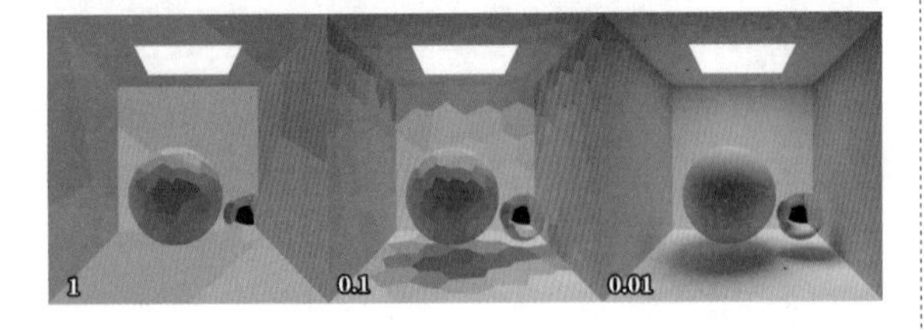

比例：设置"采样尺寸"用的比例模式。

直接光：选中该复选框可以加快场景中光源的渲染速度，保持选中即可。

使用摄像机路径：当动画中只有摄像机运动，而场景中的物体都静止时，选中该复选框可以计算摄像机路径上的所有采样起点，若摄像机视角变动不大则没必要选中该复选框。

显示预览路径：选中该复选框，会在计算过程中显示刚计算的样本，不影响渲染结果。

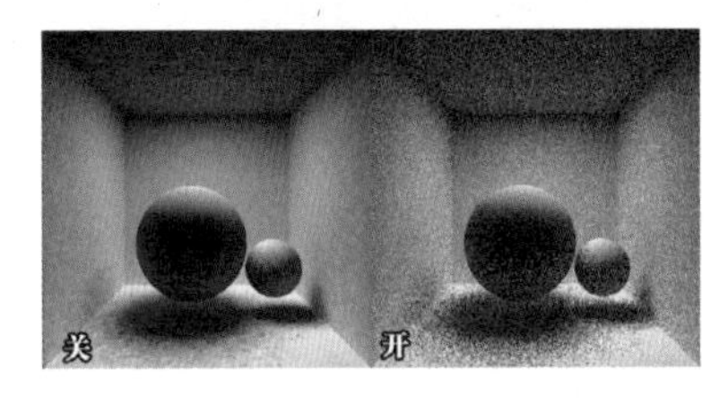

建立辐射贴图：选中该复选框后会使用光子贴图建立辐射贴图并用于渲染，可以在大大减少渲染时间的同时保持渲染质量。

预过滤：选中该复选框，可以求光子贴图中每个单元的颜色和其周围单元的平均值，将其转换为效果更平滑的贴图。

预过滤采样：参数范围为1~64，设置求平均值的半径，值过大会导致细节丢失甚至漏光。

插值算法：在渲染过程中使用算法对每个单元进行插值运算，使渲染结果更平滑；有"最近"和"固定"两种插值方式，可以和"预过滤"一起使用。

模式：有"普通"和"可视化"两种模式，"普通"模式用于最终渲染，"可视化"模式与辐射贴图的"可视化着色"模式类似。

缓存文件设置

辐照缓存、辐射贴图、光子贴图 3 种算法可以将光照信息缓存至文件中。

清空缓存： 将硬盘中的缓存文件删除。

仅预进程： 选中该复选框则渲染时只渲染辐照缓存并缓存，不进行最终渲染。

跳过预进程（如可用）： 选中“自动载入”复选框且存在缓存文件时可用，用于跳过辐照缓存的预计算。若场景中只有摄像机运动，灯光和其他物件均静止，则可以取消选中“完整动画模式”复选框，使用“仅预进程”计算一帧缓存，然后选中“跳过预进程（如可用）”复选框进行渲染。

自动载入 / 保存： 自动保存和载入计算完成的全局光照信息。

完整动画模式： 完整缓存每一帧的光照信息。

自定义位置： 选中该复选框可以自定义缓存文件的保存路径，取消选中该复选框则缓存文件保存在工程目录的“illum”文件夹内。

选项设置

纠错信息级别： 选中该复选框则会将日志文件保存在工程目录下，包含渲染时间、内存占用等信息。通常不会用到该复选框。

玻璃 / 镜面优化： 由于玻璃、镜面的性质特殊，全局光照效果几乎不可见；使用该参数可以剔除部分玻璃、镜面上的全局光照；对于有大量玻璃、镜面的场景，可以减少渲染时间。

折射 / 反射焦散： 开启、关闭折射和反射焦散的计算。

仅漫射照明： 选中该复选框后将禁用“纹理”“反射”“灯光直射”造成的亮斑等一切不必要元素，只渲染由全局光照计算的漫射结果，用于观察全局光照质量。

隐藏预进程： 选中该复选框则不会显示预计算的过程。

显示采样： 选中该复选框则会显示预计算的着色点，用于观察全局光照效果。最终渲染时可以取消选中，以减少渲染时间。

环境吸收

环境吸收（Ambient Occlusion，AO）用于模拟网格对光线的遮蔽效果。

在视觉上，开启“环境吸收”后，物体相交、接近处会变得更暗，整个画面的对比度会增强。即使没有在场景中添加灯光投影，开启“环境吸收”后，场景依然会变得立体。

在视图窗口的“选项”菜单中选择“SSAO”命令，即可在视图窗口中看到环境吸收效果。视图中的环境吸收效果与最终渲染的效果并不一致，它只用于改善视图效果和预览效果。

AO 通过计算对象表面每个点的法线方向上的半球体区域内有多少来自其他对象的遮挡，确定该区域的光照条件，即曝光量。被遮挡得越严重，则曝光量越低；曝光量越低的点 AO 越强烈，曝光量越高的点 AO 越弱。

应用到场景： 选中该复选框会将 AO 应用到渲染结果中；取消选中该复选框则只会在渲染多通道时，在环境吸收通道中有效。

颜色： 控制 AO 范围内的渐变颜色，左侧代表曝光量最低的区域，右侧代表曝光量最高的区域。默认的左黑右白会让曝光量越低的区域亮度越低，符合现实生活中的规律，也可以设置成完全不现实的效果。

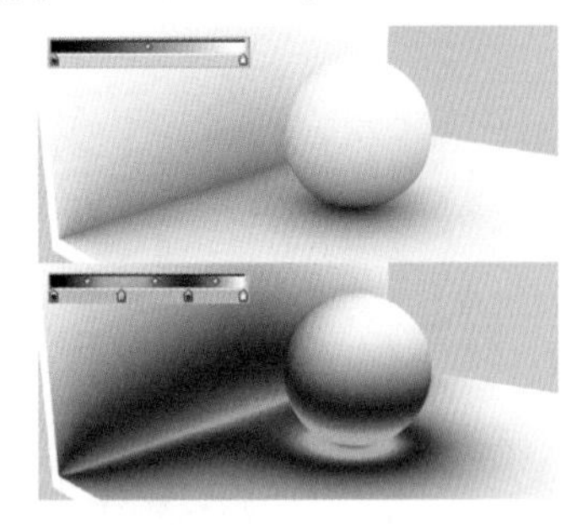

最小 / 最大光线长度： 设置 AO 颜色左端与右端的距离，最小值通常不应修改，最大值越大则 AO 范围越大。修改最小值会产生下图所示的效果，其中参数值从左至右依次变大。

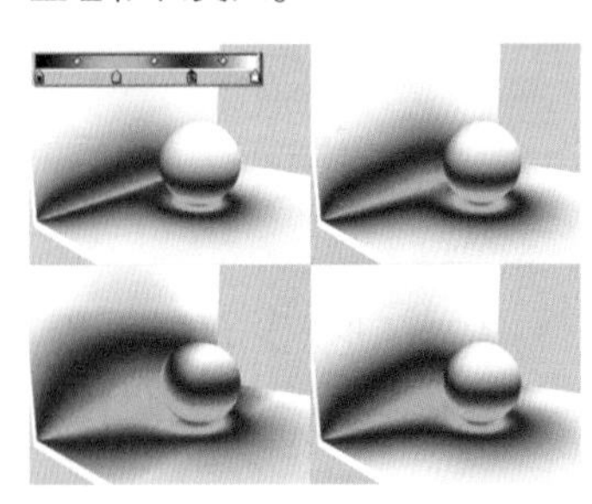

修改最大值会产生下图所示的效果，其中参数值从左至右依次变大。

散射： 参数范围为 0%~100%，该值越小 AO 效果的对比度越高，值越大则越平滑。

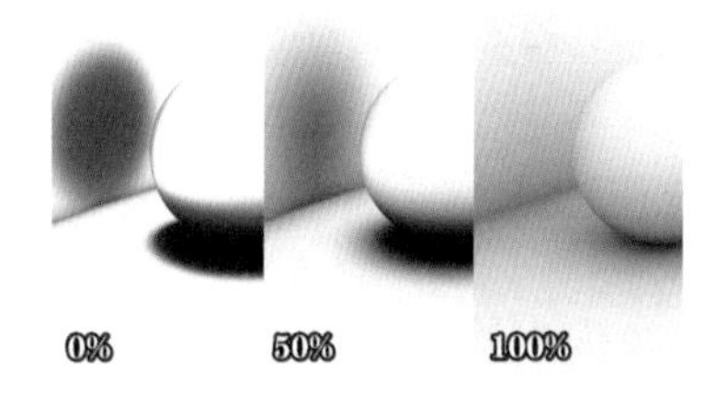

精度： 参数范围为 0%~100%，设置采样的精度，低精度可能会造成 AO 效果中有明显的颗粒感。

最小 / 最大采样： 参数范围为 1~10000，设置 AO 的最小采样和最大采样值，最大值过小会导致颗粒感明显。

对比度： 参数范围为 −100%~100%。

使用天空环境： 选中该复选框后即使没有全局光照，天空也能对 AO 产生影响。

评估透明度： 选中该复选框后在计算 AO 时会将对象的透明度考虑进来，对象越透明越不会产生 AO 效果。

仅有自阴影： 选中该复选框后在计算 AO 时只计算自身的遮挡，而不考虑其他对象。

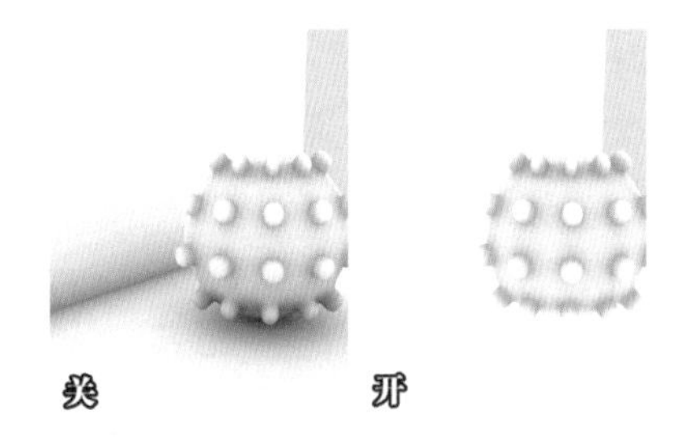

反向： 反转 AO 的计算方式，将曝光量高的区域设置为 AO 强烈的区域。

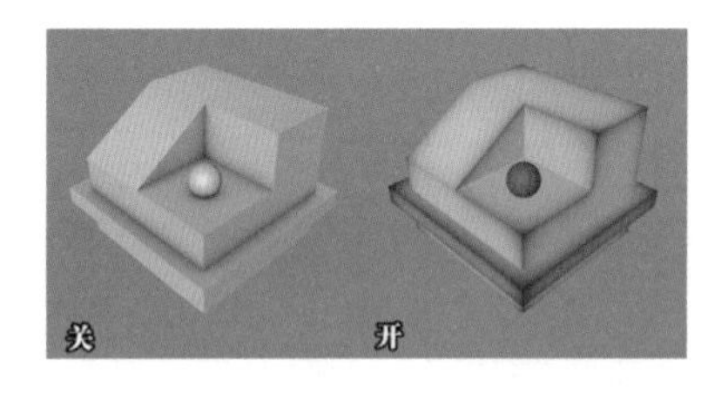

材质中也有“环境吸收”着色器。普通 AO 可以用于在材质中标记对象朝内的拐角，而反转 AO 可以用于标记对象朝外的拐角。使用 AO 作为 Alpha 通道，可以混合多个材质从而得到不一样的效果。

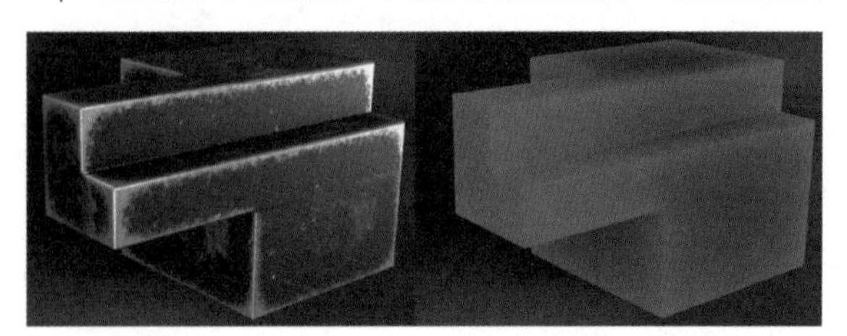

次帧运动模糊

运动模糊（Motion Blur）指在画面中让快速运动的物体产生明显的拖影，这在摄影中非常常见。在固定的镜头中，快速运动的火车产生了明显的运动模糊效果；在跟随黄色出租车的镜头中，相对画面快速运动的场景也产生了运动模糊效果。

三维动画中也常使用运动模糊来表现物体的运动或增强画面的真实感。Cinema 4D 中，“次帧运动模糊”用来创建逼真的运动模糊效果。

制作一个立方体在 30 帧内沿 x 轴运动 1000cm 的动画，并选中“次帧运动模糊”复选框。

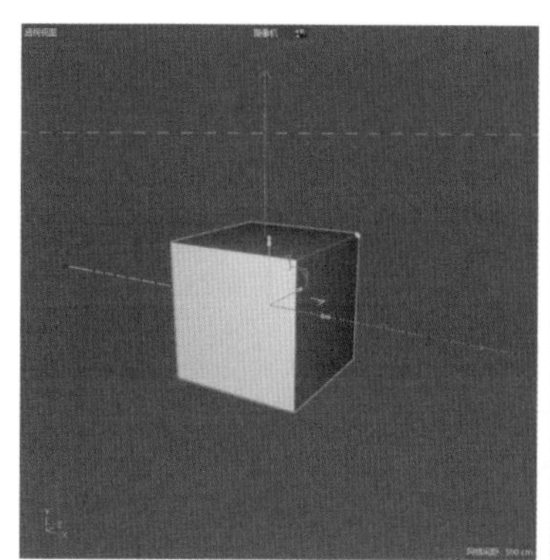
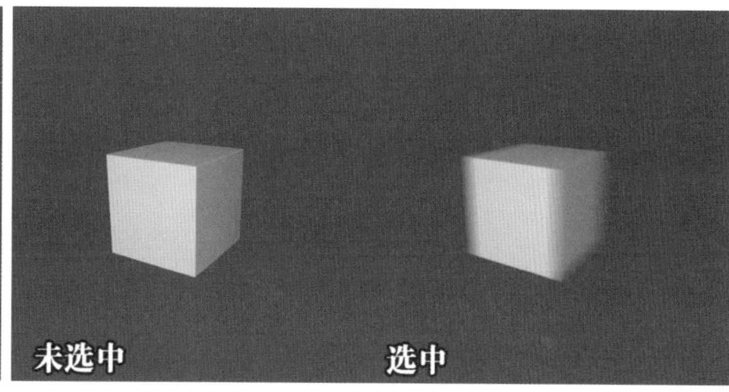

次帧运动模糊属性

采样： 次帧运动模糊是通过渲染多个中间帧画面后叠加图像得到的效果，渲染时也能看到重复渲染多个图像的过程；该参数用于设置渲染的中间帧画面的量，值越大需要渲染的画面越多，因此渲染速度越慢。但当物体运动较快时，较低的采样数会导致运动模糊效果较差，此时就必须设置较高的采样数才能获得平滑的图像。

抖动： 参数范围为 0%~100%，在运动模糊效果中添加噪点可以在一定程度上解决采样不足的问题。在采样固定的情况下，调整“抖动”会产生下右图所示的效果。

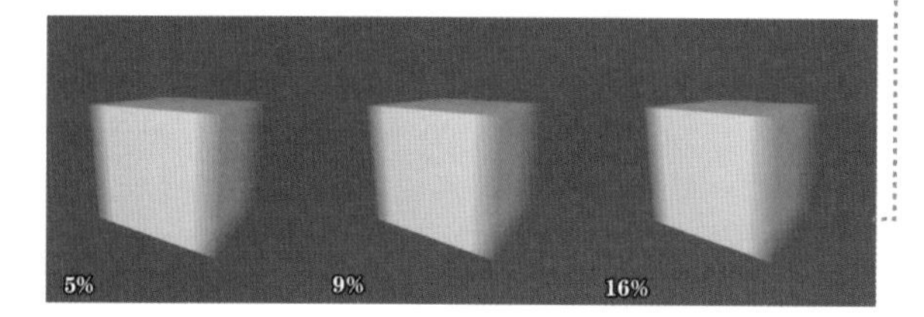

抗锯齿限制： 若选中该复选框，且“采样”值大于等于 9，则渲染时将自动使用“几何体”抗锯齿而不是“最佳”抗锯齿，因为使用“最佳”抗锯齿比较耗费时间，而“采样”值较高时的锯齿已经很少。

摄像机偏移： 选中该复选框后在创建中间帧图像时会略微偏移摄像机，以创建更好的抗锯齿效果，但会导致图像略微模糊；取消选中该复选框则图像会更锐利。两者区别较小，通常保持默认即可。若图像要用于印刷或对清晰度要求较高，则可以取消选中该复选框。

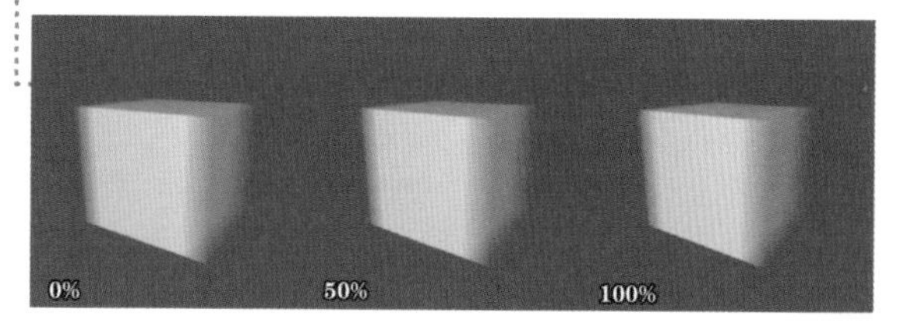

焦散

之前介绍灯光时已经介绍过焦散，而“渲染设置”窗口中的焦散用于设置焦散的采样属性。

表面焦散： 选中该复选框则渲染时会计算表面焦散，需要在灯光的“焦散”属性面板中同步开启。

体积焦散： 选中该复选框则会计算体积焦散，需要在灯光的“焦散”属性面板中同步开启。

强度： 参数范围为0%~100000%，用于设置全局的焦散强度；若要设置单个灯光的焦散强度，则修改灯光的“能量”参数即可。

步幅尺寸： 设置体积焦散的步幅，值越小效果越精细。

采样半径： 设置体积焦散的采样半径，值越大效果越精细。

采样： 设置体积焦散的采样数，值越大效果越精细。

景深

“景深”效果为标准渲染器中使用的效果。

模糊强度： 设置全局的模糊强度。

距离模糊： 选中该复选框则使用摄像机“细节”属性面板中的“景深映射－前景模糊”“景深映射－背景模糊”参数，根据摄像机的距离控制模糊效果，调整“距离模糊”参数可以单独调整距离模糊的程度。

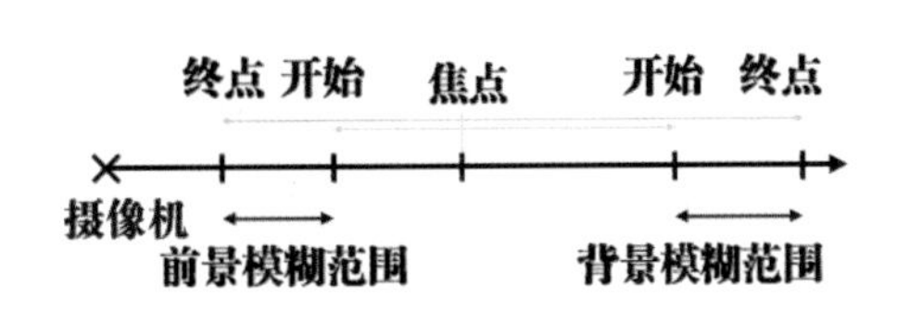

在默认情况下，背景模糊的“开始”设置为0cm，即从焦点位置开始计算模糊效果。因此，可以使用一个“空”对象作为焦点对象，移动“空”对象就能控制背景模糊的起点。

背景模糊： 只对天空、背景、物理天空等对象进行模糊。

径向模糊： 对画面的四周进行模糊。

自动对焦： 需要配合“距离模糊”使用；选中“自动对焦”复选框后，会自动将画面中心点作为焦点；“自动对焦”值越大，则焦点越向画面上方偏移，以避免画面呆板。

使用渐变： 使用渐变颜色控制“景深映射－前景模糊”“景深映射－背景模糊”的模糊程度与距离之间的关系，渐变颜色的左端对应摄像机参数中的“开始”，右端对应摄像机参数中的“终点”；黑色表示完全不模糊，白色则表示完全使用设置的模糊参数。

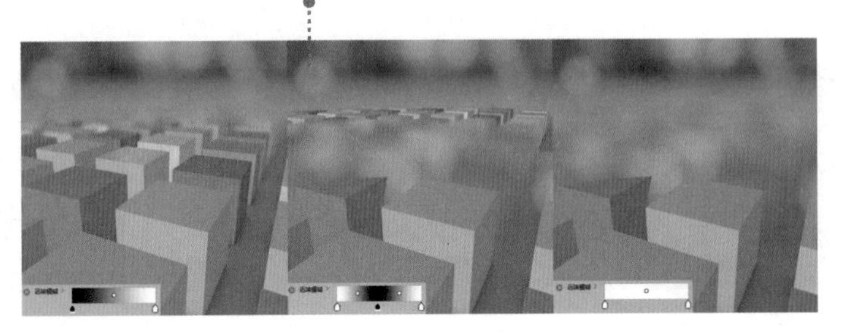

镜头光晕

镜头光晕中的参数用于控制散景中的光晕效果。

镜头光晕锐度： 参数范围为 0%~100%，值越大光晕越清晰。

镜头光晕强度： 设置镜头光晕的亮度。

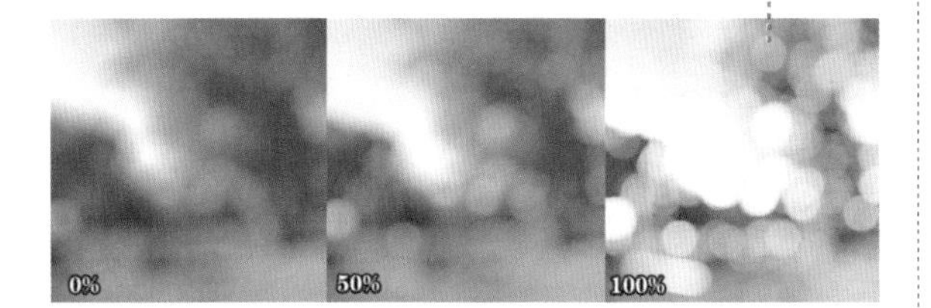

镜头光晕形状： 设置镜头光晕的形状。

镜头光晕角度： 设置镜头光晕的旋转角度。

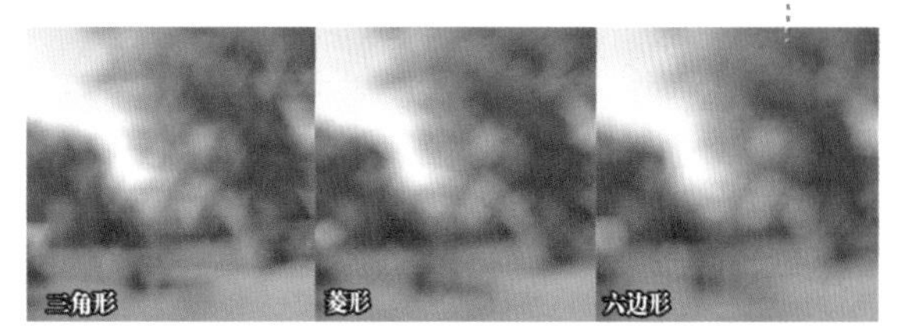

色调

使用色调： 使用渐变颜色在模糊范围内叠加颜色。

使用范围： 取消选中“使用范围”复选框可以使光晕颜色更接近现实。

使用摄像机范围: 选中该复选框则使用摄像机的距离参数，取消选中该复选框则自定义距离参数。

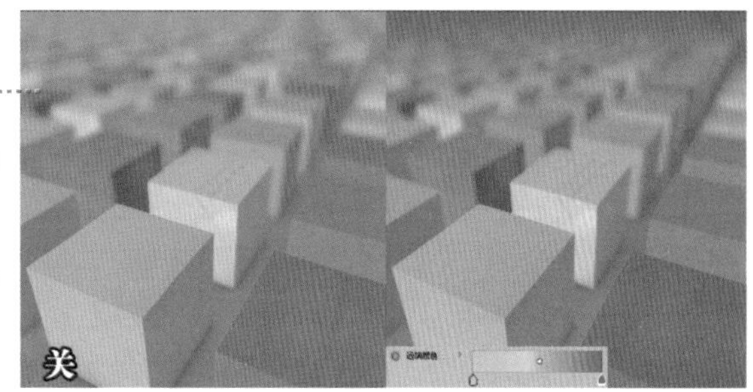

降噪器

Cinema 4D R23 集成了英特尔公司推出的 Open Image Denoiser 技术，可以实现高性能、高质量的图像降噪。创建“降噪器”即可在渲染完成后对画面进行自动降噪处理，通过降噪处理可以消除低采样环境下的画面噪点，用较少的时间得到较好的效果。

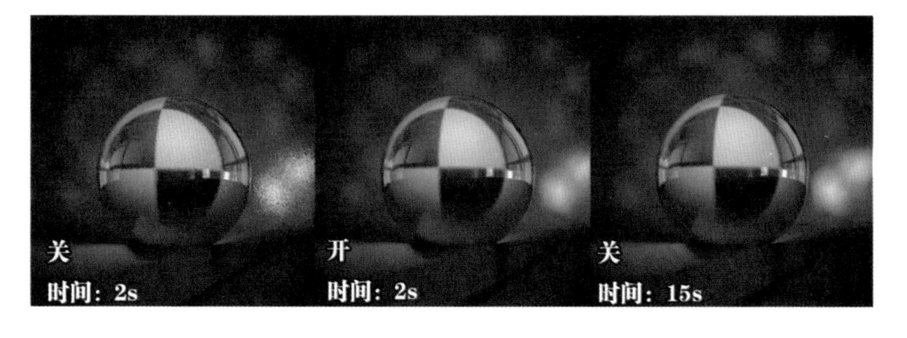

在一个分离图层中保存原始图像： 选中该复选框则会将未降噪的图像保存在多通道中。

物理

将“渲染器”修改为“物理”渲染器，功能激活列表中会自动添加“物理”选项，用于修改物理渲染器的参数。

景深：选中该复选框会启用物理渲染器的“景深”属性，摄像机参数参考第 12 章的“摄像机参数”中的内容。

运动模糊：选中该复选框会启用物理渲染器的“运动模糊”属性。物理渲染器的运动模糊效果是正确的运动模糊效果，在物体或摄像机运动时，就会产生运动模糊效果，摄像机参数参考第 12 章的“摄像机参数”中的内容。注意，在视图窗口中进行渲染时，不会计算运动模糊效果。

运动细分：参数范围为 1~6，该值用于定义在两帧之间计算运动动画的运动模糊效果时的细分程度（1=0 次，2=1 次，3=3 次，4=7 次，5=15 次，6=31 次）。该参数与标准渲染器的“次帧运动模糊”类似，通常情况下该参数的值应大于等于 4。

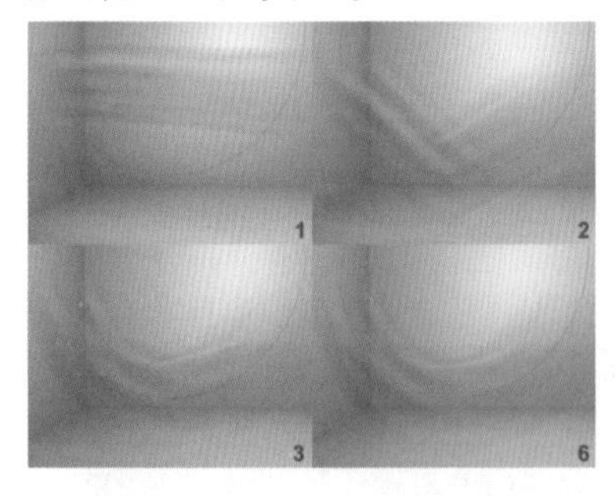

变形细分 / 毛发细分：分别控制变形动画和毛发动画的细分程度，参数值不能大于“运动细分”的值。

技巧与提示

通过关键帧控制坐标、旋转等参数来控制物体本身移动的是运动动画，如关键帧动画、摄像机动画等。改变物体的点、边、面层级的动画叫作变形动画，如置换动画、样条约束动画等。

采样器：设置物理渲染器的计算方式。

固定：为每个像素采用固定的采样值。运动模糊效果需要较大的采样值才能得到较好的效果，而地面、背景则不需要太大的采样值就能得到较好的效果，因此该模式通常会造成一定的性能浪费。

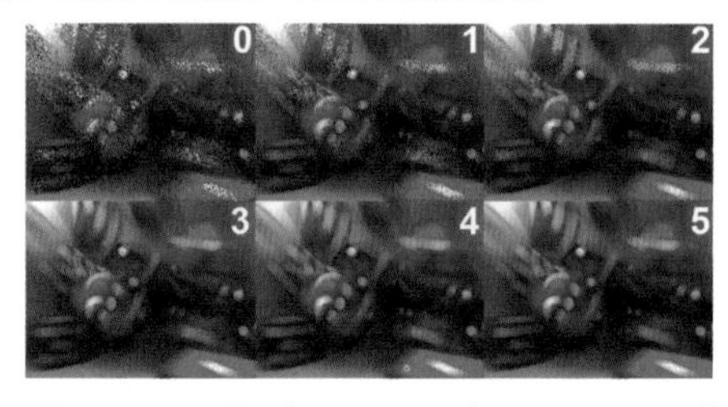

自适应：默认的模式，比“固定”更智能，会根据场景的情况和设置自动分配采样值，以提高计算机的资源利用率。

递增：根据设置的条件不断进行采样，时间越长效果越好。选择该模式后，单击“采样器”按钮可看到“递增模式”参数。

递增模式：设置递增采样的模式。

无限：不断进行计算，直到停止，通常用于预览效果。

通道数：到达设定的采样次数后停止渲染。

时间限制：到达设定的时间后停止渲染。

采样品质：在“固定”和“自适应”模式下用于选择采样品质。

采样细分：参数范围为 0~16，在“固定”模式下用于设置每个像素的子像素（0=1，1=2，2=4，3=8，4=16……，也可以输入小数），值越大渲染的质量越高，渲染时间越长。在“自适应”模式下用于设置获取的样本数，将使用该样本数决定后续的渲染质量。

着色细分（最小/最大）：参数范围为0~16，设置自适应细分的最小、最大子像素。

着色错误阈值：值越小，在场景的关键区域中，越多的像素会被使用最大着色细分数进行计算。

检测透明着色：当场景中有带Alpha通道的运动物体且开启了“运动模糊”时，选中该复选框可以修复运动模糊错误。

HDR阈值：降低场景中的最高亮度，避免在计算HDRI、模糊效果时过曝，“HDR阈值”值越小则允许的最大亮度越低。

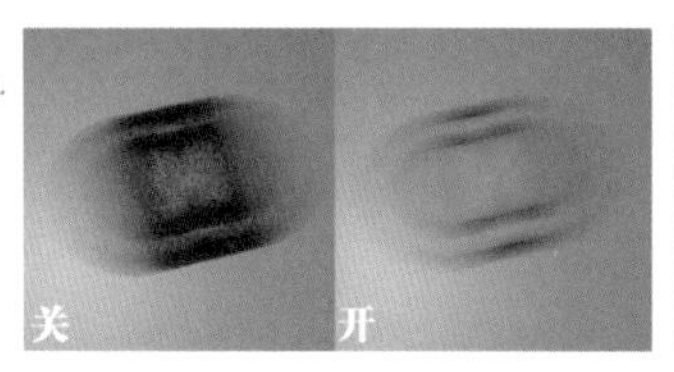

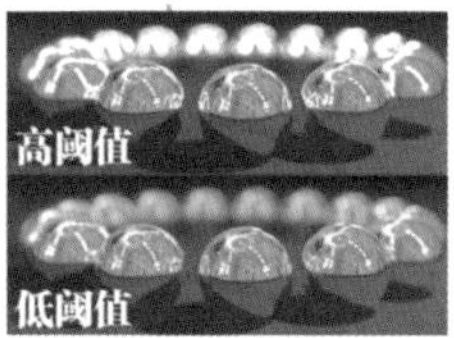

模糊/阴影/环境吸收/次表面散射细分（最大）：设置相应元素的渲染细分最大值。

高级

光线追踪引擎：设置物理渲染器使用的光线追踪引擎。

物理：Cinema 4D R15之前使用的光线追踪引擎，其占用的内存最少。

Embree（更快/小型）：Embree是英特尔公司开发的高性能光线追踪引擎。其中“更快”占用较多内存，但速度较快；“小型”占用较少内存，但速度较慢。

快速预览：快速预览输出最终结果前的模糊图像，用于预览效果。

从不：不创建预览。

渐进模式：用于递增模式的预览模式，会直接显示递增模式中的渲染过程。

所有模式：始终启用快速预览。

仅预览：只创建快速预览，不进行最终渲染。

Debug信息级别：设置控制台中的Debug信息的级别，由Cinema 4D官方技术支持，用户不需要掌握。

13.5 图像查看器

执行“窗口>图像查看器”命令，或者按快捷键Shift+F6，打开“图像查看器”窗口。此外，单击“渲染到图像查看器”按钮也会自动打开“图像查看器”窗口，并实时显示渲染结果。

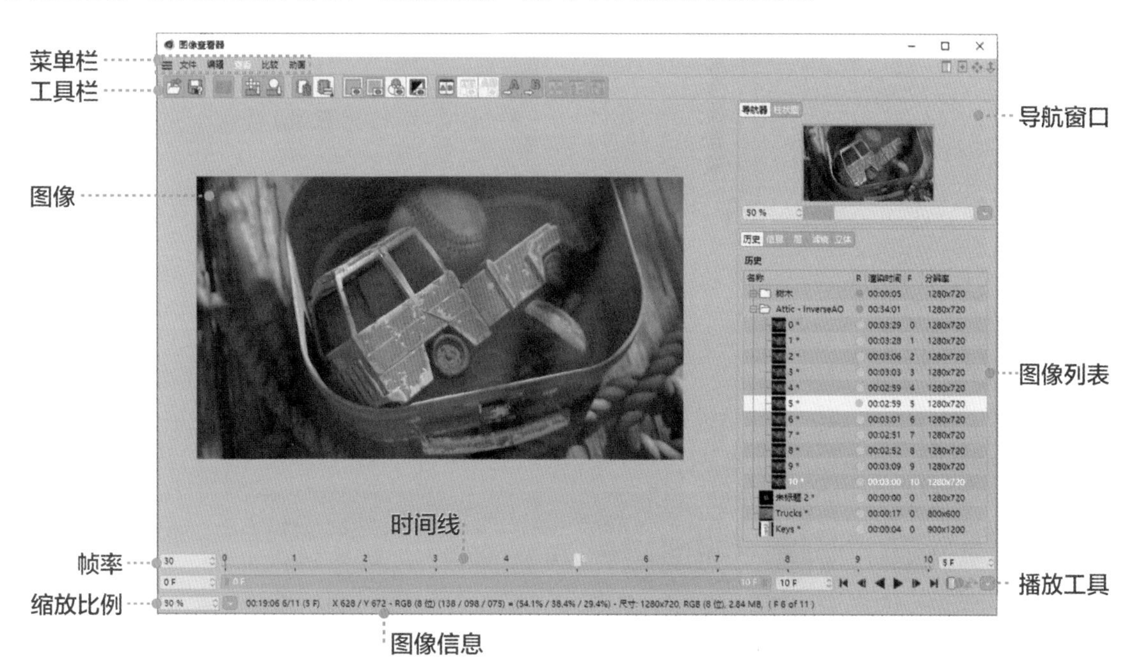

“图像查看器”窗口的右上角有4个导航按钮。

：隐藏/开启右侧的导航窗口及图像列表。

：单击该按钮即可打开一个新的“图像查看器”窗口。

：移动摄像机按钮，单击后拖曳图像将移动图像。

：缩放摄像机按钮，单击后拖曳图像将缩放图像。

除此之外，也可以直接使用鼠标中键在图像或导航窗口中对图像进行缩放，以及使用鼠标左键或中键移动图像。

播放序列与 RAM 缓存

当渲染序列时，每次渲染的序列都会在图像列表中位于同一个文件夹内。选中该文件夹或文件夹内的任意一个序列，即可使用时间线和播放工具对序列进行预览，其操作与时间线中的操作基本一致。不同的是，时间线中会存在绿条。

该绿条表示该时间范围内的图像被缓存在了RAM（Random Access Memory，计算机中的内存条）中，可以实时播放。若没有该绿条，则表示RAM中的缓存图像已经被覆盖，需要重新从硬盘中读取，无法实时播放。

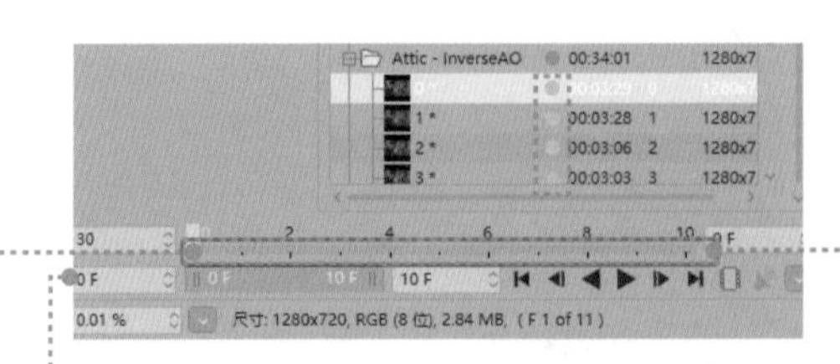

调小时间线左侧的播放帧率可以实现慢放，调大则可以实现快放。

当删除了序列中的一部分使序列不连续时，被删除部分的时间线会显示为红色。

图像列表、A/B 比较

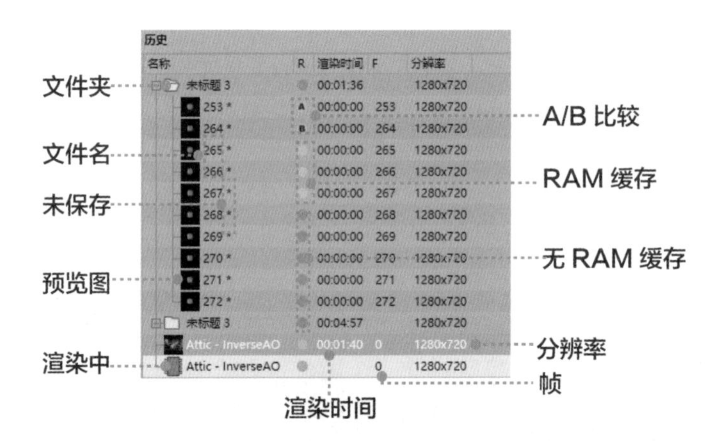

在图像处单击鼠标右键，在弹出菜单中执行“设置为 A”或“设置为 B”命令，或按快捷键 A/B，可以将图像设置为 A 图像或 B 图像，以便进行比较，并使用 A B 进行标注。此时，图像分为 A、B 两个区域，分别显示 A 图像、B 图像，中间有白色横线，拖曳横线可以修改 A、B 区域的大小。通过该功能可以快速比较修改渲染参数前后的图像差异。

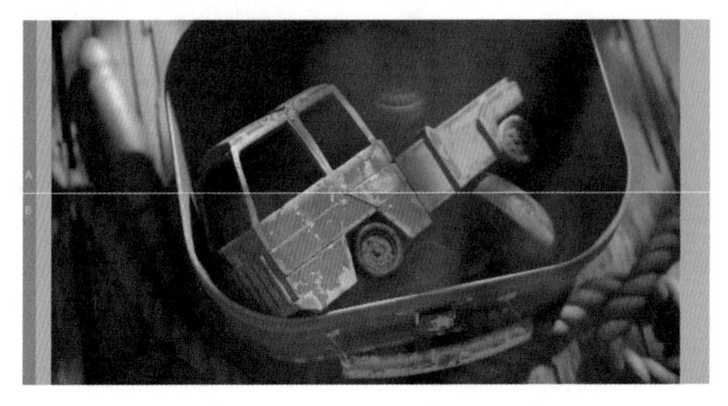

在工具栏中单击按钮可以在纵向比较和横向比较之间切换。

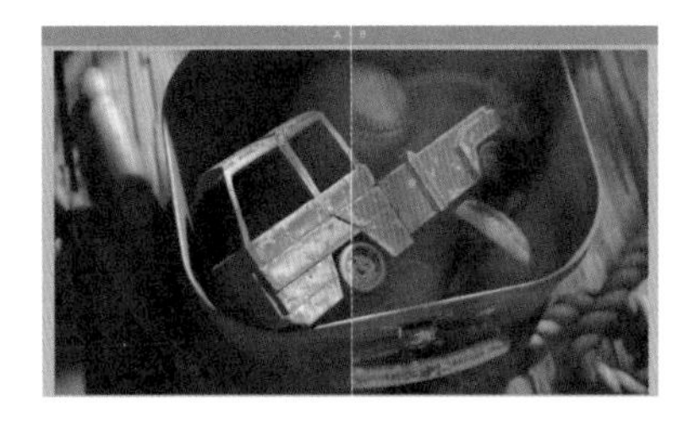

在工具栏中单击按钮可启用“显示A/B差异”功能，启用后的效果与在PhotoShop中使用插值对图像进行叠加时的效果一致。

导入/导出

除了可以查看渲染结果，在“图像查看器”窗口中还可以导入外部图像及手动保存渲染的图像。

打开图像： 快捷键为Ctrl+O，打开外部图像并使用图像查看器进行查看。将文件直接拖曳到“图像查看器”窗口中也可以在图像查看器中打开外部图像。

图像另存为： 快捷键为Ctrl+Shift+S，将当前选择的图像保存到硬盘上，单击该按钮后会打开“保存”对话框，可在其中设置图像的保存格式等。

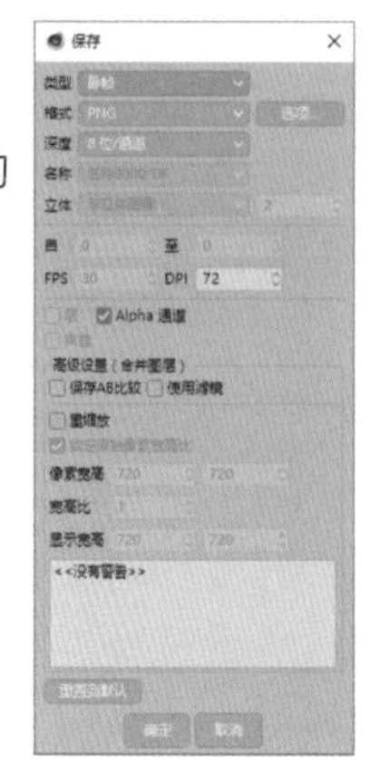

13.6 多通道渲染

多通道渲染（Multiple-pass Rendering）是三维渲染中常用的技术。多通道渲染可以将场景中的不同信息存储在不同的图像或通道中，并在后期制作中对特定的信息进行调整，如漫射、高光、阴影、环境吸收等。在制作复杂工程时，若每调整一个参数都要重新进行渲染，则会消耗大量的时间。而使用多通道渲染，在后期制作中，如果AO不够强烈则可以单独调整AO，如果高光太弱则可以单独调整高光，从而大大提高制作流程的灵活性与效率。

选中“多通道”复选框，单击“多通道渲染”按钮展开下拉菜单。选择需要的通道，可在多通道下创建该通道。

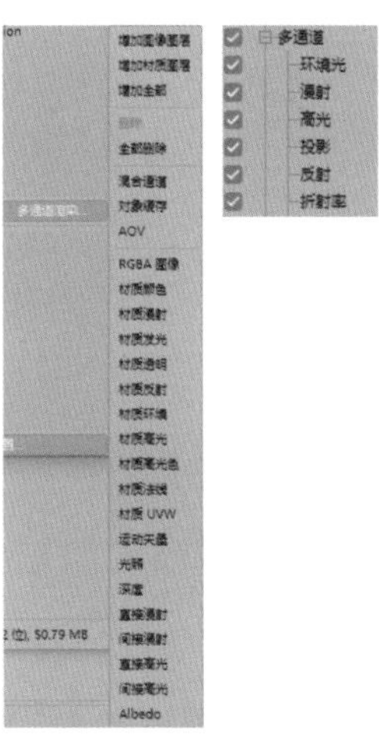

在“多通道图像”中选中“保存”复选框，设置好文件的保存路径和保存格式后，单击“渲染到图像查看器”按钮，渲染完成后在图像列表上方单击“层”按钮，即可看到不同的通道。

选中“单通道”单选按钮，然后选择需要查看的通道图像，即可单独查看该通道的图像。

选中“多通道”单选按钮，可以显示多个通道叠加后的效果。通道左侧的眼睛图标亮起，则表示显示该通道；单击后图标变暗，表示隐藏该通道。通道上方为通道的不透明度和叠加模式，叠加模式通常不建议修改。Cinema 4D 为不同通道设置了适合该通道的默认叠加模式，在后期制作中也可以参考 Cinema 4D 默认的叠加模式。

若文件的保存格式支持多图层（如 PSD、OpenEXR），则在“保存”设置中选中“多层文件”复选框后，所有通道都将被保存在同一个文件的不同图层中，并且会设置好不同图层的叠加模式。

若文件的保存格式不支持多图层，则需将每个图像分别保存为单独的文件。

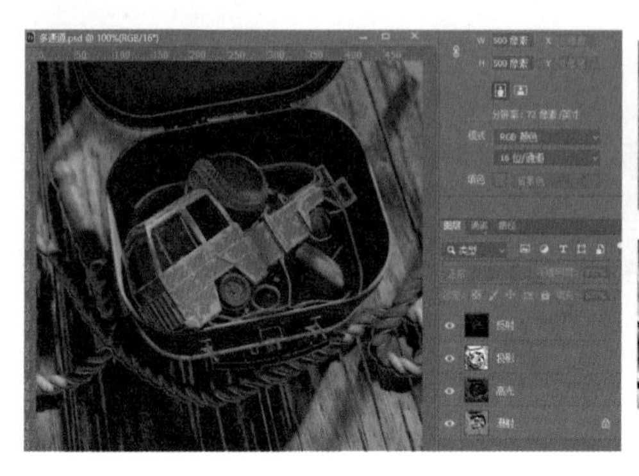

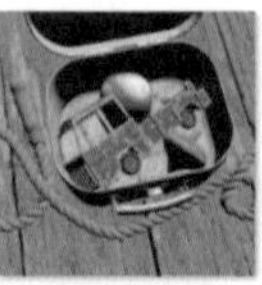

test2_diffuse.png

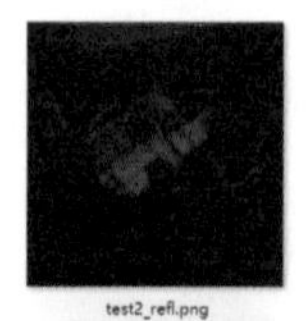

test2_refl.png

test2_shadow.png

test2_specular.png

13.7 “合成”标签

“合成”标签用于精确控制单个对象的部分渲染参数。在“对象”窗口中选择任意对象，单击鼠标右键，在弹出菜单中执行“渲染标签 > 合成”命令，即可创建“合成”标签。

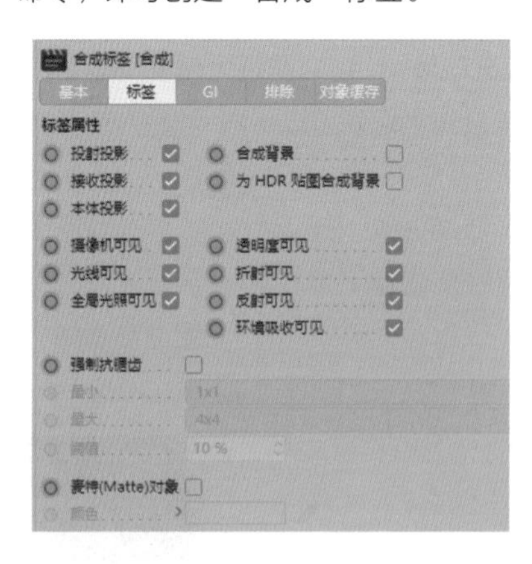

标签属性

投射投影： 取消选中该复选框则对象不会投射投影到其他对象上。

接收投影： 取消选中该复选框则对象不会受到其他对象的投影影响。

本体投影： 取消选中该复选框则对象不会接收来自自身的投影。

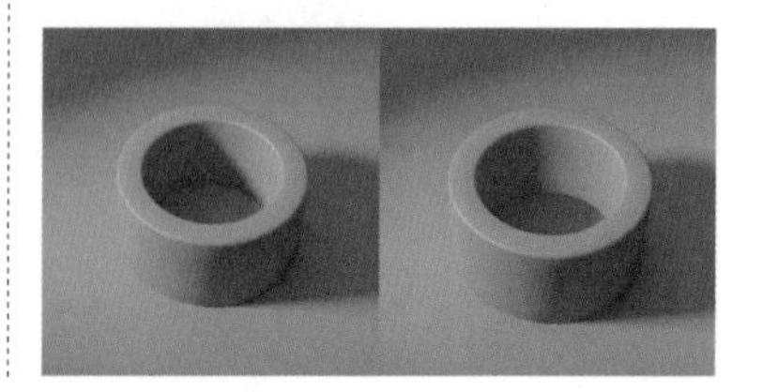

合成背景： 选中对象后将使对象的颜色通道不受灯光影响，但仍接收投影。例如，背景与平面使用了相同的材质，希望得到带有投影且背景颜色为纯色的图像，但平面因光照和角度等与背景并不匹配。

此时选中“合成背景”复选框，则平面的颜色不受光照影响，与背景完美融合，同时保留投影信息。

基于此特性，在材质中载入实拍影片，并在用于承载阴影的平面的材质标签中将“投射”模式设置为“前沿”或“摄像机”，可以实现将三维对象渲染至实景中的效果。该内容会在后续章节中进行讲解。

为 HDR 贴图合成背景： 与“合成背景”类似，但不考虑材质颜色，选中该复选框后对象只接收投影，其余部分均显示为 HDR 贴图中的内容。

摄像机可见： 取消选中该复选框后对象在渲染中不可见，但依然能影响光照效果。

光线可见： 使用该参数右侧的 4 个参数，设置对象在“透明度”“折射”“反射”“环境吸收”中是否可见，也可以关闭该参数并同时关闭上述 4 个参数。

全局光照可见： 设置对象在全局光照中是否可见。

强制抗锯齿： 选中该复选框后会覆盖渲染设置中的“抗锯齿”参数，为对象单独设置抗锯齿参数。

麦特（Matte）对象： 选中该复选框后对象在渲染时将被渲染为“颜色”中指定的颜色，且不受光照影响。

GI 属性

启用 GI 参数： 选中该复选框后，使用“GI”属性面板中的 GI 参数设置“覆盖渲染”中的 GI 参数，以单独修改单个对象受 GI 强度及 GI 模式的影响。

排除属性

模式： 有“排除”“包括”两种模式。

对象： 将需要设置“排除”效果的对象置入列表，对象右侧将出现 4 个图标，分别代表透明度、折射、反射、子级对象。使用这些图标可以设置当前列表中的对象的材质透明度、折射、反射是否参与 GI 计算。

对象缓存属性

启用： 选中该复选框会启用“对象缓存”，然后在“缓存”中设置缓存的群组 ID。

单击按钮打开“渲染设置”窗口，选中“多通道”复选框，并单击“多通道渲染”按钮，在下拉菜单中单击以创建“对象缓存”，在“对象缓存”中设置群组 ID。对象缓存可以创建多个，群组 ID 也可以设置多个，均设置完毕后单击按钮打开“图像查看器”窗口。切换到“层”即可看到，此时每个对象缓存都被渲染为了单独的一层。切换到“单通道”模式，每个对象缓存层都使用白色对群组内的对象进行了渲染，其余部分为黑色。右图所示为将场景中的两个玩具车分别设置为群组 1 和 2。

渲染完成后有两个对象缓存层。使用“对象缓存”作为遮罩，在后期制作中可以单独调整不同群组中的对象。

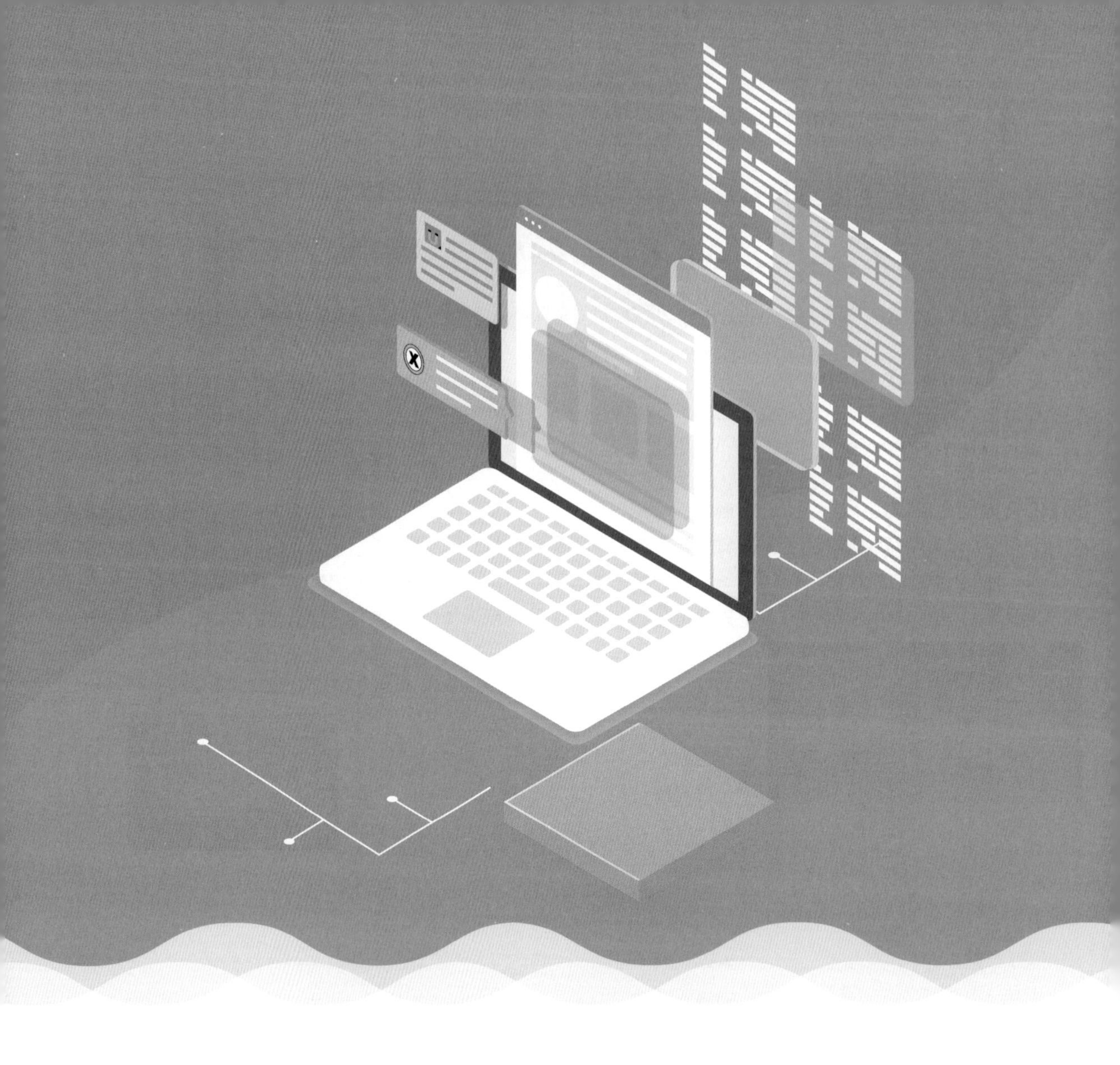

第 14 章
体积

本章学习要点

生成体积对象的方法　　体积建模实战：月饼

14.1 体积对象

在之前的内容中接触的都是多边形（Polygon）对象。多边形对象由点组成的多边形构成，适合用于制作大部分常见的固体；而在制作烟雾、火焰时，多边形对象则不再适用。因此，Cinema 4D 引入了体积（Volume）对象。体积对象由体素（Voxel）构成。

在二维位图中，图像由像素（Pixel）构成，像素是排列在二维空间中的一个个带有颜色的方格。可以将体素想象成三维空间中的像素，即三维空间中的一个个立方体。下图所示分别为由多边形构成的圆环和由体素构成的圆环。

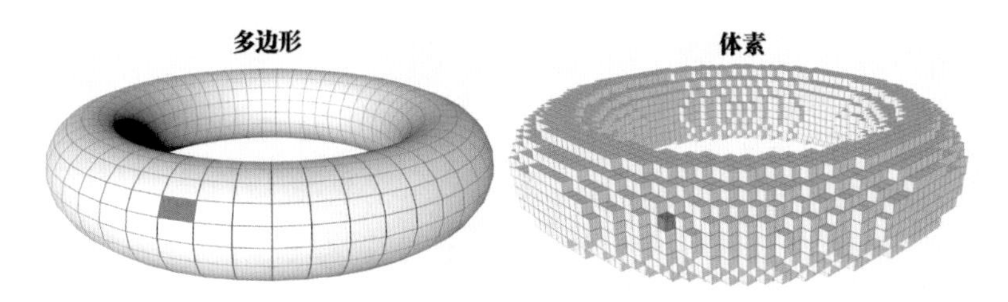

体素除了可以携带颜色信息，还可以携带温度、密度等信息用于模拟火焰等，甚至可以携带矢量信息用于实现动力学模拟。

由于体素性质特殊，其并不适合用于高精度建模。在运用体素进行高精度建模时，需要将体素调整得非常小，但这会消耗大量的计算机资源。但是，用体素进行一些特定类型的操作如布尔运算时，效率较高，非常适合用于制作复杂形体。

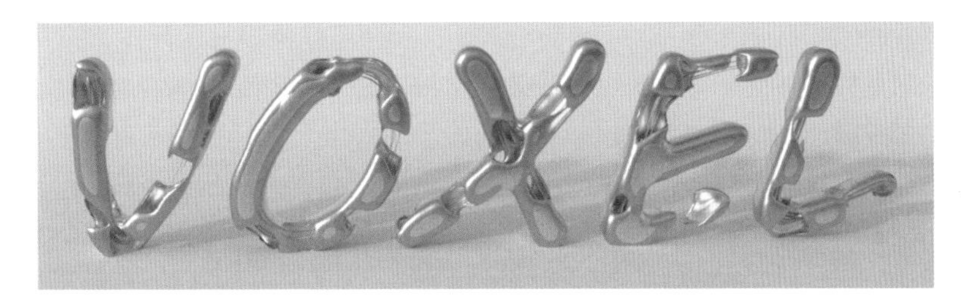

在菜单栏中单击“体积”菜单，或在工具栏中按住按钮，展开体积工具组。

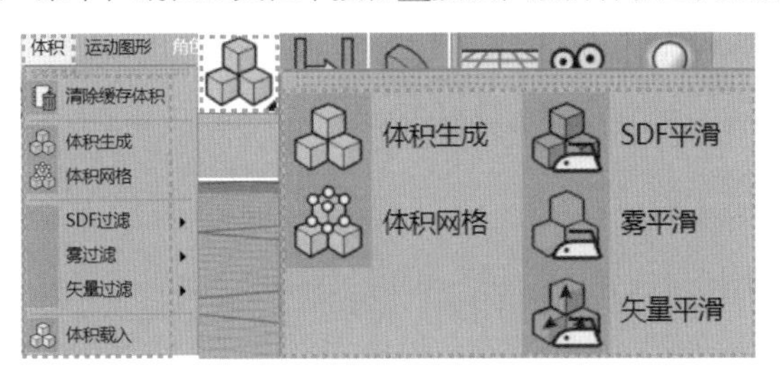

体积生成

打开“实例文件 >CH14> 龙 .c4d”文件，得到下图所示的模型。

单击按钮，创建“体积生成”对象，将龙作为“体积生成”对象的子级，在“体积生成”对象的“对象”属性面板中修改体素尺寸。

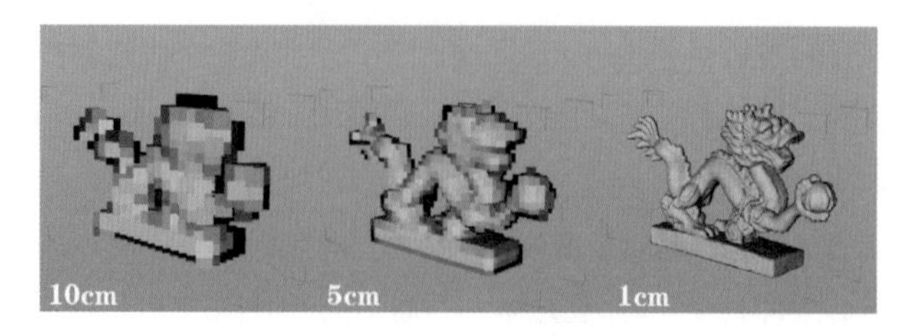

体素类型： 设置体素的类型，共有 3 种类型。

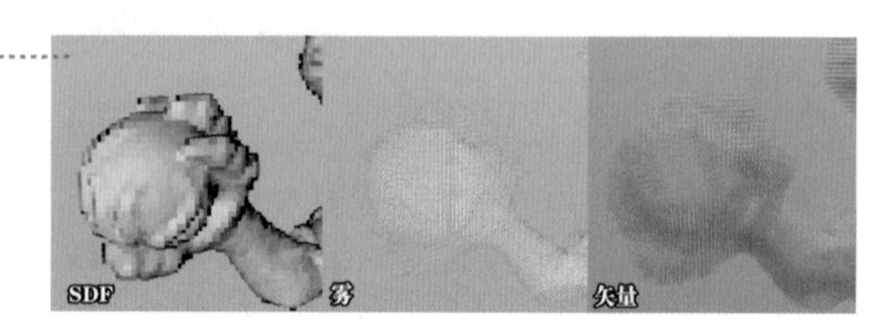

SDF（Signed Distance Field，有向距离场）：使用体积进行建模或布尔运算时应使用此类型。此类型会将体素分布在多边形的点、边、面周围的一定距离内，并记录其与表面间的距离；此类型可以为没有体积的对象生成体积。SDF 使用始终朝向摄像机的方格表示体素。

雾（Fog）：主要用于渲染流体，如烟雾、火焰等。在此类型下体素会填充对象，且使用点表示体素。

矢量（Vector）：在“矢量”类型下将不创建体素，而是在空间内创建矢量场，可以将矢量场用于动力学计算，用线条表示矢量方向、矢量强度。

体素尺寸： 设置体素尺寸，值越小精度越高。但值太小会非常消耗系统资源，甚至直接导致系统崩溃，因此不建议将“体素尺寸”设置得太小。

对象： “体积生成”对象的核心区域，用于显示和控制所有用于进行体积计算的对象。例如，在“SDF”类型下新建一个“立方体”对象，将其拖入对象列表并置于龙的上方，隐藏“立方体”对象，在对象列表中调整“立方体”对象的模式，就能得到布尔运算结果。

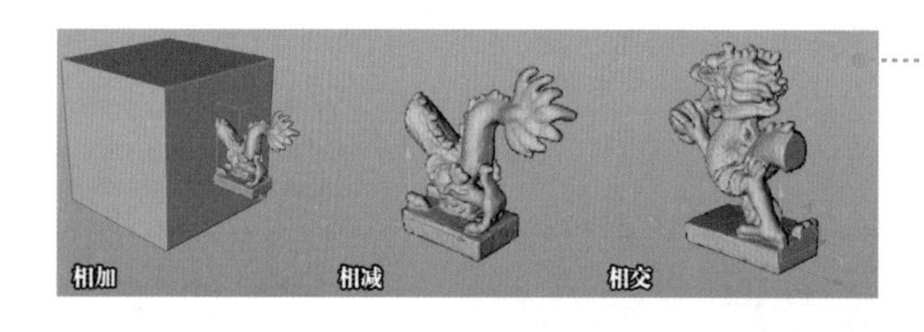

当对象作为“体积生成”对象的子级时，对象列表中的“输入类型”为“子级”，此时会自动隐藏原始对象，只显示转换成的体素。而对象是“体积生成”对象的子级时，“输入类型”为“链接”，将同时显示原始对象和体素；若想只显示体素，则需要手动隐藏原始对象。

“对象”下方有 3 个按钮，其中，第 1 个按钮为当前类型下的“过滤”工具，按住该按钮即可在弹出的下拉菜单中看到对应的工具。还可以在“体积”菜单的“SDF 过滤”“雾过滤”“矢量过滤”中找到对应的工具。

新建文件夹： 单击该按钮可创建文件夹，将需要作为一组的对象放置于文件夹中，即可将多个对象合并为一组对象；在计算时，其他对象将把文件夹内的对象视作一个整体。

缓存层： 单击该按钮可创建缓存层，用于对当前结果进行缓存。

覆盖网格矩阵： 默认情况下，体素的朝向与对象原点的朝向一致；将其他对象拖入该参数，即可用该对象的朝向控制体素的朝向。

自动更新设置： 取消选中该复选框则不会自动更新列表中对象间的关系，需要手动单击“更新”按钮进行更新。例如，在进行复杂模型的布尔运算时，选中“自动更新设置”复选框可能会造成操作卡顿，可以先取消选中该复选框并将模型位置调整好后，再手动单击“更新”按钮。

体素数量： 显示当前“体积生成”对象的体素总数和占用内存的近似值。

SDF 属性

网格对象属性

创建“体积生成”对象，然后创建一个“球体”对象并将其作为“体积生成”对象的子级，在对象列表中选中对象。

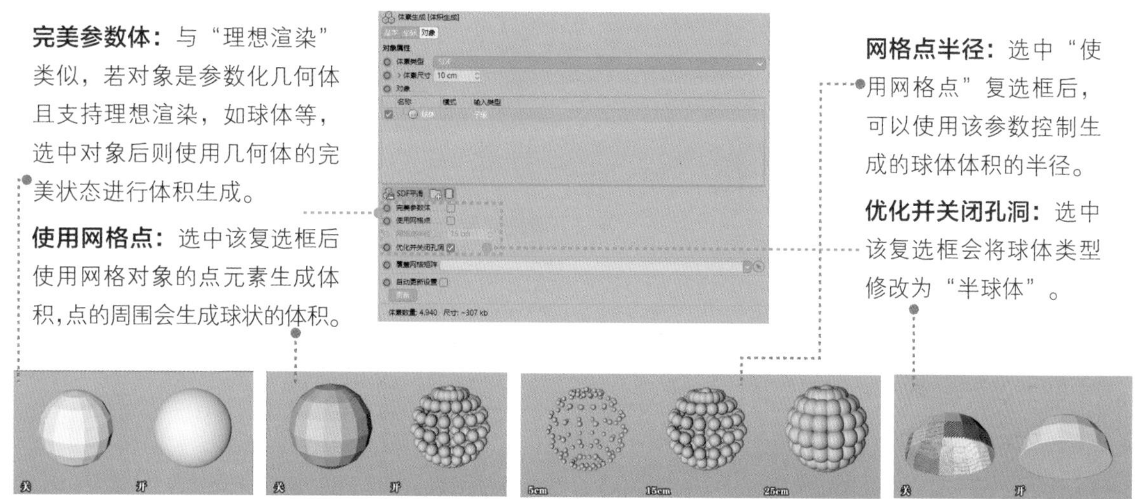

样条对象属性

创建“弧线”对象并将其作为“体积生成”对象的子级，在对象列表中选中“弧线”对象。

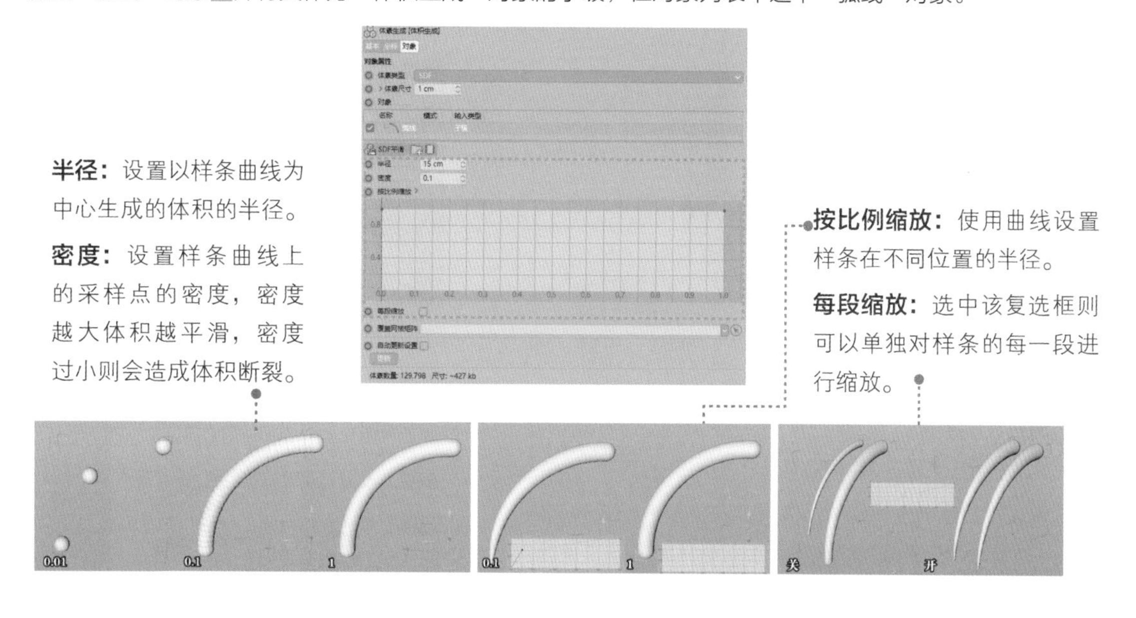

粒子对象属性

打开“实例文件 >CH14> 粒子 .c4d”文件，播放动画至第 90 帧。创建一个“体积生成”对象并将其作为“发射器”对象 发射器 的父级，将“体素尺寸”修改为 2cm。

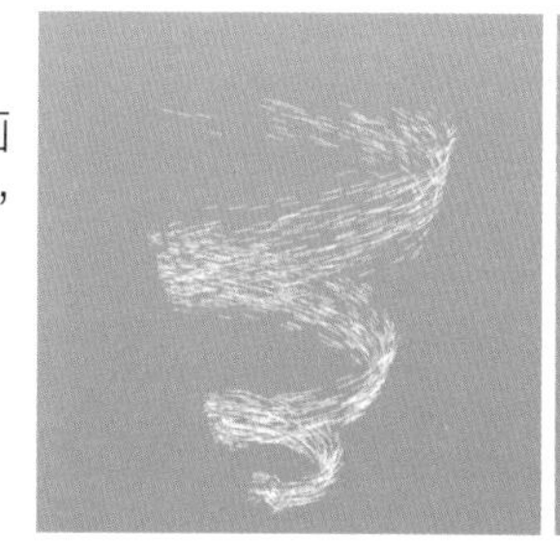

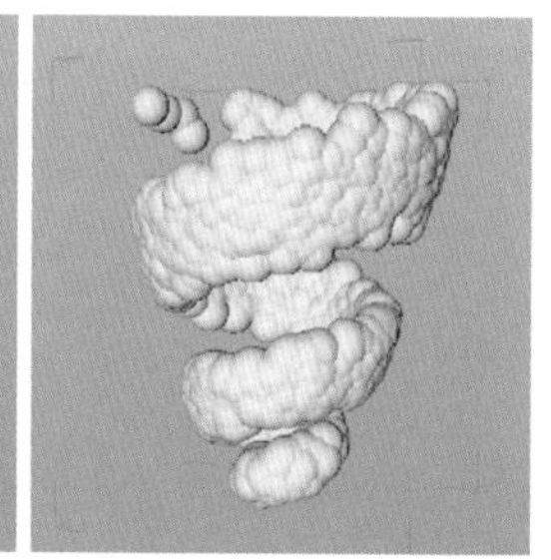

使用粒子尺寸： 若粒子有尺寸参数，则使用粒子尺寸作为生成体积的半径。

半径： 控制生成体积的半径。

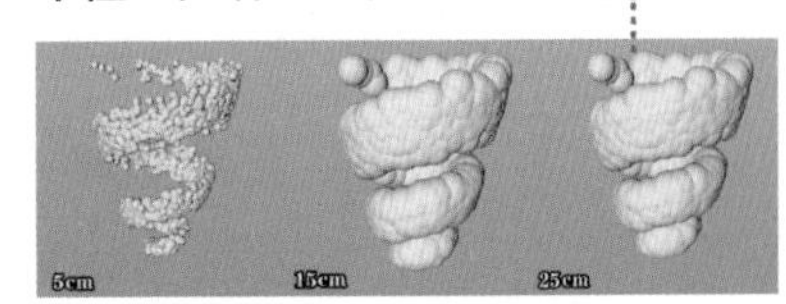

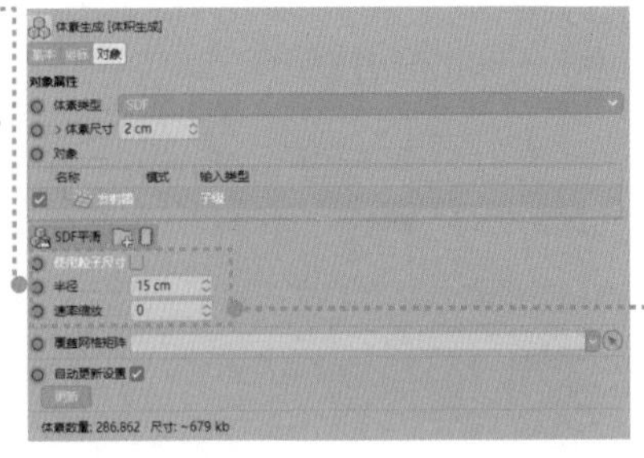

速率缩放： 使用粒子的"速度"参数，控制体积向粒子速度的反方向缩放。

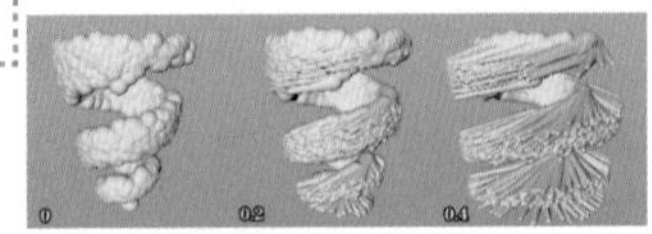

SDF 过滤

执行"体积 >SDF 过滤"命令；或在"SDF"类型下按住对象列表下方的"SDF 平滑"按钮 SDF平滑，即可在展开的下拉菜单中看到"SDF 过滤"命令。

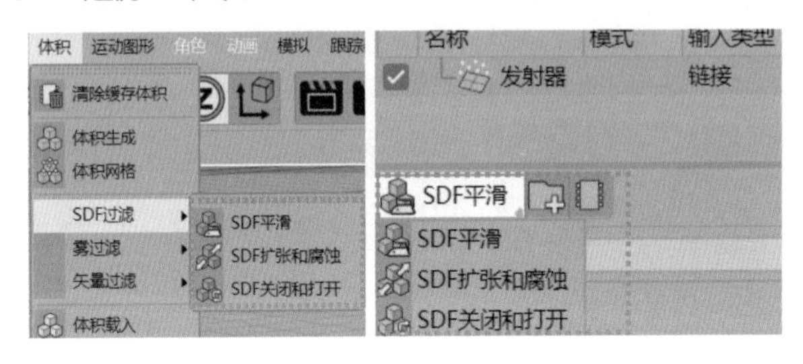

SDF 平滑

用于对 SDF 进行平滑操作，选择后会对其下方的所有对象进行平滑操作。

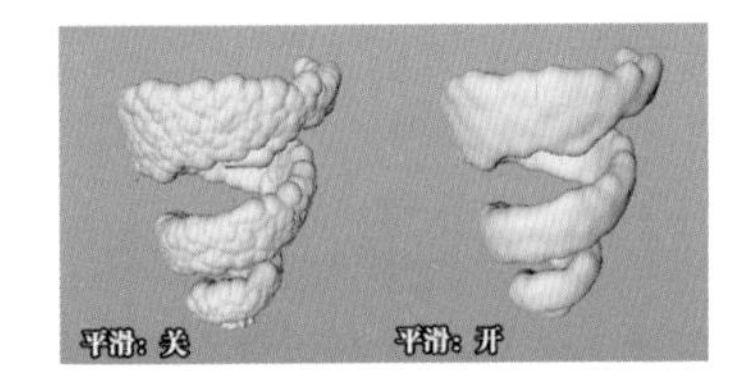

强度： 设置过滤器的强度，参数范围为 0%~100%。

执行器： 设置不同的平滑算法，有"高斯""平均""中值""平均曲率" "拉普拉斯流"5 种。

体素距离： 在"高斯""平均""中值"3 种算法下，控制平滑的采样距离，值越大越平滑，相同算法下不同值的效果不同。

迭代： 设置过滤器的迭代次数，值越大越平滑，计算时间越长；在"体素距离"不变的情况下，不同迭代值的效果不同。

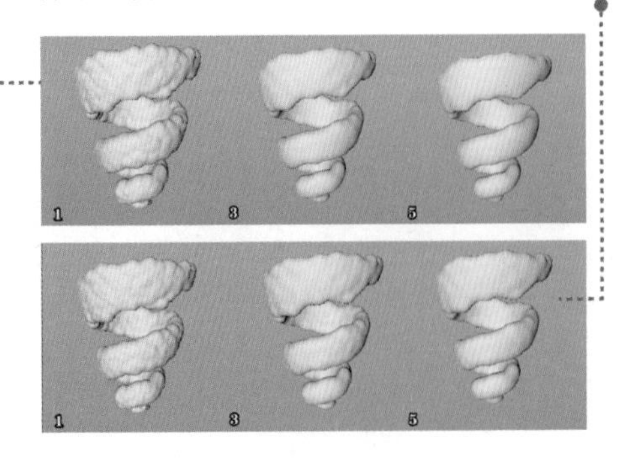

SDF 扩张和腐蚀

用于对 SDF 进行扩张和腐蚀。

强度： 设置过滤器的强度，参数范围为0%~100%。

偏移： 设置偏移量，正值为扩张，负值为腐蚀。

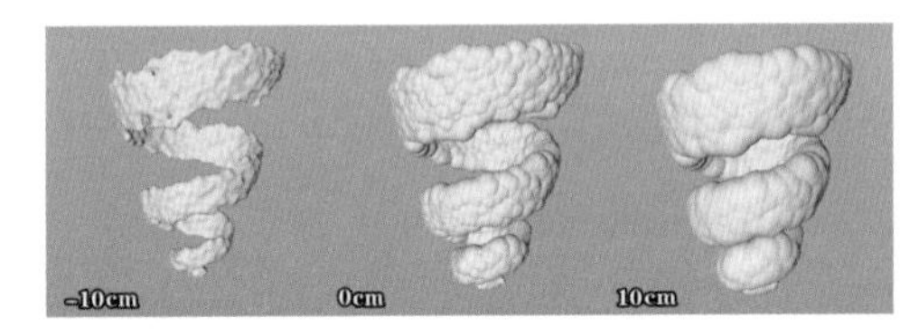

SDF 关闭和打开

用于对 SDF 进行关闭和打开。

强度： 设置过滤器的强度，参数范围为0%~100%。

偏移： 负值为关闭，通过将表面向内移再向外移，消除模型表面的孔洞；正值为打开，通过将表面向外移再向内移，连接相邻的对象。

迭代： 设置过滤器的迭代次数，值越大效果越明显，计算时间越长。

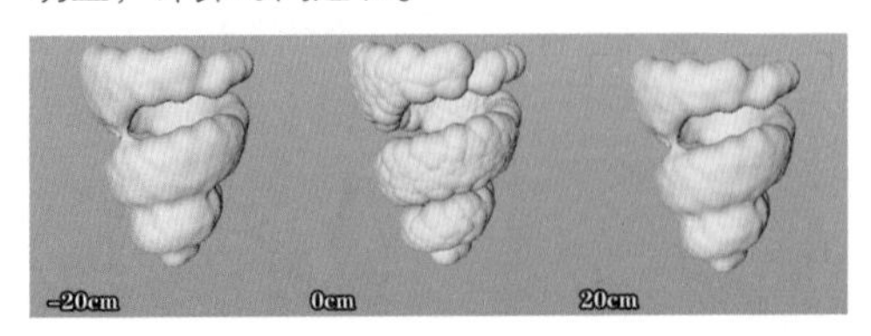

雾属性、雾过滤器

网格对象属性

内部体素衰减: 设置雾密度向内衰减的强度,黑色体素的密度小,白色体素的密度大,参数值越大向内衰减得越厉害。

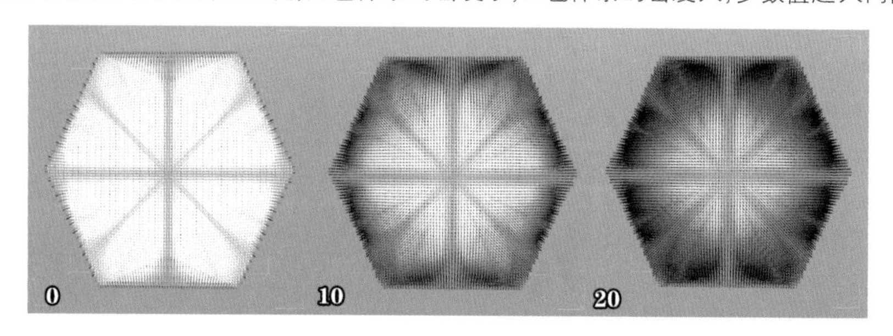

最大体素衰减： 选中该复选框后将自动设置衰减效果在对象中心处密度最大，在对象边缘处密度最小。

执行“体积 > 雾过滤”命令；或在“SDF”类型下按住对象列表下方的“雾平滑”按钮 雾平滑，在展开的下拉菜单中可以看到“雾过滤”命令。

雾添加： 将雾的密度值和“添加”参数的值相加，得到新的密度值。

雾范围映射： 将雾的密度值映射到设定值。

雾平滑： 与“内部体素衰减”类似，对雾的密度进行平滑。

雾倍增： 将雾的密度值和“相乘”参数的值相乘，得到新的密度值。

雾曲线： 使用曲线调整雾的密度。例如，将曲线的左端点保持在 x 轴上，然后右移曲线，可以将密度值小于端点 x 坐标值的体素剔除。

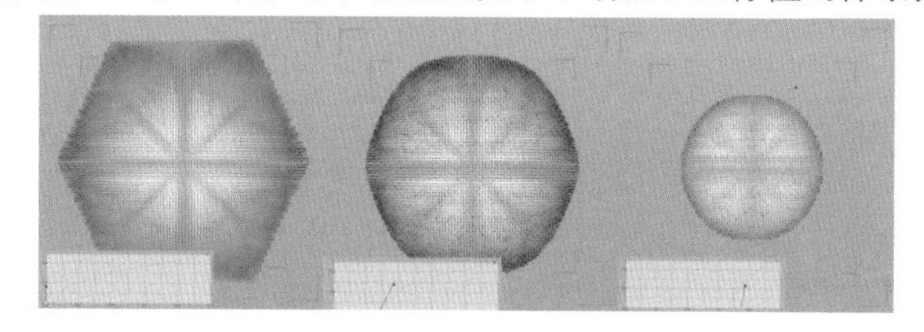

雾反转： 对雾的密度进行反转。

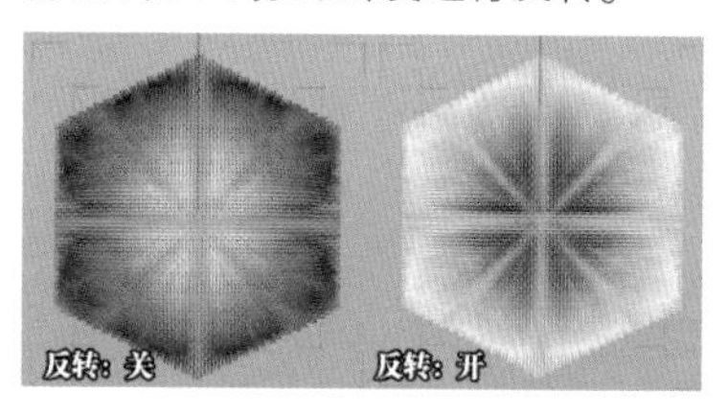

矢量属性、矢量过滤器

网格对象属性

转换自： 设置矢量的生成方式，有“Signed Distance Field”“距离场”“雾”3 种。其中，“Signed Distance Field”生成的矢量都朝外，“距离场”生成的矢量根据矢量位置确定方向，“雾”生成的矢量则全部朝内。

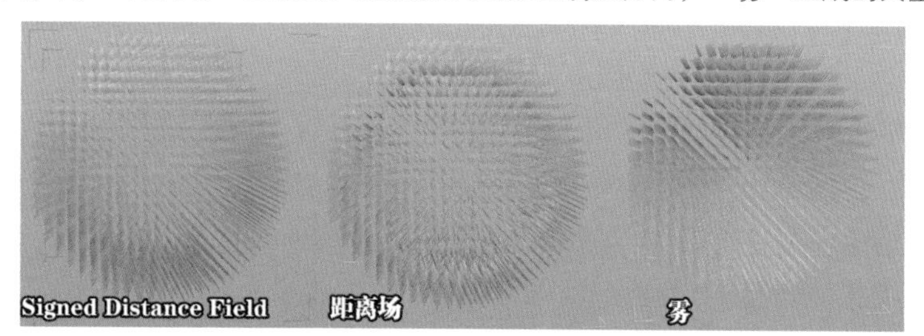

内部 / 外部体素范围： 设置内部、外部生成的体素层的数量。

矢量平滑： 对矢量的方向进行平滑，使它们彼此对齐。

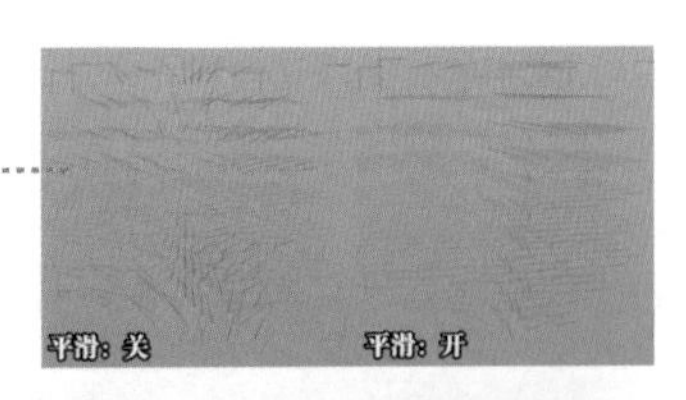

矢量缩放： 缩放矢量的长度。

矢量旋转： 旋转矢量的方向。

矢量反转： 反转矢量的方向。

矢量标准化： 将所有矢量的长度均设置为 1。

矢量卷曲： 将矢量方向卷曲。

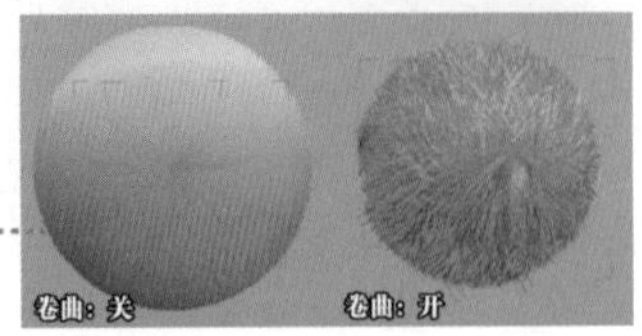

体积载入

执行“体积 > 体积载入”命令，创建“体积载入”对象。在“对象”属性面板的“文件名”中载入“实例文件 >CH14>vdb 序列 1> vdb001.vdb”文件，Cinema 4D 会根据文件名自动识别载入的文件是单个文件还是文件序列。

其中，“对象”属性面板中的列表即载入的体积包含的属性。

对象属性

比例： 设置体积的比例和单位，单位包括“千米”“米”“厘米”“毫米”“英里”“码”“英寸”“英尺”。

使用动画： 选中该复选框则使用文件序列，取消选中该复选框则使用帧属性控制载入的文件。

帧： 取消选中“使用动画”复选框时，用于控制载入的文件是序列中的第几帧。

从 / 至： 设置动画的播放范围，超出该范围的帧将不载入文件。

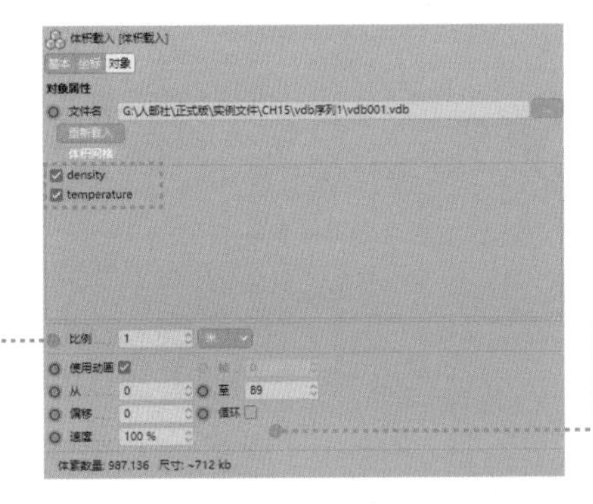

偏移： 偏移动画时间，例如将该参数设置为 5，则动画从第 5 帧开始播放。

循环： 选中“循环”复选框则按动画的播放范围循环播放，取消选中该复选框则在播放到动画范围外后不继续载入文件。

速度： 设置播放速度，会影响动画的播放范围。例如，将“至”设置为 20，“速度”设置为 50%，则动画要播放到第 40 帧时才会结束。

体积网格

体积网格可用于将类型为“SDF”或“雾”的体积对象转换为网格，还可用于建模或进行布尔运算。

创建“体积网格”对象，然后创建“体积载入”对象置入其子级，在“体积载入”对象的属性面板的“文件名”中载入“实例文件 > CH14 > vdb 序列 2 > vdb000.vdb”文件。

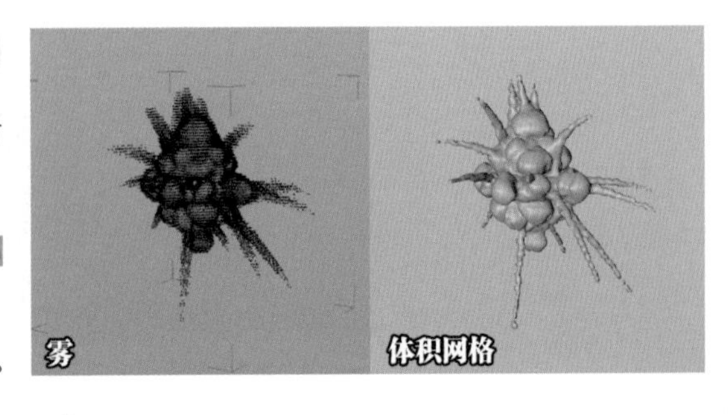

体素范围阈值: 控制生成网格的阈值。使用“SDF”类型生成网格时，值越大生成的网格的范围越大；使用“雾”类型生成网格时，值越大生成的网格的范围越小。使用“雾”类型生成网格会产生下图所示的效果。

使用绝对数值（ISO）: 选中该复选框后将使用“表面阈值”参数控制网格的生成范围。

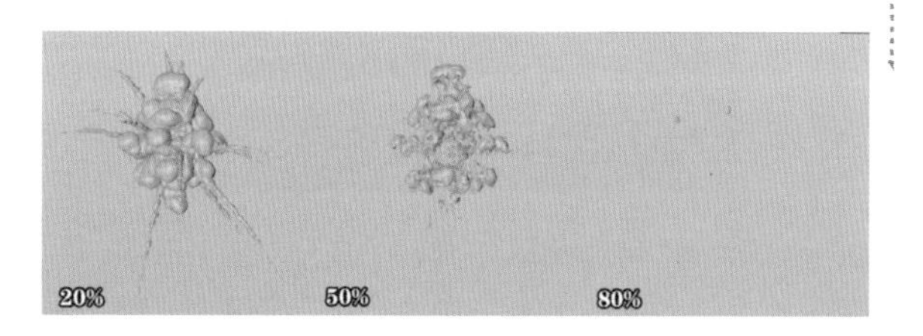

自适应: 通过算法在保持对象外形的情况下减少面数，值越大生成的网格面数越少，但值太大可能会导致对象形状发生变化。

创建曲率图: 选中该复选框后会生成顶点贴图，用于记录设置的网格属性。

曲率方向: 设置顶点贴图记录的属性，有“两者”“突起”“凹陷”3种模式。

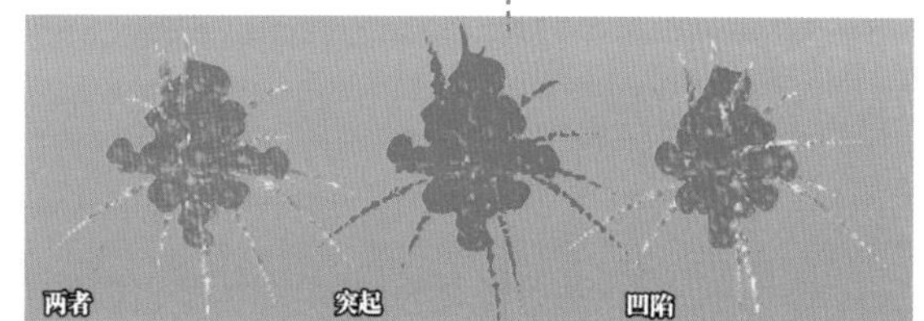

14.2 体积建模实战：月饼

场景位置	无
实例位置	实例文件 >CH14> 月饼 > 体积建模实战：月饼 .c4d
视频名称	体积建模实战：月饼
难易指数	★★★☆☆
技术掌握	体积建模

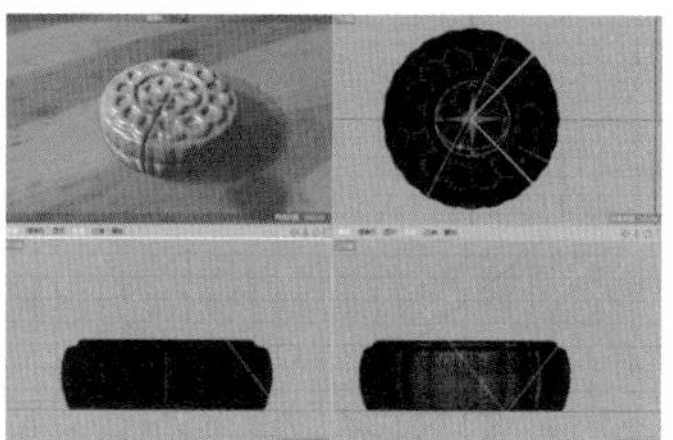

制作模型

01 新建一个 Cinema 4D 工程文件，创建“矢量化”生成器，载入“实例文件 > CH14 > 月饼 > tex > 月饼 1.png”文件，在“对象”属性面板中将“公差”设置为 2cm，使生成的样条曲线更接近原始图像，但又略不规则。

技巧与提示

若想让月饼的图案和外形略不规则，可以让“公差”保持在一个较大的值。

02 创建一个“挤压”生成器，将其重命名为“挤压－图案”，然后将其作为“矢量化”生成器的父级，在“对象”属性面板中设置“偏移”为 10cm，在“封盖”属性面板中设置倒角的“尺寸”为 2cm。

03 创建一个“矢量化”生成器，载入“实例文件 > CH14 > 月饼 > tex > 月饼 2.png”文件，将“宽度”设置为 450cm，“公差”设置为 0cm，使生成的样条曲线更接近原始图像。

04 创建一个“挤压”生成器，将其重命名为“挤压－轮廓”，然后将其作为“矢量化”生成器的父级，在“坐标”属性面板中设置“P.Z”为 150cm，在“对象”属性面板中设置“偏移”为 150cm，在“封盖”属性面板中设置倒角的“尺寸”为 2cm。为了方便观察，可以在视图窗口中执行“选项 >SSAO”命令。

05 创建一个“体积生成”对象，将其作为两个“挤压”生成器的父级，然后在“对象”属性面板中设置“尺寸”为 2cm。在对象列表中创建两个文件夹，分别命名为“图案”“轮廓”，并置入对应的挤压对象。

06 在“挤压－图案”的“对象”属性面板中选中“使用网格点”复选框，将“网格点半径”设为 8cm。然后在两个文件夹中分别为两个挤压对象应用“SDF 平滑”，将“SDF 平滑”的“体素距离”均设置为 1。

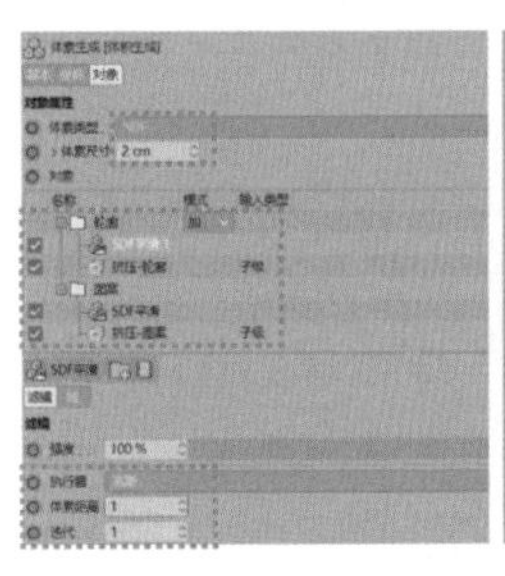

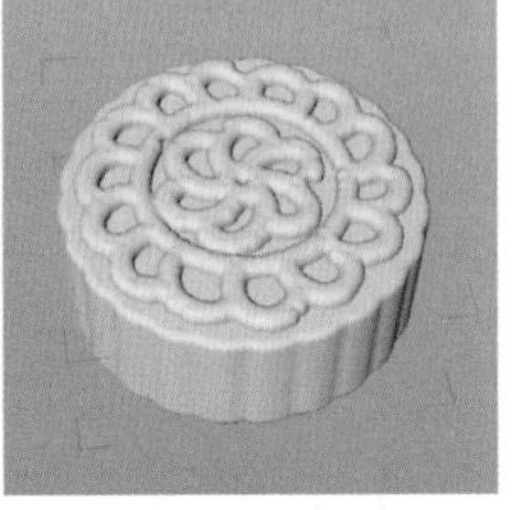

07 创建一个“管道”对象，在“坐标”属性面板中设置“P.X”为 190cm，“R.P”为 90°。在“对象”属性面板中设置“内部半径”为 190cm，“外部半径”为 200cm，“旋转分段”为 4，“高度”为 400cm。

08 将“管道”对象作为“体积生成”对象的子级，并置于两个文件夹的上方，将“模式”设置为“减”；然后创建一个“SDF 平滑”对象，将其放在最上方，即可对全部对象起作用，将“体素距离”设置为 1，得到月饼切块的效果。

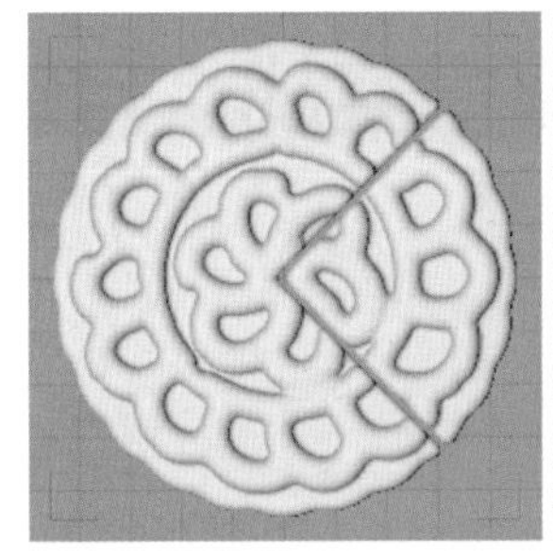

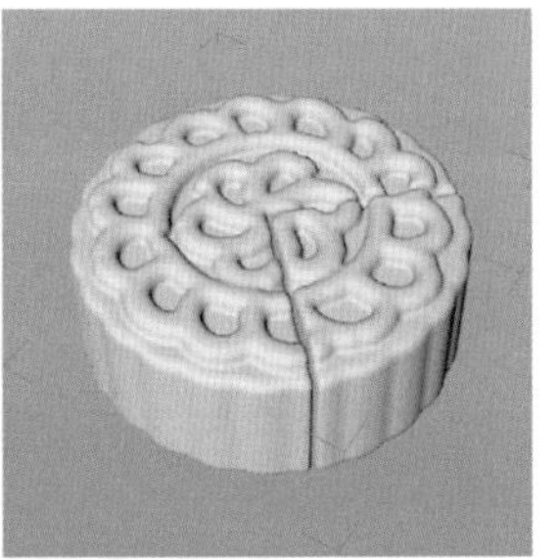

09 创建一个“体积网格”对象，将其作为“体积生成”对象的父级，在“坐标”属性面板中设置“R.P”为 -90°，然后创建一个“挤压&伸展”变形器，将其作为“体积网格”对象的子级，作为“体积生成”对象的同级。

10 单击鼠标中键切换到四视图，然后单击按钮或按 L 键进入“轴心修改”状态。在侧视图中，将“体积网格”对象的轴心沿 y 轴移动，以对齐月饼的顶面。修改完成后，再次单击按钮或按 L 键退出“轴心修改”状态。

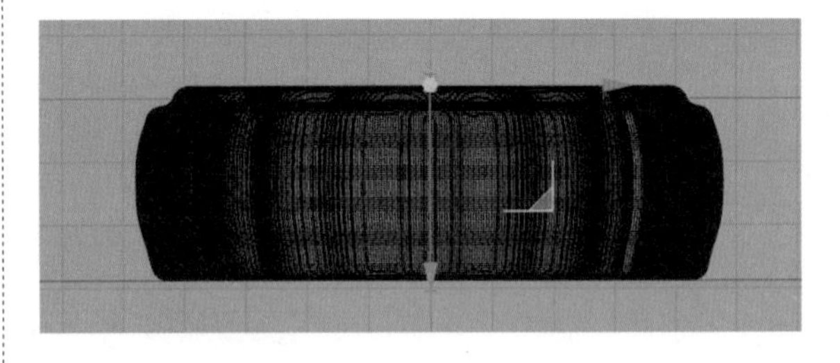

11 在“挤压&伸展”变形器的“坐标”属性面板中设置“R.P”为 90°，在“对象”属性面板中单击“匹配至父级”按钮，将“中部”设置为 100%，“方向”设置为 100%，“因子”设置为 90%，“膨胀”设置为 60%。

12 按快捷键 Alt+G，将“体积网格”对象组合，再将其重命名为“月饼－切片”。

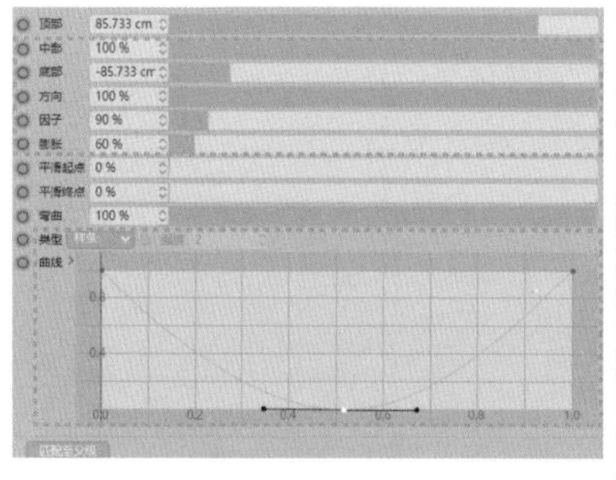

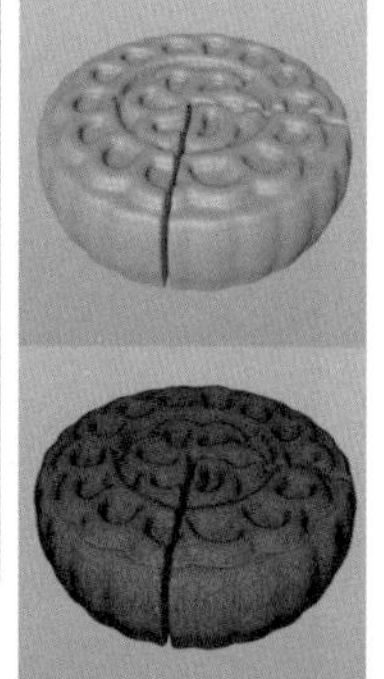

技巧与提示

此时的月饼网格数较多，若计算机出现卡顿，则可以将“体积网格”对象的“自适应”值适当调高，但不应调太高，以免丢失细节，建议控制在10%以内。不同值对应的效果如下图所示。

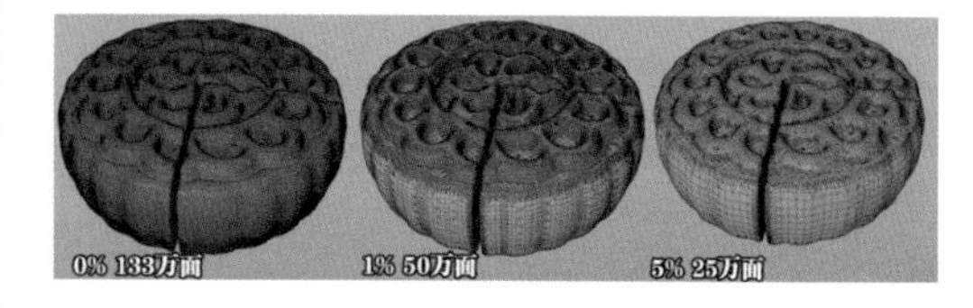

制作灯光

13 创建一个“地板”对象，单击鼠标中键切换到四视图，在侧视图中将地板沿y轴移动，以对齐月饼底面。

14 创建一个“物理天空”对象，并设置时间。

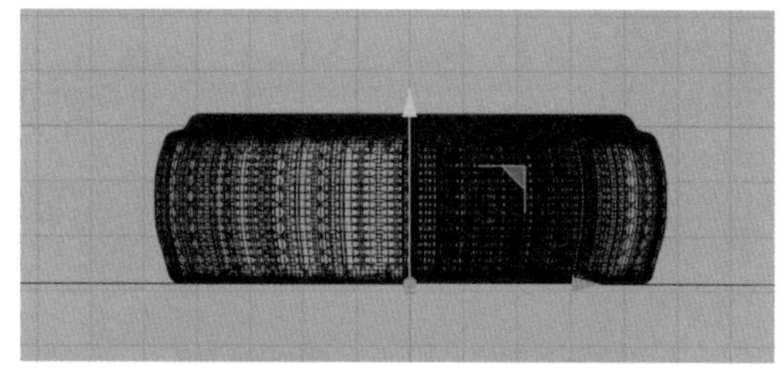

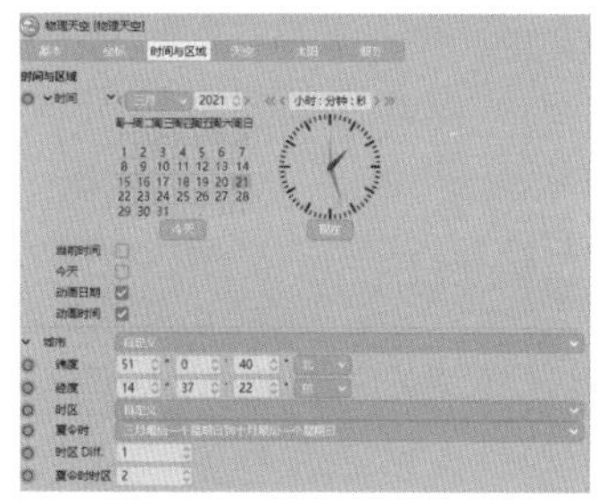

15 在“天空”属性面板中设置“强度”为50%，“饱和度修正”为20%；在“太阳”属性面板中设置“尺寸比率”为2000%，“密度”为50%；然后在视图窗口中执行“选项 > 阴影”命令。

16 打开“渲染设置”窗口，添加“全局光照”“环境吸收”效果，然后将“全局光照”的“预设”设置为“外部 – 物理天空”。

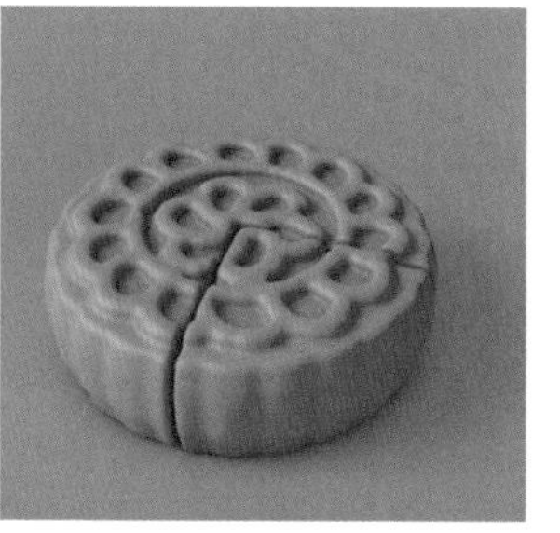

制作材质

17 在“材质”窗口中双击创建默认材质，并将其重命名为“月饼”，然后将材质赋予“体积网格”对象。

18 打开“材质编辑器”窗口，选中“凹凸”复选框，将“强度”设置为1%，在“纹理”中创建噪波着色器，将噪波着色器的“全局缩放”设置为40%。要在视图中查看效果，可以在视图窗口中执行“选项 > 高质量噪波”命令。

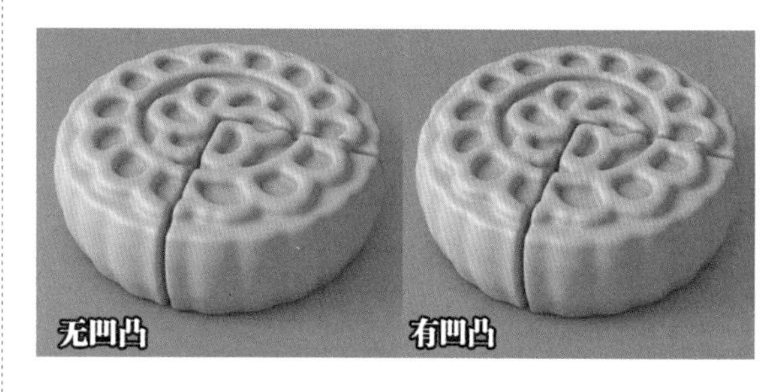

19 切换到颜色通道，在“纹理”中创建融合着色器，进入融合着色器，选中“使用蒙板”复选框；然后在“混合通道”中创建颜色着色器，将“颜色”设置为8A370E 。

20 单击按钮返回上一级，在“基本通道”中创建颜色着色器，将“颜色”设置为E5A433 。

21 返回上一级，在“蒙板通道”中创建图层着色器，在图层着色器中创建噪波着色器，将“叠加模式”修改为“正片叠底”，将噪波着色器的“全局缩放”设置为300%，“亮度”设置为50%。

22 返回图层中，在噪波着色器下方创建渐变着色器，将渐变着色器的“类型”修改为“三维 – 线性”，取消选中“循环”复选框，将“开始”设置为0cm、0cm、100cm（根据模型大小、模型原点位置和实际需要设置，若希望月饼中烤焦的深色部分较多，则可以增大该值），将“结束”设置为0cm、0cm、0cm。

23 将渐变着色器的“湍流”设置为20%，“阶度”设置为10。相比上一步，这一步的月饼表面多了颗粒感。

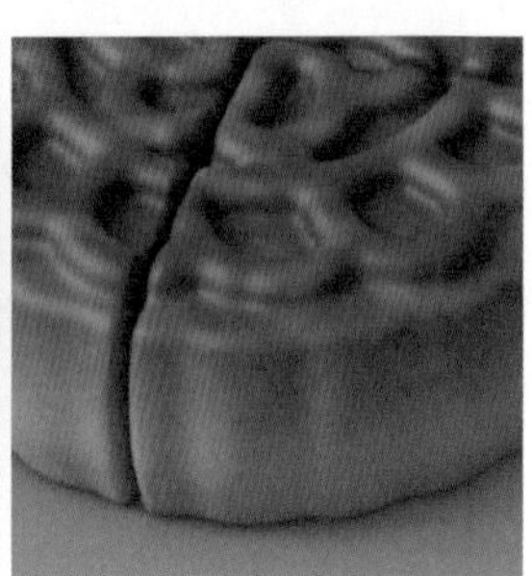

技巧与提示

阶度和湍流均用于给月饼的深色区域添加随机变化，使两种颜色的变化不死板。

24 返回最上层，在“纹理”中再创建一个融合着色器，将现有的融合着色器嵌套进去。

25 在新的融合着色器中选中“使用蒙板”复选框，然后在“混合通道”中创建颜色着色器，将“颜色”设置为FFD57A 。

26 返回上一级，在“蒙板通道”中创建图层着色器，进入图层着色器并创建噪波着色器，将“叠加模式”设置为“正片叠底”，将噪波着色器的“全局缩放”设置为10%，“亮度”设置为40%。

27 返回上一级，在噪波着色器的下方创建环境吸收着色器。使用环境吸收着色器将月饼图案的邻近区域设置为浅色。

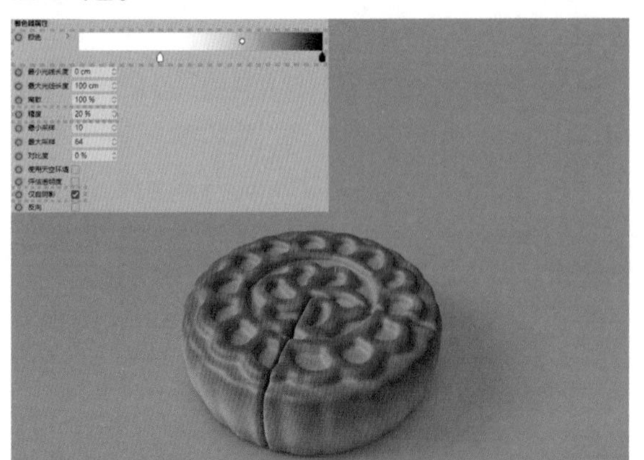

28 切换到反射通道，将默认高光的“类型”设置为“反射（传统）”，“粗糙度”设置为40%，“反射强度”设置为5%，“高光强度”设置为6%。

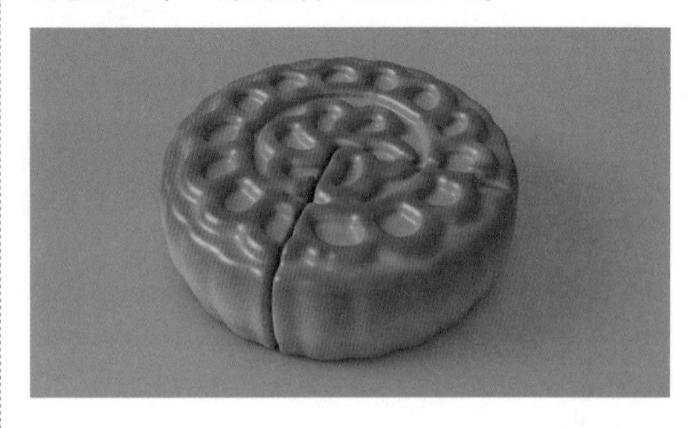

29 在“材质”窗口中双击，创建新的默认材质，将其重命名为“木头”。在颜色通道中载入“实例文件 >CH14> 月饼 >tex> 木头 _ 颜色 .jpg”文件。

30 在反射通道中将反射“类型”修改为“Phong”，将“粗糙度”设置为100%，然后在“纹理”中载入“实例文件 >CH14> 月饼 >tex> 木头 _ 粗糙度 .jpg”文件。将“反射强度”设置为20%，然后在“纹理”中载入“实例文件 >CH14> 月饼 >tex> 木头 _ 反射 .jpg”文件，将“高光强度”设置为1%。

31 选中“法线”复选框，在“纹理”中载入“实例文件 >CH14> 月饼 >tex> 木头 _ 法线 .jpg”文件。

32 将材质赋予“地板”对象，在材质标签中将“平铺U”设置为0.1，“平铺V”设置为0.05。

最终调整

33 将月饼复制两份，重命名为“月饼－完整”，并将用于切割月饼的“管道”对象关闭，将月饼摆放为下图所示的造型，在视图中调整至下图所示的效果时创建“摄像机”对象。

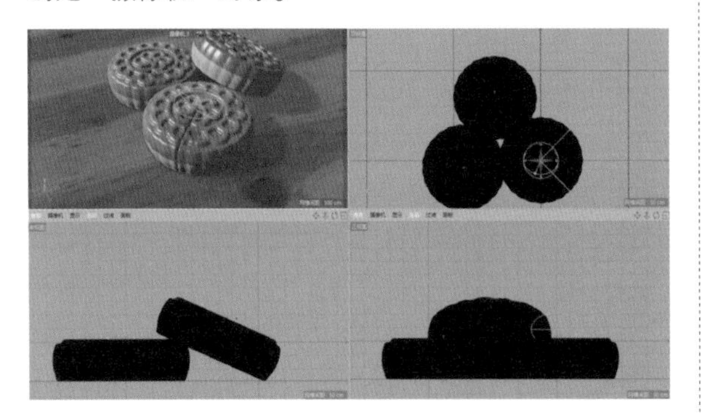

34 创建一个“灯光”对象，将投影类型修改为“阴影贴图(软阴影)”，在“投影”属性面板中将“投影贴图”设置为2000×2000，“采样半径”设置为20，使其与物理天空中的太阳相近，同时加强投影和高光效果。

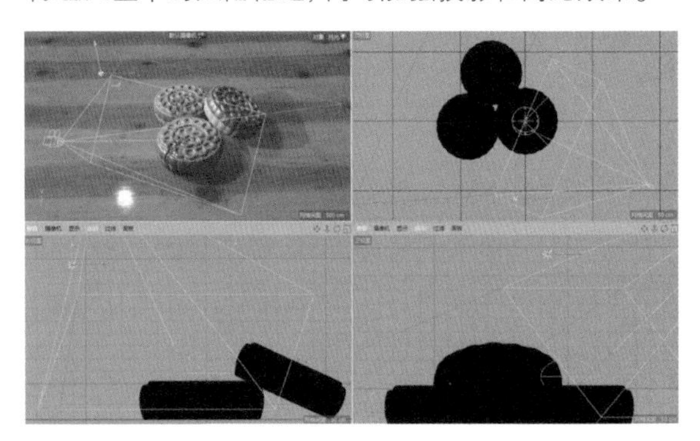

35 在“摄像机”对象的“对象”属性面板中单击“目标距离”右侧的图标，然后在视图窗口中单击最前方的月饼，将其作为对焦点，在“细节”属性面板中选中“景深映射－背景模糊”复选框，将“终点”设置为800cm。打开“渲染设置”窗口，添加景深效果，将“模糊强度”设置为15%。

36 单击“渲染活动视图”按钮测试渲染效果，效果满意后打开“渲染设置”窗口，在“输出”中设置“分辨率”为1920像素×1080像素或其他需要的分辨率。然后，在“保存”中设置需要的文件格式、文件保存路径与文件名，设置完毕后按快捷键Ctrl+S保存工程文件。

37 单击按钮渲染。

技巧与提示

Cinema 4D中的默认单位为cm，因此在制作实际尺寸较小的物体时，通常为了制作方便，会忽略场景中的单位与比例，否则容易因为物体的尺寸较小而出现多位小数。在后续章节中会介绍动力学知识，若制作的物体最终需要参与动力学计算或使用精确的渲染器进行渲染，则应在制作前就考虑物体的实际比例。按快捷键Ctrl+D，在“工程设置”属性面板中修改“工程缩放”参数及其右侧的单位后，再开始制作。

第 15 章
运动图形与效果器

本章学习要点

运动图形工具　　效果器工具

运动图形（MoGraph）是 Cinema 4D 中极为重要的模块，通过组合几个简单的效果，可以得到近乎无穷种可能。下图所示为用简单的几何体结合 Cinema 4D 中提供的运动图形工具制作出的复杂效果。

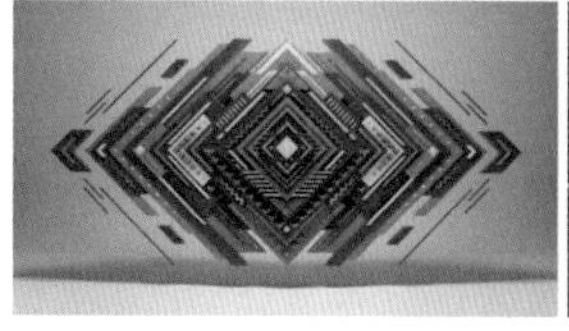
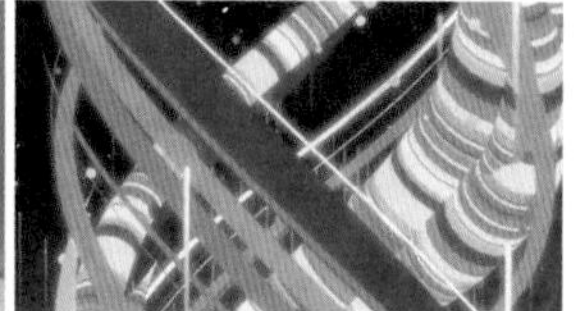

在菜单栏中单击“运动图形”菜单，或在工具栏中按住“运动图形”按钮，即可在弹出的下拉菜单中看到与运动图形相关的工具。其中，除“运动挤压”工具和“多边形 FX”工具外，其他图标为绿色的工具是运动图形工具，图标为蓝色的工具是效果器工具。

15.1 运动图形

克隆

克隆用于将单个对象克隆多份，并按照设定的规则进行排列。

创建一个“立方体”对象，然后创建一个“克隆”对象作为“立方体”对象的父级，应用克隆效果。

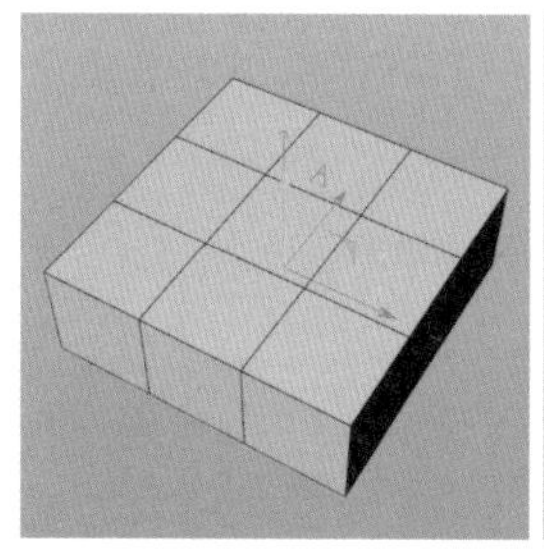
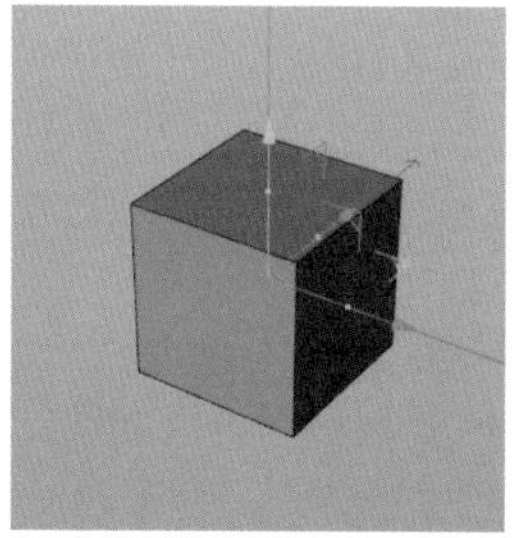

选中“克隆”对象，在克隆出的对象区域内有黄色操控点。其中，位于 x 轴、y 轴、z 轴方向上的操控点（红圈内的点）可以用于控制对应方向上的对象的距离，不在 x 轴、y 轴、z 轴方向上的操控点（绿圈内的点）用于控制对应方向上的克隆数量。

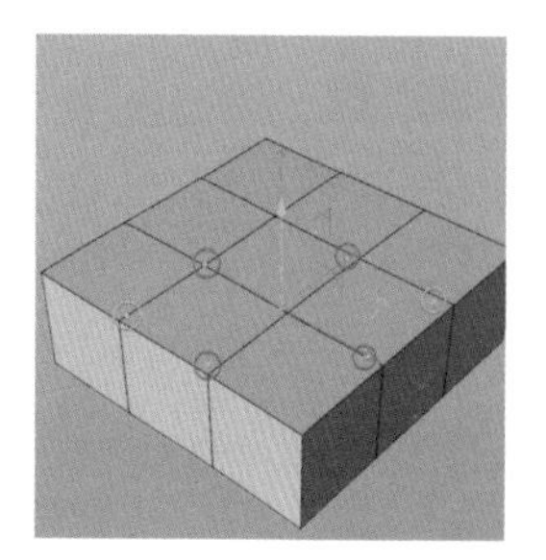

对象属性

模式：设置克隆出的对象的排列模式，有“对象”“线性”“放射”“网格排列”“蜂窝阵列”5 种。

对象：使用其他对象定义克隆出的对象的排列范围，切换到该模式后，将用于定义排列范围的对象作为“克隆”对象的父级或置入“对象”参数即可。

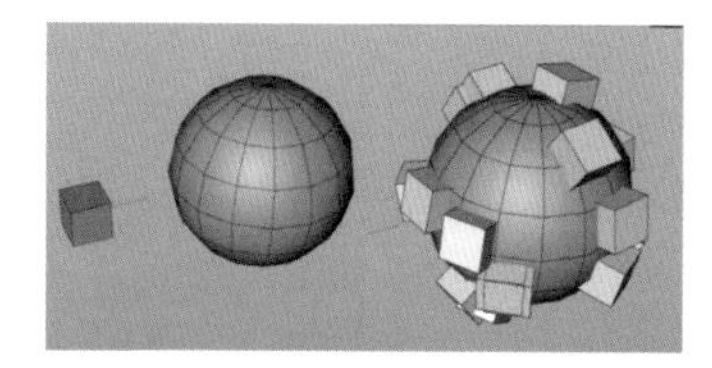

线性：沿着设定的方向排列对象。

放射：沿着设定的平面，在设定半径的圆形范围边缘呈放射状分布对象。

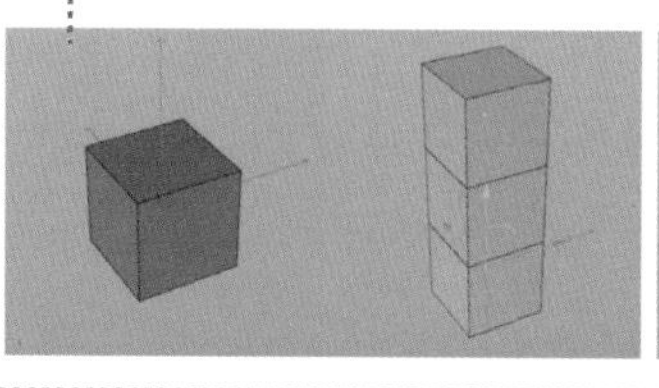

网格排列：默认模式，沿 x、y、z 这 3 个方向排列对象。

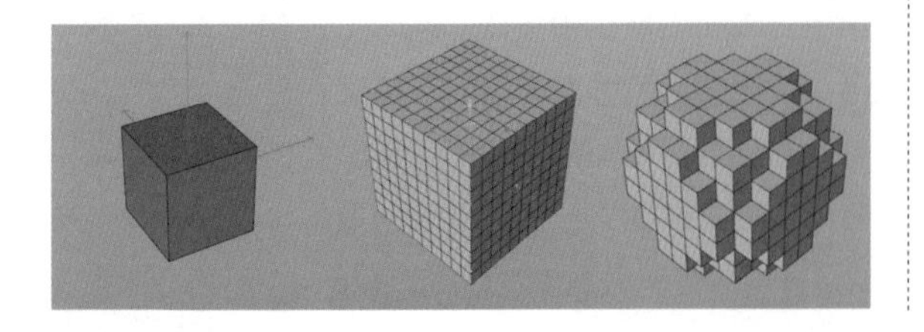

蜂窝阵列：沿设定的平面以蜂窝状排列对象。

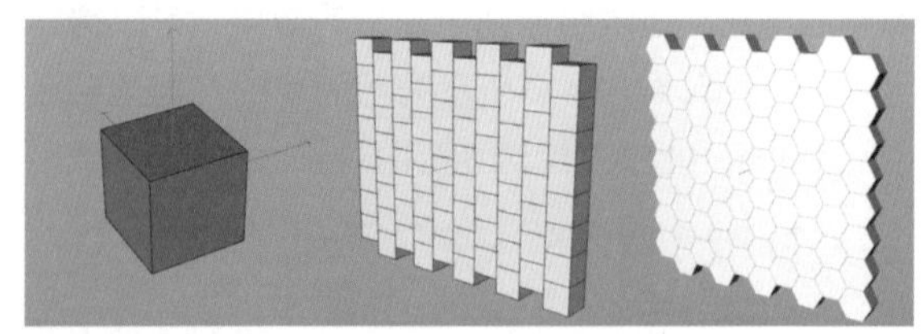

克隆：设置同时克隆多个不同的对象时，不同对象之间的排列关系。

迭代：默认的模式，按克隆对象列表中的顺序排列对象。例如，有 A、B 两个对象，A 在上 B 在下，则克隆的第 1 个对象为 A，第 2 个为 B，第 3 个为 A，依次循环。

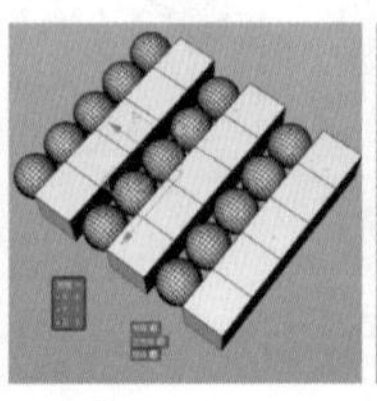

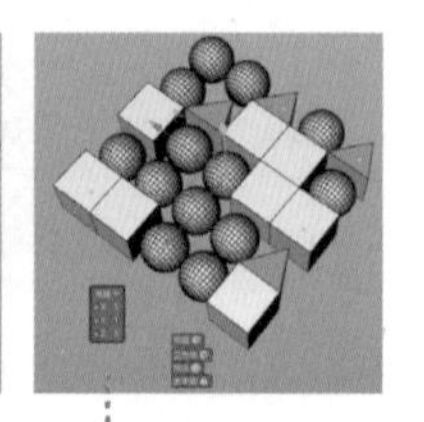

随机：随机排列克隆出的对象。

混合：若是多个不同对象，则按比例和列表顺序排列对象。

若对象是参数不同的同类型对象，则克隆对象的参数会从对象A渐变到对象B。

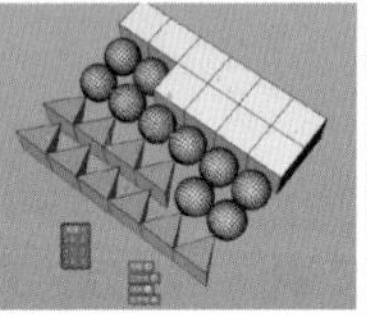

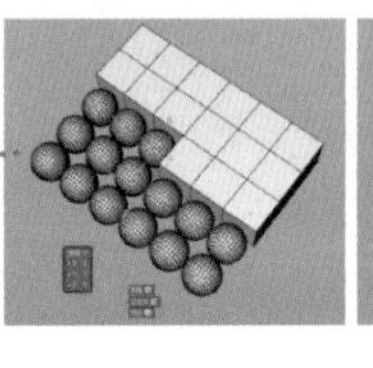

类别：当没有使用效果器时，使用“类别”模式则只会克隆第 1 个对象；若有效果器，且效果器的“修改克隆”大于 0%，则可以使用效果器的效果影响对象的排列。

重设坐标：选中“重设坐标”复选框，则克隆出的对象会对齐至被克隆的对象，取消选中该复选框则可以保留被克隆的对象的方向。

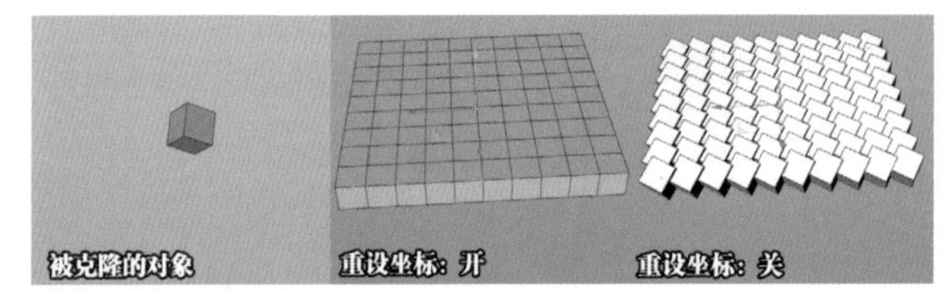

固定纹理：当克隆对象使用投射纹理生成材质时，若不选中该复选框，则克隆对象被效果器修改后，投射效果也会随之改变；选中后则会将纹理固定在没被效果器修改前的状态。

实例模式：设置克隆对象的模式，通过将克隆对象转为可编辑对象，克隆出的对象的状态可以反映其中的不同。

实例：每一个克隆出的对象都是单独的对象，将它们转为可编辑对象后，都和原始对象一致。

渲染实例：将克隆对象转成可编辑对象后，每一个克隆出的对象都是被克隆对象的实例。

多重实例：将克隆对象转为可编辑对象后，只保留被克隆对象的一个等量的实例对象，每个实例对象对应一个被克隆对象。“渲染实例”和“多重实例”都可以解决克隆对象过多时造成的卡顿和渲染时间过长的问题。

视窗模式：设置在“多重实例”模式下视图窗口中的显示模式。

关闭：每个被克隆对象的第 1 个克隆出的对象显示为网格对象，其余不显示。

点：每个被克隆对象的第 1 个克隆出的对象显示为网格对象，其余显示为点。

矩阵：每个被克隆对象的第 1 个克隆出的对象显示为网格对象，其余显示为矩阵。

边界框：每个被克隆对象的第 1 个克隆出的对象显示为网格对象，其余显示为边界框。

对象：所有克隆出的对象均显示为网格对象。

对象模式

对象：设置克隆的来源对象，除了可以在参数中设置外，也可以直接将对象作为克隆对象的父级。使用不同类型的对象时，显示的参数会不同。

1. 网格对象作为来源对象

排列克隆：选中该复选框则克隆出的对象的 z 轴会固定朝向来源对象的法线方向，取消选中该复选框则其朝向和被克隆对象的朝向一致。

上行矢量：选中"排列克隆"复选框后，克隆出的对象的 z 轴朝向会被固定，但当来源对象为带动画的对象（如带噪波的平面）时，克隆出的对象可能会沿 z 轴随机旋转。使用"上行矢量"参数可以再规定一个方向作为 y 轴的对齐方向。

分布：设置克隆出的对象在来源对象上的分布方式。

顶点：克隆出的对象分布在来源对象的每个顶点上。

边：克隆出的对象分布在来源对象的每条边上，使用"偏移"参数控制克隆对象在边上的相对位置，该参数值默认为 50%，即每条边的中心。

多边形中心：克隆出的对象分布在来源对象的每个面的中心位置。

表面：默认的模式，克隆出的对象随机分布在来源对象的表面，使用"数量"参数控制克隆的数量，使用"种子"参数控制克隆的随机种子。

体积：克隆出的对象随机分布在来源对象的体积范围内，使用"数量"参数控制克隆的数量，使用"种子"参数控制克隆的随机种子。

轴心：克隆出的对象分布在来源对象的轴心位置。

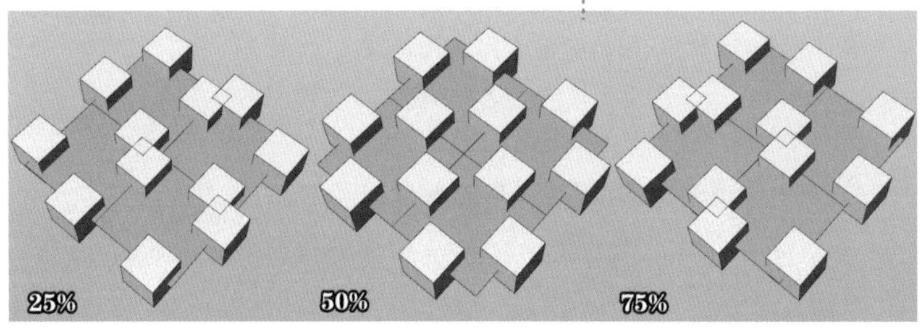

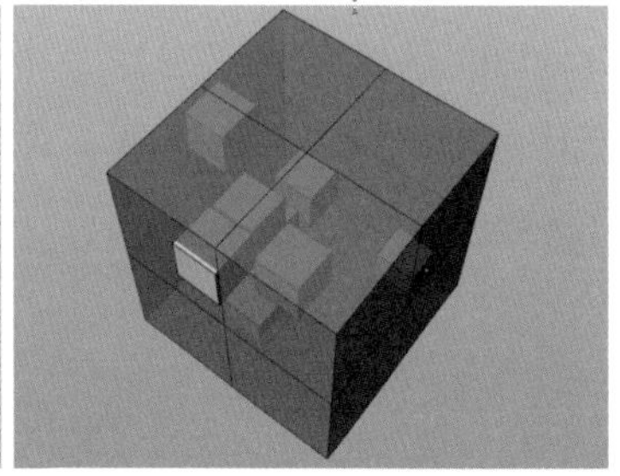

选集：置入来源对象的选集标签，使克隆只在选集范围内生效；使用"启用"参数控制选集功能的开与关。

启用缩放：选中该复选框可以使用"缩放""缩放样条"参数控制克隆出的对象的缩放。例如，使用"圆盘"对象作为来源对象克隆"立方体"对象时，会出现右图中左侧图所示的效果，中心的立方体因为圆盘中心区域的网格较为密集而穿模，外侧网格则过于稀疏，选中"启用缩放"复选框，再调整曲线，以优化克隆效果。

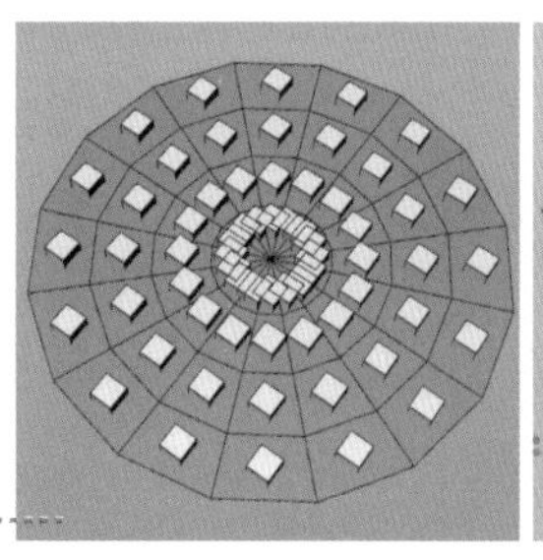

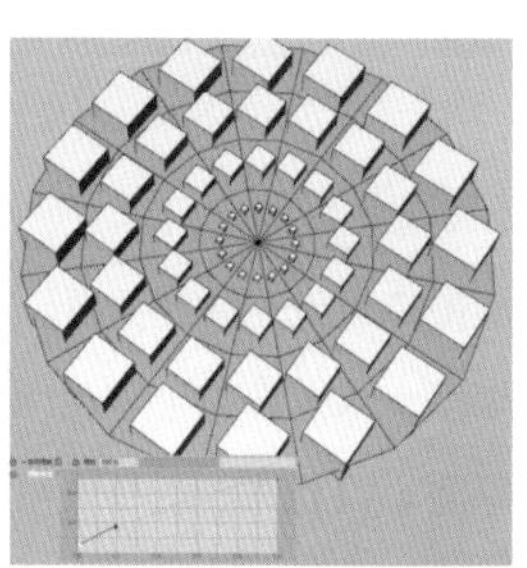

2. 样条对象作为来源对象

导轨：使用样条作为导轨，控制克隆出的对象的朝向与缩放。若要使用导轨控制朝向，则应同时选中"排列克隆"和"目标"复选框。

分布：设置对象在样条上的分布方式。

每段：选中"每段"复选框则单独对每一段样条进行克隆。

平滑旋转：当对象的旋转不规则时，可以选中该复选框。

偏移：设置克隆结果在样条上的偏移位置。

偏移变化：使偏移位置随机，若要该参数生效，则需要让"偏移"值大于 0%。

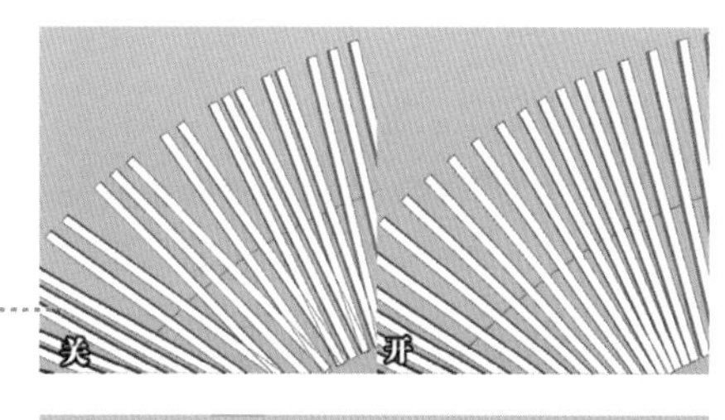

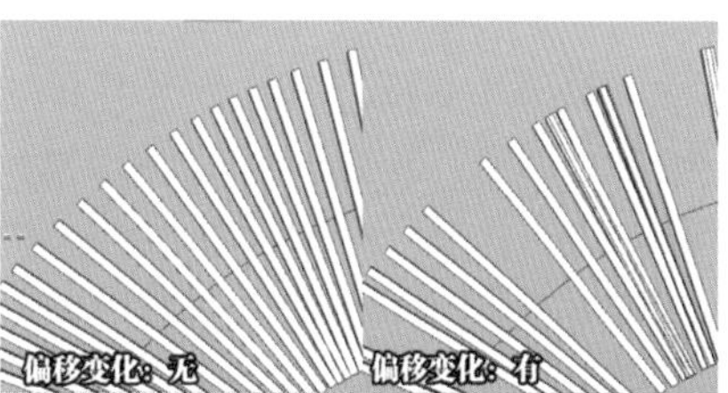

开始： 偏移样条的开始位置。

结束： 偏移样条的结束位置。

循环： 选中“循环”复选框则偏移到样条开始、结束设置外的对象会从样条的另一端回到样条中；取消选中“循环”复选框则偏移到样条外的对象会消失。

率、比率变化： 与“偏移”“偏移变化”类似。

体积分布： 设置对象在样条周围的随机偏移。

随机种子： 设置“比率变化”和“体积分布”的随机种子。

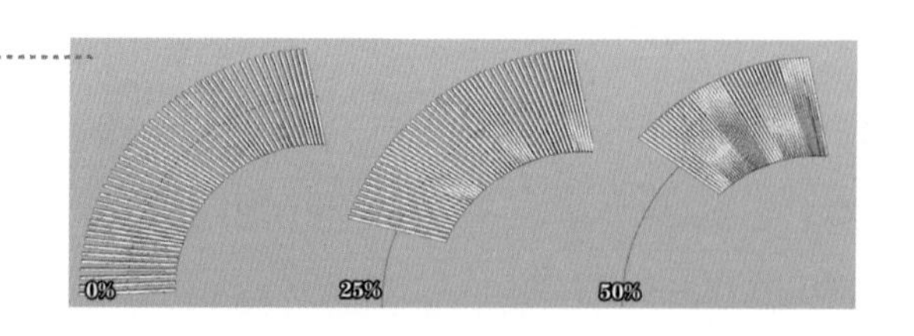

3. 粒子对象作为来源对象

速度扩散： 使对象朝粒子的速度方向缩放。

粒子缩放： 使对象根据粒子的缩放进行缩放。

线性模式

数量： 设置克隆的数量。 **偏移：** 设置克隆的偏移距离。

位置、旋转、缩放： 设置对象之间的坐标变化量。

模式： 设置对象之间的坐标变化模式，有“终点”“每步”两种，每种模式下设置的参数值即每两个相邻对象之间的变化量。“终点”模式下的参数值为从第 1 个克隆对象到最后一个克隆对象的总变化量。在这两种模式之间切换时，会自动换算参数，以保证结果不受影响。

总计： 设置变化量的影响程度，通常默认为 100%。

步幅模式： 设置“步幅尺寸”“步幅旋转”的模式，有“单一值”“累计”两种。其中，“单一值”模式与“终点”模式类似，而“累计”模式则会对每一步的变化进行累计，克隆数量越多，则越靠后的对象受步幅参数的影响越大。

步幅尺寸： 缩放对象之间的克隆距离。

步幅旋转： 让克隆出的对象沿着上一个对象的坐标轴进行旋转，当“步幅旋转.P”设置为 1° 时，在“单一值”和“累计”模式下会产生下图所示的效果。

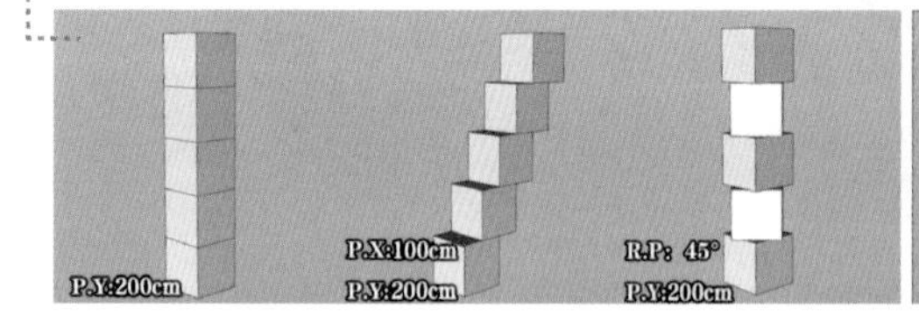

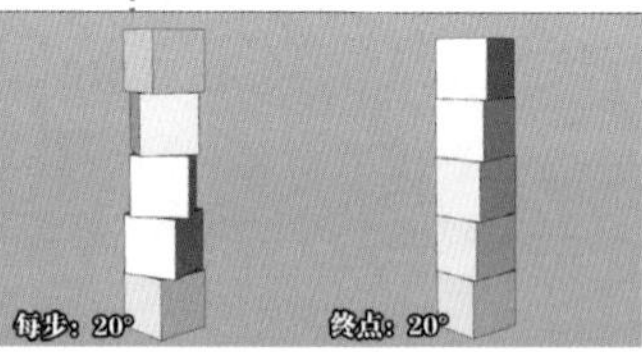

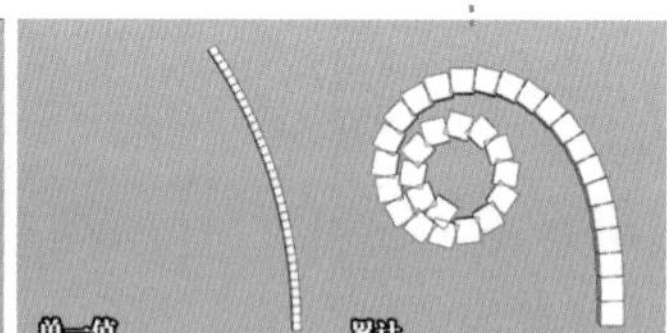

放射模式

数量： 设置克隆的数量。

半径： 放射模式可以看作在一个圆形样条上进行平均克隆的模式，需设置圆形的半径。

平面： 设置圆形所在的平面。

对齐： 选中“对齐”复选框可使克隆出的对象朝着圆心。

网格排列模式

模式： 有“每步”和“端点”两种模式，与前面介绍的“每步”“终点”模式一致。

尺寸： 设置对象在 x 轴、y 轴、z 轴 3 个方向上的距离。

外形： 设置克隆出的对象组成的形状，默认为“立方”，即长、宽、高一致。除“立方”外还有“球体”“圆柱体”“对象”等。

填充： 将“外形”设置为“立方”“球体”“圆柱体”时，设置克隆的填充对象从边缘向中心扩散的强度，值为 100% 时完全填充，值越小则形状中心的空洞越大。

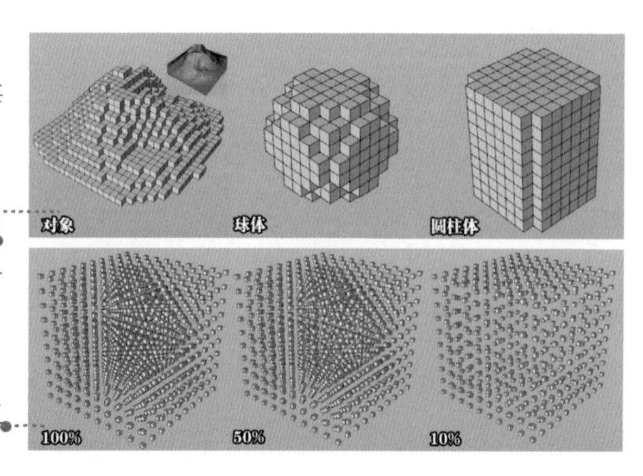

蜂窝阵列模式

角度：设置克隆对象所在平面的角度。

偏移方向：蜂窝阵列模式的算法为每隔一行 / 列进行位置偏移，该参数用于设置偏移方向为“宽”或“高”。

偏移：设置偏移强度，若设置为 0%，则效果与单一方向上数量为 1 的网格排列相同。

宽 / 高数量：设置宽度和高度方向上的克隆数量。

变换属性

显示：用于显示克隆的信息，有“无”“权重”“UV”“颜色”“索引”等模式，选择任意模式后会在每个克隆出的对象的轴心处显示对应信息。例如，在“序号”模式下会按克隆的顺序显示每个对象的序号。

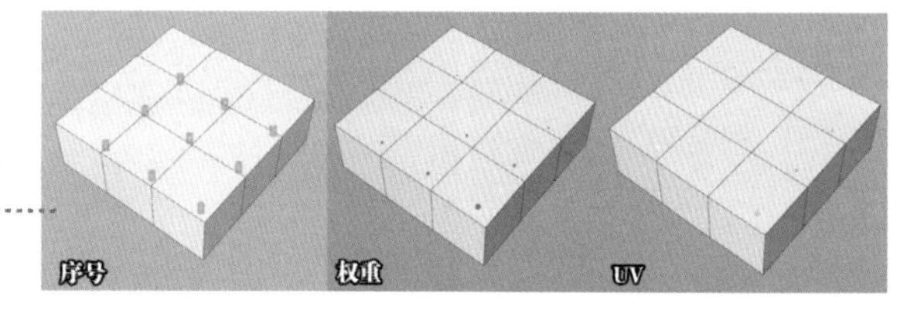

位置 / 缩放 / 旋转：设置每个对象的坐标。

颜色：设置被克隆出的对象的颜色，配合效果器和域系统可以创造出非常丰富的变化。在“材质编辑器”窗口的颜色通道中执行“MoGraph> 颜色着色器”命令即可应用运动图形的颜色。

权重：设置每个对象的初始权重。

时间：若被克隆对象带有动画，则使用该参数控制动画的位置，需要在“对象”属性面板中取消选中“重设坐标”复选框。

动画模式：设置动画的模式，有“播放”“循环”“固定”“固定播放”4 种。

W(UV) 定向：设置蜂窝阵列模式下的 UVW 坐标系的 W 方向。

矩阵

矩阵的参数和克隆的参数基本一致，但矩阵不需要对象作为子级，生成的也不是对象，而是粒子。

破碎（Voronoi）

使用破碎可以生成将对象分解为多个碎块而整体外观不变的效果，破碎常用于制作动力学动画。

创建一个“立方体”对象，然后创建“破碎”对象作为“立方体”对象的父级，默认使用不同的颜色对破碎后的对象进行区分。

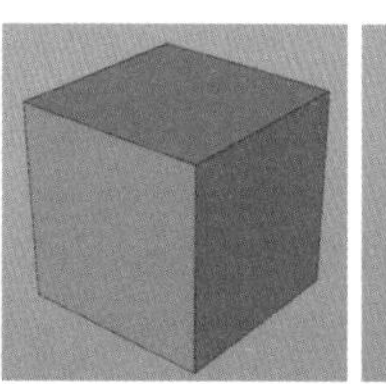
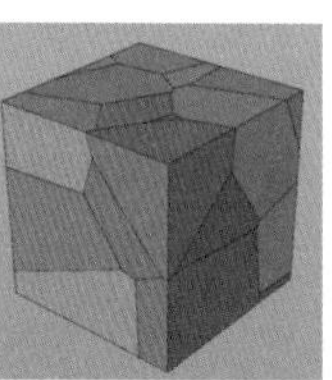

对象属性

MoGraph 选集：置入“运动图形选集”标签，使破碎只对选集中的对象生效。

在对象列表中，用鼠标右键单击“破碎”对象，在弹出菜单中执行“MoGraph 选集 > 运动图形标签”命令。选中标签后，视图中会显示破碎点，每个点对应一个碎块。

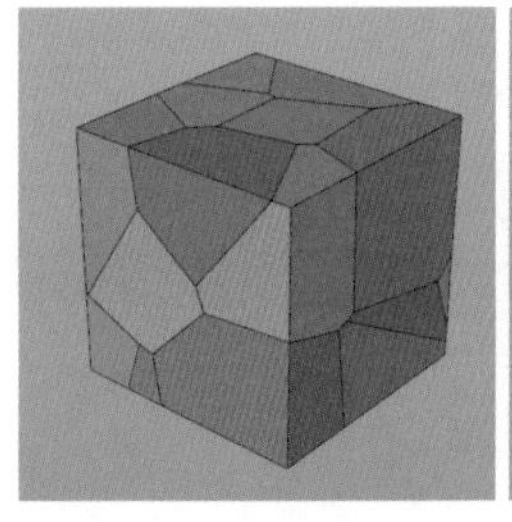
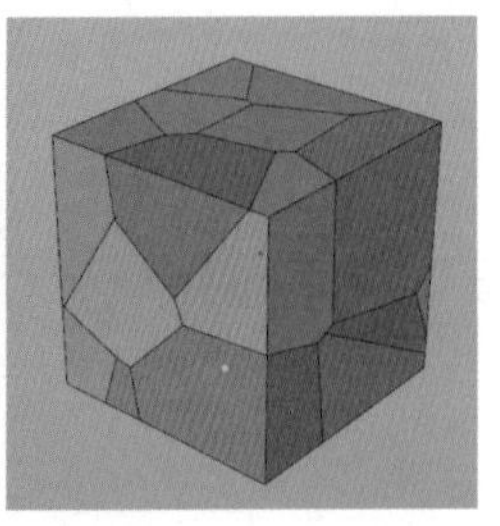

使用笔刷选中需要的点，点变为黄色即表示其加入了选集。然后创建一个“破碎”对象作为当前“破碎”对象的父级，将标签置入新建的“破碎”对象的“MoGraph 选集”中。

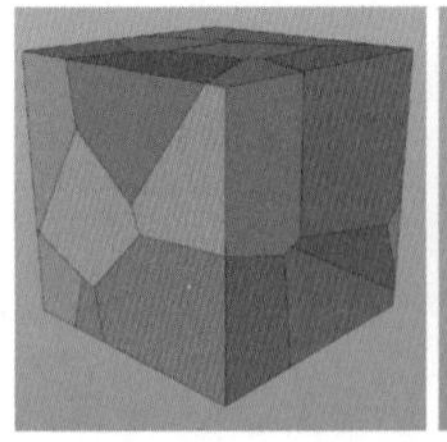
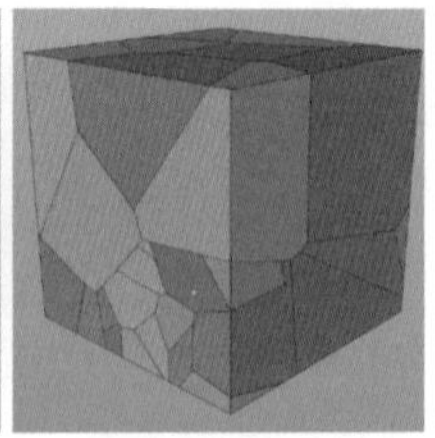

MoGraph 权重贴图： 与“MoGraph 选集”类似，权重越高被分割得越碎，需要在创建“MoGraph 权重贴图”标签后绘制权重，并将标签置于父级对象中。注意创建“MoGraph 权重贴图”标签时需要在“来源”属性面板中选中“每对象创建点”对象。

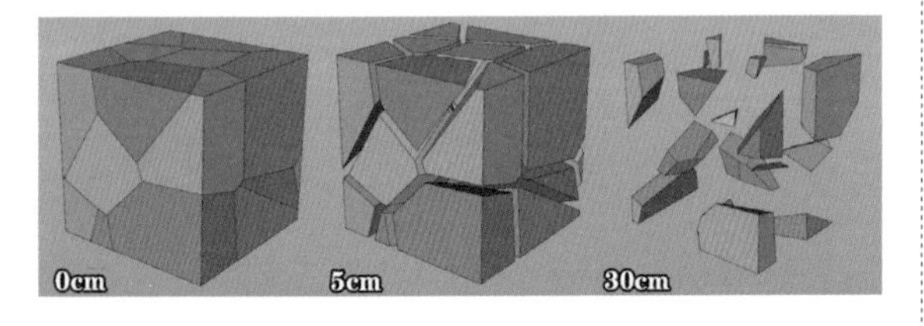

着色碎片： 可以使用不同的颜色着色碎块以便区分；若要观察材质，取消选中该复选框即可。

创建 N-Gon 面： 选中该复选框则碎块的面为 N-Gon 面。

偏移碎片： 使碎块的破碎面向内收缩。

反转： 当“偏移碎块”大于 0cm 时可以选中该复选框，则原本因为偏移产生的空洞将被填充，而碎块所在的位置变为空洞，所有碎块变为一个整体。

仅外壳： 只保留外壳，删除因破碎而产生的面。

配合“反转”复选框，可以制作下图所示的效果。

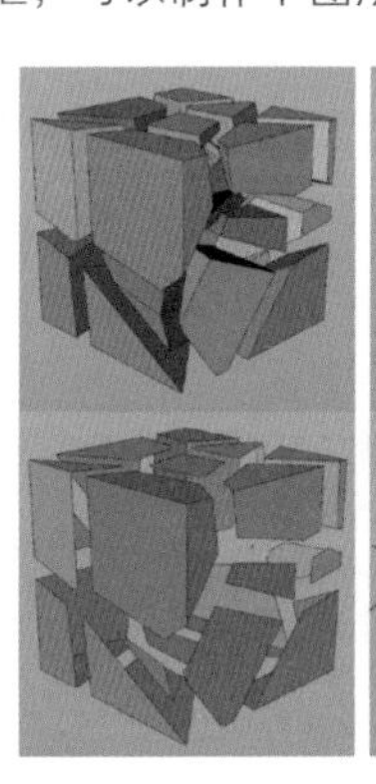
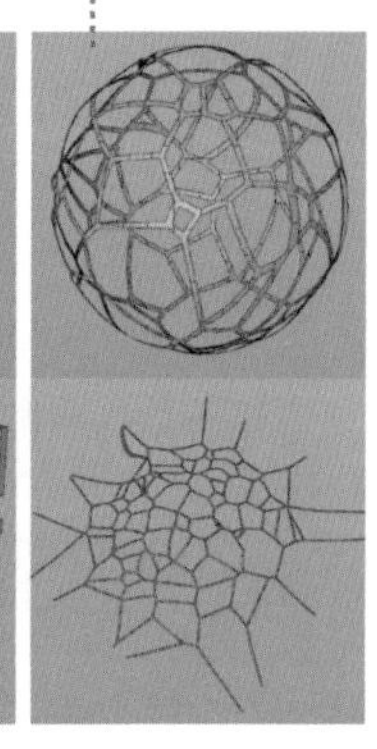

厚度： 为外壳添加厚度。

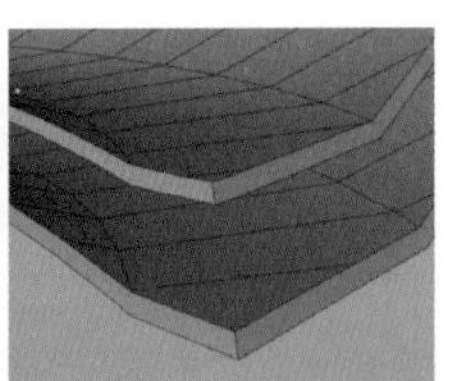

空心对象： 若破碎的对象为有厚度且封闭的对象，如管道、杯子等，则应选中该复选框。

优化并关闭孔洞： 选中该复选框，则先将不封闭的多边形对象封闭后，再进行破碎处理。

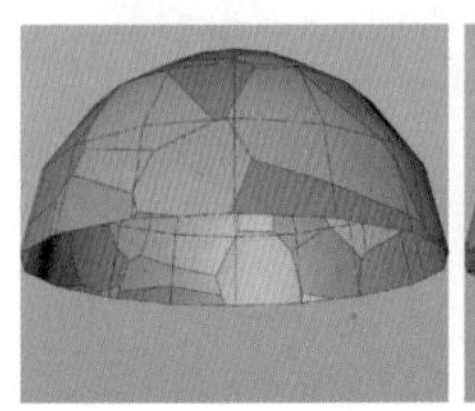
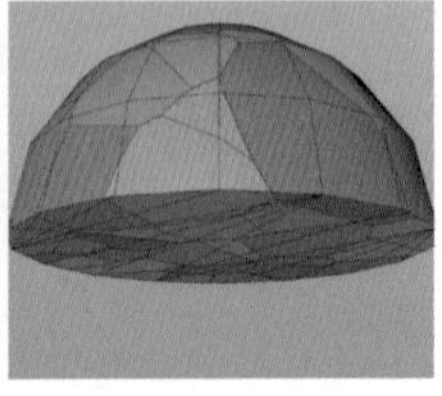

缩放 X/Y/Z： 沿 x 轴、y 轴、z 轴方向对碎块进行缩放。

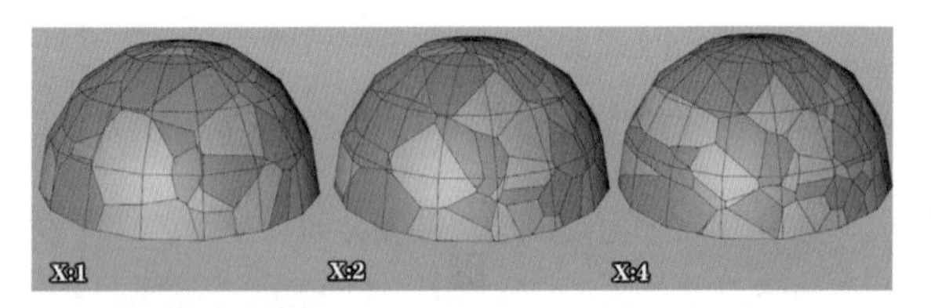

将结果保存到文件： 若破碎过于复杂，每次重新打开文件都会经历漫长的计算过程，则可以选中该复选框，将计算好的结果保存到文件中，下次打开时无须重新进行计算。

自动更新设置： 若破碎较为复杂，更改参数后重新计算的时间过久，取消选中该复选框则可以在全部参数更改完毕后，单击“更新”按钮对结果进行更新。

自动更新动画： 若破碎较为复杂，且破碎来源有动画，则播放动画时可能出现卡顿；取消选中该复选框后将不自动更新动画效果。

来源属性

显示所有使用的点： 选中该复选框则在选中克隆对象但不选择来源对象时，也会显示来源点。

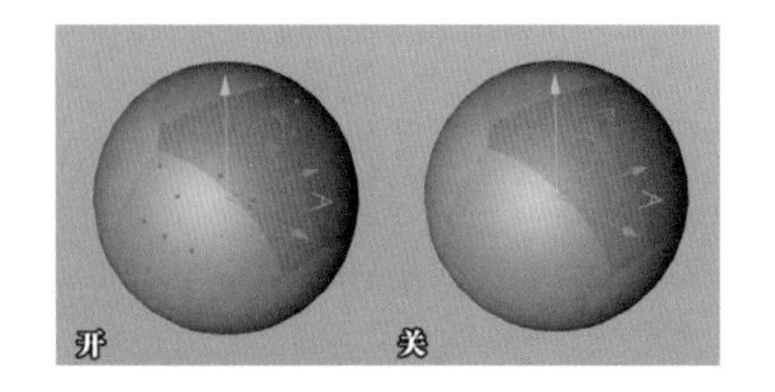

视图数量： 参数范围为10%~100%，控制视图中的碎块数量，值越小显示的碎块越少。

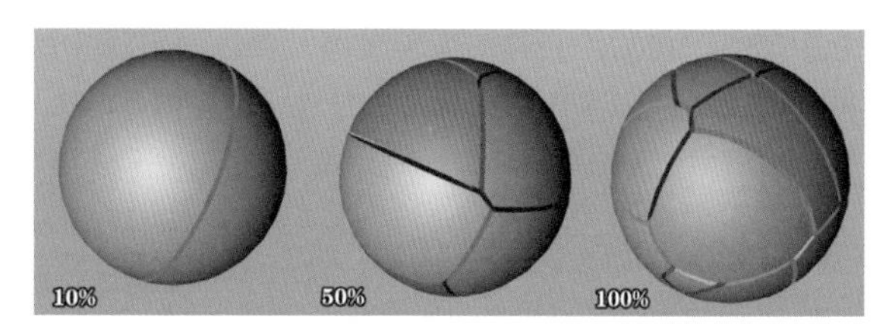

来源： 显示破碎的来源对象，默认使用一个分布来源作为破碎来源。单击“添加分布来源”“添加着色器来源”按钮，分别可以创建分布来源和着色器来源。此外，也可以使用其他对象作为来源，例如使用“立方体”对象作为来源时，可以制作出均匀的网格切割效果。

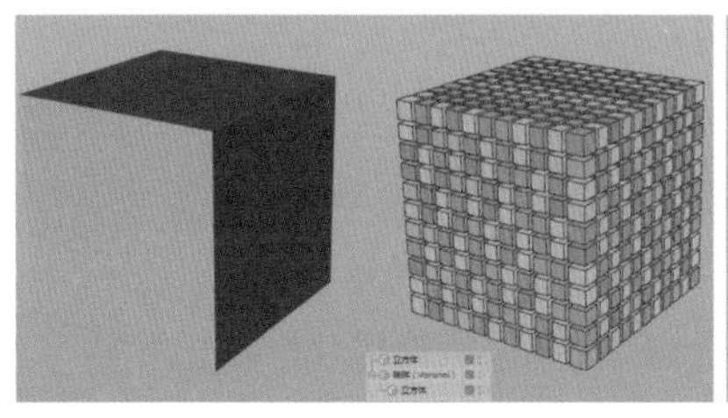

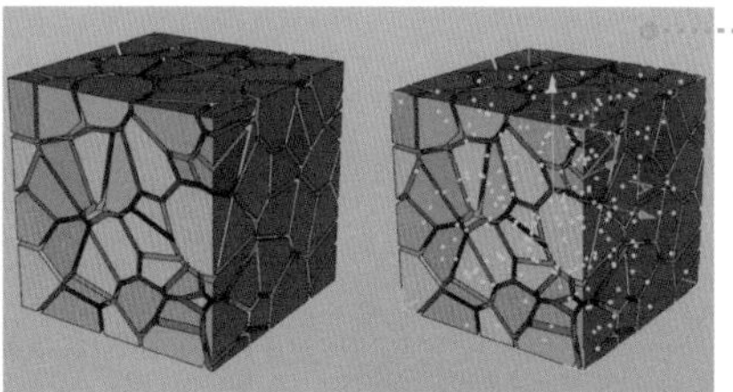

选择来源，则被选中的来源对象的来源点会在视图中高亮显示。

来源右侧有3个图标，从左到右分别为“来源类型”“来源开关”“来源点显示开关”。

点生成器 - 分布

立方体

分布来源

选择分布来源，下方会显示分布来源的参数。

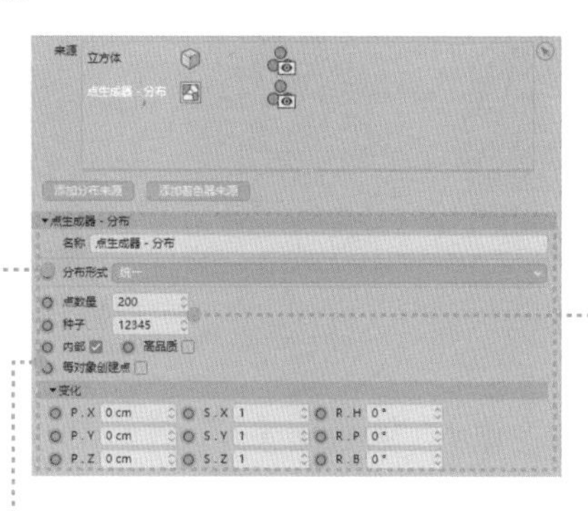

分布形式： 控制来源点的分布模式，有“统一”“法线”“反转法线”“指数”4种。

统一： 默认的分布模式，所有点在对象范围内随机分布。

法线： 使用“标准偏差”参数控制点的分布范围，参数范围为0.01~0.7，值越小点越集中在破碎范围框的中心。

反转法线： 与“法线”类似，“标准偏差”值越小则点越集中在破碎范围框的4角处。

指数： 除“标准偏差”外，额外产生的影响*x*轴、*y*轴、*z*轴的3个参数。其中，单击任意轴的“+”“–”按钮，则点将集中于该轴对应的“+”方向或“–”方向上，单击“关闭”按钮则该方向上的点的分布不受影响。“标准偏差”值越小，则点越集中在选择的方向。

点数量： 设置分布的点数量，点数量直接决定碎块数量。

种子： 设置分布的随机种子，用于随机形成不同形式的分布效果。

内部： 选中“内部”复选框则只在对象内部生成点，取消选中该复选框则会在破碎范围框中生成点。

高品质： 在选中“内部”复选框时才能使用，选中“高品质”复选框则在计算对象边缘时更精确，但会增加计算量。

为对象创建点： 在破碎多个对象时，选中该复选框则会在每个单独的对象内分别创建设置的数量个点而不是共用点。

变化： 用于偏移破碎的范围框。

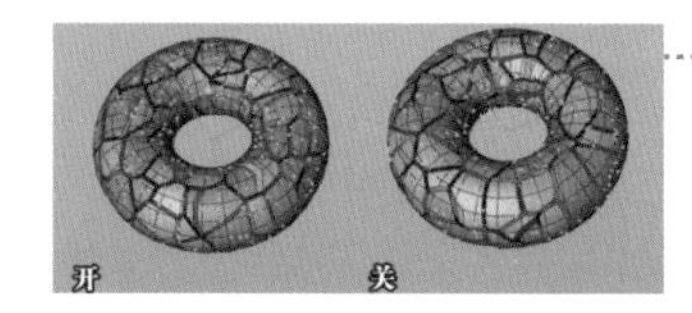

着色器来源

通道： 设置使用着色器的某个通道生成点。

着色器： 设置使用的着色器，点生成器会根据着色器的信息生成点。例如，创建渐变着色器，参数设置保持默认，将“点数量”调整至100，则对应的白色区域中的点较为密集，黑色区域中的点较为稀疏。

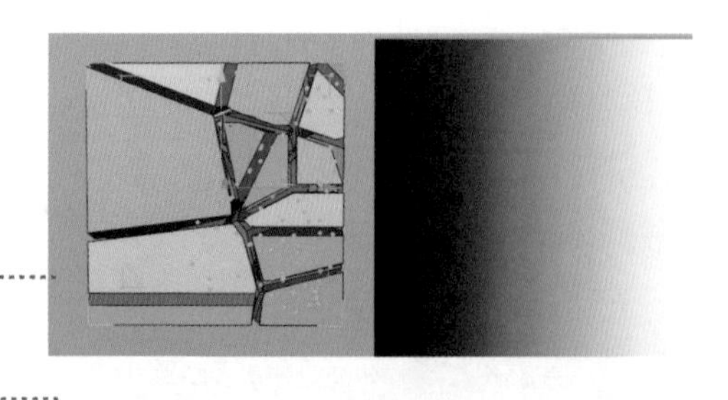

采样模式： 设置点生成器对着色器的采样模式，有“体积”和“表面”两种模式。

采样精度： 参数范围为 1~150，值越小精度越低，当值过小时，点的分布会过于均匀。

采样深度： 在“表面”模式下设置点生成器向对象表面内部延伸采样的距离。

排序属性

排列结果： 对产生的碎块进行编号并重新排列，在需要使用编号的效果器中较为有用。例如，打开“实例文件 >CH15> 排序 .c4d”文件。其中，步幅效果器会根据碎块的编号进行逐个缩放。默认效果下的编号的排列较为随机，选中该复选框后，编号会按设定的方向进行排列。

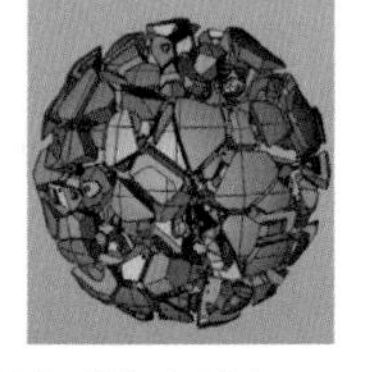

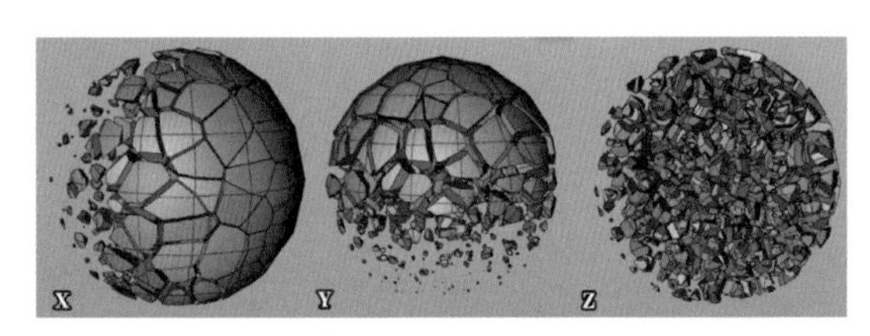

反转序列： 选中该复选框可将编号进行反转。

排列结果基于： 设置编号的排列方向。其中，选中“用户”单选按钮会额外提供“方向”参数供用户自定义矢量方向。

到对象距离： 置入一个对象，根据对象到碎块的距离排列编号。

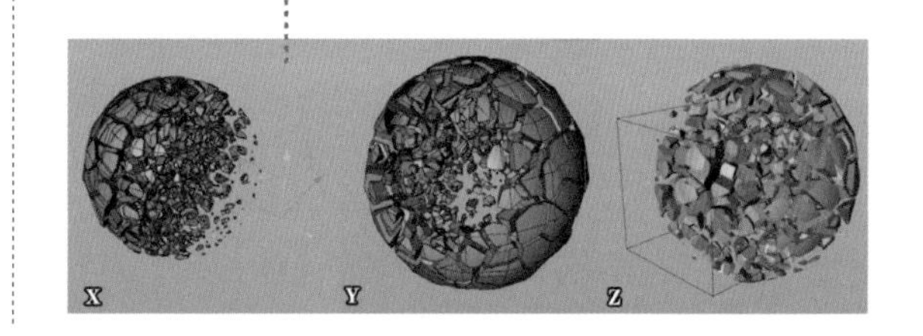

细节属性

启用细节： 选中“启用细节”复选框则开启细节效果，会为碎块的破碎面添加额外的不规则细节。

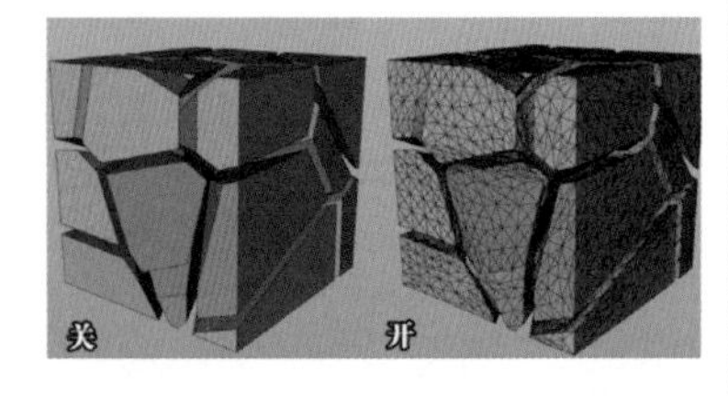

在视窗中激活： 取消选中该复选框则无法在视窗中看到起伏效果。

最大边长度： 设置添加细节后的网格的精细程度，值越小越精细。

噪波表面： 取消选中该复选框时，则只有破碎面内部会产生起伏；选中该复选框时，则破碎面与原始面的连接线上也会产生起伏。

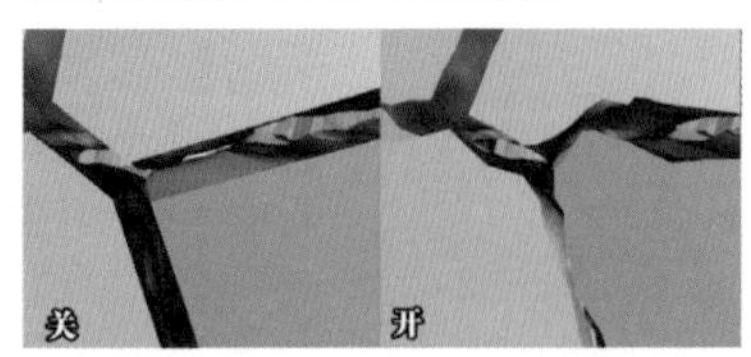

人工干预强度： 值越大则噪波表面的效果越弱，越接近取消选中“噪波表面”复选框时的效果，用于防止噪波表面出现模型穿插现象。

平滑法线： 取消选中该复选框则不会对细节产生的起伏表面进行平滑处理，通常保持选中即可。

使用原始边： 选中该复选框则破碎面与原始面的边缘不会应用平滑效果。

松弛内部边： 让破碎面松弛，值越大松弛效果越强。

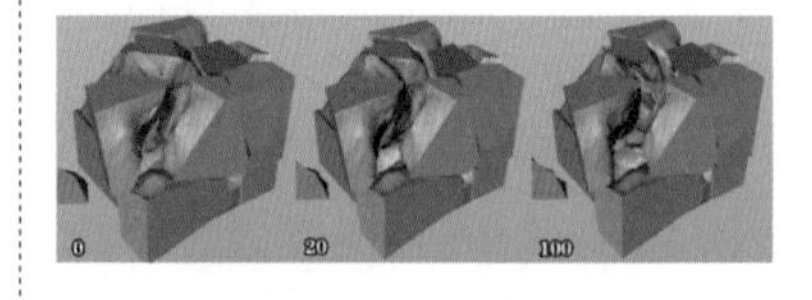

保持原始面： 取消选中该复选框，则模型的原始面中也会产生起伏。

噪波设置： 用于控制对象产生细节时使用的噪波参数，其参数与噪波着色器的参数类似。

连接器属性

连接器用于在进行动力学模拟时，控制碎块之间的关系。例如，碎块受到多大的力才会断开，在之后的“动力学与粒子”和“域系统”两章中会进行详细讲解。

几何粘连属性

启用几何粘连： 选中该复选框即可启用“几何粘连”功能，启用后会根据设置将多个碎块合成一个，形成更复杂的破碎形状。

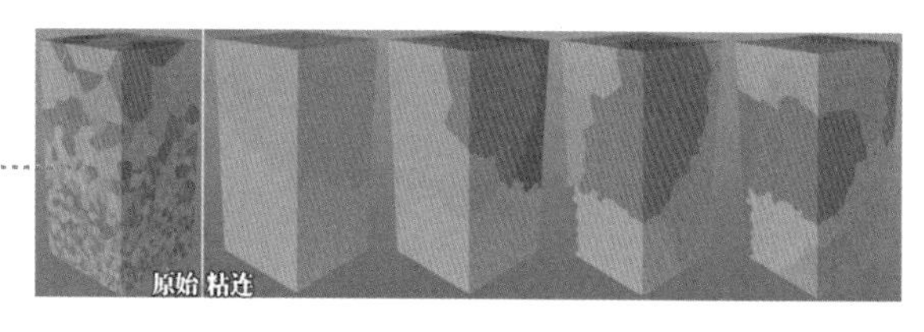

粘连类型： 设置粘连的类型，有“衰减”“簇”“点距”3种。其中，“衰减”需要使用域系统，在之后的章节中会对其进行讲解。

1. 簇模式参数

簇数量： 设置粘连后的碎块数量。

簇种子： 设置粘连的随机种子。

2. 点距模式参数

距离： 点与点之间的距离若小于此参数值，则点会被粘连。

较大： 选中该复选框后，点与点之间的距离大于“距离”值时点会被粘连。

分裂

分裂会将其子级中的每个对象都视作一个克隆对象，使效果器可以应用于多个由独立对象组成的集合。

追踪对象

追踪对象可以跟踪点或粒子的运动，并在运动轨迹上生成样条。

打开“实例文件 >CH15> 粒子 .c4d”文件，画面左侧有一个粒子发射器，播放动画。

创建“追踪”对象，将发射器拖曳到其“对象”属性面板中的“追踪链接”中，回到第 1 帧并重新播放动画。

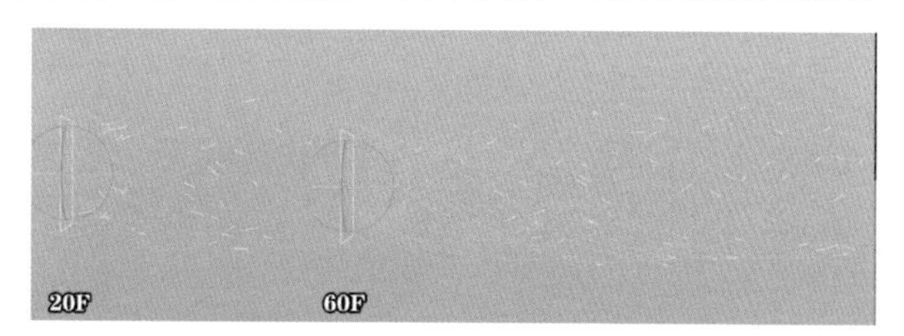

对象属性

追踪链接： 追踪对象会追踪列表中的对象的点或粒子的运动，并在运动轨迹上产生样条。

追踪模式： 设置追踪对象的追踪模式，有“追踪路径”“连接所有对象”“连接元素”3 种。其中，“连接元素”模式会将同一个对象的点或粒子按序号逐个连接，“连接所有对象”模式则会将多个对象连接在一起。

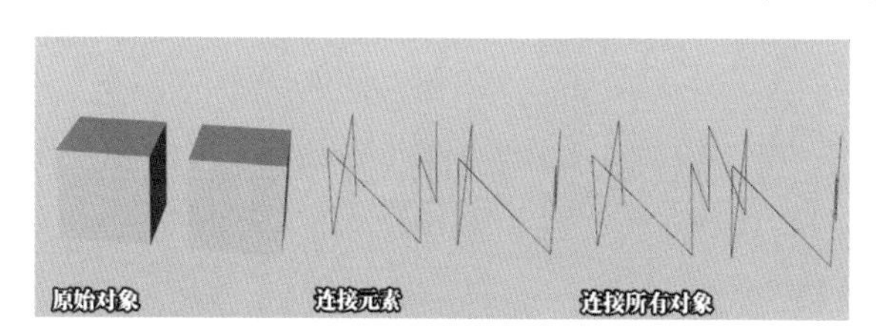

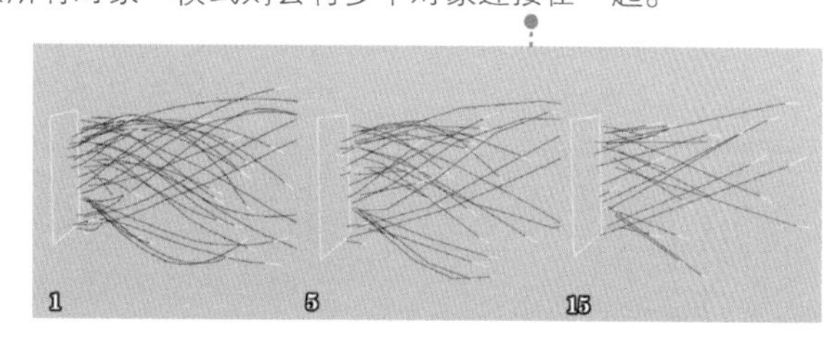

采样步幅：在“追踪路径”模式下设置采样的步幅，即每次采样间隔的帧数，值越大则结果越不精细。

追踪激活：设置是否开启追踪功能。

追踪顶点：取消选中该复选框，则在“连接所有对象”模式下，将让多个对象的坐标点连接。

使用 TP 子群：控制使用 TP 粒子作为来源时是否包含 TP 子群。

手柄克隆：当来源为克隆对象时，设置如何为克隆对象应用追踪。打开“实例文件 >CH15> 克隆.c4d”文件，场景中有使用两个克隆对象制作的 3×3×3 的立方体阵列，其有从左至右一边旋转并一边移动的动画。

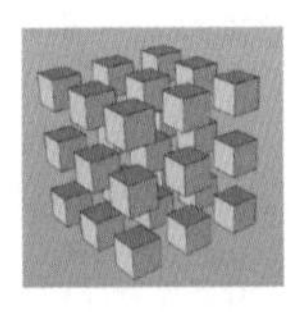

仅节点：仅追踪最上级克隆产生的克隆对象的点。

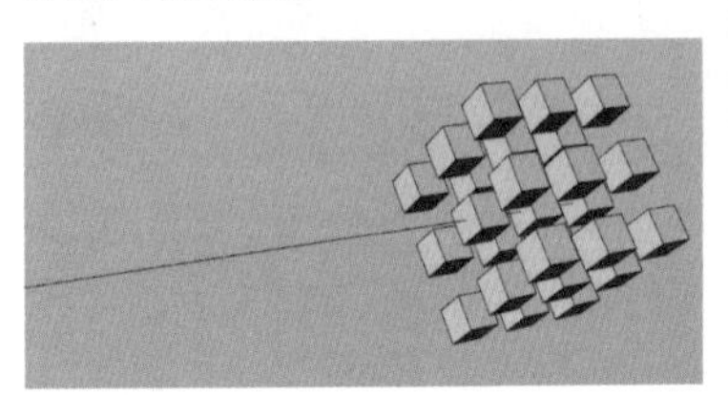

直接克隆：追踪克隆产生的所有克隆对象的点。

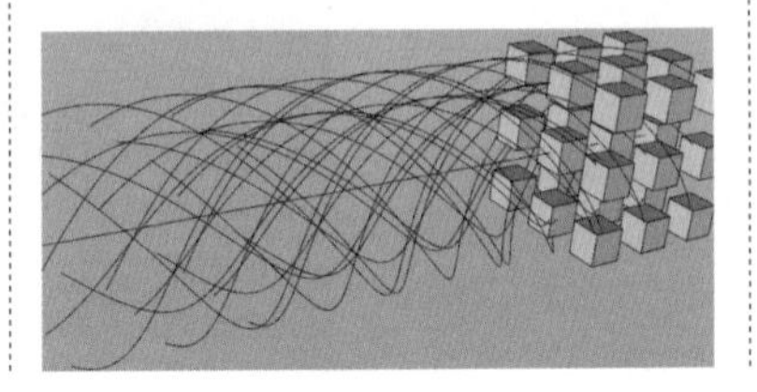

克隆从克隆：追踪克隆产生的所有克隆对象的点或粒子。

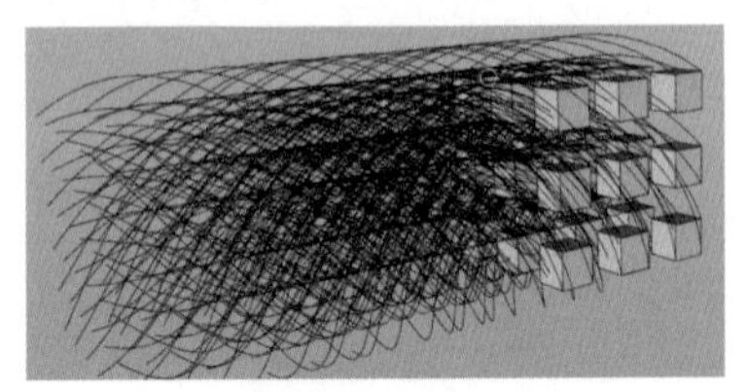

包括克隆：在“直接克隆”和“克隆从克隆”模式下可以选中“包括克隆”复选框，设置追踪是否包含克隆对象的点。

空间：有“全局”和“局部”两种模式，设置产生的样条与来源之间的位置关系。

限制：在“追踪路径”模式下设置样条点的存在时间。

无：默认的模式，样条点被创建后将会一直存在。

从开始：设置为该模式后，会多出一个“总计”参数，在粒子生命值大于“总计”值后，将不再生成样条点，而已生成的样条点将会一直存在。

从结束：样条点有存在时间限制，时间为设置的“总计”参数的值，单位为帧，粒子会拖着一条尾巴，而尾巴的长度由粒子速度和“总计”值决定。

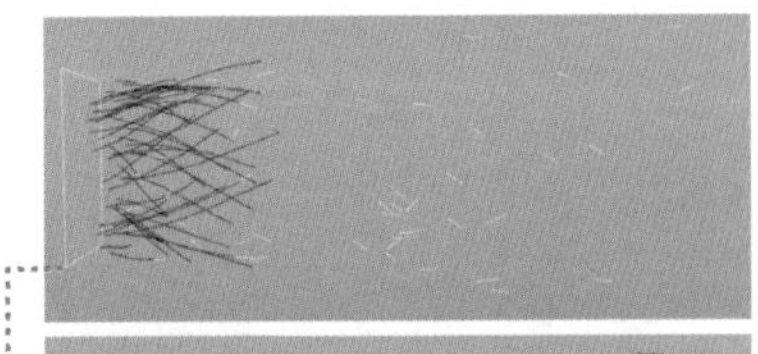

运动样条

运动样条用于创建形态复杂的样条对象。

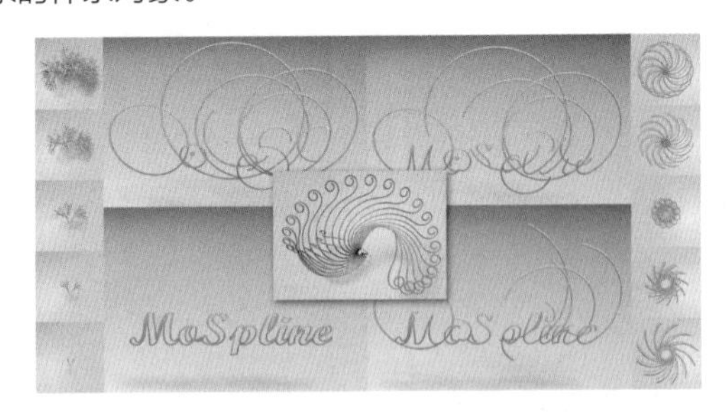

单击“运动样条”按钮，创建“运动样条”对象，其外观为一个带有透明外壳的样条。

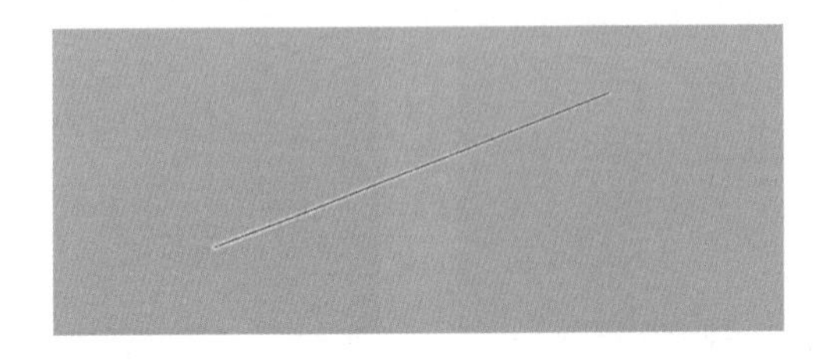

对象属性

模式： 设置运动样条的模式，有“简单”“样条”“Turtle”3种，每种模式都有对应的属性面板。

简单： 默认的模式，默认提供一个基础样条，可以使用“简单”属性面板控制样条参数。

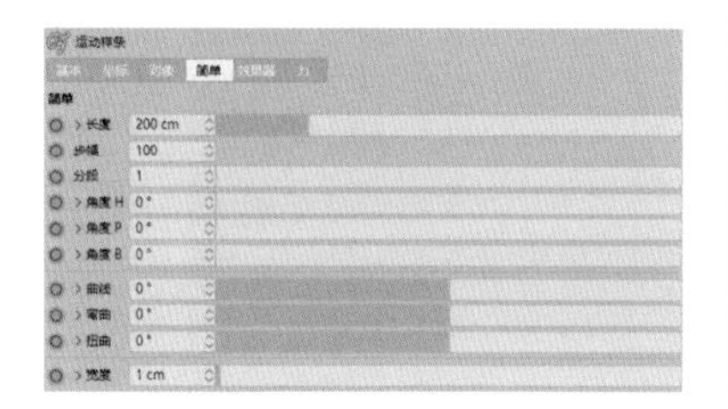

样条： 使用外部样条作为运动样条，可以使用“样条”属性面板控制样条参数。

Turtle： 使用按数学规则绘制的树状样条，可以使用“Turtle”属性面板和“数值”属性面板控制样条参数。

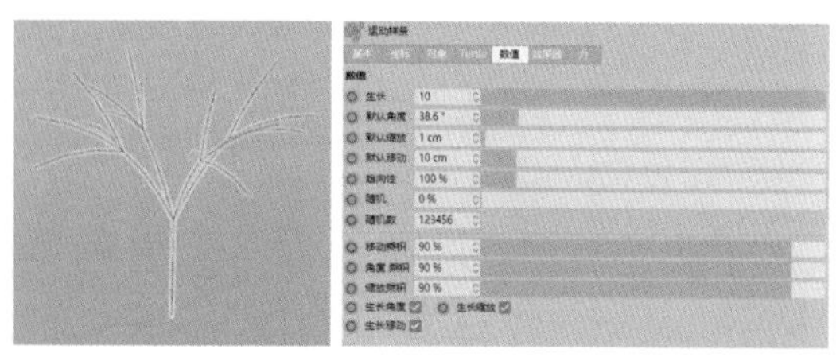

生长模式： 该参数控制在修改“开始”“终点”“偏移”3个参数时对样条的影响模式，有“完整样条”“独立的分段”两种。其中，“完整样条”模式会将样条视作一个整体进行修改，“独立的分段”模式会对样条的每一个独立分段单独进行修改。

开始 / 结束： 设置样条的开始、结束位置。

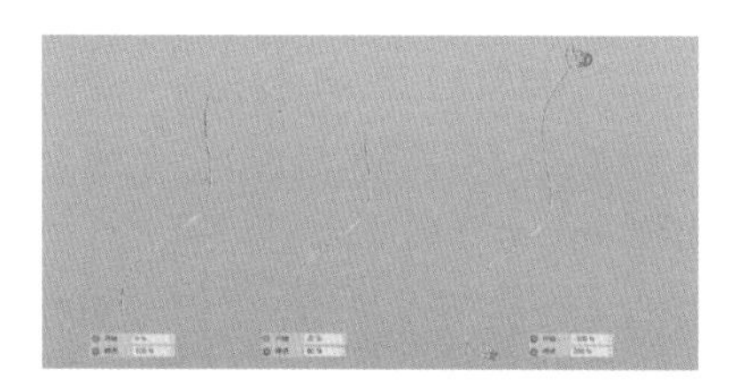

偏移： 设置样条的生长偏移。

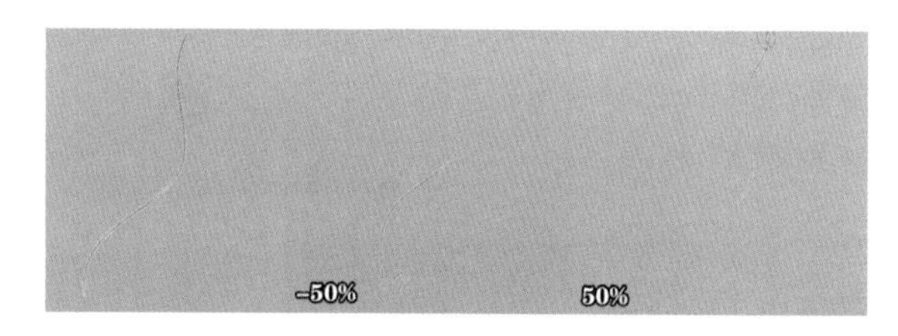

延长起始 / 延长结束： 选中该复选框时，如果“开始”小于0%，“结束”大于100%，则样条将沿其开始 / 结束点的方向延长；取消选中该复选框后则不会延长。单击 › 按钮，可以调整延长线的参数。

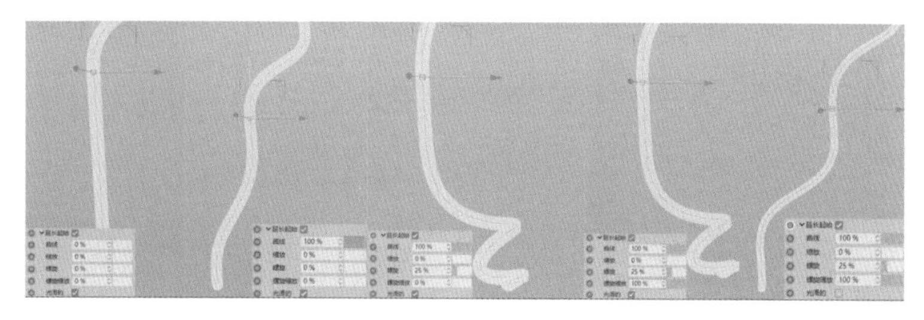

目标样条： 置入一个样条作为目标样条，目标样条会被映射为运动样条的形态。

目标 X/Y 导轨： 置入的样条会在 x 轴或 y 轴方向上被映射为运动样条的形态。

显示形态： 设置运动样条的显示形态。

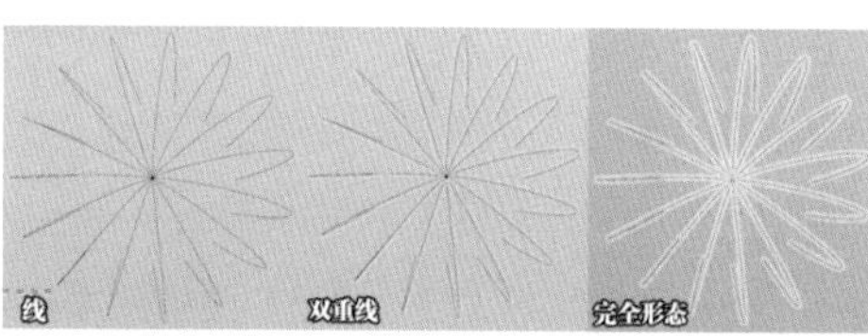

简单属性

长度： 设置样条的长度。

步幅： 设置样条的细分数，值越大则样条的精度越高。

分段： 设置样条的数量，默认情况下样条会重叠，需要调整“角度”参数，使它们彼此分离。

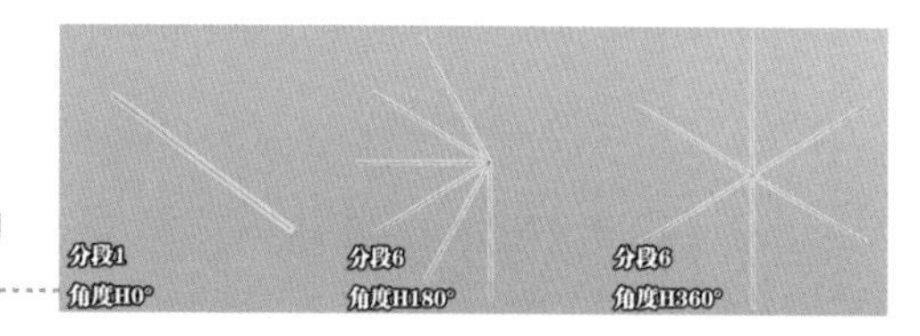

角度 H/P/B：设置样条在 3 个方向上的分布角度。

曲线 / 弯曲 / 扭曲：设置每段样条的扭曲效果。

宽度：设置样条在双重线和完全形态下显示的宽度。

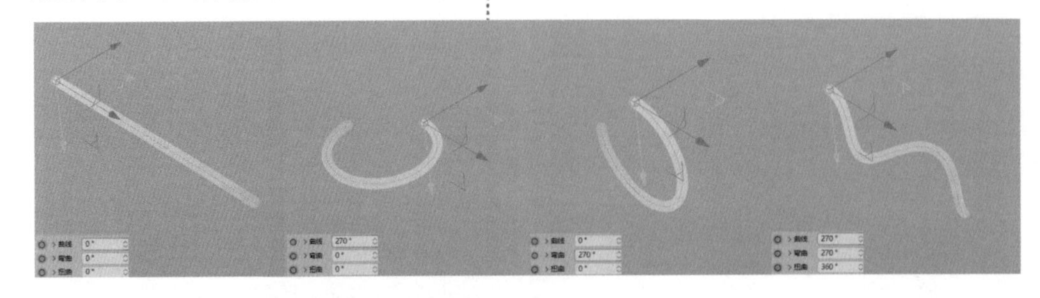

部分参数可以展开，其中包含“样条”和“方程”，可以用于为多个样条设置不同的参数。例如，可以将“分段”修改为 24，“角度 H”修改为 360°。

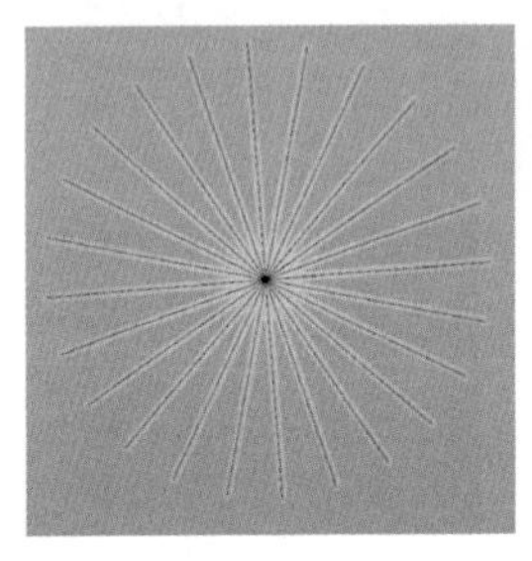

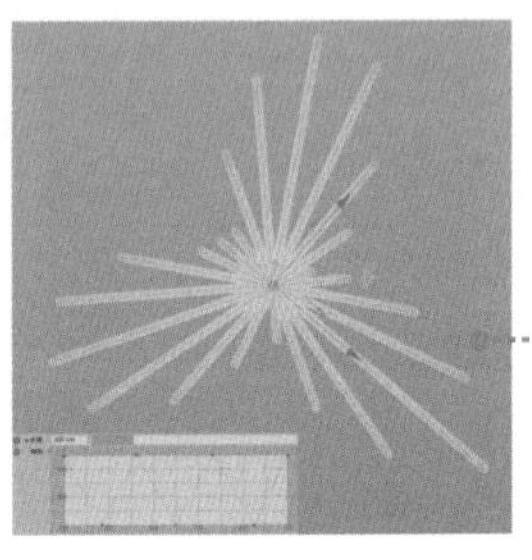

修改“长度”参数后的样条。

样条属性

生成器模式：设置运动样条的生成器模式，用于控制样条的精度。

源样条：置入外部样条作为源样条，运动样条的形态将会映射到源样条上。

源导轨：使用一个外部样条来控制运动样条的粗细。

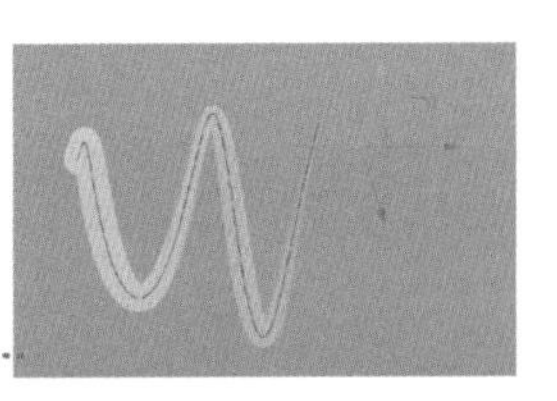

数值属性

生长：设置生长进度。

默认角度：设置每一个分叉的角度。

默认缩放：设置在双重线和完全形态下显示的宽度。

默认移动：值越大，样条的每一段越长。

趋向性：值越大，越朝下生长。

随机 / 随机种子：为生长过程添加随机效果。

移动 / 角度 / 缩放乘积：设置每一级分叉的移动 / 角度 / 缩放相对于上一级的比例。

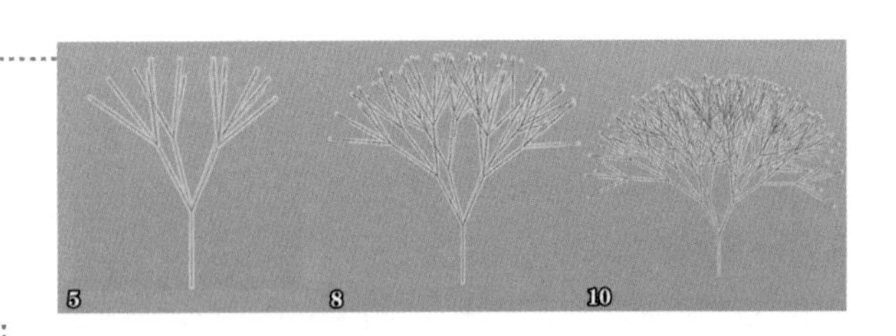

生长角度 / 缩放 / 移动：当为“生长”设置动画时，取消选中这 3 个复选框，则分叉会在数值达到整数时突然出现，而不会根据数值逐渐出现。

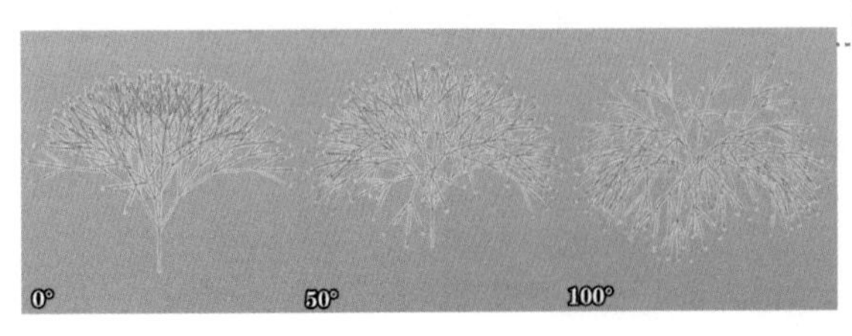

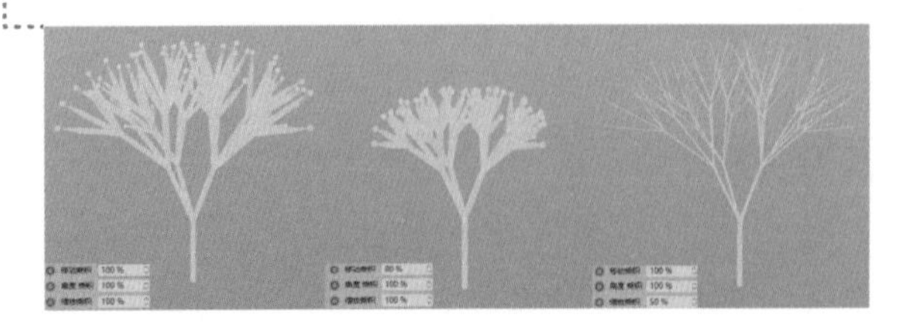

文本

与样条中的文本类似，但在此创建的是有厚度的文本。单击按钮和按钮，创建两个“文本”对象。

对象属性

深度： 设置文本的 z 轴深度。

细分数： 设置文本的 z 轴细分数。

高度： 设置文字大小。

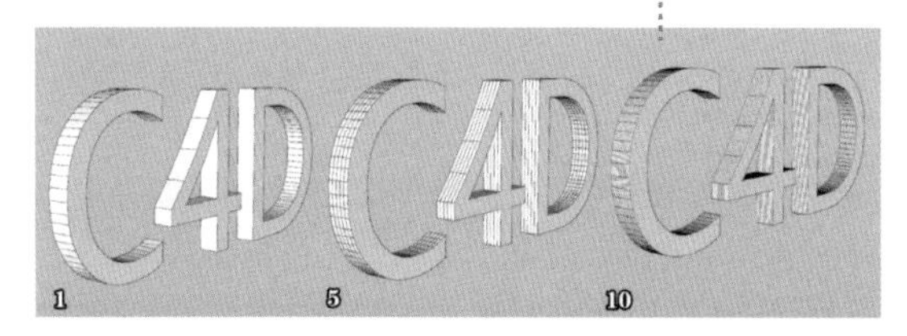

水平 / 垂直间隔： 设置水平和垂直方向上的文字间隔。

显示 3D 界面： 选中该复选框后会显示 3D 字距界面，使用界面上的操作手柄，可快速调整文字的整体和单个排列效果。

封盖属性

起点 / 终点封盖： 设置是否启用起点 / 终点封盖功能。

独立斜角控制： 选中该复选框后，“两者均倒角”变为“起点倒角”和“终点倒角”，可以分别用于控制“起点封盖”和“终点封盖”的倒角效果。

倒角外形： 设置倒角的外形。

尺寸： 设置倒角尺寸，当该值过大而导致两侧倒角相交时，继续调大该值倒角效果不会发生变化。

外侧倒角： 选中该复选框后会产生右图所示的效果。

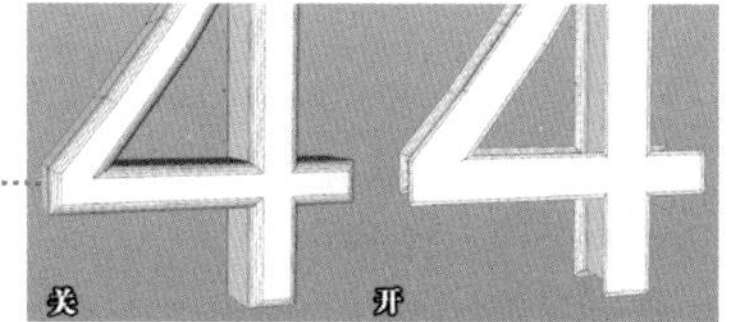

延展外形： 选中该复选框后，“高度”参数被激活，且倒角垂直方向上的厚度由“高度”参数决定。

高度： 需在选中“延展外形”复选框后才可用。

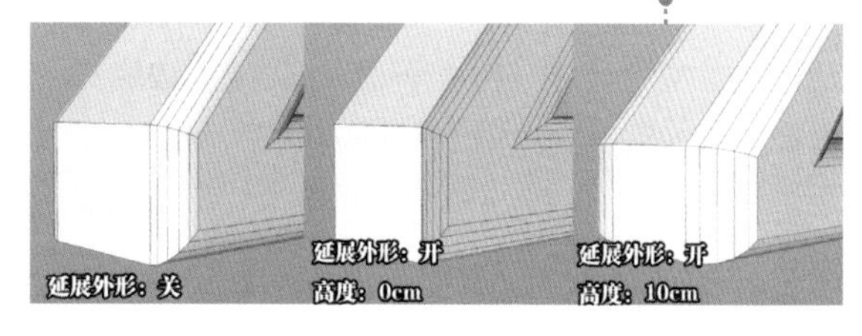

外形深度： 在“圆角”和“曲线”模式下控制倒角的外形是突出的还是凹陷的。

分段： 设置倒角的分段数。

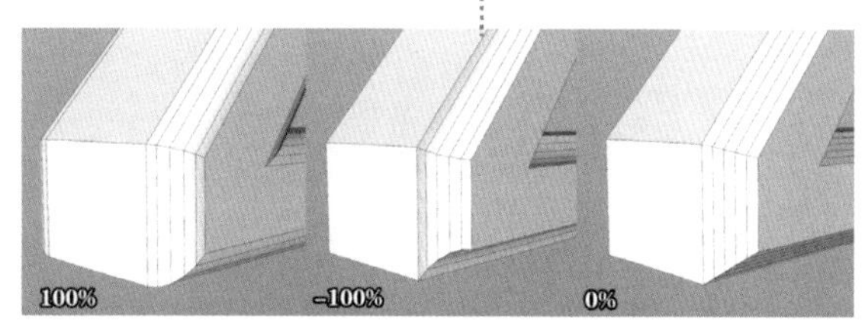

选集属性

选中需要的选集后创建相应的选集标签，用于为不同的选集赋予不同的材质。也可以在材质标签中直接输入选集的缩写字母，而不用创建选集标签。

全部 / 网格范围 / 单词 / 字母属性

效果： 分别用于放置对应层级的效果器。

轴： 控制每个层级的轴心的位置，即视图中显示的彩色点的位置；其中，白色的点的位置为全部层级的轴心的位置，淡蓝色的点的位置为网格范围层级的轴心的位置，深蓝色的点的位置为单词层级的轴心的位置， 绿色的点的位置为字母层级的轴心的位置。

排列高度： 若在取消选中“排列高度”复选框时，将字母层级的轴心移动到右上角，则它们的高度均不一样，即每个字母根据自身大小的不同都有不同的高度范围；而选中“排列高度”复选框后，轴心的高度将统一，每个字母的范围框的高度会互相匹配。

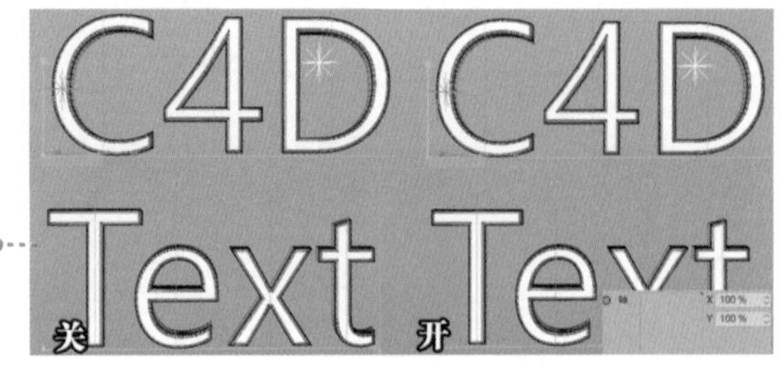

实例

运动图形中的“实例”可以显示参考对象指定帧数的历史状态，并对历史状态中的每一帧应用效果器。

运动挤压

“运动挤压”与“矩阵挤压”类似，但会对对象进行非破坏性的修改，可以随时对对象进行编辑而不用担心破坏对象的结构。

多边形 FX

多边形 FX 可以使对象的面彼此独立。例如，将“多边形 FX”对象作为“立方体”对象的子级，在“多边形FX”对象的“变形”属性面板中将“缩放.X”和“缩放.Y”设置为 0.8，则“立方体”对象的每个面都将被断开并单独被“缩放”参数影响。基于这个特性，多边形 FX 常配合效果器使用，用于制作对象面层级的动画。

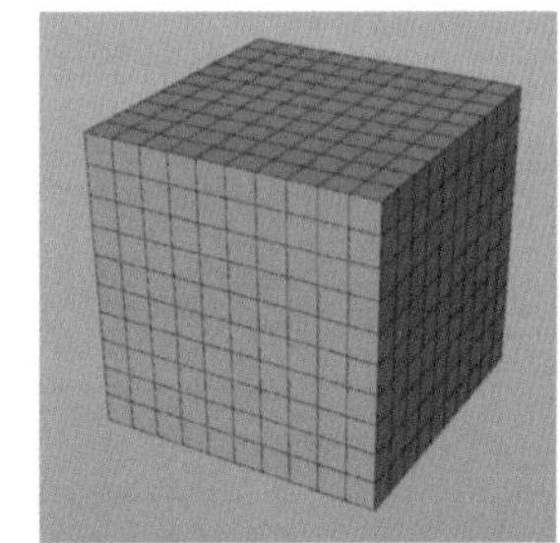

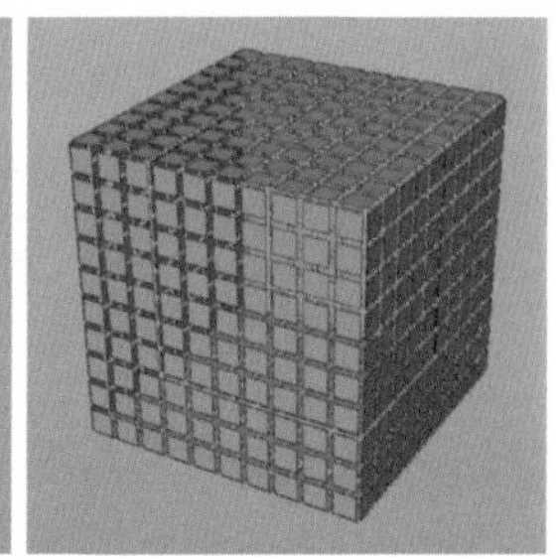

15.2 常用效果器

执行“运动图形 > 效果器”命令，可以展开“效果器”子菜单。

或在工具栏中按住“运动图形”按钮，在展开的下拉菜单中找到效果器。

效果器可以应用于运动图形对象，也可以作为变形器应用于常规对象。将效果器置入运动图形对象的“效果器”属性面板中即可应用。

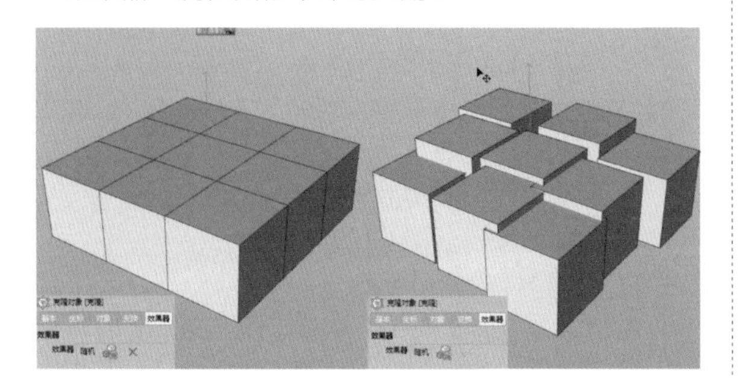

作为变形器时，与“变形器”对象一致，需要作为被影响对象的子级或同级，同时在“变形器”属性面板中将“变形”设置为需要影响的元素。

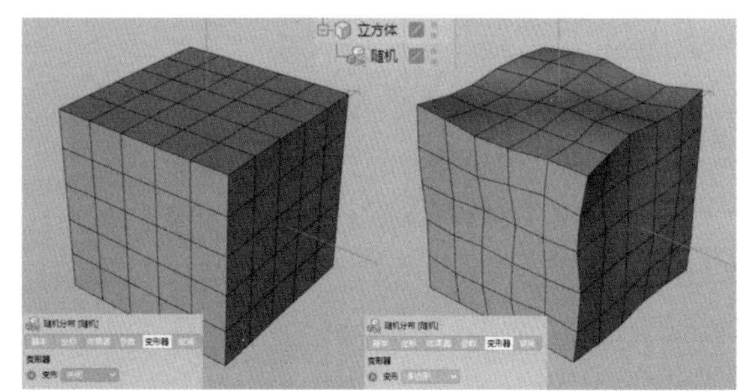

简易

“简易”效果器是非常基础的效果器，同时也是非常常用的效果器，可以为克隆对象整体修改变换参数。

新建一个“立方体”对象，然后创建一个“克隆”对象作为“立方体”对象的父级，在“对象”属性面板中将数量修改为 5×5×5。

选中“克隆”对象，创建“简易”效果器。此时，“简易”效果器会自动应用于“克隆”对象。

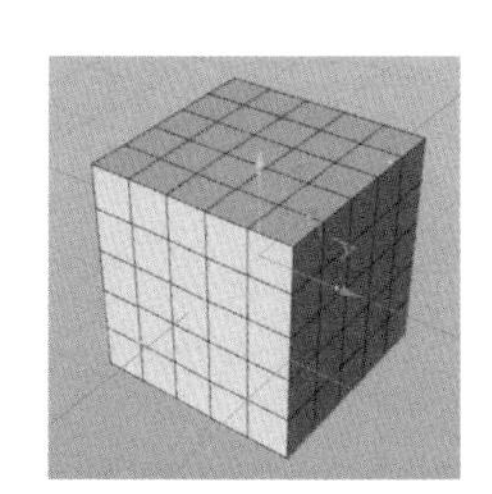

效果器属性

强度： 设置效果器的影响强度，当值为 0 时，效果器完全不起效果。

最大 / 最小： 将效果器的影响强度重映射为设定的范围。

选择： 置入“运动图形选集”标签，将只会对标签内的对象起效果。

参数属性

位置、缩放、旋转： 选中相应的复选框后，可以使用效果器对克隆对象进行相应的变换操作。

变换模式： 设置位置、缩放、旋转的变换模式，有“相对”“绝对”“重映射”3 种。默认模式为“相对”，即在当前克隆对象的变换参数上叠加效果器的变换参数。例如，单独选中“缩放”复选框并选中“等比缩放”复选框，则在“相对”模式下会因为不同值产生不同的效果。

在“绝对”和“重映射”模式下，不考虑克隆对象的当前变换参数，将参数值修改为效果器的值。

变换空间： 设置变换使用的空间坐标系，有“节点”“效果器”“对象”3 个选项。

颜色模式： 设置效果器的颜色模式，有“关闭”“效果器颜色”“自定义颜色”“域颜色”4 个模式，默认为“关闭”；若改为其他模式，则使用对应的对象为克隆对象添加颜色。

使用 Alpha/ 强度： 设置是否将颜色的灰度值作为 Alpha 值与变换的强度值。

混合模式： 设置效果器颜色和克隆对象的颜色的混合模式。

变形器属性

变形：当使用效果器作为变形器时，需在该参数中设置需要影响的元素，有“关闭”“对象”“点”“多边形”4个选项。

衰减属性

使用域系统对效果器的强度进行衰减处理，可以在效果器的基础上制作出更丰富的效果，下一章将讲解域系统的使用方法。

延迟

打开“实例文件 > CH15> 延迟 .c4d”文件，播放动画会看到克隆平面中有一个隆起区域，隆起区域在第0~60 帧沿克隆中心旋转一周。

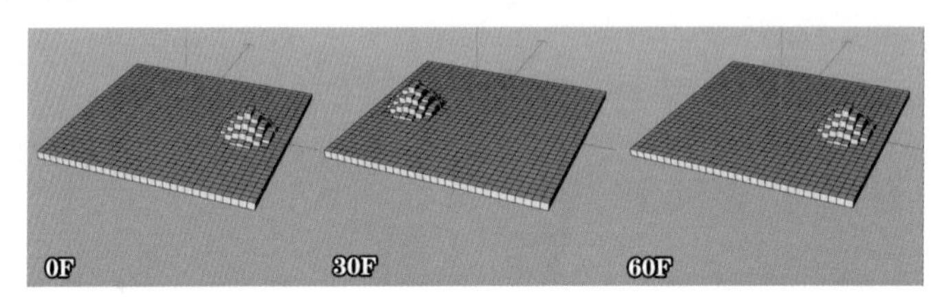

创建“延迟”效果器并应用于克隆对象，保证在克隆对象的“效果器”属性面板中，“延迟”效果器位于“简易”效果器下方，使其在“简易”效果器后生效。

在“延迟”效果器的“效果器”属性面板中修改“强度”为 90%，使其效果更明显。

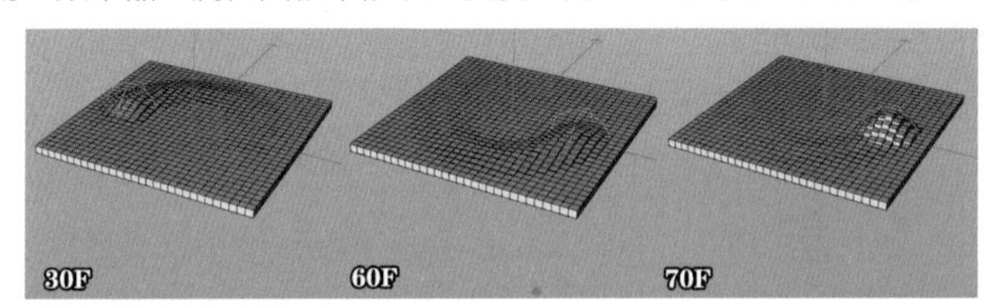

添加“延迟”效果器后，隆起区域的后方出现了明显的拖尾，且隆起效果在运动过程中的强度逐渐变弱。“延迟”效果器会将当前克隆对象的运动和前几帧的运动效果进行混合，以达到平滑处理的效果，并且可以避免出现突兀的运动。

效果器属性

模式：设置“延迟”效果器的模式，有“平均”“混合”“弹簧”3 种。

平均：平均地对结果进行混合，拖尾较短，对动画幅度的削弱较弱。

弹簧：使拖尾类似弹簧，会产生震荡效果。

混合：默认的模式，先进行一次快速混合，再进行一次缓慢混合，会使拖尾较长，对动画幅度的削弱较强。

在将“强度”设置为 95% 的情况下，不同模式的效果也不同。

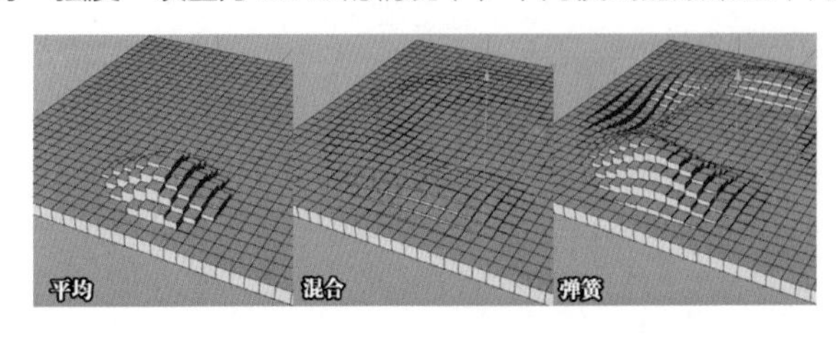

参数属性

变换：设置受“延迟”效果器影响的变换参数。

随机

“随机”效果器是最常用的效果器之一，在“变换”中输入的数值将按随机的强度赋予克隆出的对象。

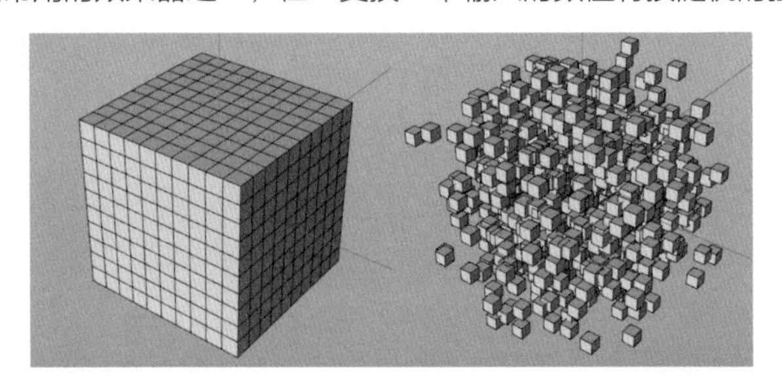

效果器属性

随机模式: 设置随机模式，有“随机”“高斯”“噪波”“湍流”“类别”5 种，不同模式的效果不同。

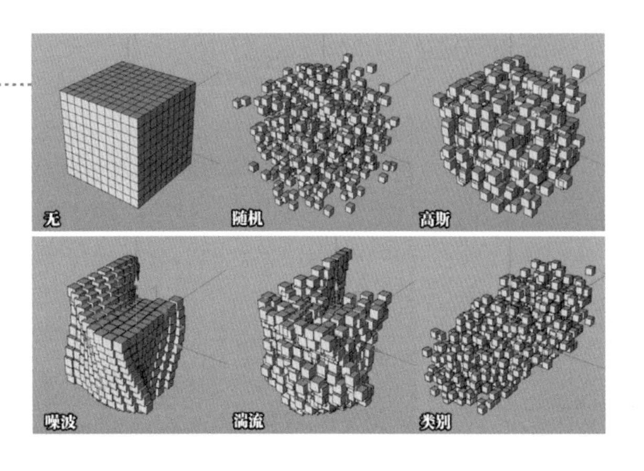

同步: 在“随机”或“高斯”模式下，若位置、缩放、旋转值相等，则激活该复选框。

索引: 在使用“噪波”或“湍流”模式时选中该复选框，可以为每个变换参数设置不同的随机值，生成更随机、自然的动画。

种子: 设置“随机”效果器的随机种子。

空间: 在“噪波”或“湍流”模式下，设置噪波的空间，有“全局”和“UV”两个选项。

动画效率: 在“噪波”或“湍流”模式下，设置噪波动画的速率。

缩放: 在“噪波”或“湍流”模式下，设置噪波的缩放比例。

着色

“着色”效果器使用着色器控制参数的强度，并为克隆出的对象添加颜色。

着色属性

通道: 设置应用效果器的通道。

着色器: 为效果器添加着色器，其操作与“材质编辑器”窗口中的操作一致。

偏移 / 长度 / 平铺: 与“材质”标签中的参数一致。

使用: 设置效果器将使用着色器中的何种信息来定义参数的强度。

声音

“声音”效果器使用音频信息控制参数的强度。打开“实例文件 >CH15> 声音 .c4d”文件。

选中克隆对象，新建“声音”效果器。在“效果器”属性面板的“音轨”中载入“实例文件 >CH15>Every Time.mp3”文件，单击“向前播放”按钮即可听到载入的音乐，同时，“放大”参数中也会实时显示音乐的频谱。将频谱中的黄色探针范围框调整至中部，使其覆盖频谱中起伏较大的区域，其中 x 轴表示频率，y 轴表示响度。

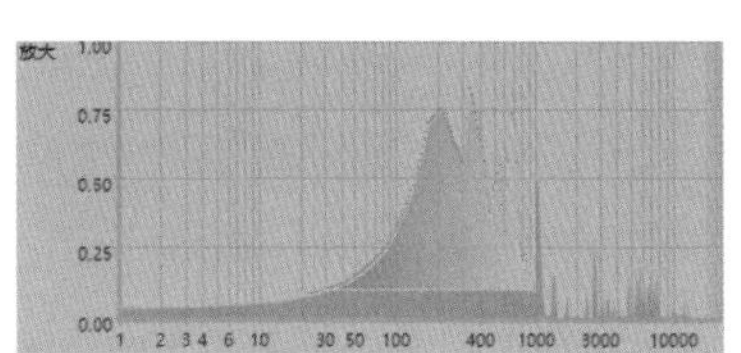

在“效果器”属性面板中将“采样”修改为“步幅”，在“参数”属性面板中取消选中“位置”复选框，然后选中“缩放”复选框，将“S.Y”修改为 20。

此时，单击“向前播放”按钮▶，视图中的立方体会随着音乐起伏。

效果器属性

音轨：载入所需的音频文件。

分布：设置频谱中有多个探针时的采样模式，有“迭代”“均匀”“混合”3 种模式。

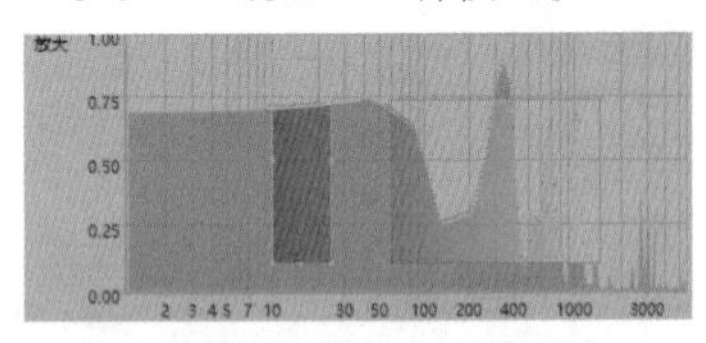

迭代：根据克隆对象的编号和探针的编号逐个应用采样结果；即当有两个探针时，第 1 个克隆对象采用探针 1 的结果，第 2 个克隆对象采用探针 2 的结果，以此类推。

均匀：根据探针数量将克隆对象分成对应的数量，并分别应用不同探针的结果。

混合：将多个探针的结果混合后应用。

添加探针：在频谱中添加新的探针，可以按住 Ctrl 键 + 鼠标左键拖曳，直接在频谱中创建探针；也可以按住 Ctrl 键，用鼠标左键拖曳复制已有的探针。

移除探针：移除频谱中已选中的探针，可以先在频谱中选中探针，然后按 Delete 键删除。

全部显示：在频谱中使用鼠标中键可以缩放频谱的显示范围，单击“全部显示”按钮可以快速恢复到默认状态。

对数：频谱图通常以对数的形式显示，修改该值仅影响频谱图的显示。

通道：设置使用的音频通道。

渐变：设置频谱中被探针选中部分显示的颜色。

方向：设置渐变的方向，有“频率”和“音量”两个选项。

冻结数值：选中该复选框后将冻结当前探针采样到的结果，效果器的参数值不会再随着音乐的变化而变化。

低频 / 高频：显示当前所选探针的频率范围。

低响度 / 高响度：显示当前所选探针的响度范围。

采样：设置采样模式，有“峰值”“均匀”“步幅”3 种。

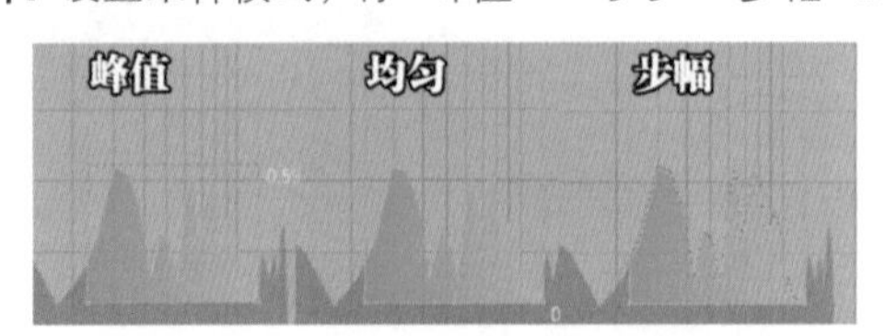

峰值：仅取探针范围内的峰值应用于效果器。

均匀：取探针范围内的平均值应用于效果器。

步幅：取探针范围内的曲线值应用于效果器。

衰退：值为 0% 时，克隆对象若受效果器影响的强度比上一帧低，会直接跳到当前强度值；值大于 0% 且小于 100% 时，克隆对象会有一个强度缓慢恢复的效果，即音乐播放器中常见的，在音乐结束后频谱缓慢恢复至 0 的效果；当值为 100% 时，强度不会恢复，将维持在音乐播放以来达到过的最大强度。

强度：设置所选探针的整体强度。

限制：选中“限制”复选框则当频谱的响度超出探针范围时，将超出部分映射到探针范围中的最大值、最小值上；取消选中“限制”复选框，则会成比例地应用超出部分的频谱。

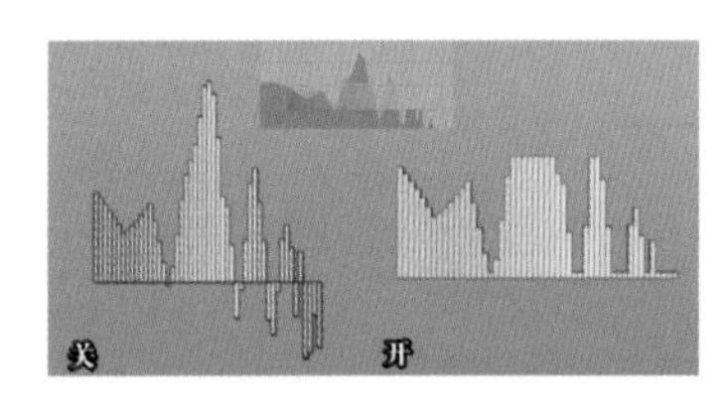

颜色：设置所选探针范围内的频谱颜色，默认使用定义的渐变颜色；设置为“自定义颜色”“自定义渐变”，则可以单独修改探针使用的颜色。

样条

“样条”效果器使用样条对克隆出的对象的位置和旋转角度进行修改，将克隆出的对象排列在样条上。

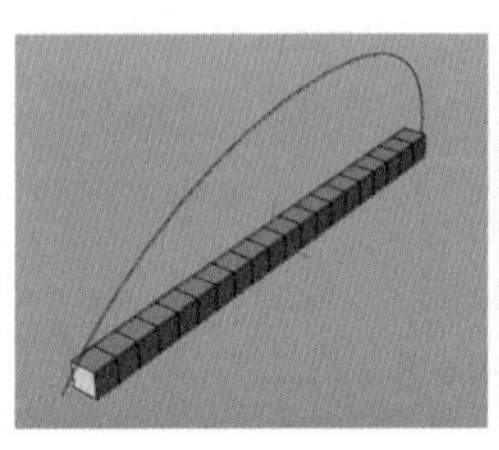

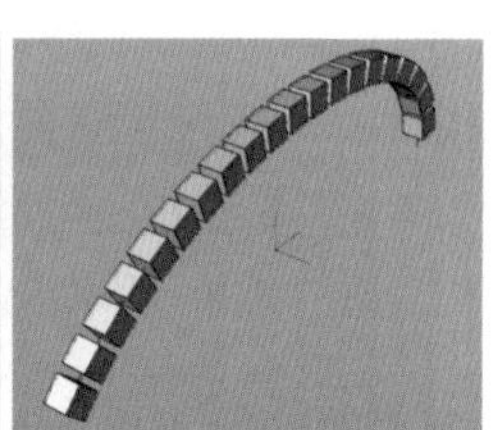

效果器属性

模式： 设置效果器的模式。

步幅： 将克隆出的对象均匀地排列在样条上。

衰减： 根据效果器的衰减设置决定最终结果。

相对： 若克隆出的对象之间的距离不规则，则使用“相对”模式可以保留克隆出的对象之间不规则的距离比例。

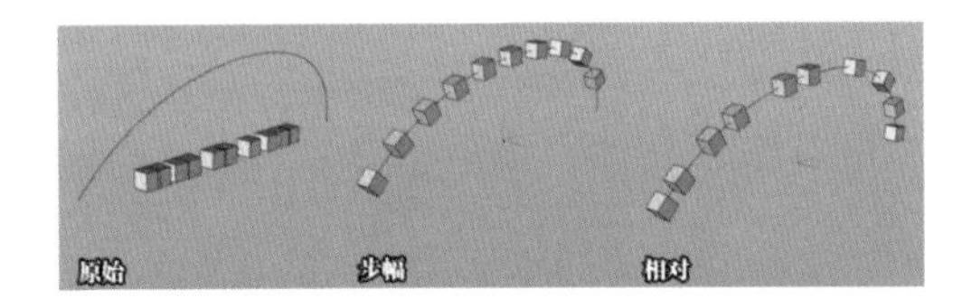

相对偏移轴： 模式为“相对”时用于设置相对偏移的轴向。

样条： 设置效果器使用的样条。

上行矢量： 手动定义朝上的矢量方向。

导轨： 使用一个样条作为导轨，使克隆出的对象的 y 轴朝向导轨。

目标导轨： 选中该复选框，禁止克隆出的对象绕 x 轴旋转，使其仅绕 z 轴旋转，通常保持选中即可。

偏移 / 开始 / 终点 / 限制： 与样条约束中的参数一致。

分段模式： 当使用的样条有多段时，可使用该参数定义样条如何应用于效果器。

使用索引： 使用“分段”参数确定使用的样条的分段数。

随机： 在所有分段上随机分布克隆出的对象，使用“种子”参数调整随机种子。

平均间隔： 在所有分段上均匀分布克隆出的对象。

完整间隔： 在所有分段上均匀分布克隆出的对象，单个分段的长度不影响分布间隔。

步幅

“步幅”效果器会将“变换”参数应用于克隆结尾，然后在克隆起始位置和克隆结尾位置之间进行插值计算以得到克隆结果。

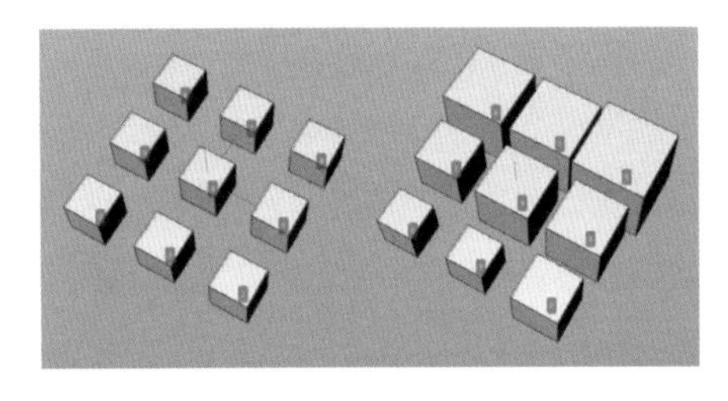

效果器属性

样条： 设置克隆起始位置和克隆结尾位置之间的插值曲线。

步幅间隔： 设置插值间隔。

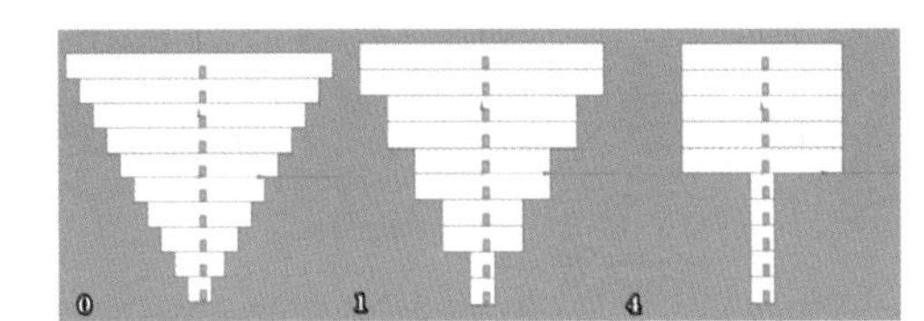

目标

“目标”效果器可以使克隆出的对象朝向效果器设定的目标。

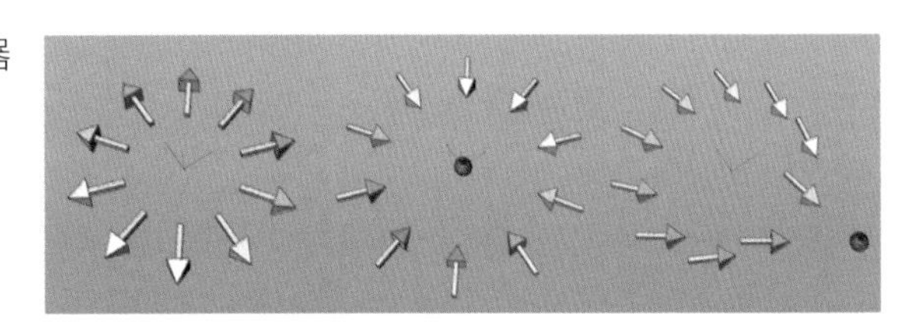

效果器属性

目标模式： 设置效果器的目标模式。

对象目标： 使用其他对象作为目标对象，克隆出的对象朝向该对象的轴心点；若没有选择其他对象作为目标对象，则把效果器自身作为目标对象。

朝向摄像机： 使克隆出的对象始终朝向当前摄像机。

上一个节点 / 下一个节点： 使克隆出的对象朝向上一个 / 下一个克隆出的对象。

域方向： 使用域系统定义克隆出的对象的朝向。

使用Pitch： 选中该复选框则克隆出的对象的 z 轴始终朝向目标对象。

转向： 选中“转向”复选框则克隆出的对象的 z 轴负半轴始终朝向目标对象。

上行矢量： 选中“使用 Pitch”复选框时，用于设置克隆出的对象的上行矢量。

排斥： 选中“排斥”复选框后，使用“距离”参数设置排斥的距离，指定距离内的克隆出的对象将被推出排斥的范围；使用“距离强度”参数设置排斥的强度。

第 16 章
域系统

本章学习要点

域系统的基础知识　　域的种类　　域系统的使用方法

16.1 域系统介绍

域系统是自 Cinema 4D R21 起新增的系统，它拥有非常强大的功能，可以配合体积、运动图形、变形器、粒子和材质使用，使得 Cinema 4D 可以更高效地制作出更复杂的效果，帮助用户实现更多的想法。

域系统可以在一个空间范围内影响效果器、选集和顶点贴图等元素的参数强度，并配合不同类型的域对象和动画实现各种效果。使用域系统创建复杂的运动图形有非常强的优势。因此，在 Cinema 4D R23 中用户也会大量使用域系统制作运动图形。

16.2 在效果器中应用域系统

域的种类

域对象： 可以在“对象”窗口中创建独立的域对象，其有自己的“变换”属性，域对象是域系统的主体。

域层： 域层可以使其他对象作为域的影响范围，多边形、选集、粒子等都可以作为域层。

修改层： 修改层会对其下方的域起效果，可以通过修改层做出更多的复杂效果。

域对象的创建方式

①在菜单栏中的“创建 > 域”子菜单中单击域名称即可创建域对象。

②在工具栏中的“域”工具组上按住鼠标左键，在弹出的“域”下拉菜单中选择需要的域。

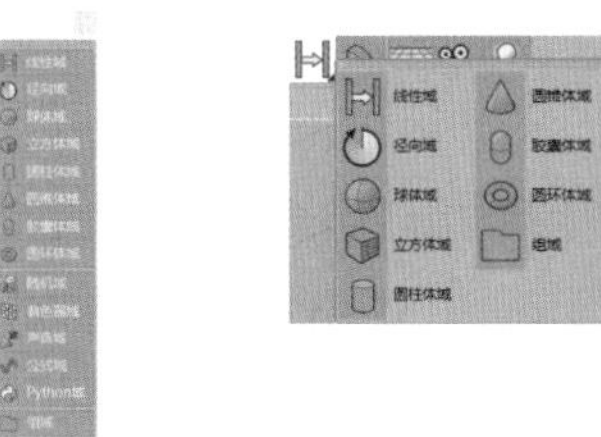

③创建域对象最常用的方法是在效果器的“衰减”属性面板中创建，这种方法可以创建所有类型的域。

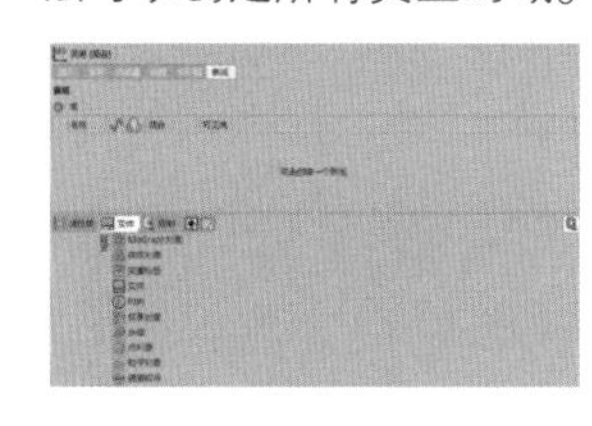

要在标签中应用域则需要先选中“使用域”复选框。

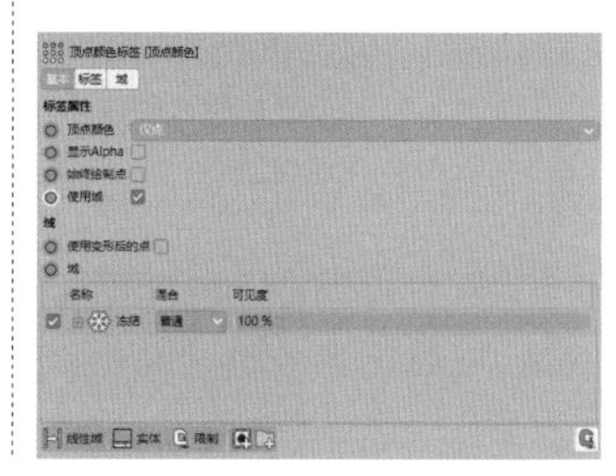

创建域对象后，将其拖曳到域列表中即可应用域。在域列表中直接创建的域会自动添加到相应的对象中。域的影响效果有先后顺序，上方的域的影响效果会叠加到下方的域的影响效果上；域名称左侧的开关可以用于开 / 关域的影响效果，双击域的名称可以重命名域；域名称右侧的图标表示域对效果器的参数通道是否生效，单击可以进行切换，图标表示起作用，图标表示不起作用；图标表示域对效果器的颜色通道是否生效；顶部的图标表示只显示对同参数生效的域。“混合”模式为上层域对下层域的叠加方式，“可见度”为域对参数的影响程度。

域和 Photoshop 中的图层概念类似。开启“径向域”，对效果器的变换和颜色参数进行修改，使“着色器域”只对变换参数生效；将“着色器域”的“混合”设置为“最大”，“可见度”设置为 51.6%，并关闭“随机域”，使其不对任何对象生效。

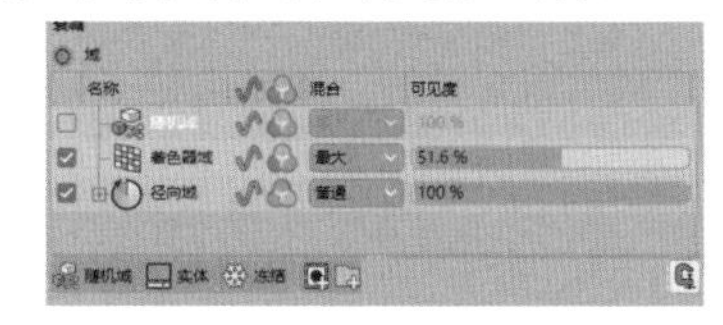

技巧与提示

在“域”属性面板中按 Delete 键删除域对象，此时“对象”窗口中的域对象并不会一并被删除。若想在“域”属性面板和“对象”窗口中同时删除域对象，则可以直接删除“对象”窗口中的域对象，或在域列表中按快捷键 Shift+Delete 同步删除域对象。

16.3 域对象

线性域

线性域是最常用的域对象之一，其可以定义一个影响方向，使效果器的强度在设定范围内按照设定的方向从 0（0%）过渡到 1（100%）。线性域有两个紫色方框，表示影响范围。箭头的方向表示线性域的方向，默认情况下线性域的影响强度朝箭头的方向递增。

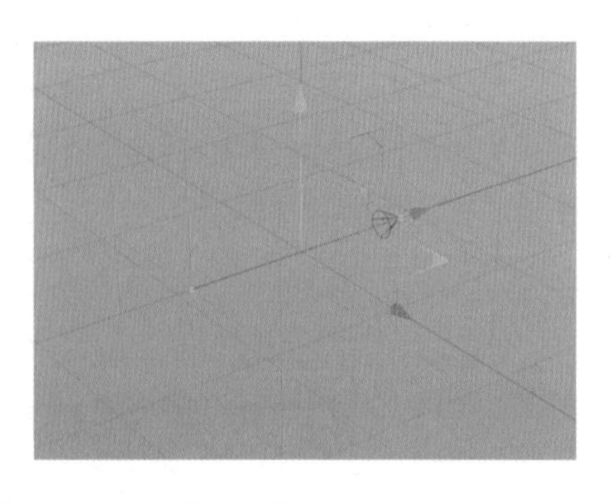

创建一个“矩阵”对象，然后创建一个“简易”效果器并应用于“矩阵”对象，参数设置保持默认，效果为沿 y 轴移动 100cm。

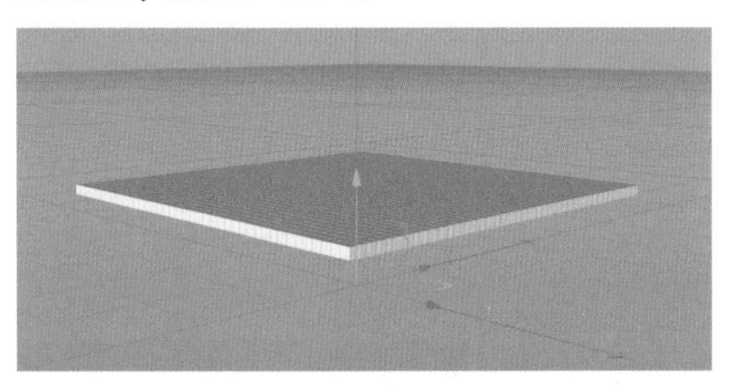

在“简易”效果器的“衰减”属性面板中创建一个线性域，参数设置保持默认。

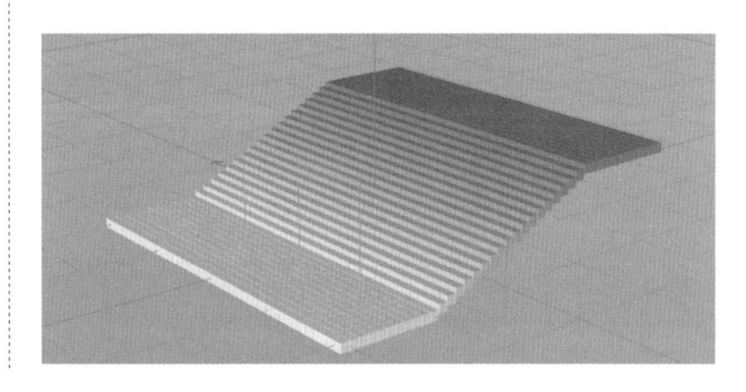

域

长度： 设置线性域的过渡范围的长度。

方向： 设置线性域的过渡方向。

修剪到外形： 当效果器应用于多个域，且各个域互相重叠时，选中该复选框可以将该域的作用范围修剪至下方域的作用范围外，而不会覆盖下方域作用范围内的效果。

选中新建的线性域，“域”属性面板中有 3 个参数。

选中线性域，切换到“域”属性面板，设置“长度”为 30cm，可以使域的过渡范围缩小为 30cm。

设置“方向”为“Z-”，可以使线性域的影响效果由沿 x 轴变大变为沿 z 轴变小。

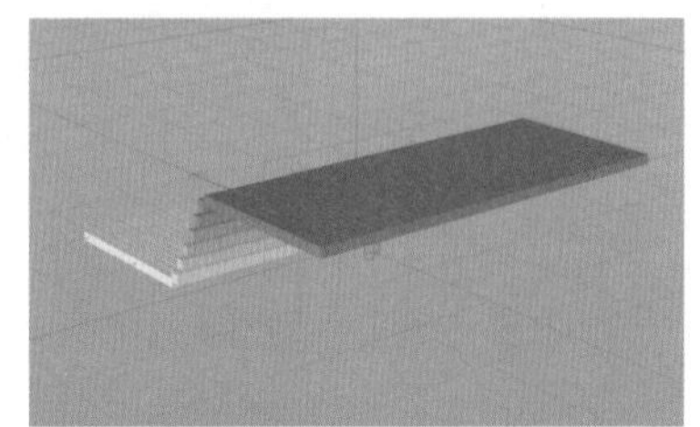

在“域”属性面板中除了可以修改参数外，也可以选中域对象，通过操控手柄更改域对象的范围和旋转角度。

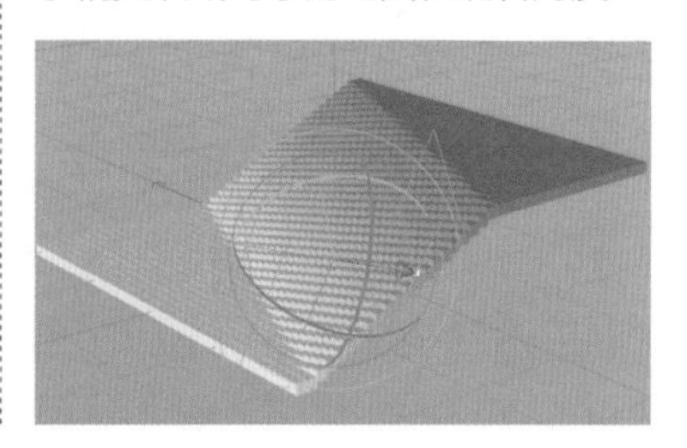

重映射

允许重映射： 取消选中该复选框将关闭重映射功能。"允许重映射"复选框下方的曲线为重映射的强度曲线，x 轴表示域范围，y 轴表示强度。

强度： 域的整体影响强度。

反向： 选中该复选框，强度曲线将左右反转。

内部偏移： 使线性域的影响范围从箭头端向内偏移。

最小 / 最大： 线性域影响强度的最小、最大值。

限制最小 / 最大值： 将最小、最大值限制在 0~1，超出这个范围的值将按最小值 0、最大值 1 进行计算。

正片叠底： 设置曲线的正片叠底强度，其效果类似"强度"参数的效果。

轮廓模式： 设置轮廓模式，有"无""二次方""步幅""量化""曲线"5 种，默认为"无"。常用的轮廓模式为"曲线"，可手动调整样条从而影响曲线形态，较为方便。

无：轮廓模式为线性类型。

二次方：设置轮廓模式为"二次方"，使用"曲线"参数控制曲线形态。

步幅：将轮廓模式设置为"步幅"，使用"步幅"参数控制步幅数量。

量化：将轮廓模式设置为"量化"，其效果与"步幅"的效果类似，使用"步幅"参数控制步幅数量。

曲线：使用"样条"参数控制曲线形态。

动画样条速度： 在"曲线"模式下，样条会在设定的时间内完成一次从 0% 到 100% 的偏移动画，并无限循环，形成循环动画。

样条偏移： 在"曲线"模式下控制样条的偏移。

样条范围： 在"曲线"模式下设置被应用的样条范围。值小于 100% 时，则设定值外的曲线范围将被剪去；值等于或大于 100% 时，则会在 100% 外的曲线范围中重复 0%~100% 的曲线。

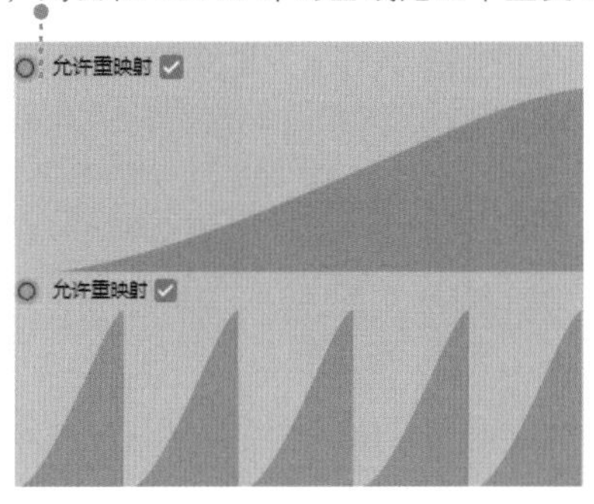

"重映射"属性面板中的曲线表示域的强度映射曲线，曲线颜色表示域的颜色参数。曲线的 y 轴表示 0~1 的影响强度，曲线的 x 轴表示 0~1 的影响范围。

取消选中"限制最小""限制最大"复选框，视图中超出线性域过渡范围的矩阵的颜色发生了变化，而矩阵的形态没有发生改变。回到"衰减"属性面板，单击右下角的"数值限制"按钮，即可让超出线性域过渡范围的矩阵的形态也发生变化。

将"轮廓模式"修改为"曲线"，并将其调整为拱形，则矩阵在线性域过渡范围内也会变成相应的形态。

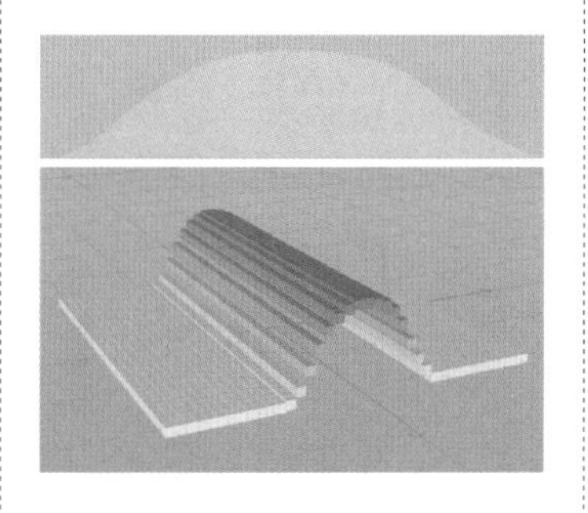

将"样条范围"修改为 300%，然后将"简易"效果器的"参数"属性面板中的"P.Y"设置为 35cm，并将线性域的长度增加以匹配矩阵。

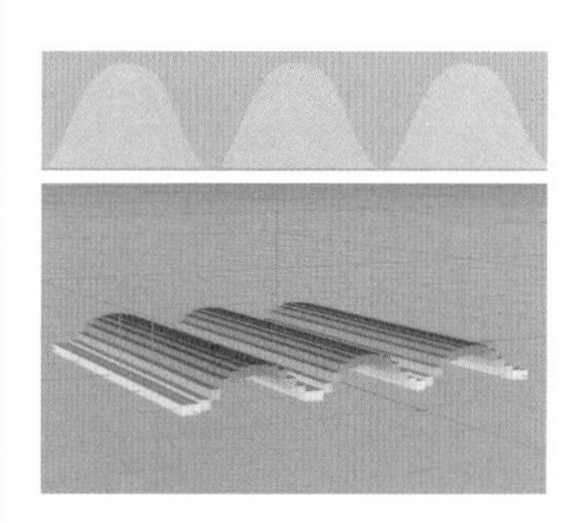

颜色重映射

颜色模式：有“无重映射”“颜色”“渐变”3 种。

无重映射：不使用颜色重映射，不会影响克隆出的对象的颜色。

颜色：默认的颜色重映射模式，根据域的影响强度添加单一颜色。

渐变：根据域的影响强度添加渐变颜色。

“颜色重映射”属性面板用于控制被域影响的对象的颜色。每次创建域对象后，系统都会为其随机分配一个颜色。线性域默认开启“颜色”参数，而颜色同样会被重映射的强度影响。被影响程度越低，颜色越接近对象本身的颜色；被影响程度越高，颜色越接近设置的线性域的颜色。

在“颜色重映射”属性面板中，将“颜色模式”设置为“渐变”，并单击“载入预置”按钮载入预置...，载入“Full Colors”预设。

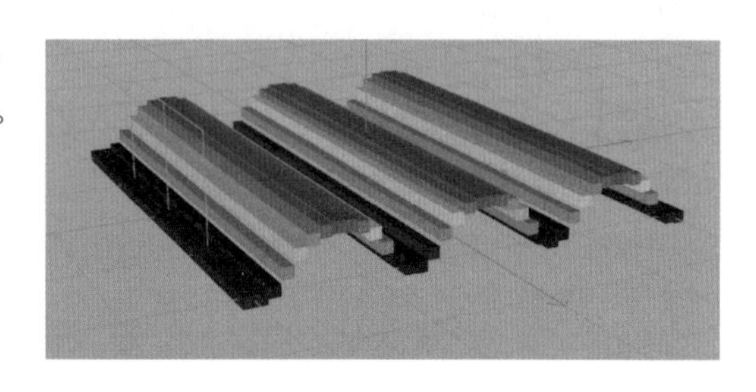

径向域

径向域在视图中显示为圆柱状，以圆柱体的高度方向为轴方向进行切片，其效果类似圆柱体对象的切片效果。被切掉的部分的克隆强度为 0，被保留的部分的克隆强度为 1。

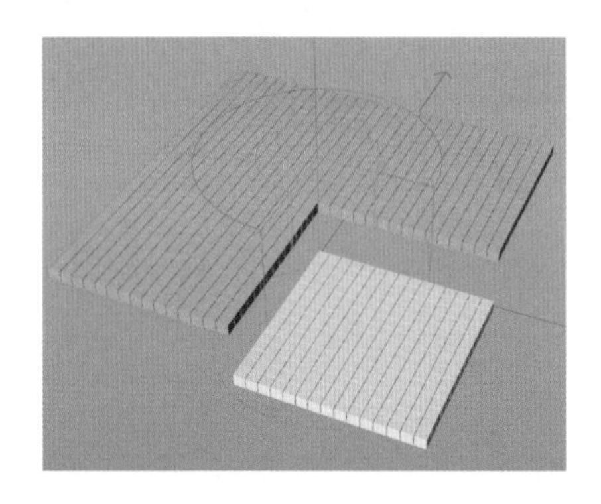

域属性

开始 / 结束角度：设置切片的开始角度和结束角度。

开始 / 结束变换：在开始和结束位置向内添加一个过渡区域，可以在视图中拖曳圆柱体外圈的操控点直接进行调整。

迭代：设置径向域的重复次数。

偏移：设置径向域沿高度轴偏移的角度。

轴：设置高度轴。

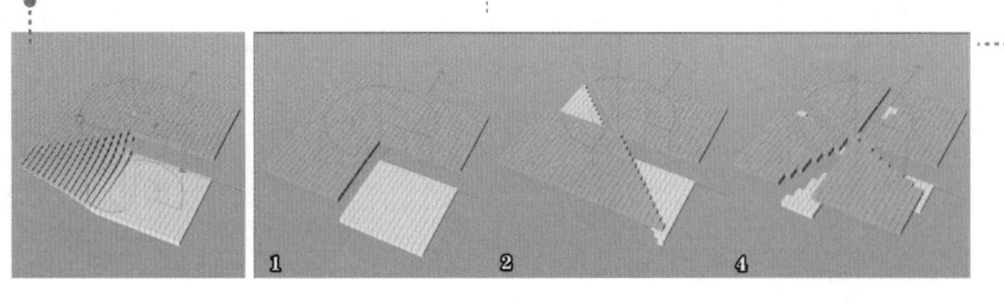

偏移属性

径向域的效果较为简单，可以在“偏移”属性面板中添加其他域，从而单独为径向域添加效果。

几何体域

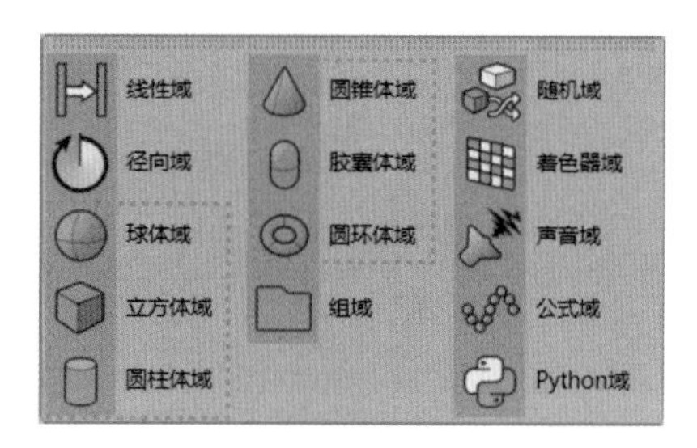

几何体域的“域”属性面板中的参数与参数化几何体的参数一致，几何体域的范围即对应的几何体的范围。

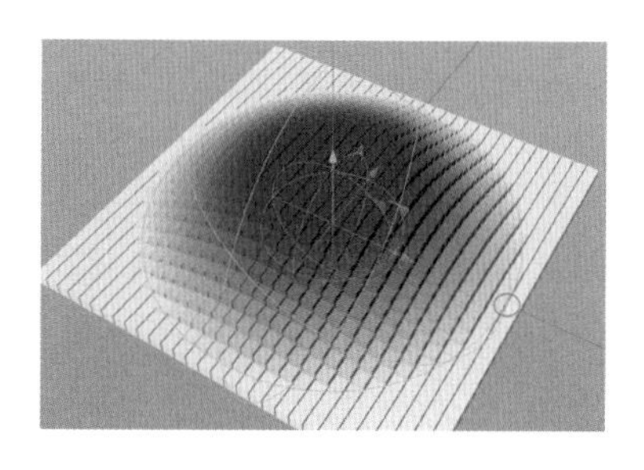

几何体域在视图中包含内外两个几何体，外围几何体为几何体域的范围，内部几何体为几何体域的内部偏移位置。以球体域为例，内外球体上各有一个操控手柄，调节外围的操控手柄可以直接修改“域”属性面板中的“尺寸”参数，调节内部的操控手柄可以直接修改“重映射”属性面板中的“内部偏移”参数。

组域

组域可以将多个域组合，并作为一个整体应用在域系统中。

在“对象”窗口中选择组域对象，然后直接在“域”属性面板中设置域。

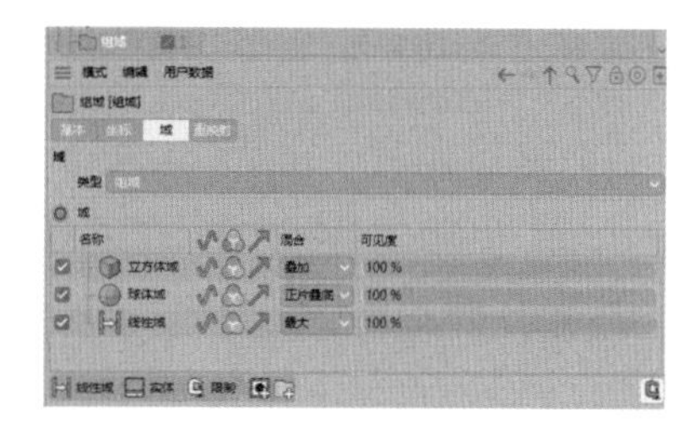

随机域

随机域与“随机”效果器类似，通过在空间中使用噪波来影响效果器的强度。

着色器域

着色器域与“着色器”效果器类似，通过着色器影响效果器的强度。

声音域

声音域与“声音”效果器类似，通过音频文件影响效果器的强度。

公式域

公式域与“公式”效果器类似，通过数学公式影响效果器的强度。在公式域的次级域中，可以单独为公式域添加一级域系统。

Python 域

Python 域与“Python”效果器类似，通过Python 脚本影响效果器的强度。

16.4 域层

在域列表下方按住“实体”按钮，弹出的下拉菜单即域层下拉菜单。

除“实体”“时间”“步幅”“通道转换”外，其余的域层不可通过单击直接创建，而是需要在单击后在场景中选中需要作为域层的对象；若选中的对象与所选域层的类型不符，则不能创建域层。

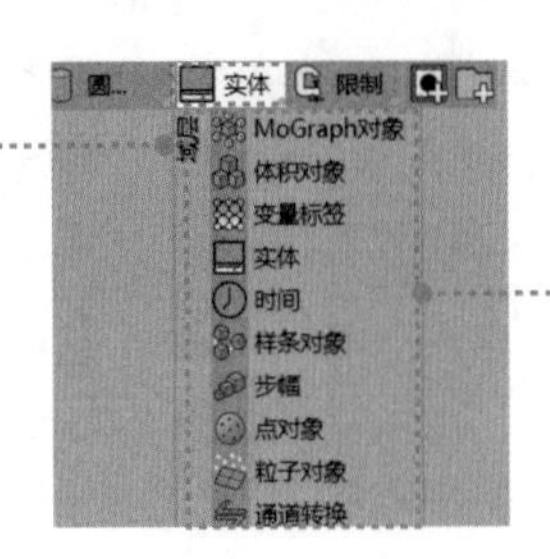

拖曳对象至域列表中会自动创建对应类型的域层。若对象可以创建多种类型的域层，则将弹出一个下拉菜单供用户选择，操作起来十分方便。

例如，先创建“矩阵”对象，然后创建“简易”效果器并应用于“矩阵”对象。“简易”效果器将保持默认效果，即“矩阵”对象沿 y 轴移动 100cm。

然后创建“球体”对象，将“球体”对象拖曳至“简易”效果器的域列表中，将自动创建“球体”域层。

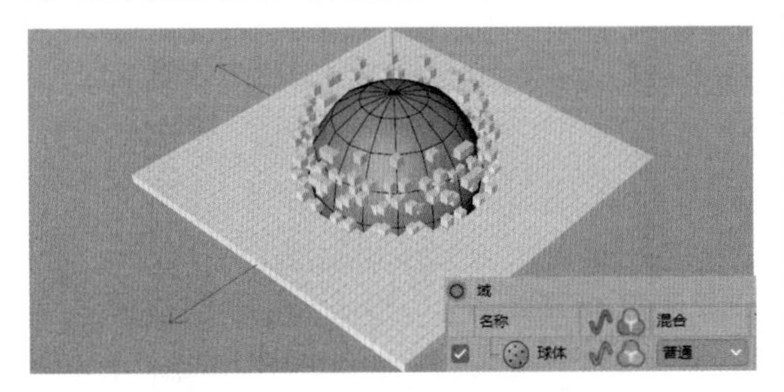

隐藏“球体”对象，可以更清楚地看到域层对效果器的影响范围。

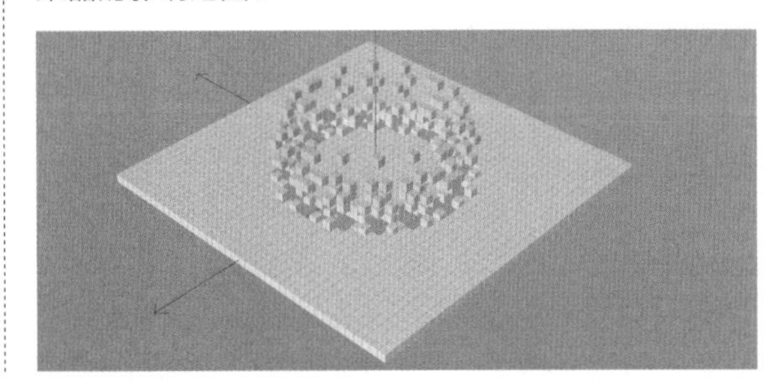

点对象域层（多边形对象域层）

将“多边形”对象置入域列表，将会自动创建“多边形”域层，其默认为“点”模式，类似域层列表中的“点对象”。除“多边形”对象外，“矩阵”“克隆”等对象也可作为“点对象”置入域列表。

层属性

模式：设置采样模式，有“点”“表面”“体积”3 种。

点：以点为中心进行采样，使用“半径”参数控制采样半径。其中，多边形点处的强度最大，采样边缘的强度最小。该模式的采样精度直接受域层来源点的密度影响。球体在相同半径不同分段下的效果不同。

表面：以面开始向四周进行采样，使用“半径”参数控制采样半径。其中，多边形表面处的强度最大，采样边缘的强度最小。由于该模式不需要考虑对象的分段，只需要考虑对象的外形，因此其效果通常更佳，但消耗的资源比“点”模式下消耗的资源更多。

体积：“体积”模式使用封闭网格的体积作为域层的范围，体积内的强度均为最大强度。

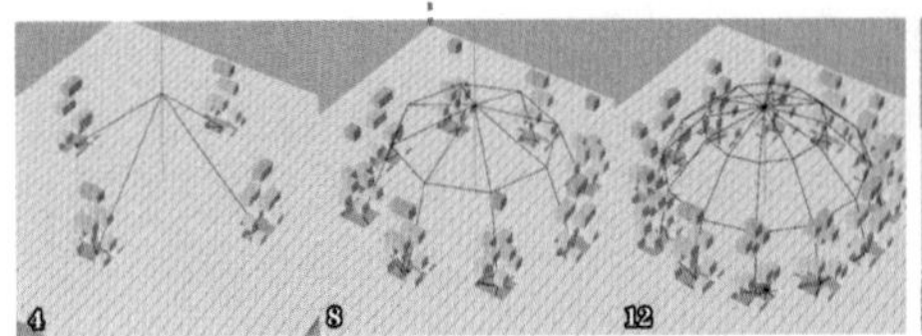

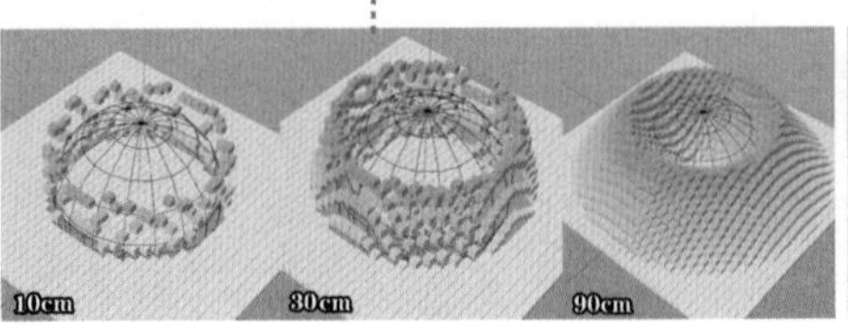

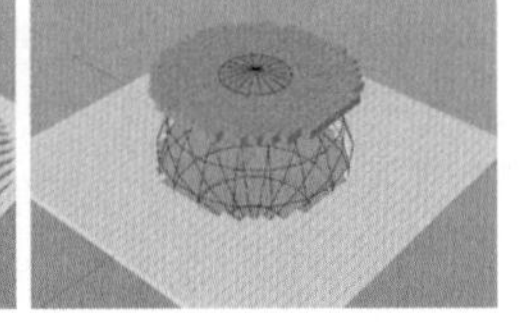

体积对象域层

使用“体积生成”对象与“球体”对象制作“体积”对象。

将“体积生成”对象拖曳到“简易”效果器的域列表中并隐藏。

层属性

采样模式： 设置采样模式，有“邻近”“线性”“二次”3 种模式，可以影响体积边缘的采样效果。

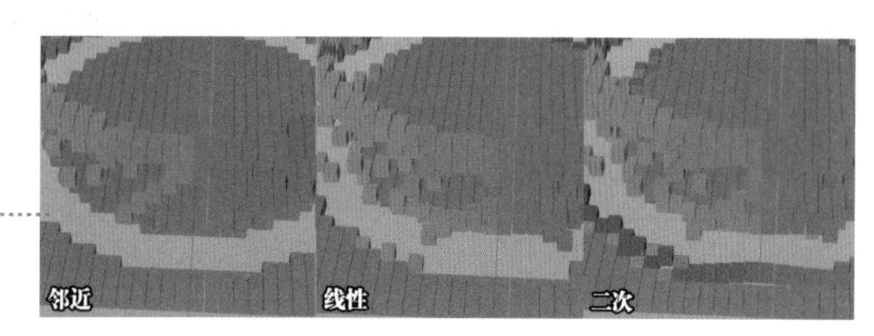

样条对象域层

层属性

样条外形： 切换样条在域中的影响模式，有“曲线”和“遮罩”两种模式。

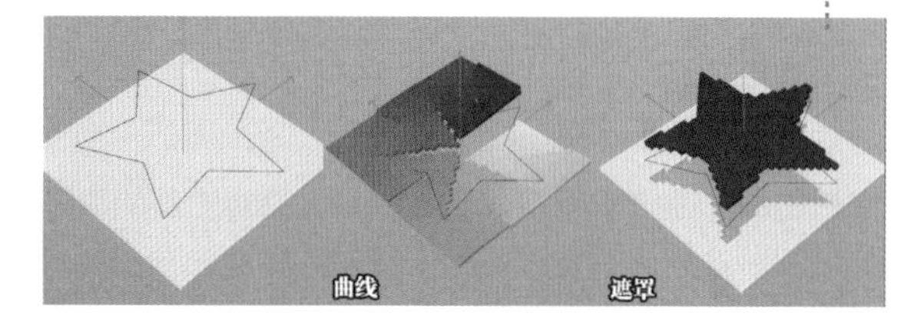

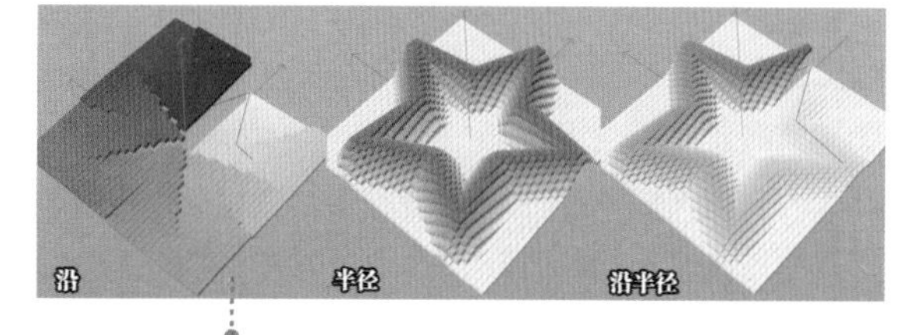

1. 遮罩模式

遮罩投射： 设置遮罩的投射方向。在该方向上不考虑距离的影响。

遮罩衰减： 设置遮罩过渡的衰减方向。

距离： 设置遮罩过渡的范围。

2. 曲线模式

距离模式： 设置“曲线”模式下的采样模式，有“沿”“半径”“沿半径”3 种模式。

沿： 沿着样条路径，起点处的强度为0，结尾处的强度为1。

半径： 以样条为中心，通过“半径”参数控制采样半径。

沿半径： 将“沿”和“半径”模式结合。

3. 沿模式

分段： 当样条由多段样条组成时的处理方式，有“完整样条”和“每分段”两种方式。

范围开始 / 结束： 设置样条起点和样条终点的偏移，参数范围为0%~100%。

偏移： 设置样条整体的偏移。

沿曲线衰减： 使用曲线定义沿样条的强度，x 轴代表样条位置，y 轴代表强度。

4. 半径模式

半径： 以样条为中心，使用该参数控制采样半径。

半径衰减： 使用曲线定义沿样条的半径比例，x 轴代表样条位置，y 轴代表半径比例。

变量标签域层

变量标签域层使用“顶点贴图”标签或“顶点颜色”标签作为来源。

创建一个“平面”对象，按C键将其转为可编辑对象，单击鼠标右键，在弹出菜单中执行“其他标签＞顶点颜色”命令，为“平面”对象创建“顶点颜色”标签。

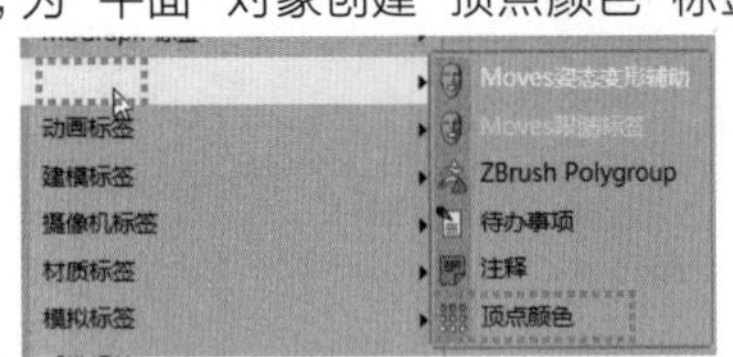

双击“顶点颜色”标签，切换到绘制模式并绘制颜色。

将“顶点颜色”标签拖曳到“简易”效果器的域列表中。

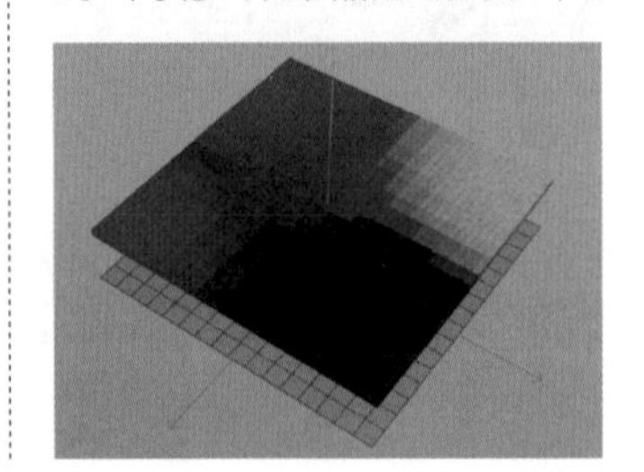

层属性

模式： 设置标签颜色如何应用于效果器，有“索引”“邻近”“最大”“最小”“平均”5种模式。

索引： 根据点编号与索引序号将“顶点颜色”标签的颜色逐个分配给效果器，若顶点数小于目标数量，则分配完一轮后再从头开始分配。

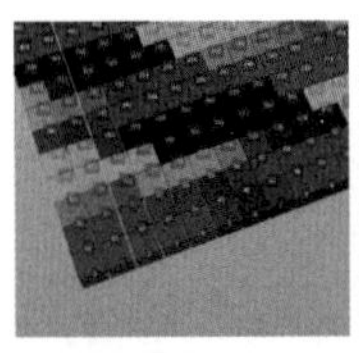

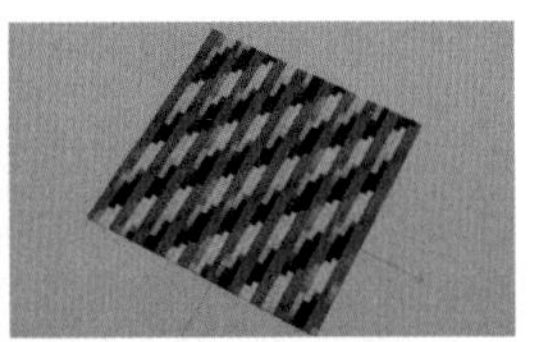

邻近： 默认的模式，效果器会将最近的顶点颜色应用于克隆对象。

最大/最小： 使用“半径”参数为每个顶点定义范围，将范围内的最大/最小值应用于目标对象。

平均： 与“最大”“最小”类似，将范围内的平均值应用于目标对象，以得到一个较为平滑的效果。

距离衰减： 选中该复选框后顶点与目标对象之间的距离将受到影响。

同样的距离，取消选中“距离衰减”复选框，“最大”“最小”“平均”模式下的效果不同。

使用变形后点： 若标签的来源对象受变形器的影响，则选中该复选框，使域层在计算时使用变形后的结果。

保持更新： 通常情况下，域层效果会同步更新，取消选中该复选框后若域层效果没有及时更新，则应重新选中该复选框，以保证域层效果实时更新。

粒子对象域层

因为粒子的特征与点的特征相似，所以粒子对象域层与“点”模式下的多边形对象的域层类似。因此，将粒子对象拖曳到域列表中时，可以选择“粒子对象”也可以选择“点对象”。

MoGraph对象域层

MoGraph对象域层使用运动图形对象作为来源，它将来源中的每个对象的轴心点作为顶点应用于域层，与变量标签域层的效果类似。

层属性

模式： 设置标签颜色如何应用于效果器，有“索引”“邻近”“最大”“最小”“平均”5种模式，与变量标签域层中的模式一致。

MoData次级索引： 当使用运动图形中的“文本”对象作为来源时，因为“文本”对象有“全部”“网格范围”“单词”“字母”4个属性面板，所以此处有4个效果器列表，需要修改该参数来确定要使用的效果器列表。

实体域层

实体域层使用“数值”参数控制强度，使用“颜色”参数控制颜色，该域层通常用于为域系统添加基础参数。

时间域层

时间域层会在设置的时间内将强度从 0 过渡到 1。

层属性

外形： 默认为“无”，即时间域层的强度从 0 过渡到 1 后停止。若设置为“正弦波”“三角波”“锯齿波”“方波”中的任意一种，则时间域层会根据对应波形在 0~1 的效果之间循环。

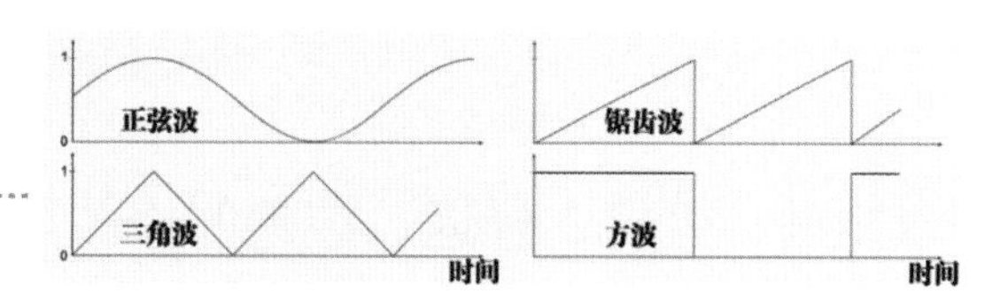

速率： 设置强度从 0 过渡到 1 所需的帧数，值越小速度越快。

偏移： 设置偏移时间域层的开始帧数。

在域列表中展开“时间”域层，可以看到一个“偏移”文件夹，可将需要的域层拖曳到其中。若将“外形”设置为“无”，则该域层的作用范围将覆盖时间域层；若设置为任意波，则该域层会以与时间域层的波形相反的波形进行往复运动。

步幅域层

步幅域层与“步幅”效果器类似，用于在目标对象中按序号在起点和终点之间进行从 0 到 1 的插值。

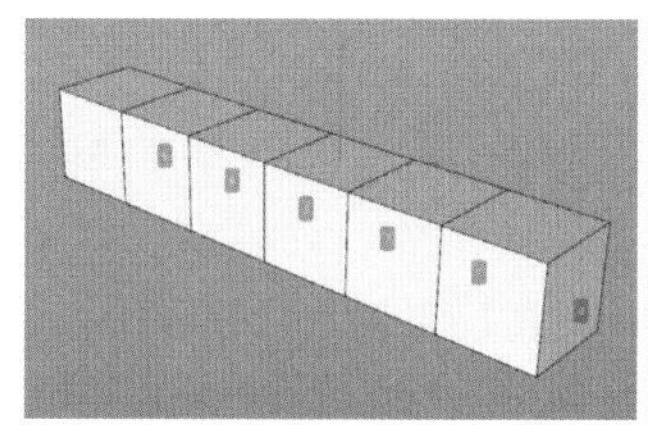

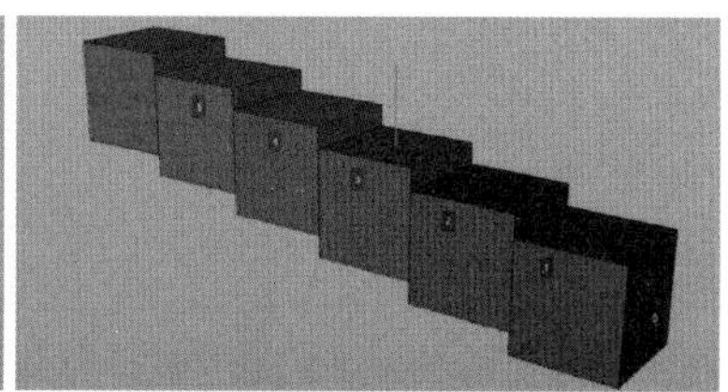

通道转换域层

通道转换域层用于将域层中的数值转换为通道的数值，创建通道转换域层，展开通道转换域层，将需要转换数值的域层置入其中，即可在通道转换域层的“层”属性面板中进行转换设置。

层属性

数值： 该参数通道的数值将由在该参数中设置的通道的数值转换而来。

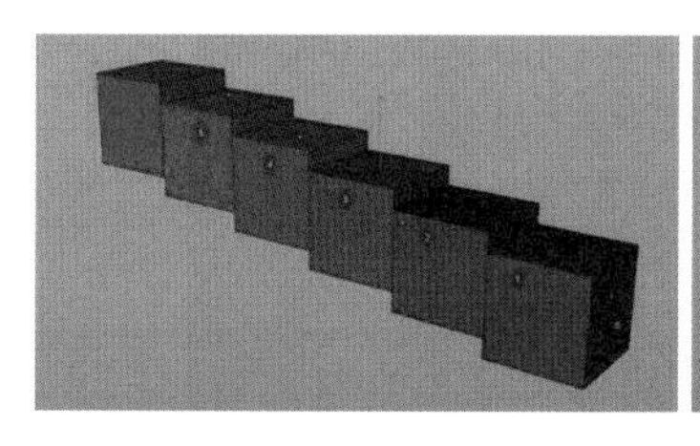

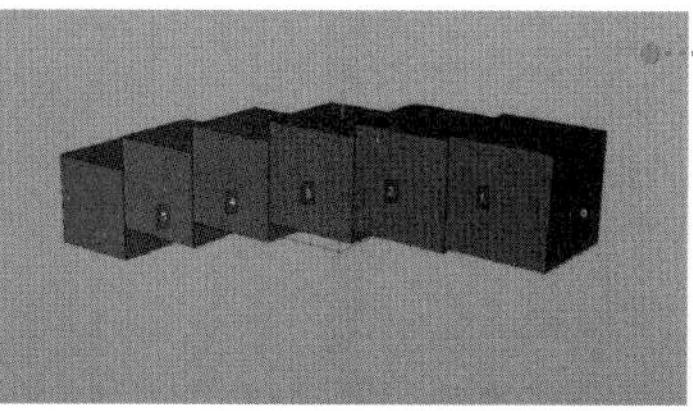

效果器的效果向 y 轴方向偏移，将该参数设置为“蓝色”后，越偏蓝的对象沿 y 轴方向的偏移越多。

颜色通道： 颜色通道的数值将由在该参数中设置的通道的数值转换而来，有“直接”和“通道”两种模式。其中，在“通道”模式下可以单独设置红色、绿色、蓝色通道。

方向通道： 方向通道的数值将由在该参数中设置的通道的数值转换而来，有“直接”和“通道”两种模式。其中，在“通道”模式下可以单独设置 x、y、z 通道。

16.5 修改层

修改层用于对其下方的其他层的结果进行修改。

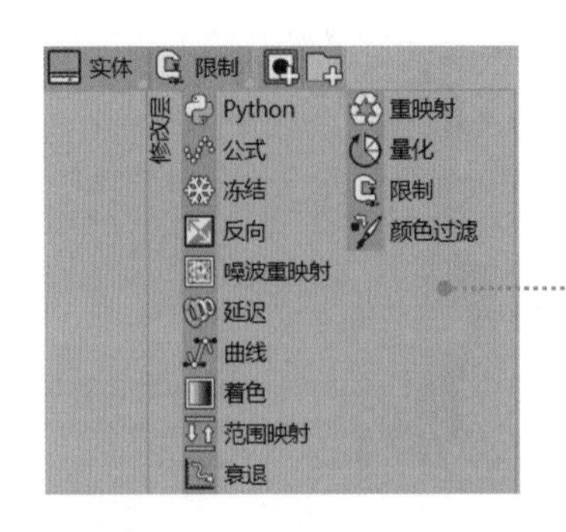

在域列表下方，按住“限制”按钮，弹出的下拉菜单即修改层下拉菜单。

Python、公式、延迟、重映射修改层

这些修改层的参数与前面讲解过的“Python”效果器、“公式”效果器、“延迟”效果器、“重映射”属性面板中的参数基本一致。

冻结修改层

在“顶点贴图”标签或“顶点颜色”标签中选中“使用域”复选框，会自动创建一个冻结修改层，该冻结修改层会冻结选中“使用域”复选框前绘制的顶点贴图中的内容。若没有冻结修改层，则在域中进行的任何操作都会覆盖在顶点贴图中绘制的内容。

冻结修改层中的内容无法直接修改，若要绘制新的顶点贴图，则需隐藏或删除冻结修改层，然后在绘制完毕后重新创建冻结修改层。

层属性

冻结： 单击该按钮，将会根据设置的模式重新覆盖冻结修改层中的内容。

清除： 单击该按钮，将会清除冻结修改层中的所有内容。

自动更新： 选中该复选框后会根据当前设置的模式，在播放动画时对每一帧冻结修改层中的内容进行更新。

模式： 设置冻结修改层如何处理自己冻结的内容，配合“自动更新”复选框使用可以制作顶点贴图动画。

无： 冻结修改层中的内容不会发生改变。

最大 / 最小： 通过“半径”参数设置每一个点的采样半径，将点的值重设为该半径内的最大 / 最小值，通过“效果强度”参数控制最大 / 最小值覆盖原始值的力度。例如，在“最小”模式下选中“自动更新”复选框，调整到合适的采样半径后，可以得到图案不断缩小的动画。

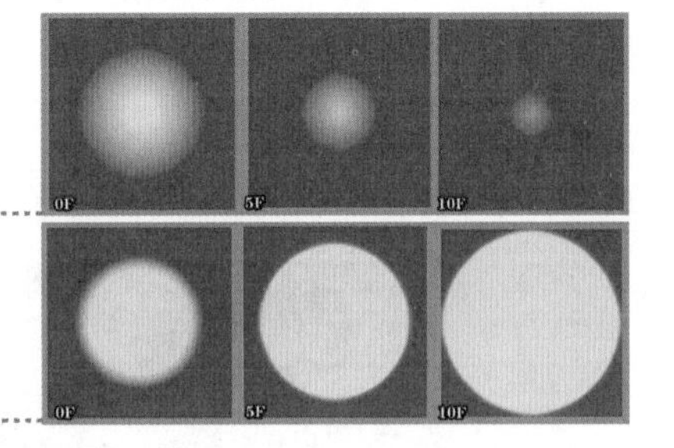

平均： 取采样半径内的平均值来重设每一个点的值。

扩展： 该模式强制选中“自动更新”复选框，图案会不断向外扩展，每帧的扩展半径由“半径”参数控制。

仅次级域： 选中该复选框后在更新过程中将不考虑冻结修改层本身，可以避免在一些特殊情况下产生奇怪的效果。

展开“冻结”修改层，可以看到“半径”文件夹，可以将其他域置入其中，用于限制冻结修改层的扩展范围。

反向修改层

反向修改层会将被影响域的参数值反转。

噪波重映射修改层

噪波重映射修改层使用噪波对被影响域的参数值进行重映射。

层属性

种子： 噪波的随机种子。

噪波类型： 设置噪波的类型。

比例： 设置噪波的缩放比例，值越大噪波越平滑。

动画种子： 设置噪波的动画速率，值越大噪波变化越快。

循环周期： 若值大于 0，则噪波会在设置的时间内完成一次循环；若值为 1，则循环周期为 1 帧，播放动画时噪波将静止。

偏移： 设置噪波的偏移距离。

偏移周期： 为偏移设置循环周期，则偏移也会产生动画。

颜色转换： 值大于 0% 时，会根据噪波效果为被影响的域添加颜色，需开启颜色通道才能看到效果。

着色修改层

着色修改层使用渐变颜色为被影响的域重新着色，但着色修改层仅能影响颜色通道，不能影响参数通道。

层属性

来源： 设置层渐变的信息来源，有“数值”“颜色”“方向”3 个选项。

渐变： 使用渐变颜色对来源中的信息进行着色，并赋予被影响的域。

循环： 设置动画时选中该复选框，颜色动画会产生循环往复的效果；若取消选中该复选框，则颜色将最终保持为渐变条其中一端的颜色。

比例： 缩放颜色的范围。

偏移： 偏移颜色的范围。

动画速度： 在设置的时间内，颜色将从渐变条左端的颜色过渡到渐变条右端的颜色。

范围映射

范围映射是将设定范围内的输入值映射到输出值范围。

曲线修改层

与噪波重映射修改层类似，使用曲线重映射被影响域的参数值。

层属性

形状： 使用曲线调整被影响域的值，x 轴表示原始值，y 轴表示重映射后的值。

动画速度： 若值大于 0，则被影响域的参数值会在这个时间内从 0 过渡到 1，其作用类似于时间域层。

偏移： “偏移”为 0% 时，被影响域的最小值为 0；“偏移”为 100% 时，被影响域的最小值为 1。该参数不会影响动画的速率，因此若将“偏移”设置为 50%，“动画速度”设置为 30F，则播放动画时，动画会在 15F 内播放完毕，而不会放慢速度在 30F 内播放完毕。

曲线之前 / 之后： 设置曲线之前 / 之后的行为模式。

衰退修改层

衰退修改层会对被影响域的动画产生影响，有“最大”和“最小”两种模式。“最大”模式会使被影响域从被影响状态过渡到原始状态的过程（从 1 到 0）变慢，“最小”模式会使被影响域从原始状态过渡到被影响状态的过程（从 0 到 1）变慢。

使用“克隆”对象、“简易”效果器、线性域制作一个有 30F 的动画。

在“简易”效果器的域列表中创建衰退修改层并将其置于线性域上方，为了方便观察，将衰退修改层的“效果强度”修改为 95%，在“最大”模式下播放动画，可见右侧蓝色立方体向左侧白色立方体过渡的过程变得缓慢，而左侧白色立方体过渡到右侧蓝色立方体的过程则不受影响。

“最小”模式下的动画效果如下。

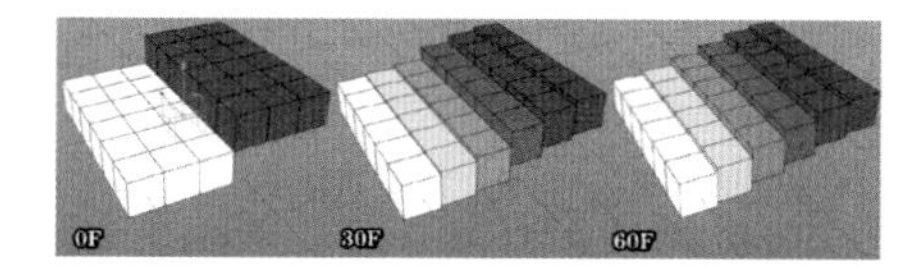

量化修改层

量化修改层只有一个“步幅”参数，用于将被影响的域的参数值量化为设定的恒定“步幅”值。

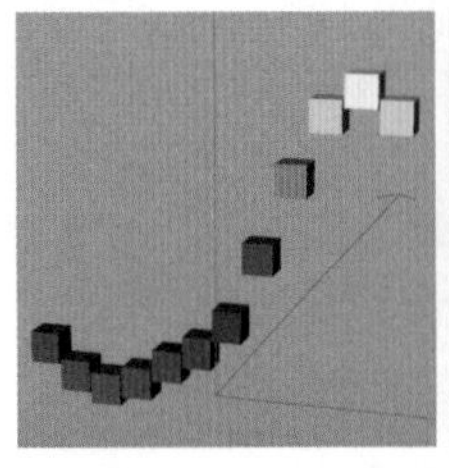

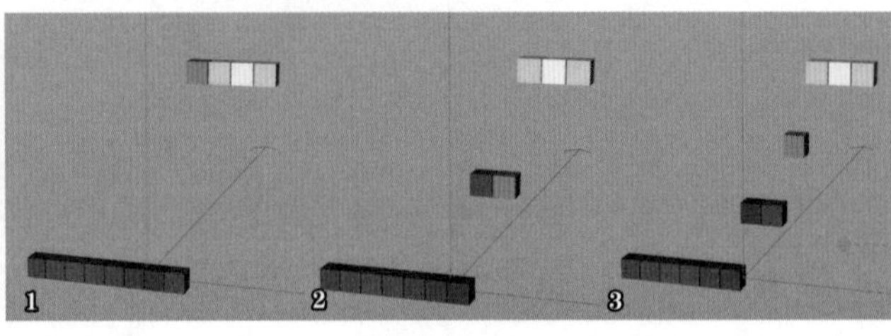

将“步幅”设置为不同值的效果。

限制修改层

限制修改层用于限制被影响域的参数的最大、最小值。

颜色过滤修改层

颜色过滤修改层使用数值或颜色值，将颜色重映射为设置的颜色，类似“颜色重映射”功能，但其没有“渐变”模式，仅有“单色”与“双色调”模式。

16.6 遮罩与文件夹

遮罩

选择需要添加遮罩的域，单击按钮添加“遮罩”对象，然后将用于制作遮罩的域置入其中，即可将域的效果限制在遮罩范围内。

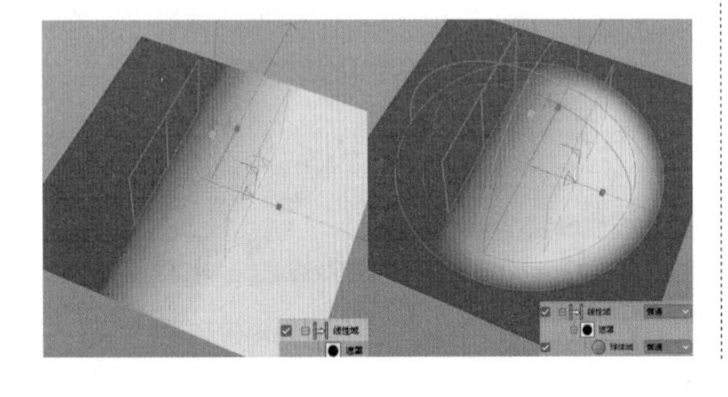

文件夹

选择需要的域，单击按钮，创建文件夹，并将选中的对象置入文件夹中。在文件夹处单击鼠标右键，在弹出菜单中执行“拷贝”命令。

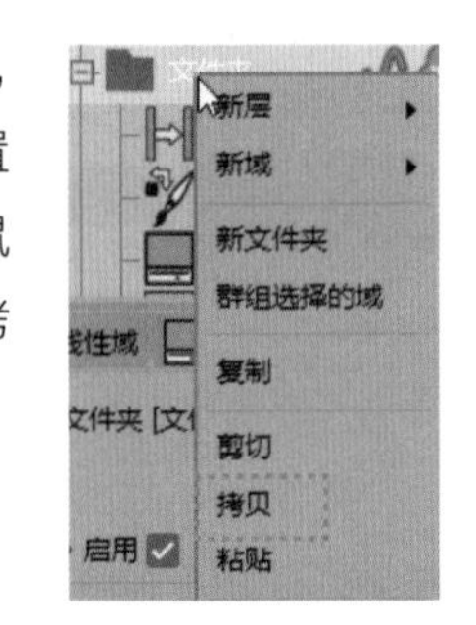

在其他效果器的域列表中单击鼠标右键，在弹出菜单中执行“粘贴”命令，即可快速将文件夹粘贴到新的效果器中。

第 17 章 动力学与粒子

本章学习要点

动力学模拟的基本流程　　力学体标签

通过对关键帧动画的学习，我们了解了制作物体的破碎动画非常困难且耗费时间。

因此，在制作此类动画时，通常不使用关键帧，而是通过系统的动力学（Dynamics）模拟功能让计算机自动完成动画的计算。使用动力学模拟功能的优点在于，系统可以根据算法在设置的动力学环境下，根据物体的质量与受力情况，制作出尽可能接近真实效果的交互动画，而不需要让动画师来考虑复杂的物体交互情况。

Cinema 4D 中的动力学系统基于开源物理模拟引擎 Bullet，Bullet 是世界三大物理模拟引擎之一，被广泛应用于影视与游戏行业。

17.1 模拟标签

在 Cinema 4D 中，使用模拟标签定义对象的“刚体”“柔体”“碰撞体”“布料”等属性，在“对象”窗口中的任意对象上单击鼠标右键，即可在“模拟标签”子菜单中看到所需标签。

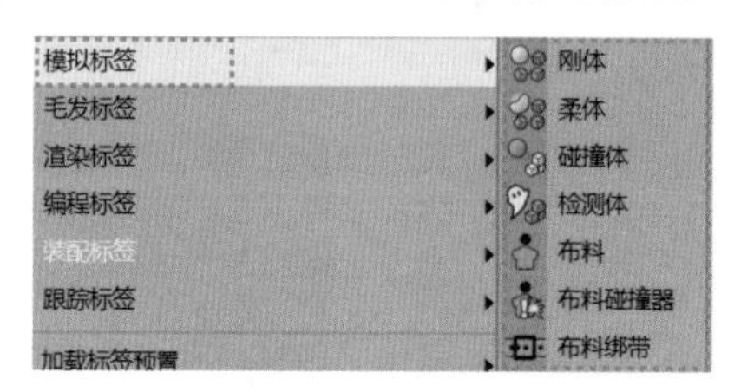

刚体

在物理学中，刚体（Rigid Body）是一种尺寸有限、可以忽略形变的固体。在 Cinema 4D 中，要将对象定义为刚体，只需为其添加“刚体”标签即可。例如，新建“立方体”对象，在“对象”窗口中执行“模拟标签 > 刚体”命令，创建预设类型为“刚体”的力学体标签，单击“向前播放”按钮即可看到“立方体”对象受重力影响而向下坠落的动画。

暂停播放动画并返回动画的开始处，创建“平面”对象作为地面，调整“立方体”对象与“平面”对象的位置。

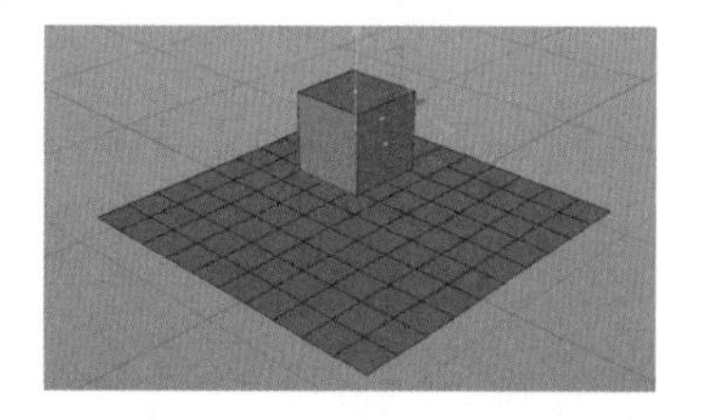

重新播放动画，“立方体”对象下落时穿过了“平面”对象，没有与“平面”对象发生碰撞。

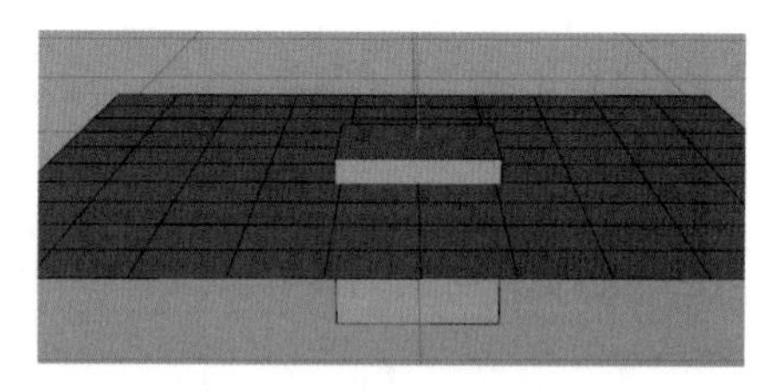

返回动画开始处，在“平面”对象上单击鼠标右键，在弹出菜单中执行“模拟标签 > 碰撞体”命令，创建预设类型为“碰撞体”的力学体标签。重新播放动画，此时“立方体”对象与“平面”对象产生了正常交互，“立方体”对象落在了“平面”对象上。

动力学模拟基本流程

打开“实例文件 >CH17> 动力学模拟基本流程 .c4d”文件。

播放动画。

此时，拖曳时间滑块来回观察，会发现在任意位置将时间滑块往左拖曳时，“立方体”对象均不会回到前面的状态；而在任意位置将时间滑块往右拖曳时，时间每前进一次，模拟结果就会更新一次。若将时间滑块拖曳到动画开始处，则“立方体”对象会重置为初始状态。

这是由动力学模拟的特性导致的。在模拟过程中，模拟结果无法回溯，也无法对对象进行修改。因此，若要修改动力学对象，则必须在动画开始处修改。动画的第 0 帧定义了模拟的初始状态，第 0 帧对动力学模拟有着特殊意义。

在模拟标签的“缓存”属性面板中单击“烘焙对象”按钮，将对象的模拟结果缓存在工程文件中，此时可以随时拖曳时间滑块，观察每一帧的模拟结果，但缓存的模拟结果不可修改。当需要重新调整模拟效果时，需单击“清除对象缓存”按钮，然后返回动画开始处调整参数，再重新进行模拟。

缓存属性

本地坐标： 若烘焙对象为其他对象的子级，选中“本地坐标”复选框则使用对象的当前坐标系，取消选中该复选框则使用全局坐标系。

包含碰撞数据： 使用 Xpresso 系统的动力学碰撞节点时需要用到碰撞数据，应选中该复选框将碰撞数据一并进行缓存。

烘焙对象 / 清除对象缓存： 仅烘焙和清除当前对象的缓存。

全部烘焙 / 清空全部缓存： 烘焙和清除场景中全部对象的缓存。

内存： 显示当前缓存占用的内存。

使用缓存数据： 选中该复选框即可使用缓存的数据，取消选中该复选框则暂时不使用缓存的数据。

动力学属性

执行“编辑 > 工程设置”命令，或按快捷键 Ctrl+D 打开“工程设置”属性面板，切换到“动力学”属性面板，即可设置全局的动力学模拟参数。

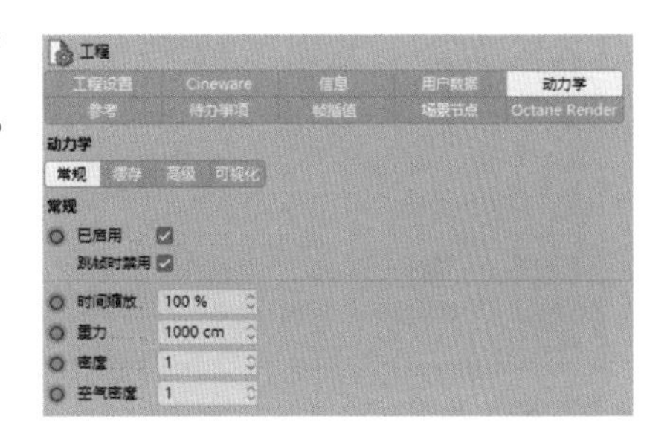

1. 常规

跳帧时禁用： 选中该复选框则只在按顺序播放时模拟，在发生跳帧时不进行模拟。例如，在第 0 帧时直接单击时间线跳转到第 60 帧，取消选中该复选框会直接计算第 0~60 帧的结果并显示第 60 帧的结果。为避免误触而造成系统卡顿，默认选中该复选框。

时间缩放： 设置全局的时间速度，当值小于 100% 时可以制作慢动作效果。当时间速度发生变化时，计算结果可能会与正常速度下的计算结果有所区别。

重力： 设置全局重力，也可以使用重力场设置单个对象的重力。

密度： 设置对象的全局密度，会影响对象质量。

空气密度： 设置全局的空气密度，会影响对象的空气动力学效果。

2. 高级

碰撞边界： 扩展对象的碰撞边界，通常用于对对象进行单独修改。

缩放： 修改 Cinema 4D 的比例，通常不需要修改。

补偿静止接触的生命周期： 在对象接触处产生微小的弹性碰撞，防止对象相交。

随机种子： 在进行运动图形对象的动力学计算时，将在不同位置使用不同的随机数以产生不规则的效果。该参数用于产生不同的随机数。

步每帧： 设置每前进一帧，算法在两帧之间模拟的次数，称为子帧。例如，从第 1 帧到第 2 帧，根据参数设置系统可能模拟了第 1.2、1.4、1.6、1.8、2 帧。值越大，模拟精度越高，但也越耗时间。

每步最大解析器迭代： 设置每一帧的最大子帧步数，若解算的子帧不足以计算较准确的结果，则系统会增加子帧步数。

错误阈值： 设置判断结果是否为准确的阈值，通常不需要修改。

3. 缓存

设置全局缓存。

4. 可视化

启用： 选中“启用”复选框则会在视图中开启动力学可视化功能，可视化内容有碰撞外形、边界框、接触点与连接器。

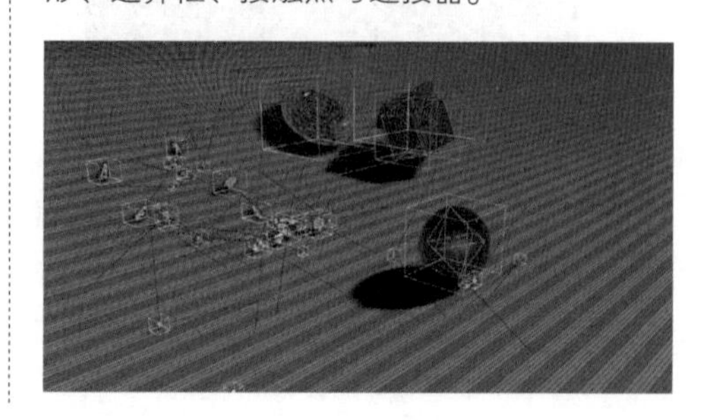

力学体标签：刚体

打开“实例文件 >CH17> 力学体标签：刚体 .c4d”文件。

在克隆对象处单击鼠标右键，在弹出菜单中执行“模拟标签 > 刚体”命令，为对象添加“刚体”力学体标签，然后播放动画。

动力学属性

启用： 动力学开关，关闭则完全不参与动力学计算。

动力学： 设置动力学模式，有“关闭”“开启”“检测”3种模式。

关闭： 对象不受外力影响并保持静止，但保留碰撞效果，即“碰撞体”标签预设的模式。

开启： 和其他动力学对象产生完整的交互，即“刚体”标签预设的模式。

检测： 会记录碰撞数据但不和其他对象产生交互，即“检测体”标签预设的模式。

MoGraph 选集： 若动力学对象为运动图形对象，则可以通过“运动图形选集”标签设置哪些对象参与计算、哪些对象不参与计算。

设置初始形态： 若希望将模拟过程中的某一帧设置为模拟的初始形态，则单击该按钮即可。设置为初始形态后，返回第 0 帧时对象也将显示为设置的形态，包括位置和速度信息。

清除初始形态： 单击该按钮会删除设置的形态，恢复对象本身的形态。

在可视化中可见： 开启动力学可视化功能时，控制该动力学对象是否在可视化内容中可见。

激发： 设置动力学效果的激活条件，在被激发前，对象不受外力影响。

立即： 动画开始播放，动力学效果立即被激发。在该模式下，在动画的开始帧处为对象制作关键帧动画，则对象会在模拟开始时根据动画前两帧的关键帧信息生成初速度。

在峰值： 在该模式下需要为对象设置关键帧动画，在对象达到最大速度时动力学效果被激发。

开启碰撞： 对象被其他动力学对象碰撞后，动力学效果被激发，使用“激发速度阈值”设置动力学效果被激发的速度阈值。如果对象被碰撞后速度小于该值，则不会激发动力学效果。

由 Xpresso： 使用 Xpresso 系统控制动力学效果的激发。

自定义初速度：选中该复选框则使用“自定义线速度”“自定义角速度”定义对象被激发时的初始速度，因为该参数定义的速度不考虑能量守恒定律，所以可以制作出对象被轻轻触碰后被快速弹飞的极端效果。

对象坐标：该参数用于确定“自定义初速度”参数中定义的初速度的坐标系是对象坐标系还是全局坐标系，选中时使用对象坐标系，取消选中时使用全局坐标系。

转变时间：为动力学标签设置关键帧动画，使“动力学”参数在模拟过程中由“开启”切换为“关闭”或“检测”，切换模式后动力学对象会在“转变时间”内从模拟的状态恢复到初始状态。

动力学转变：选中该复选框则动力学对象在恢复到初始状态的过程中会考虑碰撞，取消选中该复选框则只生成简单的插值动画。

线速度阈值 / 角速度阈值：当线速度 / 角速度小于设定值的 2 秒后，对象将不参与动力学计算以减少对性能的消耗，直到对象再次被碰撞并重新激发动力学效果。

碰撞属性

继承标签：设置动力学对象的子级对象如何继承动力学标签中的参数。

无：子级对象不继承父级对象的动力学标签，即子级对象不受动力学影响，只受父子级关系的约束。注意运动图形对象，例如克隆对象的子级对象，在该模式下依然参与动力学的模拟。

应用标签到子级：子级对象继承父级对象的动力学标签，且受动力学影响。

复合碰撞外形：将父子级全部对象视作一个整体参与动力学的模拟。

独立元素：设置运动图形对象生成对象时的计算方式。

关闭：将整个运动图形对象作为整体进行模拟。

顶层：将文本的每一行作为一个单独的动力学对象。

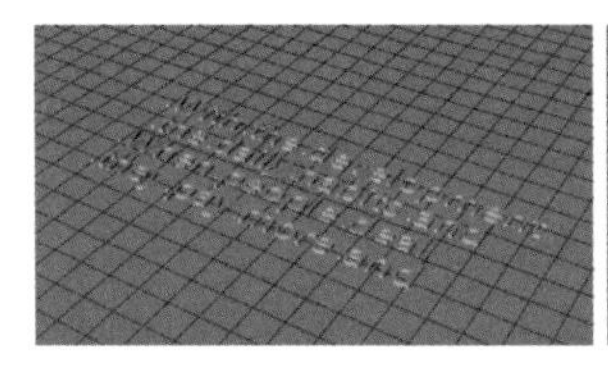
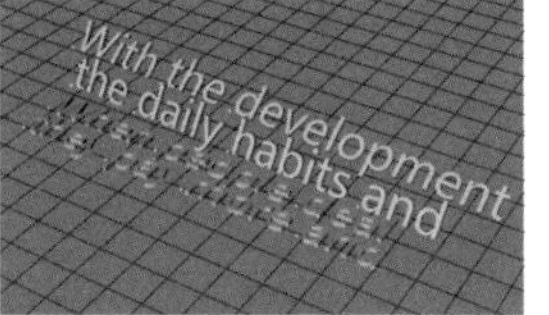

第二阶段：将文本的每一个词作为一个单独的动力学对象。

全部：将文本的每一个字作为一个单独的动力学对象。

本体碰撞：选中该复选框则对象会与自己发生碰撞，取消选中该复选框则对象只与其他对象发生碰撞。

使用已变形对象：若对象使用变形器进行了变形操作，则选中该复选框后将使用变形后的对象进行计算。

外形：设置对象的碰撞外形，开启动力学可视化功能时，对象边缘的黄色框即碰撞外形，外形越复杂计算速度越慢，常用的模式如下。

自动：默认的模式，自动根据对象形状设置碰撞外形。

方盒、椭圆体、圆柱：使用基础几何体作为碰撞外形，外形简单，计算速度快，但这些模式仅适用于外形类似对应的基础几何体的对象。

外凸壳体：将对象的突出点相连，类似于使用布料紧紧包裹住对象，在保证碰撞外形尽量贴近对象的同时，使碰撞外形不至于太复杂。

动态网格：完美匹配对象的外形，每帧都会重新计算，这是最慢但最准确的模式。

静态网格：完美匹配对象的外形，每帧都会重新计算，但该模式下的对象不受外力影响。

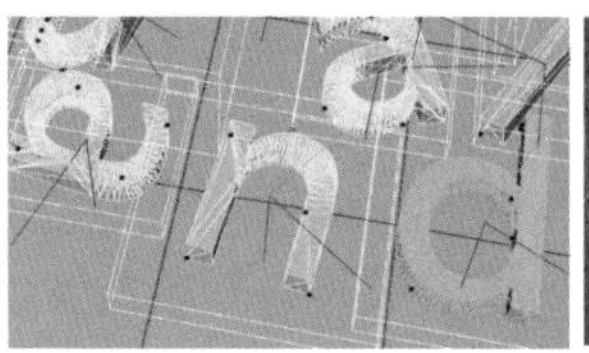

另一对象：使用其他对象定义碰撞外形。

关闭：对象没有碰撞外形，不参与计算。

其中不同颜色的线框表示的含义不同。

黄色：活动对象，正常参与计算。

绿色：活动对象，其速度暂时小于定义的速度阈值，但还没停止计算。

蓝色：对象已停止计算。

浅蓝色：对象已停止计算，但因为碰撞而直接或间接地与活动对象产生了联系。

尺寸增减：增减碰撞外形的尺寸。

使用 / 边界：在动力学可视化状态下，对象的白色范围框，选中"使用"复选框后使用"边界"对其进行修改，通常保持默认即可。

保持柔体外形：为动力学标签设置关键帧动画，将柔体在模拟过程中关闭，则柔体会变回刚体。选中该复选框，对象依然保持作为柔体时的外形，取消选中该复选框则对象会瞬间变回初始外形。

反弹：设置对象发生碰撞时反弹的力度，值为 0% 则不反弹，值大于 100% 则会产生违反现实物理规律的效果。注意反弹力度是由发生碰撞的两个对象共同决定的，若一个对象的反弹力度为 0%，则与其发生碰撞的对象的反弹力度再大也不会产生反弹效果。

摩擦力：物理学中提供了 3 种基本类型的摩擦（静摩擦 / 动摩擦 / 滚动摩擦）。Cinema 4D 将静摩擦和动摩擦合并为一个参数，即"摩擦力"参数，该参数同时定义静摩擦和动摩擦。摩擦值越大对象滑动时停下来得越快。Cinema 4D 不提供对滚动摩擦的调整，但可以通过其他方法对其进行模拟。

碰撞噪波：在现实生活中，两个外形一致、质量一致的物体从同一个高度落下，会产生不同的碰撞结果；而系统中的模拟若前提一致，则结果也会一致。该参数用于为每次碰撞添加细微的变化，使运动一致的对象在发生碰撞时，产生的碰撞效果有所不同。

质量属性

使用：设置对象使用的密度模式。

使用全局密度：使用全局密度，不可对单个动力学对象进行单独调整。

自定义密度：使用"密度"参数自定义对象密度。

自定义质量：使用"质量"参数自定义对象质量。

旋转的质量：在上述参数中设置的密度只影响线性运动和碰撞，该参数单独影响对象的旋转质量，值越小则旋转对象所需的力越小。

自定义中心：选中该复选框后使用"中心"参数自定义对象的中心位置。

力属性

跟随位移 / 跟随旋转：对象会产生指向关键帧动画的路径的力。例如，下图所示的小球，可以使用关键帧为其制作简单的位移动画，动画路径为蓝色曲线。该小球不与地面接触，没有旋转，仅会简单移动。

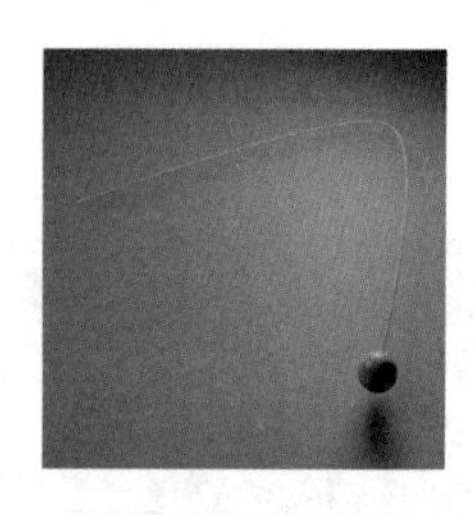

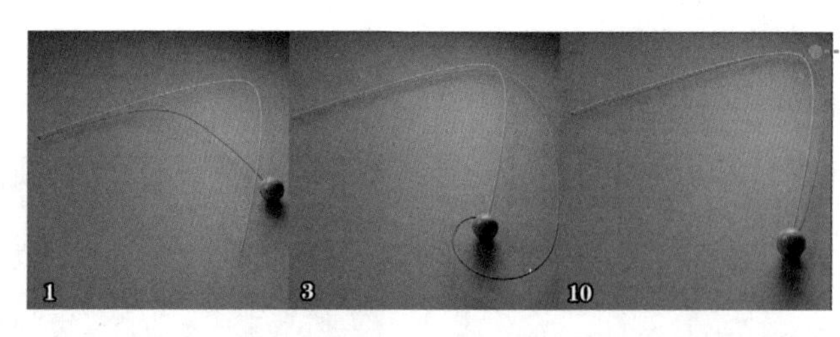

为小球添加"刚体"标签，在"力"属性面板中将"跟随位移"设置为不同的值，小球的运动路径显示为橙色。

没有设置任何初始速度的小球落地后，因指向关键帧动画路径的力而产生了朝着关键帧动画路径滚动的倾向。当力足够大时，滚动路径将非常接近关键帧动画的路径。

若对象没有关键帧动画，则该力始终指向对象的初始位置。

线性阻尼 / 角度阻尼：设置线性运动和线性旋转的阻尼，人为地降低每帧的速度，通过"角度阻尼"即可模拟滚动摩擦。

力列表 / 力模式：设置列表中的力场是否作用于对象。

空气动力学：用于模拟空气对对象的影响。按快捷键 Ctrl+D 打开"工程设置"属性面板，在"动力学 > 常规"中通过"空气密度"修改空气的密度。

粘滞：在对象朝向风的面上施加与风力方向相反的力。

升力：在对象朝向风的面上施加向上或向下的力。

双面：使对象内表面也受空气动力学的影响。

力学体标签：柔体

刚体将整个对象视作一个整体，对象受力后将整体受影响。而柔体则将对象视作多个质量点，点与点之间由看不见的弹簧相连，点在受力后通过弹簧将力逐渐向外扩散、衰减，形成类似气球、布料等柔体的效果。

打开“实例文件 >CH17> 力学体标签：柔体 .c4d”文件。

在“对象”窗口中的“柔体”和“圆柱体”上单击鼠标右键，在弹出菜单中执行“模拟标签 > 柔体”命令，创建预设为“柔体”的力学体标签，单击▶按钮进行模拟。

柔体属性

柔体：设置柔体的模式。

关：不产生柔体效果，即变为刚体效果。

由多边形 / 线构成：柔体由多边形网格构成，通常使用此模式。

由克隆构成：柔体由克隆对象构成。

静止形态：静止形态即弹簧在正常长度时的形态，通常无须修改。可以使用与柔体对象结构相同的对象作为静止形态的来源对象，柔体对象会将弹簧的正常长度重定义为来源对象的长度。表现为：开始模拟后，柔体对象会因弹簧的正常长度与当前长度不一致而发生膨胀或收缩变形。例如，使用下图中上方较长的圆柱体作为静止形态的来源对象。开始模拟后，圆柱体会因弹簧要恢复原状而膨胀。

构造：构造弹簧的结构与对象网格的结构一致，其是保持柔体结构的主要弹簧。该参数用于定义构造弹簧的刚度，值越小弹簧越容易变形，其他参数保持默认即可。

贴图：使用“顶点贴图”标签重新定义对应的柔体属性的分布。

质量贴图：通常情况下，柔体每个质量点的质量均平均分布，该参数使用“顶点贴图”标签重新定义质量的分布。将圆柱体转为可编辑对象后，绘制顶点贴图并将其应用于质量贴图，效果如下图所示。

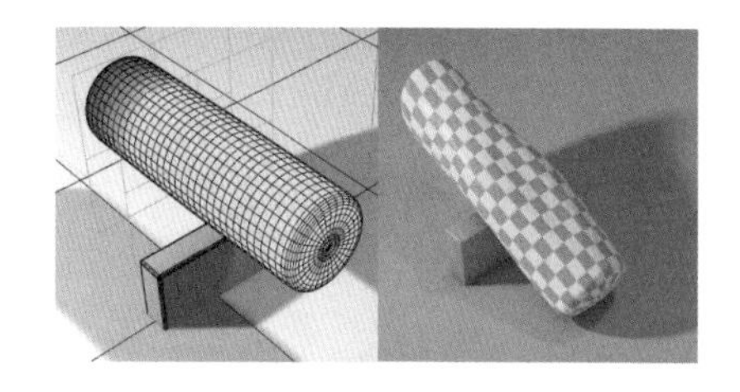

使用精确解析器：选中该复选框可使模拟结果更精确、稳定，通常保持选中即可。

弹簧：分别设置不同类型的弹簧的参数。

柔体中每个顶点包含 3 种类型的弹簧，它们共同参与柔体形态的计算，不同弹簧在顶点间的连接方式不同。总体是 3 种类型的弹簧同时使用。

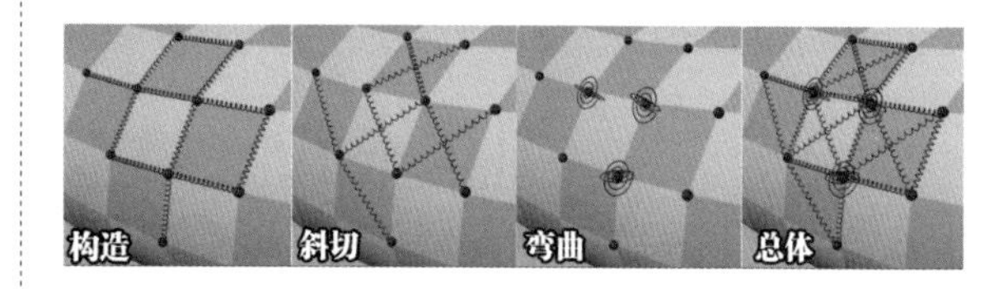

阻尼： 设置弹簧间传递的力的阻尼，值越大力衰减得越快。直观表现为值越大，柔体发生碰撞后周围结构停止震荡的速度越快。

弹性极限： 设置弹簧的弹性极限，弹簧被拉伸或挤压到弹性极限后会失去弹性，会发生完全塑性变形。直观体现为柔体被严重拉伸后失去弹性，将永久保持拉伸状态。当该值为 0% 时，弹簧禁用完全塑性变形功能。

斜切： 斜切弹簧在四边形的对角线上互相连接，以确保多边形不会被折叠。该参数用于定义斜切弹簧的刚度，值越小弹簧越容易变形，其他参数保持默认，不同值下的效果不同。

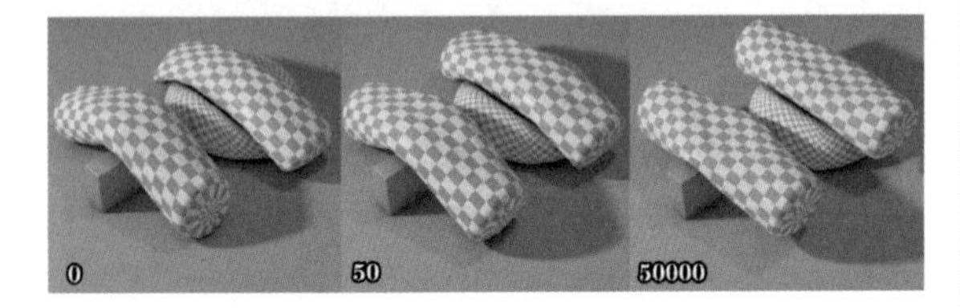

弯曲： 弯曲弹簧与前两者不同，它是位于每个顶点上的扭转弹簧，用于保持对象相邻边的角度的连续性。该参数用于定义弯曲弹簧的刚度，值越小弹簧越容易变形，其他参数保持默认。

弹性极限： 设置弯曲弹簧的弯曲极限，参数范围为 0° ~ 180°，超过该参数设置的值后，弹簧将发生完全塑性变形。

静止长度： 设置弹簧静止时的正常长度的相对比例，值小于 100% 时开始模拟后对象会发生收缩，值大于 100% 时对象会发生膨胀，使用顶点贴图可灵活控制弹簧的静止长度。

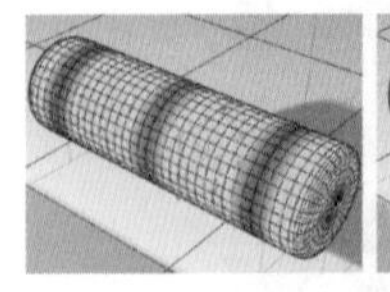

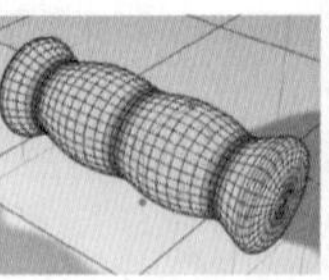

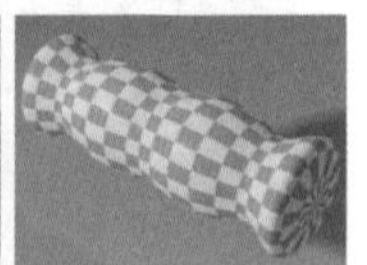

撕裂长度： 在“由克隆构成”模式下，控制每个弹簧的撕裂极限。

Fix 旋转： 在“由克隆构成”模式下，值越大每个克隆对象的旋转越受限。

保持外形： 对 3 种弹簧进行整体控制的参数。

硬度： 值越大对象受到碰撞时形变越小，越接近刚体。

体积： 在使用顶点贴图对“硬度”参数进行局部修改时可能会使对象的体积发生变化，使用该参数即可修正“硬度”的影响，通常保持默认即可。

压力： 用于设置封闭柔体对象的内部压力参数。

压力： 仅适用于封闭对象，值为负时对象会因为负压而发生收缩，值为正时对象会发生膨胀。

保持体积： 当压力过大时，对象会过度膨胀，使用该参数可以保持对象的体积。

阻尼： 设置压力传递的阻尼，值越大对象膨胀或收缩得越慢。

布料 / 布料碰撞器

打开“实例文件 >CH17> 布料 .c4d”文件。

单击鼠标右键，在弹出菜单中执行“模拟标签 > 布料碰撞器”命令，为“球体”“地面”对象添加“布料碰撞器”标签。

创建“平面”对象，将“平面”对象的 y 坐标修改为 150cm，将“分段”修改为 100×100。将“材质”窗口中的材质赋予“平面”对象，单击鼠标右键，在弹出菜单中执行“模拟标签 > 布料”命令，单击“向前播放”按钮开始模拟，此时没有任何效果。按 C 键将“平面”对象转换为可编辑对象，再次单击“向前播放”按钮开始模拟，此时有效果了。

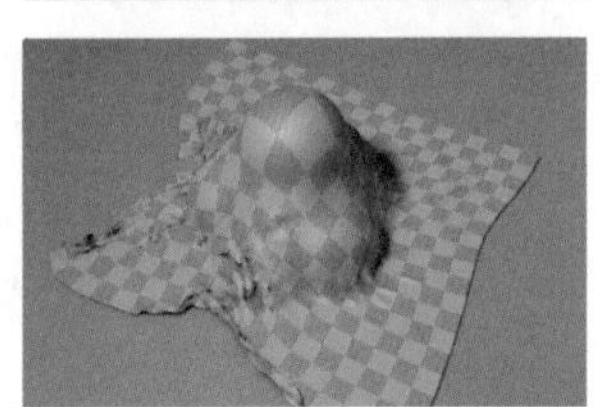

“平面”对象的褶皱处较为细碎，创建“细分曲面”生成器并将其作为“平面”对象的父级。

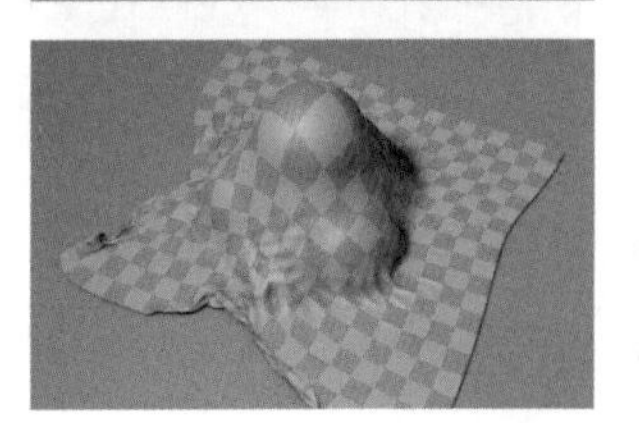

标签属性

自动：选中该复选框后布料从动画开始时开始模拟，取消选中该复选框则需手动设置模拟的开始时间和停止时间。

迭代：设置模拟过程中每帧的迭代次数，值越大结果越精确，模拟时间越长。不同迭代值在相同模拟时长下的效果不同。

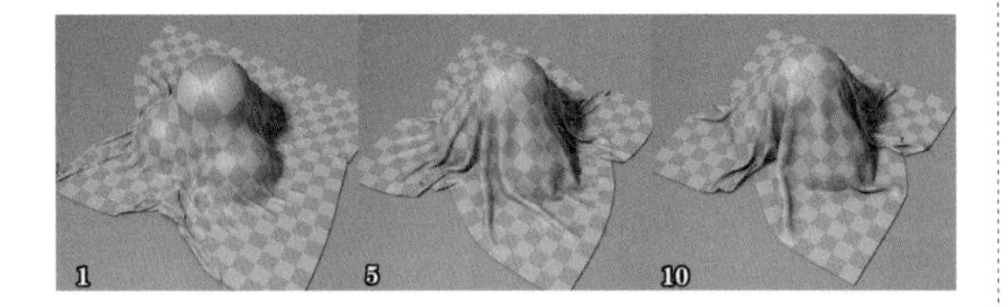

硬度：设置布料的软硬程度，值越大布料越硬，可伸缩性越差。

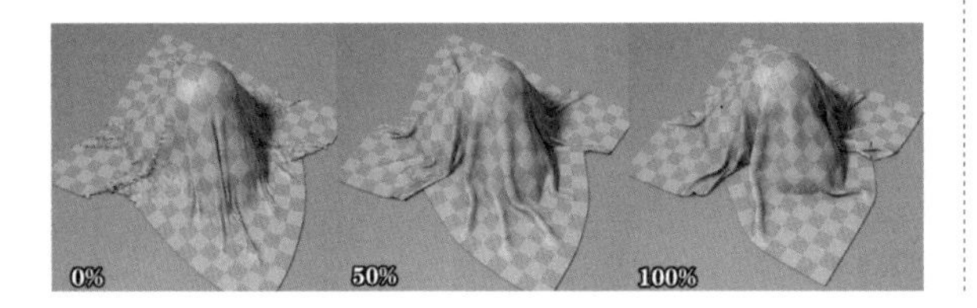

反弹：设置布料与其他对象接触时的反弹强度。

摩擦：设置布料与其他对象接触时的摩擦强度。

质量：设置布料质量，值越大布料越重。

尺寸：设置布料的正常大小相对于初始大小的比值，模拟开始后，值小于100%时布料会收缩，大于100%时布料会扩大。将该参数与顶点贴图配合使用，可以使衣物更贴身。

弯曲：值越小布料越容易产生细小的弯曲，值越大布料越难产生细小的弯曲。

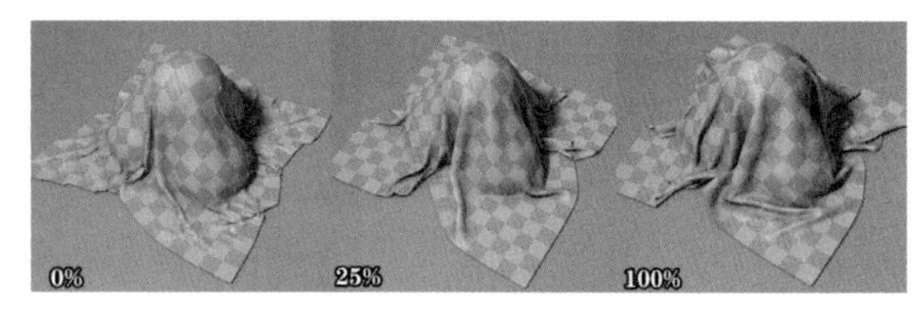

橡皮：该参数控制布料的可拉伸性，值越大布料被拉伸得越厉害。

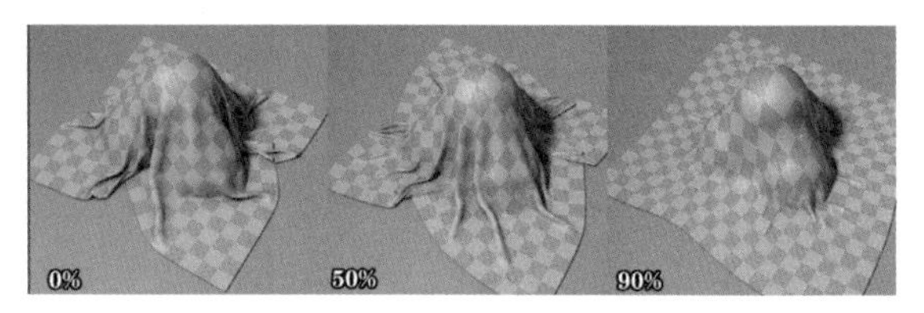

撕裂：选中该复选框后会启用布料撕裂效果，使用“撕裂”控制布料的拉伸极限。此外，撕裂还取决于布料的刚度，刚度越低布料越容易撕裂，因此常用顶点贴图控制需要撕裂的区域为低刚度。

影响属性

重力：布料不受工程设置中的重力影响，可使用该参数单独设置布料受到的重力。

粘滞：与刚体的“粘滞”参数类似。

风力方向X/Y/Z：为布料添加风力影响，可使用该参数设置布料受到的风在各个方向上的速度。

风力强度：风力对布料的影响强度，值越大影响越大。

风力湍流强度：为风力添加湍流，控制湍流的强度。

风力湍流速度：控制湍流的频率，值越大湍流变化得越快。

风力粘滞：控制风影响对象的衰减程度，值越大，风的影响效果越平滑。

风力压抗：值为100%时，风力正常影响布料；值为0%时，风力对布料表面的影响降至0。

风力扬力：值为100%时，布料很容易被风吹起；值为0%时，布料不会被风吹起。

空气阻力：设置布料受到的空气阻力的强度，空气阻力会随时影响布料，若该值太大则布料看起来像在水中游动一样。

本体排斥：类似于“本体碰撞”参数，布料会对本体的其他部位产生排斥，用于避免布料在模拟时发生穿模现象，但会使计算量增加，模拟时间变长。

距离：设置本体排斥的距离。

影响：本体排斥的影响强度，值越大排斥效果越明显。

阻尼：控制排斥产生的力的衰减程度。

修整

修整模式：选中该复选框后会进入修整模式，此时布料无法进行模拟，且视图中的布料多边形上会显示黑色的“×”。

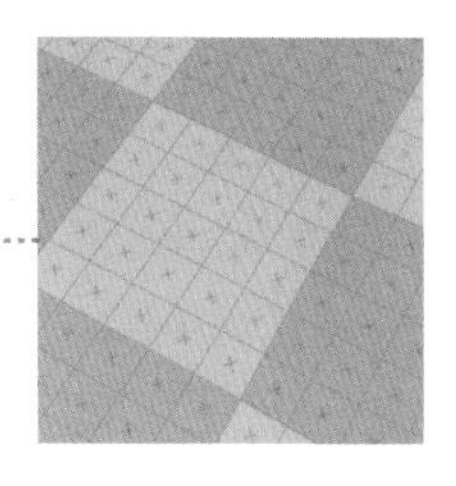

松弛：单击该按钮则会在模拟开始前计算“步”参数控制的帧数，以使布料在模拟开始时处于较放松的状态。

收缩： 制作衣物时使用，单击“收缩”按钮则会在模拟开始前计算“步”参数控制的帧数，以使布料的缝线缩短至设置的宽度，使衣物在模拟开始后处于已经被穿上的状态。

初始状态： 单击“设置”按钮，将当前状态设置为初始状态，且自动取消选中“修整模式”复选框；单击“显示”按钮可切换到初始状态。

放置状态： 单击“设置”按钮可自动进入修整模式，并将当前状态保存为“放置状态”，单击“显示”按钮可回到当前状态。

固定点： 在“点”模式下选择需要固定的点，选择完成后单击“设置”按钮将点设为固定点，固定点会显示为紫色，模拟时固定点将被固定在初始位置上不动。

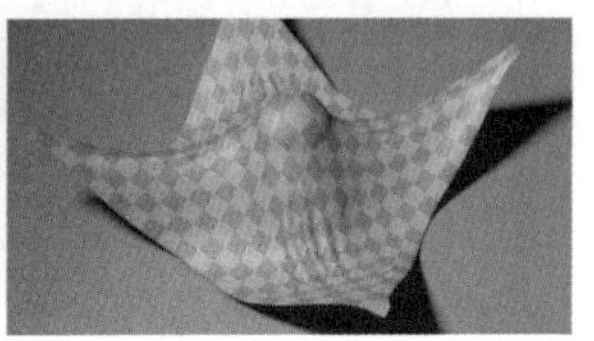

单击“清除”按钮，删除固定点。单击“显示”按钮会自动切换到“点”模式，并显示固定点。

绘制： 选中该复选框后视图中的固定点将处于紫色高亮显示状态，取消选中该复选框则不在视图中显示固定点。

缝合面： 在“面”模式下选择需要缝合的面，单击“设置”按钮将面设置为缝合面，用于模拟现实布料中的接缝。

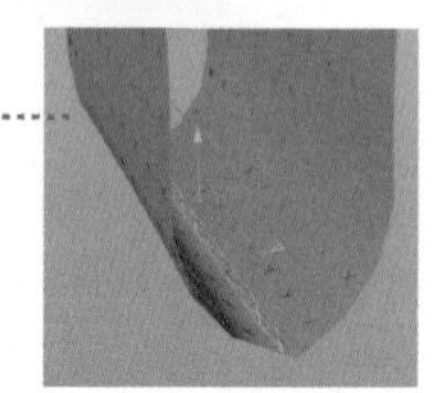

使用“收缩”功能，将缝合面收缩至设置的宽度。

单击“收缩”按钮后，即使没有将收缩后的状态设置为初始状态，布料也会将缝合面的宽度记录为设置的宽度，即缝合面会在开始模拟后再进行收缩。此时，极有可能因收缩速度过快而导致穿模，所以建议先将布料的初始状态设置好，再进行模拟。

高级属性

子采样： 设置布料模拟的子采样数量，值越大，模拟结果越精确，模拟时间越长。

本体碰撞： 选中该复选框即可开启“本体碰撞”功能，以避免穿模，可以与“本体排斥”同时开启。

全局交叉分析： 其他动力学对象与布料发生交叉时，该参数用于对结果进行优化。

点碰撞 / 边碰撞 / 多边形碰撞： 设置布料的点 / 边 / 多边形是否开启碰撞功能，默认开启。

点 EPS/ 边 EPS/ 多边形 EPS： 设置点 / 边 / 多边形的碰撞距离，值越大则碰撞距离越远。

布料绑带

“布料绑带”标签用于将布料绑在其他对象上，打开“实例文件 >CH17> 布料绑带 .c4d”文件。

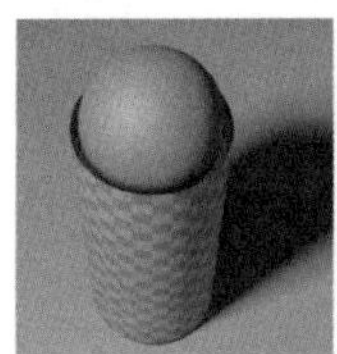

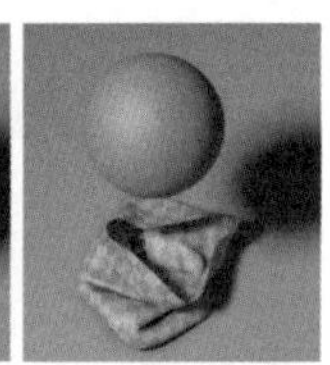

回到动画开始处，在“圆柱体”对象上单击鼠标右键，在弹出菜单中执行“模拟标签 > 布料绑带”命令，为“圆柱体”对象创建“布料绑带”标签。

切换到“点”模式，选择“圆柱体”对象最上方的一圈点，然后选中“布料绑带”标签，将“球体”对象拖曳到其“绑定至”参数中，单击“设置”按钮。

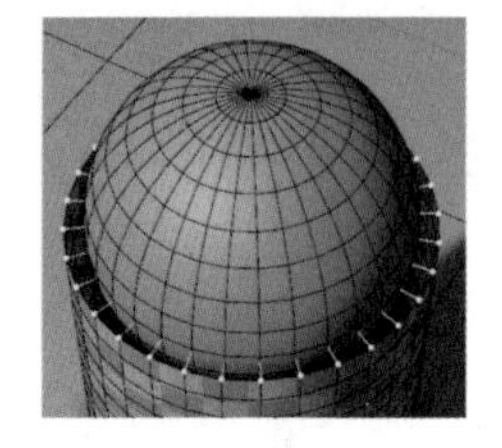

黄色线条即布料绑带，单击“设置”按钮时，标签会自动将选中的点绑定到目标对象表面上最近的位置。此时再播放动画进行模拟，被布料绑带绑定的点将保持在与“球体”对象相对固定的位置。

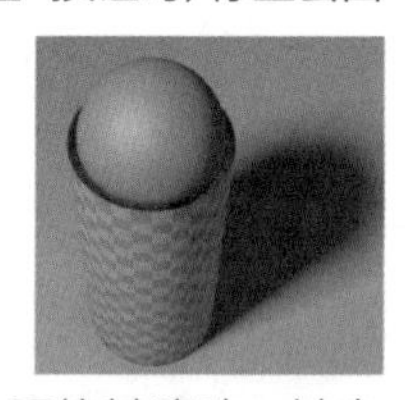

为“球体”对象制作关键帧动画使其移动，被布料绑带绑定的点会跟随“球体”对象移动，以始终保持位置相对固定。

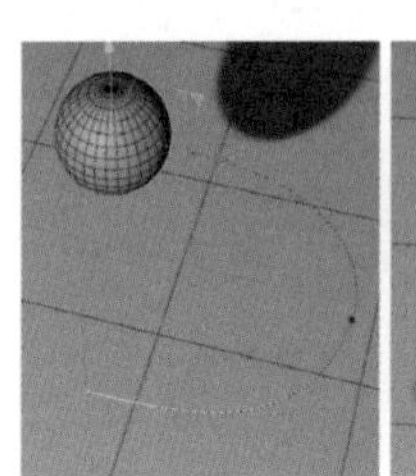

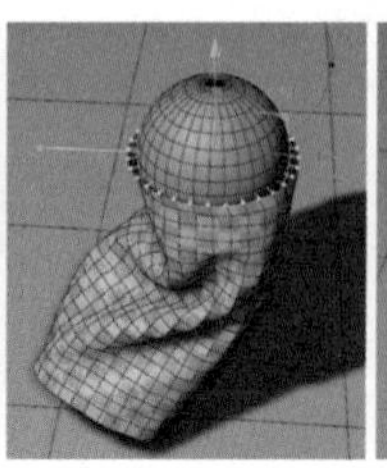

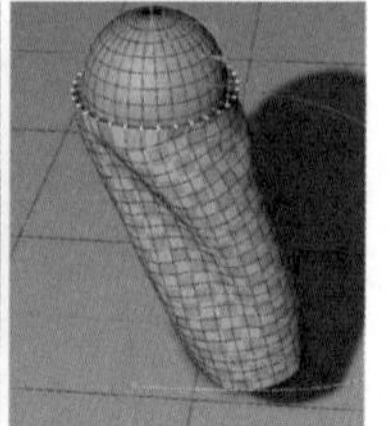

标签属性

影响： 设置布料绑带对点的影响程度，默认为100%；若影响程度为0%，则布料绑带完全不起作用。可以使用顶点贴图进行控制。

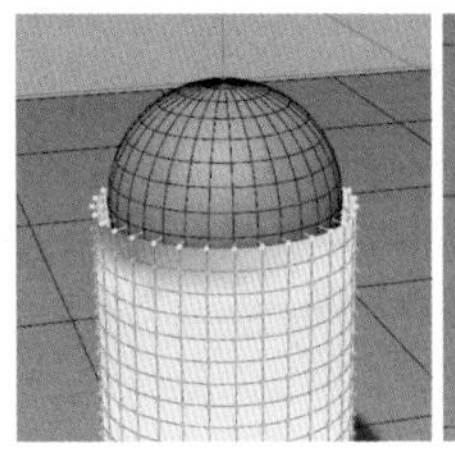
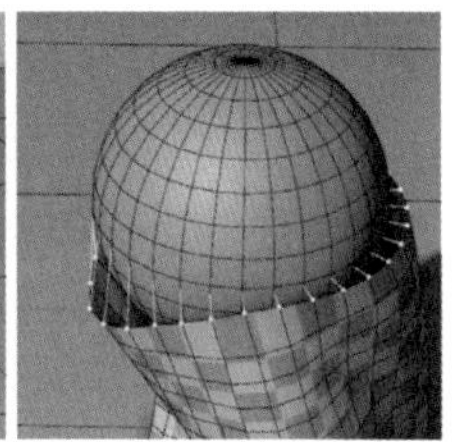

悬停： 设置点与目标表面的相对位置是否保持为初始状态，100%即表示保持为初始状态；若该值为0%，则在模拟开始后"影响"值越大的点将越贴合目标表面。可以使用顶点贴图进行控制。

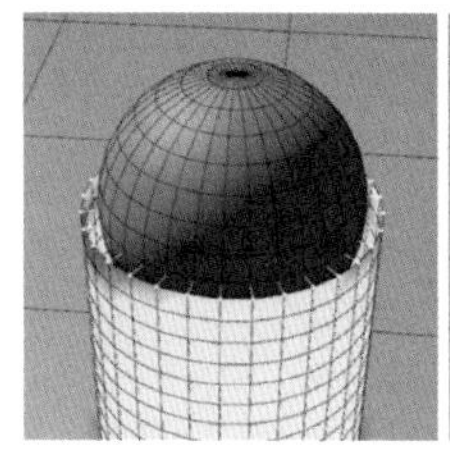
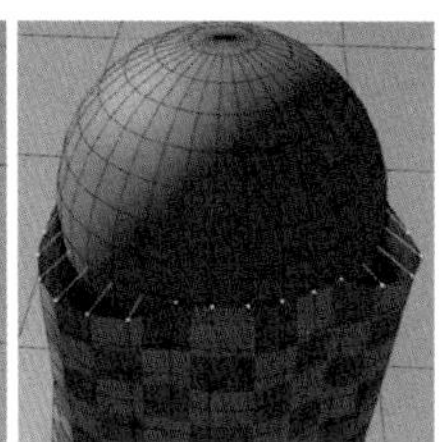

17.2 粒子发射器

粒子是三维与二维动画制作中的常用功能，执行"模拟 > 粒子"命令，即可看到粒子发射器。

选择"发射器"命令创建发射器，单击▶按钮将产生右图所示的效果，白色线条表示粒子，线条方向表示粒子的运动方向，线条长度表示粒子的速度。

粒子属性

编辑器生成比率： 设置视图中每秒生成的粒子的数量。下图所示为将数量调整为100时的效果。

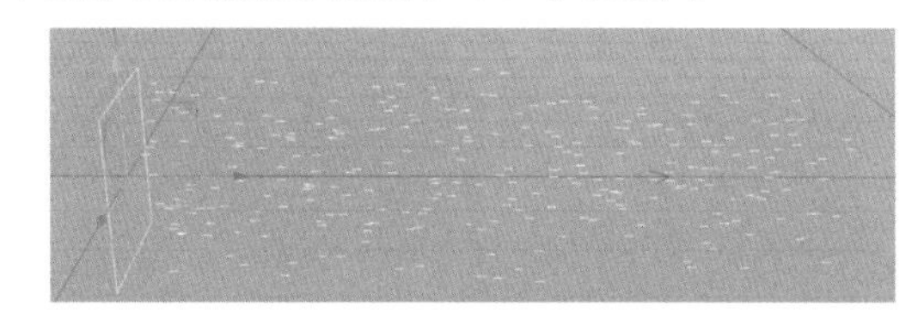

渲染器生成比率： 设置渲染器中每秒生成的粒子数量。

可见： 控制生成粒子的比率。

投射起点 / 投射终点： 控制生成粒子的起点和终点，在该范围外将不继续生成粒子。

种子： 粒子流的随机种子，用于避免两个参数设置一致的粒子发射器产生完全一样的粒子流。

相对速度： 选中"相对速度"复选框后粒子的速度受发射器速度的影响。例如，发射器沿 x 轴以100cm/s的速度移动，粒子沿 x 轴以100cm/s的速度发射，则粒子最终会沿着 x 轴以200cm/s的速度移动。取消选中该复选框则粒子的速度不受发射器速度的影响。

生命： 设置粒子的生命时间，超出该时间后粒子将消失。

速度： 设置粒子每秒的运动速度。

旋转： 设置粒子每秒的旋转速度。

终点缩放： 设置粒子在终点的大小，即消失前的大小。

变化： 为对应的参数添加随机变化，使每个粒子有差别。

切线： 取消选中该复选框则每个粒子的 z 轴将始终与发射器的 z 轴对齐。

显示对象： 将对象作为"发射器"的子级，将使用该对象替代粒子，选中该复选框即可在视图中显示对象。

渲染示例： 将替代粒子的对象作为实例渲染，以节省内存。

发射器属性

发射器类型： 设置发射的粒子的扩散模式。

水平尺寸 / 垂直尺寸： 设置粒子发射器在水平 / 垂直方向上的尺寸。

水平角度 / 垂直角度： 设置粒子发射器在水平 / 垂直方向上的角度。

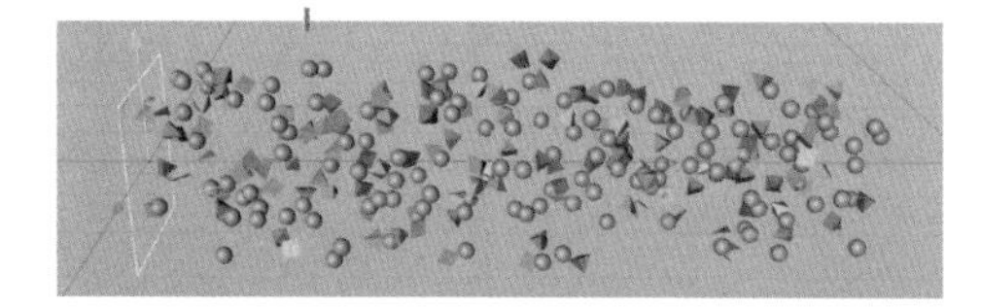

17.3 力场

力场可应用于所有动力学对象。执行“模拟 > 力场”命令，即可在展开的子菜单中看到各种力场。

创建任意力场，力场将对场景中支持力场的全部对象产生影响。若要单独控制单个动力学对象或粒子，则将力场拖曳到粒子发射器的“包括”属性面板的“修改”列表中，或拖曳到力学体标签的“力”属性面板的“力列表”中，通过“模式”参数控制列表中的力场是否对粒子起作用。

为了方便观察力场，打开“实例文件 >CH17> 粒子发射器 .c4d”文件，播放动画，显示出带有方向标识与轨迹的粒子发射器。

吸引场

吸引场用于产生始终指向吸引场位置的引力，且距离越近引力越强。

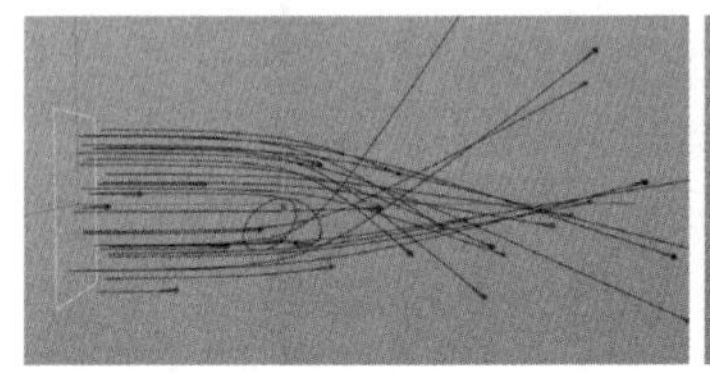

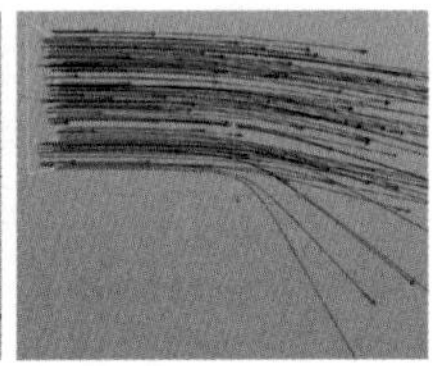

对象属性

强度： 设置引力的强度，若输入负值则可以产生斥力。

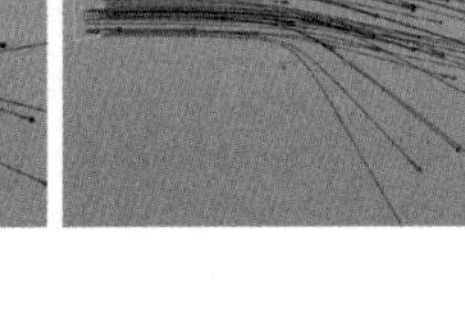

速度限制： 限制粒子受力场影响后的最高速度，防止粒子的速度过快。

模式： 设置力场的作用模式。

偏转场

偏转场用于反弹撞击其表面的粒子。

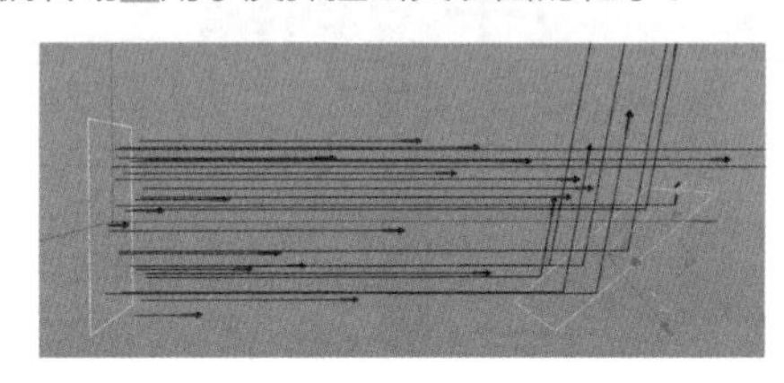

对象属性

弹性： 设置偏转场的弹性，若弹性为 0 则粒子只会单纯地被偏转。

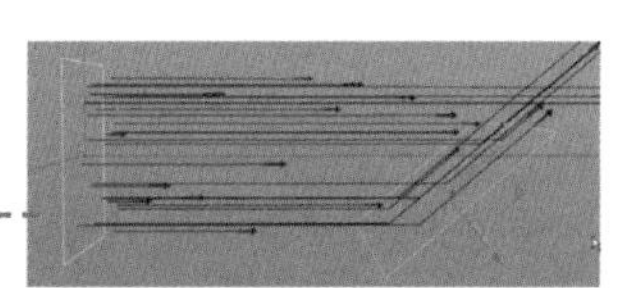

分裂波束： 选中该复选框后将只有少量粒子会受力场的影响。

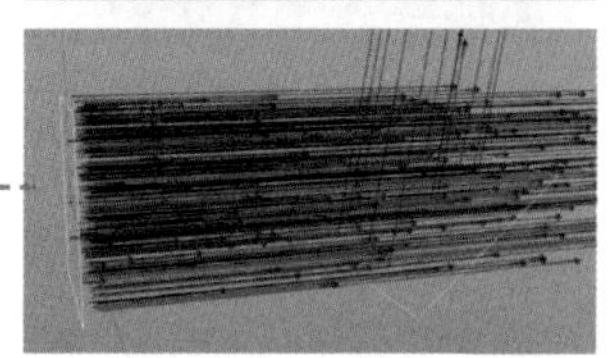

水平尺寸 / 垂直尺寸： 设置力场的作用范围。

破坏场

破坏场会删除进入其作用范围的粒子。

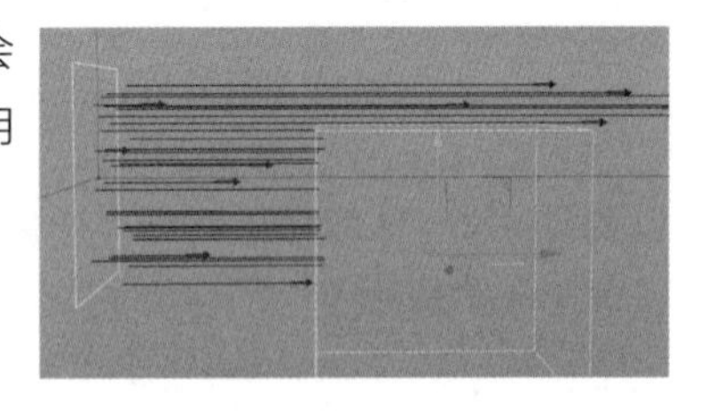

对象属性

随机特性： 随机添加、删除效果，右图所示为该值为 50% 时的效果。

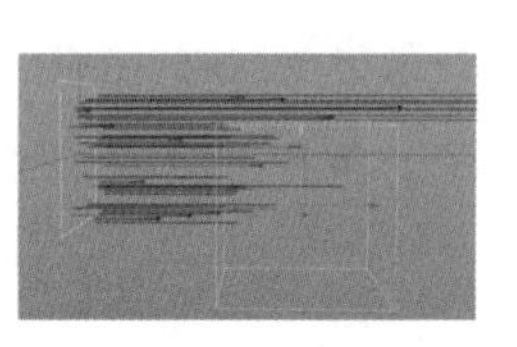

尺寸： 设置破坏场的作用范围。

域力场

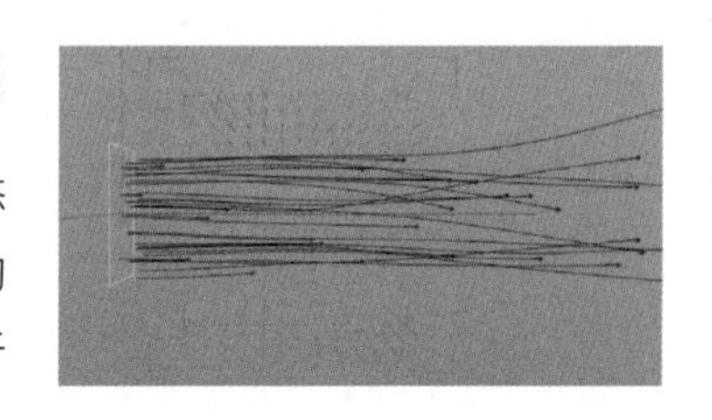

域力场使用域系统生成力场，结合域系统的灵活性可以制作丰富的动态效果。单击按钮创建域力场，然后创建随机域。域力场内的线段为力场的矢量线，每个线段的长度表示其强度，红色箭头表示方向。域力场不只作用于视图中显示的范围，其范围由域的范围控制。

对象属性

速率类型：设置力场的作用方式。

应用到速率：为对象持续添加所在位置的域力场的影响。

设置绝对速率：使用域力场完全控制粒子的方向和速度。

改变方向：仅改变粒子的方向。

强度：设置域力场的强度，值越大视图中的线段越长，对粒子的影响越强。右图所示为将“强度”修改为50时的效果。

为了方便观察，将随机域的“比例”修改为1000%。

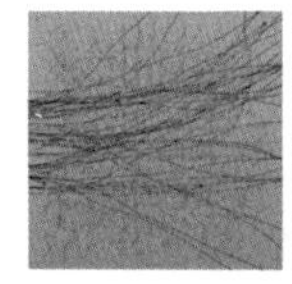
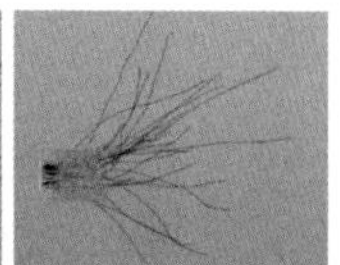

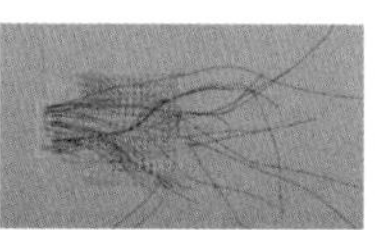

考虑质量：选中该复选框后域力场会考虑动力学对象的质量，类似于吸引场的“加速度”和“力”模式。

显示属性

显示边界框：取消选中该复选框则视图中不会显示域力场的矢量线。

边界框尺寸：设置视图中的域力场的矢量线的显示范围。

线密度：设置视图中的矢量线的显示密度，值越大越密集。下图所示为线密度由低到高的效果。

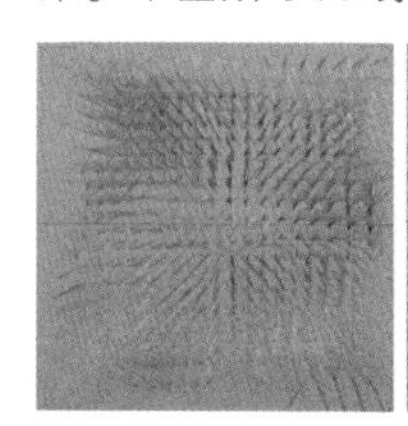

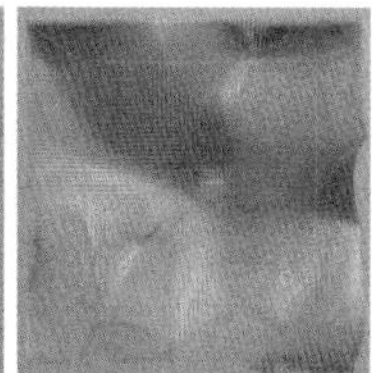

显示矢量长度：取消选中该复选框则矢量线的长度恒定，不再表示当前位置的域力场的强度。

长度作为：设置矢量线的显示模式。

摩擦力

摩擦力用于为粒子添加摩擦力，使粒子在运动过程中逐渐减速。

对象属性

强度：摩擦力的强度，值越大对象的移动速度衰减得越快，若值小于0则对象的移动速度会越来越快。

角度强度：设置摩擦力对对象的角速度的影响强度。

重力场

工程设置中的“动力学”属性面板中的“重力”对粒子不起作用，若需使粒子受重力影响，则需要使用重力场。

旋转

旋转可以施加使粒子围绕旋转的 z 轴旋转的力，下图中的蓝色轴即旋转的 z 轴。

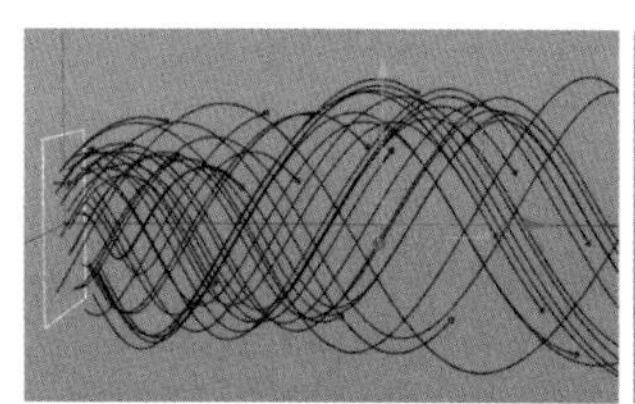

角速度：粒子围绕 z 轴旋转的角速度。

湍流

湍流用于在场景中产生湍流，与“域力场 + 随机域”的组合效果类似，但湍流不如域力场灵活。

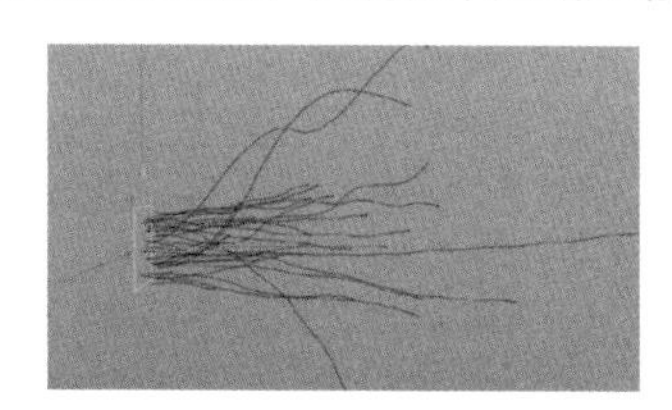

风力

风力用于产生指向特定方向的力，在视图中显示为旋转的风扇。

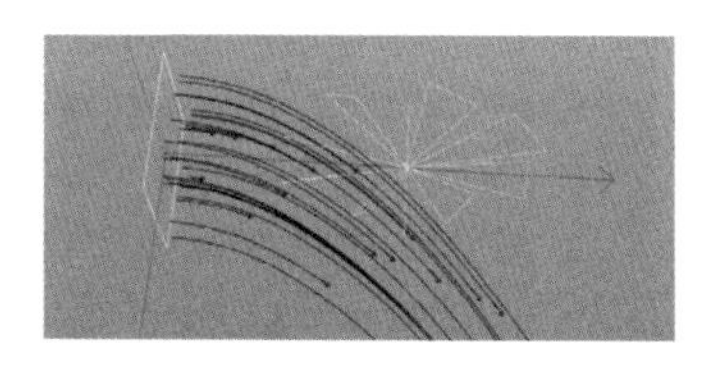

对象属性

速度：设置风的速度。

紊流：使用3D噪波控制力场，以使风速产生随机变化。

紊流缩放：调整3D噪波的缩放比例。

紊流频率：调整3D噪波的变化频率。

模式：设置风力的作用模式。

第 18 章
综合实战

本章学习要点

制作糖果装瓶效果　　制作六边形网格倒计时

18.1 制作糖果装瓶效果

场景位置　实例文件 >CH18> 糖果装瓶 > 玻璃瓶 .c4d
实例位置　实例文件 >CH18> 糖果装瓶 > 糖果装瓶 .c4d
视频名称　制作糖果装瓶效果
难易指数　★★☆☆☆
技术掌握　粒子发射器、动力学标签的使用

01 打开“实例文件 >CH18> 糖果装瓶 > 玻璃瓶 .c4d”文件。

02 单击鼠标中键，切换到正视图，创建“胶囊”对象。在“对象”属性面板中将“半径”设置为 0.5cm，将“高度”设置为 2cm。然后创建“弯曲”变形器，并将其作为“胶囊”对象的子级，在“对象”属性面板中单击“匹配到父级”按钮后将“强度”设置为 90°。复制两份“胶囊”对象，将它们分别命名为“糖果 1”“糖果 2”。

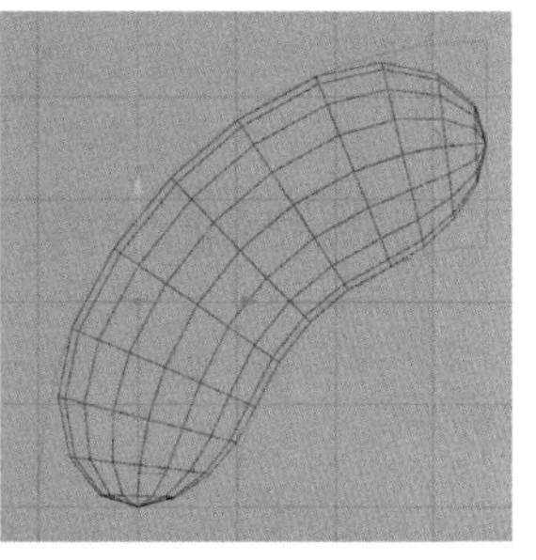

03 创建“球体”对象，将其“半径”设置为 1cm，复制两份“球体”对象，将它们分别命名为“糖果 3”“糖果 4”。

04 返回透视视图，创建粒子发射器。在“坐标”属性面板中修改“P.Y”为 40cm，“R.P”为 90°，使粒子发射器朝向瓶内，在“发射器”属性面板中将粒子发射器的尺寸均设置为 5cm，调整粒子发射器和玻璃瓶的位置。

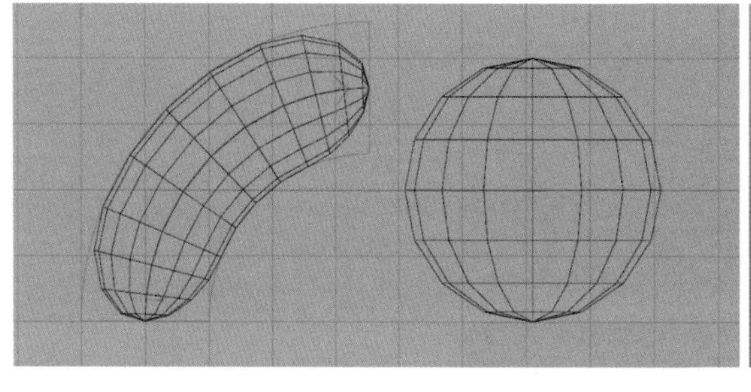

技巧与提示

当不确定粒子发射器的朝向时，可以先播放几帧动画，然后通过粒子的运动方向确定。

05 将 4 个糖果对象一并作为“发射器”的子级，在“粒子”属性面板中选中“显示对象”复选框，并将“材质”窗口中的“红”“黄”“蓝”“绿”4 个材质分别赋予这 4 个糖果对象，则此时发射出的粒子为糖果样式。

06 在“旋转”生成器 旋转 上单击鼠标右键，在弹出菜单中执行“模拟标签 > 碰撞体”命令，然后在力学体标签的“碰撞”属性面板中选中“使用”复选框，将“边界”修改为 0.3cm。

07 在“发射器”上单击鼠标右键，在弹出菜单中执行“模拟标签 > 刚体”命令，然后在力学体标签的“碰撞”属性面板中将其“外形”修改为“外凸壳体”。播放动画进行模拟，会发现此时糖果的数量过少。

08 在粒子发射器的“粒子”属性面板中将“编辑器 / 渲染器生成比率”均设置为 500，重新播放动画。此时，糖果在进入瓶子前就弹出了瓶子的范围。糖果之所以弹出，是因为糖果的初速度较慢，新生成的糖果与原有糖果发生重叠，从而导致碰撞效果异常，此时只需提升糖果的初速度即可。

09 在“粒子”属性面板中将“速度”修改为 250cm，然后重新播放动画。

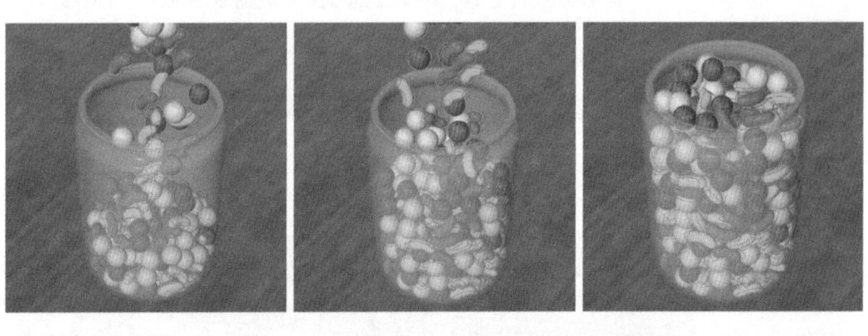

10 单击按钮打开“渲染设置”窗口，在“保存”中设置文件的保存路径与保存格式后，单击按钮进行最终渲染。动画的最终效果参考“实例文件 >CH18> 糖果装瓶 > 糖果装瓶完成效果 .mp4”文件。

18.2 制作六边形网格倒计时

场景位置	无
实例位置	实例文件 >CH18> 六边形网格倒计时 > 六边形网格倒计时 .c4d
视频名称	制作六边形网格倒计时
难易指数	★★★☆☆
技术掌握	“克隆”对象、“简易”效果器、域的使用方法

01 创建工程文件，根据需要在“工程设置”属性面板中设置帧率与工程时长。本案例使用默认设置。

02 单击“管道”按钮，创建“管道”对象，在“管道”对象的“对象”属性面板中设置相关参数。

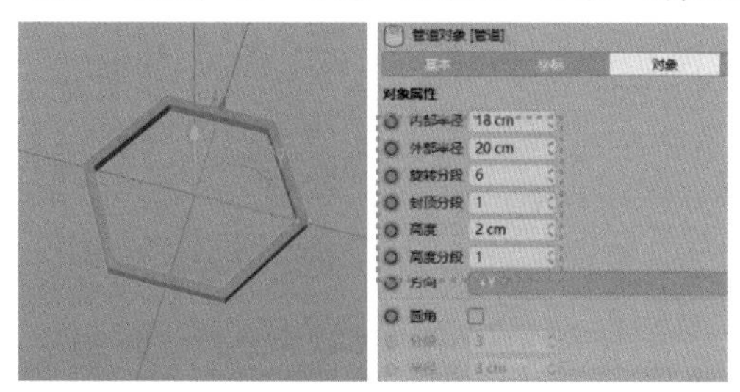

03 单击“圆柱体”按钮，创建“圆柱体”对象，将其“半径”修改为 18cm，“高度”修改为 40cm，使其刚好嵌套在“管道”对象中。

04 单击“克隆”按钮，创建“克隆”对象，并将其作为“管道”对象的父级，将其重命名为“网格”。在其“对象”属性面板中，设置“模式”为“蜂窝阵列”，“角度”为“Y（XZ）”，“宽 / 高数量”为 100，“宽尺寸”为 30cm，“高尺寸”为 34.641cm。

05 复制“网格”对象并粘贴，将其重命名为“六棱柱”。删除其子级中的“管道”对象并替换为“圆柱体”对象，然后将“六棱柱”的 y 坐标修改为 –20cm。

06 在“材质”窗口中双击，创建默认材质，将其重命名为“网格”。双击默认材质打开“材质编辑器”窗口并关闭其反射通道，然后将其赋予“网格”对象。

07 在“材质”窗口中双击，创建默认材质，将其重命名为“六棱柱”。双击默认材质打开“材质编辑器”窗口，在颜色通道的“纹理”参数处单击按钮，执行“MoGraph> 颜色着色器”命令。在反射通道中单击“添加”按钮并选择“反射（传统）”，并在反射通道的“层菲涅尔”参数中设置“菲涅尔”为“绝缘体”，“预置”为“蓝宝石”，然后将该材质赋予“六棱柱”对象。

08 单击按钮，创建“文本”对象，在“对象”属性面板中将“深度”设置为 50cm，“高度”设置为 1000cm，然后分别在动画的第 0 帧、30 帧、60 帧处设置“文本”为 3、2、1，并设置关键帧，得到文本的倒计时动画。

09 在“坐标”属性面板中设置“P.X”为 –300cm，“P.Y”为 40cm，“P.Z”为 –350cm，“R.P”为 –90°。

10 隐藏“文本”对象，然后选中“六棱柱”对象，单击按钮创建“简易”效果器。此时，“简易”效果器将自动应用于“六棱柱”对象，在“参数”属性面板中设置“P.Y”为 40cm，然后将文本置入“衰减”属性面板的域列表中，“类型”选择“点对象”。

11 选中“文本”域，在“层”属性面板中设置“模式”为“表面”，“半径”为 25cm。在“重映射”属性面板中设置“内部偏移”为 100%。然后在“颜色重映射”属性面板中设置“颜色模式”为“渐变”，将“颜色”设置为从深蓝色到浅蓝色的渐变颜色。

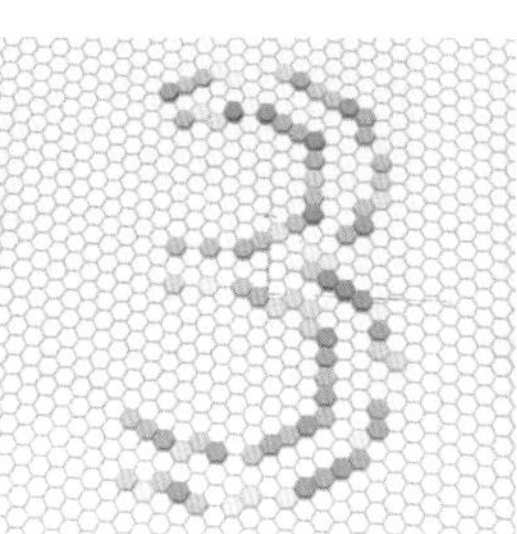

12 单击▶按钮播放动画，此时已经得到了基础的倒计时效果，但每个数字之间没有过渡。在域列表中添加延迟修改层并置于“文本”的上方，开启“影响颜色”功能。在“层”属性面板中将“效果强度”修改为60%，然后创建随机域并将其拖曳到延迟修改层的“效果强度”文件夹中。在“重映射”属性面板中，将随机域的“强度”修改为80%，此时重新播放动画，数字之间会产生略带随机效果的过渡动画。

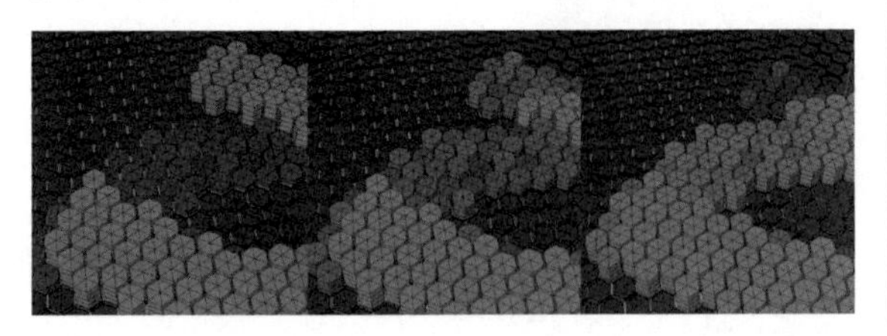

13 创建一个新的随机域，将其置于域列表的最下方。在“域属性”面板中设置“动画速度”为50%，然后将“文本”域的“混合模式”修改为“最大”，为数字外的深色区域添加微弱的起伏动画。

14 创建一个随机域，将其置于域列表的最上方，将“混合模式”修改为“减去”，在“重映射”属性面板中设置“强度”为40%，为整个场景添加微弱的起伏变化。

15 在“材质”窗口中双击，创建默认材质，并将其重命名为“HDRI”。打开“材质编辑器”窗口，关闭颜色和反射通道，开启发光通道并载入“实例文件 >CH18> 六边形网格倒计时 >tex>2 Light setup CB.hdr”文件。单击“天空”按钮新建“天空”对象，将“HDRI”材质赋予“天空”对象。

16 单击按钮打开“渲染设置”窗口，在“效果”下拉菜单中选择“全局光照”，并将全局光照的“预设”切换为“外部 –HDR 图像”。关闭窗口，在透视视图中调整摄像机的角度至合适位置，并单击按钮，创建“摄像机”对象。单击按钮进入摄像机视角，如有需要可以为摄像机设置动画。

17 设置完毕后，在“封顶”属性面板中选中圆柱体的“圆角”复选框，将“半径”设置为1cm，封顶“分段”和圆角“分段”均设置为6，单击按钮渲染活动视图，查看渲染效果。

技巧与提示

若对高光效果不满意，则可以旋转天空的角度或自行替换“HDRI”材质。

18 调整至满意的效果后，在“渲染设置”窗口的“输出”中设置“帧范围”为“全部帧”，在“保存”中设置文件的保存格式与保存路径，然后单击按钮进行最终渲染。最终效果参考“实例文件 >CH18> 六边形网格倒计时 >tex> 六边形网格倒计时完成效果 .mp4”文件。

技巧与提示

域的使用灵活多变，稍微修改相关参数即可生成多种效果。例如，在“文本”域上方插入仅影响颜色的随机域，通过设置混合模式与颜色模式，可以使场景中的颜色产生一定的随机变化或改变颜色的倾向。

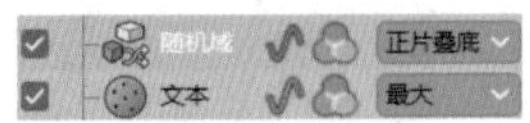

第 19 章 摄像机反求与实景合成

本章学习要点

摄像机反求与实景合成的基础知识　　在 Cinema 4D 中进行摄像机反求与实景合成

19.1 实景合成

在建筑动画、汽车广告、影视动画等领域，常出现需要将三维内容与实拍内容结合的情形。例如，建筑动画需要在航拍实景中展示动态的楼房建设过程，汽车广告需要在实景中使用三维车辆制作展示动画，影视动画需要使用虚拟角色在实景中制作危险的特技动作，或将实拍的角色置入虚拟的环境等，这些操作都需要使用实景合成技术。

在静帧作品中，只需要将素材合理地添加到画面中，并进行相应的后期处理即可。而在实拍视频中，随着摄像机的运动，画面中物体的位置、透视关系等都会不断地发生细微改变。此时，要让三维物体与实拍物体的空间关系与相对摄像机的运动都能匹配，就需要使三维软件中的摄像机的运动轨迹与现实中的摄像机的运动轨迹一致。在三维软件中反求现实中摄像机的运动轨迹的技术称为摄像机反求技术。

摄像机反求技术通过跟踪画面中出现的较为明显的特征点的运动轨迹，根据大量特征点的运动轨迹“猜测”出特征点与摄像机在三维空间里的分布，并进一步求出摄像机的运动轨迹与摄像机参数。

求出的摄像机的运动轨迹与实际拍摄时摄像机的运动轨迹越接近，则使用该摄像机拍摄的三维物体与实拍物体越契合。

19.2 在 Cinema 4D 中进行摄像机反求

2D 跟踪

Cinema 4D 中内置了使用起来简单快捷的摄像机反求工具。新建 Cinema 4D 工程文件，执行“跟踪器 > 运动跟踪”命令，此时会自动创建一个包含摄像机的“运动追踪”对象。在“影片素材”属性面板的“影片素材”中载入“实例文件 >CH19> 小区 - 手持 .mp4”文件，此时工程的时长与帧率会自动匹配导入影片的参数。播放动画，可以看到手持手机拍摄的向前走动的主视角画面。

此时画面较为模糊，将“重采样”设置为 100%，画面即可恢复至清晰状态。

单击“创建背景对象”按钮，会在场景中自动创建“背景”对象和材质，该材质与“背景”对象可在后续环节中使用。

切换到“2D 跟踪”属性面板，单击“创建自动轨迹”按钮。此时会自动根据画面信息，在画面中创建紫色的跟踪点。

修改“跟踪轨数量”可以增加或减少跟踪点的数量，调整“最小间距”可以调整跟踪点之间的最小距离。修改完成后，重新单击“创建自动轨迹”按钮即可应用修改值。

将“跟踪轨数量”修改为 1000，将“最小间距”修改为 10，然后单击“创建自动轨迹”按钮。

通常情况下，跟踪点越多，结果越准确，但跟踪点过多会使计算速度缓慢。因此，前期具备良好的拍摄条件和拍摄清晰的视频都可以减少跟踪点的数量。

跟踪点设置完毕后，单击“自动跟踪”按钮即可自动对画面进行跟踪，然后播放动画。此时，跟踪点上出现的深紫色轨迹即跟踪点在屏幕上的运动轨迹，且运动轨迹的数量通常远低于设置的跟踪轨的数量。

在“2D 跟踪”属性面板下方的“过滤跟踪轨”中可以设置“跟踪轨过滤”，不满足设置的条件的跟踪轨将被剔除。

最小长度（帧）： 有效跟踪长度小于该参数值的跟踪轨将被剔除，可以在后续步骤中降低只出现几帧的跟踪轨对跟踪结果的干扰。

最大加速： 默认不开启，最大加速度小于该参数值的跟踪轨将被剔除。

错误阈值：默认不开启，根据跟踪轨的可信度剔除跟踪轨。

智能加速： 类似“最大加速”，但该参数是通过对比跟踪轨和周围其他跟踪轨的速度来确定指定范围内较为可信的跟踪轨，然后剔除不可信的跟踪轨，值越大，保留的跟踪轨越多。

3D 解析

在“2D 跟踪”设置完成后，切换到“3D 解析”属性面板，若知道拍摄时拍摄设备的参数设置，则按实际参数填写，若不知道则保持默认。

单击“运行 3D 解析器”按钮，解析完毕后会自动在“运动跟踪”对象的子级中创建多个自动特征点。退出摄像机视图，可以看到在空间中分布的多个红色或绿色的特征点，且摄像机已经有了解析出的动画。

其中，颜色越绿表示该特征点的解析结果的可信度越高，颜色越红则表示其可信度越低。回到摄像机视图，并回到“模型”模式，此时特征点显示为圆圈形状，较远处的植被细节在当前视频素材中不能被很好地分辨，因此得到的结果可信度不高。

切换到“显示”属性面板，可以设置特征点的显示模式与半径。例如，将“3D 特征显示”修改为“三角形”，并将“半径”调大。

在画面中，可以看到此时的世界坐标系统的 XZ 平面与视频素材中的地面并不能很好地对齐，因此需要进行手动校正。

选中“运动跟踪”对象，执行“跟踪器 > 约束”命令，展开的子菜单中包含 3 个约束工具。

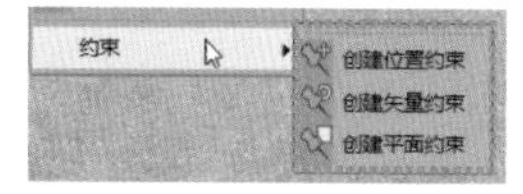

选择“创建位置约束”命令，然后在画面中选中一个特征点。此时，将自动为“运动跟踪”对象创建“位置约束”标签，并自动把选中的特征点置入标签的“目标”中。同时，Cinema 4D 会将该特征点作为新的世界坐标系统的原点。下图所示为将用户在画面中选中的特征点作为世界坐标系统原点的效果。

技巧与提示

为保证结果的准确性，使用约束功能时选择的特征点越绿越好，尽量不要使用红色的特征点进行约束。

选择“创建矢量约束”命令，依次选中两个特征点后将自动创建“矢量约束”标签，画面中已选择的特征点之间会出现一条灰色的线段。

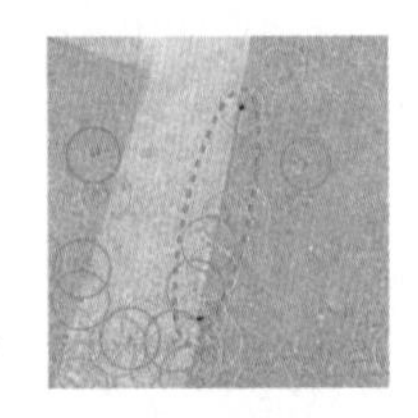

矢量约束用于确定世界坐标轴的朝向与比例。例如，选择画面中分布于纵深方向上的两个特征点，然后在“矢量约束”中设置“轴心”为“Z”，即表示两个特征点之间的连线为世界坐标系统的 z 轴，此时，世界坐标系统的 XZ 平面已基本对齐视频素材中的地面，且 z 轴方向为画面中的纵深方向。此时若想反转修改 z 轴正半轴和 z 轴负半轴的方向，可以选中“翻转轴心”复选框。

在实拍视频中，物体的尺寸通常可以大致确定。例如，通过查找资料或实地测量，可知画面中的圆形井盖的直径约为 70cm，选择“创建矢量约束”命令并选中位于井盖两侧的特征点，创建新的“矢量约束”标签。

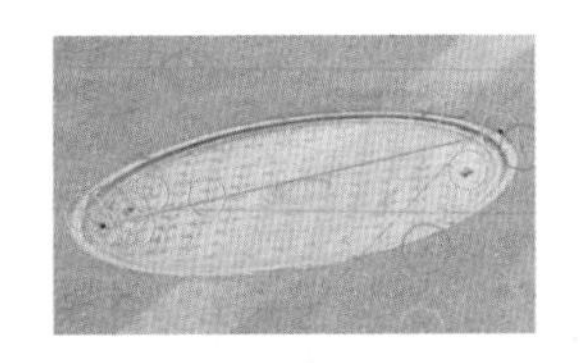

不设置“轴心”参数，而单独将“长度”修改为“已知”，并将值修改为 70cm。此时，世界坐标系统的比例会根据该值进行重设。

最后选择“创建平面约束”命令并选择 3 个在画面中位于同一平面的特征点，将自动为“运动追踪”对象创建“平面约束”标签。

“轴心”参数用于设置当前所选面的垂直方向，将其设置为“Y”，则此时世界坐标轴基本与实拍中的相应场景对齐。

此外，平面约束还可以用于创建匹配到实拍场景的准确位置的平面。单击“创建平面”按钮，即可创建一个与所选特征点所在平面的范围匹配的“平面”对象。

删除“平面”对象，单击“平面”按钮，在世界坐标中心新建一个“平面”对象。然后单击“球体”按钮，创建“球体”对象，将“球体”对象的“半径”设置为50cm，将其 y 坐标设置为50cm，使“球体”对象正好立于“平面”对象上，即一个半径为50cm的球体相对于实拍场景正好立于地面上。

由于被选中的作为世界坐标系统原点的特征点较远，因此可以适当将镜头拉近，或重新设置位置约束。若要重设坐标原点，需先选中“位置约束”标签，单击“目标”右侧的图标，当其变为时在画面中拾取新的特征点作为世界坐标系统的原点。

为了方便观察，可以将“平面”对象暂时设置为半透明状态。播放动画，观察“球体”对象与“平面”对象相对于实拍画面是否有偏移，比例是否存在严重错误。如果得到了较好的反求结果，可以选中“锁定已解析的数据”复选框，避免误修改。

19.3 使用背景进行合成

暂时隐藏“平面”对象，创建“天空”对象，然后创建新的标准材质。关闭颜色通道后，在发光通道中载入光照条件与素材相似的文件，例如可以载入“实例文件 >CH19>tex>HDR008.hdr”文件。将材质赋予“天空”对象，单击按钮打开“渲染设置”窗口，在“效果”下拉菜单中选择并创建“全局光照（GI）”与“环境吸收（AO）”，单击按钮渲染当前画面，此时天空覆盖了背景。

单击鼠标右键，在弹出菜单中执行“渲染标签 > 合成”命令，为“天空”对象创建“合成”标签。在“合成”标签中取消选中“摄像机可见”复选框，此时“球体”对象的位置正确，光照效果自然，但与场景没有产生任何光影交互。

取消隐藏“平面”对象，将导入素材时为背景创建的材质赋予“平面”对象。此时，“平面”对象与背景虽材质一样，但因为投射、放射效果不同，而并不能很好地与画面匹配。

选择“平面”对象的材质标签，将“投射”修改为“前沿”。此时渲染画面，“平面”对象上的材质会获得正确的投射效果，但其颜色并不能与背景保持一致。

单击鼠标右键，在弹出菜单中执行“渲染标签 > 合成”命令，为“平面”对象创建“合成”标签，并在“合成”标签中选中“合成背景”复选框。此时渲染画面，可以消除光照影响，仅保留投影的平面，使“球体”对象在视觉上看起来较为真实，并自然地与场景融合在一起。

打开“渲染设置”窗口，在“输出”中设置“帧范围”为“全部帧”，渲染并播放动画。

创建一个标准材质，开启材质的透明通道并将其赋予“球体”对象，使其成为玻璃球。此时，“球体”对象上反射与折射的物体，除平面范围内的地面外，均不是当前看到的背景，而是使用的 HDRI。

在“天空”对象的“合成”标签中，选中“折射可见”复选框时，“天空”对象会参与到场景的折射计算中，取消选中，则“天空”对象不参与场景的折射计算。

创建“球体”对象，将其“类型”设置为“半球体”。然后创建“圆盘”对象并将其作为“球体”对象的子级，设置“圆盘”对象的半径与“球体”对象的半径一致，使其刚好堵住半球体的缺口。将“球体”对象缩放至刚好能覆盖场景中的物体，并保持其 y 坐标为 0，避免平面与半球体相交。

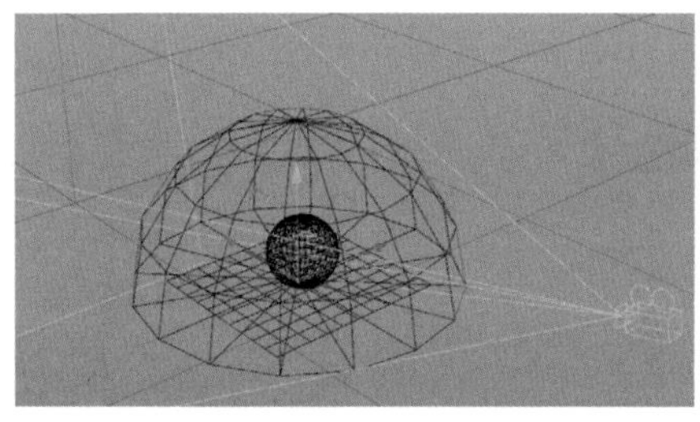

将“平面”对象的材质标签与“合成”标签复制给“球体”对象，然后在“球体”对象的“合成”标签中仅选中“合成背景”“光线可见”“折射可见”“反射可见”复选框。此时渲染画面，效果较好，但因为折射来源为半球体，与场景中的各物体之间的距离并不能很好地匹配，所以渲染效果依然有局限性。例如，将“球体”对象放大，使其边缘贴近汽车的实际位置。

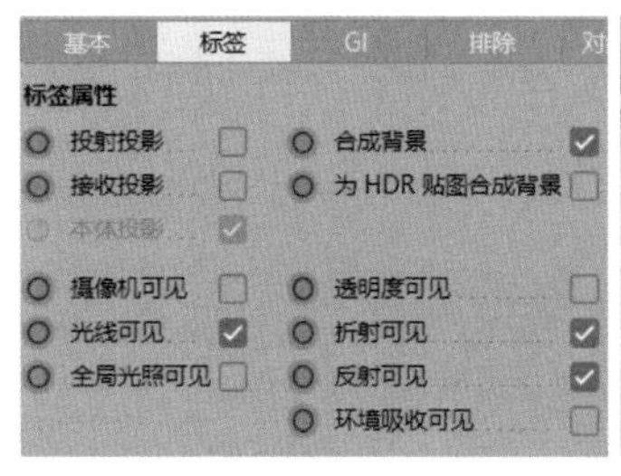

此时，虽获得了更准确的折射结果，但因影像信息有限，折射结果中无法生成影像中不存在的、画面外的环境信息。在折射结果中，汽车上方出现了地面。

为了避免穿帮，可以将半球体转为可编辑对象，然后删除超出画面的部分，重新选中天空“合成”标签中的“折射可见”复选框，并为“球体”对象的材质添加适当的模糊效果。此时的折射结果更可信。

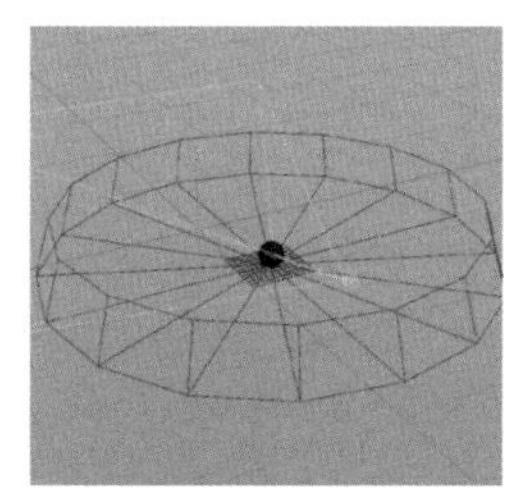

如果有条件拍摄并制作 HDRI，则可以在实拍场地拍摄现场的 HDRI。使用根据真实场景制作的 HDRI 进行照明，可以得到更可信的照明效果，并且当物体有反射、折射效果时，能很方便地获得正确的环境反射、折射效果。也可以使用相似的机位，多角度地拍摄周围环境，再在场景中根据实际地形布置环境，并将拍摄的影像映射至环境中，以实现更好的反射、折射效果。

19.4 3D 重建

软件 3D 重建

创建“运动跟踪”对象，载入“实例文件 >CH19> 玩具车 2- 手持 .mp4”文件，将“重采样”设置为

100%，单击“创建背景对象”按钮可自动创建“背景”对象与材质。然后执行“跟踪器 > 完全解析”命令，解析完成后，使用 19.2 节中的方法为“运动跟踪”对象创建约束，使世界坐标轴对齐实拍素材。

注：该玩具车长约 13cm，宽约 5cm。

技巧与提示

使用“完全解析”命令会自动执行“2D 跟踪”与“3D 解析”的步骤。通常，场景较为简单、运动较为平缓的素材，直接使用该命令就可以获得较好的结果。

操作完成后切换到“重建”属性面板，单击“生成点云”按钮。计算完成后，会在“运动模糊”对象的子级中生成“扫描点云”对象。当反求结果较好时，即可重建基本能反映实拍物体实际位置的点云。

使用默认参数创建的点云仅出现在玩具车的边缘处，其余部位的点云较少。在“重建”属性面板中修改相关参数，此时点云将被删除。

修改完毕后，单击“生成点云”按钮，将得到覆盖面积较大且较为准确的结果。

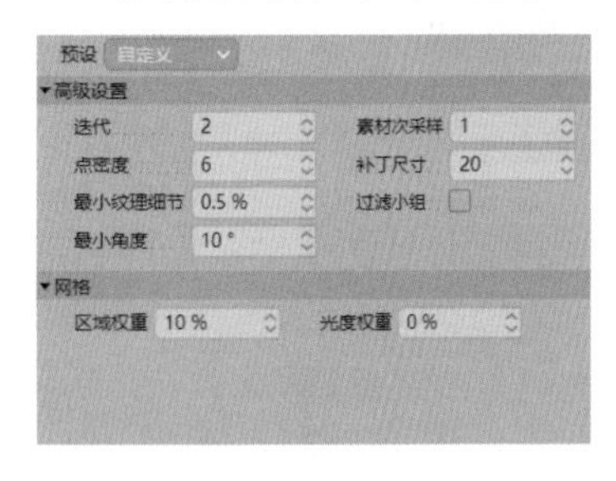

技巧与提示

由于在实际拍摄中，通常不会绕着物体进行无死角拍摄，因此拍摄不到的部位（即无法获取有效信息的部位）则无法生成点云。

如果对结果较为满意，可以单击“生成网格”按钮，在“运动跟踪”对象的子级中自动创建“扫描网格”对象。

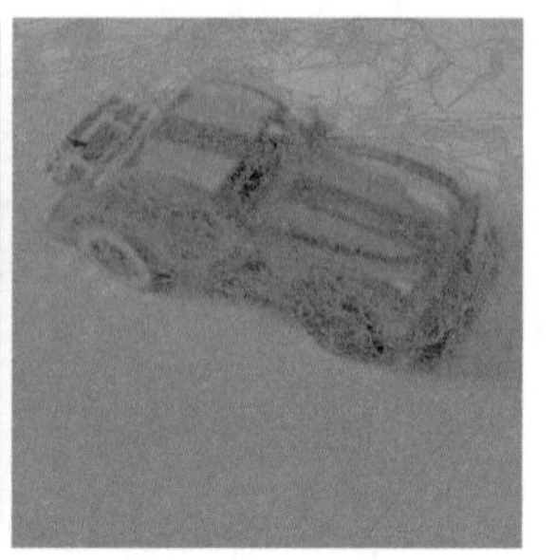

为了能从不同角度观察对象，可以将背景所用的材质赋予“扫描网格”对象，在材质标签中将“投射”设置为“摄像机贴图”，摄像机选择“运动跟踪”中的“已解析摄像机”，将影像比例设置为与视频素材的比例一致，即 16 ： 9。此时，即可退出摄像机视图，从不同角度观察有固定材质的“扫描网格”对象。

此时的“扫描网格”对象仍较粗糙，复制“扫描网格”对象，把原“扫描网格”对象隐藏作为备份，对“扫描网格”对象中多余的面进行删除，调整“扫描网格”对象的边缘，使其边缘能与实拍物体的边缘对齐。

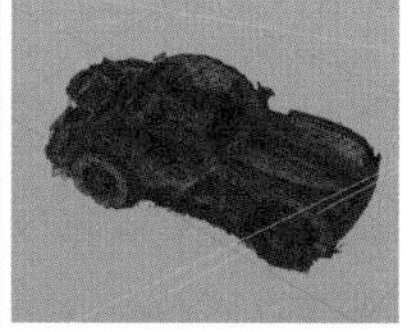

技巧与提示

扫描网格生成的地面通常较为杂乱，且扫描网格往往存在较多孔洞，物体底部空隙的空间关系也无法很好地还原。为避免产生较为奇怪的投影，本案例中仅保留了车体部分的网格，且可以使用焊接功能将网格表面的可见孔洞尽量封闭。

注意，当网格用于遮挡物体且被遮挡物体有反射效果时，即便看不见侧面的纹理，也应保留侧面，避免反射结果中出现明显的孔洞。若侧面在反射结果中较为清晰，则可以再复制网格，在材质标签上单击鼠标右键，在弹出菜单中执行“生成 UVW 坐标”命令，此时会根据当前投射的纹理创建 UVW 坐标并自动修改材质的投射模式为“UVW 贴图”，使其纹理固定在当前状态，不会随摄像机的变化而变化。然后，使用看得见的面中的信息补全摄像机无法拍到的区域。例如，本案例中的玩具车为左右对称的模型，可以将看得见的这一侧镜像到另一侧使用。

在编辑网格时，可在“材质编辑器”窗口的“视窗”中将“纹理预览尺寸”修改至大于视频素材的尺寸，以便在调整细节时获得更清晰的边缘。

创建“平滑”变形器，将其作为“扫描网格”对象的子级，以削弱其网格上杂乱的凹凸效果，然后创建“平面”对象并将其调整到合适的位置、大小。将“扫描网格”对象的材质标签赋予“平面”对象，为两个对象分别创建“合成”标签，并取消选中“扫描网格”对象的“合成”标签中的“本体投影”复选框，以避免在渲染时出现形状奇怪的投影。

创建“天空”对象，然后创建新的标准材质，关闭颜色通道后在发光通道中载入光照条件与素材相似的文件。例如，载入“实例文件 >CH19>tex>HDR011.hdr”文件，将该材质赋予“天空”对象，然后创建“合成”标签，取消选中“摄像机可见”复选框。根据实拍场景中的阴影构建灯光，使其投影角度、强度均接近实拍效果。

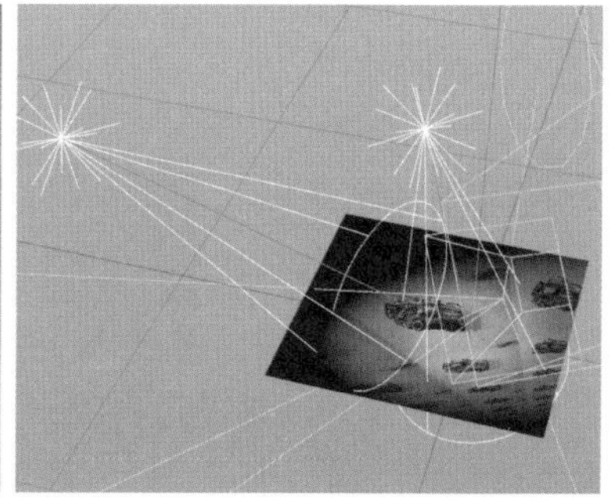

单击按钮打开“渲染设置”窗口，在“效果”下拉菜单中选择并创建“全局光照（GI）”与“环境吸收（AO）”，单击按钮渲染当前画面。

在场景中创建多个“球体”对象，或导入其他对象，将它们放在玩具车的四周，然后创建标准材质，在材质的反射通道中添加“反射（传统）”，并将该材质赋予“球体”对象。此时，可以在视图中获得正确的遮挡效果。

单击▣按钮渲染当前画面，此时已经获得了遮挡关系正确的画面，可以根据物体位置获得具有不同光照效果的 3D 重建结果。

当重建结果较好时，在大部分角度下都能得到正确的遮挡关系与较好的反射效果。

由于使用单个素材进行重建很难获得无死角的准确模型，且在摄像机无法获取信息的背面、侧面、底面等处容易出现破洞、边缘不齐的现象，修复较为困难，因此，应当避免在这些位置出现遮挡。

手动 3D 重建与场景交互

对于一些需要使物体与场景中的环境进行交互的特殊场景，通常，使用 3D 重建功能并不能生成可以正常使用的模型，此时就需要进行手动重建操作。

创建“运动跟踪”对象，载入“实例文件 >CH19> 楼梯 - 手持 .mp4”文件，将“重采样”设置为 100%，单击“创建背景对象”按钮自动创建“背景”对象与材质。然后执行“跟踪器 > 完全解析”命令，解析完成后，使用 19.2 节中的方法为“运动追踪”对象创建约束，使世界坐标轴对齐实拍素材，得到跟踪结果。

墙壁上的瓷砖宽约 30cm，楼梯每阶高约 18cm、宽约 25cm，楼梯扶手最粗杆的直径约为 7cm。

复制背景材质，将其重命名为“场景反射”，打开“材质编辑器”窗口，在反射通道中将“默认高光”的“类型”修改为“反射（传统）”，将“粗糙度”设置为 5%，“反射强度”设置为 80%，“高光强度”设置为 0%。展开“层菲涅尔”参数，将“菲涅尔”设置为“绝缘体”，“折射率”设置为 1.7。

单击“平面”按钮▱创建“平面”对象，将“分段”修改为 1×1，然后按 C 键将其转为可编辑对象，并将其重命名为“地面”。

将“场景反射”材质赋予“平面”对象，在材质标签中设置“投射”为“摄像机贴图”，摄像机选择“已解析摄像机”，将“影片比例”设置为16 ：9，调整“地面”对象的位置与大小，使其对齐楼梯上的任意一个平面。然后在“边”模式下使用“挤压”等命令，挤压出其他平面并对齐画面中可以看到的楼梯平面。操作完成后创建“倒角”变形器，将其作为楼梯的子级，设置“偏移”为0.5cm，“细分”为6。

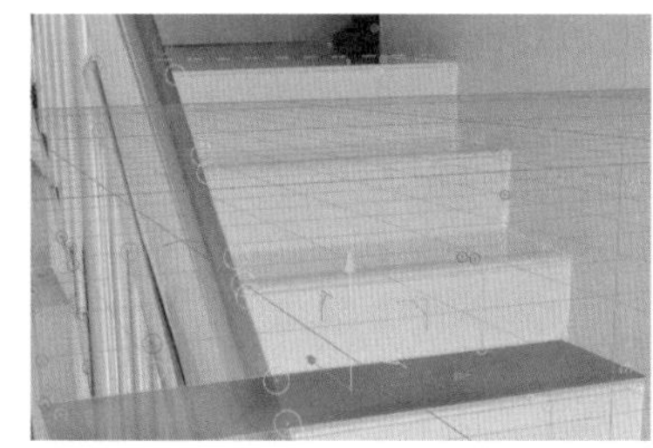

使用相同的方法，分别使用“平面”按钮创建墙壁，使用“圆柱体”按钮创建楼梯扶手。

技巧与提示

在对齐对象时，启用“捕捉”功能并按住图标，在弹出的下拉菜单中单击“轴心捕捉”按钮。此时即可使用鼠标指针快速将所选对象与元素对齐至场景中的任意跟踪点。在对齐场景时，需要不断调整时间，若物体与场景仅在一部分时间内可以对齐，则应当考虑换一个跟踪点，或检查跟踪结果是否准确。

在对齐时，若一个平面可以对齐，而实拍素材中与其垂直的平面无法在三维软件中用相应的垂直平面实现对齐，则可以适当使其变形以实现对齐。在现实中，大部分物体并不总能很好地维持在理想状态。若变形后的对象在不同时间均能对齐，则说明调整后的结果更加正确。

复制“场景反射”材质，将其重命名为“扶手反射”。打开“材质编辑器”窗口，在反射通道中将“粗糙度”设置为0，在“层菲涅尔”参数中将“折射率”设置为4，然后将扶手的材质替换为该材质。

为楼梯、扶手、墙壁分别创建“合成”标签，选中“合成背景”复选框，取消选中“投射投影”复选框。在摄像机后方，如楼梯窗户处，创建一个区域光并将其“投影类型”设置为“区域”。在场景中摆放任意物体，并在“视图”窗口中执行“选项 > 阴影”命令，开启视窗阴影。

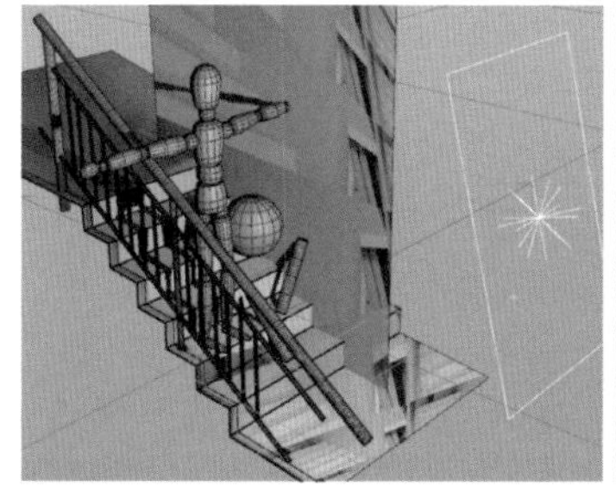

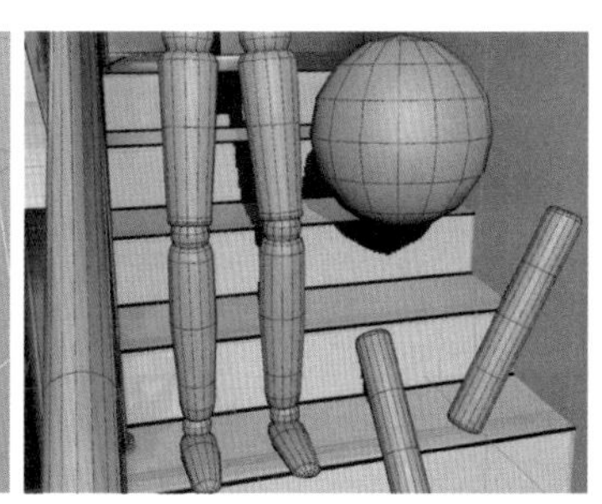

创建任意数量的材质球，并赋予它们不同的效果。此处的材质为创建的3个“红”“绿”“蓝”材质，并在反射通道中创建“反射（传统）”，将“粗糙度”设置为10%，“反射强度”设置为100%，“高光强度”设置为20%，“菲涅尔”设置为“绝缘体”，“预置”设置为“聚酯”。然后将材质赋予场景中的对象，打开“渲染设置”窗口，在“抗锯齿”中将“抗锯齿”模式设置为“最佳”。

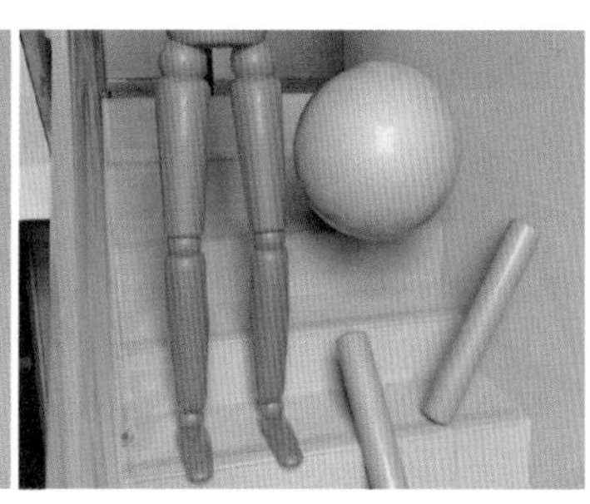

调整至满意的效果后，删除用于测试的对象，单击“粒子”按钮创建粒子发射器，将其调整至楼梯上方，使其发射方向面向楼梯。适当缩小粒子发射器后，将“编辑器 / 渲染器生成比率”设置为 50，“投射终点”设置为 200F，“速度”设置为 200cm，“变化”设置为 50%，选中“显示对象”复选框。

创建 3 个半径为 2cm 的“球体”对象，将它们作为粒子发射器的子级，分别赋予它们“红”“绿”“蓝”材质，然后在“发射器”处单击鼠标右键，在弹出菜单中执行“模拟标签 > 刚体”命令。在创建的“刚体”力学体标签中将“反弹”设置为 10%。在地面处单击鼠标右键，在弹出菜单中执行“模拟标签 > 碰撞体”命令，为墙壁和扶手执行同样的操作。

按快捷键 Ctrl+D 打开“工程设置”属性面板，切换到“动力学 > 高级”属性面板，设置“碰撞边界”为 0.01cm，“步每帧”为 15，“每步最大解析器迭代”为 30。

回到第 0 帧，播放动画进行模拟。

确保没有穿模等问题后，在力学体标签的“缓存”属性面板中单击“烘焙对象”按钮，随后在“渲染设置”窗口中创建“全局光照”。然后在“输出”中设置输出范围，在“保存”中设置文件的保存格式，单击按钮进行最终渲染。

下图所示为最终的渲染结果，对应的工程文件为“实例文件 >CH19> 楼梯 - 手持 .c4d”文件。

第 20 章 Octane 渲染器

本章学习要点

GPU 渲染与 Octane　　安装与使用 Octane

20.1 GPU 渲染与 Octane

图形处理器即常说的显卡（Graphics Processing Unit，GPU），是专为图形运算而设计的芯片。当前，不论是在影视动画、CG 广告领域还是在其他三维领域，GPU 都凭借其强大的图形加速能力，为用户带来了速度更快、成本更低的渲染解决方案。随着 GPU 渲染的发展，个人及小团队制作完整作品的时间成本被大大降低。高质量作品的不断产出也促使 GPU 渲染在国内外越来越受欢迎。

Octane 是世界上第一款完全使用 GPU 进行计算的物理无偏差渲染器，在同场景、同质量的情况下，相比传统的 CPU 渲染器，其速度可以提升数倍甚至数十倍。目前，Octane 是 Cinema 4D 中使用率最高的第三方渲染器。

Octane 的硬件需求

Octane 可在微软公司的 Windows 系统、苹果公司的 Mac 系统及开源的 Linux 系统中使用。其中，Windows 系统中的 Octane 使用 NVIDIA 显卡的 CUDA 核心进行运算，因此它只支持 NVIDIA 显卡，包括 NVIDIA GeForce 系列显卡及 NVIDIA Quadro 系列显卡。为保证使用的流畅性，建议在使用 Octane 时，配置 NVIDIA GeForce GTX960 或以上的显卡。

技巧与提示

Octane 支持 NVIDIA 在最新的 GeForce RTX 系列中推出的 RTX 加速功能，使用 RTX 显卡并在 Octane 中启用 RTX 加速功能，可以使渲染速度获得更大的提升。

20.2 Octane demo 的安装

从官网下载插件安装包并解压后，复制其中的 c4doctane 文件夹到 Cinema 4D 安装目录下的 plugins 文件夹中。

启动 Cinema 4D，此时菜单栏中多了 Octane。选择其中的命令，若弹出相应窗口即表示可正常使用 Octane 渲染器。

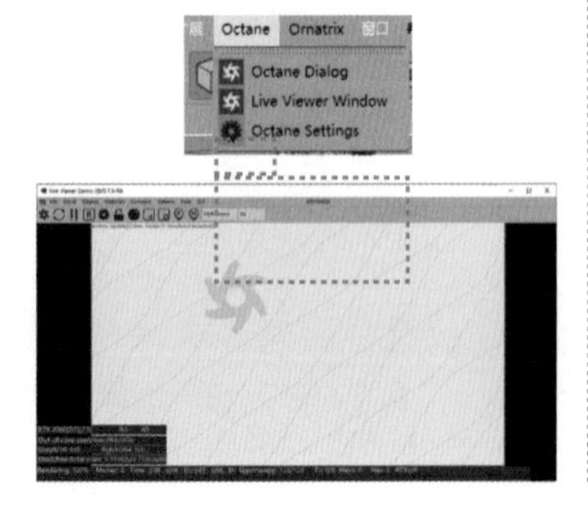

若弹出“Download NVIDIA cuDNN”对话框，则表示缺少 cudnn64_7.dll 文件。单击“Download”按钮，下载完毕后即可正常使用。

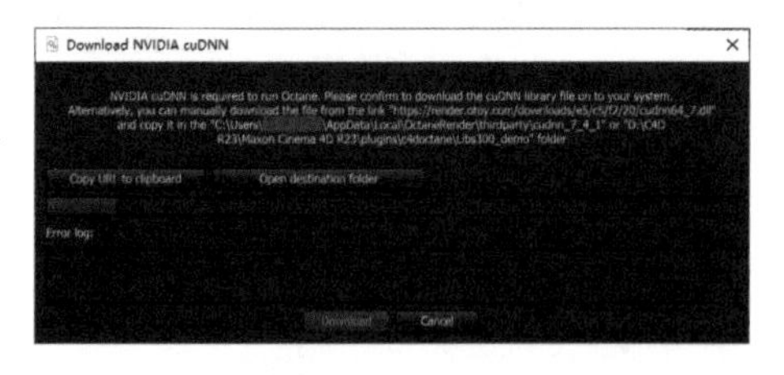

若因网络问题无法正常下载，则将插件安装包内的 cudnn64_7.dll 文件复制到“C > 用户 > 用户名 > AppData > Local > OctaneRender > thirdparty > cudnn_7_4_1”文件夹中；若没有对应文件夹则自行创建，复制完毕后重启 Cinema 4D 即可。

技巧与提示

Demo 版本仅用于初步学习 Octane，渲染结果中有水印。

使用 Demo 版本的 Octane 时，其输出分辨率限制为 1000 像素 ×600 像素。

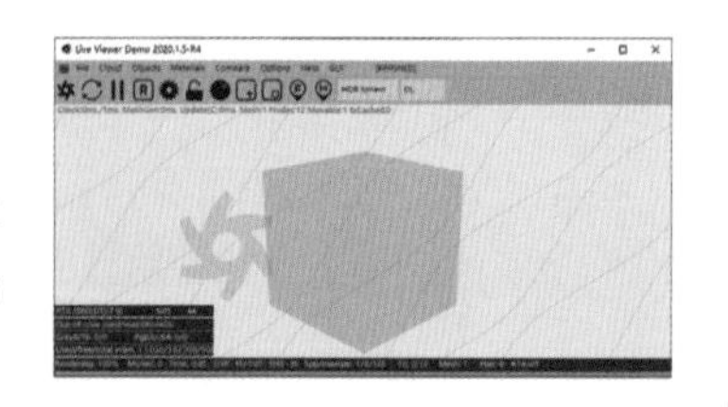

20.3 Octane 界面

执行 Octane>Octane Dialog 命令，启动 Octane 工具栏。

为了方便使用，可以将鼠标指针移动至☰图标上，然后按住鼠标左键拖曳工具栏，将其固定在“对象”窗口的上方。

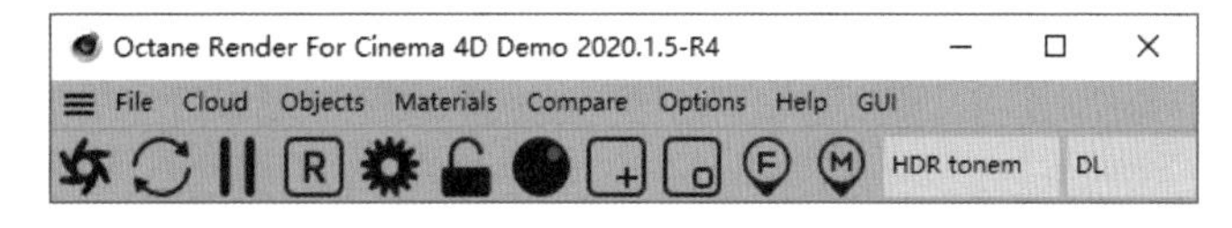

执行“窗口 > 自定义布局 > 保存为启动布局”命令，之后再启动 Cinema 4D 时将默认使用该界面布局。

功能按钮

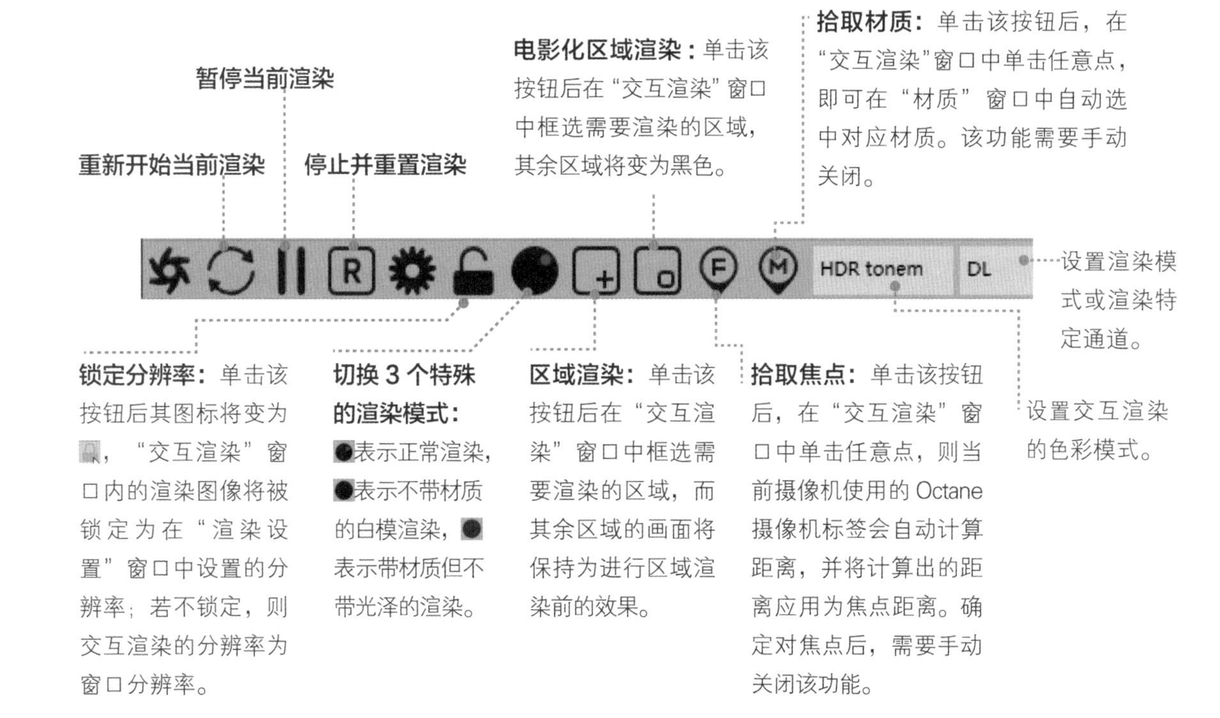

：单击该按钮，会将当前场景加载至 Live Viewer 窗口中并开始进行交互式渲染；若已经开始渲染，则会重新加载场景并开始渲染；若仅希望打开窗口而不进行渲染，则执行 Octane>Live Viewer 命令。

：单击该按钮，可打开 Octane settings（Octane 设置）窗口；也可以执行 Octane>Octane settings 命令打开此窗口。

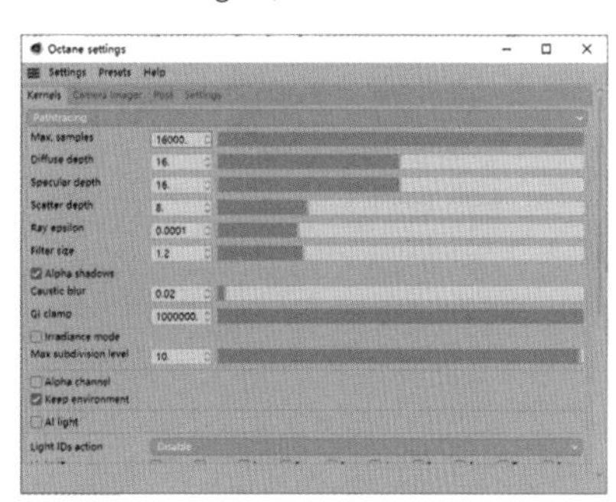

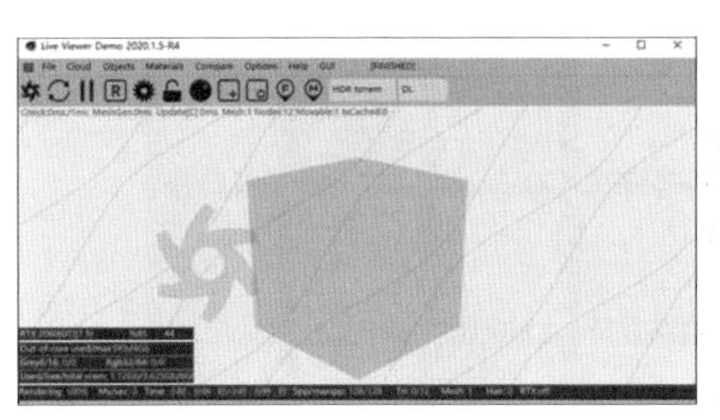

Live Viewer 窗口上方的工具栏与 Octane 工具栏一致，打开 Live Viewer 窗口后，上述的两个工具栏皆能控制渲染效果。

菜单栏

File Cloud Objects Materials Compare Options Help GUI

File（文件）： 包括保存渲染的图像及导入、导出“.orbx”格式的特殊场景的相关命令。

Cloud（云）： 包括联机渲染的相关命令。

Materials（材质）： 包括创建材质与进行材质操作的相关命令。

Compare（比较）： 用于在交互式渲染中开启比较功能，类似于 Cinema 4D 自带的 AB 比较功能。

Options（选项）： 包括交互式渲染的相关命令。

Help（帮助）： 包括显示 Octane“帮助”文档或其他信息的相关命令。

GUI（界面）： 用于设置渲染器界面。

Objects（对象）

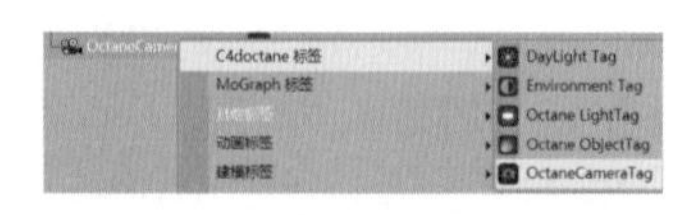

OctaneCamera（Octane 摄像机）：单击可创建一个带 Octane 摄像机标签的摄像机；也可以单击鼠标右键，在弹出菜单中执行 C4dOctane 标签 > OctaneCameraTag 命令，为摄像机手动添加标签。

Texture Environment/ Hdri Environment：单击可创建一个带有 Environment 标签（Octane 环境标签）的“天空”对象 OctaneSky；其中，Texture Environment 预设使用 RGBspectrum 节点（RGB 光谱节点）作为“环境颜色”，Hdri Environment 预设使用 HDRI 纹理作为“环境”。

Lights：Octane 的灯光预设列表。

Toon Lights：Octane 的卡通灯光预设列表。

Octane Scatter（Octane 散布）：单击可创建“Octane 散布”工具，用于在对象表面散布实例对象，类似于克隆对象。

Octane VDB Volume/ Octane Fog Volume/Sdf（Octane 雾）：单击可创建 Octane Volume 对象，用于创建体积雾。三者分别对应 Octane Volume 对象的“VDB 模式”“Fog 模式”“Sdf 模式”。

OrbxLoader：单击可创建 Orbx 对象，用于载入 .orbx 文件。

Vectron：单击可创建 Vectron 对象，使用开放式着色语言（OSL）自定义对象。

20.4 Octane 常用材质与节点编辑器

在 Octane 菜单栏中单击 Materials（材质）菜单。

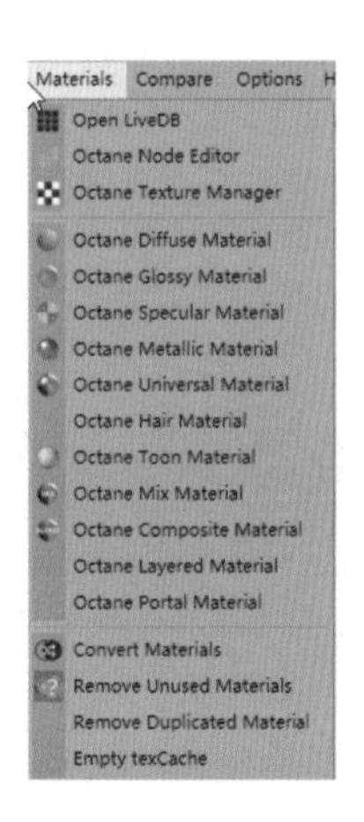

Open LiveDB

Open LiveDB 为 Octane 官方提供的在线材质库，Octane 的订阅用户可以在此下载多种由官方提供的材质预设，而 Demo 用户则暂时无法使用该材质库。

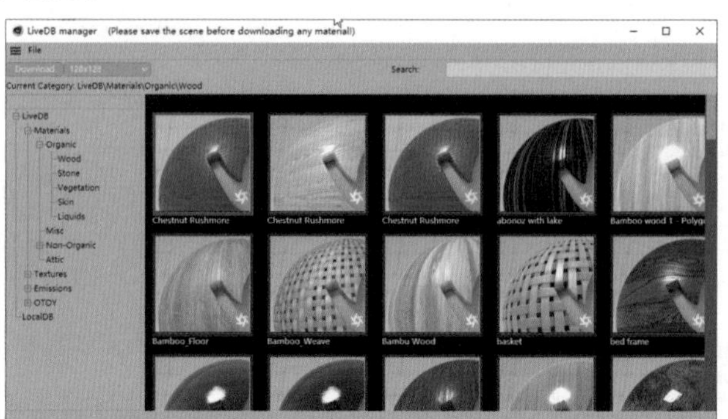

Octane Node Editor（Octane 节点编辑器）

在 Octane 中执行 Materials>Open Node Editor 命令或在任意 Octane 材质的“基本”属性面板中单击 Node Editor 按钮，即可打开 Octane Node Editor（Octane 节点编辑器）窗口，用于对 Octane 材质的节点进行编辑操作。

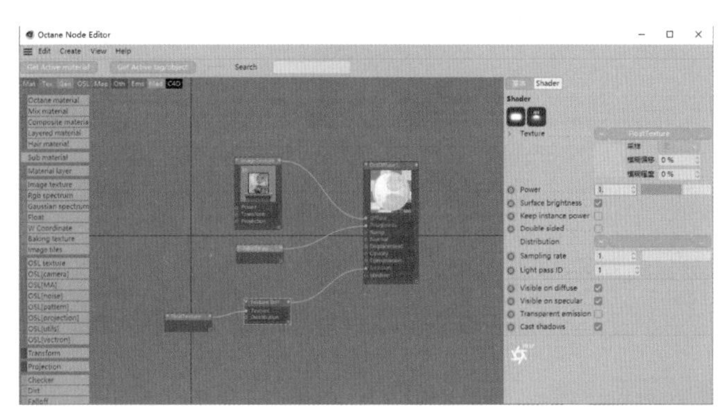

Octane 节点编辑器的操作逻辑与 Cinema 4D 节点材质的节点编辑器的操作逻辑类似。不同的是，Octane 使用不同的颜色对不同类型的节点进行标注，并且默认在左侧的列表中显示全部节点。单击 Mat | Tex | Gen | OSL | Map | Oth | Ems | Med | C4D 可以快速显示 / 取消显示对应类型的节点列表，取消显示不必要的节点可以加快制作效率。例如，可以单击关闭 Mat 和 Tex 类型的节点列表。

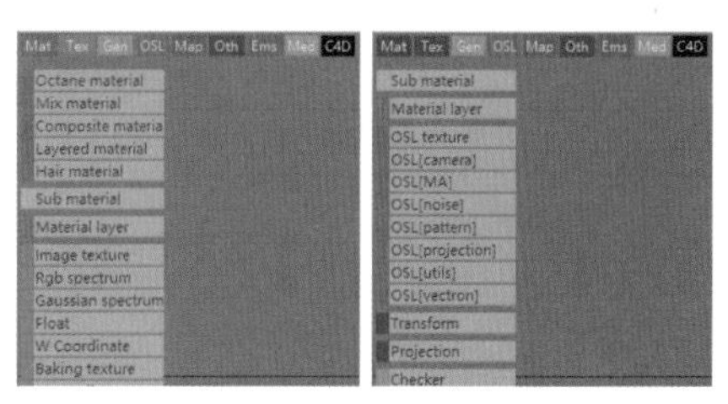

此外，也可以在节点编辑器的 Create 菜单中选择需要创建的节点，或在节点编辑器的空白处单击鼠标右键，展开节点列表。

若要搜索节点，则可以在 Search（搜索）框中输入需要搜索的节点的关键字，左侧节点列表中将只显示带有该关键字的节点。

可以在空白处按 Tab 键，展开快捷搜索框进行搜索。

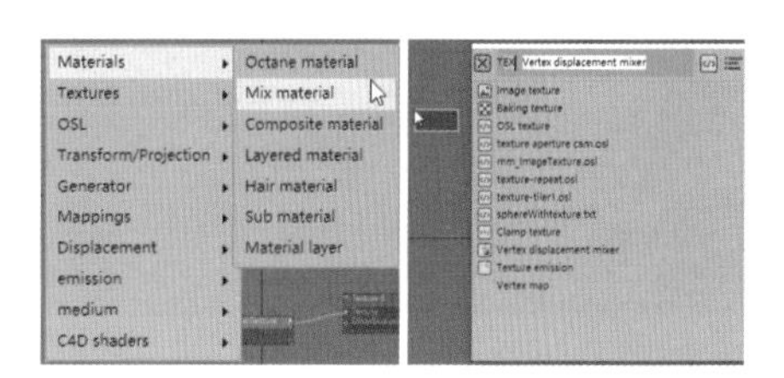

Convert Materials（转换材质）

选中任意一个 Cinema 4D 材质，在 Octane 菜单栏中选择 Convert Materials（转换材质）命令 ，即可将 Cinema 4D 材质转换为 Octane 材质。但因为渲染器的算法不同，转换后的材质的渲染结果与 Cinema 4D 中的渲染结果并不一样，所以如果没有特殊需求，最好在开始制作时就确定所用渲染器并制作对应材质。

Diffuse Material（漫反射材质）

打开“实例文件 >CH20> 龙 .c4d”文件。

若计算机配置较低，系统出现卡顿，则可以隐藏“龙 – 高模”，然后将“龙 – 低模”取消隐藏。

执行Materials>Octane Diffuse Material命令，创建Diffuse Material（漫反射材质），在“材质”窗口中双击，打开“材质编辑器”窗口。将材质赋予模型，单击按钮开始进行交互式渲染。

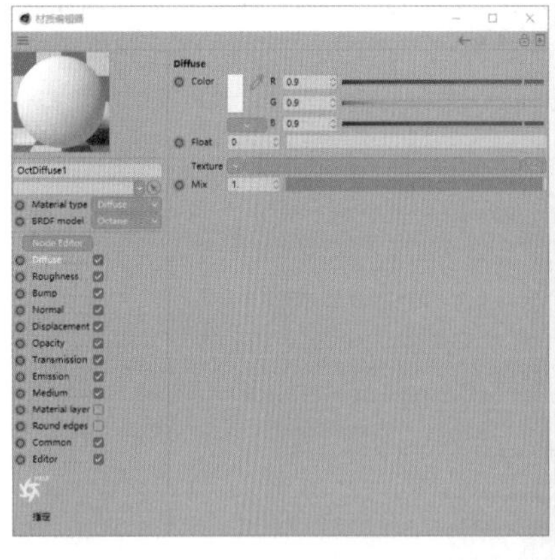

Material type（材质类型）：用于切换材质类型。

BRDF model（BRDF 模型）：切换 BRDF 模型的模式；除默认的 Octane 外，其余模式均与 Cinema 4D 标准材质的模式一样。

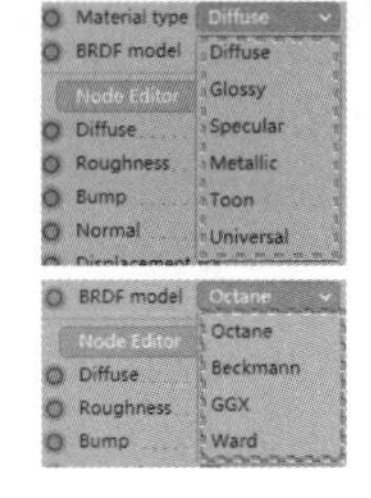

Node Editor：单击该按钮即可打开“节点编辑器”窗口。

Diffuse（漫射）：材质的漫反射通道，与 Cinema 4D 标准材质的颜色通道类似。

Roughness（粗糙度）：材质的粗糙度通道。

Bump（凹凸）：材质的凹凸通道。

Normal（法线）：材质的法线通道。

Displacement（置换）：材质的置换通道，如果要在 Octane 中使用置换功能，则需要先在“节点编辑器”窗口中连接 Displacement 节点到置换通道；也可以在“材质编辑器”窗口中单击 Add displacement 按钮自动创建并连接 Displacement 节点。

Opacity（透明度）：材质的透明度通道。

Transmission（透射）：材质的透射通道，用于模拟光线穿过半透明介质时的效果，通常配合 Medium（介质）通道使用。当颜色设置为红色时会产生上图所示的效果。

Emission（发光）：材质的发光通道。

Medium（介质）：材质的介质通道，用于控制材质的介质，可制作皮肤等半透明介质，通常配合 Transmission（透射）通道使用。

Material layer（材质层）：用于添加材质层。

Round edges（倒角）：启用倒角通道后单击 Create round edge 按钮可创建 Round edge 节点，使用 GPU 计算通过材质添加的倒角效果，可以降低对性能的消耗。

Common（一般）：控制材质的一般属性，如阴影捕捉、平滑、伪阴影等。

Editor（编辑）：编辑材质的显示属性。

指定：显示当前使用该材质的对象。

Octane 材质中的部分通道如 Diffuse 通道，提供了多种方式对材质进行控制，如 Color（颜色）、Float（浮点）、Texture（纹理）、Mix（混合）4 种方式。

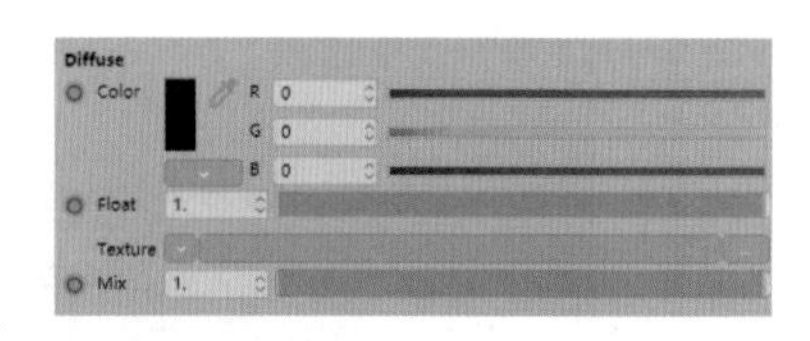

其中，当 Color 为黑色时，将优先使用 Float 值控制通道；当 Color 不为黑色时，将优先使用 Color 控制通道。而当 Texture 中载入了任何纹理或节点时，将优先使用 Texture 控制通道。

此外，也可以使用 Mix 值控制 Texture 和 Color，或使用 Texture 中的混合结果控制通道。

单击按钮，展开 c4doctane 的子菜单，即可查看 Octane 的材质节点。

为了操作方便，通常使用节点编辑器进行操作。

Glossy Material（光泽材质）

执行 Materials>Octane Glossy Material 命令，创建 Glossy Material（光泽材质）。在“材质”窗口中双击材质，打开“材质编辑器”窗口。

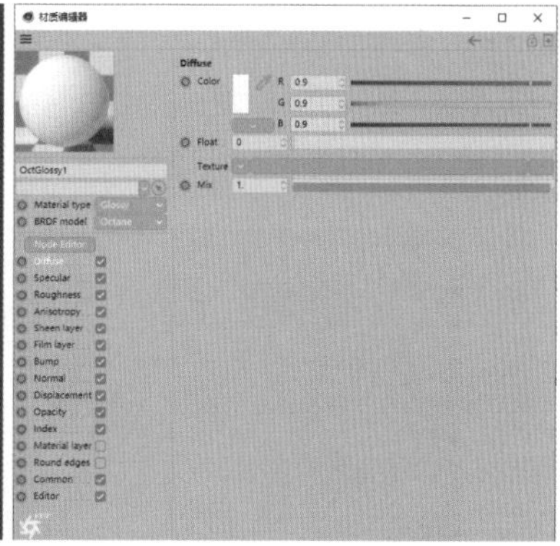

Specular（镜面反射）：材质的镜面反射颜色及强度；将“漫反射”颜色设置为黑色，当“粗糙度”为 0 时，不同强度下将产生不同的效果。

Roughness（粗糙度）：材质的粗糙度通道，当镜面反射的强度为 1 时，不同粗糙度下的效果不同。

Anisotropy（各向异性）：材质的各向异性通道，可以通过纹理对其进行控制。

Sheen layer（光泽层）：在材质的表面额外添加一层光泽效果，通常用于模拟绒布、丝绸等材质。使用 Sheen 控制光泽强度，使用 Roughness 控制光泽的扩散程度，当任意一个值为 0 时，均无法看到光泽效果；当 Sheen 为 1 时，不同 Roughness 值下产生的光泽效果不同。此外，在 Universal Material 下，光泽层可以单独设置凹凸效果和法线方向。

若要使用该通道，则推荐 BRDF 模型使用 GGX、Ward 或 Beckmann 模式，默认的 Octane 模式的效果会稍差于上述模式的效果。

Film layer（薄膜层）：在材质的表面添加薄膜干涉效果，类似于物体表面的油污、肥皂泡等的效果；当 IOR 值不变时，不同 Float 值产生的效果不同。

当 Float 值为 0.5 时，不同 IOR 值也会产生不同的效果。

Index（折射率）： 与标准材质中的折射率或 IOR 类似，根据菲涅尔定律确定物体表面的反射强度，参数范围为 1~8；在不透明材质中，折射率越高则反射强度越大。

注意：当该值为 1 时，物体表面将产生金属效果，彻底丢失漫反射颜色。

Specular Material（镜面材质）

执行 Materials>Octane Specular Material 命令，创建 Specular Material（镜面材质），在“材质”窗口中双击材质，打开“材质编辑器”窗口。

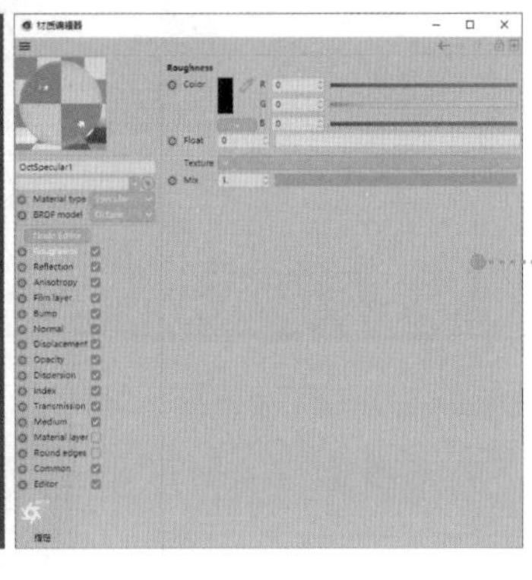

Specular Material 用于创建玻璃、水等透明材质，其比 Glossy Material 少了漫射通道，但多了透射和介质通道。

Dispersion（色散）： 模拟因介质对不同波长的光的折射率不同而产生的色散效果。该参数值表示当前材质对红光的折射率与对紫光的折射率的差值，值越大，色散强度越大。折射率固定时，不同色散值的效果不同。

Index（折射率）： 不同折射率下的效果不同。折射率越高，穿过物体的光线折射角度越大；折射率值为 1 时，不发生折射。

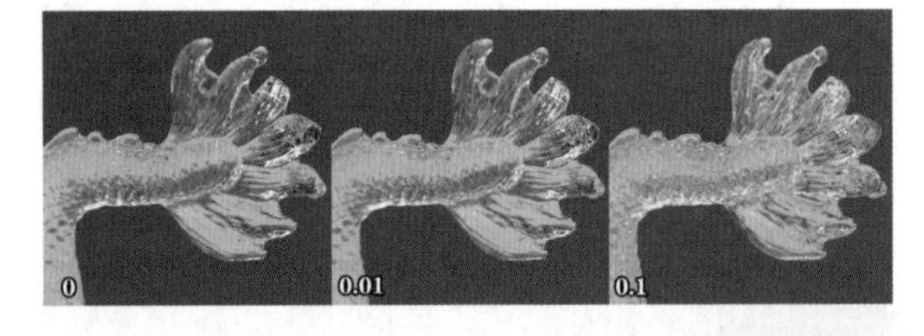

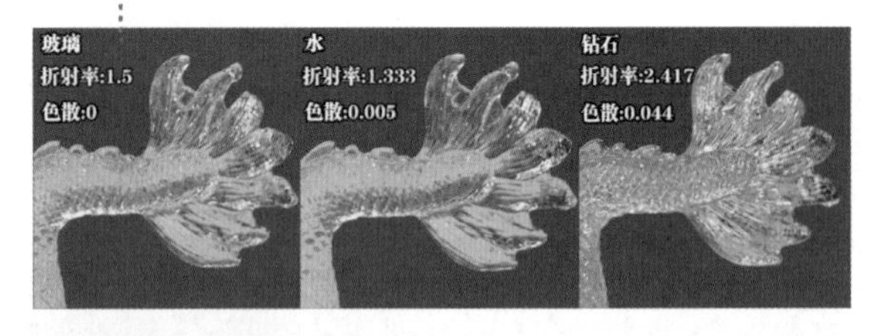

Metallic Material（金属材质）

执行 Materials>Octane Metallic Material 命令，创建 Metallic Material（金属材质），在“材质”窗口中双击材质，打开“材质编辑器”窗口。

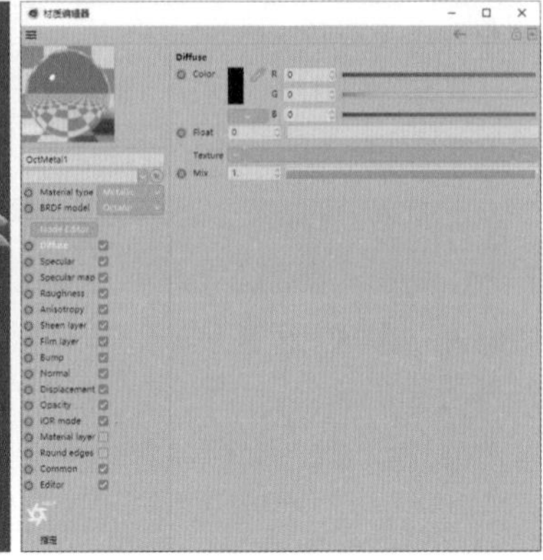

Specular map（镜面反射贴图）： 使用灰度值控制镜面反射对漫反射的覆盖程度，可以理解为金属度；当该值为 1 时，漫反射完全不可见。

IOR mode（IOR 模式）： 设置金属材质的 IOR 模式及强度。

Artistic（美术）：仅使用 Specular 通道控制反射颜色，方便根据美术效果进行控制，但此模式在物理效果上不准确。

IOR + Color（IOR+ 反射颜色）：使用 Specular 通道控制反射颜色，使用 Metallic IOR 控制材质光学常数的 N 值（Refractive Index，折射率）和 K 值（Extinction Coefficient，消光系数）Metallic IOR 1.62963 2.093458，其中左侧数值为 N 值，右侧数值为 K 值。

Rgb IOR：单独设置 R、G、B 这 3 个通道的 N 值和 K 值，是物理效果最准确的模式。使用所需材质的真实 N 值和 K 值可以轻松制作逼真且符合物理规律的效果，可以使用该模式制作金、银效果。

Metallic IOR 控制 R 通道，Metallic IOR（green）控制 G 通道，Metallic IOR（bule）控制 B 通道。R、G、B 通道对应的光谱波长分别为 650nm、550nm、450nm。

Universal Material（通用材质）

执行 Materials>Octane Universal Material 命令，创建 Universal Material（通用材质），在“材质”窗口中双击材质，打开“材质编辑器”窗口。

在较早版本的 Octane 中，制作复杂材质时常会受到限制。例如，Specular Material 不提供 Transmission（透射）通道，因此常需要使用 Mix Material 将多个材质混合，非常影响制作效率。Octane 2020 中提供的通用材质包含了前面所述的材质的大部分通道。因为该材质的通道较多，所以其渲染速度会略慢于其他材质的渲染速度。因此，若能使用其他材质单独完成效果的制作，则依然建议使用其他材质。

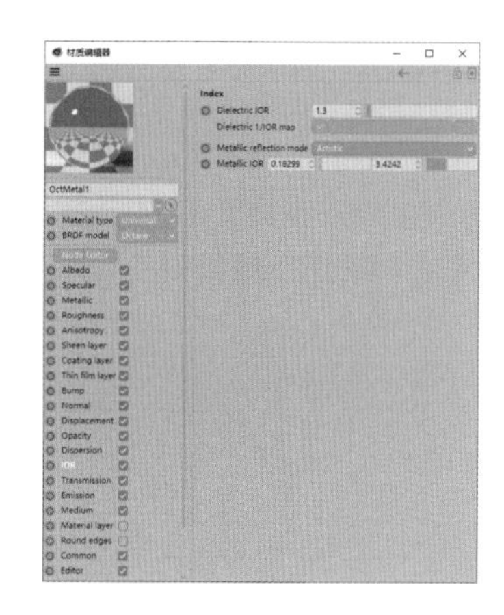

Mix Material（混合材质）

执行 Materials>Octane Mix Material 命令，创建 Mix Material（混合材质），在“材质”窗口中双击材质，打开“材质编辑器”窗口。

其中 Material1 和 Material2 为需要混合的两个材质，Amount 使用灰度图像控制混合程度；当该值为 0 时，完全使用 Material1；当该值为 1 时，完全使用 Material2。

注意 Mix Material 不会混合材质的 Displacement（置换）通道，因此需要为 Mix Material 单独设置 Displacement（置换）通道。

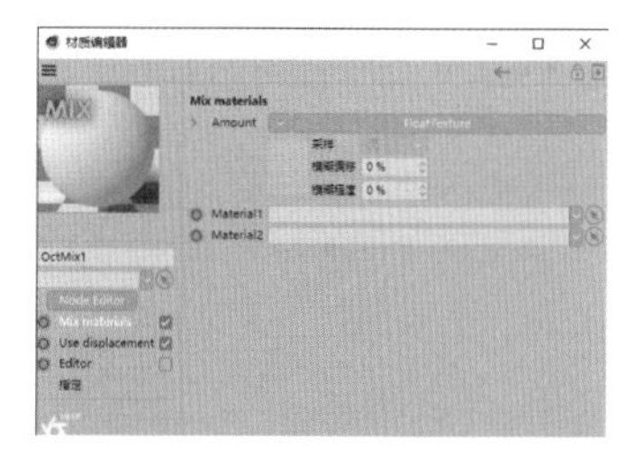

Common（一般属性）

执行 Materials>Octane Universal Material 命令，创建 Universal Material（通用材质），在“材质”窗口中双击材质，打开“材质编辑器”窗口，选择 Common 选项，可以看到大部分的 Common 属性。

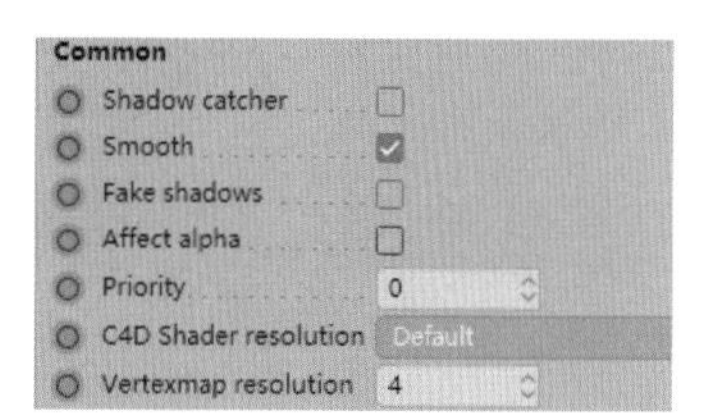

Shadow catcher（阴影捕捉）：选中该复选框后，材质中只保留投射在其上的投影。该参数通常用于在制作实景合成时提取投影。

Smooth（平滑）：取消选中该复选框则会取消平滑效果，即使模型再精细，也会在面与面的转折处出现棱角分明的效果。

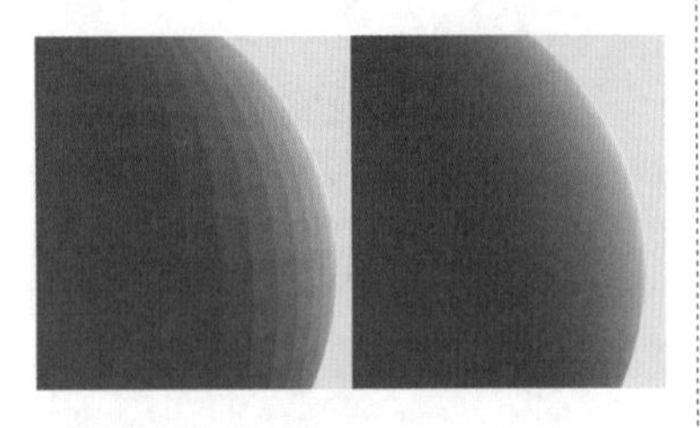

Fake shadows（伪阴影）：在 DL 模式下，取消选中该复选框，则镜面材质将不允许光线穿过。

在 PT 模式下，取消选中该复选框则光线能正常穿过镜面材质，选中该复选框后能计算得更快，但阴影效果将不如取消选中该复选框时的效果逼真。

Affect alpha（影响 alpha）：在使用镜面材质时，设置镜面材质是否影响最终输出的 Alpha 通道，若取消选中该复选框，则镜面材质将不考虑材质的透明效果。

Priority（优先级）：红色、蓝色两个半透明球体互相嵌套,且优先级一致，均为 0, 此时, 两个球体的嵌套部分将互相影响, 光在穿过每个面时都将考虑在球体表面的折射。

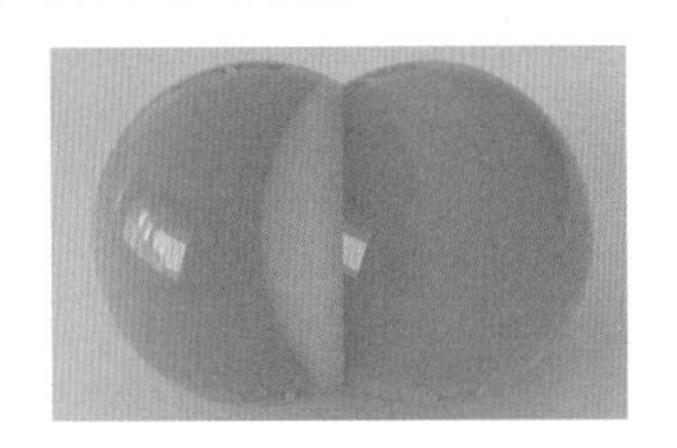

将蓝色球体的优先级修改为 1，红色球体的优先级保持为 0。此时，在优先级高的蓝色球体内，红色球体的表面对光线的影响将不被考虑。

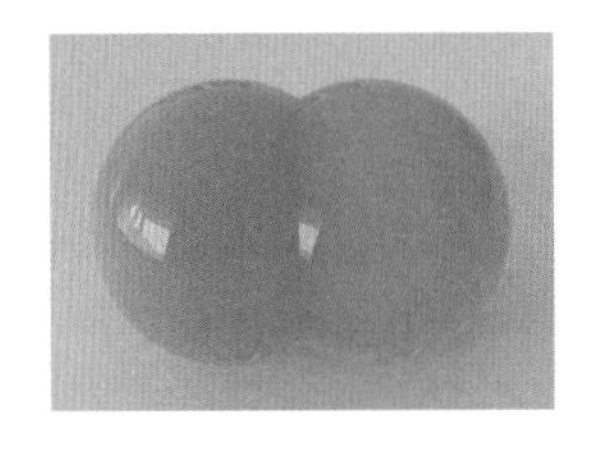

若再创建一个绿色球体，将其优先级设置为 3，效果如下图所示。

该参数用于处理杯子与杯中的液体，水与水中的气泡、冰块等互相嵌套的半透明物体。例如，制作杯子与杯中的液体时，若让杯壁与液体的面重叠，则渲染结果会出错。

若适当缩小或放大液体，使其与杯壁之间留有间隙或直接嵌套，则可以保证不出现面重叠错误。但当光线在杯壁与液体之间多次反弹时，杯壁与液体之间会产生多个重复但位置不同的反射、折射结果，因此最终结果往往会出现一定的错误，不能满足实际项目的制作需求。

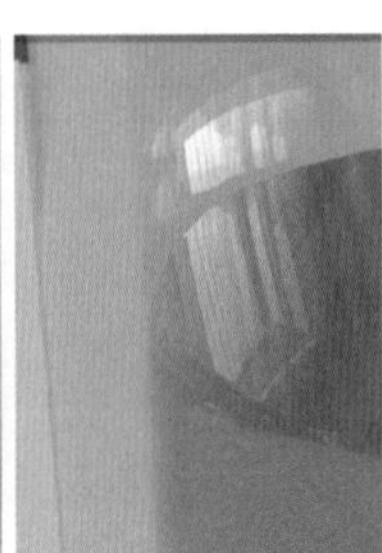

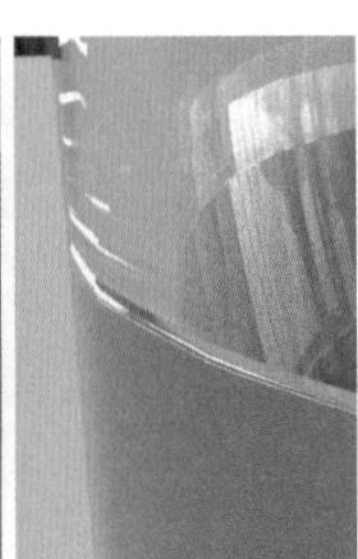

因此，可以将液体适当放大，使其嵌套进杯壁，并将杯子材质的优先级提高至大于液体材质的优先级，此时得到的结果将最为正确。

同理，若液体中存在其他透明物体，如气泡、冰块，则也应该考虑材质的优先级，以获得更准确且符合视觉规律的折射结果。

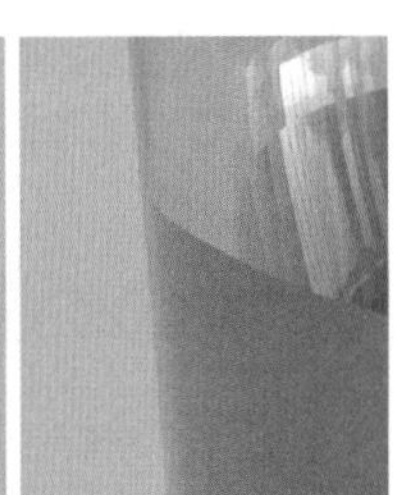

20.5 Octane 常用灯光

在 Octane 菜单栏中展开 Objects 菜单，其中包含 Texture Environment、Hdri Environment 等命令，展开 Lights 子菜单，其中包含各种类型的灯光。

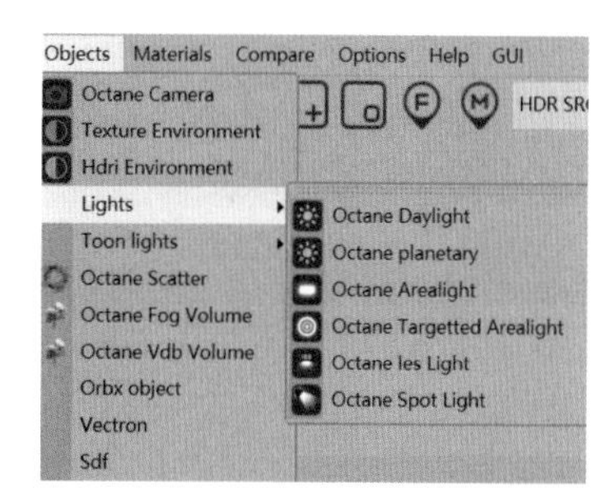

Texture Environment/ Hdri Environment（纹理环境、HDRI 环境）

执行 Objects>Texture Environment 命令或 Hdri Environment 命令，均会创建带有 Environment 标签的“天空”对象 OctaneSky 。其中，Texture Environment 预设使用 RGBspectrum 节点（RGB 光谱节点）作为“环境颜色”，Hdri Environment 预设使用 ImageTexture 节点（图像纹理节点）导入的外部 HDRI 纹理作为“环境”。关闭其他灯光，仅使用 HDRI 纹理进行渲染。

注意，使用 Hdri Environment 时应该单击 ImageTexture 按钮，用 ImageTexture 节点来载入 HDRI 纹理，而不是单击 按钮。

Main 属性

Power：设置环境的光照强度。

RotX/Y：设置环境在 x 轴和 y 轴方向上的旋转角度。

Imp.Samp.（重要性采样）：通常默认选中该复选框，选中后会优先对噪点较多的区域进行计算，以达到更快的噪点收敛速度。

Type（环境类型）：设置环境的照明类型，有 Primary 和 Visible 两种。其中，Primary 为主要的环境照明，当场景有多个 Octane 环境时，将使用列表中最靠前的类型为 Primary 的环境进行照明计算。Visible 为“仅可见”，该模式下的灯光仅作为背景，不参与照明计算。类型为 Visible 的环境在列表中靠前时，其优先级高于类型为 Primary 的环境的优先级，但不会影响照明结果，因此可以使用 Visible 作为背景，使用 Primary 作为照明来源。

AO environment texture：在 GI mode 为 DL、GI_AMBIENT_OCCLUSION 时，使用纹理控制类似在

Primary 环境下产生的 AO 颜色的倾向。

Visible environment：设置 Visible 类型下环境的可见性，有 Backplate（背景）、Reflections（反射）、Refractions（折射）3 个选项。

Medium 属性

用于添加全局环境的雾效果，单击 Add Fog 按钮，将自动添加 Scattering Medium 节点来为环境添加雾效果。

Octane Daylight（Octane 日光）

执行 Objects>Lights>Octane Daylight 命令，将创建带有 Daylight 标签（“远光灯”日光标签）的“远光灯”对象。与“物理天空”对象类似，“远光灯”对象会根据光照角度自动调整光照颜色与强度。

Main 属性

Type： 设置日光的类型，与 Texture/Hdri Environment 中的 Type 参数一致。

Sky turbidity（天空浑浊）： 设置天空的浑浊度，参数范围为 2~15，值越大则太阳及地平线处的亮度的扩散范围越大。

Power： 值越大画面越亮，会同时影响太阳和天空的亮度。

Sun intensity（太阳强度）： 单独设置太阳的强度，值越大日光越亮，但不会影响天空的亮度。

North offset（北偏移）： 调整“北”所在的方向，可在其他条件均不变的情况下偏移日光。

Sun size（太阳缩放）： 缩放太阳本体，值越大则太阳的可视半径越大；同时，值越大太阳的投影边缘越模糊。

Daylight model（日光模型）： 设置日光使用的数学模型。

其中在 Nishita 和 Hosek Wilkie 模式下，地平线以下为黑色。

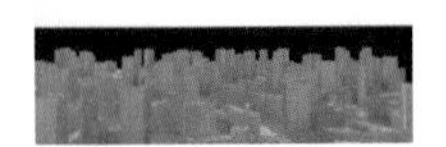

Sky color（天空颜色）： 设置天空的颜色。

Sun color（太阳颜色）： 设置太阳的颜色。

Mix sky texture（混合天空纹理）： 选中该复选框则会同时使用 Daylight 和 Environment 进行光照计算。此时，背景会显示为 Environment 的纹理，并同时保留 Daylight 的阳光本体。因此，需要进行相应调整使它们的位置匹配，或通过调整摄像机的角度来避免穿帮。

Ground（地面）： 设置地平线下的区域的颜色与过渡效果。

Octane Arealight（Octane 区域光）

执行 Objects>Lights>Octane Arealight 命令，将创建带有 Arealight 标签（区域光标签）的区域光。

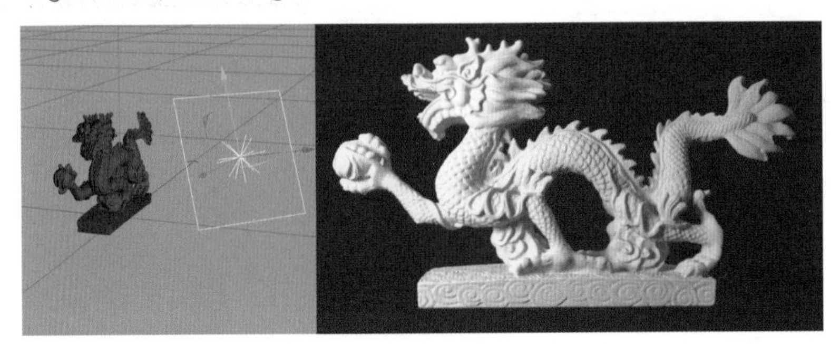

Main 属性

Main：切换区域光的预设，为区域光，为 IES 光。

Enable：区域光的开关。

Type：设置区域光的类型，有 Blackbody（黑体）和 Texture（纹理）两种类型。

Light settings 属性

Power：区域光功率，可以按真实世界的灯光信息进行设置，以获得较为写实的光照强度。

Temperature(温度)：在黑体类型下设置区域光的色温。

Texture：使用纹理控制区域光的颜色。

Distribution（灯光分布）：使用纹理控制区域光的分布，可以使用 IES 文件或灰度图像纹理。

Surface brightness（表面亮度）：选中该复选框后区域光的表面积越大，光照强度越大。

Keep instance power（保持实例亮度）：在使用区域光制作实例时，选中该复选框可以确保在实例的表面积改变时，光照总功率不变。

Double sided（双面）：选中该复选框后区域光的双面都将产生照明效果。

Normalize（标准化）：默认选中该复选框，此时区域光在不同色温下将保持相同功率；若取消选中该复选框，则区域光在低色温下亮度会降低，在高色温下亮度会升高。

Sampling rate（采样率）：值越大，该区域光的采样率越高，产生的噪点越少；除非场景中的某盏灯光产生了更多的噪点，否则通常保持默认即可。

Visible on diffuse（漫射可见）：取消选中该复选框后区域光将不影响漫射效果。

Visible on specular（镜面可见）：取消选中该复选框后区域光将不影响反射和折射效果。

Cast shadows（产生阴影）：取消选中该复选框，则区域光不产生阴影。

Transparent emission（透明发光）：区域光使用透明通道控制 Distribution 时，应选中该复选框以保证光照效果正确。

Use light color（使用灯光颜色）：选中该复选框则使用区域光对象的“常规”属性面板中的“颜色”控制区域光颜色。

Opacity（透明度）：设置区域光本体的透明度，值为 0 时区域光本体不可见。

Light pass ID：设置区域光的 pass ID，可以用于排除区域光、渲染区域光通道等。例如，将 Light pass ID 设置为 2，然后在“对象”窗口中需要排除区域光影响的对象上单击鼠标右键，在弹出菜单中执行 C4doctane 标签 > Octane ObjectTag 命令，创建 Octane Object 标签；选中标签，在 Object layer 属性面板中将 Use light pass mark 设置为 Enable，再取消选中“2”复选框。此时，该对象将不再受到场景中 Light pass ID 为 2 的区域光的直接影响。

Visibility 属性

Camera Visibility（摄像机可见性）：取消选中该复选框，则区域光本体在渲染结果中不可见。该参数类似透明度，但不影响多通道渲染中区域光对部分通道的影响。

Shadow Visibility（阴影可见性）：设置区域光本体在阴影中的可见性，若设置为 0，则区域光本体不会在其他灯光下产生投影。

General Visibility（一般可见性）：与透明度、摄像机可见性的功能类似。

Octane Ies Light（Octane ies 灯光）

执行 Objects>Lights>Octane Ies Light 命令，创建 Octane ies 灯光，Octane ies 灯光即预设为 IES 的区域光，它默认在 Distribution 中置入了 ImageTexture 节点用于加载 IES 文件。

材质发光通道

在支持Emission通道（发光通道）的材质中创建Blackbody Emission（黑体发光）或Texture Emission（纹理发光）节点，将其与Emission通道连接，即可使材质发光。

节点参数与Octane灯光标签的参数一致，可以使用纹理控制灯光的颜色与分布。例如，创建Noise（噪波）节点并与Distribution通道连接，即可使用噪波控制灯光在物体表面的亮度分布情况。

20.6 Octane常用设置

在工具栏中单击按钮打开“渲染设置”窗口，将“渲染器”设置为Octane Renderer 。选择Octane Renderer，切换到Octane渲染器设置面板。

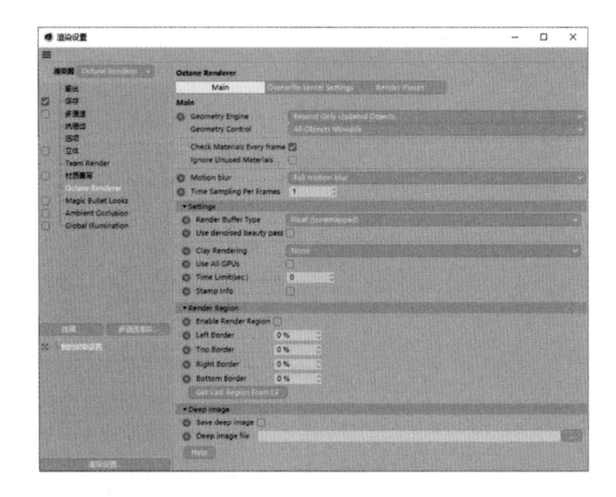

Overwrite kernel Settings属性

Enable：选中该复选框，则使用该面板中的设置覆盖Octane Settings的设置。

Main属性

Motion blur（动态模糊）：设置该工程需要渲染的动态模糊类型，有Full motion blur（完全动态模糊）、Camera motion blur（摄像机动态模糊）、Disabled（关闭）3种类型。默认为Full motion blur类型，即场景中所有类型的动态模糊效果都会渲染，通常不需要修改。

Time Sampling Per Frames（每帧时间采样）：为运动模糊对象创建更多子帧。

Use denoised beauty pass（使用降噪后的图像）：选中该复选框则最终保存的图像为降噪后的图像，降噪功能需在Octane Settings中手动开启。

Clay Rendering（白模渲染）：在“交互渲染”窗口中单击按钮，切换为白模渲染模式，并不会影响最终输出结果；若要影响最终渲染结果，则需在此更改。

Render Passes属性

Enable：选中该复选框可开启Octane的多通道渲染功能，在下方选中需要渲染的通道。

Render Pass File：设置多通道渲染文件的保存路径。

Separator（分隔符）：设置多通道渲染中文件名称和通道名称的分隔符。

Format（格式）：设置多通道渲染中保存的文件的格式。

Depth（深度）：设置多通道渲染中文件的颜色位深。

Multilayer File（多通道文件）：当设置的格式为EXR、PSD等支持多通道的格式时，设置是否将每帧的多通道结果保存在一个文件中。

Folders（文件夹）：当设置的格式为PNG、JPG等不支持多通道的格式时，选中该复选框后会将每个通道的图像保存在单独的文件夹中。

Image Color Profile（图像色彩配置文件）：设置多通道图像的色彩配置，若要获得在交互式渲染窗口中看到的颜色，则应改为sRGB。

Tonemap type（色调映射类型）：设置多通道图像的色调映射类型，若要获得在交互式渲染窗口中看到的颜色，则应改为Tonemapped。

Octane settings（Octane 设置）

在 Octane 工具栏中单击⚙按钮或执行 Octane>Octane settings 命令，打开 Octane settings 窗口。

Kernels 属性

Kernels 属性共有 4 种模式，分别是 Info channels、Directlighting、Pathtracing 和 PMC，常用的为 Directlighting 和 Pathtracing 模式。

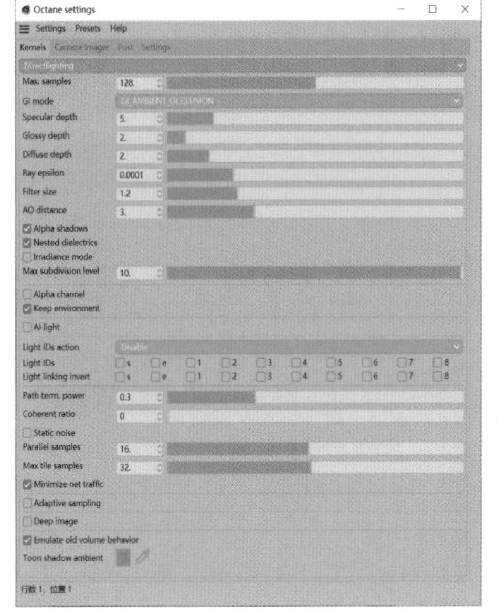

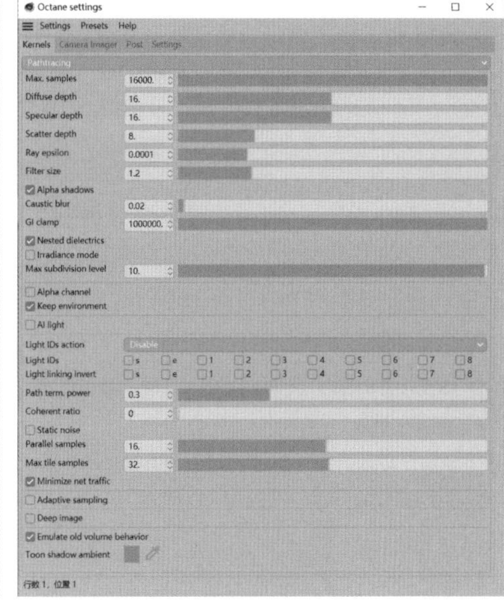

Max.samples（最大采样）： 设置渲染的最大采样值。

GI mode（GI 模式）： 仅 Directlighting 模式下存在，设置 GI 模式，可以在 Octane 工具栏中修改。其中，DL、PT、PMC 为 GI 模式，其余为常用的特定通道。最常用的模式为 PT，即 Pathtracing（路径追踪），后续的参数讲解均以该模式为基础。

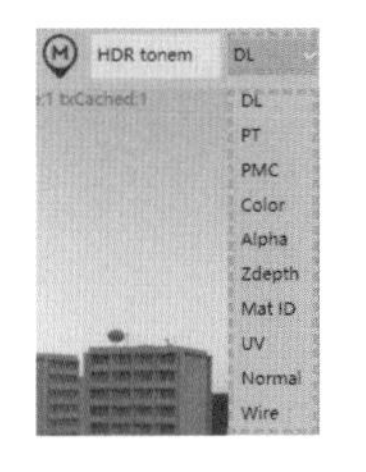

Direct Lighting（DL，**直接照明**）：渲染速度快，但渲染结果相对不真实，通常用于快速预览。

Pathtracing（PT，**路径追踪**）：最常用的模式，用于获得符合物理规律的、无偏差的逼真渲染结果。

PMC：PT 的增强版，渲染速度更慢，但渲染结果更精确，常用于解决一些在 PT 模式下无法解决的渲染问题。

Diffuse depth（漫射深度）： 设置光线漫射的最大深度。

Specular depth（镜面深度）： 设置光线折射、镜面反射的最大深度。

Scatter depth（散射深度）： 设置光线在介质中散射的最大深度。

Ray epsilon： 设置光线与物体的交点距物体表面的距离，值越大光线与物体的交点离物体表面越远，值越小效果越准确；但当场景较大时，过小的值会造成伪影，此时适当调大该值可以解决该问题，通常情况下保持默认即可。

Filter size（过滤尺寸）： 与标准渲染器的“抗锯齿”类似，用于减少画面中的锯齿，值过大会造成画面模糊，通常不需要修改。

Alpha shadows（透明阴影）： 用于设置材质透明通道中设置的透明部分是否影响投影效果，通常保持默认即可。

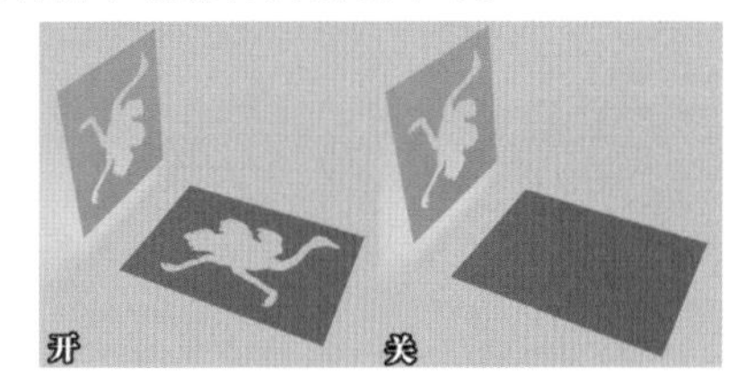

Caustic blur（焦散模糊）： 在 Pathtracing、PMC 模式下存在，设置场景中焦散效果的模糊程度，值越大则焦散效果越模糊，整体亮度越低。

GI clamp（GI 修剪）： 在 Pathtracing、PMC 模式下存在，限制单个光子的贡献度，通常情况下会将其调整为 1~10，以减少采样过程中出现的亮点，达到更快的噪点收敛速度。注意该参数值不应该低于 1。

Irradiance mode（辐照度模式）： 在光线第一次反弹时使用白模，一般不选中该复选框。

Max subdivision level（最大细分级别）： 限制 Octane 渲染器为物体添加细分的最大级别，如 Octane Object 标签的 Subdivision group 中设置的细分。

Alpha channel（透明通道）： 选中该复选框后，背景将输出为透明通道。右图所示为在 Live Viewer 窗口中的效果。

Keep environment（保持环境）： 配合 Alpha channel 使用，选中该复选框时最终输出的图像依然会保留 Environment 背景，但图像的透明通道会记录透明信息。

AI light： 选中该复选框后 AI 算法会自动根据当前场景优化灯光效果，加快渲染速度。

AI light update： 勾选 AI light 选项后可用，选中该复选框后 AI 算法会自动根据当前场景的状态，动态地优化灯光效果，配合 AI light 可以大大加快渲染速度。

Light IDs action： 设置为 Enable 后可使用 Light IDs，根据 Light pass ID 控制场景中的灯光。

Path term. power： 值越大，渲染速度越快，但会减少暗部的采样效果，导致暗部噪点增多。

Coherent ratio： 值越大，噪点收敛的速度越快，但在渲染动画时，会导致画面闪烁；因此，该功能仅用于快速渲染测试动画或者单帧画面。

Static noise（固定噪点）： 选中该复选框后，输出动画的噪点的分布将保持不变。

Adaptive sampling（自适应采样）： 选中该复选框可开启自适应采样功能，即自动根据场景中的情况判断不同区域需要的采样值，并根据设置在达到要求的像素上停止渲染，加快渲染速度。

Noise threshold（噪点阈值）： 勾选 Adaptive sampling 复选框后可用，渲染器判断出区域噪点的阈值小于该值时，将停止对该区域的渲染；值越大停止渲染的速度越快，过大的值会使渲染过早停止或残留的噪点过多。

Min. samples（最小采样）： 勾选 Adaptive sampling 复选框后可用，该参数用于设置在进行自适应采样前的最小采样值，采样达到该值后才会进行自适应采样。

Group pixel（像素组）： 勾选 Adaptive sampling 复选框后可用，设置像素组的大小，只有像素组中的所有像素均达到标准，才会停止对该像素组的渲染。

进行自适应采样时，在 Live Viewer 窗口左下角切换到 Noise 通道，即可查看当前的自适应采样情况。下图中的绿色区域为已停止渲染的区域，灰色区域为正在渲染的区域。

Camera image – Imager 属性

Exposure（曝光）： 控制画面的曝光度。

Highlight compression（高光压缩）： 降低画面中高光部分的亮度，值越大，高光整体的亮度越低，以避免画面过曝。

Response： 设置使用的色彩配置。

Gamma： 调整画面的 Gamma 值。

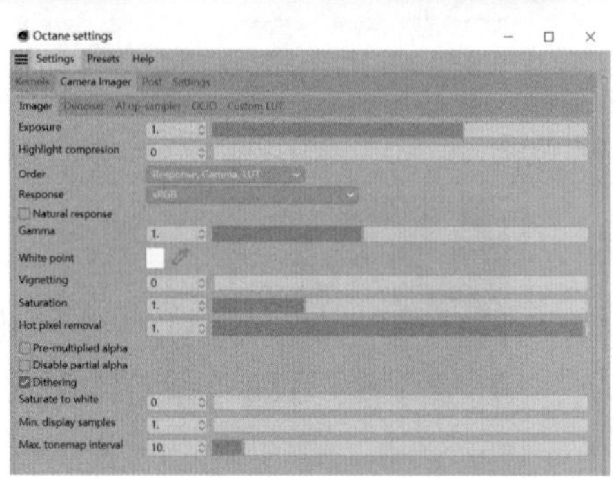

Camera image–Denoiser 属性

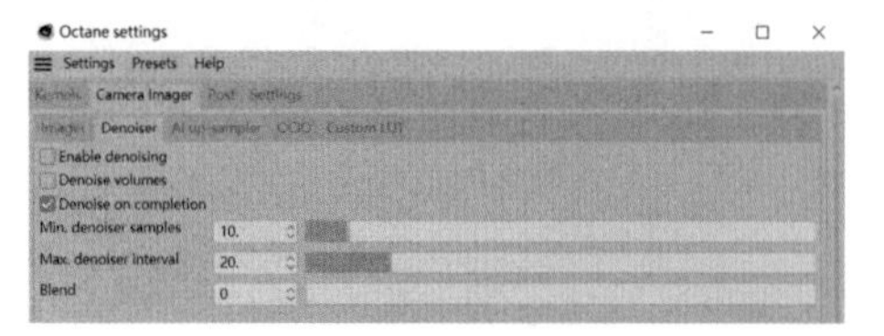

Enable denoising：选中该复选框可开启降噪功能。开启降噪功能后，会在渲染完毕后对图像进行降噪处理，在 Live Viewer 窗口的左下角切换到 DeMain 通道，即可得到降噪后的图像。开启降噪功能可以在较低的采样值下，将噪点减少至可以接受的程度，大大提高出图效率。

Denoise volumes：选中该复选框可开启体积降噪功能。仅选中 Enable denoising 复选框时，不会对场景中的体积效果进行降噪处理，因此需选中该复选框。

Blend：混合降噪前的图像和降噪后的图像。

Post（后期效果）属性

Enable：选中该复选框可应用后期效果，包括 Bloom（泛光）和 Glare（眩光）两种。

Bloom power：设置泛光的强度，泛光会在画面中较亮的区域内产生亮度增益并均匀扩散。

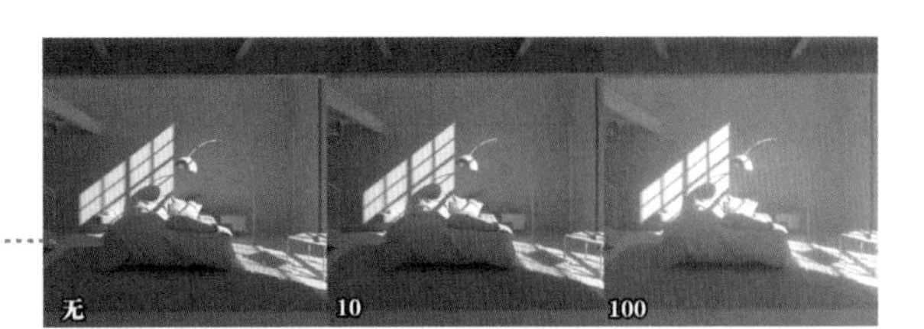

Cutoff：修剪产生泛光的区域，只有在亮度大于该值的区域中才会产生泛光和眩光。

Glare power：设置眩光的强度，会在画面中较亮的区域内产生高亮的射线。

Ray amount：设置眩光产生的射线数量。

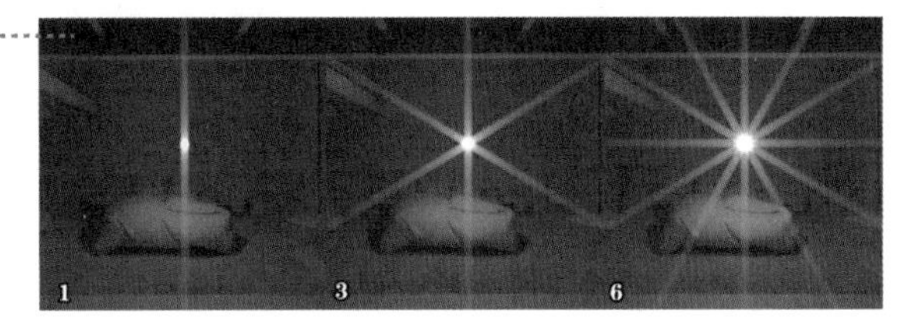

Glare angle：设置眩光效果的旋转角度。

Glare blur：设置眩光效果的模糊程度。

Spectral intensity（光谱强度）：在泛光和眩光效果中叠加光谱颜色。

Spectral shift（光谱偏移）：设置添加的光谱颜色的偏移值。

Settings-C4Dshaders 属性

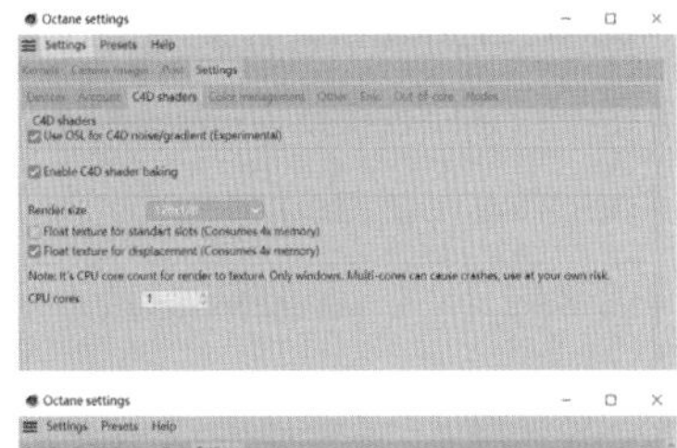

Rednder size：设置在 Octane 材质中使用 Cinema 4D 纹理时的烘焙分辨率。

Settings-Env 属性

Default environment color：设置当场景中没有任何环境对象时的默认环境颜色。

Octane Camera Tag（Octane 摄像机标签）

在 Octane 菜单栏中执行 Objects> Octane Camera 命令，将创建带有 Octane Camera 标签的摄像机，或执行 C4doctane 标签 > OctaneCameraTag 命令，手动为场景中的摄像机创建标签。

Camera type（摄像机类型）：设置摄像机的类型，默认为 Thinlens，即最常用的一般摄像机。

Thinlens：最常用的一般摄像机，后续参数的讲解均以该摄像机为基础。

Panoramic：全景摄像机，可以用于渲染 HDRI 纹理。

Baking：烘焙纹理贴图时使用的摄像机。

OSL/OSLbaking：使用 OSL 定义的摄像机。

Universal：通用摄像机，也是功能最全面的摄像机。

Thinlens 属性

F-stop：设置摄像机的光圈级数，该参数同时影响Aperture（光圈）。

Distortion（镜头失真）：该参数用于模拟镜头的畸变效果，值越大则画面变形越严重，可以用于增强广角镜头的畸变效果。

Lens shift：镜头偏移，与 Cinema 4D 中的胶片偏移类似。

Perspective correction（镜头校正）：校正镜头产生的透视变形。

Pixel aspect ratio（像素长宽比）：设置像素的长宽比，通常不需要修改。

Near clip depth/Far clip depth：设置摄像机的近端 / 远端修剪距离。

Auto focus（自动对焦）：选中该复选框后自动将与画面中心最近的相交点作为焦点。

Focal depth（焦距）：设置摄像机的对焦距离，需要取消选中 Auto focus 复选框才可使用。可以在 Live Viewer 窗口中按住 Ctrl 键 + 鼠标中键，单击需要对焦的点，自动设置焦距。

Aperture（光圈）：摄像机的光圈值，该参数同时影响 F-stop。当该值为 0 时，不产生景深效果，值越大，景深效果越强烈。

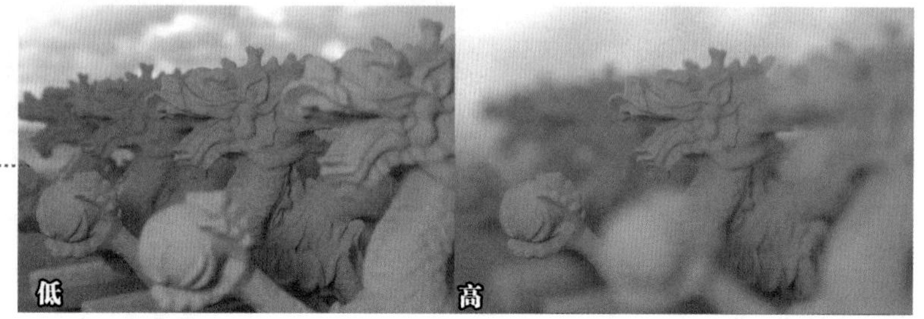

Aperture aspect ratio（光圈长宽比）：值小于 1 时，景深效果将左右拉伸，值大于时 1 则上下拉伸。

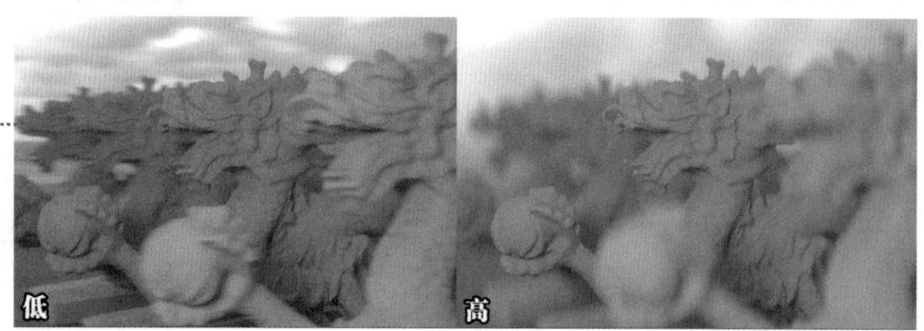

Aperture edge（光圈边缘）：值越大，散景的边缘越清晰，边缘与内部的对比度越高，光斑效果越明显。

Blade count（叶片数）：与 Cinema 4D 中的叶片数一致，影响散景的形状。

Aperture rotation（光圈旋转）：影响散景形状的角度。

Aperture roundedness（光圈圆度）：值越大，散景形状越圆滑。

Stereo：用于设置渲染的红蓝 3D 图像。

Motion Blur（运动模糊）属性

Enable：选中该复选框，开启运动模糊效果。运动模糊效果需要在摄像机的 Octane Camera 标签和对象的 Octane Object 标签中同时开启，其中 Octane Object 标签默认开启 Transform 模式的运动模糊效果，即对象运动后会产生运动模糊效果。若需要通过对象的顶点动画或顶点中存储的“速度”信息等产生运动模糊效果，则需要手动切换到其他模式。

Shutter（sec.）：设置快门速度，单位为秒，值越大则运动模糊越强烈。若要模拟现实世界中的运动模糊效果，则应根据工程帧数输入 1 除以帧数后的结果。

Camera Imager 属性

Enable Camera Imager：选中该复选框后，在使用该摄像机时，使用其标签的参数代替在 Octane settings 中设置的 Camera Imager 参数。

Post processing 属性

Enable：选中该复选框后，在使用该摄像机时，使用其标签的参数代替在 Octane settings 中设置的 Post 参数。

第 21 章
Octane 渲染器实战

21.1 实战：辉光管时钟的制作与渲染

场景位置　无
实例位置　实例文件 >CH21> 实战：辉光管时钟的制作与渲染 .c4d
视频名称　无
难易指数　★★★★☆
技术掌握　参数建模、多边形建模、生成器建模、Octane 材质、Octane 灯光

01 新建一个“圆盘”对象，选中“圆盘”对象并切换到“对象”属性面板，设置“外部半径”为 1cm，设置“圆盘分段”为 6，设置“旋转分段”为 6，设置“方向”为“+Z”。

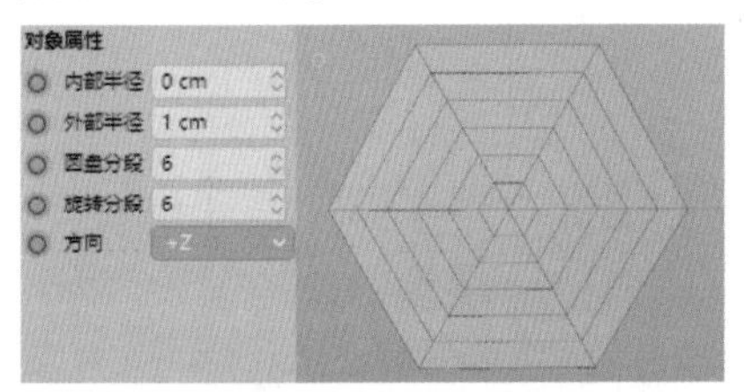

02 选中上一步中创建的“圆盘”对象，切换到“面”模式；选中“圆盘”对象内圈的面并删除。

03 复制一个“圆盘”对象，将复制的“圆盘”对象调整至下图所示的位置。

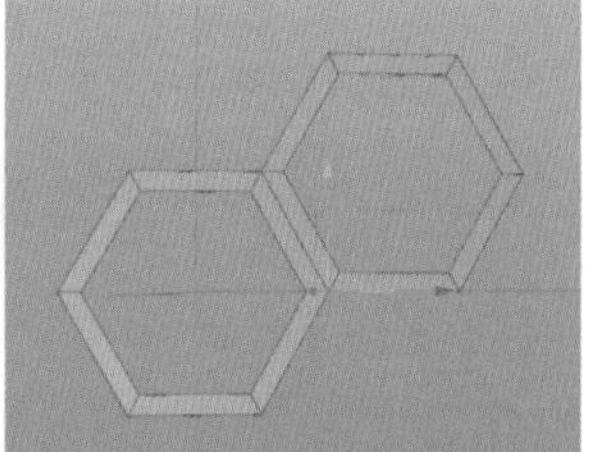

技巧与提示

在对象需要完美对齐的情况下，可以使用“顶点对齐”的方法进行对齐：启动“轴心修改”和“顶点捕捉”功能，移动对象的轴心并将其吸附到需要对齐的顶点上。

关闭“轴心修改”功能，将对象移动并吸附到需要对齐的对象的顶点上。

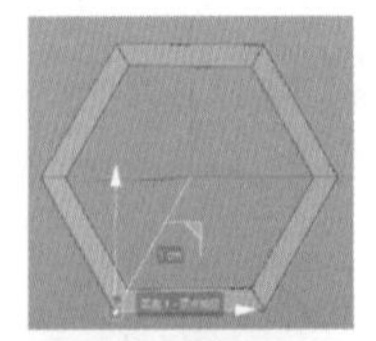

04 新建一个“克隆”对象，将其重命名为“竖向克隆”，按快捷键 Alt+G 将两个“圆盘”对象组合，并作为“竖向克隆”对象的子级。选中“竖向克隆”对象，切换到“对象”属性面板，设置“数量”为 30，“位置 .Y”为 1.73cm。

05 新建一个“克隆”对象，将其重命名为“横向克隆”，并将其作为“竖向克隆”对象的父级。选中“横向克隆”对象，切换到“对象”属性面板，设置“数量”为 40，“位置 .X”为 3cm。

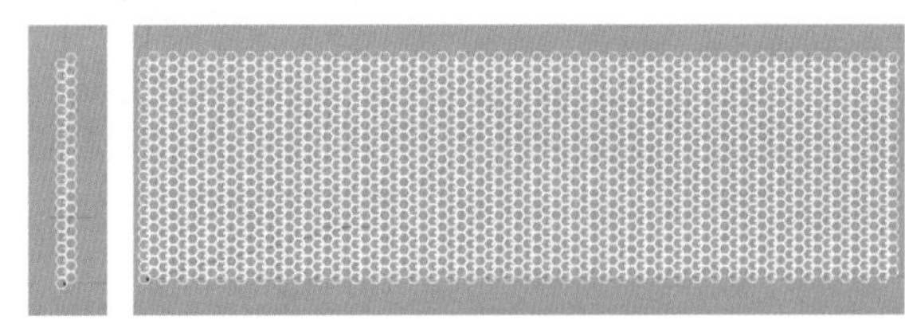

06 新建“样条约束”变形器，将“样条约束”变形器和上一步中的“横向克隆”对象组合，并重命名为“网格”，使“样条约束”变形器和“横向克隆”对象同为“网格”的子级。

07 新建一个“矩形”对象，选中“矩形”对象，切换到“对象”属性面板，设置“宽度”和“高度”为 30cm。选中“圆角”复选框，将其“半径”设置为 1cm。

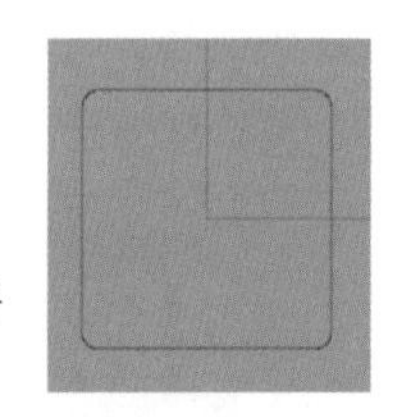

08 选中“样条约束”变形器，切换到“对象”属性面板，将“矩形”对象拖曳到“样条”参数中，设置“终点”为 100.835%。关闭“样条约束”变形器。

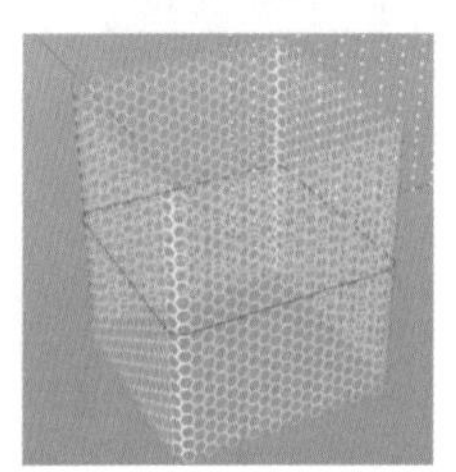

09 新建“连接”生成器并将其作为“网格”的父级，然后新建“布料曲面”生成器并将其作为“连接”生成器的父级。选中“布料曲面”生成器，在“对象”属性面板中将其“厚度”设置为 0.2cm，并进行组合，将组合后的对象重命名为“金属网格”。

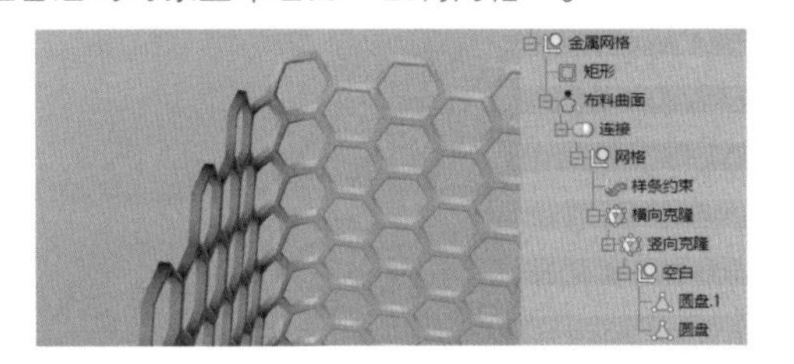

技巧与提示

当场景中使用的生成器和变形器较多时，会影响软件整体的运行效率，导致软件卡顿。因此，在确定对象的效果后，可以先复制文件，然后隐藏原始文件，接着选中复制的全部对象并单击鼠标右键，在弹出菜单中执行“连接对象 + 删除”命令，将对象转为单一的可编辑对象。通过这种方法，可以提升操作的流畅度。保留的原始文件可以在之后需要修改时重新打开。

10 新建一个“立方体”对象，选中“立方体”对象并切换到“坐标”属性面板，将“P.Y”设置为 20cm。接着切换到“对象”属性面板，将“尺寸 .X”“尺寸 .Y”“尺寸 .Z”分别调整为 30.5cm、6cm、30.5cm。按 C 键将“立方体”对象转为可编辑对象，切换到“面”模式，删除朝下的面。

11 选中“立方体”对象，在“面”模式下按快捷键 Ctrl+A 全选面，在“挤压”按钮上单击，在“挤压”对象的“选项”属性面板中设置“偏移”为 0.5cm，并选中“创建封顶”复选框，单击“应用”按钮创建出厚度。新建“倒角”变形器，将其作为“立方体”对象的子级。选中“倒角”对象，在“选项”属性面板中设置“偏移”为 0.25cm，“细分”为 2。新建“对称”生成器并将其作为“立方体”对象的父级，选中“对称”生成器，在“对象”属性面板中设置“镜像平面”为“XZ”，按快捷键 Alt+G 将它们组合并将组合后的对象重命名为“金属灯罩”。

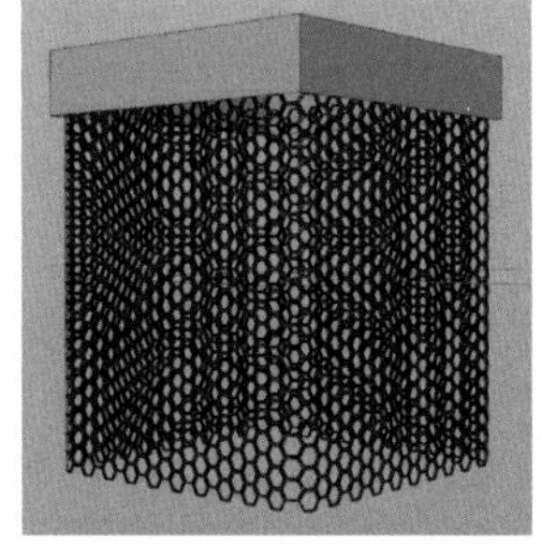

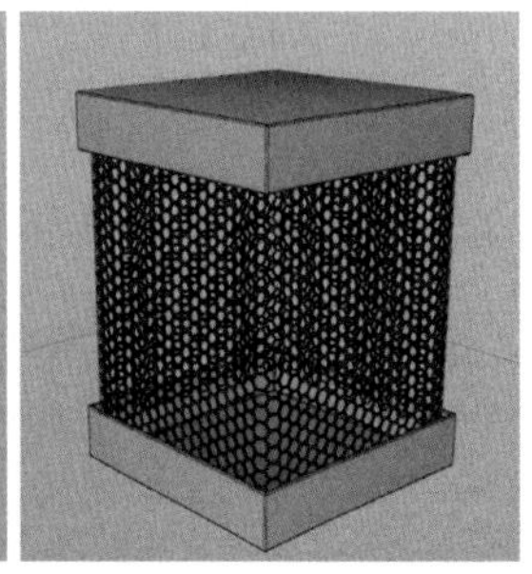

12 新建一个“文本”样条对象，将其重命名为“0”。在其“对象”属性面板中设置“文本”为 0，按 C 键将其转为可编辑对象。切换到“点”模式，选中其内圈的点并删除，调整样条线至满意的形状。

13 使用上一步的方法，分别制作数字 0~9。单击鼠标中键，切换到四视图，将样条线移动到网格中央，并按 T 键将样条线缩放至能够完全置入网格的大小。接着，在顶视图中分别将样条线沿 z 轴移动，从而错开样条线，并将 0~9 的样条线组合，将组合后的样条对象重命名为“数字”。

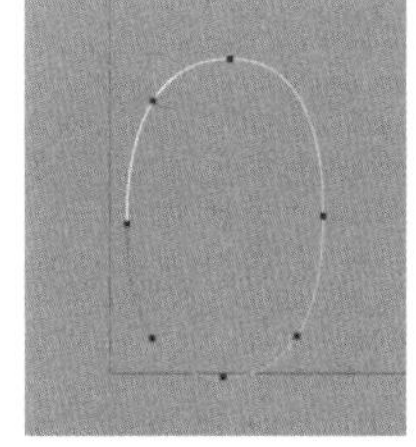

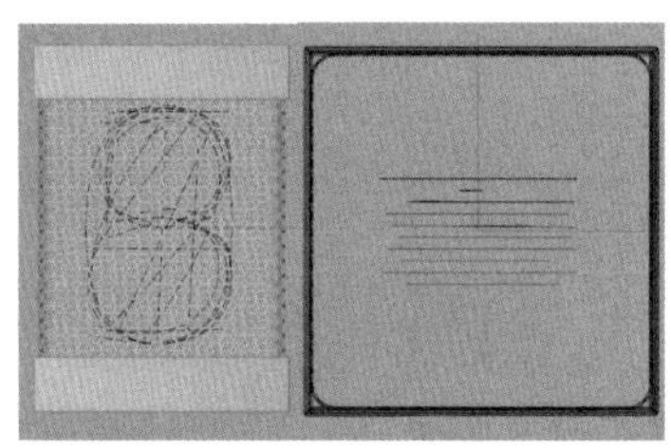

技巧与提示

Cinema 4D 中的有些操作可以用表达式进行简化。例如，创建 5 个边长为 1cm，位置均在世界坐标系统原点的“立方体”对象，并将“立方体”对象分别重命名为“1”“2”“3”“4”“5”，同时选中这 5 个“立方体”对象，在“坐标”属性面板的“P.X”中输入“num*2”并按 Enter 键确认。此时，“立方体”对象将整齐地沿 x 轴排列。通过观察“立方体”对象可以发现，其中每个“立方体”对象的 x 坐标均为“自身名字的数字 ×2”。在这个表达式中，num 表示“立方体”对象的名字。在本案例中，数字的排列顺序也可以使用该方法快速且有规律地进行调整。

14 新建一个“油桶”对象，选中“油桶”对象并切换到“对象”属性面板，设置“半径”为 24cm，“高度”为 80cm，“高度分段”为 1，“封顶高度”为 15cm，使其能完全包裹其余对象。

15 选中“油桶”对象，按 C 键将其转换为可编辑对象，切换到“点”模式，通过调整点的位置修改对象。

16 切换到“线”模式，单击鼠标右键，在弹出菜单中执行“循环 / 路径切割”命令，在对象的圆角转折处创建两条环形边，并删除底部的半球体。

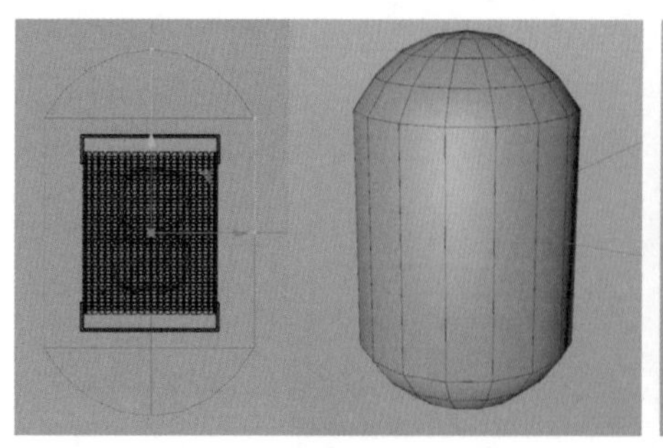
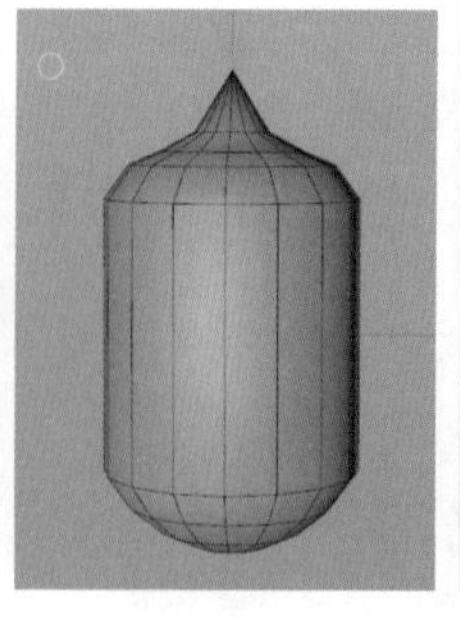
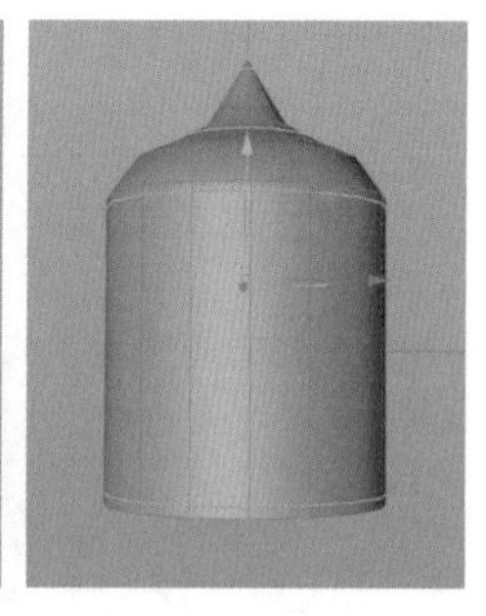

17 新建一个“细分曲面”生成器并将其作为“油桶”对象的父级，新建“布料曲面”生成器并将其作为“细分曲面”生成器的父级。选中“细分曲面”生成器，在“对象”属性面板中设置“细分数”为0，“厚度”为0.1cm。按快捷键Alt+G将它们组合，将组合后的对象重命名为“玻璃灯罩”。

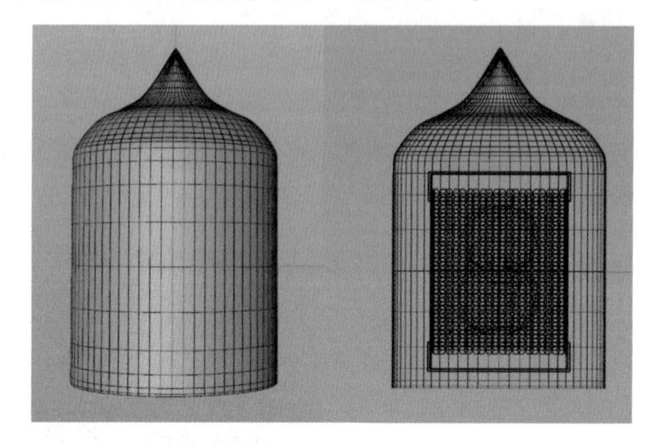

18 新建一个“圆柱体”对象，选中“圆柱体”对象并在其“对象”属性面板中设置“半径”为25cm，“高度”为30cm。然后切换到“坐标”属性面板中，设置“P.Y”为–35cm。按C键将其转为可编辑对象，在“面”模式下选中朝上的面。在“内部挤压”按钮上单击，设置“偏移”为1cm。单击“应用”按钮，在视图中按E键切换至“移动”工具。按住Ctrl键+Shift键+鼠标左键，向下拖曳操控手柄，使选中的面向下挤压25cm。

19 切换到“边”模式，单击鼠标右键，在弹出菜单中执行“循环/路径切割”命令，在靠近对象的拐角处分别添加一条环形边，随后创建一个“细分曲面”生成器并将其作为“圆柱体”对象的父级。按快捷键Alt+G将它们组合，并将组合后的对象重命名为“金属底座”。

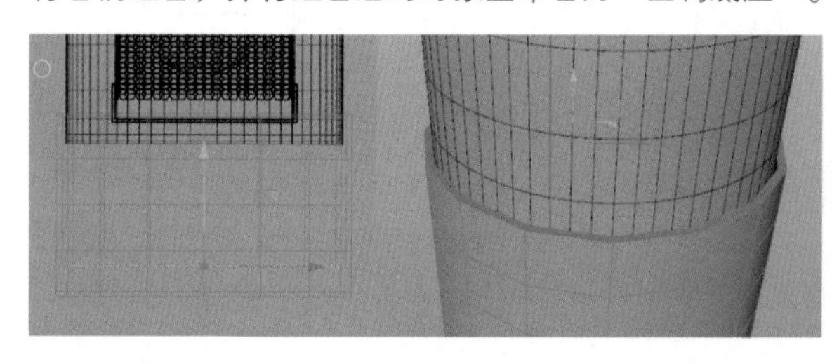
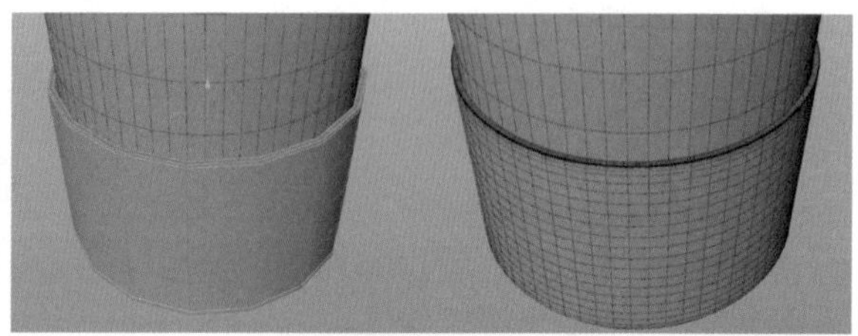

20 新建一个“圆柱体”对象，选中“圆柱体”对象并在“对象”属性面板中设置“半径”为23cm，“高度”为1cm。切换到“坐标”属性面板，设置“P.Y”为–24cm。新建“对称”生成器并将其作为“圆柱体”对象的父级，在“对象”属性面板中设置“镜像平面”为“XZ”。新建“细分曲面”生成器并将其作为“对称”生成器的父级，按快捷键Alt+G将它们组合，并将组合后的对象重命名为“金属圆盘”，隐藏“玻璃灯罩”对象。

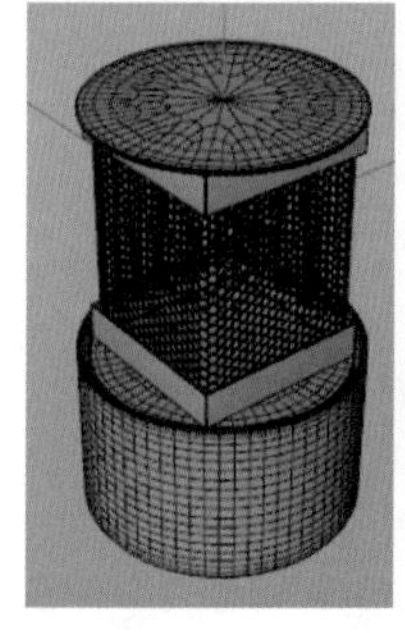
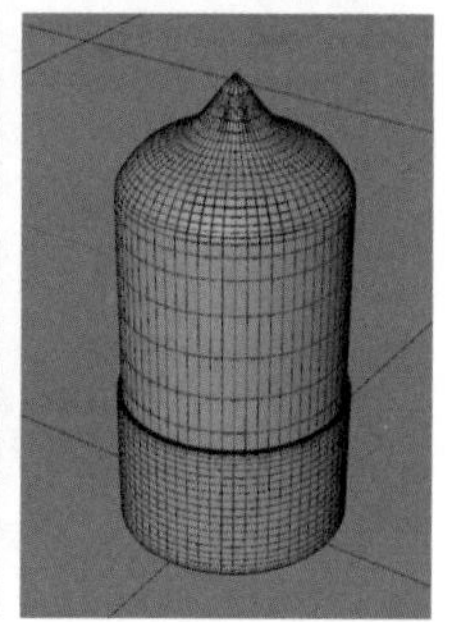

21 新建一个“平面”对象，在“对象”属性面板中将“宽度”和“高度”均设置为2000cm。切换到“坐标”属性面板，设置“P.Y”为–50cm，将“平面”对象重命名为“地面”。

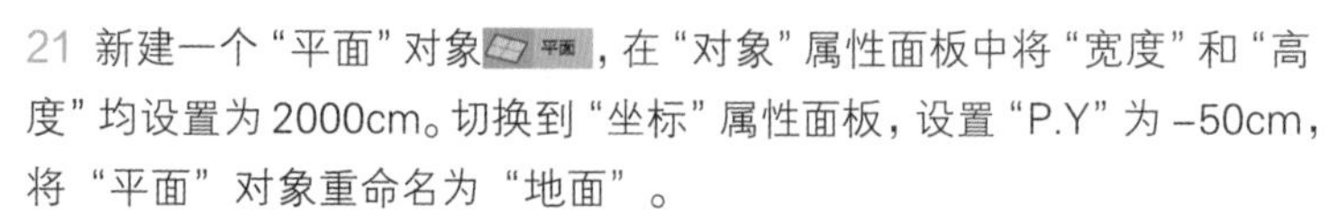

22 执行 Octane > Octane Dialog 命令，打开 Octane 工具栏。执行 Objects > Hdri Environment 命令，创建一个 HDRI 环境，将其重命名为“HDRI 环境 1”。选中 OC 环境标签，在 Main（主要）属性面板中设置 Power（强度）为 2。单击 Image Texture 按钮，在 Shader 属性面板中单击按钮，加载“实例文件 >CH21>tex>HDRI1.hdr”文件。

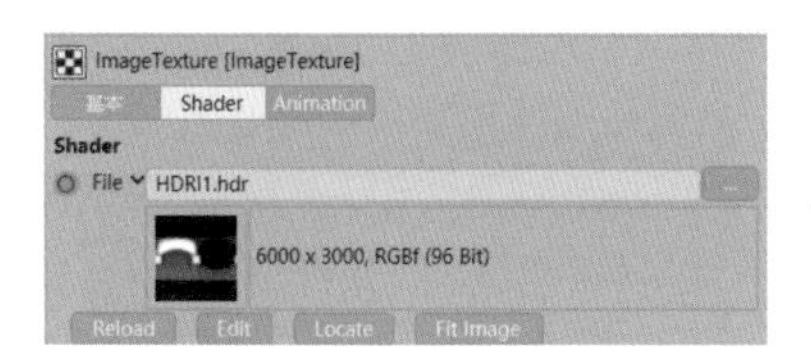

23 单击按钮打开交互式渲染窗口，单击按钮打开设置界面，在 Kernels 属性面板中将渲染模式切换为 Pathtracing，将 Max.samples（最大采样）设置为 2048。切换到 Post（后期效果）属性面板，选中 Enable 复选框，设置 Bloom power（泛光强度）为 12，Glare power（眩光强度）为 6，Glare blur（眩光模糊）为 0.1。

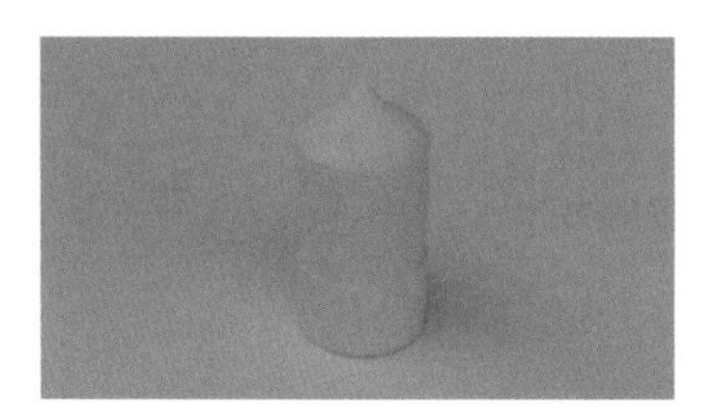

技巧与提示

当渲染图像中的噪点收敛速度较慢时，可以尝试适当增加 Caustic blur（焦散模糊）的值，或降低 GI clamp（GI 钳制）的值，或打开 Adaptive sampling（自适应采样）功能，提高渲染效率。其中，Caustic blur 会影响场景中焦散的采样精度，值越大，精度越低，如果值过大则场景中的焦散几乎不可见，因此一般适当微调即可。而 GI clamp 的值在场景越复杂时越不应过小，否则会影响光照的计算结果。本案例中可以将 GI clamp 修改为 5。

24 执行 Materials > Octane Glossy Material 命令，新建一个 Glossy（光泽）材质，将其重命名为“玻璃灯罩”，然后将该材质赋予“玻璃灯罩”对象。

25 执行 Materials > Octane Universal Material 命令，新建一个 Universal（万能）材质，将其重命名为“拉丝金属”，将其赋予除“玻璃灯罩”对象外的所有对象。双击材质，打开“材质编辑器”窗口，设置 Albedo（反照率）中的 Color（颜色）为 25% 的灰色，设置 Roughness（粗糙度）中的 Float 为 0.1。单击 Node Editor 按钮，打开 Octane 节点编辑器，单击左边的 Noise（噪波）按钮，新建 Noise 节点，将其连接到 Bump（凹凸）端口上，选中 Noise 节点并将 Gamma 值设置为 0.1。选中 Noise 节点，单击 UVW Transform（UVW 变换）按钮，创建 Transform（变换）节点。选中 Transform 节点，取消选中 Lock Aspect Ratio（锁定宽高比）复选框，设置 S.Y 为 0.1。单击 Projection（投射）按钮，创建 Texture Projection 节点，设置 Texture Projection（贴图投射模式）为 Cylindrical（圆柱体）。从此时得出的渲染效果中可以看到底座出现了拉丝效果。

26 在“对象”窗口选中“数字”对象，单击鼠标右键并在“C4doctane 标签”列表中单击添加 Octane ObjectTag（Octane 对象标签）。选中标签，切换到 Hair（毛发）属性面板，选中 Render As Hair 复选框（渲染为毛发），将 Root Thickness（根部厚度）和 Tip Thickness（尖端厚度）均设置为 0.6，将样条线渲染为毛发。

27 执行 Materials > Octane Diffuse Material 命令，新建一个 Diffuse（漫反射）材质，将其重命名为“数字发光”。将“数字发光”材质赋予样条线 2，选中材质并切换到 Emission（自发光）层级，单击 Blackbody emission（黑体发光）按钮Blackbody emission，创建 Blackbody emission 节点。单击 Blackbody emission 节点，设置 Power（发光强度）为 500，Temperature（色温）为 1600。

28 执行 Materials > Octane Glossy Material 命令，新建一个 Glossy（光泽）材质 Octane Glossy Material，将其重命名为“地面”，并将该材质赋予“地面”对象。打开“材质编辑器”窗口，将“实例文件 >CH21>tex”文件夹中的 4 张木板贴图分别加载至对应的通道中。

29 选中地面材质标签，在“标签”属性面板中将“平铺 U”和“平铺 V”均设置为 6。执行 Objects > Octane Camera 命令，新建一个摄像机 Octane Camera，选中标签，在 Thinlens（透镜）属性面板中展开 Depth of field（景深）参数，设置 Aperture（摄像机光圈）为 1cm，单击按钮进入摄像机视图，对其视角进行调整。

技巧与提示

在 Octane 摄像机标签中，默认选中了 Auto focus（自动对焦）复选框，会将画面正中心的第一个遮挡点作为焦点进行景深计算。如果场景中有摄像机动画，则很容易出现中心点不在主体物上的情况，从而使对焦距离不正确。因此，在实际制作中较少完全使用 Octane 摄像机标签的自动对焦功能，而通常会使用其他手段进行辅助，如摄像机的“对象”属性面板中的“焦点对象”就可以被 Octane 摄像机自动识别。

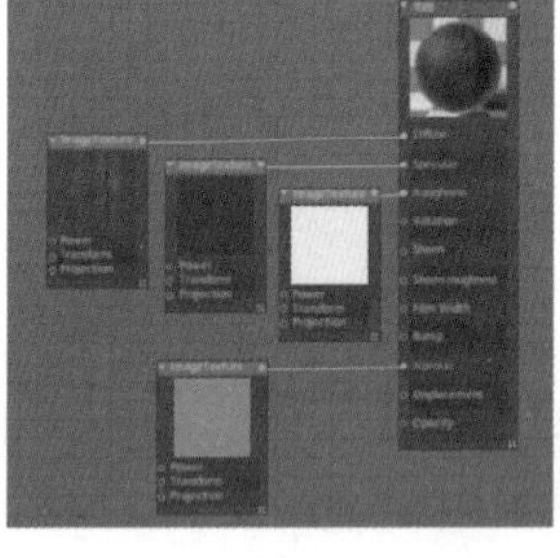

30 在 Objects>Light 中单击 Octane Arealight，新建一个 Octane 区域光，将其重命名为“左后侧冷光”。将区域光调整到辉光管的左后方，并适当缩小，参考下图调整其位置。选中 Octane 灯光标签，设置 Temperature（色温）为 12000；选中“HDRI 环境 1”的 Octane 环境标签，将 Power 降低为 1。

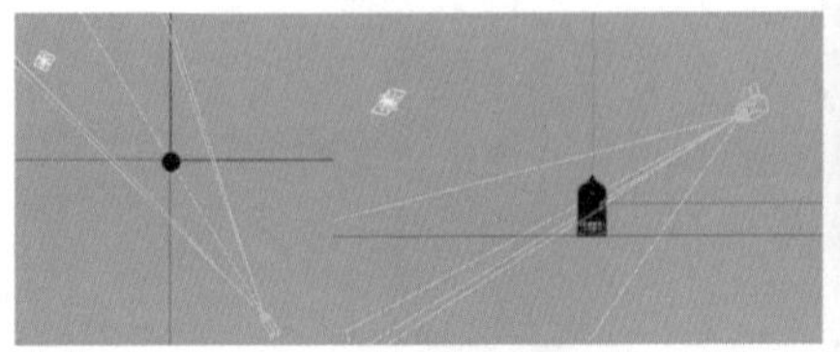

31 用上一步中的方法添加“右前侧暖光”，将 Power（灯光强度）设置为 200，将 Temperature（色温）设置为 3200。

32 用第 30 步中的方法自由添加灯光，以丰富“玻璃灯罩”对象上的反射细节。

33 选中辉光管的相关对象，按快捷键 Alt+G 将它们组合，按住 Ctrl 键移动并复制组合对象，使辉光管组依次排列。再分别更改每个对象中“数字发光”材质对应的数字样条，使对象呈现“2021”字样，并根据画面的实际情况微调灯光。

34 单击按钮，在弹出的“渲染设置”窗口中更改“渲染器”为 Octane Renderer，在“输出”中修改渲染图像的尺寸和渲染范围，在“保存”中更改文件的保存路径和保存格式，设置完毕后关闭“渲染设置”窗口，单击按钮，即可渲染输出最终图像。

技巧与提示

当需要为对象添加灯光反射效果，但不希望光照影响场景中的光影关系时，可以选中 Octane 灯光标签，然后取消选中 Visible on diffuse（漫射可见）复选框，即可使灯光只影响对象的反射效果，而不影响漫射效果。

21.2 实战：果汁的制作与渲染

场景位置 无
实例位置 实例文件 >CH21> 实战：果汁的制作与渲染 .c4d
视频名称 实战：果汁的制作与渲染
难易指数 ★★★☆☆
技术掌握 多边形建模、Octane 材质、Octane 灯光

01 新建一个 Cinema 4D 工程文件，单击按钮打开“渲染设置”窗口，将“渲染器”设置为 Octane Renderer，按快捷键 Ctrl+S 保存工程文件至需要的路径。

02 单击“圆柱体”按钮，新建“圆柱体”对象，将其重命名为“杯子”，将其“半径”设置为 5cm，“高度”设置为 15cm，使其大小接近真实的玻璃杯的大小。然后按 C 键将其转为可编辑对象，在“边”模式下对其形状进行修改，使其变为需要的形状。

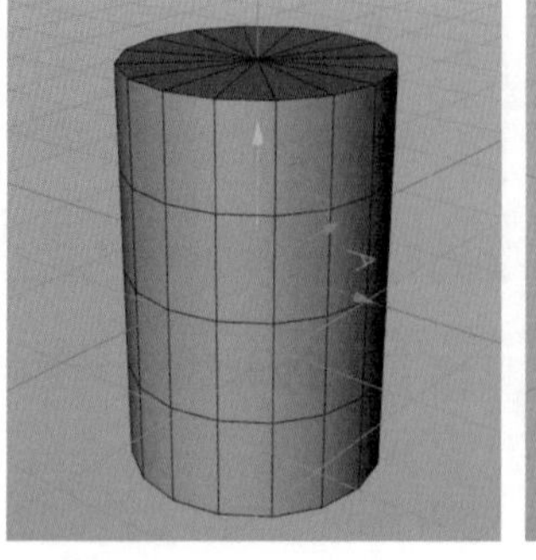
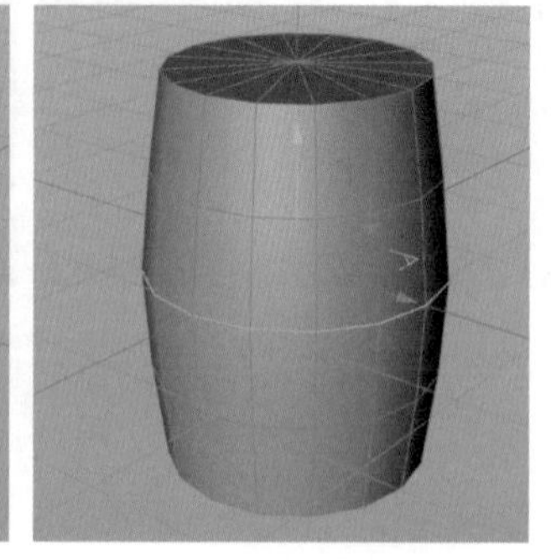

03 在“面”模式下删除“圆柱体”对象的顶面，然后选择所有的面，按 D 键或单击鼠标右键并在弹出菜单中执行“挤压”命令，将“挤压”对象的“偏移”设置为 –0.2cm，选中“创建封顶”复选框。

04 按快捷键 Ctrl+A 选择所有的面，此时所有的面均显示为蓝色，即面的法线均朝向对象的内部。该状态可能导致渲染结果出错，可以单击鼠标右键，在弹出菜单中执行“对齐法线”命令，然后执行“反转法线”命令。

技巧与提示

建模时需要时刻注意法线的朝向，否则到了渲染阶段出现错误，可能会因为排查错误而浪费较多时间。在反转法线前，可以使用“对齐法线”命令确保所有法线的方向统一，避免在看不到的位置有方向正确的法线被反转。

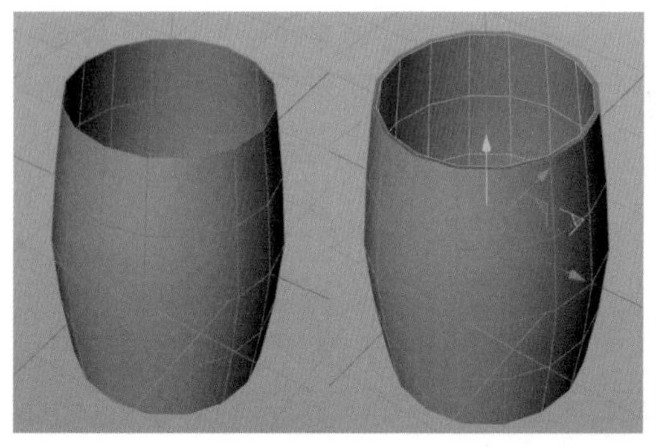
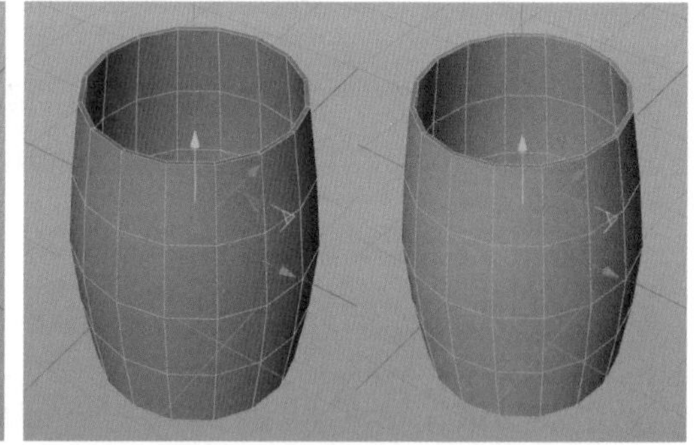

05 选中“杯子”对象内部的底面，将其向上移动一定距离，使杯底较杯壁更厚。

06 选中“杯子”对象内部除杯口处的所有面，按快捷键 U~P，或单击鼠标右键并在弹出菜单中执行“分裂”命令，将分裂出的对象重命名为“果汁”。在“边”模式下选中开口处的边，按 T 键切换到“缩放”模式，按住 Ctrl 键将其向内拖曳任意距离。然后按快捷键 M~Q，或单击鼠标右键并在弹出菜单中执行“焊接”命令，在空白处单击，使挤压出的边焊接至中心点上。

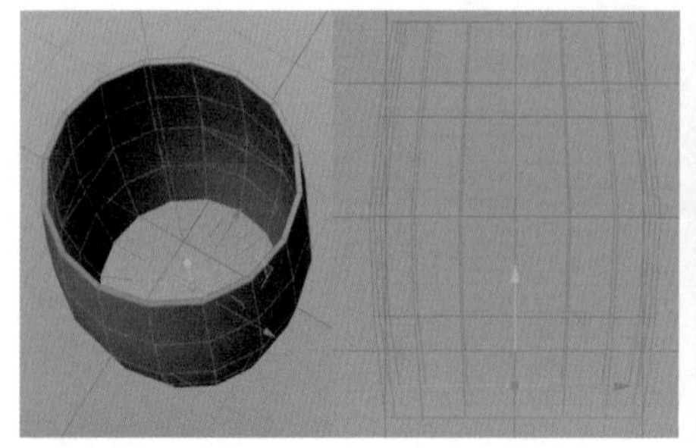
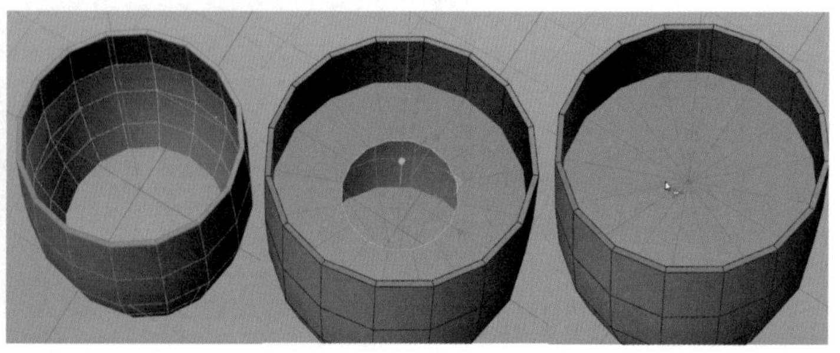

07 在“面”模式下检查“果汁”对象的法线，若其朝向不对，则使用“对齐法线”和“反转法线”命令进行调整。

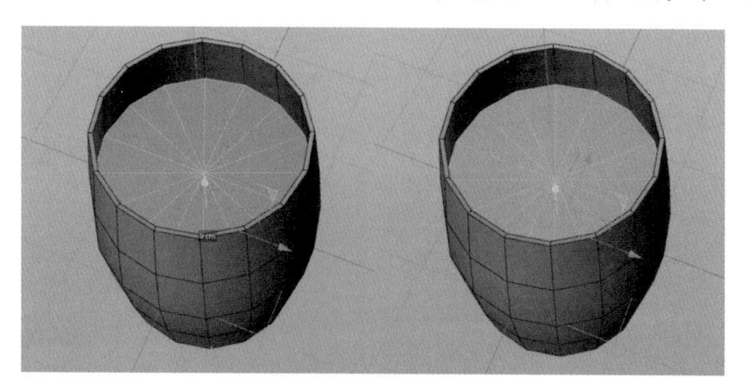

08 新建两个“细分曲面”生成器，分别应用于“杯子”对象和“果汁”对象，此时的“杯子”对象会过于圆润。

09 按快捷键 K~L，或单击鼠标右键并在弹出菜单中执行“循环 / 路径切割”命令，为“杯子”对象和“果汁”对象的上下边缘加线，减弱其圆润感。

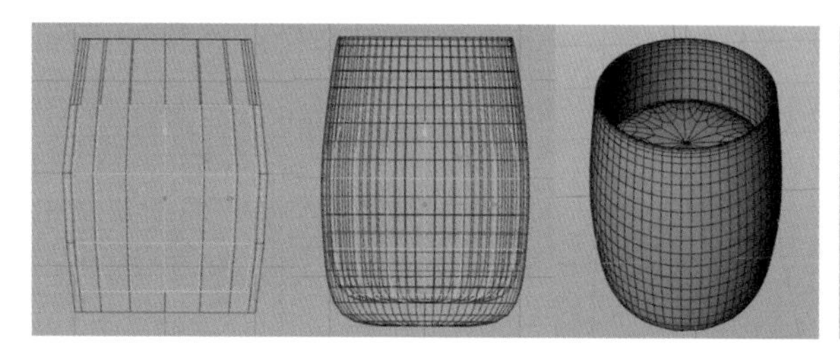

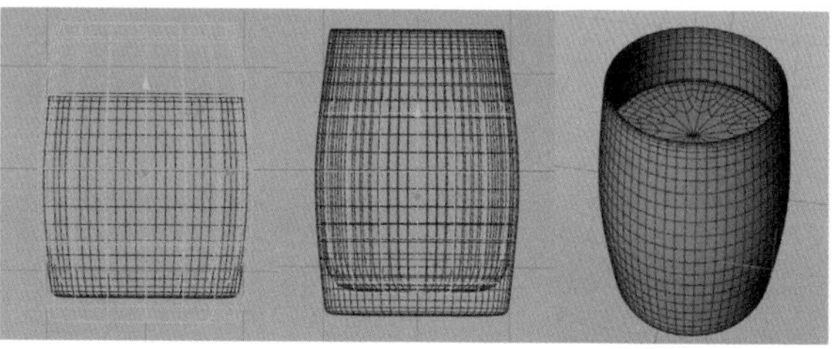

10 由于“果汁”对象是在从杯壁上分裂出的面上创建的，因此此时对象间存在一定的重叠，选中“果汁”对象，稍微放大使其嵌在杯壁内。

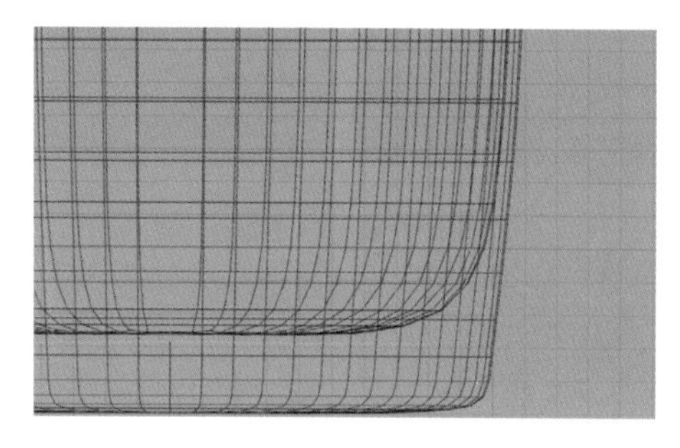

11 单击“平面”按钮，新建“平面”对象，将其重命名为“地面”并移动至“杯子”对象的下方。因“杯子”对象的尺寸较小，所以可以将“地面”对象也适当缩小。在本案例中，将“地面”对象的尺寸设置为 200cm×200cm。单击按钮打开 Octane 交互式渲染窗口，将“渲染模式”从 DL 修改为 PT。单击按钮打开 Octane settings 窗口，将 Max.samples（最大采样）降低到 1000，将 GI clamp（GI 修剪）降低到 10，选中 AI light（AI 灯光）和 Adaptive sampling（自适应采样）复选框。在 Objects 菜单下创建一个“HDRI 环境”并载入“实例文件 >CH21>tex>HDRI.hdr”文件。

12 在 Materials 菜单下创建一个 Glossy（光泽）材质和两个 Specular（镜面）材质，将它们分别命名为“地面”“果汁”“杯子”，并分别赋予对应的对象。

13 打开“地面”材质并进入“Octane 节点编辑器”窗口，将“实例文件 >CH21>tex”文件夹中提供的 5 张木纹贴图拖曳到节点编辑器的空白处，并将它们连接至对应的通道。其中，Displacement（置换）通道需要与 Displacement 节点进行连接，将 Displacement 节点中的 Height（高度）设置为 0.5cm，Mid level（中间值）设置为 0.5，level of detail（细节等级）设置为 2048×2048。

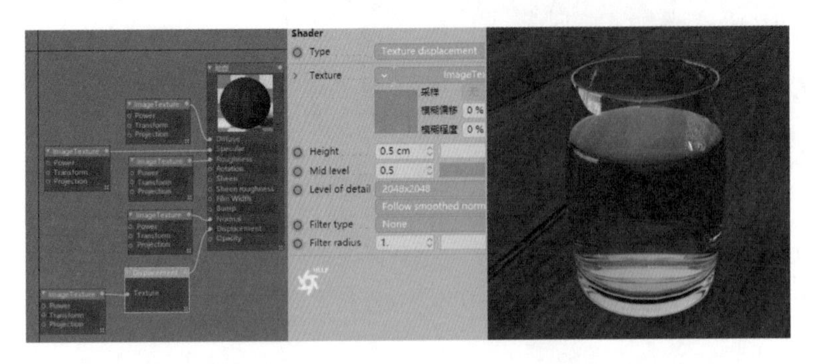

技巧与提示

设置置换通道后需重新检查地面与杯子是否有穿插，若有穿插则会造成折射结果错误。此时就需要重新调整地面的高度。

14 在“材质编辑器”窗口中将“杯子”材质的 Index(折射率)设置为 1.517，“果汁”材质的 Index(折射率)设置为 1.333。

15 双击“果汁”材质，打开“材质编辑器”窗口，将 Common 下的 Priority（优先级）设置为 1，以获得更准确的折射结果。然后选中“果汁”材质和“杯子”材质的 Fake shadows（伪阴影）复选框。

16 选中“杯子”材质并进入“Octane 节点编辑器”窗口，创建 Noise（噪波）节点和 Gradient（渐变）节点，将它们连接后连入 Roughness（粗糙度）通道。此时，可以通过调整渐变左端黑色端口的位置，控制杯子的模糊区域的分布情况；通过调整右端浅色端口的亮度，控制粗糙区域的最大粗糙度；通过噪波控制粗糙区域的细节。对相关参数进行调整后，粗糙区域可以用于模拟杯子上因冰饮料而形成的结霜区域。

17 在“果汁”材质的 Medium（介质）通道中单击 Scattering 按钮，创建 Scattering Medium（散射介质）节点。

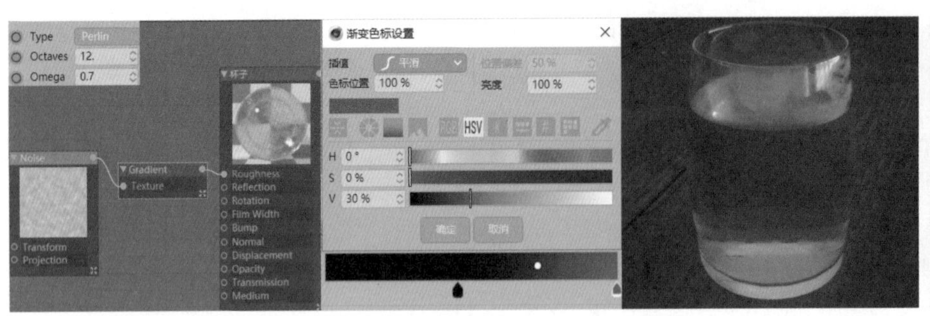

18 将 Scattering Medium（散射介质）节点的 Density（密度）设置为 80，然后创建 RgbSpectrum（RGB 光谱）节点，并将其颜色设置为浅黄色，再将其连入 Absorption（吸收）端口。创建一个 RgbSpectrum 节点，将其颜色设置为棕黄色，再将其连入 Scattering（散射）端口。此时，果汁的基本效果已制作完毕。

19 选中“杯子”对象，在 Objects>Lights 命令下创建两个 Octane 目标区域光，然后创建一个 Octane 摄像机，调整灯光和摄像机至合适的角度，或参考“实例文件 >CH21> 实战：果汁的制作与渲染 .c4d”文件进行调整。

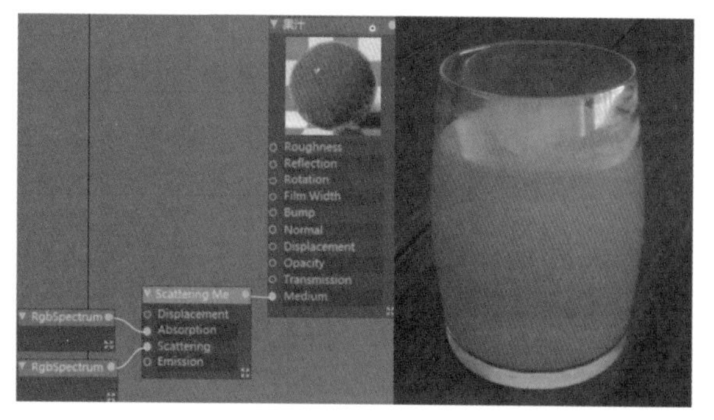

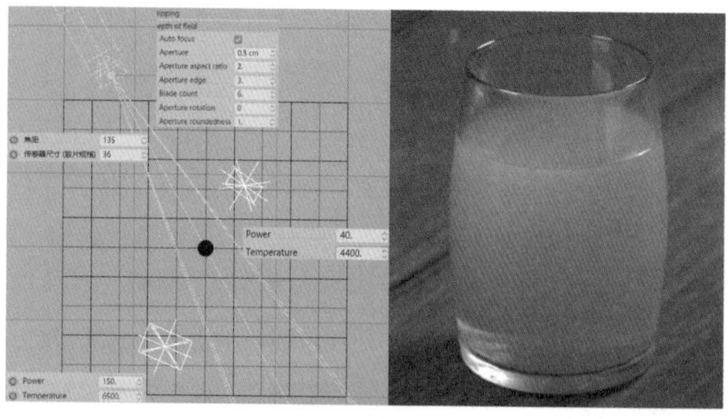

20 单击“立方体”按钮，创建“立方体”对象，将X、Y、Z均设置为2.5cm，分段均设置为10。选中“圆角”复选框并将圆角的半径设置为0.4cm。然后创建“置换”变形器，将其作为“立方体”对象的子级。在“对象”属性面板中设置“高度”为0.2cm；在“着色器”属性面板中创建“噪波”着色器，将“全局缩放”设置为10%。

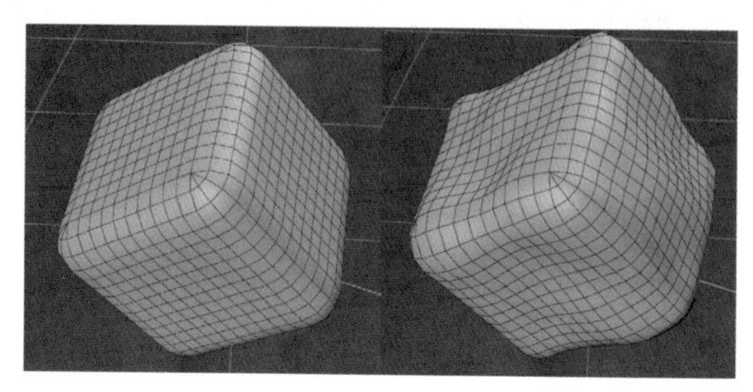

21 复制“杯子”材质，将其重命名为“冰块”，将Index（折射率）修改为1.333，在Common通道下设置Priority（优先级）为100，将该材质赋予“立方体”对象。

22 将“立方体”对象复制多份，调整它们的位置、旋转、缩放等参数，手动摆放多个“立方体”对象，使它们漂浮在果汁上。然后选中所有“立方体”对象，按快捷键Alt+G将它们组合，将组合后的对象重命名为“冰块”。

23 复制“杯子”对象和“细分曲面”生成器，按C键将“细分曲面”生成器下的“杯子”对象转为可编辑对象。然后在“面”模式下，选中与“果汁”对象高度差不多的杯壁外层面，执行“选择 > 设置选集”命令。

24 隐藏用于设置选集的对象，然后单击“球体”按钮，创建“球体”对象。将“球体”对象的“半径”设置为0.1cm，“类型”设置为“二十面体”。然后创建“置换”变形器并将其作为“球体”对象的子级，在“对象”属性面板中设置“高度”为0.02cm；在“着色器”属性面板中创建“噪波”着色器，将“噪波”着色器的“全局缩放”设置为1%，使“球体”对象的形状变得略微不规则。

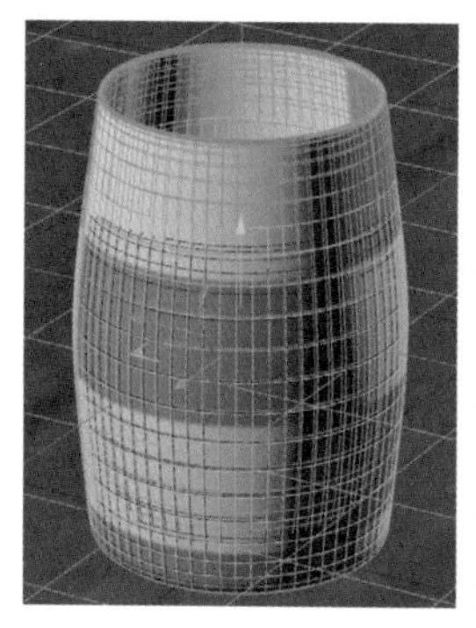

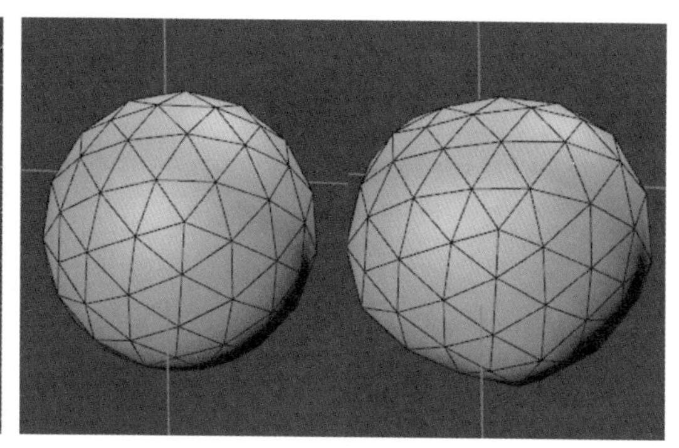

25 复制“果汁”材质并将其重命名为“水珠”，删除Scattering Medium（散射介质）节点或直接关闭Medium通道，保证“水珠”材质的Priority（优先级）小于“杯子”材质的Priority（优先级），将该材质赋予“球体”对象。

26 创建“克隆”对象并将其作为“球体”对象的父级，然后将“克隆”对象的“模式”修改为“对象”。将设置的“多边形选集”拖曳到“对象”参数中，将其“数量”修改为1000。然后选中“克隆”对象，创建“随机”效果器并应用于“克隆”对象，在“参数”属性面板中取消选中“位置”复选框，选中“缩放”“等比缩放”“旋转”复选框，并将“缩放”设置为0.5，“旋转”设置为90°。

27 在“杯子”材质中设置Dispersion（色散）为0.04。

技巧与提示

Dispersion（色散）效果在场景中的折射次数较多时，渲染速度较慢，因此可以不在调整阶段开启色散效果，以免影响预览速度。在材质与灯光制作完毕后，开启色散效果可以为画面添加丰富的小细节。

28 单击按钮打开Octane settings（Octane设置）窗口，在Camera Imager下的Imager（图像）中将Vignetting（暗角）设置为0.6；然后在Post（后期效果）中选中Enable复选框，适当调整Bloom power（泛光功率）、Glare power（射线功率）、Glare blur（射线模糊）的值。

29 将场景设置满意后，在Octane settings（Octane设置）窗口的Kernels下设置Max.samples（最大采样）为10000甚至更高，使最终渲染结果中不出现明显的噪点。单击按钮打开“渲染设置”窗口，在“输出”中设置分辨率为1920×1080，在“保存”中设置文件的保存路径与保存格式后，按快捷键Ctrl+S保存工程文件，然后单击按钮进行最终渲染。